TRAITÉ
DE CHIMIE

ÉLÉMENTAIRE,

THÉORIQUE ET PRATIQUE.

IMPRIMÉ CHEZ PAUL RENOUARD,

RUE GARANCIÈRE, N. 5, F. S.-G.

TRAITÉ DE CHIMIE

ÉLÉMENTAIRE,

THÉORIQUE ET PRATIQUE,

SUIVI D'UN

ESSAI SUR LA PHILOSOPHIE CHIMIQUE

ET

D'UN PRÉCIS SUR L'ANALYSE.

Par M. le Baron L. J. THENARD,

Pair de France, Conseiller au Conseil Royal de l'Instruction publique, de l'Académie Royale des Sciences de l'Institut de France; Doyen de la Faculté des Sciences de l'Académie de Paris, Professeur de Chimie au Collège Royal de France et à l'École polytechnique; Membre de l'Académie Royale de Médecine, de la Société philomatique, de la Légion d'honneur; des Académies et Sociétés Royales de Londres, de Berlin, de Stockholm, d'Edimbourg, de Pétersbourg, de Copenhague, de Madrid, de Naples, de Munich, de Gœttingue, de Bologne, de Modéne, de Lucques, d'Erfurt, etc., etc.

SIXIÈME ÉDITION.

TOME PREMIER.

PARIS.

CROCHARD, LIBRAIRE-ÉDITEUR,

PLACE DE L'ÉCOLE-DE-MÉDECINE; N° 13.

1834.

A MON AMI

GAY-LUSSAC,

DÉPUTÉ,

DE L'ACADÉMIE ROYALE DES SCIENCES DE L'INSTITUT DE FRANCE,

PROFESSEUR DE CHIMIE A L'ÉCOLE POLYTECHNIQUE,

AU JARDIN DES PLANTES, ETC., ETC.

ERRATA.

———

Le Lecteur est prié de faire les corrections suivantes :

PAGES. LIGNES.

33,   2ᵉ paragraphe, 2ᵉ ligne : a manière ; *lisez :* la manière.

37,   28 : que, dans les doubles ; *lisez :* que, dans les sels doubles.

42,   3 : $\frac{1}{3}$; *lisez :* $\frac{1}{8}$.

111,   8 : $H^2 P$; *lisez :* $H^5 P$.

117,   dernière ligne : u ssi ; *lisez :* aussi.

131,   dernière ligne : le ᵉ, à 8° ; *lisez :* le 2ᵉ, à 8°.

143,   28 : détonnera ; *lisez :* détonera.

157,   27 : à aucune combinaison, connue ; *lisez :* à aucune combinaison con-
       nue.

206,   5 : clore ; *lisez :* chlore.

226,   7 : nitrate ; *lisez :* azotate.

294,   1 : 2 d'oxigène $=$ 200 ; *lisez :* 1 d'oxigène $=$ 100.

——   2 : $Ph^5 O^2 = 788, 465$; *lisez :* $Ph^3 O = 688, 465$.

376,   3 et 4 : que son acide ; *lisez :* que l'acide qui en provient.

315;   18 : $HgO + 2 SO^3$, *lisez :* $Hg + 2 SO^5$.

402, 404, 406, 408, 410, 412, 416, 418 : métalloïdes oxigénés ; *lisez :* aci-
       des métalloïdiques.

447;   14 : nitrate ; *lisez :* azotate.

——   25 : détonne ; *lisez :* détone.

448,   1 : détonnation ; *lisez :* détonation.

463,   9 : Sulfate d'ammoniaque ; *lisez :* sulfate.

———

PREFACE.

Depuis la dernière édition de cet ouvrage, la chimie
s'est enrichie d'un grand nombre d'observations. De
nouveaux corps ont été découverts; beaucoup de ceux
qui étaient connus ont été mieux étudiés; de nombreuses analyses ont été faites; des théories ont été perfec-
tionnées; la chimie organique surtout a fait des progrès
remarquables.

Cette édition est donc très différente de celle qui précède. Mais elle ne se distingue pas seulement par les importantes additions qui viennent d'être signalées :

D'utiles changemens ont été apportés à quelques parties de la nomenclature. Ils consistent surtout en ce que,
dans toutes les dénominations des composés, le corps
négatif a toujours été désigné, le premier; cette règle a
le précieux avantage de rappeler l'état électrique dans
lequel les corps se constituent par leur contact, état qui a
tant d'influence sur les actions chimiques.

La précision du langage exigeait que l'on donnât un
nom générique aux corps qui jusqu'à présent avaient été
appelés *corps combustibles non métalliques* : on a adopté
celui de *métalloïdes*.

La dénomination d'acide nitrique, donnée à l'acide
que forme l'oxigène avec l'azote, était trop contraire
aux principes de la nomenclature pour être conservée :

on y a substitué celle d'*acide azotique*, qui indique exac-tement la nature de ce composé.

Le plan de l'ouvrage a éprouvé aussi de notables amé-liorations : il est devenu plus simple.

Le premier volume, outre les notions préliminaires sur la nature des corps, l'attraction, la nomenclature, la théorie atomique et celle des nombres proportionnels, comprend tout ce qui est relatif à l'étude de l'oxigène, des métalloïdes et de leurs composés inorganiques: là, se trouvent par conséquent tous les corps qui ne sont point de nature métallique.

Le second volume est consacré tout entier aux mé-taux, dont on compte maintenant jusqu'à quarante-et-un.

Le troisième, aux sels minéraux composés, dont le nombre augmente sans cesse et qui constituent l'une des branches les plus importantes de la chimie.

Le quatrième traite de la chimie végétale et la chimie animale.

Enfin, dans un autre volume qui devra être considéré comme un traité à part, l'auteur se propose de publier un essai sur la philosophie chimique et les principes gé-néraux de l'analyse.

D'ailleurs, la méthode est restée la même. Une longue expérience a prouvé qu'elle était préférable à toute au-tre. On procède donc du simple au composé, du connu à l'inconnu; on réunit dans un même groupe tous les corps analogues et on les examine successivement, d'abord d'une manière générale, et ensuite d'une manière parti-culière. L'avantage de cette méthode se fera sentir sur-tout dans l'étude des métaux et des sels. En effet il est possible de faire de ces sortes de corps une étude géné-rale telle qu'on soit presque dispensé de les étudier en particulier,

En considérant ainsi les phénomènes, l'on évite nécessairement de fréquentes répétitions : aussi, les quatre premiers volumes renferment-ils ce qui, par les méthodes adoptées jusqu'ici dans les ouvrages de chimie, aurait fait la matière d'un bien plus grand nombre.

Cependant on croit avoir exposé à-peu-près tous les faits qui sont connus et n'avoir parlé d'aucun sans en donner l'explication, et sans dire comment il est possible de le constater ; on a même été quelquefois minutieux dans la description des expériences, parce qu'on a voulu mettre le lecteur dans le cas de les répéter toutes.

Malgré les soins pris pour éviter toutes espèces d'erreurs, l'auteur en aura sans doute commis quelques-unes; il saura beaucoup de gré à ceux qui voudront bien les lui faire connaître.

[illegible]
[illegible]
[illegible]
[illegible]
[illegible]
[illegible]
[illegible]
[illegible]
[illegible]

TABLE

DES MATIÈRES CONTENUES DANS LE PREMIER VOLUME.

PREMIÈRE PARTIE.

CORPS INORGANIQUES.

FIN DE LA TABLE DU PREMIER VOLUME.

TRAITÉ

DE CHIMIE

ÉLÉMENTAIRE,

THÉORIQUE ET PRATIQUE.

PREMIÈRE PARTIE.

CORPS INORGANIQUES.

LIVRE PREMIER.

Notions sur la nature des corps et sur la force qui unit leurs parties constituantes.

1. Il existe un petit nombre de corps dont on ne peut retirer qu'une sorte de matière. Il en existe, au contraire, un grand nombre dont on peut retirer plusieurs matières de nature différente.

Les premiers sont appelés *corps simples* ou *élémens*, et les seconds, *corps composés*. Le fer est un *corps simple* ou un *élément*, parce que, de quelque manière qu'il soit traité, on n'en extrait que du fer; le marbre est un *corps composé*, parce qu'on en peut extraire de la chaux, du charbon et un air particulier.

Les anciens ont cru qu'il n'y avait que quatre élémens :

le feu, l'eau, l'air et la terre. Cette opinion, émise pour
la première fois par Aristote, et professée pendant si long-
temps, n'est plus soutenue que par ceux qui n'ont fait aucune étude des sciences. D'une part, il est démontré que
l'air, l'eau et la terre sont de véritables composés; et de
l'autre, il paraît que les élémens ne sont pas en si petit
nombre qu'on se l'était imaginé d'abord : les chimistes en
reconnaissent aujourd'hui cinquante-quatre (1); mais
comme il est possible qu'il en soit un jour de ceux-ci comme
des élémens admis anciennement, et qu'il est probable
qu'on en découvrira de nouveaux parmi les corps qui n'ont
point encore été examinés, il est évident qu'on ne sera
jamais certain de connaître le nombre des élémens réels.
Quoi qu'il en soit, ce sont les cinquante-quatre corps con-
sidérés actuellement comme élémentaires qui, seuls ou
combinés deux à deux, trois à trois, etc., seront censés
constituer pour nous tous les corps de la nature.

2. On dit que les corps se combinent, lorsqu'ils agissent
les uns sur les autres, de manière à n'en plus former qu'un
seul dont toutes les parties, même les plus ténues, contiennent une certaine quantité de chacun d'eux. C'est ainsi
qu'en faisant fondre dans un creuset 80 parties de plomb
et 20 parties de soufre, on obtient un composé dans les
plus petits fragmens duquel on trouve du plomb et du
soufre. C'est encore ainsi qu'en faisant fondre du sel dans
l'eau, il en résulte une liqueur dont toutes les gouttes sont
salées.

3. Lorsque les corps se combinent, on n'aperçoit pas,
même avec le microscope, les parties entre lesquelles la combinaison a lieu, tant elles sont ténues; il en résulte de
nouvelles parties moins petites que les précédentes, puisqu'elles sont composées des premières, mais assez petites
encore pour n'être pas sensibles à la vue. Quelquefois ces
nouvelles parties restent isolées après leur formation et sont

---

(1) L'on ne comprend point dans ce nombre les fluides impondérables.

toujours invisibles comme l'air; le plus souvent elles se réunissent et forment un seul corps qui apparaît à l'état
liquide ou solide.

Dans tous les cas, quelle que soit leur nature ou leur
manière d'être, nous les désignerons par le nom d'*atomes*
ou de *molécules* : de là, des atomes ou molécules simples,
des atomes ou molécules composées.

Il est essentiel de distinguer les atomes appartenant à chacun des corps qui s'unissent, des atomes qui, provenant
de cette union, forment masse par leur rapprochement ou
leur agrégation. Nous appelons les premiers *atomes constituans*, et les autres *atomes intégrans*.

Les atomes intégrans sont donc tous de la même nature
que le corps dont ils font partie; ce sont, à proprement
parler, les *particules* de ce corps : aussi leur donne-t-on
souvent ce nom, et cette dénomination est même préférable-
ble, en ce qu'elle évite la confusion du langage : nous nous
en servirons par la suite.

Les atomes constituans sont, au contraire, de nature différente; ils se combinent un à un ou deux à un, etc.; enfin
toujours en petit nombre, comme nous le verrons bientôt,
pour constituer des atomes intégrans ou des particules.
Tous les corps composés contiennent ces deux genres d'a-
tomes, tandis que les corps simples n'en peuvent contenir
que d'un genre, c'est-à-dire d'intégrans.

Pour plus de clarté, supposons deux corps simples; représentons chaque atome du premier par A, et chaque
atome du second par B; admettons que, dans la combinaison de ces deux corps, un atome de l'un s'unisse avec
un atome de l'autre, il est évident que les atomes constituans du composé seront les atomes même A, B, et que
chaque atome intégrant ou particule de ce composé sera
formé d'un atome A, plus d'un atome B.

Que si les atomes A, B, au lieu d'être simples, étaient
eux-mêmes déjà composés, s'ils étaient binaires, par exemple, alors les atomes intégrans du nouveau composé seraient

d'un ordre plus compliqué; chacun d'eux contiendrait quatre atomes unis primitivement deux à deux, et conservant probablement encore cette sorte d'union dans la nouvelle combinaison.

Ainsi, 1 atome de mercure et 1 atome d'oxigène } constituent un atome de protoxide de mercure.

1 atome de soufre et 3 atomes d'oxigène } constituent un atome d'acide sulfurique.

1 atome d'ac. sulfur. et 1 atome de protoxide de mercure } constituent un atome de sulfate de protoxide de mercure.

On concevra donc, qu'au moment de la combinaison entre deux corps, par exemple, entre l'acide sulfurique et le protoxide de mercure, les atomes d'acide s'unissent un à un aux atomes de protoxide, et produisent autant d'atomes de sulfate qu'il y a d'atomes d'acide ou de protoxide; puis, que tous les atomes de sulfate de protoxide, invisibles comme les atomes élémentaires qui les constituent, quand ils sont isolés, se juxtaposent, s'agrègent en nombre infini, et forment par leur réunion un corps solide; d'où il suit que, dans le sulfate de protoxide de mercure, les atomes constituans sont composés : l'un est l'acide sulfurique, et l'autre le protoxide de mercure; et que dans ceux-ci ces sortes d'atomes sont simples : pour l'acide, c'est le soufre et l'oxigène; pour le protoxide, c'est l'oxigène et le mercure.

4. Tous les corps ne se combinent pas les uns avec les autres, parce que différentes causes dont nous parlerons bientôt s'y opposent; mais tous tendent à se combiner. Nous ne pouvons expliquer cette tendance générale à la combinaison qu'en admettant l'existence d'une force inhérente aux molécules ou atomes de la matière. Cette force, quelle qu'en soit la cause, car nous l'ignorons absolument, a été appelée *attraction moléculaire* ou *atomique;* elle n'a lieu qu'à des distances inappréciables, ou près du point de contact : en effet, si la distance qui sépare deux corps est me-

surable, si l'œil peut la saisir, leurs atomes ne s'attireront point; mais si les corps se touchent, ou s'ils sont dans un contact apparent, leurs atomes pourront s'attirer et s'unir. Cette attraction paraît donc être différente de l'attraction planétaire, puisque celle-ci s'exerce entre les masses et à des distances considérables, et qu'elle agit toujours en raison directe des masses et en raison inverse du carré des distances.

5. L'attraction moléculaire ou atomique prend différens noms, selon qu'elle a lieu entre des atomes de même nature ou des atomes de nature différente : elle s'appelle *cohésion* dans le premier cas, et *affinité* dans le second. Examinons les phénomènes qui dérivent de ces deux forces.

DE LA COHÉSION.

6. La cohésion étant la force qui unit les atomes de même nature, c'est-à-dire, les atomes intégrans ou les particules d'un corps, doit être en proportion directe avec l'effort nécessaire pour désunir ces atomes ou particules; il suit de là qu'elle est insensible dans l'air ou les fluides aériformes, qu'elle est très faible dans les liquides, et plus ou moins grande dans les solides.

7. La cohésion qui existe entre les particules respectives de deux corps que l'on veut combiner est toujours un obstacle à leur combinaison : si donc cette cohésion est plus grande que leur affinité, la combinaison ne pourra avoir lieu. Voilà pourquoi les corps à l'état solide ne se combinent point ensemble, ou du moins ne se combinent que très rarement. Prenons pour exemple le plomb et le soufre, et représentons la cohésion et l'affinité par des nombres. Supposons que la cohésion qui unit les particules du soufre soit égale à 7, ainsi que celle qui unit les particules du plomb, et que l'affinité des particules du soufre pour celles du plomb ne soit égale qu'à 6 : il est évident que dans ce cas la combinaison n'aura pas lieu, puisque la cohésion des deux

corps qui doivent s'unir l'emporte sur leur affinité. Mais vient-on à fondre ces deux corps, ils se combinent à l'instant même : c'est qu'alors leur cohésion devient pour ainsi dire nulle, tandis que leur affinité réciproque est encore très sensible, ce qui prouve que la première de ces forces décroît dans un rapport beaucoup plus grand que la seconde.

Si la cohésion qui existe entre les particules respectives de deux corps que l'on veut combiner est un obstacle à leur combinaison, on remarque, au contraire, que la cohésion qui tend à réunir les atomes intégrans du composé auquel ils doivent donner lieu favorise la formation de ce composé : c'est ce qu'on verra particulièrement en traitant des sels.

8. Lorsqu'on diminue d'une manière quelconque la cohésion d'un corps solide, au point de le rendre liquide ou gazeux, et qu'ensuite on fait disparaître la cause de ce changement, le corps revient à son premier état, et ses atomes se disposent de telle manière qu'ils donnent naissance à un solide régulier qu'on appelle *cristal*. Par conséquent, toutes les fois qu'un corps passera de l'état gazeux ou liquide à l'état solide, il cristallisera. Si ce passage était trop rapide, la cristallisation serait confuse, ou les formes qu'affecterait le solide ne seraient pas régulières. Il se pourrait même faire qu'il n'en résultât qu'une masse, au milieu de laquelle on distinguerait à peine quelques rudimens de cristaux. C'est un phénomène de ce genre qui a lieu, lorsqu'en mêlant ensemble deux portions d'eau tenant en dissolution, l'une un corps *A* et l'autre un corps *B*, il se forme un composé *A B*, insoluble dans l'eau, ou dont les particules ont plus de cohésion entre elles que d'affinité pour ce liquide. Alors ce composé apparaît sous forme de poudre ou de flocons, et se dépose ou se précipite, en général, au fond du vase dans lequel on opère : de là l'expression de *précipité*, que nous emploierons pour désigner un corps solide séparé tout-à-coup d'un liquide.

9. Les agens que nous employons ordinairement pour

faire cristalliser les corps sont l'eau et le feu, et quelquefois l'esprit-de-vin.

Il y a deux manières de faire cristalliser les corps par l'eau : tantôt on les dissout dans ce liquide à l'aide de la chaleur, et on laisse refroidir la dissolution; tantôt on abandonne la dissolution refroidie à une évaporation spontanée. Dans le premier cas, la cristallisation a lieu, parce que l'eau a la propriété de dissoudre une plus grande quantité du corps à chaud qu'à froid, et qu'on en dissout une quantité telle, qu'une portion se dépose nécessairement par le refroidissement. Dans le second cas, elle est due à ce que l'eau se vaporisant, il arrive bientôt une époque à laquelle le corps qu'elle contient ne peut plus être tout entier dissous. Les corps, en cristallisant au milieu de l'eau, en retiennent presque toujours une portion plus ou moins grande, qui, quand elle est combinée, s'appelle *eau de cristallisation.*

Il y a également deux manières de faire cristalliser les corps par le feu : l'une consiste à les chauffer au point de les fondre, à les laisser refroidir tranquillement jusqu'à ce qu'il se soit formé une croûte à leur surface, à percer cette croûte, et à décanter les parties intérieures, qui, à cette époque, sont encore liquides : on obtient, par ce moyen, toutes les autres parties sous forme d'une couche solide et cristalline. Cette couche se moule dans le vase où l'on opère; de sorte que, si ce vase est un creuset, ce qui arrive le plus souvent, il en résulte une sorte de géode ou cavité remplie de cristaux : c'est ce que nous offrent à un degré remarquable le soufre et le bismuth.

L'autre manière consiste à réduire les corps en vapeurs et à les condenser peu-à-peu. Cette méthode n'est pas souvent pratiquée, parce qu'il y a peu de solides volatils. L'arsenic peut être cité comme exemple : mettez 40 à 50 grammes d'arsenic dans une cornue de grès; bouchez-en le col avec un bouchon percé d'un petit trou; exposez la panse de cette cornue à l'action d'un feu capable d'en faire rougir la partie inférieure, pendant demi-heure; laissez-la refroidir ensuite, et cassez-la, vous trouverez tout l'arsenic dans le col, sous forme de cristaux extrèmement brillans.

Quant à la cristallisation par l'alcool, elle se fait toujours en opérant la dissolution du corps à l'aide de la chaleur, et laissant refroidir cette dissolution; procédé qui est entièrement semblable à celui que nous avons indiqué d'abord.

10. Un corps d'une espèce déterminée peut prendre, en cristallisant, des formes régulières extrèmement variées, quelquefois si éloignées les unes des autres, qu'au premier aperçu l'on ne soupçonnerait pas le moindre rapport entre elles. Cependant, en les étudiant avec soin, on reconnaît bientôt qu'elles dérivent les unes des autres de la manière la plus simple, et que toutes celles qui ont été observées peuvent être ramenées à un très petit nombre de types fondamentaux.

L'examen de ces formes n'appartenant pas spécialement à notre sujet, nous renverrons ceux qui voudront les étudier aux ouvrages de cristallographie.

Nous observerons seulement qu'il est des corps qui, quoique très différens par leur nature, peuvent se substituer les uns aux autres dans une série de composés sans en changer la forme : ainsi, dans l'alun qui est octaédrique et qui est formé d'acide sulfurique, d'alumine, de potasse et d'eau, on peut remplacer l'alumine par le peroxide de fer et obtenir encore des cristaux octaédriques qui contiendront d'ailleurs les mêmes proportions d'acide, de potasse et d'eau. C'est à ces sortes de corps qu'on donne le nom *d'isomorphes* (*de même forme*). (*V.* 5ᵉ vol. *Philos. chimique.*)

DE L'AFFINITÉ.

11. L'affinité, ou la force qui tend à unir les atomes de nature différente, varie entre les différens corps. Par

conséquent, un corps A n'a pas pour un corps B le même degré d'affinité que pour un corps C; d'où il suit qu'il sera plus ou moins facile de séparer A de B, que de le séparer de C, *toutes circonstances égales d'ailleurs.*

Cette force est modifiée dans ses résultats :

1° *Par la quantité relative des corps entre lesquels la combinaison peut avoir lieu.* Souvent les corps s'unissent en diverses proportions, quelquefois même en toutes proportions. On remarque alors que l'un tient d'autant plus à l'autre qu'il est en plus petite quantité par rapport à celui-ci. Supposons trois composés formés, le premier, de 1 de A et de 1 de B; le second, de 1 de A et de 2 de B; le troisième, de 1 de A et de 3 de B; il sera plus facile d'enlever une portion de A, et moins facile au contraire d'enlever une portion de B au premier qu'au second, et à plus forte raison qu'au troisième. En réfléchissant sur ce phénomène, on voit bientôt qu'il en doit être ainsi; car, dans le premier composé, il n'y a, par exemple, qu'un atome de B qui agit sur un atome de A, au lieu que dans le troisième il y en a trois.

2° *Par les combinaisons dans lesquelles les corps peuvent être engagés.* Si un corps A est combiné avec un corps B, son action sur un corps C sera nécessairement toute autre que s'il était libre. En général, elle sera moindre, et quelquefois nulle.

3° *Par la cohésion.* C'est ce qui a été démontré en parlant de cette force (7), et ce qui nous permet d'expliquer un grand nombre de phénomènes qui dépendent de l'action des liquides sur les solides. Comment se fait-il, par exemple, que le sel se dissolve dans l'eau? C'est que la force de cohésion du sel est moins grande que son affinité pour l'eau, et que les atomes intégrans du nouveau composé se placent à une telle distance les uns des autres que ce composé affecte l'état liquide. Mais pourquoi l'eau ne peut-elle dissoudre qu'une certaine quantité de sel? C'est qu'à mesure qu'elle en dissout, son action sur le sel diminue, probablement à cause de l'éloignement des atomes, et qu'il arrive nécessairement une époque à laquelle sa tendance à s'unir au sel est moins grande que la cohésion des particules de celui-ci. Le même raisonnement s'applique aux autres liquides et solides; d'où l'on voit que si certains solides résistent à l'action de quelques liquides et y sont insolubles, cela tient à ce que la cohésion l'emporte sur l'affinité : telle est l'eau par rapport au sable.

4° *Par le calorique.* Lorsqu'on expose les corps à l'action de ce fluide, ou qu'on les échauffe, ils augmentent de volume, passent souvent de l'état solide à l'état liquide, et de cet état à l'état gazeux. Le calorique éloigne donc les atomes d'un corps quelconque, et en diminue par conséquent l'attraction : cependant il concourt souvent à la combinaison d'un grand nombre de corps, et surtout de ceux qui sont solides. Mettez deux corps solides en contact, ils ne se combineront point, parce que leur cohésion l'emportera sur leur affinité; mais si vous les fondez, ou si vous fondez l'un d'eux, ils pourront s'unir, parce que leur cohésion sera singulièrement affaiblie, et qu'il est possible que leur affinité ne le soit que très peu. Il ne faudrait pas les chauffer assez pour les porter à l'état de fluide aériforme; il en résulterait un tel écartement entre leurs atomes, que souvent la combinaison n'aurait pas lieu. C'est donc entre les corps qui sont à l'état liquide que l'affinité s'exerce le plus facilement; d'où l'on voit qu'entre deux corps, dont l'un sera liquide et l'autre solide ou gazeux, il devra y avoir bien plus d'action qu'entre deux corps solides ou deux corps gazeux, toutes circonstances étant égales d'ailleurs.

5° *Par l'état électrique des corps.* Pour le concevoir, il suffit d'observer que deux corps électrisés de la même manière se repoussent, et que deux corps électrisés d'une manière différente s'attirent (vol. 5, *art. Electricité*).

6° *Par la pesanteur spécifique.* Lorsque deux corps ont une pesanteur spécifique différente, ils tendent à se séparer. Si donc leur affinité est extrêmement faible, ils ne pourront se combiner. C'est pour cela que l'eau ne dissout pas l'huile ; qu'en laissant refroidir peu-à-peu une masse homogène de cristal en fusion, les couches inférieures se trouvent plus chargées de plomb que les couches supérieures ; que la plupart des alliages, placés dans les mêmes circonstances que le cristal, et formés de deux métaux de densité très différente, nous présentent un phénomène analogue au précédent.

7° *Enfin par la pression.* Cette force, dont l'effet est de rapprocher les atomes, et par conséquent d'augmenter l'affinité, n'a qu'une influence très bornée sur l'union des corps solides et liquides les uns avec les autres, parce que ces corps ne sont que très peu compressibles ; mais il est facile de concevoir qu'elle peut en avoir beaucoup sur leur union avec les gaz dont la compressibilité est très grande, et sur celle des gaz entre eux. Supposons qu'un gaz ait un peu plus de force expansive que d'affinité pour l'eau, il ne se combinera pas avec elle ; mais si on le comprime, l'affinité va devenir prépondérante, et l'union aura lieu. L'eau ne dissoudra que peu de gaz si la pression est faible, parce qu'à mesure qu'elle en dissoudra, son affinité dissolvante diminuera ; elle en dissoudra beaucoup, au contraire, si la pression est forte, et d'autant plus qu'elle sera plus forte. Supposons actuellement qu'après avoir dissous un gaz dans un liquide par la pression, on supprime tout-à-coup cette pression : à l'instant même la force élastique devenant plus grande que l'affinité, le gaz se dégagera sous forme de bulles, et produira une sorte d'ébullition. C'est un phénomène de ce genre qui a lieu quand on débouche une bouteille de cidre, de bierre ou de vin mousseux. L'action du feu sur la craie, à diverses pressions, peut encore être citée comme une preuve de ce que nous venons d'avancer. La craie est un composé de chaux qui est toujours solide, et d'un autre corps qui est toujours gazeux. En faisant rougir la craie dans un creuset, sans exercer sur elle d'autre pression que celle de l'air, elle se décompose et laisse dégager le corps gazeux qu'elle contient; mais en s'y prenant de manière à la comprimer fortement, elle ne se décompose pas, même à une température très élevée. Par exemple, si, après avoir rempli exactement de craie un tube de fer très épais, on le scelle avec beaucoup de soin et solidement, il sera possible, sans décomposer la craie, d'exposer ce tube à une chaleur bien supérieure à celle qui la décomposerait à la pression ordinaire : alors elle se fondra, cristallisera par le refroidissement, et formera du marbre. C'est au chevalier Hall qu'on doit cette observation. Son Mémoire en renferme beaucoup d'autres plus ou moins analogues. Il paraît cependant qu'il existe quelques exceptions à cette règle générale. Ainsi, d'après M. Bellani de Monza, le phosphore ne brûle dans l'oxigène, à la température ordinaire, qu'autant que le gaz est raréfié, ou, ce qui revient au même, qu'en diminuant la pression à laquelle il est soumis; et d'après M. Labillardière, il en est de même du gaz hydrogène protophosphoré.

12. L'action atomique et réciproque de deux corps dépend donc, 1° de leur affinité; 2° souvent de leur quantité; 3° des combinaisons dans lesquelles ils peuvent être engagés, et qui sont étrangères à celles qu'ils doivent former; 4° de leur cohésion respective, et de celle du composé auquel ils doivent donner lieu; 5° de la température à laquelle on les met en contact; 6° de leur état électrique; 7° enfin quelquefois de leur pesanteur spécifique, et quelquefois aussi, lorsque l'un d'eux est gazeux, de la pression à laquelle ils sont soumis. De là découle naturellement la définition que nous allons donner de la chimie, définition qui n'aurait pu être comprise si elle eût été donnée plus tôt. *La chimie est une science qui a pour objet la connaissance de tous les phénomènes qui dépendent de l'action atomique et réciproque de tous les corps les uns sur les autres :* or, puisque tel est l'objet de cette science, il s'ensuit que le chimiste doit tenir compte de l'influence de toutes les

forces que nous venons de considérer dans les résultats auxquels il parvient et qu'il s'efforce d'interpréter.

13. Recherchons, d'après cela, ce qui doit arriver en mettant en contact un corps C avec un composé de deux autres corps A et B : ou l'action sera nulle, ce qui arrivera presque toujours si les corps sont solides ; ou l'action s'effectuera, ce qui aura presque toujours lieu si les corps sont liquides, et alors le corps C se combinera avec les corps A et B, et formera un composé ternaire, ou s'unira avec chacun d'eux pour produire deux composés binaires, ou bien s'emparera de l'un d'eux seulement, et isolera l'autre. En effet, supposons que C ait pour A plus d'affinité que pour B, et plus que n'en ont l'un pour l'autre A et B; supposons d'ailleurs que B n'en ait que très peu pour A C ou pour C, et qu'il soit de nature à être par lui-même solide ou gazeux : qu'arrivera-t-il? que les atomes de B tendront plus à se rapprocher ou à s'éloigner les uns des autres qu'à se combiner avec A C ou C, c'est-à-dire, que la cohésion ou la force expansive des atomes de B sera plus grande que leur affinité pour A C ainsi que pour C; en conséquence, ils se réuniront et donneront lieu à un précipité, ou s'écarteront et donneront lieu à un fluide élastique : de là les moyens que les chimistes emploient pour séparer les principes constituans des corps, et en déterminer la proportion. Un composé A B étant donné, ils le mettent en contact avec un corps C, qui s'empare de A et isole B, comme nous venons de le dire; ensuite ils mettent A C en contact avec un autre corps D, qui s'empare de C et isole A : ils obtiennent ainsi à part les corps A et B et les pèsent, de sorte qu'ils savent pour combien ces corps entrent l'un et l'autre dans le composé A B. Cette opération se nomme *analyse*, tandis qu'on donne le nom de *synthèse* à celle qui est tout-à-fait inverse, et qui consiste à combiner les élémens des corps. L'analyse est donc l'art de décomposer les corps, et la synthèse l'art de les recomposer.

Les phénomènes qui dépendent de l'action d'un corps

sur un composé de deux autres étant bien conçus, nous pouvons également bien concevoir ceux qui proviennent de l'action d'un corps sur un composé ternaire, ou bien de deux composés binaires l'un sur l'autre, ou même de composés plus compliqués. C'est, au reste, ce que nous verrons par la suite, à mesure que l'occasion de parler de ces phénomènes se présentera.

14. S'il n'existait point de forces opposées à l'affinité, nous pourrions combiner les corps deux à deux, trois à trois, enfin tous ensemble, et dès qu'ils seraient combinés, nous serions dans l'impossibilité de les séparer; mais comme il en existe plusieurs, il s'ensuit que le nombre des combinaisons doit être restreint : l'intervention de ces forces est telle, que l'on ne connaît pour ainsi dire que des composés binaires, ternaires et quaternaires.

15. *Sur la mesure de l'affinité.* —L'affinité étant souvent modifiée par plusieurs forces qu'on ne saurait évaluer, il doit être impossible de la mesurer. On sait déterminer tout au plus quel est de deux, trois corps, etc., celui qui a le plus d'affinité pour un autre. Les moyens que nous employons pour cela varient. S'agit-il de déterminer l'ordre d'affinité d'un gaz pour une série de corps solides avec lesquels ce gaz peut former des composés eux-mêmes fixes et solides, nous le combinons avec chacun de ces corps, et nous exposons successivement tous les composés qui en résultent à l'action du feu : par là nous en éloignons les molécules, et nous parvenons à porter celles d'un certain nombre d'entre eux hors de leur sphère d'attraction; de sorte qu'elles se séparent, et que le gaz qui, en vertu de l'affinité, avait partagé la solidité du corps avec lequel il était combiné, est rendu à son état de liberté et se dégage. Or, il est évident que les composés dont on opère ainsi la décomposition sont formés d'élémens qui ont moins d'affinité réciproque que ceux qui ne se décomposent pas ; car, excepté l'affinité, toutes les autres forces sont sensiblement les mêmes ; et il est certain que moins il faudra de chaleur

pour opérer la décomposition, moins l'affinité sera grande.
Représentons les corps solides par A, B, C, D, etc., le gaz
par G, et les composés par AG, BG, CG, DG, etc. (1).
Supposons que AG se décompose à 100 degrés, BG à une
température plus élevée, CG à une température plus élevée
encore, etc.; nous en conclurons que G a moins d'affinité
pour A que pour B, etc. Mais si AG, BG, etc., ne sont
point susceptibles de décomposition par la chaleur, comment
déterminera-t-on l'affinité de G pour A, B, etc.? Alors, au
lieu de chauffer AG, BG, etc., seuls, on les chauffe avec
un autre corps qui puisse se combiner avec G, et ne puisse
pas se combiner avec A, B, ni avec AG, ni avec BG, etc. (2);
et d'après la température à laquelle s'opère la décomposition, l'on juge du degré d'affinité. On peut encore traiter
directement AG par B, et BG par A, dans le cas où A n'est
point capable de se combiner avec B ou BG, ni AG avec B;
car si B enlève G à A, et que A ne puisse point l'enlever à
B, il sera prouvé que G aura plus d'affinité pour B que pour
A. En général, c'est par des moyens plus ou moins analogues qu'on cherche à déterminer l'ordre d'affinité d'un corps
quelconque pour d'autres, quel que soit l'état qu'ils affec-
tent. Mais il faut avouer que la nécessité de tenir compte de
toutes les forces autres que l'affinité, et qui peuvent accé-
lérer ou retarder l'action des corps, rend presque toujours
la solution du problème très délicate, et même assez souvent impossible. C'est pour ne pas avoir eu égard à ces
forces que Geoffroy, Bergmann, etc., ont nécessairement
commis de graves erreurs dans les tables où ils nous présentent les corps rangés par ordre d'affinité. Ces tables ne sont

---

(1) Le gaz G sera, si l'on veut, l'oxigène, l'un des principes de l'air; les
corps solides A, B, C, etc., seront les métaux; et les composés AG, BG, CG
seront les oxides métalliques qui résultent tous de l'union des métaux avec
l'oxigène.

(2) Cet autre corps pourra être le charbon, si les composés AG, BG, etc.,
sont les oxides métalliques.

réellement que des tables de décomposition : elles n'en seraient pas moins utiles si elles étaient exactes : malheureusement elles sont loin de l'être toujours.

16. La théorie que nous venons d'exposer relativement aux forces dont dépend l'action chimique, est bien différente de celle que l'on admettait autrefois, et qui est due à Bergmann. Alors on ne faisait dépendre cette action que de l'affinité, ou du moins l'on négligeait souvent de tenir compte de la quantité des corps, de la force expansive des uns, et de la cohésion des autres. D'après cette théorie, l'affinité était regardée comme absolue; on s'imaginait que quand deux corps A et B avaient plus d'affinité l'un pour l'autre qu'ils n'en avaient séparément pour un autre corps C, celui-ci ne pouvait enlever aucune portion de A ni de B au composé AB; et que quand un corps A avait plus d'affinité pour un corps B que pour un corps C, et plus que n'en avaient entre eux B et C d'une part, et les trois corps A, B et C de l'autre, le corps A enlevait au contraire le corps B au corps C, et agissait avec une égale force sur B, depuis le commencement jusqu'à la fin de son action; mais il s'en faut beaucoup qu'il en soit ainsi. C'est à Berthollet qu'appartient l'honneur d'avoir démontré cette importante vérité, et, par conséquent, d'avoir renversé la théorie de Bergmann sur les affinités. C'est lui qui, le premier, reconnut l'influence de la quantité, et tint compte convenablement de la cohésion, de la force élastique et de la pesanteur spécifique des corps. Nous n'avons pu, en quelque sorte, qu'indiquer ses belles recherches. Pour s'en faire une idée exacte, il faut les lire dans l'ouvrage même où elles ont été consignées. (Voy. *Statique chimique*.)

LIVRE DEUXIÈME.

De la nomenclature chimique, et de l'ordre suivant lequel les corps seront étudiés.

17. Après avoir examiné, comme il convenait de le faire, au commencement de cet ouvrage, la nature des corps et la force qui unit leurs parties constituantes, nous devons nous occuper : 1° de la nomenclature chimique, c'est-à-dire des noms qui servent à désigner les différens corps connus jusqu'ici; 2° de l'ordre suivant lequel nous étudierons ceux-ci.

18. Le nombre des corps simples est de cinquante-quatre; celui des corps composés est beaucoup plus considérable, et doit même sembler infini, puisqu'une différence dans la proportion des élémens suffit pour en apporter une très grande dans les propriétés. (1)

Des noms *insignifians* peuvent être donnés aux corps simples : ce sont même les meilleurs, lorsqu'ils sont courts et qu'ils se prêtent à la formation d'autres noms; mais il est très important que les corps composés en aient qui rappellent leurs principes constituans : c'est sur cette base qu'est fondée la nomenclature française, nomenclature qui est adoptée aujourd'hui par tous les savans.

19. Les cinquante-quatre corps simples connus dans l'état actuel de la science sont : 1° l'oxigène; 2° l'azote, le bore, le brôme, le carbone, le chlore, le fluor, l'hydrogène, l'iode, le phosphore, le sélénium, le silicium, le soufre, que nous connaîtrons sous la dénomination de *métalloï-*

---

(1) Nous ne faisons mention ici d'aucun des fluides impondérables, qui sont le fluide de la chaleur, le fluide lumineux, le fluide électrique, le fluide magnétique.

des. 3° *quarante-et-un métaux*, savoir : l'aluminium ; l'antimoine, l'argent, l'arsénic, le barium, le bismuth, le cadmium, le calcium, le cérium, le chrôme, le cobalt, le colombium ou le tantale, le cuivre, l'étain, le fer, le glucinium, l'iridium, le lithium, le magnésium, le manganèse, le mercure, le molybdène, le nikel, l'or, l'osmium, le palladium, le platine, le plomb, le potassium, le rhodium, le sodium, le strontium, le tellure, le titane, le thorinium, le tungstène, l'urane, le vanadium, l'yttrium, le zirconium, le zinc.

On appelle encore d'un nom commun, *corps combustibles* ou *oxigénables*, tous les corps simples autres que l'oxigène, parce que tous peuvent se combiner avec ce principe, en donnant lieu toujours à un dégagement de calorique, et assez souvent à un dégagement de lumière, et que ce sont là des propriétés communes au charbon, au bois, aux huiles, etc., qui de tout temps ont été connus sous le nom de *combustibles*. Mais comme la chaleur et la lumière peuvent être le produit de beaucoup d'autres combinaisons, il serait mieux d'appeler ces sortes de corps simplement *corps oxigénables*.

Rangés de telle manière que l'un d'eux soit positif à l'égard de ceux qui le précèdent, et négatif à l'égard de ceux qui le suivent, les corps simples se présentent à-peu-près dans l'ordre suivant :

Oxigène.	Molybdène.	Or.	Étain.	Aluminium.
Fluor.	Tungstène.	Osmium.	Plomb.	Yttrium.
Chlore.	Bore.	Iridium.	Cadmiun.	Glucyum.
Brôme.	Carbone.	Platine.	Cobalt.	Magnésium.
Iode.	Antimoine.	Rhodium.	Nickel.	Calcium.
Soufre.	Tellure.	Palladium.	Fer.	Strontium.
Sélénium.	Tantale.	Mercure.	Zinc.	Barium.
Azote.	Titane.	Argent.	Manganèse.	Lithium.
Phosphore.	Silicium.	Cuivre.	Cérium.	Sodium.
Arsénic.	Hydrogène.	Urane.	Thorium.	Potassium.
Chrôme.	——	Bismuth.	Zirconium.	

Nous avons dû exposer cet ordre dès à présent ; il va

nous servir pour la formation des noms à donner aux composés inorganiques : dans ces noms, le corps négatif sera toujours indiqué le premier.

Dénomination des composés inorganiques.

20. Observons d'abord que les composés inorganiques ou minéraux, sont loin d'être aussi nombreux qu'on pourrait se l'imaginer. En effet, ils résultent pour la plupart, 1° de la combinaison de l'oxigène avec chacun des autres corps simples; 2° de la combinaison de deux métalloïdes entre eux, ou de deux métaux aussi entre eux, ou d'un métalloïde avec un métal; 3° de la combinaison d'un métalloïde ou d'un métal uni à l'oxigène, avec un métal également uni à l'oxigène; 4° quelquefois de la combinaison d'un métalloïde uni à un métal, avec le même métal oxigéné; 5° quelquefois enfin de la combinaison d'un métalloïde uni à un métal avec ce même métalloïde uni à un autre métal.

21. Tous les composés formés d'oxigène et d'un autre corps simple prennent le nom générique *d'acides* ou *d'oxides*; *d'acides*, s'ils rougissent la couleur bleue du tournesol, etc.; *d'oxides*, s'ils ne la rougissent pas, etc. (1). Les oxides et les acides se désignent ensuite, chacun en particulier, comme il suit. Lorsqu'un corps simple, en se combinant avec l'oxigène, ne peut former qu'un oxide, on désigne celui-ci par le nom de ce corps même : ainsi, l'oxide composé d'oxigène et de carbone porte le nom *d'oxide de carbone*. Mais si le corps simple peut se combiner en plusieurs proportions avec l'oxigène et former plusieurs oxides, par exemple, deux, le premier s'appelle *protoxide*, et le second *sesqui-oxide* ou *bi-oxide*, suivant qu'il contient une fois et demie ou deux fois autant d'oxigène que le protoxide pour la même quantité de métalloïde ou de métal, ce qui a ordinairement lieu : de là, pour désigner les deux

---

(1) Les autres propriétés caractéristiques des acides et des oxides seront exposées plus tard.

oxides de mercure, et les deux oxides de fer, les expres-sions de *protoxide, bi-oxide de mercure; protoxide, sesqui-oxide de fer*. Ce n'est que dans le cas où les oxides ne sont point soumis à cette loi de composition, que les dé-nominations de *protoxide, deutoxide, tritoxide, peroxide*, sont employées : ces dénominations équivalent à celles de 1er oxide, 2e oxide, 3e oxide, dernier oxide ou oxide le plus oxigéné.

Des règles aussi faciles à concevoir servent à la dénomi-nation des acides. Un corps simple oxigénable ne peut-il donner lieu qu'à un seul acide, le nom de ce dernier se forme du mot générique *acide*, auquel on joint le nom français ou latin du corps simple même terminé en *ique* : nous citerons pour exemple l'*acide borique*, qui est le seul acide que produit l'oxigène en s'unissant au bore. Le corps simple peut-il, au contraire, se combiner en plusieurs pro-portions avec l'oxigène et former deux acides, le plus oxi-géné se désigne par la terminaison *ique* comme le précé-dent, et le moins oxigéné par la terminaison *eux* : exem-ple, *acide arsénieux, acide arsénique*. Les acides sont-ils au nombre de trois comme ceux de l'azote, ou de quatre, comme ceux du soufre et du phosphore? Alors on se sert de la préposition grecque *hypo* (sous), et l'on dit : *acide hypo-sulfureux, acide sulfureux, acide hypo-sulfurique, acide sulfurique*.

Quel que soit, au reste, le nombre d'oxides et d'acides qu'un même corps puisse produire en s'unissant à l'oxigène, il est à remarquer que le peroxide ou l'oxide le plus oxigéné contient toujours moins d'oxigène que l'acide le moins oxigéné. Ces sortes de composés ne diffèrent donc dans leur composition que par la quantité d'oxigène : le métalloïde ou le métal en est en quelque sorte le radical; et l'oxigène, le principe acidifiant.

Tous les acides ne contiennent pas de l'oxigène; il en est quelques-uns qui sont formés seulement de deux métalloï-des, et dont l'existence n'a été bien constatée que depuis 20

à 25 ans. On ne savait trop d'abord comment les nommer. Enfin on s'est décidé à composer leurs noms de ceux
de leurs principes constituans, et à leur donner la même
terminaison qu'aux autres acides. Celui que forment l'hydrogène et le chlore s'appellera donc *acide chlorhydrique*, et celui que forment l'iode et l'hydrogène, *acide iodhydrique*.
Il faudrait d'après cela, dans un langage rigoureux, ajouter aux dénominations des acides oxigénés, l'expression
oxi, pour les rendre plus exactes, et dire : *acide oxi-sulfu-
rique, acide oxi-carbonique*. Nous ne le ferons que rarement : toutes les fois que le *radical* seul de l'acide sera indiqué, l'oxigène sera l'un des élémens de l'acide.

21 *bis.* Ce que nous venons de dire sur la dénomination
des oxides et des acides suffit. Examinons maintenant celle
des composés que les acides forment avec les oxides métalliques. Ces composés, qui sont très nombreux, portent le
nom de *sels*, et se désignent en changeant et variant la
terminaison de l'acide, et en faisant suivre le nouveau nom,
dont on retranche quelquefois une syllabe, du nom de
l'oxide qui entre dans la composition du sel. Si le nom de
l'acide est terminé en *eux*, il prend la terminaison *ite*; s'il
est terminé en *ique*, il prend la terminaison *ate*. Par conséquent les expressions de *carbonate de protoxide de fer*,
de *sulfate*, de *sulfite de protoxide de potassium*, représen-
teront les combinaisons du protoxide de fer avec l'acide
carbonique, et du protoxide de potassium avec les acides
sulfurique et sulfureux. Mais comme le même acide se
combine quelquefois non-seulement avec les divers oxides
d'un même métal, mais encore avec le même oxide en diverses proportions, il faut distinguer assez bien les noms des
variétés de sels qui en résultent, pour qu'il n'y ait pas confusion. Ces variétés de sels nous en donnent le moyen par
leurs propriétés. Les uns sont neutres, c'est-à-dire, tels
que les propriétés de l'acide et de l'oxide disparaissent;
d'autres sont acides, et les autres avec excès d'oxides.

Or, on sait aujourd'hui que dans les sels acides et dans

les sels avec excès de base, la quantité d'acide ou la quantité de base se trouve être un multiple ou un sous-multiple par 2, 3, 4, rarement par $1\frac{1}{2}$, etc. de la quantité d'acide ou de base du sel neutre du même genre; en conséquence les mots *bi, tri, quadri, sesqui*, placés devant le nom générique pour les sels acides, et après ce nom pour les sels basiques, feront connaître précisément leur composition relative. Nous aurons donc, pour désigner les cinq sels que forment l'acide phosphorique et la chaux, les dénominations de *phosphate neutre de chaux*, *sesqui-phosphate de chaux*, *bi-phosphate de chaux*, *phosphate sesqui-basique de chaux* et *phosphate bi-basique de chaux*, qui indiquent : la première, que la chaux et l'acide phosphorique se neutralisent; la seconde et la troisième que, pour la même quantité de base, les phosphates acides contiennent $1\frac{1}{2}$ fois et 2 fois autant d'acide que le phosphate neutre; la quatrième et la cinquième que, pour la même quantité d'acide au contraire, les phosphates basiques contiennent $1\frac{1}{2}$ fois et 2 fois autant de base que le phosphate neutre, auquel on compare tous les autres.

22. Nous venons de voir qu'un oxide métallique, en s'unissant à un acide, formait un sel. Mais il est quelques autres substances qui, comme les oxides métalliques, s'unissent aux acides, les neutralisent, et forment des composés dont les propriétés ont tant d'analogie avec les sels, qu'on doit les assimiler à ceux-ci. Ces substances, bien différentes des oxides métalliques, et dont on ne connaissait qu'une seule il y a quelques années, sont aujourd'hui en assez grand nombre. L'une, appelée *ammoniaque*, est composée d'hydrogène et d'azote; les autres, qui appartiennent aux corps organiques, le sont d'hydrogène, d'oxigène, de carbone et d'azote. Chacune d'elles porte un nom particulier qu'il est inutile de citer ici; toutes prennent celui de *base salifiable*, et par suite les oxides métalliques qui peuvent faire partie de sels, reçoivent aussi ce dernier nom; de sorte que, sous le nom de *base salifiable*, l'on comprend une substance quel-

conque capable de neutraliser plus ou moins complètement les propriétés des acides, et réciproquement, sous le nom d'*acide*, une substance qui neutralise plus ou moins les propriétés des bases.

22 *bis*. Beaucoup d'oxides métalliques forment ensemble des composés binaires et s'unissent de telle manière, que l'un d'eux joue le rôle d'*acide*, et l'autre celui de *base* : tels sont, entre autres, l'oxide d'aluminium, l'oxide de zinc, etc. relativement au protoxide de potassium et à celui de sodium, etc. On donne alors à ces sortes de composés, des noms analogues à ceux des sels : ils s'appellent *aluminates, zincates de protoxide de potassium, de sodium*, etc.

Mais si beaucoup d'oxides métalliques peuvent se combiner entre eux, il n'en est pas de même des oxides métalloïdiques ou des divers acides, les uns avec les autres, ou bien encore des oxides des métalloïdes avec les oxides métalliques ; il n'y a guère que l'eau qui se combine avec ceux-ci : de là les *hydrates*.

23. Les règles de nomenclature, relatives à la dénomination des composés, formés de deux métalloïdes ou de deux métaux, ou d'un métalloïde et d'un métal, sont très simples.

Le composé a-t-il des métaux pour élémens, il prend le nom d'alliage, et chaque alliage se distingue par les métaux qui en font partie. Exemple : *alliage de plomb* et *d'étain*. Quelquefois cependant l'alliage prend le nom d'*amalgame* ; mais ce n'est que dans le cas où le mercure est un des métaux alliés : alors la dénomination d'*amalgame d'argent, d'or*, etc., remplace celle d'*alliage de mercure et d'argent, de mercure et d'or*, etc.

Le composé résulte-t-il de la combinaison d'un métal avec un métalloïde, l'on donne à celui-ci qui est négatif, la terminaison *ure*, en le faisant suivre du nom du métal même : ainsi se forment les noms de *phosphure de plomb, sulfure de cuivre, chlorure de mercure*, et par suite ceux de *bi-sulfure de cuivre, bi-chlorure de mercure*.

Des dénominations analogues s'appliquent également

aux composés de deux métalloïdes : on dira donc *chlorure de soufre*, *chlorure de phosphore*, pour les composés de chlore et de soufre, de chlore et de phosphore, et non *sulfure de chlore*, *phosphure de chlore*, parce que le chlore est négatif relativement au phosphore et au soufre.

23 *bis*. Enfin, pour désigner les composés qui pourraient résulter d'un métalloïde uni à un métal avec le même métal oxigéné, par exemple du sulfure d'antimoine avec l'oxide d'antimoine, du chlorure de mercure avec l'oxide de mercure, on aura les *dénominations* de *oxi-sulfure d'antimoine*, *oxi-chlorure de mercure*; et pour désigner les composés formés d'un métalloïde uni à un métal avec le même métalloïde uni à un métal différent, comme le sulfure d'antimoine et le sulfure de potassium, on aura l'expression de sulfure double d'antimoine et de potassium, en nommant le premier celui des deux métaux qui est négatif par rapport à l'autre.

24. On voit que tout l'artifice dont on s'est servi, consiste principalement à réunir les noms des élémens d'un composé, en variant la terminaison. Les terminaisons en *ure* rappellent des composés d'un métalloïde avec un autre métalloïde ou un métal; les terminaisons en *eux* et en *ique*, des acides; les terminaisons en *ites* et en *ates*, des sels.

Il est évident d'ailleurs que si de nouveaux composés venaient à être découverts, il serait facile, d'après ce qui précède, de les désigner par des noms qui indiqueraient leur nature.

Dénominations des composés organiques.

25. Ces composés comprennent les matières végétales, et les matières animales. Les premières sont formées en général d'oxigène, d'hydrogène et de carbone; et les secondes, de ces trois principes et d'azote : elles ne diffèrent donc chacune dans leur ordre, que par la proportion de leurs principes constituans : d'où il suit qu'on ne saurait adop-

ter, pour ces matières, des dénominations analogues à celles dont nous nous sommes servis pour les composés inorganiques. Aussi, les matières végétales et animales sont-elles désignées par des noms qui n'ont aucun rapport avec l'oxigène, l'hydrogène, le carbone et l'azote, qui les constituent. Toutefois celles qui rougissent le tournesol et neutralisent les bases, prennent le nom générique d'*acide*, tout comme si elles appartenaient aux composés inorganiques : tels sont les acides citrique, oxalique, benzoïque, etc., ou les acides du citron, de l'oseille, du benjoin, etc.

26. C'est à Guyton-de-Morveau qu'est due l'heureuse idée de la nouvelle nomenclature; ce fut lui qui en posa les premières bases vers l'année 1780, et qui, le premier, s'en servit dans ses cours publics à Dijon. Bientôt après, il la proposa à l'Académie des sciences, qui chargea Berthollet, Fourcroy et Lavoisier de la revoir avec l'auteur. Après l'avoir discutée dans un grand nombre de conférences, et y avoir fait divers changemens, ces chimistes réunis l'adoptèrent telle qu'elle est aujourd'hui, à quelques modifications près. Cette nomenclature est bien préférable à l'ancienne : en effet, autrefois le même corps recevait deux ou trois et même quatre noms différens. C'est ainsi qu'on appelait le composé formé par l'union de l'oxigène avec le zinc, *fleurs de zinc, pompholix, nihil album, lana philosophica*, etc., noms qui, outre l'inconvénient d'être multipliés, avaient encore celui de ne donner aucune idée de la nature de ce composé; au lieu que le mot *oxide de zinc*, dont nous nous servons pour le désigner, est unique, et nous en fait connaître les élémens.

27. Quoique la nouvelle nomenclature, telle que nous venons de l'exposer, présente de grands avantages, elle est loin d'être parfaite. Les bases en sont excellentes, mais malheureusement on les perd trop souvent de vue, ou bien on les applique mal. Il serait bien à desirer que les principaux chimistes de tous les pays s'entendissent au sujet des modifications que les progrès de la science exigent dans

le langage et qu'ils se servissent surtout des mêmes dénominations; sans cela il est à craindre que les mêmes corps ne soient désignés par des noms différens, et qu'il n'en résulte bientôt confusion. M. Berzélius a senti vivement tous les inconvéniens qui pourraient résulter d'un semblable désordre; il les a signalés dans son ouvrage sur la *Théorie des proportions définies*, et dans son *Traité de chimie*, en même temps qu'il a essayé de les prévenir en faisant, en langue latine, une nomenclature fondamentale qui pût servir de type à celle de chaque langue en particulier. Nous reviendrons sur cet important sujet, et nous le discuterons dans le *Traité de philosophie chimique* (5ᵉ vol.).

De l'ordre suivant lequel nous étudierons les corps.

28. D'après la définition que nous avons donnée de la chimie (12), nous devons considérer successivement tous les corps, et faire une étude spéciale de tous les phénomènes qui dépendent de leur action réciproque et atomique. Mais cette étude ne doit point être arbitraire : autrement elle offrirait de grands obstacles à vaincre.

Nous exposerons d'abord les principales lois suivant lesquelles les corps se combinent, et nous suivrons dans l'étude de ces corps la marche que nous avons en quelque sorte tracée dans le chapitre précédent.

L'oxigène étant le corps simple dont l'action est la plus générale et la plus importante à connaître, nous l'étudierons en premier lieu. Nous étudierons, en second lieu, les métalloïdes simples et composés, puis les oxides et les acides qu'ils peuvent produire en s'unissant à l'oxigène, et enfin les acides qu'ils forment en se combinant entre eux. Viendront ensuite les bases salifiables et des composés peu nombreux encore, qui ont l'hydrogène pour radical, et qui n'obéissent point aux lois ordinaires de l'affinité : après quoi nous examinerons les métaux et les sels.

Lorsque nous aurons ainsi étudié les minéraux ou les

corps inorganiques, nous nous occuperons des matières végétales et animales, ou des composés organiques; mais nous ne traiterons des matières animales qu'après avoir traité des matières végétales, parce que celles-ci sont moins compliquées dans leur composition que celles-là.

Enfin nous ferons suivre l'examen des propriétés des corps par des considérations générales sous le titre de *Philosophie chimique*, et par un traité d'analyse sous le titre de *Principes généraux de l'analyse chimique*. (*V*. le tableau ci-joint.)

Nous étudierons, autant que possible, les corps sous sept rapports. Nous examinerons : 1° leurs principales propriétés physiques; 2° celles de leurs propriétés chimiques dépendant du rang qu'ils occuperont; 3° les divers états sous lesquels on les rencontre dans la nature; 4° la manière de les obtenir purs; 5° leur composition; 6° leurs usages; 7° l'histoire abrégée de leur découverte ou de la découverte de leurs propriétés les plus saillantes.

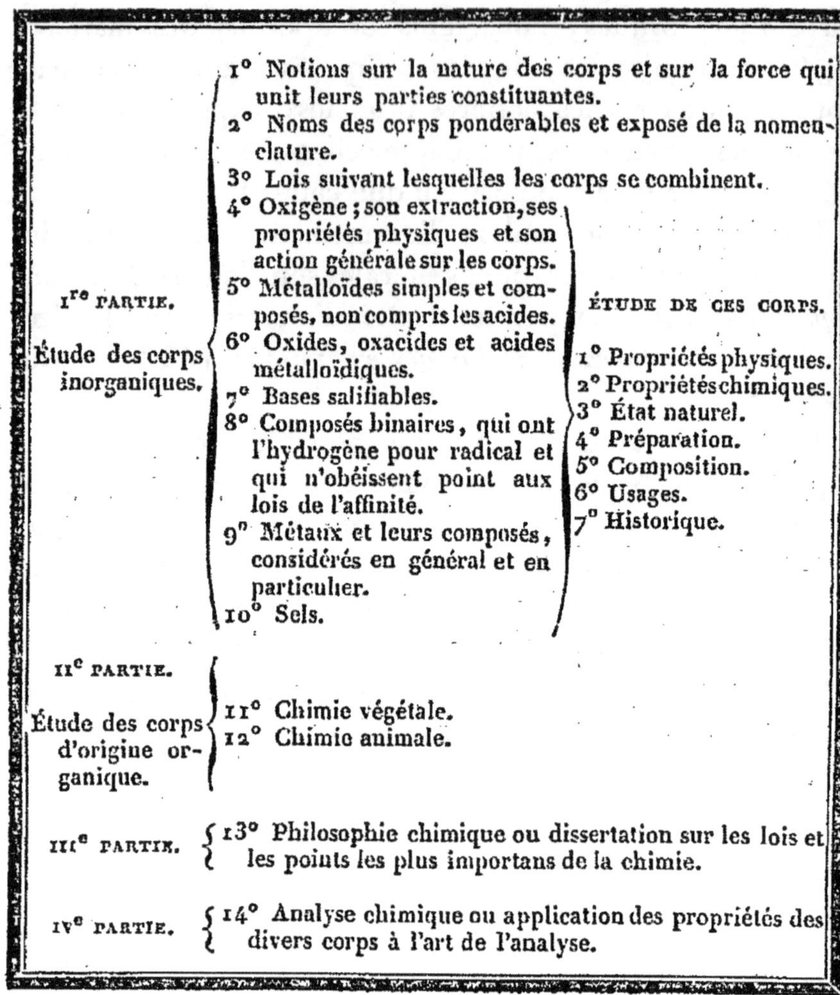

LIVRE TROISIÈME.

Des lois suivant lesquelles les corps se combinent, des nombres proportionnels et de la théorie atomique.

29. Les corps ne se combinent tout au plus qu'en un petit nombre de proportions, et de là résultent de nouveaux corps soumis, dans leur composition, à des lois remar-

quables par leur généralité , et surtout par la simplicité
des rapports qu'elles établissent entre les quantités respectives des principes des composés. Pour le prouver, nous
ne pouvons mieux faire que de considérer d'abord les phénomènes que nous offrent les substances gazeuses. Toutes
ces substances, ainsi que l'a prouvé M. Gay-Lussac, se combinent en volume dans des rapports simples , et de telle
manière, que leur contraction apparente est aussi en rapport simple avec leur volume primitif : c'est ce que l'on va
voir par les exemples rapportés dans le tableau suivant :

	S'unissent avec	et forment
200 de gaz hydrogène...	100 de gaz oxigène....	de l'eau.
300 *idem*	100 de gaz azote......	200 de gaz ammoniac.
100 *idem*.............	100 de chlore........	200 de gaz chlorhydrique.
100 de gaz azote	50 de gaz oxigène....	100 de protoxide d'azote.
100 *idem*	100 *idem*..........	200 de bi-oxide d'azote,
100 *idem*	150 *idem*...........	de l'acide azoteux.
100 *idem*	200 *idem*...........	acide hypo-azotique.
100 *idem*	250 *idem*...........	de l'acide azotique.
100 de gaz chlorhydriq.	100 de gaz ammoniac.	un sel solide.
100 de gaz ammoniac....	50 de gaz carbonique.	un sel solide.
100 de gaz ammoniac ...	100 *idem*...........	un sel solide.

Par conséquent, si l'on suppose que deux gaz *A* et *B* s'u-
nissent en diverses proportions et que la quantité du gaz
A soit constante , il sera possible que les quantités du gaz
B soient telles que la plus petite se trouve contenue un certain nombre entier de fois, soit en volume, soit en poids,
dans les autres. Les combinaisons de l'azote avec l'oxigène,
au nombre de cinq, peuvent servir d'exemple : toutes contiennent 100 parties d'azote; mais la 1re renferme 50 d'oxigène; la 2e, 100; la 3e, 150; la 4e, 200; la 5e, 250 : en sorte
que la quantité d'oxigène de la 1re est la moitié de celle
de la 2e, le tiers de celle de la 3e, le quart de celle de la 4e,
etc., soit en volume, soit en poids.

Or, comme l'on peut gazéifier plusieurs liquides et plusieurs solides, et qu'on les gazéifierait tous en les exposant à une chaleur assez forte, il est tout naturel de pen-

ser que ces lois de composition s'appliquent aussi à ces sortes de corps ; c'est en effet ce que tendent à prouver un grand nombre d'expériences : aussi, quand deux corps, l'oxigène et un métal, se combinent ensemble de manière à former deux oxides, arrive-t-il généralement que, pour la même quantité de métal, les quantités d'oxigène sont comme les nombres, 1 à 2.

Quelquefois, à la vérité, le rapport est de 1 à 1 ½ ou de 2 à 3, quelquefois même plus compliqué ; mais ces cas ne se montrent pas fréquemment, et proviennent peut-être de ce que l'on ne connaît pas les divers composés que peuvent former les corps que l'on considère.

Nous pourrions citer, à l'appui de ce que nous venons d'avancer, une foule de résultats : nous nous bornerons à quelques-uns.

	Radical.		Oxigène.
Protoxide d'étain. . . . . =	100	+	13,6
Bi-oxide . . . . =	100	+	27,2
Protoxide de cuivre. . . . . =	100	+	12,638
Bi-oxide. . . . . =	100	+	25,276
Quadroxide . . . . =	100	+	50,552
Protoxide de mercure. . . . . . . =	100	+	3,95
Bi-oxide. . . . . =	100	+	7,90
Protoxide d'hydrogène . . . . . . =	12,479	+	100
Bi-oxide. . . . . =	12,479	+	200
Oxide de carbone. . . . . =	76,43	+	100
Acide carbonique. . . . . =	76,43	+	200
Acide hypo-sulfureux. . . . . . . =	201,16	+	100
Acide sulfureux . . . . =	201,16	+	200
Acide sulfurique . . . . =	201,16	+	300

	Base.		Acide.
Sulfate de protoxide de potassium . =	117,98	+	100
Bi-sulfate de protoxide de potassium =	117,98	+	200

30. La loi précédente s'applique aux combinaisons des atomes élémentaires comme aux combinaisons des atomes composés. Mais indépendamment de cette loi, ceux-ci, dans les corps dont il font partie, nous offrent, entre quelques-uns de leurs principes, des rapports remarquables, dont la découverte importante est due à M. Berzélius.

En effet, *deux atomes binaires auxquels l'élément électro-négatif est commun, se combinent toujours dans des proportions telles, que le nombre des atomes de l'élément électro-négatif de l'un est en rapport simple avec le nombre des atomes de l'élément électro-négatif de l'autre* (1). Ainsi, par exemple, dans les sulfates neutres, la quantité d'oxigène de l'oxide est à la quantité d'oxigène de l'acide comme 1 à 3 ; de même, dans celle de deux sulfures, le nombre des atomes de soufre de l'un est ordinairement un multiple par un nombre entier du nombre des atomes de soufre de l'autre.

31. Nous avons dit précédemment que les corps ne se combinaient qu'en un petit nombre de proportions ; cependant l'eau s'unit en toutes proportions avec les corps qu'elle peut dissoudre, à partir de l'époque où la solution s'opère. Les métaux semblent produire entre eux une multitude de combinaisons binaires ; et il paraît que tous les corps qui n'ont qu'une faible affinité réciproque, sont dans le même cas, à moins que des causes prépondérantes, telles que la cristallisation, ne décident leur union en proportions fixes. Admettra-t-on que la combinaison s'opère d'abord en proportions définies, et que c'est le nouveau composé qui se combine ensuite en proportions indéfinies ? Cela peut être ; il arrive certainement quelque chose de semblable entre une base et un acide qui forment un sel insoluble ou peu solu-

---

(1) On appelle *atome binaire* un atome formé d'un certain nombre d'atomes de deux corps simples ; par exemple, les atomes de l'oxide de carbone et de l'acide carbonique sont des atomes binaires : chaque atome d'oxide se compose de 1 atome de carbone et de 1 atome d'oxigène, et chaque atome d'acide de 1 atome de carbone et 2 atomes d'oxigène.

ble dans l'eau et beaucoup plus soluble au contraire dans un excès de l'acide, tel que le sulfate de plomb, le sulfate de chaux; mais ce n'est que reculer la difficulté. Attribuera-t-on la cause de ces effets à une autre force que celle qui constitue l'affinité? C'est une question à laquelle il n'est pas aisé de répondre. Malgré ces observations, nous n'en reconnaissons pas moins les lois que nous avons exposées; elles sont admises par tous les chimistes et servent de base à la théorie des nombres proportionnels et des nombres atomiques.

Des nombres proportionnels.

32. D'après les lois suivant lesquelles les corps se combinent, il est possible d'exprimer par des nombres, d'une manière extrêmement commode, les rapports des principes constituans des composés; ce sont ces nombres qu'on appelle *nombres proportionnels*, ou bien encore *équivalens chimiques*.

Les nombres proportionnels deviennent surtout faciles à retenir, en prenant, pour les former, un poids de corps simple tel qu'il exige 100 parties d'oxigène pour passer au premier degré d'oxidation : c'est ce qui a été fait pour les tables placées à la fin de l'ouvrage (1); il suffira d'y jeter un coup-d'œil pour en concevoir la formation; on verra que la somme de deux nombres proportionnels, quels qu'ils soient, est égale aux nombres proportionnels de leurs composés; d'où il suit que les nombres proportionnels des corps simples étant donnés, il sera toujours très

---

(1) On s'est écarté de cette règle à l'égard du bore, de l'iode, du phosphore, du sélénium, de l'arsénic, du chrôme, du colombium, du titane et du tungstène. Pour chacun de ces corps, on a tiré le nombre qui doit le représenter, d'un poids de son acide (oxigéné), capable de neutraliser une quantité de base contenant 100 d'oxigène. De cette manière, le tableau a été rendu plus court et plus commode. (*Voy.* 5ᵉ volume.)

aisé de connaître ceux des composés, pourvu qu'on se rappelle le nombre des combinaisons que les corps que l'on considère sont capables de former et leurs lois de composition; faisons quelques citations :

Nombres proportionnels de   égalent   Nombres proportionnels de
Oxigène.....100

Hydrogène...12,479 $\left\{\begin{array}{l} + \ 100 \text{ d'oxig.} =112,479 =\text{Eau ou protox. d'hydrog.} \\ + \ 200 \quad id. \quad =212,479 =\text{Bi-oxide d'hydrogène.} \end{array}\right.$

Carbone.....76,43 $\left\{\begin{array}{l} + \ 100 \quad id. \quad =176,43 \ =\text{Oxide de carbone.} \\ + \ 200 \quad id. \quad =276,43 \ =\text{Acide carbonique.} \end{array}\right.$

Azote......177,03 $\left\{\begin{array}{l} + \ 100 \quad id. \quad =277,03 =\text{Protoxide d'azote.} \\ + \ 200 \quad id. \quad =377,03 =\text{Bi-oxide d'azote.} \\ + \ 300 \quad id. \quad =477,03 =\text{Acide azoteux.} \\ + \ 400 \quad id. \quad =577,03 =\text{Acide hypo-azotique.} \\ + \ 500 \quad id. \quad =677,03 =\text{Acide azotique.} \end{array}\right.$

+ 2 fois le nombre proportionnel du carbone, =329,90 =Cyanogène ou azote carboné.

+ 3 fois le nombre proportionnel de l'hydrogène, =214,467 =Ammoniaque ou azoture d'hydrogène.

Sodium ....290,92 + 100 d'oxig. =390,92 =Protoxide de sodium.

Acide azotiq. 677,03 + 390,92 nombre proportionnel du protoxide de sodium =

1067,95 nombre proportionnel de l'azotate de protoxide de sodium.

Ac. azoteux. 477,03 + 390,92 nombre proportionnel du protoxide de sodium =

867,95 nombre proportionnel de l'azotite de protoxide de sodium.

Ces exemples font voir clairement, si je ne me trompe, a manière de former et d'exprimer les *nombres proportionnels*, ou, ce qui est la même chose, les *proportions chimiques*. Ils nous montrent que l'eau est formée de 1 proportion d'hydrogène et de 1 proportion d'oxigène.

Le bi-oxide d'hydrogène, de 1 proportion d'hydrogène et de 2 proportions d'oxigène.

Les cinq oxides ou acides d'azote, de 1 proportion d'azote uni à 1, ou 2, ou 3, ou 4, ou 5 proportions d'oxigène.

L'azote carboné ou cyanogène, de 1 proportion d'azote et de 2 proportions de carbone.

Nous n'essaierons point d'établir ici tous les avantages que l'on peut tirer de ces nombres; on ne les appréciera bien que par la suite. Toutefois ceux qui voudraient les connaître dès à présent, les trouveront exposés dans les développemens qui accompagnent la table précitée.

Théorie atomique.

33. L'expérience nous démontre que deux corps ne se combinent au plus qu'en trois à quatre quantités différentes; que ces quantités sont en rapport simple; que la combinaison n'a lieu qu'entre les atomes, et que les atomes composés sont tout aussi invisibles au microscope que les atomes élémentaires.

Concluons de là que les atomes élémentaires ne s'unissent qu'en nombre limité, pour former les atomes composés, car autrement ceux-ci seraient visibles; mais puisque la combinaison ne se produit qu'entre un nombre limité d'atomes, et puisque d'ailleurs les corps ne se combinent qu'en trois à quatre quantités différentes, il est permis de croire que ce nombre d'atomes est le plus simple et le plus petit possible. Or, on peut toujours, à l'aide de considérations que nous exposerons dans le cinquième volume, connaître d'une manière très probable le nombre des atomes d'un composé; il est donc facile par cela même de trouver leurs poids relatifs ou leurs densités. Soient en effet deux corps, N et P, capables de former un composé, résultant de 1 atome de l'un avec 1 atome de l'autre; il est évident qu'il y aura entre les poids de ces deux atomes, le même rapport qu'entre les poids des quantités des corps mêmes, N et P, qui se seront unis. Si donc l'on trouve par expérience que, dans le composé NP, le corps N entre pour 4, et le corps P pour 3, ces nombres 4 et 3 exprimeront nécessairement les poids relatifs des atomes N et P.

Pour plus de clarté, faisons une application de ces principes à la détermination des poids atomiques du cuivre et de l'oxigène : On suppose que le protoxide de cuivre est formé de deux atomes de ce métal et d'un atome d'oxigène; mais comme cet oxide est composé de 11,23 d'oxigène et de 88,77 de cuivre en poids, il en résulte que le poids de l'atome d'oxigène est au double du poids de l'atome de métal, comme ces deux nombres sont entre eux ou comme 100 est à 791,39, d'où l'on voit, qu'en représentant le poids atomique de l'oxigène par 100, celui du cuivre deviendra $\frac{791,39}{2}$ ou 395,695.

34. C'est ici le lieu d'exposer les signes, dont nous nous servirons, pour exprimer le nombre et la nature des atomes dans toutes les combinaisons chimiques, et énoncer chacune de ces dernières par une formule très simple.

Les corps simples non métalliques, sauf le brôme, le chlore, le sélénium et le silicium, qui prennent pour signe deux lettres, ne sont jamais désignés que par l'initiale de leur nom latin. Les métaux le sont aussi de la même manière; mais quand un métal a la même initiale qu'un corps combustible non métallique ou qu'un autre métal, on le désigne par les deux premières lettres de son nom, et s'il arrivait que ces deux lettres fussent communes à deux métaux différens, ce serait alors la première consonne différente dans chaque nom, que l'on ajouterait à l'initiale. Il se pourrait encore, et c'est ce qui a lieu pour le chrôme et le chlore, que les deux premières lettres d'un métal, fussent les mêmes que les deux premières lettres d'un métalloïde. Dans ce cas, le métalloïde conserverait les deux premières lettres de son nom, et le métal prendrait l'initiale du sien et la première lettre différente; ainsi le chlore a pour signe Ch et le chrôme Cr. Au reste voici tous les signes adoptés, parmi lesquels, il en est quelques-uns, ceux des corps récemment découverts, qui ont dû être formés d'une manière un peu arbitraire, pour éviter la confusion avec les signes déjà établis :

3.

$$O = \text{Oxigène.}$$

Métalloïdes.

Az	= Azote.	H	= Hydrogène.
B	= Bore.	I	= Iode
Br	= Brôme.	Ph	= Phosphore.
C	= Carbone.	S	= Soufre.
Ch	= Chlore.	Se	= Sélénium.
F	= Fluor.	Si	= Silicium.

Métaux.

Al	= Aluminium.	N	= Nickel.
Sb	= Antimoine.	Au	= Or.
Ag	= Argent.	Os	= Osmium.
As	= Arsenic.	Pa	= Palladium.
Ba	= Baryum.	Pt	= Platine.
Bi	= Bismuth.	Pb	= Plomb.
Cd	= Cadmium.	K	= Potassium.
Ca	= Calcium.	R	= Rhodium.
Ce	= Cerium.	Na	= Sodium.
Cr	= Chrôme.	St	= Strontium.
Co	= Cobalt.	Ta	= Tantale ou colombium.
Cu	= Cuivre.		
Sn	= Étain.	Te	= Tellure.
Fe	= Fer.	Th	= Thorinium.
G	= Glucinium.	Ti	= Titane.
Ir	= Iridium.	Tu	= Tungstène.
L	= Lithium.	U	= Urane.
Mg	= Magnésium.	V	= Vanadium.
Mn	= Manganèse.	Y	= Yttrium.
Hg	= Mercure.	Zn	= Zinc.
Mo	= Molybdène.	Zr	= Zirconium.

Ces signes dégagés de tout autre, ou tels que nous venons de les énoncer, n'indiquent jamais qu'un atome : pour en indiquer plusieurs, on place un chiffre à la droite, sous forme d'exposant, ou un chiffre à la gauche sous forme de coefficient. L'exposant n'a de rapport qu'avec la lettre qu'il affecte, tandis que le coefficient multiplie tous les signes, devant lesquels il est posé :

$Cu\,O^2 =$ 1 atome de cuivre et 2 atomes d'oxigène.
$Cu^2\,O =$ 2 atomes de cuivre et 1 atome d'oxigène.

Voici d'ailleurs un tableau qui permet de comprendre d'un seul coup-d'œil le genre de notations adopté dans cet ouvrage.

Oxide de carbone.................... $C^2\,O$.
Acide carbonique.................... CO.
Acide hypo-sulfureux................ SO.
Acide sulfureux..................... SO^2,
Acide sulfurique.................... SO^5.
Protoxide de calcium................ $Ca\,O$.
Proto-sulfure de fer................ $Fe\,S$.
Azotate de protoxide de potassium... $KO, Az^2\,O^5$.
Sulfate de protoxide de plomb....... $Pb\,O, SO^3$.
Alun anhydre........................ $KO, SO^5; Al^2\,O^5, 3\,SO^5$.

L'alun est formé d'un atome de protoxide de potassium et d'un atome de sulfate d'alumine. En y ajoutant 24 atomes d'eau, on obtient :

L'alun cristallisé $Ko, SO^5; Al^2\,O^5, 3\,SO^3; 24\,H^2\,O$.

On remarquera dans ces formules : 1° que les corps électro-positifs sont écrits les premiers, ce qui est inverse de la nomenclature ordinaire; 2° que, pour les composés binaires, les atomes sont écrits simplement à côté l'un de l'autre; 3° que, pour les sels, l'acide et la base sont séparés par une virgule; 4° que, dans les doubles, les deux sels sont séparés par un point et virgule.

LIVRE QUATRIÈME.

Oxigène.

35. *Historique.*—Quoique le gaz oxigène soit très répandu dans la nature et quoiqu'il y joue un très grand rôle, il n'est connu que depuis 1774 : c'est à Priestley que la découverte en est due. Schéele le découvrit de son côté presqu'en même temps que Priestley, et Lavoisier en étudia les combinaisons avec une rare sagacité. Différens noms furent d'abord donnés à ce gaz. Quelques chimistes l'appelèrent, avec Priestley, *air déphlogistiqué;* d'autres, avec Schéele, *air du feu;* d'autres *air vital, air pur, air éminemment respirable.* Tous ces noms disparurent lors de la réforme de la nomenclature; on leur substitua celui que ce gaz porte aujourd'hui, et qui signifie *j'engendre acide,* parce qu'on croyait que tous les acides contenaient de l'oxigène, et ne différaient les uns des autres que par la nature des corps combustibles qui entraient dans leur composition. Mais ce nom est devenu lui-même impropre depuis qu'il est démontré qu'il existe des acides formés seulement de corps combustibles.

Propriétés. — L'oxigène est un gaz sans couleur, sans odeur et sans saveur, dont la pesanteur spécifique est de 1,1026, celle de l'air étant prise pour unité; son poids atomique auquel on compare celui des autres corps, est représenté par 1 ou par 100. Soumis à une pression forte et subite dans le briquet à air, il se trouve porté à une température qui excède de beaucoup 205°; l'on avait même admis qu'il devenait lumineux, et qu'il partageait cette propriété avec le chlore et l'air; mais il a été démontré par M. Thenard que la lumière qui se produit alors, est l'effet d'une combustion partielle de l'huile, dont le piston est entouré. (*Ann. de Chim. de Phys.,* XLIV, 181.)

L'oxigène est de tous les gaz celui qui réfracte le moins la lumière. N'étant pas composé, il ne peut être que dilaté par le calorique. Tous les corps simples peuvent se combiner avec lui, tantôt avec dégagement de calorique seulement, tantôt avec dégagement de calorique et de lumière; souvent même il se combine en diverses proportions, soit avec le même corps simple, soit avec deux, trois corps simples à-la-fois. De là résultent la plupart des phénomènes dont l'étude constitue celle de presque toute la chimie; et pour prouver dès à présent cette importante vérité, il nous suffira d'observer, 1° que l'oxigène est l'un des élémens de l'air et de l'eau, des matières végétales et animales, et de presque tous les composés connus; 2° que, seul, il peut entretenir la vie des animaux, et que c'est par lui que l'air lui-même l'entretient, fait brûler le bois, le charbon, tous les combustibles, altère et rouille les métaux; 3° en un mot, qu'à l'étude des propriétés de l'oxigène se rattache celle de tous les corps simples et composés. C'est pourquoi cette étude, qui a été si bien faite par Lavoisier, a produit une véritable révolution dans la science. En effet, avant cet illustre chimiste, on s'imaginait que les corps ne brûlaient qu'en laissant dégager un principe insaisissable, auquel on donnait le nom de *phlogistique*; d'où il suit qu'on devait alors regarder ces corps comme des combinaisons de *phlogistique* et de ceux que nous appelons aujourd'hui *oxides* ou *acides*. Toutes les fois que le phlogistique se dégageait d'un corps, il y avait combustion, et le corps cessait d'être combustible. Toutes les fois, au contraire, que le phlogistique était absorbé par un corps incombustible, celui-ci devenait combustible. Mais s'il en avait été ainsi, les corps n'auraient point augmenté de poids dans la combustion, et auraient dû brûler aussi bien sans air qu'avec le contact de l'air : or, c'est ce qui n'a pas lieu : donc cette théorie est erronée. Cependant elle fait beaucoup d'honneur à Stahl, qui en est l'auteur; et l'on serait tenté de dire que cette grande erreur mérite d'être mise au rang des grandes découvertes, parce que, d'une part, elle a servi de lien aux faits épars dont se composait alors la chimie, et qu'elle lui a donné le caractère d'une véritable science; et parce que, de l'autre, si Stahl, au lieu de supposer que le phlogistique se dégageait des corps combustibles, eût supposé qu'il était absorbé par eux, le phlogistique n'eût été autre chose que l'oxigène. Citons maintenant quelques expériences : lorsque l'on plonge dans une éprouvette pleine de gaz oxigène, une bougie présentant quelques points en ignition, elle se rallume à l'instant même. Le charbon et le bois, incandescens, etc., donnent lieu à des phénomènes analogues. Le fer peut même être enflammé par l'amadou dans le gaz oxigène pur : en effet que l'on prenne un ressort de montre dont l'élasticité ait été détruite par la chaleur rouge, et dont les extrémités battues aient été coupées avec des ciseaux de manière à être terminées en pointe; qu'on le roule en spirale; qu'on attache un peu d'amadou à son extrémité effilée, et qu'on le suspende par l'autre à un bouchon de grosseur convenable : alors en allumant l'amadou, et plongeant le ressort dans un grand flacon plein de gaz oxigène, l'amadou brûle, le fer s'oxide, s'enflamme; une combustion des plus vives a lieu; il se dégage tant de lumière que l'œil en est ébloui; des globules fondus de fer oxidé tombent, et sont si chauds qu'ils pénètrent dans la substance même du flacon. S'il y a assez d'oxigène, en moins d'une minute, le ressort est consumé.

Ce n'est point ici le lieu d'examiner d'où proviennent la chaleur et la lumière qui se dégagent dans la combustion : nous ne nous en occuperons que dans le 5e vol. art. *Philosophie chimique.*

35 *bis. Extraction.*—C'est du bi-oxide de manganèse ou oxide de manganèse du commerce que l'oxigène s'extrait par le procédé que nous allons décrire. Prenez de l'oxide exempt de carbonate; pulvérisez-le dans un mortier de fer ou de laiton; remplissez-en presque entièrement une cornue de grès au col de laquelle vous adapterez un tube de

verre recourbé *bb*, par le moyen d'un bouchon troué (pl. 1, fig. 28); placez-la sur deux barres de fer, dans le laboratoire *dd* d'un fourneau à réverbère *ee*, de manière que le tube de verre qu'elle porte plonge sous l'entonnoir renversé de la table d'une cuve pneumatique *ff* pleine d'eau. (Voyez *Description des planches*, article *Flacons de Woulf*, comment il faut s'y prendre pour monter un appareil.) Cela fait, portez peu-à-peu la cornue jusqu'au rouge, en mettant successivement dans ce fourneau, soit par la porte du foyer, soit par la cheminée *i* du réverbère, très peu de charbon incandescent, et au contraire beaucoup de charbon noir. D'abord il ne se dégagera que de l'air à l'extrémité du tube *bb*; mais lorsque l'oxide sera près de la chaleur rouge, il commencera à se dégager du gaz oxigène. Vous en laisserez perdre environ un litre : alors celui qui passera pouvant être regardé comme pur, vous le recueillerez. A cet effet, vous mettrez un flacon renversé et plein d'eau ou une cloche semblable à la cloche *m*, sur la table de la cuve, au-dessus du trou de l'entonnoir, sous lequel le tube *bb* s'engage; et lorsque l'un des vases sera plein de gaz, vous le remplacerez par un autre plein d'eau. Il est nécessaire que le feu soit toujours assez fort pour que le dégagement du gaz soit continuel. C'est pourquoi il ne faut pas attendre que ce dégagement se ralentisse pour remettre du charbon dans le fourneau, parce que le charbon étant froid, diminuerait la température, suspendrait la décomposition du peroxide, et produirait peut-être une absorption, c'est-à-dire, l'introduction de l'eau de la cuve par le tube de verre dans la cornue, et par conséquent sa fracture. Vous pourrez regarder l'opération comme faite lorsque, le fourneau étant plein de feu, il ne se dégagera presque plus de gaz. A cette époque, laissez refroidir peu-à-peu la cornue, pour qu'elle ne casse pas; mais auparavant enlevez-en le tube pour qu'il n'y ait pas d'absorption, à moins que ce tube ne soit de sûreté (130).

Dans cette opération, le bi-oxide MnO^2 n'est jamais

réduit; on ne peut que le transformer en un composé de 1 at. de bi-oxide, et 2 at. de protoxide $= 2$ MnO, MnO²; il perd le $\frac{1}{7}$ de son poids d'oxigène, d'où il suit que, de 1$^{\text{kilog.}}$ de cet oxide pur, il serait possible de retirer jusqu'à 119$^{\text{gram.}}$, 97 d'oxigène, ou 83$^{\text{lit.}}$,89 de ce gaz à zéro, et sous la pression de 76 centimètres.

Il est facile de se rendre compte des phénomènes que présente l'extraction de l'oxigène du bi-oxide de manganèse. En élevant la température de cet oxide, on éloigne, dans chaque particule, les atomes de manganèse des atomes d'oxigène; mais bientôt il y a une certaine quantité de ceux-ci hors de leur sphère d'attraction : or, comme l'oxigène est naturellement à l'état de gaz, ils doivent prendre la forme gazeuse, et par conséquent se dégager. Si donc les atomes d'oxigène du nouveau composé ne se dégagent pas à la température qui suffit pour dégager les atomes d'oxigène du bi-oxide, c'est qu'à cette température ils ne sont point encore assez distans du métal qui les retient.

Le gaz oxigène peut encore être extrait facilement du bi-oxide de manganèse en traitant celui-ci par l'acide sulfurique, à une douce chaleur, ou du chlorate de potasse, en chauffant ce sel dans une petite cornue de verre. Dans tous les cas, pour qu'il soit pur, il faut qu'il possède la propriété d'absorber le double de son volume de gaz hydrogène (39).

Usages.—Les usages du gaz oxigène sont extrêmement multipliés; c'est ce que l'on peut prévoir d'après ce que nous avons dit précédemment : nous ne les exposerons pas ici, parce que l'oxigène pur n'est jamais employé, si ce n'est dans quelques opérations de chimie : nous n'en parlerons qu'à l'article *Air*, fluide d'où l'on tire presque tout le gaz oxigène qu'on fait agir sur les corps.

Action sur l'économie animale.—Le gaz oxigène est le seul gaz qui puisse entretenir la vie des animaux : cependant il paraît que, quand il est pur, il produit dans les organes pulmonaires une si grande excitation, qu'il y aurait du danger à le respirer pendant long-temps ; aussi l'air atmosphérique contient-il près des quatre cinquièmes de son volume d'azote, et l'action de celui-ci dans la respiration consiste-t-elle principalement à modérer celle de l'oxigène. Le fait suivant est une preuve de cette excitation. Trois hommes en pénétrant dans une fosse d'aisances qui venait d'être vidée, furent asphyxiés par le gaz sulfhydrique qui s'y trouvait. Retirés de la fosse, ils furent portés du marché des Innocens, où l'accident avait eu lieu, à l'Hôtel-Dieu de Paris. Deux moururent en route, et le troisième y arriva si faible, qu'il n'avait plus la force de soulever ses membres. L'on ne savait que lui administrer. Il y avait par hasard une vessie pleine de gaz oxigène; on lui fit respirer ce gaz; il se mit à l'instant sur son séant, mais pour retomber bientôt et expirer.

Il est probable qu'on l'aurait rappelé à la vie, si on lui avait fait respirer un peu de chlore mêlé à beaucoup d'air. (*Voy.* l'article *Gaz acide sulfhydrique.*)

LIVRE CINQUIÈME.

Des métalloïdes simples et composés.

36. Les métalloïdes sont de mauvais conducteurs de la chaleur et de l'électricité, négatifs par rapport aux métaux (1), positifs par rapport à l'oxigène, capables de s'unir à celui-ci et de former des oxides dont aucun ne neutralise les acides. Leurs propriétés caractéristiques, à part celle qu'ils ont de s'oxigéner, sont donc opposées aux propriétés qui caractérisent les métaux proprement dits.

Le nombre des métalloïdes est de 12 : l'hydrogène, le bore, le silicium, le carbone, le phosphore, le soufre, le

____

(1) Cependant l'hydrogène, le silicium, le bore et le carbone semblent faire exception relativement à quelques-uns.

sélénium, le fluor, le chlore, le brôme, l'iode, l'azote. L'hydrogène, le chlore et l'azote sont gazeux à la température ordinaire; le brôme est liquide; le bore, le silicium et le carbone, solides et fixes; le phosphore, le soufre, le sélénium, l'iode, solides et volatils au-dessous de la chaleur rouge. Quant au fluor, quelque effort qu'on ait fait, il n'a encore pu être isolé.

Aucun n'a d'action sur le gaz oxigène, à la température de l'atmosphère. Le chlore, le brôme, l'iode, l'azote, et probablement le fluor n'en ont même aucune sur ce gaz à une température élevée; mais l'hydrogène, le bore, le carbone, le phosphore, le soufre et le sélénium peuvent au contraire l'absorber et brûler avec chaleur et lumière.

Pour les examiner, on peut les partager en sept groupes, en plaçant dans le même ceux qui présentent des analogies marquées.

Le premier de ces groupes renfermerait l'hydrogène; le second, le bore et le silicium; le troisième, le carbone; le quatrième, le phosphore; le cinquième, le soufre et le sélénium; le sixième, l'iode, le brôme, le chlore et le fluor; le septième, l'azote. Cet ordre a même cela d'avantageux qu'il correspond à leur plus grand degré d'affinité pour l'oxigène.

L'étude de chaque corps comprendra : 1° son historique; 2° son état naturel; 3° sa préparation; 4° ses propriétés physiques; 5° son action sur les corps précédemment étudiés; 6° ses usages; 7° enfin, les divers composés qu'il peut former avec les métalloïdes dont l'étude aura déjà été faite, à moins que ces composés ne soient acides ou alcalins : ainsi, en parlant du soufre, nous traiterons du sulfure de silicium, du sulfure de carbone, du sulfure de phosphore; mais nous ne dirons rien des chlorures, brômures et iodurés de soufre. Nous ne nous en occuperons qu'en examinant le chlore, le brôme et l'iode : comme nous n'examinerons le protosulfure d'hydrogène ou l'acide sulfhydrique, que lorsque nous étudierons les acides proprement dits.

CHAPITRE PREMIER.

Hydrogène.

37. La découverte de l'hydrogène date des premières années du dix-septième siècle; toutefois, il ne commença à être bien étudié que vers l'année 1777, par Cavendish. Appelé d'abord *air inflammable*, il reçut, à l'époque de la création de la nouvelle nomenclature, le nom qu'il porte aujourd'hui, nom dérivé de deux mots grecs qui signifient *générateur de l'eau.*

38. *Propriétés physiques.* — L'hydrogène pur est toujours à l'état gazeux, sans couleur, sans odeur et sans saveur. Sa pesanteur spécifique est beaucoup moindre que celle de l'air et de tous les autres fluides élastiques; elle n'est que de 0,0688 : de là, les ballons aérostatiques à l'aide desquels on s'élève dans l'atmosphère. Aussi peut-on faire passer l'hydrogène d'un vase dans un autre plein d'air, de la même manière que si ce dernier vase était plein d'eau. Soient deux éprouvettes placées verticalement et ayant leurs ouvertures en bas, l'une plus grande pleine d'air, l'autre plus petite pleine de gaz hydrogène; qu'on en joigne les orifices, en laissant la première dans sa position, et en inclinant la deuxième jusqu'à ce qu'elles soient bout à bout : bientôt le gaz de celle-ci passera dans celle-là, et réciproquement. En effet, en plongeant une bougie allumée dans la cloche supérieure, elle en enflammera le gaz, tandis que, plongée dans la cloche inférieure, elle y brûlera tranquillement.

Le poids atomique du gaz hydrogène est de 6,2398.

Quoique le gaz hydrogène soit inflammable, il éteint les corps en combustion; mais comme ce gaz est plus léger que l'air, on ne s'assure facilement de cette propriété qu'autant que l'on tient renversée l'éprouvette qui le renferme, et qu'on y plonge une bougie allumée : cette bougie, après avoir mis le feu aux premières couches de gaz, à cause du contact de l'air, s'éteint, et ne se rallume que lorsqu'on la retire.

39. *Propriétés chimiques.* — Le gaz hydrogène étant un élément ne peut être que dilaté par le calorique. C'est de tous les gaz celui qui réfracte le plus la lumière. Il ne se combine point avec le gaz oxigène, à la température ordinaire, à moins qu'il ne soit sous l'influence physique de certains corps, comme nous le dirons tout-à-l'heure; il paraît même que, hors de cette influence, ces deux gaz peuvent rester mêlés pendant un temps indéfini sans agir l'un sur l'autre, lorsqu'on ne les chauffe point, et que ce n'est qu'à une chaleur rouge ou presque rouge qu'ils s'unissent. Leur combinaison a toujours lieu dans le rapport de 2 d'hydrogène et de 1 d'oxigène en volume, ou, ce qui est la même chose, d'après leur pesanteur spécifique, dans le rapport de 12,479 d'hydrogène à 100 d'oxigène en poids. Pour mettre ce résultat en pleine évidence, il faut combiner ces deux gaz dans un instrument appelé *eudiomètre*, et que l'on peut se représenter comme un tube de verre fermé par l'une de ses extrémités, et contenant des conducteurs pour la transmission du fluide électrique. Remplissez l'instrument de mercure ou d'eau; faites-y passer successivement les gaz, après les avoir mesurés avec beaucoup de soin dans un tube gradué; excitez à travers leur mélange une étincelle électrique, soit avec une bouteille de Leyde, soit avec un électrophore; l'étincelle électrique en élèvera la température jusqu'à la chaleur rouge, et en opérera la combinaison. En employant deux volumes de gaz hydrogène et un volume de gaz oxigène, bien purs, le mélange disparaîtra tout entier : si la quantité de gaz hydrogène est triple de la quantité de gaz oxigène, le résidu sera d'une partie de gaz hydrogène; si les quantités de gaz hydrogène et oxigène sont inverses, le résidu sera de 2 parties et $\frac{1}{2}$ de gaz oxigène : ces résidus s'apprécieront en les recueillant dans un tube gradué. Dans tous les cas il ne se formera que de l'eau, et il y aura dégagement de calorique et de lumière. (Voyez *l'eudiomètre*,

le tube gradué, leur description et la manière de s'en servir, lettres E et T de l'explication des planches.)

Lorsqu'on met dans l'eudiomètre beaucoup plus ou beaucoup moins de gaz hydrogène que de gaz oxigène, la combustion n'est pas complète; elle cesse de l'être lorsque l'hydrogène est mêlé, soit avec 9^{fois}, 5 son volume de gaz oxigène, soit avec un peu moins du dixième de son volume de ce gaz; une partie du gaz hydrogène dans le premier cas, et une partie du gaz oxigène dans le second, échappent à la combustion : cependant l'étincelle électrique enflamme les parties qui sont sur son passage; mais la combustion ne saurait se propager. (*Voyez* le *Mémoire* de MM. Humboldt et Gay-Lussac, sur les moyens eudiométriques, *Journal de Physique*, 1805.)

Outre ces phénomènes, il en est d'autres qu'il est possible de produire à volonté, et dont il est essentiel de parler. Que l'on ferme exactement l'eudiomètre, le mélange d'hydrogène et d'oxigène s'enflammera sans secousse par l'étincelle électrique, et il se formera un vide qui sera rempli aussitôt que l'on donnera accès au liquide sur lequel l'opération sera faite. Qu'on laisse, au contraire, l'eudiomètre ouvert, il y aura, au moment où les gaz se combineront, une forte secousse due à l'eau qui sera produite. En effet, cette eau, à cause du calorique dégagé, restera d'abord à l'état de vapeur. Or, comme à cet état elle occupe, en raison de la température, plus de volume que ses élémens n'en occupent à l'état de gaz, la colonne de liquide qui remplit en partie l'instrument est repoussée, puis elle remonte subitement, parce que la vapeur, étant en contact avec des corps froids, se liquéfie tout-à-coup : de là un mouvement brusque, une sorte de détonation. Il est évident, d'après cela, qu'il ne faut pas enflammer, dans un eudiomètre, une trop grande quantité de gaz à-la-fois. Ce ne serait qu'autant que cet eudiomètre serait épais et bien fermé qu'on pourrait se permettre de le remplir tout entier : autrement on courrait risque de le briser, ou bien de perdre du gaz. Pour éviter tout danger dans l'inflammation d'un mélange assez considérable de gaz oxigène et de gaz hydrogène, par exemple, d'un demi-litre, il faut faire l'expérience dans un flacon bouché à l'émeril et entouré de linge. Après avoir rempli sur l'eau ce flacon de 2 volumes d'hydrogène et de 1 d'oxigène, on le bouche pour qu'il n'y entre pas d'air, et on enveloppe d'une serviette toute sa surface, excepté l'extrémité du goulot; alors on le débouche, on en présente l'ouverture à la flamme d'une bougie en le tenant d'une main, et à l'instant même une forte détonation se fait entendre : ainsi, quoique les molécules de l'air soient mises en vibration par deux causes, par l'expansion de la vapeur qui se forme et par sa liquéfaction subite, les effets semblent se confondre; on n'entend qu'un seul coup, parce qu'aussitôt que l'action de l'une des causes cesse, celle de l'autre commence.

Cette expérience peut encore se faire, même sur une plus grande quantité de gaz, dans un mortier de cuivre ou de fer contenant un peu d'eau de savon. Le mélange s'introduit, au moyen d'une cloche à robinet, dans une vessie également munie d'un robinet; à celui-ci s'adapte, par un bouchon, un tube de verre effilé à la lampe; on plonge l'extrémité du tube dans la dissolution; puis, comprimant légèrement la vessie, le mortier se remplit de bulles auxquelles on met le feu avec une petite bougie allumée et attachée à l'extrémité d'une longue baguette.

39 *bis*. L'on vient de voir que l'on pouvait enflammer un mélange d'hydrogène et d'oxigène par l'étincelle électrique ou un corps incandescent; mais cette inflammation peut être également produite par une pression forte et subite qui élève tout-à-coup la température des gaz. Il serait dangereux de faire cette expérience sur des quantités un peu grandes : l'expansion de la vapeur produite briserait les appareils dont on se servirait (Biot).

39 *ter*. Quoique l'hydrogène soit très combustible, l'on ne saurait l'enflammer avec une bougie allumée à travers

une toile ou gaze métallique très fine, même lorsqu'il est mêlé à de l'oxigène. Remplissez une éprouvette d'hydrogène, et tenez en l'orifice au-dessus de la bougie, à l'instant il prendra feu; mais si l'orifice est couvert de la gaze, la combustion n'aura pas lieu. Le fil métallique refroidira la matière de la flamme, à tel point que celle-ci ne pourra passer à travers la gaze et atteindre l'hydrogène. (*V.* 5e vol. *Phil. chim.* art. *Combustion.*)

L'on conçoit, d'après cela, que, encore bien que le mélange d'hydrogène et d'oxigène s'embrase et détone tout-à-coup, dans un vase ouvert, par le contact d'un corps enflammé, il est possible de le brûler peu-à-peu sans explosion. Il ne s'agira pour cela que de comprimer fortement le mélange, au moyen d'une pompe aspirante et foulante, dans un réservoir en cuivre, de donner issue au gaz par un tube d'un diamètre capillaire, lequel n'est pas perméable à la flamme, et d'allumer le jet qui en résultera. Aussi le docteur Clarke s'est-il servi avec succès de cet appareil, qui ressemble au chalumeau de Brook, pour obtenir, par la combustion de 2 volumes de gaz hydrogène et de 1 d'oxigène, une chaleur bien supérieure à celle que l'on connaissait, et qui fond en quelques secondes presque tous les corps que l'on expose à son action. Seulement, pour rendre le chalumeau plus sûr et moins sujet à détoner, il l'a disposé de manière que le gaz est forcé, avant de se rendre dans le tuyau capillaire, de traverser une couche d'huile et une toile métallique très fine. Depuis, on a conseillé avec raison d'augmenter le nombre des toiles et de le porter jusqu'à 100 et même à 150. (*Voy*. l'explication des planches, dernier volume, article *Chalumeau.*)

40. Nous avons annoncé précédemment que le gaz hydrogène, à la température de l'atmosphère, avait la propriété de s'unir à l'oxigène sous l'influence physique de certains corps. Ce fait extraordinaire a été découvert par M. Dœbereiner. Que l'on dirige à travers l'air un courant de gaz hydrogène sur un morceau de platine spongieux provenant de la réduction de l'hydrochlorate ammoniacal de platine, il se

1. *Sixième édition.*   4

formera de l'eau; à l'instant même le métal s'échauffera au point de rougir, et le gaz prendra feu. Plusieurs autres corps possèdent des propriétés analogues à celles du platine : tels sont surtout le palladium, le rhodium, l'iridium. La cause d'un phénomène si remarquable n'est pas encore connue : de nouveaux résultats mettront sans doute les chimistes dans le cas de la découvrir. Nous donnerons, à ce sujet, les détails les plus étendus dans les généralités sur les métaux.

40 *bis*. L'oxigène n'est pas le seul corps simple avec lequel l'hydrogène peut s'unir : il s'unit encore à tous les métalloïdes, moins le bore, et à trois métaux, qui sont le potassium, l'arsenic et le tellure. Nous ne décrirons ces combinaisons qu'en parlant de ces divers corps.

De tous les corps combustibles, c'est l'hydrogène qui, en brûlant, produit le plus de chaleur : elle est telle que 1 gramme de gaz hydrogène fond 313 grammes de glace à zéro; et cependant la glace à zéro exige pour fondre, toute la quantité de chaleur nécessaire pour élever un poids d'eau égal au sien, de zéro à 75°. (5ᵉ vol. art. *Calorique*.)

41. *État naturel*.—Jusqu'ici l'hydrogène ne s'est encore trouvé qu'en combinaison avec d'autres corps, et particulièrement avec l'oxigène, le carbone et l'azote. Combiné avec l'oxigène, il forme l'eau; combiné avec l'oxigène et le carbone, il forme la plupart des matières végétales; combiné avec l'oxigène, le carbone et l'azote, il forme la plupart des matières animales. C'est de l'eau qu'on l'extrait, parce qu'il est plus facile de le retirer de ce liquide que de toute autre substance.

42. *Préparation*.—L'hydrogène s'extrait de l'eau, en la mettant en contact avec de l'acide sulfurique et du zinc distillé et en grenaille. Cette opération se fait dans un flacon de verre à deux tubulures : un flacon d'un litre suffit pour se procurer une vingtaine de litres de gaz; on y met environ six décilitres d'eau et douze à quinze décagrammes de zinc; à l'une de ses tubulures est adapté un tube de

verre recourbé, qui plonge dans une cuve presque pleine
d'eau sous l'un des entonnoirs de la tablette, ou dans un
vase plein d'eau, sous un têt troué dans son milieu; l'autre
tubulure reçoit un tube droit de verre, dont le diamètre est
de 3 millimètres au moins, et dont la hauteur au-dessus du
flacon peut être d'un décimètre au plus; ce second tube
pénètre de quelques millimètres dans le liquide, et est surmonté d'un petit entonnoir. (La fig. 5, pl. XIII, représente cet
appareil.) L'appareil étant ainsi disposé, on verse peu-à-
peu de l'acide sulfurique du commerce dans le flacon par
le tube droit, à l'aide du petit entonnoir; il en résulte
tout-à-coup une effervescence produite par un dégagement
de gaz hydrogène; quand elle semble assez forte, on cesse
d'ajouter de l'acide; on en ajoute de nouveau quand elle
se rallentit trop, et ainsi de suite, jusqu'à ce que tout le zinc
soit presque entièrement dissous. D'abord, le gaz qui se
dégage est un mélange d'air et de gaz hydrogène; on le re-
jette; il faut en rejeter ainsi deux à trois litres. Celui qui
passe ensuite doit être recueilli. A cet effet on dispose un flacon, ou une cloche, ou tout autre vase plein d'eau, au-dessus de l'entonnoir de la cuve (comme on le voit pl. XIII,
fig. 5); le gaz hydrogène étant insoluble dans l'eau et plus
léger qu'elle, la déplace, et ne tarde pas à remplir le vase:
lorsqu'il est plein, on en met un autre, etc.

A défaut de flacons tubulés, on peut se servir d'un flacon
à une seule tubulure ou d'une fiole pour se procurer du
gaz hydrogène. Cet appareil est même employé dans les
laboratoires, toutes les fois qu'on n'a besoin que de quelques
portions de gaz. L'eau et le zinc sont mis dans la fiole,
après quoi on y verse de l'acide, de manière à exciter promptement, à l'aide de l'agitation, une effervescence assez vive;
puis on adapte le tube recourbé qu'on engage, comme dans
l'expérience précédente, sous des vases pleins d'eau.

On peut aussi remplacer, dans les deux expériences précédentes, la grenaille de zinc par de la tournure de fer, ou
même par du fil, de la limaille, des clous de fer; mais alors

il faut ajouter une plus grande quantité d'acide, parce que le zinc est plus facile à attaquer que le fer. Comme le zinc n'est pas aujourd'hui d'un prix plus élevé que le fer, on doit s'en servir de préférence pour remplir d'hydrogène les aérostats.

Quel que soit, au reste, le procédé que l'on suive, que l'on se serve de zinc distillé ou de fer très doux, le gaz hydrogène que l'on obtient renferme toujours une huile volatile, qui le rend odorant, et qui provient de ce que ces métaux renferment des traces de charbon; il en contient si peu, heureusement, qu'il est à peine possible d'en démontrer la présence par les réactifs. Le meilleur moyen de le purifier consiste, d'après MM. Berzelius et Dulong, à mettre le gaz en contact avec une dissolution de potasse caustique. Par conséquent, lorsqu'on voudra se procurer de l'hydrogène parfaitement pur, il faudra, avant de le recevoir dans les vases pleins d'eau, le faire passer à travers cette sorte de dissolution, et mieux encore à travers un tube de verre plein de fragmens de potasse humectée. Ainsi purifié, sa densité est moindre : au lieu d'être de 0,07321, elle est réduite à 0,0688. (Berzelius et Dulong, *Ann. de Chim. et de Phys.*, t. xv, p. 386.)

Rien de plus facile, au reste, que de recueillir l'huile volatile, cause de l'odeur du gaz hydrogène ordinaire : il suffit de faire passer un courant de ce gaz dans de l'alcool pur, et de verser ensuite de l'eau dans la dissolution alcoolique. Celle-ci deviendra laiteuse, puis elle s'éclaircira par un repos de quelques jours, et en même temps l'huile s'en trouvera séparée. (Berzelius, *Ann. de Chim. et de Phys.*, xxvii, 221.)

43. Établissons maintenant la théorie de ce qui se passe dans l'opération que nous venons de décrire. Pour cela, recherchons quelle est la nature des divers produits obtenus, et comparons-la à celle du zinc, de l'eau et de l'acide sulfurique, d'où ils proviennent.

Ces produits sont au nombre de trois : l'un est le gaz

hydrogène, dont il a déjà été question; le second, dont on n'a point encore parlé, est un composé d'acide sulfurique et d'oxide de zinc : ce composé, tenu en dissolution par l'eau, constitue la liqueur qu'on trouve dans le flacon, et peut être obtenu sous forme d'une poudre blanche cristalline, en faisant évaporer cette liqueur jusqu'à siccité dans une capsule de verre ou de porcelaine; le troisième produit est une quantité de calorique très sensible.

Quant à la nature du zinc, de l'eau, de l'acide sulfurique, nous l'avons déjà fait connaître : le zinc est un élément; l'eau est formée d'hydrogène et d'oxigène, et l'acide sulfurique est formé de soufre et d'oxigène.

D'après cela, il est évident que le gaz hydrogène ne peut provenir ni du zinc ni de l'acide sulfurique, puisqu'ils n'en contiennent pas, et qu'il ne peut provenir que de l'eau : l'eau doit donc être décomposée. Mais si l'hydrogène de l'eau décomposée se dégage, que devient son oxigène? Il se combine avec le zinc et l'acide sulfurique, et forme le composé triple qui se trouve en dissolution dans l'eau. A la vérité, on pourrait dire que l'oxigène de ce composé triple provient en partie de l'acide sulfurique; mais cet oxigène est à l'hydrogène qui se dégage dans le même rapport que dans l'eau; et d'ailleurs on retrouve dans la liqueur tout l'acide qu'on emploie, ce qui sera prouvé par la suite : d'où il faut conclure que l'action simultanée du zinc et de l'acide sur l'oxigène de l'eau, est plus grande que celle de l'hydrogène.

Le zinc seul ou l'acide seul n'opérerait pas la décomposition de l'eau; l'acide ne produirait avec l'eau que de la chaleur; le zinc n'aurait aucune action sur elle à la température ordinaire.

On vient de voir d'où proviennent les deux premiers produits de l'opération : il nous resterait à voir maintenant d'où provient le troisième, c'est-à-dire, le calorique dégagé. Nous examinerons cette question d'une manière générale. (5ᵉ vol., art. *Philos. chim.*)

Proportions réagissantes,		Proportions produites,	
1 d'eau............	112,47	1 d'hydrogène........	12,47
1 de zinc........	403,23	1 sulf. = { 1 d'oxide..	503,23
1 d'acide réel....	501,16	{ 1 d'acide....	501,16
	1016,86		1016,86

Formule atomique.

$$H^2 O + S O^3 + Zn = H^2 + (Zn O, S O^3).$$

Usages. — Puisque l'hydrogène fait partie de l'eau et de toutes les matières végétales et animales, il joue un grand rôle dans la nature, et il y remplit des fonctions nombreuses et importantes : toutefois ses usages dans les arts et dans les laboratoires sont très bornés : on ne s'en sert que pour faire l'analyse de l'air, obtenir une haute température et remplir les ballons aérostatiques.

CHAPITRE II.

Bore. — *Silicium.*

Le bore et le silicium composent ce groupe. Ils sont caractérisés par leur solidité, leur fixité, leur infusibilité, la propriété qu'ils ont, de former avec le fluor et le chlore, des acides gazeux, et avec l'oxigène des acides qui sont fixes et qui, en s'unissant aux bases, constituent des sels vitrifiables. Peut-être pourrait-on les regarder comme isomorphes.

ARTICLE Ier.

Bore.

44. Le bore, découvert en 1809 par MM. Gay-Lussac et Thénard (*Recherches physico-chimiques*, t. 1, p. 276), n'a encore été qu'imparfaitement étudié : aussi l'histoire que nous en allons faire laissera-t-elle beaucoup à désirer,

Parlons d'abord des propriétés de ce nouveau corps.

Propriétés. — Il est solide, sans saveur, sans odeur, brun-verdâtre et sous forme de poudre. Sa pesanteur spécifique n'est point connue : on sait seulement qu'elle est plus grande que celle de l'eau. Son poids atomique est de 67, 99.

Soumis à un feu de forge, il ne change ni d'état ni d'aspect, d'où il suit qu'il est infusible ; son action sur le gaz oxigène, à la température ordinaire, est nulle ; mais un peu au-dessous de la chaleur rouge, il s'y unit tout-à-coup. L'expérience se fait facilement dans une petite cloche de verre dont l'extrémité supérieure est courbe. Après avoir rempli la cloche de mercure, on y fait passer du gaz oxigène avec un petit entonnoir, jusqu'à ce qu'elle en soit aux deux tiers pleine, et on y introduit du bore à travers le mercure, avec une petite pince recourbée et terminée par deux cuillers appliquées l'une contre l'autre, qui s'éloignent et se rapprochent à volonté (Pl. VII, fig. 5). Le bore, déposé de cette manière dans la partie courbe de la cloche, n'a plus besoin que d'être chauffé à la lampe d'esprit-de-vin ; il s'enflamme, absorbe rapidement le gaz, et donne lieu à l'acide borique. Toutefois, comme cet acide se vitrifie aisément et qu'il recouvre les parties de bore placées au centre, celles-ci ne peuvent brûler entièrement, de sorte que la combustion est toujours incomplète.

L'oxigène est pour ainsi dire le seul corps simple avec lequel le bore ait pu être combiné jusqu'à présent : du moins ne l'a-t-on uni, parmi les métalloïdes qu'au chlore et au fluor, et parmi les métaux qu'au fer et au platine.

État naturel. — Le bore ne se rencontre point à l'état de pureté dans la nature ; il est toujours engagé dans quelques combinaisons. Les composés naturels dont il fait partie, sont l'acide borique, le borate de soude et le borate de magnésie.

Préparation. — C'est de l'acide borique qu'on l'extrait au moyen du potassium. Prenez un tube de verre, large d'environ 3 à 4 millimètres et long d'environ 6 ou 7 centi-mètres ; fermez-le à la lampe par l'une de ses extrémités ; introduisez successivement dans ce tube, environ 5 déci-grammes de métal coupé en fragmens avec un couteau, et un peu plus de 2 fois autant d'acide borique fondu et pulvérisé ; saisissant ensuite le tube avec une pince, ex-posez-le à l'action d'un feu capable de le faire rougir légère-ment au bout d'un certain temps. Avant qu'il ne soit porté à ce degré de chaleur, la réaction s'opérera et donnera lieu à une masse d'un vert noirâtre, qui sera un mélange de bore et de borate de protoxide de potassium. Si le tube étant refroidi, vous le cassez, et si, la matière étant déta-chée, vous la faites chauffer avec de l'eau, le borate se dis-soudra, et le bore restera sous forme de flocons. Que se passe-t-il dans cette opération ? Il est évident que l'acide borique se partage en deux parties ; que la première cède tout son oxigène au potassium, et que la seconde s'unit à l'oxide, qui résulte de cette décomposition. Il arrive quel-quefois que le tube se brise au moment de la réaction ; c'est pourquoi il vaut mieux se servir d'un tube de cuivre qui, d'ailleurs, permet d'opérer à-la-fois sur plusieurs grammes de potassium.

Le potassium étant rare et cher, il s'ensuit que le bore l'est aussi, et que par conséquent il doit être sans usages.

M. Dœbereiner, à la vérité, a publié un procédé par le-quel il assure que l'on peut retirer le bore du borax (bo-rate de soude ou de protoxide de sodium), en traitant ce sel par le charbon, à une haute température, dans un tube de fer. Mais quand bien même la décomposition de l'acide aurait lieu comme il l'annonce, le procédé ne pourrait être employé pour obtenir le bore pur, parce que, suivant l'auteur, le bore ainsi préparé est toujours mêlé de charbon. (*Voy.* la description de ce procédé, art. *Borax.*)

ARTICLE II.

Silicium. — Siliciure d'hydrogène.

Silicium.

45. *État naturel, historique.* — Le silicium n'a encore été trouvé que uni à l'oxigène; il constitue dans cet état de combinaison l'une des matières les plus abondantes et les plus répandues dans le règne minéral : c'est celle qui a été appelée jusqu'ici *silice, terre siliceuse,* et que nous désignerons souvent sous le nom d'acide silicique, parce que, dans toutes ses combinaisons, elle fait fonction d'un acide puissant. La nature de cette matière avait été conjecturée en 1807, et rendue, pour ainsi dire, évidente quelques années après; mais c'est M. Berzelius qui le premier l'a démontrée par expérience, en isolant complètement le *silicium*, et suivant pour cela un procédé indiqué par MM. Gay-Lussac et Thenard dans leurs *Recherches physico-chimiques.* En nous exprimant ainsi, nous devons nous hâter de dire que ces chimistes, à l'époque où ils publièrent leurs recherches, avaient supposé que c'était *l'acide fluorique* qui était décomposé; plus tard, il est vrai, ils reconnurent que les phénomènes observés pouvaient tout aussi bien s'expliquer en admettant la décomposition ou la réduction de la silice; la matière brun-chocolat qu'ils ont décrite n'aurait été et n'est, en effet, que le silicium; ils ont aperçu, recueilli ce corps, mais impur et sans prononcer sur sa nature. A M. Berzelius, par conséquent, appartient la découverte.

Préparation. — Pour obtenir le silicium, il faut prendre du fluure double de silicium et de potassium (1), le réduire

---

(1) Ou plutôt le fluure double de silicium et de sodium, qui contient plus de silicium.

en poudre fine, le dessécher en l'exposant à la température
la plus élevée qu'il puisse supporter sans se décomposer, le
mettre ensuite par couches avec le potassium dans un tube
de verre fermé par un bout, et disposer l'appareil de manière à chauffer tout le mélange à-la-fois. La réaction a
lieu au-dessous de la température rouge ; elle se fait avec
un petit sifflement, une légère augmentation de chaleur et
sans dégagement de gaz, si le fluure a été bien desséché.
Un examen attentif fait voir que le produit est un mélange
de siliciure de potassium, de fluure de potassium, et de
l'excès de fluure double de silicium et de potassium que
l'on a dû employer : d'où l'on voit que le potassium s'unit
isolément avec le silicium et le fluor de la portion du double fluure qu'il décompose. Lorsque le tube est refroidi,
ou le casse, on en retire la matière, et on la jette dans
l'eau froide. Beaucoup d'hydrogène dû à la décomposition
de l'eau par le potassium du siliciure, se dégage tout-
à-coup. Le protoxide de potassium qui en résulte, se
dissout, et le silicium se dépose sous forme de poudre
brune, avec le fluure de silicium et de potassium insoluble,
qui n'a point été attaqué : quant au fluure de potassium,
il se retrouve en dissolution avec l'oxide alcalin. Alors la
liqueur tirée à clair doit être décantée et remplacée, à plusieurs reprises, par de l'eau pure et froide, puis par de l'eau
bouillante : après quoi, la matière, devenue plus brune
que d'abord, est mise en contact avec de l'acide fluorhydrique,
pour enlever le double fluure de silicium et de potassium. Amenée à cet état de préparation et bien lavée
d'ailleurs, M. Berzelius ne la considère point encore comme
le silicium pur. Suivant lui, c'est le *silicium hydruré*, possédant des propriétés remarquables que nous ferons connaître
tout-à-l'heure. Pour le priver d'hydrogène, il faut le chauffer lentement jusqu'au rouge naissant, dans un creuset de
platine ouvert, couvrir le creuset à cette époque, porter
ce vase au degré de la chaleur blanche, traiter de nouveau
la matière par l'acide fluorhydrique liquide qui dissout

un peu de silice qui se forme en même temps que l'hydrogène se brûle, laver le résidu et le sécher : ce résidu est le
silicium. Il paraît qu'indépendamment de ces phénomènes,
au moment où le mélange de silicium et de fluure double
de silicium et de potassium est lavé à l'eau bouillante, il
y a production d'une petite quantité d'acide fluorhydrique
et d'acide oxi-silicique : ce qu'il y a de certain, c'est que
la liqueur acquiert la propriété de rougir le tournesol. Ap-
paremment que quelques parties de fluure de silicium sont
décomposées par l'eau, dont les principes, en se combinant
avec le fluor et le silicium, donnent naissance à ces deux
composés.

Propriétés. — Le silicium pur est d'un brun de noisette
sombre, sans le moindre éclat métallique. Par le frottement,
il ne devient brillant ou même luisant dans aucun de ses
points, et oppose de la résistance au corps contre lequel on
le frotte, tout comme un corps terreux. Il tache les vases
de verre dans lesquels on le conserve, et y adhère fortement, même lorsqu'il est sec. Il est sans odeur, sans saveur, sans action sur le tournesol et le sirop de violettes. Sa
densité n'est pas connue. Son poids atomique est de 277, 478.

Soumis à une très haute température, il ne se ramollit
point ; c'est un mauvais conducteur de l'électricité et de la
chaleur.

Chauffé dans l'air et même dans l'oxigène, il ne s'y altère pas ; son incombustibilité alors est telle que l'on peut
retrouver les plus petites traces de ce corps sur des filtres,
en brûlant ceux-ci dans un creuset de platine, et traitant la
cendre par l'acide fluorhydrique qui dissout toutes les matières terreuses. Vainement on le fait rougir, et l'on projette
dessus du chlorate de potasse, il n'est point attaqué ; il ne
l'est par l'azotate de potasse, qu'autant que la température est assez élevée pour décomposer l'acide azotique, et
que l'affinité de l'alcali commence à agir ; l'action devient
très vive à une chaleur blanche : il se forme alors un silicate
de potasse.

Mais tandis que le silicium résiste à l'action du gaz oxigène, à celle du chlorate de potasse, et jusqu'à un certain point même à celle de l'azotate de potasse, il est fortement attaqué par le carbonate de potasse et de soude; il brûle par l'action de ce sel avec une vive inflammation, il se dégage du gaz oxide de carbone, et la masse prend une couleur noire en raison de quelques parties de charbon mis en liberté; l'incandescence est d'autant plus vive, et la température a besoin d'être d'autant moins élevée pour déterminer l'action, que l'on prend moins de carbonate de potasse ou de soude. Aussi, en employant, par exemple, un volume de carbonate égal à la moitié de celui du silicium, l'inflammation se manifeste beaucoup au-dessous de la chaleur rouge; avec de plus grandes quantités de carbonate, la masse se boursoufle, s'enflamme, et brûle en bleu, à cause du gaz oxide de carbone qui se produit; et si le carbone était en plus grand excès encore, on n'apercevrait aucun signe de combustion, la masse ne noircirait point, il se dégagerait seulement du gaz oxide de carbone : il est évident que dans ces différens cas, le silicium est brûlé par l'oxigène de l'acide carbonique, et que l'oxide de silicium qui en résulte entre en combinaison intime avec l'alcali, ou qu'il se forme, tout comme avec l'azotate de potasse, un silicate alcalin.

L'action très vive qu'exerce le carbonate alcalin sur le silicium donne lieu à un phénomène bien remarquable : que l'on chauffe du silicium avec de l'azotate de potasse, jusqu'au rouge modéré, sur une feuille ou dans un petit creuset de platine, il ne se produira rien : que l'on y ajoute alors un peu de carbonate de soude sec, de manière qu'il atteigne le silicium, ce carbonate se décomposera tout-à-coup, et de là une détonation due à l'oxide de carbone dégagé : la masse deviendra noire et conservera cette teinte jusqu'à ce qu'elle se fonde et que le charbon puisse être brûlé par l'oxigène de l'acide azotique.

M. Berzelius attribue la cause de ce phénomène à ce que l'affinité de l'alcali pour l'acide silicique est nécessaire pour

déterminer la combustion de ce corps, et qu'elle ne peut se
manifester avec l'azotate de potasse que lorsque la température est suffisante pour décomposer l'acide azotique. Mais
nous objecterons que d'une part les carbonates de potasse
et de soude ne sont point décomposables seuls par la chaleur, et que l'azotate de potasse se décompose très bien de
cette manière; et d'autre part, que l'acide carbonique cède
bien plus difficilement son oxigène que l'acide azotique :
ainsi, tout en accordant que l'affinité de l'alcali pour l'acide
silicique a beaucoup d'influence sur la combustion du silicium, nous ne pouvons concevoir comment il se fait que le
silicium s'empare plus aisément de l'oxigène de l'acide du
carbonate que de l'acide de l'azotate; le contraire nous sem-
blerait devoir arriver, et c'est ce que tous les chimistes
auraient assuré si la question leur avait été posée *à priori*.

Le silicium attaque les hydrates de potasse, de soude,
de baryte, plus fortement encore que les carbonates; mêlés
avec eux en proportion convenable, il détone bien au-dessous du degré de la chaleur rouge : de l'hydrogène se dégage,
et un silicate se produit. L'action serait nulle si l'alcali était
dissous dans l'eau. Il détone également avec le fluure de
potassium, chargé d'acide fluorhydrique, au-dessous de
la chaleur rouge, ou plutôt dès que le sel a atteint son point
de fusion. Il n'éprouve aucune altération au milieu du borax fondu.

Le silicium n'a encore été uni, parmi les métalloïdes,
qu'à l'hydrogène, au carbone, au soufre, au fluor, au chlore
et au brôme, et parmi les métaux, qu'au potassium, au
fer, au platine et à quelques autres.

Aucun acide n'attaque le silicium; il n'y a qu'un mélange
d'acide fluorhydrique et d'acide azotique qui puisse le dissoudre; la dissolution a même lieu à froid; il se dégage du
bi-oxide d'azote, et il se produit du fluure de silicium qui
se dissout dans l'excès d'acide fluorhydrique.

Il paraît, au contraire, que quand il est uni aux métaux
et qu'on traite le siliciure par un acide qui peut dissoudre

le métal, le silicium se dissout en même temps. Cette propriété remarquable est commune au titane qui se rapproche beaucoup du silicium, et même au rhodium. L'eau régale est sans action sur celui-ci, et elle le dissout quand il est allié aux autres métaux qu'elle peut attaquer. Le titane métallique ne se dissout que dans un mélange d'acide fluorhydrique et d'acide azotique lorsqu'il est seul; mais allié aux métaux, il s'oxide et se dissout dans les acides qui ont de l'action sur ceux-ci.

Siliciure d'hydrogène.

46. Suivant M. Berzelius, il existe un siliciure d'hydrogène; mais on ne peut le former directement, il ne se produit qu'en traitant du fluure de silicium et de potassium, par le potassium lui-même. (*Voyez* plus haut, *préparation du silicium.*)

Le siliciure d'hydrogène est d'un brun de châtaigne, un peu plus clair que le silicium, et beaucoup moins compacte.

Chauffé avec le contact de l'air, et à plus forte raison de l'oxigène, il s'enflamme vivement; tout l'hydrogène est brûlé, une portion du silicium l'est seulement. Il s'enflamme aussi, mais moins fortement, quand on le chauffe jusqu'au rouge dans la vapeur de soufre; alors il *se sulfure* incomplètement à la vérité; mais si l'on met ce sulfure en contact avec l'eau, elle est décomposée tout-à-coup, et il se produit du gaz sulfhydrique qui se dégage, et de la silice qui, dans l'état de division où elle est, reste dissoute : l'eau, par ce moyen, et le fait est très remarquable, peut tellement s'en charger, qu'elle se prend en gelée par une légère évaporation.

Le siliciure d'hydrogène se comporte avec le chlore, de même que le silicium : seulement il se produit de plus de l'acide chlorhydrique.

Le siliciure d'hydrogène se dissout lentement dans l'acide fluorhydrique avec dégagement d'hydrogène ; il se dissout aussi dans une solution de potasse caustique.

On voit donc que le silicium, dans l'état où nous venons de le décrire, est beaucoup plus combustible et plus attaquable en général par les corps que quand il est pur; mais est-il véritablement bien hydrogéné? M. Berzelius n'en doute pas ; et cependant si l'on met cette substance bien sèche dans un tube de verre, si ensuite on remplit ce tube d'oxigène sec, et qu'on élève la température, il y aura combustion, absorption de beaucoup d'oxigène et peu d'eau produite.

CHAPITRE III.

Carbone, Carbures d'hydrogène, Carbure de silicium.

Carbone.

47. *Historique.* — Le charbon, tel que nous le connaissons dans l'économie domestique, contient toujours de l'hydrogène et de la cendre; de là, la nécessité de donner un nom particulier au charbon pur : l'on a adopté celui de *carbone.*

De tous les chimistes, celui qui en a le plus éclairé l'histoire est Lavoisier; c'est lui qui démontra la présence de l'hydrogène dans le charbon ordinaire en 1781; c'est également lui qui prouva que ce corps, en brûlant, passait à l'état d'acide carbonique; c'est lui enfin qui, guidé par les expériences de Newton et des académiciens de Florence, aperçut le premier le carbone dans le diamant.

En effet, Newton, après avoir remarqué que les corps réfractaient d'autant plus la lumière qu'ils étaient plus combustibles, et que le diamant était doué d'une grande force réfringente, avait soupçonné sa combustibilité. Les académiciens de Florence, en 1694, avaient rendu cette conjecture très vraisemblable, en exposant des diamans au foyer d'un miroir ardent, et en observant qu'ils s'y consumaient. Plusieurs chimistes français l'avaient mise hors de doute, en prouvant que les diamans ne perdaient rien de leur poids lorsqu'on les calcinait sans le contact de l'air, et se dissipaient, au contraire, lorsqu'on les calcinait avec le contact de ce fluide (1). Mais il restait à découvrir quelle était la nature du corps combustible du diamant : c'est ce que rechercha Lavoisier. Il brûla des diamans en vases clos au moyen de fortes lentilles, et ayant reconnu qu'il se formait de l'acide carbonique dans cette combustion, il en conclut que le diamant contenait du carbone et avait la plus grande analogie avec ce corps combustible.

Cependant ces recherches ne suffisaient pas pour connaître l'entière nature du diamant; il en fallait de nouvelles pour savoir s'il ne contenait pas d'autres élémens : celles-ci furent faites successivement par Smithson-Tennant (2), Guyton-Morveau (3), MM. Allen et Pepis (4), M. Davy (5), qui tous arrivèrent à ce résultat, savoir, que, quoiqu'il existe une si grande différence entre le diamant et le charbon, ces deux corps sont identiquement de la même nature, résultat fort extraordinaire sans contredit, mais sur lequel il est impossible d'élever le moindre doute : car, soit que l'on combine 72,62 d'oxigène avec 27,38 de diamant

---

(1) On trouvera, dans le premier volume du Dictionnaire de Macquer, l'histoire très détaillée des recherches qui ont été faites sur le diamant jusqu'en 1778.

(2) *Transactions philosophiques*, 1797.

(3) *Annales de Chimie*, tomes XXXI, LXXXIV et LXXXVI. Guyton avait, à la vérité, conclu de ses expériences que le charbon était un oxide; mais c'était à tort, car il avait obtenu sensiblement les mêmes quantités de gaz carbonique avec le diamant et le charbon fortement calciné.

(4) *Bibliothèque britannique*, décembre 1807.

(5) *Ann. de chim. et de phys.*, I, 16.

ou de charbon pur, il en résulte 100 parties de gaz carbonique. Or, le gaz carbonique est un corps constamment formé des mêmes élémens dans les mêmes proportions : donc le diamant n'est que du charbon, et ne diffère de celui-ci que par l'arrangement de ses molécules.

48. *Propriétés.* — Le carbone est toujours solide, sans odeur, sans saveur; son poids atomique est 38,218; la plupart de ses autres propriétés physiques sont variables.

Le plus souvent il est noir, sans forme régulière, facile à réduire en poudre : tel est celui qui provient du bois : alors il est difficile d'en déterminer précisément la pesanteur spécifique, parce qu'il est rempli de petites cavités dont l'air ne s'échappe qu'avec peine.

Quelquefois le carbone est compacte, friable, luisant, ressemblant à la houille; du reste, noir et sans forme régulière, comme le précédent. Sous cet état, les minéralogistes l'appellent *anthracite*. L'anthracite contient souvent de l'alumine, de la silice et de l'oxide de fer; il en est, à la vérité, qui n'en contiennent que très peu : l'anthracite d'Allemont, département de l'Isère, est dans ce cas; on y trouve 0,97 de carbone; sa pesanteur spécifique est de 1,8.

Plus rarement le carbone est cristallisé et si dur qu'il raie tous les corps, et n'est rayé par aucun : dans cet état il constitue le diamant. Les diamans sont ordinairement limpides, tantôt sans couleur, tantôt colorés en gris, en brun, en rose, en bleu-clair : il y en a aussi de jaunâtres et de vert-serin. Quelques-uns ont huit faces, formant un octaèdre régulier; d'autres en ont douze, formant un dodécaèdre rhomboïdal; d'autres vingt-quatre, d'autres quarante-huit; la plupart sont à surfaces curvilignes. La pesanteur spécifique des diamans varie entre 3,5 et 3,55 : d'où l'on voit qu'elle est plus grande que celle de l'anthracite. L'on sait d'ailleurs que celle-ci est plus grande que celle du charbon de bois. Cette différence de densité nous permettra d'expliquer pourquoi le gaz oxigène et les autres agens chi-

miques attaquent moins facilement le diamant que l'anthracite, et l'anthracite que le charbon de bois.

Propriétés chimiques. — Le carbone, soumis à la plus
forte chaleur de nos fourneaux, ne se ramollit point, et ne
diminue point de poids (1). Il est impossible, d'après cela,
de déterminer directement la densité de sa vapeur; l'on ne
peut y parvenir, jusqu'à un certain point, que par des
considérations fondées sur la propriété qu'ont les corps de
se combiner en volume dans des rapports simples. Quand il
n'est point à l'état de diamant, qu'il est pur d'ailleurs, ou
simplement mêlé à quelques matières étrangères, il conduit
le calorique d'une manière très marquée (Cheuvreusse); il
conduit surtout assez bien le fluide électrique : aussi pourrait-on se servir du charbon avec beaucoup de succès pour
envelopper le pied des paratonnerres, et transmettre au sol
l'électricité que ceux-ci reçoivent des nuages (2). C'est pour-

----

(1) Cependant il paraîtrait, d'après une note insérée dans les *Ann. de
Chim. et de Phys.*, XXII, 326, que deux morceaux de ce corps, taillés en cônes,
adaptés aux fils conducteurs d'une pile voltaïque, et mis en contact pendant
l'action de cet appareil, éprouvent non-seulement une espèce d'ignition très
intense (ce qu'on savait déjà), mais encore une espèce de fusion, quand on
les éloigne un peu l'un de l'autre. Alors on voit le charbon du pôle positif
s'accroître de $\frac{1}{10}$ à $\frac{1}{4}$ de pouce; celui du pôle négatif, au contraire, diminue
et se termine en une cavité sphéroïdale, comme si une portion avait été
transportée sur l'autre charbon par un courant dirigé du fil négatif au fil positif. M. Silliman, qui a répété cette expérience annoncée par M. Hare, dit
avoir reconnu avec un microscope des indications évidentes de fusion, pendant laquelle, selon lui, le charbon, à l'état de vapeur, se transporte de l'un
à l'autre pôle. M. William West assure également avoir constaté le transport
du charbon en vapeur du pôle négatif au pôle positif. Quelques chimistes pensent que le corps fondu n'est que la cendre du charbon.

(2) Cependant il ne faudrait pas se servir pour cela de charbon ordinaire;
car la majeure partie de celui que l'on consomme, quoique bien préparé, ne
conduit pas le fluide électrique, ainsi que M. Thenard l'a reconnu dès 1814:
il ne devient bon conducteur qu'autant qu'on l'a calciné convenablement, par
exemple, à-peu-près autant que l'est la braise : cette calcination le dépouille
sans doute de l'hydrogène qu'il contient.

M. Cheuvreusse a fait la même observation en 1825. Le mémoire qu'il a

quoi, si l'on fait communiquer avec l'un des fils d'une pile, un fragment de charbon bien calciné et refroidi, et si l'on touche l'autre fil avec le charbon même, il y a ignition et combustion de quelques parcelles du corps au point de contact.

Quelque dense qu'il soit, le carbone a toujours la propriété de brûler dans le gaz oxigène et de s'y gazéifier; mais il faut que la température soit élevée, et qu'elle le soit d'autant plus que la densité du corps combustible est plus considérable. Provient-il de matières végétales ou animales, sa combustion peut avoir lieu sur le mercure, comme celle du bore, dans une petite cloche recourbée (44); et alors, soit en poussière, soit en petits fragmens, il prend feu un peu au-dessous de la chaleur rouge. On peut encore en opérer la combustion en le faisant rougir à la flamme d'une bougie dans quelques-uns de ses points, et le plongeant dans un flacon plein de gaz oxigène. Un fil de fer, dont l'une des extrémités pénètre dans un bouchon, et dont l'autre se recourbe et se termine en un cercle sur lequel se trouve placé un petit disque de tôle un peu concave, est très commode pour faire cette sorte d'expérience. On met le charbon sur le disque, et on enfonce le fil de fer et la capsule dans le flacon, jusqu'au bouchon : il faut que le flacon soit à large ouverture, que le fil soit assez long pour que le bouchon ne s'enflamme pas, et qu'il y ait une petite ouverture par laquelle le gaz, en s'échauffant, puisse se dégager. Dans tous les cas, le charbon, pourvu qu'il soit pur et que l'oxigène soit en grand excès, brûle avec beaucoup de chaleur et de lumière, sans résidu et sans former d'autres produits que du gaz acide carbonique. Mais lorsque au lieu d'agir

---

publié à cet égard contient d'ailleurs plusieurs autres remarques intéressantes; il compare les charbons fortement calcinés à ceux qui le sont moins, et il trouve que les premiers sont tout à-la-fois plus denses, plus conducteurs de l'électricité et du calorique, moins combustibles que les seconds, et qu'ils absorbent moins facilement l'humidité que ceux-ci. (*Ann. de Chim. et de Phys.*, XXIX, 426.)

sur le charbon de matières végétales et animales, l'on agit sur l'anthracite et à plus forte raison sur le diamant, ces procédés de combustion ne réussissent plus. Pour brûler facilement ces sortes de charbons qui sont très denses, il faut se servir d'un tube de porcelaine, l'établir horizontalement à travers un fourneau à réverbère, y introduire le corps combustible, adapter à chacune de ses extrémités, au moyen de deux petits tubes de verre, deux vessies de caoutchouc, l'une vide et l'autre remplie de gaz oxigène, élever ensuite la température jusqu'à faire rougir le tube, ouvrir les robinets des deux vessies, et presser peu-à-peu sur celle qui contient le gaz oxigène : ce gaz passera à travers le tube, se combinera en grande partie avec le charbon et se rendra dans la vessie vide; de cette seconde vessie, on le fera repasser dans la première, et de celle-ci dans la précédente. De cette manière, en supposant que le gaz oxigène soit en excès, comme dans l'expérience précédente, tout le charbon disparaîtra, et ne produira aussi, comme dans l'expérience précédente, que du gaz carbonique. (*Voyez* pl. XII, fig. 1.)

L'acide carbonique n'est pas le seul produit qui peut résulter de la combustion du carbone; elle peut encore donner lieu à de l'oxide de carbone; mais celui-ci ne se forme qu'autant que le charbon est plus que suffisant pour absorber l'oxigène, et que la température est très élevée. Ces deux produits sont naturellement à l'état de gaz. L'acide contient un volume d'oxigène égal au sien, et l'oxide la moitié de son volume seulement (191 et 201).

Or, comme l'on sait que les corps se combinent en volume dans des rapports simples, ne peut-on pas supposer que le gaz carbonique résulte d'un volume de gaz oxigène et d'un volume de vapeur de carbone, condensés en un seul? C'est ce que M. Gay-Lussac a fait, et il en a conclu que la densité de la vapeur de carbone devait être égale à celle du gaz carbonique moins celle du gaz oxigène, ou à 1,5245 moins 1,1026, c'est-à-dire 0,4219.

M. Berzélius la suppose double, parce que le gaz oxide de carbone contenant la moitié de son volume de gaz oxigène, il considère l'autre moitié comme formée de vapeur de carbone non condensée. En effet, la densité du gaz oxide de carbone étant o,9732, et celle de l'oxigène 1,1026, il s'ensuivrait que celle de la moitié de la vapeur de carbone serait o,9732 moins $\frac{1,1026}{2} = $ o,4219. Toutes deux satisfont aux résultats. Nous n'emploierons toutefois que la première.

Le carbone ne se combine parmi les métalloïdes, qu'avec l'hydrogène, le silicium, le soufre, le chlore, le brôme, l'iode, l'azote; et parmi les métaux qu'avec le fer, et quelques autres.

49. *Absorption des gaz par le charbon et par les corps poreux.* — De toutes les propriétés du charbon, la plus remarquable peut-être est de pouvoir absorber les différens gaz. Cette propriété, aperçue pour la première fois par Fontana, constatée par MM. Morozzo, Rouppe et Noorden (*Journ. de Phys.*, t. XXIII et LVIII; et *Ann. de Chim.*, t. XXXII), à été étudiée avec beaucoup de soins par M. Théodore de Saussure; il a vu qu'elle n'appartenait pas seulement au charbon, mais encore qu'elle était commune à tous les corps poreux, et il a fait à ce sujet un travail très étendu, dont ce que nous allons dire ne sera presque qu'un extrait.

Tous les corps poreux, quelle que soit leur nature, absorbent une plus ou moins grande quantité d'un gaz, quelle que soit aussi sa nature. L'absorption dépend :

1° *De la température.* Il paraît que plus la température est basse, plus l'absorption est grande; il ne se produit aucune absorption à une température d'environ 100° : aussi, quand un corps est imprégné d'un gaz, suffit-il, pour dégager celui-ci, d'exposer le corps pendant quelque temps à la chaleur de la lampe à esprit-de-vin, par exemple, dans une cloche courbe pleine de mercure.

2° *De la pression.* — Plus la pression est grande, plus les corps poreux absorbent de parties pondérables de gaz; lorsqu'elle est nulle, l'absorption est nulle elle-même, de sorte qu'au moyen de la machine pneumatique, on peut dégager, comme par la chaleur, tout le gaz qu'un corps poreux a absorbé. L'on peut même en dégager une grande partie en faisant passer seulement le corps qui en est imprégné dans le vide barométrique : à mesure que ce corps s'élevera, il s'en séparera une infinité de bulles qui abaisseront la colonne de mercure du baromètre.

3° *De la nature du gaz.* — On a mis un grand nombre de gaz en contact avec les corps poreux, et l'on a trouvé que les uns, tels que les gaz ammoniac, chlorhydrique, sulfureux, étaient absorbés en grande quantité, et que les autres, tels que les gaz hydrogène et azote, ne l'étaient qu'en petite quantité.

4° *De la nature du corps absorbant.* — La nature du corps influe aussi sur l'absorption ; car les charbons et l'écume de mer condensent plus de gaz azote que de gaz hydrogène, et, au contraire, les bois condensent plus de gaz hydrogène que de gaz azote.

5° *Du nombre des pores.* — Les corps pulvérisés absorbent beaucoup moins de gaz que ceux qui ne le sont pas. Un fragment de 2^{gram},94 de charbon de buis a absorbé 7^{fois},25 son volume d'air atmosphérique ; tandis que la même quantité de charbon, réduite en poudre, et mise d'ailleurs dans les mêmes circonstances, n'en a absorbé que 4^{fois},25 le volume qu'il occupait avant la pulvérisation.

On ne peut évidemment attribuer cet effet qu'à ce que le nombre des pores est moins grand dans le second cas que dans le premier.

6° *Du diamètre des pores.* Le diamètre des pores influe singulièrement sur l'absorption des gaz. En effet, le charbon de liège, dont la pesanteur spécifique est 0,1, n'absorbe pas sensiblement d'air ; le charbon de sapin, dont la pesanteur spécifique est 0,4, en absorbe quatre fois et demie son volume ; celui de buis, dont la pesanteur spécifique est 0,6, en absorbe sept fois et demie son volume ; enfin la houille de *Rastiberg*, dont la pesanteur spécifique est de 1,326, en absorbe dix fois et demie son volume. On pourrait croire, d'après cela, que plus un charbon est dense, plus il absorbe de gaz; mais c'est ce qui n'a lieu que jusqu'à un certain point. Lorsque les charbons sont trop denses, les gaz ne peuvent plus pénétrer dans leurs pores : tel est le charbon qu'on obtient en faisant passer les huiles essentielles à travers un tube incandescent.

7° *Enfin, du vide des pores.*—Plus le vide est exact, plus l'absorption est grande : en conséquence il faut chasser l'air et l'eau qui sont contenus dans les pores, soit par la chaleur, soit au moyen de la machine pneumatique.

On peut procéder à l'absorption des gaz par les corps poreux de deux manières : lorsque le corps est indécomposable par le feu, on le fait rougir; on le plonge rouge dans le mercure, afin que, par le refroidissement, il ne puisse absorber ni l'air ni l'eau de l'atmosphère; ensuite on le fait passer sous une cloche sèche et pleine elle-même de ce métal; puis l'on fait passer dans la cloche un excès du gaz que l'on veut absorber, et l'on abandonne l'expérience à elle-même pendant vingt-quatre à trente heures : après quoi, mesurant le gaz restant, on en conclut l'absorption.

Mais lorsque le corps poreux est décomposable par la chaleur, au lieu de le chauffer, il faut le purger d'air par la machine pneumatique. A cet effet, on se procure une petite platine amovible, munie d'un tuyau et d'un robinet en fer que l'on visse sur l'extrémité du tuyau de la machine pneumatique ordinaire; on adapte sur cette platine une petite cloche contenant le corps poreux; on fait le vide le plus exactement possible; ensuite on ferme le robinet de la machine amovible; on le plonge dans le mercure, ainsi que la platine tout entière et les parois extérieures de la cloche; on ouvre le robinet, et la cloche se remplit de mercure : alors on enlève la platine, et l'on fait l'expérience comme on l'a dit précédemment.

Les corps poreux qui ont été mis en contact jusqu'ici avec un certain nombre de gaz sont les suivans :

Charbon de buis.
Ecume de mer d'Espagne.
Schiste happant de Ménil-Montant.
Asbeste ligniforme du Tyrol.
Asbeste liège de montagne.
Hydrophane de Saxe.
Quarz de Vauvert.
Carbonate de chaux spongieux ou agaric minéral.
Plâtre solidifié par l'eau.
Bois de coudrier.
— de mûrier.
— de sapin.
Filasse de lin.
Laine.
Soie écrue.
Poudres métalliques.
Pyrophore.

De tous ces corps, c'est le charbon de buis qui possède la propriété absorbante au plus haut degré. Nous ne rapporterons que les résultats obtenus par M. Th. de Saussure avec cette sorte de charbon, à la température de 11 à 13°, sous la pression de 0^{mèt},704. Nous renverrons, pour l'absorption des gaz par les autres corps, au Mémoire de M. Th. de Saussure, imprimé dans les numéros de la Bibliothèque britannique, pour les mois d'avril, mai et juin 1812.

Une mesure de charbon de buis absorbe :

90 mesures de gaz ammoniac.
85 . . . . acide chlorhydrique.
65 . . . . acide sulfureux.
55 . . . . sulfhydrique.
40 . . . . protoxide d'azote.
35 . . . . acide carbonique.

35   mesures de gaz bi-carbure d'hydrogène;
9,42 . . . . oxide de carbone.
9,25 . . . . oxigène.
7,5 . . . . azote.
1,75 . . . . hydrogène.

Tous ces gaz s'absorbent avec un faible dégagement de calorique; tous peuvent être dégagés par une chaleur de 100 à 150° : deux seulement éprouvent alors des altérations remarquables, le gaz oxigène et le protoxide d'azote.

Le gaz oxigène se combine avec le charbon, et forme du gaz acide carbonique, quoique la température soit très peu élevée. D'après M. de Saussure, cet effet a même lieu à la température ordinaire, mais seulement dans un espace de temps considérable, par exemple, de plusieurs mois. L'on peut présumer qu'il est dû à l'influence de la lumière et qu'il n'aurait pas lieu dans l'obscurité.

Le protoxide d'azote est en partie décomposé; car M. Thenard a trouvé que 89 parties de gaz, retirées du charbon imprégné de protoxide d'azote, étaient formées de 12 parties de gaz acide carbonique, et d'une certaine quantité de protoxide d'azote et de gaz azote. (1)

Il est un autre genre d'altération dont le charbon, imprégné de gaz sulfhydrique, est susceptible, lorsqu'on le met en contact, soit avec l'air, soit avec le gaz oxigène; et le phénomène est d'autant plus curieux, qu'il a lieu à la température ordinaire. M. Thenard a observé qu'alors le gaz sulfhydrique se détruisait en très peu de temps; qu'il en résul-

____

(1) Pour extraire facilement les gaz du charbon par la chaleur, il faut en produire l'absorption par ce corps dans une petite cloche courbe (pl. XIII, fig. 4) et attacher le charbon à l'extrémité d'un fil de fer; l'absorption étant faite, on remplit la cloche de mercure, en la renversant dans un bain de ce métal : ensuite on la remet dans sa première position; on chauffe le charbon au moyen d'une petite lampe à esprit de vin, en le maintenant toujours dans la partie courbe de la cloche, et on le retire promptement au moyen du fil de fer, lorsqu'on juge que tout le gaz est dégagé.

tait de l'eau, du soufre, et un dégagement de calorique assez grand pour que le charbon devînt très chaud; et cependant la combustion de l'hydrogène n'aurait pas lieu s'il était libre, ou s'il n'était pas combiné avec le soufre. Il a même vu que, quand le charbon était bien saturé de gaz sulfhydrique, et qu'on l'introduisait dans une éprouvette pleine de gaz oxigène pur sur la cuve à mercure, il y avait quelquefois détonation au bout de quelques minutes. Sans doute qu'alors la chaleur fait d'abord dégager une partie du gaz sulfhydrique, et qu'elle devient ensuite assez grande pour enflammer le mélange.

L'absorption de l'air par le pyrophore, comme corps poreux, a probablement une grande action sur son inflammation spontanée, et c'est sans doute à cette cause qu'on doit attribuer ce même phénomène dans quelques poudres métalliques, telles que celle de cobalt provenant de l'oxide de ce métal réduit par l'hydrogène. (Gustave Magnus, *Ann. de Chim. et de Phys.*, XXX, 103.)

50. *État.* — Le carbone pur n'existe naturellement que dans le diamant : il est donc très rare. Les diamans nous viennent de l'Inde et du Brésil. Ceux de l'Inde, connus depuis long-temps, se trouvent principalement dans les royaumes de Golconde et de Visapour. Ceux du Brésil, découverts au commencement du dix-septième siècle, appartiennent au district de Serro-do-Frio. Tous se rencontrent dans des dépôts de matières arénacées, et par conséquent de transport. Ces dépôts, toujours plus ou moins terreux et ferrugineux, appartiennent à une formation assez moderne, et sont situés partout à la surface du sol ou à peu de profondeur sous la terre végétale. Au Brésil, on les connaît sous le nom de *cascalho*; leur étendue est très grande; on en extrait aussi de l'or par le lavage.

Mais si le carbone à l'état de pureté est si rare, le carbone impur est au contraire très commun. En effet, mêlé avec quelques centièmes de matières étrangères, le carbone constitue l'anthracite, qui se trouve toujours en couches ou amas plus ou moins considérables, et plus particulièrement dans la série des terrains que les géologues désignent sous le nom de terrains intermédiaires. (1)

Imprégné de bitume, il forme la houille ou charbon de terre, qui appartient aux parties inférieures des terrains secondaires, et même les lignites ou bois bitumineux, qui

---

(1) On distingue, dans la composition de la surface de la terre, cinq époques principales de formation, savoir :

1° *Les terrains primitifs*, composés de roches cristallines (granite, gneiss, calcaire saccharoïde, etc.), ne renfermant aucun dépôt formé de fragmens ou de cailloux roulés, ne présentant aucun débris de corps organisés. Stratification en couches très inclinées.

2° *Les terrains intermédiaires*, renfermant encore des roches cristallines analogues à celles des terrains précédens, mais intercalées avec des dépôts de fragmens et de cailloux roulés, des matières terreuses et sableuses de transport, ainsi qu'avec des roches qui contiennent une grande quantité de débris organiques appartenant à des espèces de mollusques, de polypiers, très différens de ceux qui vivent actuellement. Stratification encore très inclinée.

3° *Les terrains secondaires*, qui sont en grande partie formés de calcaire compacte, intercalé par couches puissantes à-peu-près horizontales, avec de grands dépôts de matières arénacées, renfermant une immense quantité de débris organiques et particulièrement de mollusques, de polypiers différens de ceux des terrains précédens, mais encore très éloignés de ceux qui vivent actuellement à la surface du globe.

4° *Les terrains tertiaires*, formés en grande partie de calcaires sableux, de sable et de matières argileuses, de très peu de consistance, renfermant une très grande quantité de débris organiques, qui ont une assez grande analogie avec ceux des animaux qui vivent actuellement. On y trouve à-la-fois des mollusques analogues à ceux qui vivent dans les mers actuelles, et d'autres qui ont la plus grande analogie avec ceux qui ne vivent que dans les eaux douces. Mais ce qui caractérise surtout cette grande époque de formation, c'est la présence des squelettes de mammifères et d'oiseaux dont il n'y a pas de traces dans les dépôts précédens.

5° *Les terrains ignés*, qui paraissent être indépendans des dépôts précédens et ne sont jamais placés de manière à faire groupe avec eux, sont aussi de différens âges. Les terrains trachytiques sont les plus anciens; viennent ensuite les terrains basaltiques, et enfin les terrains de laves, dont les uns se rattachent à des volcans encore en activité, et dont les autres appartiennent à des volcans éteints avant les temps historiques.

constituent des amas dans des dépôts encore plus modernes.

Uni à l'oxigène, il donne lieu à l'acide carbonique qui se rencontre tout à-la-fois dans l'air atmosphérique et dans les eaux, surtout dans les eaux minérales mousseuses, telles que les eaux de Seltz.

Combiné avec l'oxigène et les bases, il fait partie de tous les carbonates, et par conséquent du carbonate de chaux, l'un des sels les plus répandus et les plus communs.

Enfin, il entre dans la composition de toutes les matières végétales et animales, qui ne sont ordinairement, les premières, que des combinaisons d'hydrogène, d'oxigène et de carbone; et les secondes que des combinaisons de ces trois principes et d'azote : c'est même presque toujours le principe le plus abondant et des unes et des autres.

51. *Extraction.* — C'est par des fouilles que l'on retire de la terre le carbone qu'on y trouve pur ou presque pur : c'est par des procédés chimiques qu'on obtient celui qui est combiné. En général, on n'extrait le carbone que de quelques-unes de ses combinaisons; savoir, de la résine, du bois et de la houille. Les divers procédés qu'on emploie pour cela sont trop compliqués pour être décrits ici : nous ne les ferons connaître qu'en parlant des matières végétales. Nous nous contenterons de dire que le carbone qui provient de la résine retient de l'hydrogène : c'est le *noir de fumée* ; que celui qui provient du bois contient de l'hydrogène et des matières terreuses et salines : c'est le charbon dont on fait usage dans l'économie domestique; que celui qui provient de la houille ou charbon de terre n'est autre chose que le coke; enfin, qu'en chauffant très fortement ces trois espèces de charbon dans un creuset couvert, il paraît qu'on parvient à en volatiliser tout l'hydrogène; que par conséquent, avec du noir de fumée, on peut se procurer du carbone pur et très divisé.

Usages. — Le carbone pur n'a d'usage qu'à l'état de diamant. La propriété qu'il a sous cet état d'être transparent, de réfracter fortement la lumière, de la décomposer et de

briller des plus vives couleurs, sa rareté, sa dureté, son inal-
térabilité, le font rechercher comme l'un des ornemens les
plus précieux et les plus indestructibles. On ne l'emploie,
d'ailleurs, que pour tailler, polir, graver les pierres précieu-
ses et couper le verre.

Les usages du carbone impur ou du charbon proprement
dit sont, au contraire, très multipliés : partout on l'emploie
comme combustible. On s'en sert dans les usines, non-seulement pour se procurer la chaleur dont on a besoin, mais
encore pour extraire les métaux de leurs mines, pour les
désoxigéner et les réduire. Mêlé au soufre et au salpêtre,
il constitue la poudre à canon. Incorporé à l'état de noir de
fumée avec les corps gras, il forme l'encre d'imprimerie. Il
fournit des tons très chauds à la peinture, dans le noir d'i-
voire, etc. En le combinant en petite proportion avec le fer,
on obtient l'acier.

La propriété qu'il possède d'absorber les gaz, etc., le
rend très propre à prévenir la putréfaction des eaux, des
viandes, et même à désinfecter celles qui commencent à se
putréfier; avantage inappréciable pour les voyages maritimes de longs cours. Que l'on fasse bouillir de la viande *trop
avancée* avec de l'eau, et que l'on y ajoute du charbon, elle
perdra sa mauvaise odeur. Que l'on filtre de l'eau bourbeuse
à travers une couche de quelques pouces de ce corps combustible grossièrement pilé, et qu'on la laisse ensuite exposée à l'air pendant vingt-quatre heures, elle deviendra très
limpide et bonne à boire : c'est ce qu'on exécute à Paris sur
les eaux de la Seine, qui, dans l'hiver, sont toujours chargées de beaucoup de limon; le charbon est placé entre deux
couches de sable qui le maintiennent, et celles-ci entre deux
couches de gravier et de petits cailloux. Que l'on charbonne
l'intérie.r des tonneaux, comme l'a indiqué Berthóllet, et
l'eau qu'on y mettra s'y conservera bien. (1)

____

(1) Ces résultats me rappellent ce que, tout jeune encore, j'ai vu faire dans
les environs de Sens. Les habitans des campagnes étaient alors dans l'habitude

L'on emploie aussi le charbon avec un grand succès pour clarifier, décolorer les liquides, particulièrement les sirops, pour purifier le miel et lui enlever tout à-la-fois sa couleur, son odeur et son goût âcre. Les premiers essais en ce genre sont dus à Lowitz. MM. Figuier, Charles Derosne, Bussy, Payen, Desfosses, Dumont, y ont beaucoup ajouté, en sorte qu'il ne nous reste que peu de chose à desirer sur ce sujet. (Voy. *Tissu osseux, Chimie animale.*)

Enfin d'habiles médecins l'ont même administré comme anti-putride; mais ses effets sont restés bien douteux.

Carbures d'hydrogène.

52. Le carbone s'unit à l'hydrogène dans une foule de circonstances, de manière à donner lieu à du carbure gazeux d'hydrogène. En effet, ce gaz est l'un des produits constans de la digestion; la vase des marais en contient toujours; souvent il se rencontre au sein des houillères; il s'en forme toutes les fois que les matières végétales et animales, abandonnées à elles-mêmes, éprouvent la décomposition putride; il s'en forme surtout lorsqu'on distille ces sortes de matières, et qu'elles sont de nature grasse, témoin l'éclairage par la houille; enfin l'on ne saurait, pour ainsi dire, faire d'expériences sur les matières organisées sans qu'il n'en résulte plus ou moins de carbure d'hydrogène.

Ce gaz n'est pas toujours identique : tous les chimistes sont d'accord à cet égard; mais ils ne le sont point sur le nombre de ses variétés, et à plus forte raison sur les diverses espèces de carbure d'hydrogène. Nous ne nous occuperons maintenant que du *proto* et du *bi-carbure*. Les autres

---

de jeter dans leurs puits des tisons charbonnés du *brandon* de la veille de la Saint-Jean; ils prétendaient que l'eau en devenait bien meilleure, et perdait la mauvaise odeur qu'elle avait quelquefois, odeur qui provenait souvent des poules qui tombaient dans les puits et qu'on n'en retirait mortes qu'au bout de quelques jours.

ne seront examinés qu'en traitant des huiles essentielles, dont ils constituent plusieurs espèces.

Bi-carbure gazeux d'hydrogène ou hydrogène bi-carboné.

53. *Propriétés.* — Le bi-carbure d'hydrogène est gazeux, sans couleur, insipide. Il éteint les corps en combustion. Son odeur est un peu empyreumatique. Plusieurs chimistes en ont déterminé la densité : M. Th. de Saussure l'a trouvée de 0,9852; M. Henry, de 0,967; et M. Thomson, de 0,9745; le calcul l'établit à 0,9814 (130).

Exposé dans un tube de porcelaine à une haute température, il laisse déposer beaucoup de charbon et double sensiblement de volume.

Tel est aussi le résultat que l'on obtient, d'après MM. Dalton et Henry, en faisant passer une grande quantité d'étincelles électriques, à travers une petite quantité de bi-carbure d'hydrogène; ils ont même observé que le nouveau gaz n'était que de l'hydrogène pur, en sorte qu'alors tout le charbon est déposé sur les parois des vases. (*Philos. chim. de Dalton*, 2ᵉ *partie*, 441.)

Le bi-carbure d'hydrogène n'est décomposé, à la température de l'atmosphère, ni par le gaz oxigène ni par l'air; il l'est, au contraire, par l'un et l'autre, à une température élevée; mais la combustion n'est complète qu'autant que l'oxigène est très prédominant. Dans tous les cas, il se forme de l'eau et du gaz acide carbonique, et il y a dégagement de calorique et de lumière. Plongez une bougie allumée dans une éprouvette remplie de bi-carbure d'hydrogène, à l'instant même il prendra feu et brûlera avec une flamme blanche et comme fuligineuse. Remplissez un petit flacon d'un mélange de 1 vol. de bi-carbure d'hydrogène et de 4 vol. d'oxigène; enveloppez-le d'une serviette et approchez le goulot d'une bougie allumée, il se produira tout-à-coup une violente détonation. Le mélange détonerait encore, quand bien même il contiendrait beaucoup moins d'oxigène; mais alors tout le carbone ne serait pas brûlé : si l'on voulait recueillir les produits, l'expérience devrait être faite dans l'eudiomètre à mercure.

Quoique le bi-carbure gazeux d'hydrogène brûle facilement, il est impossible de l'enflammer à travers une toile métallique avec une bougie. (5e vol. art. *Flamme.*)

L'eau en dissout une très petite quantité.

Parmi tous les corps combustibles non métalliques, il n'en est que trois, le soufre, l'iode et le chlore, dont l'action sur le bi-carbure d'hydrogène ait été bien étudiée. Le soufre en précipite le charbon à la chaleur de la lampe, s'unit à l'hydrogène, et forme du gaz sulfhydrique. L'iode produit un composé cristallin qui paraît être un iodhydrate de quadri-carbure d'hydrogène, et que nous ne ferons connaître qu'en parlant de l'acide iodhydrique (334). Le chlore a trois manières d'agir : lorsqu'on plonge une bougie allumée dans un mélange de 2 volumes de chlore et de 1 volume de bi-carbure gazeux d'hydrogène, ou qu'on l'expose à l'action directe des rayons solaires, il s'enflamme tout-à-coup, et détone en donnant lieu à des vapeurs piquantes de gaz acide chlorhydrique et à un dépôt de charbon. Mais lorsque ce mélange est exposé à la lumière diffuse ou placé dans l'obscurité, à la température ordinaire, le bi-carbure d'hydrogène se combine avec une certaine quantité de chlore, et de là résulte un liquide qui se dépose sur les parois des vases, liquide que les chimistes hollandais ont observé les premiers, et que l'on connaît sous le nom de *chlorure de bi-carbure d'hydrogène* ou *d'hydro-bi-carbure de chlore* (1). Il est un moyen bien simple de rendre très sensible ce phénomène : c'est d'introduire successivement, dans une cloche pleine d'eau, le bi-carbure d'hydrogène et le chlore : bientôt l'eau remontera très visiblement, et le chlorure appa-

____

(1) Au lieu de considérer ce composé comme du chlorure de bi-carbure d'hydrogène, il vaudrait mieux, selon nous, le regarder comme du chlorhydrate de quadri-carbure d'hydrogène.

raîtra à sa surface ou adhérera aux parois de la cloche sous forme de gouttes qui auront l'aspect de l'huile. La troisième manière d'agir du chlore a lieu lorsqu'il est en très-grand excès et soumis à l'influence solaire : alors il se produit du gaz chlorhydrique et du chlorure de carbone.

Pour se procurer une assez grande quantité de chlorure de bi-carbure d'hydrogène, le meilleur procédé est de faire rendre dans un grand ballon, d'une part, un courant de bi-carbure d'hydrogène, et de l'autre un -courant de chlore. Si le chlore est, en volume, le double de l'autre gaz, le liquide sera très acide, et répandra des fumées blanches dues à de l'acide chlorhydrique qui se formera. Il ne le sera jamais dans le cas contraire ; mais alors une portion du bi-carbure d'hydrogène restera libre. Enfin, si l'on fait arriver les gaz lentement et en volumes égaux dans le ballon, ils s'uniront et se convertiront presque entièrement en liquide oléagineux, sans donner lieu à d'autres produits, soit solides, soit gazeux. D'ailleurs, il faudra toujours, pour obtenir ce liquide pur, le laver avec une petite quantité d'eau, afin de le priver de l'acide libre ou de la matière colorante qu'il pourrait contenir. (*V*. les propriétés de ce liquide qui est un véritable éther, 4ᵉ vol. art. *Ether chlorhydrique.*)

Etat naturel, préparation. — Le bi-carbure d'hydrogène n'existe point dans la nature ; il s'obtient en soumettant à l'action d'une douce chaleur un mélange d'une partie en poids d'alcool, et de quatre parties d'acide sulfurique concentré ; on met le mélange dans une cornue de verre ; on adapte au col de cette cornue un tube qui s'engage sous des flacons pleins d'eau ; on chauffe peu-à-peu la cornue ; l'alcool se décompose, et le bi-carbure d'hydrogène, l'un des produits de cette décomposition, se dégage. Il se forme en outre un dépôt de charbon, du gaz sulfureux et du gaz carbonique : de là même la nécessité d'agiter le bi-carbure d'hydrogène avec une faible dissolution de potasse, ou de soude caustique, afin d'être certain de sa pureté. Que se passe-t-il dans cette opération? Remarquons que la composition de l'alcool peut être représentée par les élémens de 100 parties de bi-carbure d'hydrogène et de 63$^{part.}$, 58 d'eau en poids, ou, ce qui revient au même, que 1 volume de vapeur alcoolique peut être considéré comme formé de 1 volume de vapeur d'eau et 1 volume de bi-carbure d'hydrogène : conséquemment, au moyen d'un corps qui a beaucoup d'affinité pour l'eau, l'on conçoit qu'il doit être possible de transformer l'alcool en eau et en bi-carbure d'hydrogène. Or, telle est précisément la manière dont agit d'abord l'acide sulfurique, et tels sont aussi les résultats auxquels il donne lieu : ce n'est qu'au bout d'un certain temps que le charbon apparaît, et que les gaz sulfureux et carbonique prennent naissance; ils sont évidemment dus à la décomposition d'une partie de l'acide sulfurique par l'hydrogène et le carbone de l'alcool.

54. *Composition.* — C'est en brûlant le bi-carbure d'hydrogène dans l'eudiomètre à mercure que l'on détermine la proportion de ses principes constituans. L'eudiomètre étant préparé, l'on y fait passer 1 volume de bi-carbure d'hydrogène et 5 volumes d'oxigène; l'on enflamme ensuite le mélange par l'étincelle électrique pour le convertir en eau qui se condense, et en gaz carbonique qui reste mêlé avec l'excès d'oxigène; après quoi, mesurant le résidu et l'agitant avec une dissolution de potasse caustique, l'on absorbe le gaz carbonique, de sorte que le nouveau reste de gaz n'est plus que l'oxigène excédant.

Supposons que l'opération se fasse sur 1 volume de bi-carbure d'hydrogène, l'on obtiendra 2 volumes de gaz carbonique et un résidu de 2 volumes d'oxigène : il y aura donc 3 volumes d'oxigène absorbé. Mais le gaz carbonique contient un volume d'oxigène égal au sien : par conséquent, sur les 3 volumes d'oxigène absorbé, 1 le sera par l'hydrogène et 2 par le carbone. Or 2 volumes de gaz carbonique contiennent 2 volumes de vapeur de carbone; 1 volume d'oxigène représente 2 volumes d'hydrogène; il suit donc de là que 1 volume de bi-carbure d'hydrogène doit être composé de 2 volumes de gaz hydrogène et de 2 volumes de vapeur de carbone, condensés en un seul. En effet, si l'on ajoute le double de la densité du gaz hydrogène au double de celle de la vapeur de carbone, c'est-à-dire, 0,1376 à 0,8438, l'on obtiendra 0,9814, qui exprime la densité exacte du bi-carbure d'hydrogène. De là pour sa composition :

En proportions... 1 carbone.... 76,437
                 1 hydrogène. . 12,479
En atomes .... 2 carbone ... 76,437
                 2 hydrogène. . 12,479

Donc, le poids atomique du bi-carbure d'hydrogène $H^2 C^2 = 88,916$.

Historique. — Le bi-carbure d'hydrogène fut observé pour la première fois par les chimistes hollandais, qui crurent devoir le désigner sous le nom de *gaz oléfiant*, parce qu'il forme, en réagissant sur le chlore, une matière d'apparence huileuse. Leur Mémoire date de 1796 (1); l'on y trouve un grand nombre d'expériences qui depuis ont été répétées par divers chimistes, et auxquelles MM. Henri (2), Dalton (3), Berthollet (4), Thomson (5), Th. de Saussure (6), Robiquet et Colin (7), Brande (8) ont beaucoup ajouté.

---

(1) *Journal de physique*, XLVI, 178. — *Annales de chimie*, XXI.

(2) *Bibliothèque britannique*, XLI, 324. — *Traité de chimie.* — *Ann. de chim. et de phys.*, XVIII, 72.

(3) *Philosophie chim.*, II, 437.

(4) *Mémoires d'Arcueil*, I et II.

(5) *Traité de chimie.*

(6) *Annales de chimie*, LXXVIII.

(7) *Annales de chimie et de physique*, I et II.

(8) *Idem.* XVIII, 66, et XIX, 196.

Usages. — L'on se sert avantageusement en Angleterre, pour l'éclairage, des gaz qui proviennent de la houille eu distillation, et de l'huile soumise à une température rouge, procédé qui est aussi exécuté en France, où l'ingénieur Lebon le découvrit il y a plus de trente ans.

Les gaz obtenus de cette manière sont des mélanges, principalement formés, de carbone plus ou moins hydrogéné, d'oxide de carbone, d'hydrogène. Ceux de la houille contiennent en outre du gaz azote et des gaz carbonique et sulfhydrique, qu'on sépare avec soin. Ceux de l'huile renferment, d'après M. Faraday, d'autres composés très combustibles dont il sera question (4° *vol.*) La densité des gaz retirés de la houille est très variable : recueillis au commencement de la distillation, ils pèsent environ 0,650; recueillis à la fin, ils ne pèsent plus que 0,345 : c'est qu'alors ils contiennent beaucoup plus d'hydrogène et moins de bi-carbure d'hydrogène : aussi sont-ils moins propres à l'éclairage. (Dᵣ Henri, *Ann. de Chim. et Phys.*, t. XVIII, pag. 81.)

Proto-carbure d'hydrogène ou hydrogène proto-carburé, ou gaz inflammable des marais.

55. L'on trouve dans la vase des marais et de toutes les eaux stagnantes ou dont le cours est lent, un gaz qui, de temps à autre, vient crever sous la forme de bulles à la surface du liquide, et qui provient évidemment de la décomposition que les matières organiques éprouvent surtout en été. Pour l'obtenir, il suffit d'agiter la vase et de disposer au-dessus de celle-ci, au moment de l'agitation, des flacons pleins d'eau, renversés et munis de larges entonnoirs.

Lorsqu'on l'analyse, on voit qu'il n'est formé, pour ainsi dire, que de proto-carbure d'hydrogène; qu'il contient seulement un peu de gaz carbonique, d'azote et quelquefois d'oxigène; qu'on en sépare aisément l'oxigène par le phosphore à la température ordinaire, et l'acide carbonique par la potasse; qu'abstraction faite de ces trois derniers gaz, il absorbe en brûlant deux fois son volume d'oxigène, et produit un volume d'acide carbonique égal au sien, résultat qui démontre que l'espèce de carbure d'hydrogène qui le constitue presque entièrement est composé de 2 volumes d'hydrogène et de 1 volume de vapeur de carbone, condensés en un seul, c'est-à-dire, d'autant d'hydrogène et de moitié moins de carbone que le bi-carbure d'hydrogène; d'où l'on déduit pour sa composition :

$$\text{En proportions.} \quad \begin{array}{l} 1 \text{ carbone}\ldots = 76{,}43 \\ 2 \text{ hydrogène}\ldots = 24{,}96 \end{array}$$

$$\text{En atomes}\ldots \quad \left. \begin{array}{l} 1 \text{ carbone}\ldots = 76{,}43 \\ 4 \text{ hydrogène}\ldots = 24{,}96 \end{array} \right\} = C\,H^2.$$

Telle est également la nature du gaz inflammable des mines de houille, gaz qui, avant la découverte de la lampe de sûreté de M. Davy, rendait si dangereuse l'exploitation de quelques-unes d'entre elles.

Le bi-carbure d'hydrogène abandonnant une partie de son charbon à une température qui est à peine plus élevée que celle du rouge naissant, il semble qu'en employant un degré de chaleur convenable on devrait convertir ce gaz en proto-carbure d'hydrogène; cependant c'est ce qui n'a pas lieu : le gaz que l'on obtient ainsi paraît être un mélange de proto-carbure d'hydrogène et de gaz hydrogène, ou de ces deux gaz et de bi-carbure d'hydrogène non décomposé. Il est assez difficile d'opérer l'entière précipitation du charbon.

Puisqu'on ne peut obtenir ce gaz en décomposant le bi-carbure d'hydrogène par la chaleur, à plus forte raison ne le peut-on pas en distillant les matières végétales; les gaz qu'elles fournissent, en effet, sont des mélanges d'hydrogène plus ou moins carboné, d'hydrogène, de gaz acide carbonique, d'oxide de carbone, en raison de la nature de ces substances et de la température à laquelle on opère.

Comment donc se le procurer dans son plus grand état de pureté? Tous les procédés employés jusqu'ici pour cela ont été sans succès.

Rien ne s'oppose toutefois à ce qu'on en décrive les propriétés, parce que la petite quantité d'azote avec laquelle il reste mêlé, après le traitement du gaz des marais par le phosphore et la potasse, ne change pas d'une manière sensible son action sur les corps.

Il est insipide, inodore, sans couleur, insoluble ou presque insoluble dans l'eau; sa densité doit être de 0,5595, ou de deux fois celle de l'hydrogène, plus une fois celle de la vapeur de carbone. Tel qu'on le trouve dans les marais, il pèse 0,584, nombre qui se réduit à 0,556 en tenant compte des matières étrangères (Dr Henri).

Mêlé à l'oxigène ou à l'air en proportions convenables, il prend feu sur-le-champ et détone par l'étincelle électrique. Pour un volume de gaz combustible, il faut employer un peu plus de 1 volume et tout au plus 2 volumes un quart de gaz oxigène : hors de ces limites, la combustion n'a pas lieu.

Lorsqu'on allume avec une bougie un jet de ce gaz dans l'air, il y brûle avec une flamme jaunâtre.

Le chlore en opère tout-à-coup la décomposition au rouge obscur; il s'empare de l'hydrogène et précipite le charbon. Son action est tout autre à la température ordinaire lorsque les gaz sont secs; elle est nulle dans l'obscurité et même sous l'influence de la lumière diffuse ou directe; elle est nulle également dans l'obscurité lorsque les gaz sont humides. Mais lorsque étant humides ils sont exposés à la lumière directe ou indirecte, des phénomènes tout particuliers se produisent: si le mélange se compose de 1 volume de proto-carbure d'hydrogène, et d'un peu plus de 4 volumes de chlore, il en résultera peu-à-peu du gaz chlorhydrique et 1 volume de gaz carbonique; si la quantité de gaz inflammable restant la même, celle de chlore est un peu diminuée, tout le proto-carbure d'hydrogène ne sera pas détruit, et outre de l'acide chlorhydrique et de l'acide carbonique, il se formera du gaz oxide de carbone. Le Dr Henry, à qui ces observations sont dues, fait remarquer qu'il est évident que le chlore, pour produire de tels résultats, agit et sur l'hydrogène de l'eau et sur celui du gaz carboné. En effet, considérons le premier cas dans lequel il se produit 1 volume de gaz carbonique : ce dernier gaz ne peut provenir que de la combinaison de l'oxigène de l'eau avec le carbone du proto-carbure d'hydrogène; comme on ne trouve point d'hydrogène libre, il faut bien que l'hydrogène de l'eau et celui du gaz combustible s'unissent au chlore, et c'est de là que résulte l'acide chlorhydrique. Mais l'hydrogène abandonné par l'eau est égal à deux volumes; il en est de même de celui du proto-carbure d'hydrogène. Or, 4 volumes d'hydrogène absorbent 4 volumes de chlore; il se formera donc 8 volumes de gaz chlorhydrique. Si la quantité de chlore était moins grande, il y aurait moins d'eau décomposée, et dès-lors production d'oxide de carbone, etc. (*Ann. de Chim. et de Phys.*, tom. XVIII, pag. 75.)

Etat naturel. — Le proto-carbure d'hydrogène qui se dégage journellement des marais et de certaines mines de houille, dont il remplit les galeries, joue encore un plus grand rôle dans la nature : c'est lui qui donne lieu aux feux naturels que l'on connaît en Italie sur la pente septentrionale des Apennins, à *Velleja*, *Pietra-Mala*, *Barigazzo*, etc., et qui existent dans un très grand nombre d'autres lieux. Partout, les derniers dépôts qu'il traverse pour arriver dans l'air appartiennent à une formation assez moderne; mais on ignore de quelle profondeur il vient et par conséquent dans quelle espèce de terrain il prend son origine. Souvent il se dégage avec une grande quantité de matière boueuse, délayée par l'eau, et presque toujours imprégnée de sel commun; ce qui a fait donner à ces sources le nom de *salzes*. On les connaît aussi sous le nom de *volcans vaseux*; et dans un grand nombre de lieux les matières terreuses ont formé des monticules coniques très considérables : telle est, par exemple, la *salze* de Macaluba en Sicile.

Ces feux naturels, produits par le proto-carbure d'hydrogène, sont partout mis à profit pour cuire de la chaux, des poteries, etc., etc. A *Fredonia*, village situé dans la partie orientale de l'état de New-York, à quarante milles de Buffalo et à deux milles du lac Erié, on s'en sert pour l'éclairage. (*Ann. de Chim. et Phys.* tom. XLV, pag. 443.)

Carbure de silicium.

59. Le carbure de silicium s'obtient, en réduisant la silice avec du potassium qui provient du carbonate de potasse décomposé par du charbon dans des vases de fer. Ce potassium est carboné, et la matière qui en résulte, est selon toute apparence un quadri-carbure de silicium. Il donne du gaz acide carbonique par la combustion et se transforme en acide silicique. On remarque toutefois que, quand il est mêlé à du silicium pur, ce qui arrive souvent, celui-ci reste inattaqué (Berzélius).

CHAPITRE IV.

Phosphore. — Phosphures d'hydrogène.

Phosphore.

59 *bis.* La découverte du phosphore remonte à 1669; elle est trop remarquable pour ne pas en donner l'historique. C'est à Brandt, alchimiste de Hambourg, qu'elle est due. Tout occupé de la recherche de la pierre philosophale, ou de l'art de convertir les métaux *vils ou imparfaits* en or et en argent, Brandt s'était imaginé qu'en ajoutant de l'extrait d'urine aux métaux dont il voulait opérer la transmutation, il réussirait plus sûrement dans son entreprise. Mais, au lieu d'obtenir ce qu'il cherchait avec tant d'ardeur, il obtint un corps nouveau, lumineux par lui-même, brûlant avec une énergie sans exemple : c'était le phosphore. Surpris de l'apparition de ce corps, il en envoya un échantillon à Kunkel, chimiste allemand, qui s'empressa de le

montrer à son ami Kraft de Dresde. Celui-ci le trouva si merveilleux, qu'il se rendit de suite à Hambourg dans l'intention d'acheter le secret de sa préparation ; il l'acheta en effet moyennant 200 dollars, et sous la condition qu'il ne le révélerait à personne. Mais Kunkel desirant vivement le connaître, et voyant que Kraft ne pouvait le lui confier, résolut de le découvrir par la voie de l'expérience, et y parvint en 1674, après beaucoup de tentatives infructueuses. Cependant la préparation du phosphore demeura cachée jusqu'en 1737, époque à laquelle un étranger, s'étant rendu à Paris, l'exécuta en présence de quatre commissaires nommés par l'Académie, Hellot, Duffay, Geoffroy et Duhamel. Ce fut alors qu'elle fut rendue publique. Hellot la décrivit avec détail dans les *Mémoires de l'Académie* pour l'année 1737, et Rouelle la répéta dans ses *Cours de Chimie* de la même année : elle consistait à faire évaporer à siccité l'urine putréfiée, et à chauffer ensuite fortement le résidu dans une cornue de grès dont le col, par une allonge, plongeait dans l'eau.

C'est ainsi que, pendant long-temps, le phosphore fut préparé, si ce n'est que, par le conseil de Margraff, l'on ajouta, quelques années après, un sel de plomb à l'urine épaissie. Malgré cette utile addition, ce corps était toujours si rare, qu'il continuait à passer pour l'un des objets les plus curieux et les plus précieux qu'il fût possible de voir : aussi ne se trouvait-il que dans les laboratoires des principaux chimistes, et les cabinets de quelques gens riches, amateurs de nouveautés.

Enfin Gahn, l'ayant découvert dans les os en 1769, il ne tarda point à publier, avec Schéele, un procédé qui permit de s'en procurer des quantités assez considérables. C'est même ce procédé légèrement modifié que l'on suit encore aujourd'hui.

Le phosphore étant devenu plus commun, les chimistes purent en étudier les propriétés. Les travaux les plus remarquables qui aient été faits sur ce corps sont dus à Pelletier, qui l'a combiné avec le soufre et beaucoup de métaux; à Lavoisier, qui nous a fait connaître ses combinaisons avec l'oxigène; à M. Dulong et à M. Davy, qui ont étudié ses divers acides; et à M. Berzélius, qui a étudié non-seulement ceux-ci, mais encore leurs combinaisons avec les bases.

59. *Propriétes physiques.* Le phosphore est solide, insipide. Pur, il est si flexible qu'on peut le plier jusqu'à sept à huit fois en sens inverse sans le rompre. Il suffit de $\frac{1}{600}$ de soufre pour le rendre cassant. L'ongle le raie sans peine; tous les instrumens tranchans le coupent facilement. Sa pesanteur spécifique est de 1,77. Son odeur est faible, et rappelle celle du gaz hydrogène ordinaire ou celle de l'arsénic en vapeur. Tantôt il est transparent et sans couleur, tantôt transparent et jaunâtre, tantôt demi transparent comme la corne, tantôt noir et opaque; ce qui dépend de l'arrangement de ses molécules.

Placé dans l'obscurité, il est toujours lumineux, pourvu toutefois qu'il ait le contact de l'air : de là même le nom qu'on lui a donné, nom formé de deux mots grecs signifiant *porte-lumière.*

60. *Propriétes chimiques.*—Le phosphore entre en fusion à 43°. M. Thenard en a vu néanmoins de fondu bien au-dessous de cette température, mais qui se solidifiait tout-à-coup par l'agitation. Exposé à une chaleur de 60° à 70°, et refroidi subitement, il devient noir; en le laissant refroidir très lentement, il reste transparent et sans couleur; un refroidissement modéré lui donne quelquefois l'aspect corné : de noir, il redevient incolore par la fusion pour devenir noir de nouveau par un refroidissement subit. Ces résultats sont faciles à constater dans un tube étroit et fermé par l'une de ses extrémités. Mettez un cylindre de phosphore dans le tube; ajoutez-y assez d'eau pour en couvrir le phosphore tout entier; chauffez le tube convenablement et jetez de l'eau froide dessus, bientôt le phosphore se solidifiera et noircira. Vous produirez également le même effet si, plongeant le tube dans l'eau, vous le renversez tout-à-coup. Il

est encore une autre manière de le faire naître : c'est d'agir seulement sur un petit globule de phosphore et de le toucher, avec une tige de fer ou de cuivre, au moment où le globule est sur le point de se solidifier.

Lorsque M. Thenard observa ces phénomènes pour la première fois, il s'empressa de les annoncer, les croyant communs à toute espèce de phosphore; mais depuis il a eu l'occasion de s'assurer que cela n'était pas : il a trouvé que le phosphore n'était susceptible de ces divers aspects qu'autant qu'il avait été distillé un certain nombre de fois, souvent 3 ou 4, et quelquefois 8 à 10.

Il n'a pu dire encore d'où provenait la différence de propriété qu'il y a entre ces deux sortes de phosphore. Elle n'est pas due au soufre; car en les brûlant tous deux par l'acide nitrique, il en résulte une liqueur qui n'est par troublée par le nitrate de baryte; d'ailleurs ils sont très ductiles, et il ne faut pas $\frac{1}{600}$ de soufre pour les rendre cassans. Elle n'est pas due non plus au charbon : du moins, en les brûlant également par l'acide nitrique, il ne se forme pas une quantité d'acide carbonique capable de troubler l'eau de chaux ou l'eau de baryte. Or, comme dans son extraction, le phosphore n'est en contact qu'avec ces deux corps combustibles, et de plus l'hydrogène, l'oxigène, la chaux, les parois de la cornue, et qu'il n'est pas probable qu'un tel effet soit dû à l'un de ces trois derniers corps, l'on est conduit à penser qu'il est produit par l'hydrogène. En admettant cette hypothèse, serait-ce le phosphore noir ou l'autre qui serait hydrogéné? L'on parviendrait peut-être à le savoir en les soumettant comparativement à l'action de la pile; et dès à présent même, si l'on était forcé d'adopter une opinion, il serait à croire que c'est celui qui reste transparent qui contient de l'hydrogène, parce que, d'après M. Davy, lorsque le phosphore ordinaire est fondu et qu'on y fait passer un courant voltaïque, il y a formation d'hydrogène phosphoré.

La distillation du phosphore ne doit point être faite sans

précaution, ni sur des quantités considérables : autrement la facilité et l'énergie avec lesquelles ce corps brûle pourraient la rendre dangereuse. Il faut introduire le phosphore dans une petite cornue de verre, placer la cornue dans un petit fourneau à réverbère, en incliner fortement le col et le tenir chaud, plonger son extrémité dans de l'eau presque bouillante, porter peu-à-peu, au moyen de charbons incandescens, le phosphore jusqu'à l'ébullition, l'entretenir jusqu'à ce qu'il soit distillé tout entier, ce qu'on reconnaîtra en suivant attentivement l'opération, et aux oscillations fréquentes et brusques de l'eau ; retirer de celle-ci le col de la cornue et le boucher tout de suite. Si par hasard l'eau s'élevait trop dans le col, l'on y ferait rentrer, en le soulevant doucement, de petites quantités d'air à-la-fois : par là on préviendrait les inconvéniens d'une ascension plus grande, ou de la combustion trop vive que pourrait occasioner la rentrée trop subite de l'air. La distillation du phosphore a lieu bien au-dessous de la chaleur rouge : à en juger par le feu nécessaire pour l'opérer, elle n'exige même pas 200° : du reste, quelques précautions que l'on prenne, il reste toujours dans la cornue un peu d'une poudre rouge très légère et très divisée, qui n'est que de l'oxide de phosphore.

Les rayons solaires ne sont point à beaucoup près sans action sur le phosphore ; ils le colorent en rouge sans le rendre opaque, et ce changement de couleur, remarqué d'abord par M. Vogel, a lieu dans le vide comme au sein du gaz hydrogène, du gaz azote, etc.; il se produit même à la lumière diffuse, mais très lentement. Ne serait-il pas dû à à ce que le phosphore retiendrait un peu d'humidité, et à ce que, par la décomposition de l'eau, il se formerait un peu d'oxide de phosphore, qui est rouge ?

Le phosphore nous présente, avec l'oxigène et les autres gaz, des phénomènes très remarquables.

1° Que l'on remplisse sur le mercure ou sur l'eau, à une température qui ne dépasse pas 27° et sous la pression de 76 centimètres, une éprouvette de gaz oxigène, et que l'on y introduise un cylindre de phosphore, il ne se produira aucune absorption dans l'espace de vingt-quatre heures; mais si, la température restant la même ou ne s'abaissant que d'un certain nombre de degrés, la pression vient à diminuer et à n'être plus que de 5 à 10 centimètres; si, par exemple, l'on fait passer le phosphore avec quelques bulles de gaz oxigène dans un baromètre, le phosphore s'entourera de vapeurs blanches, il deviendra lumineux dans l'obscurité et absorbera peu-à-peu tout le gaz, en donnant lieu à de l'acide hypo-phosphorique, ainsi que M. Bellani de Monza l'a observé le premier. Plus on diminuera la pression, et moins il faudra de chaleur pour produire la combustion : toutefois elle n'aura plus lieu à $+$ 5° et au-dessous.

2° Si, dans l'expérience précédente, on augmente la pression du gaz au lieu de la diminuer, la combustion du phosphore ne se déterminera qu'à une température plus élevée.

3° L'addition d'une plus ou moins grande quantité d'azote ou d'hydrogène ou d'acide carbonique, à un volume donné d'oxigène, produit, relativement à la combustion du phosphore dans celui-ci au-dessous de 27°, le même effet qu'une diminution de pression. C'est pourquoi le phosphore est lumineux dans l'air : il y brûle lentement, en absorbe l'oxigène et en isole l'azote.

4° Le phosphore, en vertu de sa force élastique, doit se réduire sensiblement en vapeur, à la température ordinaire, dans tous les gaz qui ne l'attaquent point, par conséquent dans presque tous : aussi, lorsqu'on tient pendant quelque temps un cylindre de phosphore dans une éprouvette pleine de gaz oxigène; qu'au bout de ce temps on l'en retire, et qu'on fait passer dans celle-ci de l'air, ou de l'hydrogène, ou de l'azote, à l'instant même il se forme dans l'éprouvette un nuage lumineux, blanc, et dû à la combustion du phosphore. Le même phénomène aurait lieu si, le cylindre de phosphore étant mis d'abord en contact avec l'azote, ou l'acide carbonique, ou l'hydrogène, l'on faisait ensuite passer de l'air ou de l'oxigène dans l'éprouvette.

M. Bellani, qui, parmi ces observations, a fait le premier celles qui sont relatives à la diminution de pression, en a conclu, contre l'opinion reçue, que les atomes d'un même gaz avaient encore une certaine force attractive; que c'était cette force qui s'opposait à ce que l'oxigène, à la température et sous la pression ordinaires, pût s'unir avec le phosphore; qu'on la diminuait en raréfiant le gaz par une moindre pression, et qu'alors la combustion du phosphore pouvait avoir lieu; que l'azote, l'hydrogène, l'acide carbonique, etc., produisaient le même effet ou agissaient de la même manière, parce qu'ils isolaient les atomes de l'oxigène, et qu'ainsi leur action n'était que mécanique. (*Bulletin de Pharmacie*, tome v, page 489.) (1)

Cependant, si la cohésion n'était pas détruite dans les gaz, il semble qu'ils ne devraient pas se mêler, surtout quand leur densité est très différente; il semble aussi que si l'action chimique n'entrait pour rien dans le phénomène, tous ceux dans lesquels le phosphore peut se réduire en vapeur devraient être capables d'en opérer également la combustion, mêlés à l'oxigène; et c'est ce qui n'est pas, comme on le verra par le tableau suivant, dont toutes les expériences ont été faites à la température de 17°, et sous la pression de 75 centimètres.

---

(1) M. Thenard a répété plusieurs fois l'expérience numéro 1, et toujours avec succès. Il n'a point répété celle du numéro 2. Celle du numéro 3 est connue depuis long-temps. Il a fait un grand nombre de fois celle du numéro 4, et il a observé que l'azote extrait de l'air par le phosphore, que l'hydrogène et l'acide carbonique, mis en contact avec un cylindre de phosphore pendant cinq à six heures, à la température de 17°, acquièrent constamment, le cylindre étant retiré, la propriété de devenir lumineux dans l'obscurité lorsqu'on les mêle à un peu d'air ou d'oxigène; que le bi-carbure d'hydrogène et l'azote extrait de l'air par un mélange de soufre, de fer et d'eau ne présentent rien de semblable. Quant à l'oxigène, il n'a réussi que quelquefois à le rendre lumineux, quoiqu'il le mêlât tout de suite avec beaucoup d'hydrogène, d'azote ou d'acide carbonique : la lumière n'apparaissait jamais dans tout l'espace occupé par le gaz.

NOMS DES GAZ.	OXIGÈNE, 40. AUTRE GAZ, 200.	OXIGÈNE, 80. AUTRE GAZ, 200.	OXIGÈNE, 120. AUTRE GAZ, 200.	OXIGÈNE, 160. AUTRE GAZ, 200.	OXIGÈNE, 200. AUTRE GAZ, 200.
Oxigène; et hydrogène..........	Combustion totale; lumière vive.......	Combustion totale, lumière qui peu à-peu s'accroît........	Combustion lente, qui s'achève en 24 heures.	.......o........	.......o........
Oxigène; acide carbonique.......	idem........	idem..........	.......o........	.......o........	.......o........
Oxigène; protoxide d'azote..........	idem........	idem........	.......o........	.......o........	.......o........
Oxigène; bi-carbure d'hydrogène........	.......o........	.......o........	.......o........	.......o........	.......o........
Oxigène; azote, extrait de l'air par une pâte faite avec du fer, du soufre et de l'eau.........	.......o........	.......o........	.......o........	.......o........	.......o........
Oxigène; oxide de carbone, provenant du marbre calciné avec le charbon..........	Combustion totale; lumière vive........	.......o........	.......o........	.......o........	.......o........
Oxigène; et air en proportions telles que l'oxigène et l'azote se trouvent dans celles ci-dessus indiquées..........	Combustion totale; lumière vive.......	Combustion totale; lumière vive........	Combustion totale; lumière qui devient bientôt vive......	Combustion totale; lumière.	Combustion totale; lumière.

Le phosphore brûle encore dans un mélange d'air et d'oxigène tel qu'il y ait 4 d'oxigène et 3 d'azote; l'oxigène finit par être absorbé : au-delà, la combustion est pour ainsi dire insensible; elle n'a plus lieu du tout en ne mêlant avec l'oxigène que la moitié de son volume d'azote.

Si le phosphore à l'état solide n'agit pas, ou n'agit tout au plus que très lentement sur l'oxigène, il en est tout autrement du phosphore fondu; il absorbe et solidifie ce gaz tout-à-coup; et de là résultent de l'acide phosphorique, beaucoup de chaleur, et un si grand dégagement de lumière que l'œil en est ébloui. En effet, que l'on remplisse de mercure une petite cloche de verre longue et étroite, et que l'on y introduise environ 2 grammes de phosphore desséché avec du papier joseph, ce corps étant beaucoup plus léger que le mercure arrivera promptement au haut de la cloche; qu'on le fonde à la lampe à esprit-de-vin ou avec des charbons incandescens, et qu'alors on fasse passer du gaz oxigène bulle à bulle dans la cloche, chaque bulle, aussitôt qu'elle touchera le phosphore, disparaîtra à l'instant même, en frappant les yeux d'un trait de lumière aussi vif que celui d'un éclair. L'on peut encore, lorsqu'on ne veut qu'être témoin de la vive combustion du phosphore, placer à-peu-près 1 gramme de ce corps dans une petite coupelle suspendue à l'une des extrémités d'un fil de fer, qui, par l'autre, tient à un bouchon, enflammer le phosphore, et plonger la coupelle dans un grand flacon plein de gaz oxigène.

Outre les acides phosphorique et hypo-phosphorique, le phosphore est capable de produire deux autres acides et un oxide, de sorte qu'il s'unit en cinq proportions avec l'oxigène.

Il possède, d'ailleurs, la propriété de se combiner à un grand nombre de corps simples; savoir : à l'hydrogène, au soufre, au sélénium, au chlore, au brôme, à l'iode et à presque tous le métaux. Son union avec le carbone et l'azote est problématique; celles qu'il pourrait contracter avec le bore, le silicium, le fluor n'ont point encore été tentées.

Comme le phosphore a une grande action sur l'air, on est obligé de le conserver dans des vases qui ne contiennent aucune portion de ce fluide élastique : pour cela, on se sert d'eau bouillie et refroidie sans le contact de l'air atmosphérique ; on met de l'eau dans une bassine avec des flacons à l'émeri ; on porte l'eau à l'ébullition ; on la maintient à ce degré de chaleur pendant sept à huit minutes ; on retire les flacons pleins d'eau ; on les bouche ; quand ils sont froids, on les remplit de phosphore ; on les bouche de nouveau et on les place dans un lieu obscur. Toutefois le phosphore se couvre encore avec le temps d'une croûte blanche, qui paraît être un composé de 4 atomes de phosphore et de 1 atome d'eau (M. Pelouze, *Ann. de ch. et de ph.* L, 89). Pour le mettre à l'abri de cette altération, du moins pendant beaucoup plus long-temps, il faut le mouler dans des tubes de verre, comme nous allons le dire (art. *Extraction*) et le conserver en cet état, dans des flacons pleins d'eau privée d'air.

61. *État naturel.* — Le phosphore, brûlant avec tant de facilité, ne doit point exister à l'état de pureté dans la nature : aussi, jusqu'à présent, ne l'a-t-on rencontré qu'en combinaison avec d'autres corps ; savoir, d'une part, avec l'oxigène et des oxides métalliques, dans quelques phosphates, particulièrement dans le phosphate de chaux, qui forme en grande partie la base solide des os des animaux ; et, d'une autre part, dans la laitance de carpe, et une partie de la matière cérébrale et des nerfs, substances qui sont composées d'hydrogène, d'oxigène, de carbone, d'azote et de phosphore.

62. *Extraction.* — C'est du phosphate de chaux des os que le phosphore s'extrait.

A cet effet, on le traite par l'acide sulfurique ; on le transforme ainsi en phosphate acide de chaux ; on calcine celui-ci avec du charbon ; l'excès d'acide se décompose, et on en recueille le phosphore. La théorie de cette opération est fort simple; il n'en est pas de même de son exécution : on ne réussit qu'au moyen de différentes précautions que nous allons indiquer. *Expérience* : On prend des os de bœuf, de mouton, etc.; on les fait brûler pour en détruire la matière animale : d'abord ils deviennent noirs et ensuite blancs; dans cet état ils sont très friables, et ne sont plus qu'un mélange d'environ 76 à 77 parties de sous-phosphate de chaux, de 20 parties de carbonate de chaux et de très peu d'autres sels; on les pile et on les passe au tamis. Réduits en poudre fine, on en met une certaine quantité dans un baquet, par exemple, 12 kilogrammes; on y verse assez d'eau pour en faire une bouillie très liquide; puis on y ajoute peu-à-peu 8 à 10 kilogrammes d'acide sulfurique, et on agite en même temps le mélange avec un bâton : il en résulte du sulfate et du phosphate acide de chaux, une effervescence considérable produite par le gaz carbonique qui se dégage, beaucoup de chaleur, une odeur piquante et un *magma* très épais; phénomènes qui sont tous faciles à expliquer, en observant que les carbonates sont complètement et facilement décomposés par les acides; que le phosphate de chaux l'est en partie par l'acide sulfurique; que cet acide, en agissant sur l'eau, et à plus forte raison sur la chaux, produit un grand degré de chaleur; que l'acide carbonique, en se dégageant rapidement, surtout à une température élevée, entraîne avec lui une portion d'acide sulfurique, et devient très piquant; enfin, que le sulfate de chaux qui se forme, ayant la propriété de solidifier le quart de son poids d'eau, doit donner beaucoup de consistance au mélange.

Quoi qu'il en soit, on délaie la matière dans l'eau de manière à la ramener à l'état de bouillie liquide; on l'abandonne à elle-même pendant vingt-quatre heures, afin de rendre l'action de l'acide sulfurique sur le phosphate de chaux aussi complète que possible; après quoi on la lave avec de l'eau bouillante et on la filtre. Pour cela, on verse cette eau dans le baquet même, on l'agite, on la laisse reposer pendant quelque temps; on enlève la liqueur surnageante avec une casserole de cuivre ou de plomb, et on la verse sur une toile convenablement serrée : d'abord elle passe trouble; mais bientôt devenue limpide, on la reçoit dans des vases de grès ou de bois, ou autres non attaquables par les acides. Ce premier lavage fini, on en fait un second un troisième, etc., de la même manière, jusqu'à ce que la liqueur ne soit presque plus acide.

Par le moyen de ces lavages, on dissout le phosphate acide de chaux, et on le sépare d'une grande quantité de sulfate de chaux qui reste sur le filtre; mais on dissout en même temps une portion de sulfate de chaux qui est légèrement soluble dans l'eau, surtout à l'aide d'un excès d'acide phosphorique ou sulfurique. Il faut séparer avec beaucoup de soin ce sulfate du phosphate acide; car, comme l'acide du sulfate calcaire cède beaucoup plus facilement son oxigène au charbon que l'acide phosphorique, il s'ensuit, d'une part, qu'on obtiendrait du phosphore impur, puisqu'il tiendrait du soufre en combinaison, et que, de l'autre, on en obtiendrait moins, puisqu'une portion de l'acide excédant, ayant été saturée par la chaux, n'aurait pu être décomposée, ou du moins ne l'aurait été que très imparfaitement. On parvient à opérer cette séparation de la manière suivante : on fait évaporer toutes les eaux de lavage dans une chaudière de plomb ou de cuivre jusqu'en consistance sirupeuse; par là on précipite presque tout le sulfate de chaux; on jette sur le résidu trois ou quatre fois son volume d'eau; on fait chauffer, on filtre de nouveau, et on lave jusqu'à ce que les eaux de lavage soient presque sans saveur. On reprend la liqueur, qui, au moyen de toutes ces opérations, ne contient, pour ainsi dire, que du phosphate acide de chaux; on l'évapore, et lorsqu'elle est de nouveau en consistance sirupeuse, on la mêle intimement avec le quart de son poids de charbon en poudre; on calcine le mélange presque jusqu'au rouge dans une bassine de fonte pour le dessécher complètement et s'opposer par suite à son boursouflement; puis on introduit ce mélange dans une excellente cornue de grès enveloppée d'une couche de lut bien égal et bien sec; on remplit cette cornue aux $\frac{3}{4}$ ou aux $\frac{4}{5}$; on la place dans un fourneau à réverbère; on adapte à son col une allonge en cuivre qu'on fait plonger au fond d'un grand bocal à moitié rempli d'eau, et portant un bouchon troué à travers lequel l'allonge passe; on remplit de lut terreux l'intervalle qui existe entre l'allonge et la cornue; on tasse ce lut le plus possible, et on en recouvre l'allonge et le col de la cornue à leur point de réunion; enfin, on adapte au bouchon du bocal un tube droit, large d'un demi-pouce et long de 2 ou 3 pieds.

L'appareil étant ainsi disposé, toutes les jointures du fourneau étant bien lutées, et les luts étant bien secs, on fait du feu peu-à-peu sous la cornue, de manière à la porter au rouge dans l'espace de deux heures seulement; alors on remplit le fourneau de charbon (1), on l'alimente continuellement, et, de temps en temps, on dégorge le fourneau et la grille au moyen d'une tige de fer. Presque aussitôt que la cornue commence à rougir, il se forme de l'oxide de carbone et du carbure d'hydrogène, qui proviennent de la décomposition de l'eau du phosphate acide par le charbon, et de l'hydrogène que contient celui-ci. Mais ce n'est souvent qu'au bout de quatre heures de feu que l'on commence à obtenir du phosphore. Pendant tout le temps qu'on en obtient, il se dégage tout à-la-fois du gaz oxide de carbone et du phosphure d'hydrogène; le dégagement de ces gaz sert même de guide dans l'opération; lorsqu'il se ralentit, il faut élever la température, et c'est ce que l'on fait en surmontant la cheminée d'un long tuyau de poêle; on continue ainsi de chauffer de plus en plus jusqu'à ce qu'il cesse de s'en dégager, ce qui n'arrive ordinairement qu'après vingt-quatre ou trente heures : à cette

---

(1) Il ne faut jamais que la cornue soit en contact avec du charbon non incandescent, parce qu'elle pourrait se fêler.

époque, l'opération est terminée, et on laisse tomber le feu.

Il arrive souvent que l'appareil perd entre l'allonge et le col de la cornue : on s'en aperçoit toujours à des lueurs phosphoriques, et l'on y remédie constamment en couvrant de lut les endroits où elles se manifestent. Il arrive aussi quelquefois que la cornue se fèle : on le reconnaît à ce que les gaz cessent tout-à-coup de se dégager, et à ce que la flamme du fourneau a une odeur de phosphore : dans ce cas, on doit retirer tout le feu le plus promptement possible, laisser refroidir la cornue, en retirer la matière, et la mettre dans une autre.

Lorsque l'opération est conduite avec succès jusqu'à la fin, on retire environ 90 grammes de phosphore par kilogramme de phosphate. Ce phosphore n'est point pur; il est mêlé d'oxide et combiné peut-être avec diverses quantités de charbon; il en contient d'autant plus qu'il s'est dégagé plus tard ou à une plus haute température : aussi celui que l'on obtient au commencement de l'opération est peu coloré et transparent, tandis que celui qu'on obtient à la fin est rouge et presque opaque. On trouve même dans l'allonge et dans le col de la cornue une assez grande quantité de celui-ci, qui, étant peu fusible, n'a pu se rendre ou couler jusque dans le récipient. Il paraîtrait également, d'après M. Javal, qu'il se vaporiserait de l'acide phosphorique quand il ne serait point uni au phosphate de chaux. (*Annales de Chimie et de Phys.*, tome XIV, page 207.)

Pour purifier le phosphore, on le met sur une peau de chamois, on en fait un nouet bien solide, on plonge ce nouet dans une terrine contenant de l'eau presque bouillante, et on le comprime au moyen de pinces; le phosphore fond et passe à travers la peau; les matières étrangères avec lesquelles il est mêlé restent dessus. Pour l'obtenir plus pur encore, on le soumet à une nouvelle distillation dans les laboratoires : cette distillation se fait dans une cornue de verre; mais, de crainte d'accidens, on ne doit opérer que sur une centaine de grammes. Dans tous les cas, on conserve le phosphore quelquefois en masses, et le plus souvent sous forme de cylindres, dans des flacons bouchés et pleins d'eau pure. On lui donne cette forme en le fondant dans l'eau à 45°, y plongeant l'extrémité d'un tube de verre, aspirant par l'autre avec la bouche jusqu'à ce que le phosphore soit élevé à la moitié ou au trois quarts du tube, le fermant alors inférieurement avec l'index ou un robinet, et le portant dans un seau d'eau froide : bientôt il se solidifie ; on le retire du tube et on le coupe en deux ou trois parties, etc. C'est sous cet état qu'on le vend dans le commerce, et c'est presque toujours aussi sous cet état qu'on l'emploie dans les laboratoires.

Usages. — Ses usages sont bornés : on ne l'emploie que pour analyser l'air, obtenir quelques produits particuliers dans les laboratoires, et faire des briquets phosphoriques. Ceux-ci ne sont que des tubes de verre que l'on tient bouchés, et qui contiennent du phosphore en partie oxidé. Leur préparation est fort simple : prenez un tube ou plutôt un petit flacon à l'émeri long et étroit ; remplissez-le presque entièrement de phosphore sec ; exposez-le au-dessus de quelques charbons incandescens, en le saisissant avec une pince, et chauffez-le ainsi jusqu'à ce qu'il se manifeste une légère flamme autour du goulot du flacon, et que, placé entre l'œil et la lumière, le flacon paraisse transparent et rouge ; alors ôtez-le de dessus le feu, et bouchez-le. Lorsque vous voudrez vous en servir, vous plongerez dedans une allumette soufrée, vous détacherez par le frottement une parcelle de phosphore, et vous retirerez l'allumette, qui, dans l'air, s'enflammera tout de suite. Si elle ne prenait pas feu, vous n'auriez qu'à la frotter rapidement sur un bouchon de liège, ou, mieux encore, sur du feutre : son inflammation alors serait toujours instantanée. Un corps lisse, tel que le verre, etc., ne produirait pas le même effet. Il est une autre manière de préparer les briquets : c'est de les chauffer jusqu'à ce qu'une grande partie du phosphore soit transformée en oxide rouge, ou bien de mêler le phosphore, soit avec de la magnésie, de la silice, etc. Le phosphore se trouvant ainsi divisé, prend feu aisément, et l'allumette s'enflamme sans qu'il soit besoin de la frotter sur du feutre ou sur du liège. Toutefois, nous faisons usage des premiers, parce que leur préparation est plus facile, qu'ils durent plus long-temps et que leur emploi est commode.

Action du phosphore sur l'économie animale. — Le phosphore est un excitant violent et général. A une très faible dose, ses effets sont prompts, mais de courte durée : il stimule, par exemple, en très peu de temps les organes de la génération. Les expériences d'Alphonse Leroy sur lui-même, celles de Chenevix et de Pelletier sur des canards et des coqs, que l'âge avait rendus débiles et impuissans, ne laissent aucun doute à cet égard. A une dose trop forte, il donne la mort en déterminant une vive inflammation. Quelques médecins l'ont administré dissous dans l'alcool, l'éther ou les huiles; d'autres, en pilules avec la mie de pain. Dans tous les cas, on en donne tout au plus un grain par jour.

Phosphures d'hydrogène ou hydrogène phosphoré.

63. Jusqu'à présent, l'on ne connaît au plus que deux espèces de phosphures d'hydrogène : nous les désignerons sous les noms de *proto-phosphure et sesqui-phosphure d'hydrogène.*

Sesqui-phosphure d'hydrogène ou hydrogène per-phosphoré.

64. Le sesqui-phosphure d'hydrogène, découvert par M. Gengembre en 1783, fut ensuite examiné par un grand nombre de chimistes (1) : c'est le Mémoire de M. Dumas qui nous servira de guide dans ce que nous allons dire.

—————————————————————

(1) Kirwan en 1783, — Raymond en 1791 et 1800, — Dalton en 1810 et 1818, — Thomson en 1816, *Ann. ch. et phys.* XI, 297, — Gay-Lussac et Thenard, *Recherches physico-chimiques*; Dumas, — *Ann. de ch. et phys.*, XXXI, 113; — Henri Rose, même journal, XXXIV, 170; XXXV, 212 et 429; XLI, 313; LI, 5; — le Dr Duff, XLI, 333.

Propriétés. — Le sesqui-phosphure d'hydrogène est gazeux, sans couleur. Son odeur est très forte, analogue à celle de l'ail, de l'ognon; sa saveur est amère, et sa pesanteur spécifique de 1,761.

Nombre de corps sont capables de l'altérer.

En l'exposant à une haute température, il perd instantanément le tiers de son phosphore et passe à l'état de proto-phosphure d'hydrogène; abandonné à lui-même, il éprouve les mêmes altérations en deux à trois jours.

Que l'on fasse passer des étincelles électriques à travers ce gaz pendant quelque temps, il s'en déposera également du phosphore, et si, comme M. Thomson l'assure, le volume ne change point, il faut en conclure qu'il se transforme en proto-phosphure d'hydrogène.

Qu'on le chauffe avec le soufre dans une cloche courbe bien sèche, il se formera du sulfure de phosphore et du gaz sulfhydrique : le volume de ce dernier gaz sera variable en raison de l'absorption que le soufre en excès exerce sur lui.

Le chlore agit aussi avec beaucoup de force sur le sesqui-phosphure d'hydrogène. A peine une bulle de l'un de ces gaz arrive-t-elle dans un vase où se trouve l'autre, qu'il y a inflammation et production d'acide chlorhydrique, et en même temps de chlorure de phosphore, surtout si le chlore est en excès.

Mais de tous les corps, ceux qui nous présentent les phénomènes les plus remarquables avec le sesqui-phosphure d'hydrogène, sont l'oxigène et l'air. Lorsqu'on fait passer du gaz oxigène dans un tube très étroit qui contient du sesqui-phosphure d'hydrogène, tout-à-coup des vapeurs blanches apparaissent sans aucun dégagement de lumière; le phosphore s'acidifie et se dépose; l'hydrogène, au contraire, reste libre. Mais lorsque le mélange se fait dans de larges tubes, il en résulte tout-à-coup aussi des vapeurs blanches, et de plus une combustion extrêmement vive, de l'eau et de l'acide phosphorique. Pourquoi cette différence d'action? C'est que, dans le premier cas, les parois très rapprochées du vase enlèvent la chaleur à mesure qu'elle se produit, et qu'elle n'est jamais assez forte pour permettre à l'hydrogène de brûler, au lieu qu'il n'en est pas de même dans le second.

L'inflammation spontanée du sesqui-phosphure d'hydrogène dans l'oxigène ou dans l'air, telle que nous venons de la décrire, excite toujours la curiosité de ceux qui sont témoins de l'expérience pour la première fois ; néanmoins on peut la rendre plus curieuse et plus piquante encore : il suffit pour cela de plonger le goulot d'un flacon plein de ce gaz combustible dans l'eau, de le déboucher, de l'incliner, et de faire passer peu-à-peu le gaz dans l'atmosphère même ; alors chaque bulle en s'enflammant donne naissance à une vapeur d'eau et d'acide, qui s'élève sous forme de cercles ou de couronnes, lesquelles vont en grandissant, pourvu que l'atmosphère soit tranquille. Pour que cette inflammation ait lieu, il faut que le gaz ne soit pas trop impur ; s'il contenait, par exemple, 8 ou 10 fois son volume d'hydrogène ou d'azote, il ne s'enflammerait que par le contact d'un corps en combustion.

L'eau dissout un quarantième de son volume de sesqui-phosphure d'hydrogène, à la température de 10°, d'après MM. Henri et Davy, et un quart d'après M. Raymond ; quantités qui semblent être, la première trop faible, et l'autre trop forte.

La dissolution a une couleur jaune, une saveur amère, une odeur semblable à celle du gaz lui-même ; celui-ci s'en dégage tout entier au degré de l'ébullition sans avoir éprouvé d'altération ; mais si la solution a le contact de l'air, le gaz qu'elle contient se transforme, suivant ce dernier chimiste, en oxide rouge de phosphore et en hydrogène. M. Raymond a d'ailleurs constaté que cette solution n'est ni acide, ni alcaline ; qu'elle précipite les dissolutions d'argent, de cuivre, de plomb, de mercure, etc., et que le sesqui-phosphure d'hydrogène et les oxides des sels par leur réaction forment de l'eau et un phosphure. (*Ann. de Chim.*, xxxv.)

Etat naturel. — On prétend que le gaz sesqui-phosphure d'hydrogène se forme quelquefois dans des lieux où l'on a enfoui des matières animales, et que, conduit par les fissures du terrain dans l'atmosphère, il s'y enflamme. On explique ainsi les feux follets, qui s'observent particulièrement dans les cimetières humides. Cette opinion ne doit pas paraître extraordinaire, surtout quand on considère que le phosphore et l'hydrogène étant deux des principes constituans de la matière cérébrale, peuvent s'unir au moment où cette matière subit la décomposition putride.

65. *Composition.* — Si l'on expose dans une cloche courbe 100 parties de gaz sesqui-phosphure d'hydrogène supposé pur à l'action du fer ou du cuivre, en fil très fin et chauffé au rouge pendant une demi-heure, il se forme du phosphure de fer ou de cuivre, et il reste 150 parties d'hydrogène. Le potassium, à une chaleur bien moindre, donne le même résultat.

Si l'on substitue du bi-chlorure de mercure à ces métaux, l'action commence à la température ordinaire et devient très vive lorsqu'on sublime ce sel; il se produit un phosphure de mercure orangé et du gaz chlorhydrique : 100 parties de sesqui-phosphure d'hydrogène fournissent 300 parties de gaz chlorhydrique pur, lesquels représentent 150 parties de gaz hydrogène (1). Le sesqui-phosphure d'hydrogène renferme donc 1 volume $\frac{1}{2}$ d'hydrogène; or, comme l'on connaît la densité de ces deux derniers gaz, il est facile d'en déduire la composition du sesqui-phosphure d'hydrogène : c'est ce que M. Dumas a fait; il en a conclu que le sesqui-phosphure d'hydrogène est formé de 1 volume $\frac{1}{2}$ de cette

---

(1) Dans toutes ces expériences, on doit tenir compte de l'hydrogène libre mélangé au sesqui-phosphure d'hydrogène, ce qui s'opère en agitant, dans un tube gradué une quantité déterminée de gaz avec une dissolution de nitrate d'argent ou mieux de sulfate de cuivre. Le gaz hydrogène seul n'est point absorbé.

vapeur et 3 volumes d'hydrogène, condensés en 2 volumes; d'après cela, la composition de ce gaz est :

En proportions.. 1 hyd. 12,479 $+$ 1 phosph. 196,15
En atomes...... 2 hyd. 12,479 $+$ 1 phosph. 196,15 $= H^3 P$.

MM. Gay-Lussac et Thenard, et ensuite M. Houton Labillardière, avaient déjà trouvé que le sesqui-phosphure d'hydrogène contenait 1 volume $\frac{1}{2}$ d'hydrogène (*Recherches physico-chimiques* ; *Ann. de Chim. et de Phys.*); mais d'autres chimistes ayant annoncé des résultats différens, il était resté à cet égard quelques incertitudes que la nouvelle analyse de M. Dumas a dissipées. (1)

66. *Préparation.* — Le sesqui-phosphure d'hydrogène s'obtient en soumettant à l'action de la chaleur un mélange de chaux, d'eau et de phosphore; mais quelque chose qu'on fasse, il est toujours mêlé d'hydrogène. On commence par réduire la chaux en poudre en l'humectant tant soit peu; ensuite on y ajoute assez d'eau pour en former une bouillie; on mêle cette bouillie avec la dixième ou la douzième partie de son poids de phosphore coupé sous l'eau en tout petits morceaux; on introduit le mélange dans une fiole ordinaire, qu'on remplit ensuite, presque entièrement, de chaux éteinte en poudre, et à laquelle on adapte, par le moyen d'un bouchon, un tube propre à recueillir les gaz; on chauffe peu-à-peu la fiole, en l'entourant de quelques charbons, et bientôt le gaz sesqui-phosphure d'hydrogène se produit (2). Ce gaz décompose d'abord l'air de la fiole; puis il en chasse le gaz azote, arrive à l'extrémité du tube et s'enflamme : alors

---

(1) Depuis ce travail, M. Dumas ayant déterminé directement la densité de la vapeur du phosphore, l'a trouvée double de celle qui est indiquée ici. Cette observation importante sera discutée, 5ᵉ vol., art. *Philosophie chimique.*

(2) La chaux a pour objet d'empêcher que le phosphore ne se volatilise et ne s'attache aux parois supérieures de la fiole, inconvénient qui occasionne souvent la rupture de l'appareil; au moyen de la précaution indiquée, l'opération est très facile à conduire. D'ailleurs il reste moins d'air dans la fiole.

on engage le tube sous un flacon plein d'eau ou plutôt plein de mercure, parce que l'eau, à moins qu'on ne l'ait fait bouillir, contient toujours de l'air qui opère la décomposition d'une certaine quantité de gaz (pl. XVI, fig. 10). Seulement, de temps en temps, il est nécessaire de retirer le tube de dessous le flacon, afin de s'assurer si le gaz est toujours spontanément inflammable; lorsqu'il cesse de l'être, ce qui arrive à la fin de l'opération, surtout en élevant la température, il faut le recueillir dans des vases séparés : ce n'est plus qu'un mélange non inflammable à la température ordinaire, de neuf ou dix volumes d'hydrogène pour un volume de sesqui-phosphure d'hydrogène.

Voici l'analyse de ce gaz, à diverses époques de l'opération, telle que M. Dumas l'a donnée.

Nᵒˢ des cloches.	Sesqui-phosph. d'hydr. pour 100.	Hydrogène pur pour 100.
1	66.	34.
2	73.	27.
3	61.	39.
4	56.	44.
5	50.	50.
6	40.	60.
7	14.	86.
8	11.	89.
9 et 10	10,4.	89,6.
11	10.	90.

Le mélange gazeux contenu dans les quatre dernières cloches n'était plus inflammable spontanément; tous les précédens, au contraire, jouissaient de cette propriété. Le nᵒ 1 est moins pur que le nᵒ 2, sans doute parce qu'il a été altéré par un peu d'air qui restait dans la fiole.

Il est facile de concevoir ce qui se passe dans cette expérience : on obtient d'une part du sesqui-phosphure d'hydrogène et de l'hydrogène qui se dégagent, et de l'autre de l'hypo-phosphite de chaux avec excès de chaux qui reste

dans la fiole : or, l'hydrogène du sesqui-phosphure d'hydrogène et l'hydrogène pur ne peuvent provenir que de
l'eau, puisqu'elle seule en contient; l'eau est donc décomposée, et l'on voit évidemment que, tandis que son hydrogène se dégage ou se combine avec une portion de phosphore
pour former du sesqui-phosphure d'hydrogène, son oxigène
se combine avec une autre portion de phosphore et de la
chaux pour former l'hypo-phosphite calcaire.

C'est par ce procédé que le sesqui-phosphure d'hydrogène a été obtenu jusque dans ces derniers temps. M. Dumas propose d'y substituer le suivant : il consiste à remplir
une éprouvette de mercure, à faire passer dans celle-ci, d'a-
bord 10 ou 12 centimètres cub. d'eau distillée, puis 1$^{gr.}$ ou
2 de phosphure de chaux réduit en poudre, et enveloppé
dans un morceau de papier joseph; l'action est très rapide,
et il se dégage un gaz composé de 87,5 de sesqui-phosphure
d'hydrogène, et 12,5 d'hydrogène pur. Outre l'hydrogène et
le sesqui-phosphure d'hydrogène, il se forme, comme dans
l'expérience précédente, de l'hypo-phosphite. Le phosphure
de baryte ne doit point être employé, il donne un gaz plus
impur que le phosphure de chaux. Mais s'il est vrai que le
sesqui-phosphure d'hydrogène se dégage de l'eau par la
chaleur sans éprouver d'altération, rien ne s'opposerait à ce
qu'on l'obtînt exempt de tout mélange de cette manière :
l'expérience est à faire.

<table>
<tr><td colspan="2">Proportions réagissantes,</td><td colspan="2">Proportions produites,</td></tr>
<tr><td>3 d'eau.......=3 ✕ 112,479</td><td></td><td>3 phos. d'hyd. = { 3 d'hyd.. 37,437</td><td></td></tr>
<tr><td>7 de phosphore.=7 ✕ 196,15</td><td></td><td>{ 3 phosph. 588,45</td><td></td></tr>
<tr><td>4 de chaux....=4 ✕ 356,00</td><td></td><td>4 hypo-phosph.= { 4 acide. 1084,60</td><td></td></tr>
<tr><td>Total... 3134,355</td><td></td><td>{ 4 chaux. 1424,00</td><td></td></tr>
<tr><td></td><td></td><td>Total... 3134,355</td><td></td></tr>
</table>

On suppose ici que tout l'hydrogène s'unit au phosphore,
et qu'il ne s'en dégage point de libre.

Usages. — Jusqu'ici le sesqui-phosphure d'hydrogène
est sans usages.

Proto-phosphure d'hydrogène ou gaz hydrogène proto-phosphoré.

Nous regardons comme tel une sorte de phosphure d'hy-drogène qui n'est point inflammable par le contact de l'air à la température ordinaire. (*Recherches physico-chimiques.*)

67. *Propriétés.* — Le proto-phosphure d'hydrogène est gazeux, sans couleur, et a une odeur forte, désagréable, ana-logue à celle de l'oxide d'arsénic en vapeur. Sa densité est de 1,214, d'après M. Dumas.

Ce gaz ne se décompose pas à la température ordinaire, du moins dans l'espace de plusieurs jours; peut-être se dé-composerait-il à une très haute température, et abandonne-rait-il une portion du phosphore qu'il contient. Il ne prend point feu spontanément dans l'air et le gaz oxigène, comme le sesqui-phosphure d'hydrogène, si ce n'est sous une faible pression (Labillardière). Il ne s'y enflamme qu'à l'aide de la chaleur sous la pression ordinaire. On le brûle facilement en le faisant passer dans une éprouvette, la renversant et y plongeant une bougie allumée. Un mélange d'un volume de ce gaz et de 3 à 4 d'oxigène détone fortement à 150° envi-ron, à plus forte raison par le contact de la flamme. Une étincelle électrique le fait également détoner. Les produits de la combustion sont de l'eau et de l'acide phosphorique.

Il nous présente avec le chlore, le soufre, le potassium et plusieurs autres métaux, les mêmes phénomènes que le gaz sesqui-phosphure d'hydrogène.

L'eau en absorbe un huitième de son volume à la tempé-rature et à la pression ordinaires (Davy).

Etat naturel. — Il est probable que le proto-phosphure d'hydrogène se forme naturellement dans les mêmes cir-constances que le sesqui-phosphure d'hydrogène, et que sa production est même moins rare que ne l'est la production de celui-ci, parce qu'il est plus stable.

Composition. — Le proto-phosphure d'hydrogène con-tient un volume et demi d'hydrogène comme le sesqui-phosphure d'hydrogène : il est formé de 3 vol. d'hydrogène et de 1 vol. de vapeur de phosphore, condensés en 2 volumes. M. Dumas est arrivé à ces résultats par les mêmes moyens que ceux dont nous avons parlé au sujet de la composition du sesqui-phosphure d'hydrogène. (1)

Sa composition est :

En prop. $1\frac{1}{2}$ hydr. 18,652 + 1 phosph. 196,15
En atom. 3   hydr. 18,652 + 1 phosph. 196,15 $=$ $H^2 P$.

Préparation. — C'est en chauffant de l'acide hypo-phosphorique ou même des acides phosphoreux, hypo-phosphoreux, en dissolution très concentrée, qu'on l'obtient ; l'eau qui reste dans l'acide se décompose, et ses deux principes se combinent : l'hydrogène avec une partie du phosphore de l'acide, et l'oxigène avec l'acide lui-même, de telle sorte que tous deux tendent à faire passer l'acide qu'on emploie à l'état d'acide phosphorique : l'expérience se fait dans une petite cornue munie d'un tube ; la chaleur de la lampe à esprit-de-vin est plus que suffisante.

On peut encore se le procurer, comme M. Dumas l'a fait, en remplissant une cloche de mercure, y faisant passer 10 ou 12 centimètres cubes d'acide chlorhydrique pur et très fumant, puis 1 gr. de phosphure de chaux récent et en poudre, enveloppé dans un morceau de papier joseph ; aussitôt que le phosphure est en contact avec l'acide, il se dégage une grande quantité de gaz qui déprime rapidement le mercure ; la température s'élève beaucoup et il se dépose du phosphore.

Outre le proto-phosphure d'hydrogène il se forme encore de l'acide hypo-phosphoreux et du chlorure de calcium : d'où l'on doit admettre que le phosphure d'hydrogène et l'acide phosphoreux sont dus au moins en partie à l'hydrogène de l'acide chlorhydrique et à l'oxigène de la chaux.

---

(1) Voir la note, p. 107 sur la composition du sesqui-phosphure d'hydrogène.

Préparé par ces divers procédés, le proto-phosphure d'hydrogène est toujours pur et identique ; il est entièrement absorbé par une dissolution de sulfate de cuivre.

Proportions réagissantes avec acide phosphoreux,		Proportions produites,		
Eau. . $1\frac{1}{2}$	$= 168,70$	Phosph. hyd. $=$	$\begin{cases} 1\frac{1}{2} \text{ hydrogène.} \\ 1 \text{ phosphore. .} \end{cases}$	18,70 196,15
Acide. 4	$= 1384,60$	Acide phosphor.	3	1338,45
	1553,30			1553,30

De ces quatre proportions d'acide phosphoreux, l'une cède tout son phosphore $= 196,15$ à l'hydrogène de la proportion et demie d'eau $= 18,652$, tandis que l'oxigène de cette proportion et demie $= 150 +$ l'oxigène de la proportion d'acide phosphoreux décomposé $= 150$, se combinent avec les trois autres proportions d'acide phosphoreux et les transforment en trois proportions d'acide phosphorique.

CHAPITRE V.

Soufre. — Sélénium.

68. Le soufre et le sélénium forment un groupe que de nouvelles expériences ne feront probablement que confirmer. En effet, les deux acides du sélénium, l'acide sélénieux et l'acide sélénique, correspondent aux acides sulfureux et sulfurique. L'hydrogène sélénié ressemble à l'hydrogène sulfuré ; comme lui il est acide, et comme lui il contient son volume d'hydrogène. Le sélénium dans les séléniures joue le même rôle que le soufre dans les sulfures, etc., etc. Enfin ces deux corps sont isomorphes.

ARTICLE Ier.

Soufre.—Sulfure de bore.—Sulfure de silicium.—Sulfure de carbone. — Sulfure de phosphore. (1)

Soufre.

69. *Propriétés physiques.*—Le soufre, dont la découverte remonte à l'antiquité la plus reculée, est solide, jaune-citron, très friable, insipide. Quoique sans odeur, il en prend une légère par le frottement. Un petit choc suffit pour le briser. Lorsqu'on le serre dans la main, ou qu'on l'échauffe un peu, il craque et souvent se rompt. Sa cassure est luisante, sa pesanteur spécifique de 1,99, et son poids atomique de 201,165.

Propriétés chimiques.—Le soufre est un très mauvais conducteur du fluide électrique : c'est l'un des corps à la surface desquels le frottement développe l'électricité résineuse. Il est doué d'un pouvoir réfringent considérable. Sa fusion a lieu à 108°. Entre 110° et 140°, il est liquide comme un vernis clair et sa couleur est celle du succin. Mais vers 160°, il commence à s'épaissir, il prend une teinte rougeâtre, et si l'on continue à le chauffer, il devient tellement épais qu'il ne coule plus, et qu'on peut renverser le vase qui le contient sans qu'il change de place; c'est de 220° à 250° que ce phénomène est le plus marqué : sa couleur est alors d'un brun rouge. Depuis 250° jusqu'au point d'ébullition, il semble se liquéfier, mais il n'arrive jamais au degré de fluidité qu'il avait à 120°; sa couleur brun-rouge se conserve jusqu'au moment où il se transforme en vapeur. Outre ce fait singulier, il s'en présente un autre qui n'est pas moins digne d'attention. Lorsqu'on refroidit subitement le soufre fluide, il devient cassant, tandis que le soufre épais soumis au même trai-

---

(1) Les deux sulfures d'hydrogène, étant l'un acide, et l'autre doué de propriétés toutes spéciales, se trouveront décrits, le premier sous le n° 304 et le second sous le n° 393.

tement reste mou, et d'autant plus que sa température est
plus élevée. Il n'est donc pas nécessaire, comme on le voit,
de chauffer le soufre pendant long-temps pour obtenir le
soufre mou. Tout dépend de la température. La seule précaution à prendre consiste à le couler dans une quantité
d'eau assez grande pour que le refoidissement soit subit, et
à le diviser en petites gouttes. Si on le coule en masse, l'intérieur se refroidit lentement, et repasse à l'état de soufre
dur. Lorsqu'au contraire l'expérience est bien faite sur du
soufre porté à 230° et au-dessus, on l'obtient assez mou et
assez ductile pour qu'on puisse le tirer en fils aussi fins
qu'un cheveu, et de plusieurs pieds de longueur. Ce phénomène est dû sans doute, comme ceux que nous offrent la
trempe de l'acier et du bronze, à un arrangement particulier entre les molécules. Mais comment se fait-il que dans le
soufre il ait lieu de 220° à 250°, et que le soufre au-dessous
de cette température soit très liquide? c'est ce qu'il est impossible de dire dans l'état actuel de la science. (M. Dumas,
Ann. de chim. et de phys. XXXVI. 83.)

Si, lorsque le soufre est fondu, on le laisse refroidir,
toutes les parties extérieures se solidifient d'abord; si alors,
perçant la croûte supérieure, on décante les parties intérieures qui sont encore liquides, le creuset qui le contient
se trouve tapissé d'une foule d'aiguilles cristallines. Parmi
ces aiguilles cristallines, plusieurs sont régulières et affec-
tent la forme d'un prisme oblique à bases rhomboïdales,
forme très différente de celle des cristaux naturels, qui est
l'octaèdre symétrique.

La chaleur n'est pas seulement capable de fondre le soufre; elle peut encore le gazéifier. Pour s'en assurer, il suffit
de remplir de soufre une cornue de verre aux trois quarts,
d'y adapter une allonge dont l'extrémité plonge dans une
capsule ou dans une terrine pleine d'eau; de disposer cette cornue à feu nu, sur un fourneau muni de son laboratoire, et
de la chauffer peu-à-peu : le soufre fondra, deviendra limpide, bouillira, et se réduira, bien au-dessous de la chaleur

rouge, en un gaz jaune qui se liquéfiera dans le col de la cornue, coulera dans l'allonge, et de là dans la capsule, où il se figera et cristallisera confusément. Il entre en ébullition à la température de 440°. La densité de sa vapeur devrait être de 2,24. En effet, on sait que le soufre a tant d'analogie avec l'oxigène que l'histoire de l'un jette la plus vive lumière sur celle de l'autre. Or, la vapeur d'eau est formée de 1 vol. d'hydrogène et de $\frac{1}{2}$ vol. d'oxigène : donc le gaz sulfhydrique doit contenir $\frac{1}{2}$ vol. de vapeur de soufre pour 1 vol. d'hydrogène; et puisque la densité de l'acide sulfhydrique est de 1,1912, si l'on en retranche celle de l'hydrogène qui est de 0,0688, on aura pour reste 1,1224 qui représente la moitié de la densité de la vapeur de soufre. Cependant M. Dumas l'a trouvée de 6,617, nombre qui est presque le triple de la densité calculée, et qui conduirait à admettre seulement $\frac{1}{6}$ de vol. de vapeur de soufre dans l'hydrogène sulfuré comme dans l'acide sulfureux. Cette importante observation sera discutée dans la *Philosophie chimique.*

Le soufre est sans action sur l'oxigène à la température ordinaire; mais à un degré de chaleur un peu plus élevé que celui de sa fusion, par exemple, à 150°, il prend feu dans ce gaz, y brûle avec une flamme d'un blanc bleuâtre, et produit, en s'unissant avec lui, du gaz sulfureux dont l'odeur est pénétrante et insupportable. Tout le monde sait que telle est aussi sa manière d'agir sur l'air atmosphérique; celle-ci ne diffère de la précédente qu'en ce qu'elle est moins vive : c'est ce qu'il sera facile de constater en mettant du soufre dans une petite-coupelle suspendue à l'extrémité d'un fil de fer, dont l'autre bout sera attaché à un bouchon; le soufre étant enflammé, qu'on le plonge dans un flacon plein d'oxigène, et l'on verra que la combustion deviendra tout-à-coup bien plus active qu'elle n'était d'abord. Par ce moyen, à la vérité, le gaz sulfureux se trouve en grande partie perdu; mais s'agit-il de le recueillir, et même d'en apprécier la quantité, remplissez d'oxigène, sur le bain de mercure, les deux tiers de la capacité d'une petite cloche de verre courbe; portez avec une tige de fer un petit fragment de soufre jusque dans la partie courbe de la cloche, et chauffez le soufre avec la lampe à esprit-de-vin; bientôt une vive combustion aura lieu, le soufre disparaîtra complètement si le gaz oxigène est en grand excès, et vous retrouverez dans la cloche tout le gaz sulfureux mêlé avec l'oxigène excédant. Agitant ensuite le mélange gazeux avec un peu d'eau, vous dissoudrez seulement l'acide sulfureux, de sorte que, pour reconnaître la quantité de l'acide qui se produit et la quantité d'oxigène absorbé, il ne faudra que mesurer avec soin les différens gaz à toutes les époques de l'opération. Un volume de gaz oxigène ne produit pas tout-à-fait un volume de gaz sulfureux, ce qui tient à la production d'un peu d'acide sulfurique anhydre; néanmoins, il ne faut brûler que quelques centigrammes de soufre à-la-fois, car l'expansion subite du gaz pourrait être assez grande pour briser la cloche.

Indépendamment de l'acide sulfureux, le soufre peut encore produire de l'acide sulfurique, de l'acide hypo-sulfurique et de l'acide hypo-sulfureux; mais ceux-ci ne se forment qu'autant que leurs élémens sont en présence d'un corps pour lequel ils ont de l'affinité, par exemple, de l'eau ou d'un oxide métallique.

Le soufre paraît doué de la propriété de se combiner avec tous les métaux et tous les métalloïdes, l'azote excepté. Ces sortes de combinaisons seront examinées par la suite.

70. *État naturel.* — Le soufre est très répandu dans la nature; il y existe à l'état natif et à l'état de combinaison.

A l'état natif, on le trouve souvent en masses translucides ou opaques, qui forment des couches dans diverses sortes de terrains; souvent aussi en petites parties disséminées dans différentes pierres, moins souvent en cristaux jaune-verdâtre ou brun-rougeâtre, presque toujours transparens; quelquefois en poussière.

Le soufre natif a été découvert dans quelques roches quarzeuses des terrains primitifs et intermédiaires (*Brésil et Cordilières de Quito*); on le connaît en grande quantité et parfois en couches assez épaisses dans les terrains secondaires (*Val di Noto* et *Mazzara* en Sicile, *Cesène* à six lieues de Ravennes sur l'Adriatique, *Conilla* près de Gibraltar, etc.); il accompagne aussi très fréquemment le sel commun qui appartient, en général, à cette époque de formation ; il se rencontre encore dans les terrains tertiaires, et même on le voit se *former* sous nos yeux dans les fosses d'aisances, dans des égouts, dans le sulfate de chaux ou pierre à plâtre des environs de Paris ; on le rencontre enfin très abondamment dans tous les volcans actifs, tels que le Vésuve, Vulcano, l'Etna, Ténériffe, ceux de l'Amérique méridionale, etc., qui en laissent dégager continuellement, et dans les solfatares ou soufrières, surtout dans celle de Puzzol du territoire de Naples, et dans celles de la Guadeloupe, de Sainte-Lucie et de l'Islande.

Quoique le soufre natif soit commun, le soufre en état de combinaison l'est plus encore ; il fait partie d'un grand nombre de sulfates et de sulfures naturels. Parmi ceux-ci, nous citerons : les sulfures de fer, qui sont très abondans dans tous les terrains ; les sulfures de plomb, de mercure et d'antimoine, qui constituent des filons, des amas, des couches puissantes, et dont on extrait tout le plomb, le mercure et l'antimoine que les arts consomment ; le sulfure de cuivre, que l'on exploite pour en retirer le métal ; et le sulfure de zinc, connu vulgairement sous le nom de *blende*. Parmi les sulfates, nous ne nommerons que le sulfate de chaux ou la pierre à plâtre, dont il existe des couches très étendues dans les terrains intermédiaires, secondaires et même tertiaires ; et le sulfate double d'alumine et de potasse (ou alunite), qui appartient aux débris des terrains ignés les plus anciens, et qu'on connaît à Tolfa dans les États romains, à Piombino en Toscane, en Hongrie, dans les îles de l'Archipel grec, et même en France au Mont-d'Or.

Ce ne sont pas là d'ailleurs les seuls composés naturels qui contiennent du soufre. Ce corps combustible se trouve aussi dans les eaux minérales sulfureuses, uni à l'hydrogène.

Plusieurs plantes, telles que les crucifères, en renferment également des quantités très sensibles; il existe même dans quelques matières animales, et c'est à sa présence dans les œufs qu'est due la cause pour laquelle ceux-ci noircissent les vases d'argent, et acquièrent en se putréfiant une odeur infecte.

71. *Extraction.* — Le soufre s'extrait ou des terres avec lesquelles il se trouve mêlé aux environs des volcans et des solfatares, ou des composés qu'il forme avec le fer et avec le cuivre : de là deux procédés d'extraction. Le premier s'exécute à la solfatare de Puzzol, de la manière suivante :

On place dix pots ou creusets de terre cuite, cinq d'un côté et cinq de l'autre, d'environ un mètre de hauteur, de vingt litres de capacité, et renflés vers le milieu, dans un long fourneau appelé *galère* (1). Les creusets sont tellement disposés dans l'épaisseur même des parois de la galère, que leur ventre déborde en dedans et en dehors, et que leur partie supérieure sort à travers la surface du dôme. Après les avoir remplis de morceaux de mine de la grosseur du poing, on les recouvre d'un couvercle en terre, et l'on adapte, à une ouverture pratiquée à leur partie supérieure et latérale, un tuyau d'environ quatre centimètres de diamètre, qui se rend en s'inclinant dans un autre pot couvert, percé par son fond, et situé au-dessus d'une tinette en bois pleine d'eau. Les choses étant ainsi disposées, l'on chauffe le fourneau;

---

(1) On appèle *galère* un fourneau long, ordinairement en briques, qui a la forme d'un prisme rectangulaire d'environ 3 à 4 mètres de longueur, 9 à 12 décimètres de largeur, et 7 à 9 décimètres de hauteur, et qui est terminé supérieurement par un demi-cylindre qu'on appelle *dôme*. A l'une de ses extrémités est une porte par laquelle on introduit le combustible ; à l'autre est une cheminée plus ou moins élevée. La galère dont il s'agit ici a 22 décimètres de long sur 7 décimètres et demi de haut, et 5 décimètres intérieurement d'une paroi à l'autre.

Il existe aussi des galères qui ne sont que des fourneaux ronds à réverbère, d'un grand diamètre. Les vases contenant la matière que l'on veut chauffer se mettent tout autour ; l'on peut ainsi placer 8 à 10 cornues assez grandes.

bientôt le soufre fond, se boursoufle, se sublime, tombe, sous forme liquide, dans la tinette, où il se fige; lorsqu'il est entièrement vaporisé, on retire le résidu, on remplit les creusets de nouvelle mine, et l'on procède à une seconde opération. Le soufre obtenu de cette manière est connu sous le nom de *soufre brut* : il n'est point pur; il contient environ $\frac{1}{12}$ de son poids de matière terreuse qu'il a entraînée en se boursouflant.

Autrefois le soufre brut se purifiait en le fondant dans une chaudière de fonte, et le tenant en fusion jusqu'à ce que les matières qui l'altéraient fussent déposées : puisé alors avec une cuiller à projection; il était coulé en cylindres. Non-seulement ce procédé ne débarrassait point le soufre de toutes ses impuretés; mais encore il en résultait une perte assez considérable, due à ce que le dépôt qu'on jetait était très riche en soufre. Aujourd'hui on le purifie en le distillant dans une grande chaudière en fonte, surmontée d'un chapiteau en maçonnerie, qui communique par une ouverture avec une chambre latérale. La chaudière est placée sur un fourneau tirant bien; elle peut contenir 5 à 600 kilogrammes de soufre, et quoiqu'elle ait 27 millimètres d'épaisseur, elle ne résiste à l'action du soufre que pendant quatre à cinq mois. Indépendamment de l'ouverture par laquelle le chapiteau communique avec la chambre, il en présente une autre qu'on ferme à volonté, et par laquelle on charge la chaudière, et l'on retire le résidu à la fin de chaque distillation. Quant à la chambre, elle est en maçonnerie et varie en grandeur; des conduits munis de robinets doivent y être pratiqués à fleur du sol, pour porter le soufre liquide au dehors, et sa voûte doit être garnie d'une soupape pour laisser dégager l'air raréfié.

On peut faire à volonté, au moyen de cet appareil, du soufre en masse ou de la fleur de soufre.

Si l'on distille 100 kilogr. de soufre par heure dans une chambre de 64 mètres cubes, on obtiendra du soufre en masse; si la chambre est quintuple, et si l'on suspend l'opération pendant la nuit, on obtiendra de la fleur : c'est que, dans le premier cas, le soufre en vapeur se condensera dans la chambre au point seulement de devenir liquide ; au lieu que, dans le second, il s'y solidifiera, et donnera lieu à une poudre extrêmement ténue. Dans celui-ci, on ne le retirera que par une porte que l'on tient fermée pendant toute l'opération ; dans l'autre, il coulera lui-même de la chambre, par les conduits à fleur du sol, dans des moules en bois de sapin, mouillés et égouttés, où il prendra la forme de cylindres : on le verse dans le commerce sous cette forme, et on l'y connaît sous le nom de *soufre en canon*, dont l'intérieur contient souvent des cristaux aiguillés.

Le soufre ne s'extrait pas seulement des terres avec lesquelles il se trouve mêlé aux environs des pays volcanisés, on le retire encore du sulfure de fer au maximum de sulfuration.

De tous les procédés que l'on peut employer, le meilleur à beaucoup près consiste à calciner le sulfure sans le contact de l'air : cependant, il n'est que rarement pratiqué, à raison des obstacles que l'on éprouve à se procurer des vases qui puissent résister à l'action corrosive ou pénétrante du soufre. M. Dartigues, l'un de nos plus habiles manufacturiers, a résolu le premier cet important problème dans un de ses établissemens aux environs de Namur. Les vases dont il se sert et qu'il fabrique sont des cylindres de terre si bons qu'il n'est obligé de les renouveler que de temps en temps. Il en place jusqu'à vingt-quatre dans le même four sur deux rangs qui sont l'un au-dessus de l'autre. Leur position est horizontale, et leur longueur égale à la largeur du four qu'ils traversent. Chacun d'eux contient environ 25 kilog. de sulfure. Tous se chargent par l'une de leurs extrémités qu'on débouche et qu'on ferme à volonté, et la distillation se fait par l'autre, à laquelle se trouve adaptée une allonge qui porte le soufre dans des caisses de bois en partie pleines d'eau et fermées par un couvercle en plomb. Le feu n'est jamais assez fort pour fondre la matière : à la vérité, elle ne fournit que 13 à 14 pour 100 de soufre; mais aussi elle est facile à retirer, point essentielle, puisque autrement l'opération ne pourrait être continuée dans les mêmes vases. Le sulfure, après six heures de calcination, est remplacé par d'autre qui, au bout de ce temps, l'est lui-même à son tour, etc. Ainsi privé d'une partie de son soufre, il se convertit aisément, par le contact de l'air atmosphérique, en sulfate de fer; quelquefois même il prend feu spontanément, comme nous le verrons par la suite.

Usages. — Le bas prix du soufre, et la propriété qu'il a de brûler facilement, font qu'on en imprègne l'extrémité des allumettes pour les rendre plus inflammables et se procurer de la lumière. C'est en faisant brûler le soufre, et en exposant la soie et la laine à l'action de l'acide sulfureux qui se produit, qu'on parvient à blanchir parfaitement ces substances. Mêlé au nitre et au charbon, il constitue la poudre à canon. Combiné et sublimé avec le mercure, il forme le cinnabre. Chauffé avec le cuivre, dans un four à réverbère, il en résulte une masse qui fournit aux arts une partie du sulfate de cuivre qu'ils consomment. En le fondant dans un creuset avec la potasse, on obtient le foie de soufre. Quelquefois il est employé pour sceller le fer dans la pierre; il l'est surtout dans la fabrication de l'acide sulfurique du commerce.

Enfin la médecine s'en sert à l'extérieur contre les maladies de la peau, et à l'intérieur spécialement contre les maladies chroniques du poumon et des viscères abdominaux. Extérieurement, on l'applique mêlé aux corps gras, tels que le cérat, la graisse de porc; intérieurement, on le donne principalement sous forme de pastilles, quelquefois jusqu'à un gros par jour.

Sulfure de bore.

72. Lorsque l'on fait chauffer du bore dans un tube de porcelaine jusqu'au rouge blanc, et que l'on y fait passer du

soufre en vapeur, ces deux corps s'unissent, en donnant lieu à une flamme rougeâtre. Le sulfure enveloppe le bore non attaqué, de telle manière que, quelque chose qu'on fasse, il y a toujours une portion de celui-ci qui reste libre.

Le sulfure de bore, pur, est blanc et opaque. Mis en contact avec l'eau, il la décompose tout de suite, en donnant lieu à un violent dégagement de gaz sulfhydrique et à un liquide clair qui contient de l'acide borique.

Sulfure de silicium.

73. Le sulfure de silicium se prépare comme celui de bore, en chauffant jusqu'au rouge blanc le silicium dans le soufre gazeux. La combinaison a lieu avec production d'une flamme rouge; une partie du silicium recouvert de sulfure, échappe toujours à l'action du soufre. Le sulfure de silicium est blanc, opaque et infusible. Mis en contact avec l'eau, il la décompose avec rapidité, de même que le sulfure de bore; le soufre est transformé en gaz sulfhydrique qui se dégage avec une vive effervescence; et le silicium, en acide silicique qui reste en dissolution dans l'eau : d'où l'on voit que le sulfure doit être composé de 70 de soufre et de 30 de silicium. L'eau, par ce moyen, et ce fait est très remarquable, peut tellement se charger de silice, qu'elle se prend en gelée par une légère évaporation. Dans l'air sec, le sulfure de silicium se conserve; dans l'air humide, il s'altère peu-à-peu et répand une odeur fétide. Le grillage le convertit lentement en gaz sulfureux et en silice.

Sulfure de carbone.

74. *Historique.* — Le sulfure de carbone, découvert et examiné par M. Lampadius, en 1796, a été soumis successivement à de nouvelles recherches par MM. Clément et Dé-

sormes (1), Berthollet fils (2), Cluzel (3), Vauquelin (4), Berzélius et Marcet (5). Tous les chimistes sont d'accord aujourd'hui sur sa composition ; tous savent qu'il ne contient que du soufre et du carbone, dans le rapport à-peu-près de 85 à 15.

75. *Propriétés.* — Le sulfure de carbone est liquide à la température ordinaire, transparent et sans couleur. Il a une odeur pénétrante, fétide, une saveur brûlante et âcre. Sa pesanteur spécifique est de 1,263 ; celle de sa vapeur, de 2,670 ; sa tension, de $0^{mèt}$,3184 à 22°,5 ; et son pouvoir réfringent, suivant M. Wollaston, de 1,645.

Sous la pression de $6^{mèt}$,76, le sulfure de carbone entre en ébullition à 45°.

La plus haute température n'en opère point la décomposition. Il est probable que le calorique latent de sa vapeur est très considérable ; car, en plaçant du sulfure de carbone sous la machine pneumatique, l'on produit assez de froid pour congeler le mercure.

Exposé au contact de l'air dans une capsule, à la température ordinaire, il se vaporise sans éprouver d'altération et sans laisser de résidu ; si on l'approche d'un corps en combustion, il prend feu sur-le-champ, et donne naissance à du gaz acide carbonique et à de l'acide sulfureux dont l'odeur est très piquante ; une très petite quantité de soufre échappe à la combustion et reste dans la capsule ; par conséquent le sulfure de carbone est très combustible. Aussi, lorsqu'on fait passer une étincelle électrique à travers l'oxigène chargé de vapeur de sulfure, le mélange s'enflamme-t-il vivement. Mais cette expérience doit être faite dans un eudiomètre fort épais, et sur de petites quantités de gaz,

---

(1) *Ann. ch.* XLII.

(2) *Mémoires d'Arcueil*, t. I.

(3) *Ann. ch.* LXXXIV.

(4) *id.* LXXXIII.

(5) *id.* LXXXIX.

parce que la détonation produite est très forte. D'ailleurs, l'on doit opérer sur le mercure et non sur l'eau, parce que celle-ci dissoudrait la vapeur. Enfin l'on doit mêler le gaz oxigène, saturé de vapeur à la pression et à la température ordinaire, avec environ son volume de gaz oxigène pur; sans cela, il se déposerait du soufre, et toute la vapeur ne serait point décomposée. En prenant toutes ces précautions, on ne court aucun danger, et l'on ne retrouve dans l'eudiomètre, après la combustion, que du gaz acide sulfureux, du gaz acide carbonique, et le gaz oxigène qui était en excès.

Plusieurs métaux, et particulièrement le potassium, le cuivre et le fer, peuvent décomposer le sulfure de carbone, à une température élevée; le potassium s'enflamme même alors dans ce corps réduit en vapeur; dans tous les cas, le soufre se porte sur les substances métalliques, et le charbon est mis en liberté.

L'eau est sans action sur lui; lorsqu'on l'agite avec elle, bientôt il se dépose au fond du vase en globules qui ont l'aspect huileux.

Il est soluble dans l'alcool, dans l'éther, dans les huiles fixes et volatiles. L'eau le précipite tout-à-coup de ses dissolutions alcooliques et éthérées. Il se combine intimement avec tous les alcalis, et forme des composés que M. Berzélius a désignés par le nom de *carbo-sulfures*. Parmi les acides, un seul est capable de l'attaquer : c'est *l'eau régale* ou le mélange de l'acide azotique et de l'acide chlorhydrique; en effet, lorsqu'on met en contact le sulfure de carbone avec de l'acide azotique et de l'acide chlorhydrique très concentrés, à la température ordinaire, il prend peu-à-peu une couleur orange, produit un dégagement de bi-oxide d'azote, et se trouve converti au bout de trois semaines en un corps blanc cristallisé, qui a l'apparence du camphre, et qui, selon M. Berzélius, est un composé d'acide carbonique, d'acide sulfureux et d'acide chlorhydrique. (*Ann. de Chim.*, LXXXIX, 82.)

76. M. Will. C. Zeise, professeur de chimie à l'univer-
sité de Copenhague, vient de soumettre le sulfure de carbone à un nouvel examen qui lui a permis de faire plusieurs
observations intéressantes. Il a vu d'abord que le sulfure de
carbone avait la propriété de neutraliser complètement une
dissolution alcoolique de potasse ou de protoxide de potassium, et qu'en soumettant la nouvelle liqueur à une température voisine de zéro, elle laissait déposer en peu de temps
une grande quantité de cristaux déliés qu'on pouvait purifier
par la dessiccation entre des doubles de papier à filtrer.
Suivant lui, ces cristaux seraient composés de potasse saturée
par un acide particulier, qui aurait pour principes le soufre,
le carbone et l'hydrogène; il prendrait naissance au moment du contact du sulfure avec la dissolution alcoolique;
la potasse déterminerait sa formation aux dépens des
élémens de l'alcool et du soufre carburé; le soufre et le
carbone y seraient en d'autres proportions que dans le sulfure : ils y joueraient, par rapport à l'hydrogène, le même
rôle que le cyanogène dans l'acide cyanhydrique; ils
feraient donc fonction de radical double. De là, M. Zeise
propose de donner un nom simple à ce radical composé :
il adopte celui de *xanthogène* (tiré de ξανθος, jaune, et γενναω,
j'engendre) parce qu'il forme des combinaisons de couleur
jaune avec quelques métaux. L'acide reçoit, par suite, le
nom d'acide hydro-xanthique, et les sels celui d'hydro-xan-
thates. (*Voyez*, pour avoir des idées plus précises sur les
radicaux doubles, l'article *Acide cyanhydrique*.)

Que, dans la réaction du sulfure de carbone et de la
dissolution alcoolique de potasse, il se produise un acide
et un nouvel acide, c'est ce qui paraît démontré; mais
il ne l'est pas que cet acide soit un composé d'hydrogène,
de soufre et de carbone, puisque l'auteur n'en a pas fait
l'analyse; il ne l'est pas plus que le soufre et le carbone y
jouent le rôle de radical composé : on ne peut former que
des conjectures à cet égard.

Quoi qu'il en soit, voici comment on se procure le nouvel acide et quelles sont ses principales propriétés. Après avoir introduit l'hydro-xanthate de potasse dans une éprouvette longue et étroite, on y verse de l'acide sulfurique étendu de quatre à cinq fois son volume d'eau, en favorisant la réaction par une légère agitation ; puis, quelques minutes après, on ajoute à plusieurs reprises quelques portions d'eau au mélange laiteux : le nouvel acide se rassemble promptement au fond du vase en une masse liquide d'un aspect oléagineux, qu'il ne s'agit plus que de laver convenablement pour la priver d'acide sulfurique.

Cet acide est liquide à la température ordinaire. Il est incolore, et ressemble à une huile translucide. Sa densité est plus grande que celle de l'eau ; son odeur est forte et particulière ; sa saveur, d'abord acide, paraît ensuite astringente, amère et très prononcée ; il rougit le papier de tournesol ; il s'enflamme sur-le-champ par l'approche d'un corps en combustion, et donne lieu à une forte odeur d'acide sulfureux.

Lorsqu'on le soumet à l'action de la chaleur dans une cornue, il se décompose bien au-dessous de la température de l'eau bouillante, et semble se transformer en gaz hydrogène et soufre carburé.

Exposé au contact de l'air, il se couvre promptement d'une croûte blanche et opaque. Il ne s'unit point à l'eau : en l'agitant et le divisant dans ce liquide, il se détruit en peu de temps.

L'iode agit fortement, à la température ordinaire, sur le nouvel acide par l'intermède de l'eau : il paraît qu'il se produit de l'acide iodhydrique qui se dissout, et qu'il se dépose un liquide oléagineux d'un rouge-brun, qui, d'après les idées de l'auteur, doit être un composé d'iode, de soufre et de carbone.

L'acide hydro-xanthique s'unit avec les protoxides de potassium, de sodium, de barium, de calcium, de strontium, qui retiennent fortement l'oxigène ; mais M. Zeise pense qu'avec les oxides de cuivre, de plomb, de mercure, et en général tous ceux dont la décomposition est facile, il forme de l'eau, et un *xanthure* métallique. (On trouvera des détails assez étendus sur ces différens composés dans les *Ann. de Chim. et de Phys.*, XXI, 160; *Voyez* de plus le t. XXVI, p. 66, pour l'action de l'ammoniaque sur le sulfure de carbone, laquelle est particulière.)

77. *Etat, préparation.* — Le sulfure de carbone n'existe point dans la nature.

Il se prépare en mettant le soufre en contact, à une haute température, avec le charbon fortement calciné : on prend un tube de porcelaine, que l'on fait passer, en l'inclinant légèrement, à travers un fourneau à réverbère ; on adapte à son extrémité inférieure une allonge qui se rend dans un ballon tubulé ; de la tubulure de celui-ci part un tube recourbé qui va plonger au fond d'un petit flacon à deux tubulures à moitié rempli d'eau, et de l'une de ces deux tubulures part un autre tube que l'on peut engager sous des flacons pleins d'eau ou de mercure. Ensuite, après avoir introduit dans le tube de porcelaine, par son extrémité supérieure, des fragmens de charbon fortement calciné, on le porte peu-à-peu jusqu'au rouge. Alors, par cette même extrémité, l'on y met de temps en temps quelques fragmens de soufre, en ayant soin de boucher le canon à chaque fois. Bientôt le soufre fond et se réduit en vapeur; il passe nécessairement à travers le charbon, se combine avec ce corps, et forme du sulfure de carbone qui va se condenser en grande partie dans le ballon et le flacon, qu'il est bon d'entourer de glace : il se forme en outre des gaz qui sont un mélange de carbure d'hydrogène, d'acide sulfhydrique, d'oxide de carbone et de sulfure de carbone en vapeur (1); une portion du soufre échappe à la combinaison, et reste presque tout entière dans l'allonge.

---

(1) L'oxigène provient sans doute d'un peu d'eau fournie par les bouchons des vases. Quant à l'hydrogène, il doit provenir tout à-la-fois de cette eau, et du soufre et du charbon qui contiennent ordinairement des traces d'hydrogène.

Le sulfure occupe le fond du ballon et du flacon. Pour le séparer de l'eau qui le recouvre, il faut le verser avec l'eau elle-même dans un entonnoir à long bec, que l'on bouche avec le doigt; il gagne promptement la partie inférieure. Lorsqu'il est bien transparent, on débouche le bec de l'entonnoir, et l'on reçoit le sulfure dans un flacon, au moyen d'un autre entonnoir : bien entendu qu'on bouche de nouveau le bec de l'entonnoir, avant même que tout le sulfure ne soit écoulé.

Dans cet état, le sulfure est ordinairement jaunâtre; il doit cette teinte à un peu de soufre qu'il tient en dissolution, et qui s'en dépose, soit en exposant le liquide sulfuré à l'air, soit en le chauffant, soit en le traitant par l'alcool ou l'éther; savoir : dans le premier cas, en cristaux; dans les deux autres, en poudre. Il faut donc le purifier par la distillation. L'opération se fait à une douce chaleur, dans une petite cornue de verre, où l'on introduit quelques fragmens de chlorure de calcium, et dont on fait rendre le col dans un récipient tubulé, refroidi par de la glace. Le chlorure est destiné à absorber le peu d'eau que le sulfure pourrait retenir.

78. *Composition.* — 100 parties de sulfure de carbone sont composées, d'après M. Vauquelin, de 14 à 15 de carbone et de 86 à 85 de soufre; et d'après MM. Berzélius et Marcet, de 84,84 de soufre, et de 15,16 de carbone ou de 1 prop. de carbone et 2 prop. de soufre, ou bien encore de 1 atome du premier et de 1 atome du second : sa formule atomique est donc CS. Pour en faire l'analyse, on fait passer un tube de verre luté ou de porcelaine à travers un fourneau; on remplit d'oxide rouge de fer la partie du tube qui doit être chauffée; on met la liqueur dans une petite cornue de verre; on adapte cette cornue à l'une des extrémités du tube, et on adapte à l'autre un petit tube de verre que l'on engage sous des cloches pleines de mercure, et qui porte dans son milieu un renflement que l'on doit toujours tenir dans un bain de glace et de sel. Le tube luté étant incandes-

cent, on chauffe très doucement la cornue; la liqueur qu'elle contient passe ainsi peu-à-peu à travers l'oxide, et est décomposée de telle manière qu'il en résulte du sulfure métallique qui reste dans le tube, et du gaz sulfureux et du gaz carbonique qui passent dans la cloche. En conduisant bien l'opération, il ne se condense aucune trace de liqueur dans le renflement du tube de verre, ce qui prouve que la décomposition est totale.

Les gaz sont séparés l'un de l'autre par le borax, qui absorbe le gaz sulfureux et qui est sans action sur le gaz carbonique; et par leur volume on juge de la quantité de soufre et de carbone qu'ils contiennent. Retirant ensuite la matière du tube, on la dissout dans *l'eau régale* ou dans un mélange d'acide azotique et d'acide chlorhydrique; l'on verse de l'ammoniaque pour en séparer l'oxide de fer : après quoi la liqueur étant filtrée, on la sature par l'acide chlorhydrique, et on y ajoute un excès de chlorure de barium qui précipite l'acide sulfurique formé par l'action de l'eau régale sur le sulfure métallique. Le sulfate, lavé, séché et calciné, donne par son poids celui du soufre qu'il contient.

Sulfure de phosphore.

79. Le phosphore et le soufre se combinent dans un grand nombre de proportions différentes. On conçoit, d'après cela, que les propriétés du sulfure de phosphore doivent varier. Sa couleur est toujours jaunâtre; mais l'état qu'il affecte n'est pas toujours le même, non plus que sa pesanteur spécifique; quelquefois il est liquide, et toujours il est plus pesant que l'eau.

Les nombreux composés du soufre avec le phosphore ne seraient-ils pas le résultat de la combinaison d'un à deux sulfures, à proportions définies, avec plus ou moins de soufre ou de phosphore?

80. *Etat, Préparation.* —Le sulfure de phosphore n'existe point dans la nature : ce sulfure est donc un produit de l'art.

Avant d'exposer le procédé par lequel on l'obtient, il est nécessaire de faire connaître divers phénomènes qui peuvent
accompagner sa formation.

Lorsqu'on fait fondre, à l'aide de la chaleur, du phosphore et du soufre sous l'eau, ils se combinent peu-à-peu,
fondent, et il se forme du gaz sulfhydrique qui se dégage et qu'on peut recueillir, et de l'acide phophorique ou
phosphoreux qui reste dans la liqueur. Mettez dans une petite éprouvette 2 à 3 grammes de soufre et $1\frac{1}{2}$ à 2 grammes
de phosphore, remplissez-la d'eau aux deux tiers, adaptez-
y un tube recourbé que vous ferez plonger sous une petite
cloche pleine d'eau, et chauffez : bientôt le dégagement du
gaz aura lieu. Ce dégagement serait même assez rapide pour
produire une violente détonation si la liqueur était portée
jusqu'à l'ébullition : c'est ce qui m'est arrivé deux fois. Dans
cette expérience, l'eau est évidemment décomposée ; son
hydrogène s'unit au soufre, et son oxigène au phosphore.

Lorsqu'au lieu de combiner le soufre et le phosphore
sous l'eau, on les combine autant que possible sans eau, il se
produit encore une violente détonation, si l'opération se fait
sur quelques grammes de phosphore et de soufre : un grand
dégagement de chaleur et la formation d'une certaine
quantité de gaz sulfhydrique en sont la cause immédiate.
L'expérience suivante le prouve : on a rempli de mercure
une petite cloche courbe, et l'on y a fait passer un peu de gaz
azote; ensuite, après avoir introduit deux grammes de phosphore jusque dans la partie courbe, on a fondu ce corps
combustible à la lampe; alors on l'a combiné avec deux grammes de soufre réduit en petits fragmens ; chaque fragment
était porté successivement dans le bain de phosphore avec
une tige de fer, et l'on remarquait que chacun d'eux, au
moment de la combinaison, produisait un petit bruit semblable à celui d'un fer incandescent qu'on plongerait dans
l'eau. La combinaison étant faite, on a mesuré le gaz : il s'en
est trouvé 60 parties de plus qu'avant l'expérience : ces 60
parties étaient du gaz sulfhydrique. On a vu aussi que le

sulfure formé rougissait la teinture de tournesol : il s'était donc produit un acide. Comment expliquer la formation du gaz sulfhydrique et de l'acide fixe? L'explication la plus simple consiste à supposer que le phosphore qu'on emploie, ayant été recueilli dans l'eau et conservé sous ce liquide, en retient, quelque soin qu'on prenne, et que c'est cette eau qui se décompose comme dans l'expérience précédente.

Quoi qu'il en soit, il suit de ces expériences que les divers procédés par lesquels on prépare le sulfure de phosphore ne sont pas tous sans dangers, et que, pour les éviter, on doit faire la préparation de la manière suivante.

Lorsqu'on veut unir, sans l'intermède de l'eau, le phosphore au soufre, on prend un tube dont la longueur est de 8 à 10 centimètres, et le diamètre de 1 à 2 centimètres; ce tube est fermé à l'une de ses extrémités et ouvert à l'autre; on y introduit 2 à 3 grammes au plus de phosphore; on le fait fondre, et quand il est fondu, on y ajoute, par petits fragmens, le soufre avec lequel on veut le combiner. Avant d'ajouter un nouveau fragment de soufre, on attend que la combinaison du précédent soit faite; ce qu'un petit bruit dont elle est accompagnée permet de reconnaître.

Lorsqu'au contraire on veut faire la préparation sous l'eau, il faut opérer tout de suite sur la totalité des matières que l'on veut combiner, n'élever la température que jusqu'à 60 à 70°, employer le soufre dans un grand état de division, par exemple, à l'état de *fleur*, et agiter le mélange avec un tube, jusqu'à ce que la fusion soit complète. Il sera même bon d'agiter d'abord la fleur de soufre pour la bien mouiller : sans cela elle se tiendrait à la surface du liquide, et le contact n'aurait lieu que plus difficilement.

81. Le sulfure de phosphore entre plus facilement en fusion que le phosphore. Pelletier, qui a fait beaucoup d'expériences sur le phosphore, a trouvé que ce corps, combiné successivement avec $\frac{1}{4}$ $\frac{1}{2}$, 1, 2, 3 fois son poids de soufre, donnait naissance à des composés qui fondaient, le premier, à 12° Réaumur; la 2e, à 8°; le 3°, à 4°; le 4°, à 10°; le 5° à 30°

(*Annales de Chimie*, tom. IV, pag. 10; ou bien *Mémoires* de Pelletier). Pour moi, j'ai trouvé que le sulfure fait avec deux parties de phosphore et une de soufre était plus fusible que celui qui était fait avec parties égales de ces corps combustibles.

M. Faraday, à qui l'on doit de nouvelles observations sur le sulfure de phosphore, a vu qu'un composé formé d'environ 5 de soufre et 7 de phosphore était très fluide à zéro, et n'était point solide à — 6°,7; que ce même composé, conservé quelques semaines sous l'eau, avait laissé déposer des cristaux de soufre pur; qu'il avait en même temps perdu de sa fusibilité, et que dès-lors, après un séjour de quelques heures dans une atmosphère dont la température était de 3 à 4 degrés, il s'était pris en une masse cristalline qui paraissait formée de 2 de phosphore et de 1 de soufre; opinion qui nous paraît d'autant plus probable, qu'elle donnerait, pour la composition du sulfure, 1 proportion ou 1 atome de soufre $= 201,16$, et 2 proportions ou 2 atomes de phosphore $= 2 \times 196,15$. Il s'est assuré de plus qu'en unissant directement le phosphore et le soufre dans ces dernières proportions, il en résultait un sulfure qui, comme le précédent, avait la propriété de cristalliser; d'où il conclut que ce doit être un composé défini. Il ajoute qu'en agitant un sulfure de phosphore quelconque avec une solution d'ammoniaque, toutes les impuretés qui peuvent s'y trouver disparaissent en quelques heures; que le sulfure devient demi transparent, plus liquide, et enfin qu'il n'agit pas sensiblement sur l'eau, même en plusieurs semaines.

Exposé à une chaleur suffisante, le sulfure de phosphore se volatilise. On en opère facilement la volatilisation, de même que celle du phosphore, dans une petite cloche de verre courbe; mais il paraît que celui qui se volatilise le premier contient plus de phosphore que celui qui se volatilise en second lieu, surtout lorsque le phosphore, dans le sulfure chauffé, est en plus grande quantité que le soufre.

Le sulfure de phosphore a une grande action sur le gaz

oxigène, surtout à l'aide d'une légère chaleur; il en résulte de l'acide phosphorique solide, du gaz acide sulfureux, et un grand dégagement de calorique et de lumière. L'air a également la propriété de l'enflammer, pour peu que la température soit élevée. C'est probablement ce sulfure qui se forme et qui prend feu lorsque l'on plonge une allumette soufrée dans un flacon contenant du phosphore (62). Ce qui vient à l'appui de cette opinion, c'est qu'en mettant dans une petite éprouvette 2 grammes de phosphore et 1 gramme de soufre en petits fragmens, ces deux corps finissent par se combiner avec explosion, quoique la combinaison ne soit favorisée ni par le frottement ni par la chaleur extérieure. Or, si dans cette circonstance le sulfure de phosphore peut se former, à plus forte raison se formera-t-il dans celle que nous venons de citer.

On n'a point encore mis le sulfure de phosphore en contact avec les corps combustibles : sans doute que la plupart des métaux le décomposeraient et en absorberaient les deux principes constituans.

Historique. — Découvert par Margraff, étudié par Pelletier (*Ann. de Chim.*, t. IV; ou *Mémoires* de Pelletier), par Mussin-Puschin (*Ann. de Chim.*, t. XXX), par Thenard (*Ann. de Chim.*, t. LXXXI), par M. Faraday (*Ann. de Chim. et de Phys.*, t. VII, p. 71).

ARTICLE II.

Sélénium.—Phosphure de sélénium.—Sulfure de sélénium. (1)

Sélénium.

82. Le sélénium, dont le nom est tiré de *séléné* (la lune), est un corps découvert par M. Berzélius, et jusqu'ici très

---

(1) Le séléniure d'hydrogène étant acide, ne sera étudié qu'à l'art. des acides métalloïdiques (314).

rare. L'auteur l'a placé parmi les métaux; mais ses propriétés doivent, selon nous, le faire ranger parmi les métalloïdes et à côté du soufre.

Propriétés.—Le sélénium, à la température ordinaire, est solide, sans saveur, sans odeur, très fragile, cassant comme le verre, et facile à pulvériser. Il n'a que très peu de tendance à cristalliser : aussi M. Berzélius n'a-t-il pu déterminer la forme de quelques rudimens de cristaux qu'il est parvenu à se procurer dans plusieurs expériences. Le couteau le raie aisément. C'est un mauvais conducteur du calorique et du fluide électrique. Il ne s'électrise point par le frottement. Sa pesanteur spécifique est entre 4,30 et 4,32; son poids atomique est de 494, 582. Fondu et refroidi rapidement, il se prend en une masse opaque, dont la surface est polie et d'un brun très obscur, et dont la cassure a la couleur du plomb, et en même temps l'aspect vitreux et métallique. Lorsque, au contraire, après l'avoir fondu, on le laisse refroidir bien lentement, sa surface devient raboteuse, grenue; elle a toujours l'aspect du plomb, mais elle n'a plus de poli. Dans tous les cas, réduit en poudre, il est d'un rouge foncé. Toutefois, cette poudre s'agglutine par le broiement et devient luisante et grise à la surface.

Exposé à l'action du feu, il ne tarde point à se ramollir; à 100°, il est demi liquide; à quelques degrés au-dessus, sa fusion est complète. Si alors on le retire du feu, il redevient mou; et s'il est examiné dans cet état, on trouve qu'il peut se pétrir entre les doigts comme de la cire d'Espagne, et se tirer en longs fils translucides, élastiques, qui paraissent rouges vus par transmission, et qui sont gris et ont le brillant métallique vus par réflexion.

Non-seulement il est facile de fondre le sélénium, mais on peut le faire bouillir sans aucune difficulté. Qu'on le chauffe dans une cornue de verre, et l'on observera que son ébullition aura lieu au-dessous de la chaleur rouge, et qu'il se transformera en un gaz d'un jaune foncé qui ne tardera point à se condenser dans le col du vase en gouttelettes noirés. En élevant assez la température pour faire rendre le gaz dans des récipiens où il puisse se solidifier tout de suite, il en résulte une fumée rouge qui n'est point odorante; elle se dépose en une poudre fine de même couleur, et ressemble, pour la ténuité, à de la fleur de soufre.

Le sélénium n'a d'action sur le gaz oxigène qu'à l'aide de la chaleur, et donne lieu à des produits différens selon le mode d'expérience que l'on suit.

Prenez un ballon; remplissez-le de gaz oxigène; versez-y ensuite un peu de sélénium, et adaptez-y un tube qui communiquera avec une cloche pleine elle-même d'oxigène, sous la pression ordinaire; puis chauffez peu-à-peu le matras : si le vase n'a que 27 à 28 millimètres de diamètre, le sélénium s'enflammera au moment où il commencera à bouillir, brûlera avec une flamme peu intense, blanche vers la base et verte ou d'un vert bleuâtre à la partie supérieure. Dans ce cas, il se produira de l'acide sélénieux qui se sublimera et se condensera en poudre blanche, et tout le sélénium finira par disparaître. L'expérience réussira mieux encore lorsqu'elle sera disposée de manière à diriger un courant de gaz oxigène sur le corps en fusion. On peut aussi la faire assez bien dans une cloche courbe sur le mercure.

Mais si le ballon a une capacité de quelques litres, le sélénium ne prendra pas feu, s'unira toutefois à l'oxigène; et alors, il ne se formera presque que de l'oxide de sélénium qui restera à l'état de gaz, et dont l'odeur sera analogue à celle des choux pourris. Pourquoi cette différence d'action? M. Berzélius l'attribue à ce que dans le grand vase, le sélénium trouve assez d'espace pour se volatiliser et pour se disperser; tandis que c'est tout le contraire dans le petit.

L'acide sélénique ne prend naissance que par la voie sèche en faisant détoner du sélénium avec le nitre : il se forme alors du séléniate de potasse.

Le sélénium s'unit très bien à l'hydrogène, au phosphore, au soufre, au chlore et au brôme; on n'a point encore tenté de l'unir au bore, au silicium, au carbone, à l'iode et à l'azote. Ses combinaisons avec les métaux s'opèrent facilement comme celles du soufre.

Etat naturel. — Le sélénium n'a été trouvé jusqu'ici que combiné avec divers métaux (1), savoir :

1° Par M. Berzélius, avec le cuivre, dans la pyrite de Fahlun, avec le cuivre et l'argent dans un minéral que ce chimiste a appelé *eukairite*, et qui fait partie d'une mine de cuivre abandonnée à Skrickerum, paroisse de Tryserum en Smoland.

2° Par M. Zinken, avec le cobalt et le plomb, le plomb et le cuivre, le plomb et le mercure, dans la partie orientale du Hartz, près de Zorge et près de Tilzerode.

Préparation. — Le procédé le plus simple pour obtenir le sélénium consiste; 1° à mettre les séléniures métalliques dont on veut extraire ce corps dans une cornue de verre tubulée; 2° à faire arriver, peu-à-peu, par la tubulure, du chlore sec dans la cornue, et à la chauffer doucement : le sélénium et les métaux sont transformés en chlorures; mais comme le chlorure de sélénium est très volatil, il se rend dans le col de la cornue, d'abord sous forme de proto-chlorure liquide, puis à la fin sous celle de perchlorure, solide, semblable à celui de phosphore. Le col de la cornue doit être très long et plonger dans l'eau. Par ce moyen, les chlorures de sélénium s'y dissolvent et se convertissent, à l'aide de l'excès de chlore, en acides chlorhydrique et sélénieux. Il ne faut plus alors qu'ajouter à la liqueur de l'acide chlorhydrique, et ensuite du sulfite d'ammoniaque. Ce sel est décomposé par l'acide chlorhydrique; et l'acide sulfureux, mis en liberté, s'empare de l'oxigène de l'acide sélénieux et précipite le sélénium pur.

Voyez les Mém. de M. Berzélius. *Ann. de Chim. et de Phys.*, IX, 160, 225, 337; et celui de M. Rose, *id.*, XXIX, 113.

---

(1) Cependant, d'après M. de Humboldt, il paraîtrait que M. Stromeyer en aurait reconnu la présence dans le soufre rougeâtre de Lipari.

Phosphure de sélénium.

83. Le phosphore se combine en toutes proportions avec
le sélénium comme avec le soufre. Les propriétés physiques
de ce composé varient de même que celles du sulfure de phosphore : ainsi le phosphure sélénié a une couleur jaune-bru-
nâtre et une cassure cristalline, quand le phosphore pré-
domine; il est très fusible, il a beaucoup d'éclat, une cassure vitreuse, et sa couleur est d'un brun foncé, dans le cas
où le phosphore n'est pas prédominant; il est toujours volatil. Du reste, mis en contact avec l'eau, il la décompose peu-
à-peu et donne lieu à un acide de phosphore et à de l'acide
sélénhydrique qui se dissout et communique à la liqueur
une odeur hépatique. (M. Berzélius, *Ann. de Chim. et de
Phys.*, ix, 238.)

Sulfure de sélénium.

84. Le soufre et le sélénium se combinent en toutes proportions, de même que le sélénium et le phosphore. Le seul
moyen d'obtenir un sulfure à un degré de combinaison déterminé, est de décomposer une solution d'acide sélénieux
par un courant de gaz sulfhydrique. Lorsqu'on juge que
tout l'acide est décomposé, on ajoute quelques gouttes d'a-
cide chlorhydrique à la liqueur, qui a pris une couleur jaune
de citron, et on la chauffe; par ce moyen, le sulfure qui
était tenu en suspension intime se sépare et s'agglutine, en
formant une masse cohérente, élastique et d'un jaune foncé.

Le sulfure ainsi obtenu contient, sur 100 parties de sélénium, 60,75 de soufre. Il est très fusible; à 100°, il devient
mou; à quelques degrés au-dessus, il se liquéfie complètement; à une température plus élevée encore, il bout; la
partie distillée, après son refroidissement, est transparente,
d'un jaune rouge et semblable à l'orpiment fondu. Chauffé
dans l'air, le sulfure s'enflamme, et donne lieu à du gaz sulfureux et à du gaz oxide de sélénium; le soufre brûle le pre-

mier : aussi un mélange d'acide sélénieux et de sulfure de sélénium se transforme-t-il, à une certaine température, en gaz sulfureux et en sélénium.

Il est très soluble dans les dissolutions de potasse et de soude, ainsi que dans les sulfures de potassium et de sodium ; la liqueur, en se chargeant de sélénium, prend une couleur orange très foncée, et le laisse déposer aussitôt qu'on la met en contact avec les acides.

L'acide azotique est presque sans action sur le sulfure de sélénium ; l'eau régale ou le mélange d'acide azotique et d'acide chlorhydrique en a une beaucoup plus grande ; dans les deux cas, le sélénium et le soufre tendent à passer à l'état acide. (*Ann. de Chim. et de Phys.*, ix, 336.)

CHAPITRE VI.

Fluor, chlore, brôme et iode.

85. Il existe une si grande analogie entre les quatre corps qui constituent ce groupe, que l'histoire de l'un d'eux permet de faire aisément l'histoire des autres. Tous ont peu d'affinité pour l'oxigène ; tous en ont au contraire une très grande pour l'hydrogène, et produisent avec lui des acides puissans, volatils ou gazeux qui contiennent $\frac{1}{2}$ volume de chacun de leurs élémens. Tous s'unissent également à la plupart des autres métalloïdes. Tous agissent vivement sur les métaux, et dans tous les cas il y a correspondance complète entre les divers composés qui prennent naissance, de telle sorte même que, lorsqu'on vient à découvrir une nouvelle combinaison, une de chlore, par exemple, et d'un autre corps, il est presque certain que l'on découvrira la même combinaison avec le brôme, le fluor et l'iode, et qu'elle se fera dans les mêmes circonstances. Ces 4 corps, en un mot, paraissent être isomorphes.

ARTICLE Ier.

Fluor. (1)

86. Corps simple qui n'existe qu'uni à d'autres corps et qui n'a point encore pu être obtenu pur.

ARTICLE II.

Chlore, chlorures de carbone, de phosphore, de soufre, de sélénium. (2)

Chlore.

87. *Historique.* — C'est à Schéele que l'on doit la découverte du chlore : il la fit en 1774. Désigné par lui sous le nom d'*acide marin déphlogistiqué*, il reçut des auteurs de la nouvelle nomenclature, à l'époque de la réformation du langage chimique, le nom d'*acide muriatique oxigéné*, et bientôt ensuite, de Kirwan, celui de *gaz oxi-muriatique*, parce qu'on regardait ce corps comme un composé d'oxigène et de l'acide du sel marin, appelé alors *acide muriatique*.

Les principales recherches dont le chlore a été l'objet, sont dues à Berthollet (3), à Guyton-Morveau, à M. Chenevix (4), à MM. Gay-Lussac et Thenard (5), et à M. Davy (6).

---

(1) Les fluorures d'hydrogène, de bore et de silicium, étant acides, ne seront étudiés qu'à l'art. des acides métalloïdiques.

(2) Les chlorures d'hydrogène, de bore et de silicium, étant acides, ne seront étudiés qu'à l'art. des acides métalloïdiques.

(3) *Mémoires de l'Académie des Sciences.*

(4) *Transactions philosophiques*, 1802.

(5) *Recherches physico-chimiques*, ii, 93.

(6) *Ann. de chim.* LXXVI et LXXIX.

Berthollet en fit une étude particulière, et créa un art aujourd'hui généralement pratiqué, l'art de blanchir les toiles par le chlore. Guyton-Morveau s'en servit pour désinfecter l'air. M. Chenevix chercha le premier à déterminer la proportion des principes de l'acide muriatique oxigéné. MM. Gay-Lussac et Thenard tirèrent de leurs expériences cette conséquence importante : que l'acide muriatique oxigéné, qui jusqu'alors avait été regardé comme un corps composé, pouvait être considéré comme un corps simple, et que tous les phénomènes qu'il présentait s'expliquaient très bien dans cette hypothèse. M. Davy, dix-huit mois après que nous l'eûmes énoncée, l'adopta exclusivement.

Enfin, tous les chimistes la préfèrent maintenant à l'ancienne, surtout depuis la découverte de l'iode, corps qui a la plus grande analogie avec le chlore.

88. *Propriétés physiques.* — Le chlore, ainsi nommé à cause de sa couleur, est un gaz jaune-verdâtre, dont la saveur et l'odeur sont désagréables, fortes, et tellement caractérisées, qu'elles permettent de le reconnaître toujours avec facilité. Sa pesanteur spécifique est de 2,4216, et son poids atomique, de 221, 325. La flamme des bougies qu'on plonge dans ce gaz pâlit d'abord, rougit, et ensuite disparaît.

Le chlore bien sec n'a encore pu être ni liquéfié, ni à plus forte raison solidifié par un abaissement de température. Sous la pression ordinaire il résiste à un froid de 50°; il faut qu'il soit humide pour se congeler : alors sa congélation a même lieu au-dessus de zéro; il en résulte un hydrate que nous avons fait connaître avec M. Gay-Lussac, et que M. Faraday regarde comme formé de 27,7 de chlore et de 72,3 d'eau, ou sensiblement de 1 proportion de chlore et de 10 proportions d'eau. Cet hydrate, d'après les expériences de ce dernier chimiste, desséché entre des feuilles de papier joseph, et chauffé convenablement dans un tube scellé à la lampe, donne lieu à deux liquides, l'un de couleur jaune-pâle qui n'est pour ainsi dire que de l'eau, et l'autre de couleur jaune-verdâtre foncée qui est du chlore pur : aussi liquéfie-t-on le chlore gazeux et sec en le comprimant et le refroidissant en même temps. (M. Faraday, *Ann. de Chim. et de Phys.*, xxii, 323.)

Soumis à une excessive chaleur, il n'éprouve aucune altération : c'est ce que l'on démontre en adaptant une cornue de verre où ce gaz est produit, à l'extrémité d'un tube de porcelaine qui traverse un fourneau plein de charbon, et alimenté d'air par un bon soufflet : le gaz sort du tube, possédant les mêmes propriétés qu'en y entrant ; on peut le recueillir sur l'eau, au moyen d'un petit tube recourbé.

Dissous dans l'eau et placé dans le courant du fluide de la pile voltaïque, il se rend, avec l'oxigène de l'eau décomposée, au pôle positif, tandis que l'hydrogène de celle-ci se rend au pôle négatif.

Gazeux, il n'a d'action à aucune température sur l'oxigène lui-même à l'état de gaz ; mais il en est tout autrement quand l'un d'eux est sous forme de gaz naissant : aussi existe-t-il deux oxides et deux acides qui ont le chlore pour radical.

89. De son contact avec le gaz hydrogène résultent des phénomènes remarquables que nous devons faire connaître dès à présent.

Premièrement : Lorsqu'on met, à la température ordinaire, un mélange de chlore et de gaz hydrogène dans un lieu parfaitement obscur, il n'éprouve aucune espèce d'altération, même dans l'espace d'un grand nombre de jours ; mais si, à cette température, on l'expose à la lumière diffuse, peu-à-peu l'hydrogène et le chlore se combinent à parties égales, et se transforment en un composé gazeux, incolore, fumant à l'air, dont le volume est le même que celui des deux gaz qui le constituent. Nous connaîtrons ce composé par la suite sous le nom de *gaz chlorhydrique.* L'expérience se fait de la manière suivante : On prend un flacon et un ballon à long col, d'une égale capacité ; on use le col du ballon sur la tubulure du flacon, de manière qu'il s'y adapte exactement ; ensuite on sèche ces deux vases, et on les remplit, savoir : le flacon de chlore sec, et le matras de gaz hydrogène égalementment sec. Pour remplir le flacon de chlore, on met dans une cornue de verre, les matières propres à produire ce gaz (*voy.* plus bas, art. *Préparation*); on place cette cornue sur un fourneau; on adapte à son col, par le moyen d'un petit tube de verre, un autre tube de verre d'environ 14 millimètres de diamètre, long de 5 à 6 décimètres, et rempli de fragmens de chlorure de calcium; enfin, à l'extrémité de ce tube, dont la position doit être horizontale ou peu inclinée, on en adapte un autre d'un petit diamètre, courbé à angle droit de manière que l'une de ses branches puisse pénétrer jusqu'au fond du flacon (*La figure 2, planche* XIII, *représenterait parfaitement cet appareil si le tube* DD' *était coupé en* D', *et plongeait au fond d'un flacon*). L'appareil étant ainsi disposé, on chauffe peu-à-peu la cornue; le chlore se dégage; il traverse le chlorure de calcium, se dessèche, arrive au fond du flacon, et en chasse l'air dans l'espace de cinq à six minutes, en supposant que la capacité du flacon soit au plus d'un demi-litre : alors on bouche le flacon, après en avoir retiré peu-à-peu le tube.

Les moyens que l'on emploie pour remplir le ballon de gaz hydrogène sec, ne diffèrent en rien des procédés ordinaires; ils consistent à remplir le ballon de mercure, et à y faire passer du gaz hydrogène desséché par la chaux, jusqu'à ce qu'il en soit plein.

Le flacon et le matras ayant été ainsi remplis des deux gaz que l'on veut mettre en contact l'un avec l'autre, on débouche le flacon, on introduit dans son goulot le col du matras, et on l'entoure de mastic fondu pour s'opposer à la sortie des gaz ou à l'introduction de l'air. Bientôt le gaz hydrogène et le chlore se mêlent intimement, quoique leur pesanteur spécifique soit très différente. Lorsque leur décoloration est complète, ce qui a lieu au bout de quelques jours, on en conclut que l'expérience est terminée. Cependant nous devons dire ici que pour décolorer complètement le mélange, il est nécessaire de l'exposer, au bout du second ou du troisième jour, pendant un quart d'heure ou une demi-heure, à l'action directe des rayons solaires.

Deuxièmement : Que l'on expose un mélange de chlore et d'hydrogène à l'action directe des rayons solaires, il s'enflammera et détonera tout-à-coup ; la détonation sera subite et très forte, dans le cas même où le mélange ne sera que d'un demi-litre : d'ailleurs, il se transformera entièrement en gaz chlorhydrique, comme dans l'expérience précédente, s'il est formé de parties égales de ces deux gaz ; il s'y transformerait seulement en partie si l'un des gaz était en excès par rapport à l'autre. Pour faire l'expérience, adaptez, comme nous venons de le dire tout-à-l'heure, un ballon plein de gaz hydrogène à un flacon plein de chlore ; placez ces vases dans un lieu obscur pendant environ une demi-heure, et retournez-les de temps en temps sens dessus dessous, pour permettre au mélange de se faire. Alors exposez-les à l'action directe des rayons solaires ; mais prenez-vous-y de manière à être à l'abri de tout danger : il y en aurait beaucoup à tenir l'appareil au moment où il est frappé par les rayons solaires, parce qu'il se brise instantanément, tant la réaction est prompte et la détonation forte : c'est pourquoi il faut le disposer de telle sorte qu'il puisse être éclairé à volonté, sans le toucher, par une lumière diffuse ou directe.

L'expérience réussirait également bien en faisant passer sur l'eau l'hydrogène et le chlore dans un flacon, le bouchant et l'exposant au soleil : c'est même ainsi qu'on la fait le plus souvent.

Troisièmement : Soumettez un mélange de chlore et d'hydrogène à une chaleur rouge ; il s'enflammera et détonnera encore comme précédemment : c'est ce que l'on prouvera en remplissant une éprouvette de parties égales de ces deux gaz dans la cuve à eau, et y plongeant une bougie allumée : à l'instant même la réaction aura lieu, et l'on verra des fumées blanches apparaître dans l'air, signe de la formation du gaz chlorhydrique. A 200°, l'inflammation aurait encore lieu ; mais une température de 100° ne la produirait pas.

Comment expliquer ces divers phénomènes? Nous venons de voir que le chlore et l'hydrogène n'avaient d'action l'un sur l'autre qu'à une température élevée. Mais nous savons que la lumière, en se combinant avec les atomes des corps, peut agir sur eux, dans quelques circonstances, comme une chaleur rouge : par conséquent, le mélange d'hydrogène et de chlore, frappé par les rayons solaires, pourra détoner, tandis que, plongé dans l'obscurité, il ne sera point possible qu'il éprouve d'altération. Reste actuellement à concevoir pourquoi la lumière diffuse ne produit qu'une action lente : c'est que sans doute cette lumière n'agit d'abord que sur la couche extérieure ou celle qui est en contact avec la paroi du vase; c'est-à-dire, que tous les rayons capables de produire l'action chimique sont absorbés par cette couche, en telle sorte qu'il n'en arrive point ou que peu à la seconde, etc. Observons néanmoins qu'on a vu quelquefois cette sorte de lumière agir assez pour enflammer le mélange.

Quoi qu'il en soit, il suit évidemment de ce qui précède, que le chlore a beaucoup d'affinité pour l'hydrogène : cette affinité est telle, en effet, qu'il enlève ce corps à presque tous les autres, en donnant toujours lieu à de l'acide chlorhydrique. Voilà pourquoi il décompose tous les gaz hydrogénés; qu'il détruit toutes les couleurs végétales et animales, et l'encre même; qu'il détruit également les miasmes ou les germes putrides qui existent quelquefois dans l'air; enfin, qu'il entretient pendant quelque temps la combustion des bougies. (*Voyez*, pour plus de détails, *l'action du chlore sur les substances végétales et animales.*)

L'hydrogène n'est pas le seul corps combustible avec lequel le chlore se combine; il s'unit encore aux autres métalloïdes, moins le fluor, et à tous les métaux sans exception, souvent même avec dégagement de lumière.

L'eau en dissout, à la température de 20°, et sous la pression de 0^m,76, une fois et demie son volume. (*Voyez plus loin, art. Préparation.*)

90. *État naturel.* — Le chlore existe dans la nature en très grande quantité, mais toujours uni à d'autres corps. Les composés dont il fait partie, sont l'acide chlorhydrique, qui se dégage souvent en abondance des volcans ; le chlorure de sodium qu'on rencontre en grandes masses dans les terrains secondaires, ainsi que dans les eaux des mers, avec les chlorures de calcium et de magnésium. Il forme encore le chlorure d'argent, le chlorure de cuivre, substances assez rares dans la nature, et l'hydro-chlorate d'ammoniaque qui se dégage des houillères enflammées et peut-être aussi des volcans.

91. *Préparation.* — C'est de l'acide chlorhydrique qu'on l'extrait. Pour cela, on prend 1 partie de bi-oxide de manganèse bien pulvérisé, et 5 à 6 parties d'une dissolution concentrée d'acide chlorhydrique dans l'eau ; on les introduit dans un matras dont la capacité doit être à-peu-près le double du volume de ces deux substances ; on adapte à son col un tube recourbé propre à recueillir les gaz ; on place le matras sur un fourneau, et on engage l'extrémité du tube sous l'entonnoir renversé d'une cuve pleine d'eau. Alors on met quelques charbons allumés sous le matras, et bientôt le dégagement du chlore a lieu ; on le recueille dans des flacons pleins d'eau, quand tout l'air des vases est chassé, ou quand le gaz qui se dégage est entièrement soluble dans une dissolution aqueuse de potasse. 60 grammes d'oxide de manganèse peuvent produire près de 20 litres de chlore. La théorie de cette opération est fort simple : l'acide chlorhydrique est décomposé ; son hydrogène réduit le bi-oxide de manganèse, en formant de l'eau, et le chlore se partage en deux ; une moitié s'unit au manganèse et l'autre devient libre.

Proportions réagissantes.	Proportions produites.
1 de bi-oxide....555,7	1 de chlore...............442,6
2 d'acide réel....910,1	2 d'eau...............224,9
‾‾‾‾‾‾‾	
1465,8	1 chlorure de mang. $=$ 1 chlor..442,6
	1 mang..355,7
	‾‾‾‾‾‾‾
	1465,8

En atomes.

$$\mathrm{Mn\,O^2} + 4\,\mathrm{H\,Ch} = \mathrm{Mn\,Ch^2} + 2\,\mathrm{H^2\,O} + \mathrm{Ch^2}.$$

Si l'on ajoutait aux quantités d'acide chlorhydrique et d'oxide, prescrites pour la préparation du chlore, une nouvelle partie d'oxide de manganèse, et 2 parties $\frac{1}{2}$ d'acide sulfurique concentré, on obtiendrait le double de chlore, parce qu'alors au lieu de chlorure il se formerait du sulfate de protoxide de manganèse. Les proportions réagissantes et les proportions produites seraient :

Proportions réagissantes.		Proportions produites.	
2 de bi-oxide	1111,5	2 de chlore	885,2
2 acide chlorhydr. réel	910,1	2 d'eau	224,9
2 acide sulfurique réel	1002,2	2 sulf. = { 2 protoxid.	911,5
		{ 2 acide	1002,2
	3023,8		3023,8

En atomes.

$$2\ SO^5 + 2\ MnO + 4\ H\ Ch = 2\ MnO, 2\ SO^5 + 2\ H^2O + 4\ Ch.$$

Pour se procurer le chlore, l'on peut encore se servir d'un mélange de sel marin ou proto-chlorure de sodium, d'acide sulfurique étendu d'eau, et de bi-oxide de manganèse : ce procédé est même souvent préféré à l'autre. On prend 1 partie de bi-oxide de manganèse, 1 $\frac{1}{2}$ de sel, 2 d'acide sulfurique concentré, et 2 d'eau qu'on mêle avec l'acide. Le sel et l'oxide, après avoir été pilés ensemble dans un mortier de fer ou de cuivre, sont introduits dans un matras d'une capacité à-peu-près double du volume de ces quatre substances; le matras reçoit un tube recourbé, et l'opération est conduite comme la précédente : il en résulte du chlore qui se dégage, du sulfate de protoxide de sodium et du sulfate de protoxide de manganèse qui restent dans le matras. Ainsi, l'on peut supposer que le bi-oxide de manganèse cède la moitié de son oxigène au sodium, et que de là résultent les protoxides de sodium et de manganèse qui s'unissent à l'acide sulfurique, et le chlore qui se dégage. Tel est en effet ce qui aurait uniquement lieu, si le contact, entre les corps, était intime; mais le bi-oxide de manganèse est insoluble dans l'eau et beaucoup plus dense qu'elle, tandis qu'au contraire, le sel marin et l'acide sul-

furique y sont très solubles; il s'ensuit qu'il y a des parties
d'acide et de sel qui sont seulement en contact les unes
avec les autres. Or, l'acide sulfurique et le chlorure de sodium se convertissent tout-à-coup, par leur action réciproque, en acide chlorhydrique et en sulfate de protoxide
de sodium : donc, il doit y avoir production d'acide chlorhydrique. Bientôt celui-ci réagit sur le bi-oxide de manganèse, comme nous l'avons dit précédemment, et dès-lors,
le chlore qui, d'abord s'était uni à l'hydrogène de l'eau décomposée, redevient libre et se dégage : c'est même pour
cette raison que l'eau employée dans l'opération est indispensable; elle retient l'acide chlorhydrique à mesure qu'il se
forme; si on la supprimait, cet acide s'échapperait presque
tout entier sous forme de vapeurs.

92. Au lieu de la quantité de manganèse indiquée plus
haut, M. Houtou Labillardière conseille, avec raison, d'en
employer un assez grand excès; il lave le résidu, retrouve
l'oxide non attaqué, et le mêle au nouvel oxide pour l'opération suivante.

<table>
<tr><td colspan="2">Proportions réagissantes.</td><td colspan="2">Proportions produites.</td></tr>
<tr><td>1 bi-oxide</td><td>555,7</td><td>1 chlore</td><td>442,6</td></tr>
<tr><td>1 chlorure de sodium</td><td>733,5</td><td>1 sulf. = { 1 prot. de sodium. 390,9 / 1 d'acide. 501,1</td><td></td></tr>
<tr><td>2 acide sulfurique réel</td><td>1002,2</td><td>1 sulf. = { 1 prot. de mang. 455,7 / 1 d'acide. 501,1</td><td></td></tr>
<tr><td></td><td>2291,4</td><td></td><td>2291,4</td></tr>
</table>

En atomes :

$$\text{Na Ch}^2 + 2\,\text{S O}^3 + \text{Mn O}^2 = \text{Ch}^2 + \text{Na O, S O}^3 + \text{Mn O, S O}^3.$$

Dans cette réaction, on ne suppose pas la décomposition
de l'eau.

93. *Solution de chlore dans l'eau.* — Cette solution se prépare dans l'un des trois appareils (pl. III, fig. 5, 6 ou 7). On met
dans le ballon ou la cornue les matières propres à laisser dégager
du chlore, savoir : un mélange d'une partie et demie de
sel marin, d'une partie de bi-oxide de manganèse, de deux
parties d'acide sulfurique concentré, et de deux parties
d'eau, en se conformant à ce qui vient d'être dit à cet

égard. On remplit presque entièrement les flacons d'eau ;
et l'on a soin, pour éviter d'être incommodé par la portion
de chlore qui arrive jusqu'à l'extrémité de l'appareil, de
verser dans le dernier flacon une certaine quantité de chaux
éteinte ou de potasse, ou bien de le terminer par un tube
qui se rend hors du laboratoire : alors on met quelques
charbons incandescens dans le fourneau, de telle sorte que
le gaz se dégage lentement; sans quoi, comme il est peu soluble, on en perdrait beaucoup. Un hectogramme de sel est
plus que suffisant pour saturer de chlore dix à douze litres
d'eau. L'opération dure plusieurs heures; elle est terminée
lorsque, malgré l'élévation de température, il ne se dégage presque plus de gaz. (*Voyez* plus haut la théorie.)

Dans les arts, l'on ne se sert point de flacons pour contenir l'eau dans laquelle on doit le dissoudre ; on emploie de grandes cuves en pierre, doublées de mastic; le
chlore arrive en gaz à la partie inférieure de la cuve, sous
une gouttière renversée, qui s'élève jusqu'au couvercle en
serpentant et faisant un grand nombre de circuits; les points
de contact devenant ainsi bien plus nombreux, la combinaison se fait plus facilement, et il n'y a tout au plus
qu'une très petite quantité de gaz qui puisse échapper à
l'action dissolvante de l'eau. Néanmoins, comme ce gaz, en
se renouvelant sans cesse, pourrait incommoder, il est reçu
dans un entonnoir renversé et placé au-dessus de l'extrémité supérieure de la gouttière, et porté au dehors de l'ate-
lier par un long tube adapté au bec de l'entonnoir. En
opérant de cette manière, le liquide inférieur doit être
bien plus tôt saturé que le liquide supérieur : aussi, lorsqu'on a besoin de chlore liquide, se sert-on de préférence
de celui qui est au fond de la cuve. Il est retiré par un siphon, et remplacé par une égale quantité d'eau (*Voyez*,
pour plus de détails, les *Elemens de teinture*, par Berthollet,
1er vol. p. 220). L'on faisait autrefois une grande consommation de chlore liquide pour blanchir; aujourd'hui, presque tous les fabricans se servent de chlorure de chaux dont

la préparation est beaucoup plus facile et l'emploi plus commode.

La solution du chlore dans l'eau a l'odeur, la saveur et la couleur du chlore gazeux ; elle agit de la même manière sur la teinture de tournesol, et sur toutes les couleurs végétales et animales. Exposée à une température de deux à trois degrés au-dessus de zéro, et à plus forte raison, à une température inférieure, il s'y produit des cristaux en lames d'un jaune foncé, qui sont formés de beaucoup moins d'eau et de beaucoup plus de chlore que la solution même : c'est pourquoi, lorsque l'on fait passer du chlore à travers l'eau à cette température, il y en a beaucoup plus d'absorbé qu'à une température plus élevée, à tel point que la liqueur finit par se prendre en masse, et que cette masse, lorsqu'elle vient à se liquéfier, fait une effervescence assez considérable, due à l'excès du gaz qui se dégage. Enfin, la grande affinité du chlore pour l'hydrogène fait que, dissous dans l'eau, il décompose presque tous les corps hydrogénés aussi bien que s'il était gazeux. Il décompose même l'eau, soit par l'influence des rayons solaires, soit à l'aide de la chaleur rouge, et donne lieu, dans les deux cas, à la production d'une certaine quantité d'acide chlorhydrique et à un dégagement de gaz oxigène. D'après cela, il faut tenir la solution de chlore dans un lieu obscur, car la lumière diffuse finit aussi par en opérer la décomposition.

Usages. — Le chlore sert à blanchir les toiles de coton, de lin et de chanvre, les estampes, la pâte du papier ; on l'emploie également pour enlever les taches d'encre, etc., pour désinfecter l'air corrompu par des miasmes de nature végétale ou animale. (*Voyez* les art. *Blanchiment et Fumigation.*)

94. *Action sur l'économie animale.* — Lorsqu'on respire le chlore, même mêlé avec beaucoup d'air, il provoque la toux, cause un sentiment de strangulation, resserre la poitrine, et produit un véritable rhume de cerveau. Si on le respirait en trop grande quantité, il déterminerait un cra-

chement de sang, et finirait par faire périr au milieu de
douleurs très vives. Cependant on doit le prescrire quelquefois en médécine : c'est le seul agent dont on puisse
faire usage avec succès contre les asphyxies par le gaz sulfhydrique (309). Quelques médecins l'ont administré intérieurement à l'état liquide. Il est bon de s'en frotter les
mains, le matin et le soir, lorsqu'on habite des lieux où se
développent sans cesse des miasmes de nature végétale ou
animale; il adhère à ces organes, et l'on se trouve exposé,
pendant tout le jour à une faible émanation de ce gaz. (Voyez
Fumigation.)

Chlorures de carbone.

Proto-chlorure, sesqui-chlorure.

95. Ces composés, observés pour la première fois par
M. Faraday, à la fin de l'année 1820, ne résultent point de
la combinaison directe du charbon ordinaire avec le chlore
gazeux. Pour que l'union ait lieu, il faut que le carbone soit
dans un état de division extrême. On satisfait à cette condition en mettant 30 à 40 grammes de chlorhydrate de quadri-carbure d'hydrogène (1) dans une cornue tubulée, y
faisant arriver par la tubulure un petit courant de chlore,
et exposant, autant que possible, le tout au soleil. Bientôt
la décomposition du chlorhydrate s'opère, l'hydrogène et
le carbone du quadri-carbure se portent tous deux sur le
chlore, et de là du gaz chlorhydrique qu'on absorbe par un
peu d'eau versée dans le vase, et du sesqui-chlorure
qui se dépose sous forme de cristaux. Lorsque tout le
liquide paraît cristallisé, on procède à la purification du
chlorure. A cet effet, on le lave avec de l'eau, on le recueille
sur un filtre, puis on le presse entre des feuilles de papier

---

(1) Composé qu'on obtient en combinant ensemble volumes égaux de
chlore et de bi-carbure gazeux d'hydrogène, et qui est désigné souvent par le
nom d'hydro-bi carbure de chlore.

joseph, et on le sublime, ce qui donne lieu à un petit résidu de charbon et à l'apparition d'un peu de gaz chlorhydrique. Le sublimé est ensuite dissous dans l'alcool et précipité par de l'eau contenant assez de potasse pour neutraliser l'acide chlorhydrique dont le chlorure était imprégné; alors on le lave de nouveau; de nouveau aussi on le presse entre des feuilles de papier, et enfin on le dessèche dans le vide par l'intermède de l'acide sulfurique concentré. Dans cet état de préparation, il est pur.

Quant au proto-chlorure, liquide incolore et limpide, c'est en décomposant le sesqui-chlorure par la chaleur qu'on l'obtient. Le sesqui-chlorure est introduit dans une cornue, d'où on le fait passer lentement par distillation, à travers un tube de porcelaine très chaud et incandescent qui communique avec un tube de verre coudé deux à trois fois de suite en haut et en bas; chaque coude inférieur forme un petit récipient que l'on tient plongé dans l'eau, et où vient se condenser le nouveau produit coloré en jaune par un peu de chlore et contenant encore un peu de sesqui-chlorure. On en volatilise le chlore en chauffant le produit, et le distillant même plusieurs fois d'un coude à l'autre. Pour le séparer du sesqui-chlorure, il faut le rassembler dans une petite cornue dont on tire le bec à la lampe, le porter à l'ébullition, fermer la pointe du bec lorsque tout l'air est chassé, et refroidir le col avec de la glace. La distillation du proto-chlorure se fait ainsi à une température qui n'est pas beaucoup plus élevée que celle de l'air ambiant; il se rend tout entier dans le col de la cornue, tandis que tout le sesqui-chlorure reste dans la panse.

96. *Propriétés du sesqui-chlorure.* — C'est un solide cristallin, très friable, incolore, transparent, presque insipide; d'une odeur aromatique qui rappelle celle du camphre, mauvais conducteur de l'électricité, dont le pouvoir réfringent est 1,5767, et la densité à-peu-près 2.

Sa fusion a lieu à 160° et son ébullition à 182°, sous la pression ordinaire. Chauffé dans une cornue, il se sublime en cristaux dendritiques, prismatiques ou lamelleux; exposé à la chaleur rouge, il se décompose comme nous l'avons dit précédemment au sujet de la préparation du proto-chlorure.

Plongé dans la flamme de l'alcool, il brûle avec une lumière rouge et production de beaucoup de fumée et de vapeurs acides; mais lorsqu'on l'en retire, la combustion s'arrête : toutefois, à une haute température, le gaz oxigène le décompose.

Le chlore est sans action sur lui, quelle que soit la température; il en est de même du charbon. L'iode, le soufre et le phosphore à chaud, le ramènent à l'état de proto-chlorure en s'emparant d'une partie du chlore. Mais l'hydrogène et la plupart des métaux, au degré de la chaleur rouge, en opèrent la décomposition complète; ils en précipitent le charbon et forment avec le chlore de l'acide chlorhydrique ou des chlorures.

Le sesqui-chlorure n'est soluble dans l'eau froide ou chaude qu'en très petite quantité; il se dissout facilement dans l'alcool et plus facilement encore dans l'éther; il se dissout aussi dans les huiles fixes et volatiles. L'eau le précipite de sa dissolution alcoolique.

Les acides et les alcalis n'ont que peu d'action sur lui.

Sa composition est facile à établir. 1 volume de bi-carbure gazeux d'hydrogène absorbe 5 volumes de chlore et produit outre le sesqui-chlorure, 4 volumes de gaz chlorhydrique. Or, ces 4 volumes de gaz chlorhydrique étant formés de 2 volumes d'hydrogène et 2 volumes de chlore, et 1 volume de bi-carbure d'hydrogène contenant 2 volumes d'hydrogène et 2 volumes de vapeur de carbone, il est évident que le sesqui-chlorure résulte de 2 volumes de vapeur de carbone et de 3 volumes de chlore, ou bien en poids de 11,59 de carbone et de 100 de chlore, d'où l'on déduit :

En proportion 1 ½ de chlore + 1 de carbone.

En atomes.... 3 de chlore + 2 de carbone = $C^2 Ch^3$.

97. Propriétés du proto-chlorure. Ce composé est un liquide parfaitement limpide, incolore, mauvais conducteur de l'électricité, qui a une densité de 1,5526 et un pouvoir réfringent de 1,4875.

Un froid de 18° ne le solidifie pas; une chaleur de 74° le réduit en vapeur; il ne s'en décompose qu'une très petite partie lorsqu'on le fait passer à travers un tube incandescent.

Insoluble dans l'eau, les acides azotique, sulfurique et chlorhydrique, il se dissout facilement, au contraire, dans l'alcool, l'éther, les huiles fixes et volatiles.

L'hydrogène le décompose à une température élevée; il en est de même de la plupart des métaux : l'on obtient, dans tous les cas, des produits analogues à ceux que donne le sesqui-chlorure.

L'iode, en s'y dissolvant, le colore en rouge; le chlore, sous l'influence solaire, le transforme en sesqui-chlorure.

Le proto-chlorure est composé de parties égales en volume de chlore et de vapeur de carbone, ou bien en poids de de 17,39 de carbone et de 100 de chlore, d'où l'on tire :

En prop. 1 de chlore 442,64 + 1 de carb. 76,52.
En atom. 1 de chlore 221,32 + 1 de carb. 38,26 = C·Ch.

(*Voyez*, pour plus de détails, le mémoire de M. Faraday, *Ann. de Chim. et de Phys.*, t. xviii, p. 48.)

98. Outre ces deux chlorures, il paraît qu'il en existe un troisième, suivant MM. Philips et Faraday, qui contiendrait deux fois autant de carbone que le précédent pour la même quantité de chlore, et qui par conséquent résulterait de 1 volume de chlore et de 2 volumes de vapeur de carbone; mais ils n'ont pu l'obtenir directement ou le transformer en l'un des deux précédens. Celui sur lequel ils ont opéré avait été recueilli par M. Julin, d'Abo en Finlande. C'était un produit accidentel qui ne se formait qu'en très petite quantité. Nous n'en décrirons point les propriétés par tous ces motifs, et nous renverrons nos lecteurs au mémoire même des auteurs. (*Ann. de Chim. et de Phys.*, xviii, 269.)

Chlorures de phosphore.

99. Le phosphore et le chlore ont une telle action l'un sur l'autre, même à la température ordinaire, que, lorsque l'on plonge un fragment de phosphore, au moyen d'une capsule suspendue à l'extrémité d'un fil, dans un flacon plein de chlore, ces deux corps s'unissent tout de suite en donnant lieu à de la chaleur et à des jets de lumière. Leur union peut se faire en deux proportions : il existe donc un proto-chlorure de phosphore, et un deuto-chlorure. Ces composés sont remarquables surtout par la propriété qu'ils ont de décomposer subitement l'eau, de telle manière qu'il en résulte de l'acide chlorhydrique et de l'acide phosphoreux ou de l'acide phosphorique.

100. *Proto-chlorure.* — Ce chlorure, découvert par MM. Gay-Lussac et Thenard en 1808, est liquide, incolore, transparent, un peu plus pesant que l'eau, très fumant et très caustique ; il rougit fortement la teinture de tournesol, mais il ne rougit pas le papier bien sec qui en est teint. Son degré d'ébullition est très peu élevé. Mis en contact avec l'air, il y répand des vapeurs très piquantes ; l'eau le transforme tout-à-coup, avec dégagement de chaleur, en acide chlorhydrique et en acide phosphoreux. L'ammoniaque en précipite tout à-la-fois du phosphore et du deuto-chlorure de phosphore ammoniacal. Il se comporte d'ailleurs avec l'oxigène, l'air, les métaux, à-peu-près comme le deuto-chlorure. Enfin, il peut dissoudre une certaine quantité de phosphore, et il acquiert alors la propriété de mettre le feu au papier joseph que l'on en imbibe, et d'être troublé par l'eau : sans doute que, dans les deux cas, les phénomènes sont dus à l'excès de phosphore qui se dépose.

Le proto-chlorure s'obtient comme le deuto-chlorure, si ce n'est que l'on cesse de faire arriver du chlore sec dans la cornue bien sèche elle-même, aussitôt que la liqueur qui se produit commence à se troubler ou à laisser déposer du deuto-chlorure ; après quoi, chauffant doucement la cornue, le proto-chlorure se volatilise et vient se rendre seul dans un récipient d'une forme convenable. On peut encore l'obtenir en combinant le deuto-chlorure avec une quantité convenable de phosphore. C'est même ce procédé que Davy préfère : sur 7 parties de chlorure, il prescrit d'ajouter une partie de phosphore.

Suivant M. Dulong, le proto-chlorure de phosphore est formé de 100 de phosphore et de 327,6 de chlore; il est parvenu à l'analyser en le mêlant avec de l'eau, et versant dans la liqueur un excès de nitrate d'argent. L'eau, dans cette opération, convertit, comme nous l'avons vu précédemment, le chlorure de phosphore en acide phosphoreux en acide chlorhydrique; et celui-ci, en agissant sur l'oxide du sel, reproduit de l'eau, et forme un chlorure d'argent insoluble, dont la composition est parfaitement connue, et dont le poids indique la quantité de chlore que l'on cherche : retranchant alors cette quantité de sel du chlorure soumis à l'analyse, l'on a pour différence la quantité de phosphore qu'il contient (*Mém. d'Arcueil*, tom. III, pag. 419). Au lieu de 327,6 de chlore, Davy admet que 100 de phosphore n'en exigent que 300 pour devenir proto-chlorure; de sorte que, d'après lui, le deuto-chlorure contiendrait, pour la même quantité de phosphore, 2 fois autant de chlore que le proto-chlorure (*Ann. de Chim. et de Phys.*, x, 207). Les résultats de M. Dulong nous paraissent préférables. La composition du proto-chlorure est donc :

En prop... $1\frac{1}{2}$ de chlore $+$ 1 de phosphore.
Et atom.. . 3 de chlore.. $+$ 1 de phosphore $=$ P Ch³.

Les chlorures de phosphore sont sans usages.

Quelques chimistes les regardent comme des acides qu'ils proposent d'appeler *chloro-phosporeux, chloro-phosphorique:* cette opinion ne peut être soutenue au plus que pour le deuto-chlorure, car l'on a vu que le proto-chlorure n'avait ni la propriété de rougir le papier de tournesol, ni celle de se combiner avec les alcalis.

101. *Deuto-chlorure.* — C'est à Davy que l'on doit la découverte de ce composé; il la fit en 1810. (*Elémens de Chimie philosophique*, 1ᵉʳ volume, art. *Phosphore.*)

Le deuto-chlorure est toujours un produit de l'art; on l'obtient en faisant arriver peu-à-peu du chlore sec dans une petite cornue contenant du phosphore également sec, jusqu'à ce que le chlore soit en excès, ou que le phosphore soit converti en une matière solide et blanche, qui est le deuto-chlorure dans son plus grand état de pureté.

M. Dulong a déterminé la proportion de ses principes, en prenant une certaine quantité de phosphore, par exemple, 1 gramme, le projetant dans une cornue, faisant le vide dans celle-ci, la mettant en communication avec une cloche pleine de chlore gazeux, la pesant après l'opération, et comparant son poids à celui qu'elle avait étant pleine de chlore seulement, poids qui lui était connu exactement par une expérience antérieure : il a trouvé ainsi que le deuto-chlorure devait être formé de 100 de phosphore et de 549,1 de chlore (3ᵉ vol. d'*Arcueil*, p. 437). Davy n'admet point ces résultats; il porte à 600 la quantité de chlore absorbé par 100 de phosphore (*Ann. de Chim. et de Phys.*, x, 207). Sa véritable composition, d'après l'analyse de M. Dulong, que nous adopterons, est :

En prop. 2 ½ de chlore $+$ 1 de phosphore.
En atom. 5   de chlore $+$ 1 de phosphore $=$ P Ch⁵.

Le deuto-chlorure de phosphore est solide, d'un blanc de neige, très volatil, mais moins que le proto-chlorure. Du papier de tournesol bien desséché, que l'on expose à sa vapeur dans un récipient vide d'air, se colore promptement en rouge. Chauffé doucement et soumis à une certaine pression, il cristallise, par le refroidissement, en prismes dont la transparence est presque parfaite. Lorsqu'on le fait passer avec le gaz oxigène à travers un tube incandescent, il en résulte de l'acide phosphorique et du chlore; le même effet se produit lorsqu'on l'expose à la flamme d'une bougie. L'hydrogène et la plupart des métaux le décomposent également à l'aide de la chaleur : l'hydrogène, en donnant lieu à de l'acide chlorhydrique, etc. ; et les métaux, à des chlorures et des phosphures métalliques. Son action sur l'eau est des plus vives ; à peine ces deux substances sont-elles en contact que, se décomposant réciproquement, il se forme de l'acide chlorhydrique et de l'acide phosphorique. L'expérience présente d'ailleurs, d'après M. Dulong, des phénomènes très dignes d'attention. Si l'on jette un morceau un peu considérable de chlorure dans l'eau, la chaleur qui se dégage réduit en vapeurs la majeure partie du chlorure ; mais si le chlorure est en poudre et si la quantité d'eau est grande, il s'en perd très peu : on voit alors apparaître à la surface de l'eau des gouttes d'un liquide comme oléagineux, et qui, se rassemblant bientôt au fond du vase, finissent par disparaître. Ce nouveau produit est probablement un hydrate de chlorure de phosphore, c'est-à-dire, un composé de chlorure et d'eau. (*Mém. d'Arcueil*, t. III, p. 439.)

Enfin, le deuto-chlorure de phosphore se combine intimement avec l'ammoniaque ; le composé triple qui en provient est blanc, insipide, fixe, insoluble dans l'eau, et indécomposable par les alcalis.

Chlorures de soufre.

102. Le chlore s'unit avec le soufre en deux proportions : de là un proto-chlorure qui est jaune, et un bi-chlorure qui est rouge foncé. Celui-ci correspond à l'acide hypo-sulfureux, l'autre ne correspond à aucune combinaison, connue du soufre avec l'oxigène.

Aucun n'existe dans la nature. Tous deux s'obtiennent en faisant passer du chlore sec à travers la fleur de soufre pur, ou le soufre sublimé ; à cet effet, on prépare ce gaz comme nous l'avons dit précédemment (91) et on le fait rendre par un tube au fond d'une éprouvette dans laquelle on met le soufre. Peu-à-peu la combinaison a lieu. Tant que le soufre est en excès, le liquide reste jaune et n'est que du proto-chlorure; mais lorsque le soufre a complètement disparu, il prend une teinte qui finit par passer au rouge brun foncé. Le bi-chlorure est alors formé. Toutefois il faut distiller l'un et l'autre dans une cornue pour les séparer; le premier, d'un peu de soufre, et le second, d'une petite quantité de proto-chlorure qui, étant moins volatil, reste dans la cornue, lorsque la distillation ne se fait qu'à une température d'environ 60°.

103. *Proto-chorure de soufre.* — Le proto-chlorure de soufre est liquide, jaune, légèrement visqueux comme une huile grasse; il entre en ébullition à + 138°; sa densité est 1,687, et celle de sa vapeur 4,70.

L'eau et l'alcool le décomposent avec production d'acide chlorhydrique et dépôt de soufre. Il en est de même de l'éther qui le dissout d'abord. Mis en contact avec le gaz ammoniac, il l'absorbe et donne une poudre pourpre qui n'a point été suffisamment examinée.

Il est composé de :

En prop. 1 de chlore 442,64 + 2 de soufre 402,32.

En at. 1 de chlore 221,32 + 1 de soufre 201,16.

Donc poids atomique du chlorure S Ch = 422,48. (1)

104. *Bi-chlorure de soufre.* — Le chlorure de soufre découvert par M. Thomson, et soumis par Amédée Berthollet à un grand nombre d'expériences (2), est liquide, rouge-grenat foncé, très volatil à la température ordinaire; son odeur est vive, piquante et très désagréable; sa saveur est très forte; il rougit fortement la teinture de tournesol; sa pesanteur spécifique est 1,620, celle de sa vapeur de 3,685 (Dumas).

Son ébullition a lieu à 64°: aussi sa tension est-elle très grande. Mis en contact avec l'air, il répand des vapeurs très épaisses. Un grand nombre de corps peuvent en opérer la décomposition.

---

(1) Dumas, *Ann. de chim. et de Phys.* XLIX, 204. — (2) *Mém. d'Arcueil,* t. 1.

En mêlant ensemble par l'agitation parties égales de chlorure de soufre et d'eau, il en résulte une effervescence très vive et un grand dégagement de chaleur; il se dépose du soufre, et l'on obtient en dissolution de l'acide chlorhydrique, de l'acide sulfureux et un peu d'acide sulfurique : l'eau est donc décomposée, et tandis que son hydrogène s'unit au chlore, son oxigène s'unit à la majeure partie du soufre.

Les mêmes phénomènes se présentent lorsqu'on met en contact l'éther ou l'alcool avec le bi-chlorure de soufre : seulement ils sont plus marqués en raison de la volatilité de ces deux liqueurs; la réaction est même telle, qu'à chaque fois qu'on laisse tomber une goutte de chlorure dans de l'alcool très concentré, il se produit comme une sorte de décrépitation. L'éther paraît d'abord en opérer la dissolution.

Si, au lieu de verser le chlorure de soufre dans de l'éther ou de l'alcool, on le verse dans de l'ammoniaque liquide, de nouveaux phénomènes apparaissent : une vive ébullition a lieu; du soufre est précipité dans le cas où celui-ci est en excès, et il se forme tout à-la-fois un sulfite, un sulfate et un chlorhydrate d'ammoniaque; il se forme, en outre, d'épais tourbillons d'un beau rouge violacé. D'ailleurs le chlorure absorbe le gaz ammoniac et donne naissance à un composé pulvérulent et purpurin comme avec le proto-chlorure.

Enfin, lorsqu'on verse le chlorure de soufre sur du mercure, la surface du métal se ternit, il se manifeste une chaleur très vive, et bientôt, à la place du mercure et du chlorure de soufre, on ne trouve plus qu'une masse grise, pulvérulente, qui est un mélange de sulfure et de chlorure de mercure.

En proportions : 1 de chlore $= 442,64 +$ 1 de soufre $= 201,16$.

En atomes : 2 de chlore $= 442,64 +$ 1 de soufre $= 201,16$.

Donc, poids atom. du perchlorure $Ch^2 S = 643,80$.

Plusieurs chimistes regardent le chlorure de soufre comme un acide qu'ils proposent d'appeler *chloro-sulfurique*, parce qu'il rougit la teinture et le papier de tournesol.

L'opinion contraire nous paraît plus fondée, parce que

l'on peut attribuer le changement de couleur bleue à la formation subite d'une certaine quantité d'acide chlorhydrique ou sulfureux, et que d'ailleurs le chlorure de soufre ne s'unit point avec les bases salifiables.

Chlorure de sélénium.

105. Le sélénium se combine au moins en deux proportions avec le chlore, d'après M. Berzélius. L'un des chlorures correspondrait à l'acide sélénieux et résulterait de 1 volume de sélénium gazeux sur 4 de chlore. L'autre serait formé de volumes égaux de chlore et de sélénium.

Pour obtenir le premier, on met dans une petite cornue de verre tubulée, une certaine quantité de sélénium, et on fait arriver le chlore pur et sec par la tubulure, au moyen d'un tube de grosseur convenable. Le sélénium absorbe le chlore, s'échauffe, entre en fusion et se convertit en un liquide brun qui, par une nouvelle absorption de chlore, s'épaissit et bientôt forme une masse solide et blanche qui est le chlorure même.

Pour obtenir le second, on ajoutera ensuite 3 fois autant de sélénium que l'on en a mis d'abord, et l'on chauffera peu-à-peu; il en résultera un liquide jaune foncé, translucide que l'on purifiera par voie de distillation et dont la composition sera celle que nous avons indiquée plus haut.

ARTICLE III.

Brôme, brômures de silicium, de carbone, de phosphore, de soufre, chlorure de brôme. (1)

Brôme.

106. *Historique et état naturel.* —En examinant les eaux-mères des salines des côtes de la Méditerranée, M. Balard

---

(1) *Voyez* le brômure d'hydrogène, art. *Acides métalloïdiques.*

découvrit le brôme, dans le courant de l'année 1826 (1). Il paraît y exister à l'état de brômure de magnésium. Depuis cette époque, on l'a rencontré dans d'autres salines, telles que celles de *kreutznac*, de *sahuften*, de *salins*, de *shonebec*, de *sulza*; dans les eaux de la mer, à l'état de brômures de sodium, de magnésium et de calcium; dans celles du *lac Asphaltique*, dans les eaux minérales de *Bourbonne-lès-Bains*, et de *Lons-le-Saunier*, dans les éponges, dans quelques plantes marines, dans un minerai de zinc et dans le cadmium de Silésie.

Propriétés physiques. Le brôme, à la température ordinaire, est liquide, d'un rouge brun-foncé en masse, d'un rouge hyacinthe en couche mince. L'odeur, forte, désagréable, dont il est doué et qui a quelque analogie avec celle du chlore, lui a fait donner le nom qu'il porte (de βρῶμος infection.) Sa saveur est très caustique.

Sa densité = 2,966. Celle de sa vapeur, déterminée par le calcul = 5,3933; son poids atomique=489,15.

Appliqué sur la peau, il la corrode en la colorant fortement en jaune. Il agit avec énergie sur les animaux : une goutte, déposée dans le bec d'un oiseau, suffit pour lui donner la mort.

Propriétés chimiques. Le brôme entre en ébullition à 47° et répand des vapeurs rouges comme celles de l'acide hypo-azotique. A —20°, il se solidifie, devient cassant, présente une structure cristalline, et une couleur gris de plomb. Pur, il ne conduit point l'électricité; mais lorsqu'il est mélangé avec de l'eau, ces corps deviennent ensemble meilleurs conducteurs que chacun d'eux pris séparément. Par l'action de la pile sur eux, l'eau seule est décomposée, sans qu'aucun de ses élémens se combine avec le brôme.

La flamme d'une bougie, plongée dans la vapeur du brô-

---

(1) *Ann. de Chim. et de Phys.*, XXXII, 337.

me, devient verte à sa base, rouge à sa partie supérieure et s'éteint bientôt après.

Son affinité pour l'oxygène est très faible : aussi, pour que la combinaison ait lieu, est-il nécessaire que l'oxigène soit à l'état de gaz naissant; de là résulte de l'acide brômique qui est le seul composé connu que ces deux corps puissent former.

Sa tendance à s'unir à l'hydrogène, au contraire, est très grande; toutefois l'action est nulle à la température de l'atmosphère, même sous l'influence solaire; mais à une température élevée, il y a toujours production de gaz brômhydrique.

Il paraît que le brôme attaque plus facilement l'hydrogène dans plusieurs de ses combinaisons, que lorsqu'il est libre. Du moins, M. Balard a observé qu'il décomposait tout-à-coup le phosphure d'hydrogène, l'acide sulfhydrique et l'acide iodhydrique, et que, employé en quantité convenable, il en séparait le phosphore, le soufre et la vapeur d'iode; sans doute il agirait de même sur l'acide sélénhydrique et sur les hydrures d'arsénic et de tellure. M. Balard a également observé qu'il détruisait instantanément la teinture de tournesol, la dissolution d'indigo et plusieurs autres matières organiques.

Le brôme se combine d'ailleurs avec le silicium, le carbone, le phosphore, le soufre, le chlore, l'iode, les métaux et forme avec eux des composés qui seront examinés par la suite.

L'eau ne dissout que peu de brôme; il est très soluble dans l'alcool et surtout dans l'éther. L'alcool et l'éther brômés perdent leur teinte en quelques jours et deviennent acides, ce qui prouve qu'il doit y avoir réaction entre le brôme et l'hydrogène.

107. *Préparation du brôme*, 1er *procédé*. Dans les eaux-mères des salines, l'on fait passer un courant de chlore qui décompose les brômures métalliques; il en résulte des chlorures et du brôme qui, en se dissolvant dans la liqueur, la colore en rouge pâle. Lorsque cette couleur cesse de s'accroître, on agite les eaux-mères avec de l'éther qui s'empare du

brôme et les décolore. Par le repos, l'éther se rassemble à leur surface; on le décante et on le traite par une dissolution concentrée d'hydrate de potasse qui le décolore à son tour, et le met en état de servir pour de nouvelles opérations, après l'avoir décanté de nouveau. La potasse doit être remise en contact avec de l'éther brômé jusqu'à ce qu'elle refuse de le décolorer. A cette époque, elle est amenée à l'état de brômure de potassium et de brômate de potasse. On l'évapore à siccité, et le résidu est calciné jusqu'au rouge pour détruire le brômate qui, perdant son oxigène, est transformé en brômure.

Le brômure de potassium étant ainsi préparé, c'est en le traitant par l'acide sulfurique et le bi-oxide de manganèse que l'on obtient le brôme. L'opération se fait dans une cornue de verre, dont le bec est muni d'un tube recourbé, plongeant dans un flacon qui contient de l'eau. Le brôme plus dense que celle-ci, se rassemble à la partie inférieure.

Les phénomènes qui se passent dans cette opération sont analogues à ceux que l'on observe dans l'extraction du chore (91).

2e *Procédé*. Le brômure de magnésium ne pouvant être desséché sans perte de brôme, M. Desfosses a proposé de décomposer les sels magnésiens des eaux-mères des salines, par une suffisante quantité d'hydrate de chaux, de filtrer la liqueur, de l'évaporer à siccité et d'employer immédiatement le résidu pour en extraire le brôme par l'acide chlorhydrique et le bi-oxide de manganèse, en se servant à cet effet d'un appareil semblable à celui qui vient d'être décrit. Dans cette opération, l'acide chlorhydrique, en présence du bi-oxide de manganèse, donne naissance à du protochlorure de manganèse, à de l'eau, et à du chloré qui, décomposant le brômure de calcium, s'empare de ce métal et met le brôme en liberté. (Desfosses, *Journ. de Ph.*, XIII, 257.)

A la vérité, l'eau qui surnage contient toujours du chlorure de brôme; mais rien de plus facile que d'en extraire le brôme; c'est d'y ajouter de l'eau de barite jusqu'à ce que la liqueur n'altère ni le papier bleu, ni le papier rouge de tournesol.

Il se produit des chlorure et brômure de barium, et il se forme en même temps des chlorate et brômate de protoxide de barium qui, par l'évaporation et la calcination, perdent leur oxigène et se transforment en chlorure et en brômure. Par l'alcool on dissout seulement le brômure; puis évaporant la dissolution, on obtient du brômure de barium pur, d'où l'on retire le brôme par l'acide sulfurique et le bioxide de manganèse comme il a été dit plus haut.

Brômure de silicium.

108. Le brômure de silicium se forme dans les mêmes circonstances que le chlorure de silicium; c'est-à-dire en faisant passer dans un tube de porcelaine, du brôme en vapeur à travers un mélange intime et incandescent de silicium et de charbon (350).

Ce brômure est liquide, incolore, très volatil, susceptible de répandre des vapeurs très épaisses dans l'air et de se congeler à 12 ou 15° au-dessous de zéro. Son odeur est fortement éthérée, et sa densité, plus grande que celle de l'acide sulfurique; il bout à 150°; agité avec un peu d'eau, il la décompose promptement en produisant beaucoup de chaleur, de l'acide brômhydrique et de la silice. Plusieurs métaux et particulièrement le potassium s'emparent du brôme au moyen d'une légère chaleur; il en résulte même une détonation qui brise fréquemment le tube où elle a lieu. (Sérullas, *Ann. de Ch. et de Phys.*, XLVIII, 87.)

Brômure de carbone.

109. Le brôme n'a encore été combiné qu'en une proportion avec le carbone. Le brômure qui en résulte est liquide et a la plus grande analogie avec le proto-iodure de carbone. Selon toute apparence, il est l'équivalent de celui-ci. M. Sérullas est parvenu à le produire en versant peu-à-peu dans un tube un peu large et fermé par un bout, deux

parties de brôme sur une partie de per-iodure de carbone. L'action est instantanée, il y a développement de beaucoup de chaleur, on entend, au moment du contact, un bruit semblable à celui d'un fer incandescent qu'on plonge dans l'eau; il se forme un brômure d'iode et un brômure de carbone, que l'on doit mettre en contact avec de l'eau alcalisée par la potasse, jusqu'à ce que de l'iode qui apparaît d'abord soit dissous. Alors il faut réunir le brômure dans un verre long et étroit, et l'abandonner à lui-même pendant quelque temps. Une matière blanche, qui ne paraît être que de l'iodate de potasse, se rassemble à la surface. Le brômure doit être enlevé avec une pipette; mais comme il contient toujours une petite quantité d'iodure qui échappe à l'action du brôme, on le fera séjourner sous une eau légèrement alcalisée; le proto-iodure se décomposera en même temps qu'un peu de brômure qui, étant prédominant, restera enfin pur.

On conçoit qu'indépendamment du brômure de carbone et de l'iodate de potasse, il pourrait se former des iodure et brômure de potassium, et même du brômate de potasse.

Le brômure de carbone est un liquide incolore, dont l'odeur est éthérée et la saveur très sucrée; il se solidifie à $0°$; sa volatilité est grande, sa solubilité dans l'eau, faible; un papier, qui en est imbibé et que l'on chauffe à la flamme de l'alcool, donne des vapeurs roussâtres; ce qui prouve que le brômure est décomposé.

Placé sous l'eau, il se colore peu-à-peu; sans doute qu'alors une petite quantité de brôme devient libre. (Sérullas, *Ann. de Chim. et de Phys.*, XXXIV, 97 et XXXIX, 225.)

Brômures de phosphore.

110. Les brômures de phosphore s'obtiennent en mettant le brôme en contact avec le phosphore, dans un flacon rempli de gaz carbonique; la réaction est subite et accompagnée de calorique et de lumière. Deux produits prennent naissance:

l'un, liquide, qui occupe la partie inférieure : c'est le proto-brômure de phosphore; l'autre, solide et cristallin, qui s'attache à la paroi supérieure du vase : c'est le deuto-brômure.

Proto-brômure. Liquide à la température ordinaire, il conserve cet état jusqu'à — 12°. Mis en contact avec l'air, il y répand des vapeurs blanches très piquantes. Il peut dissoudre du phosphore et acquérir ainsi la propriété d'enflammer le papier. Le brôme le transforme en deuto-brômure. Le chlore le décompose en s'unissant au phosphore et mettant le brôme en liberté.

Son action sur l'eau est très grande; il se produit tout-à-coup de l'acide phosphoreux et de l'acide brômhydrique qui se dégage à l'état de gaz, s'il n'y a que peu d'eau.

Deuto-brômure. Ce brômure est liquide à la température ordinaire, jaune, plus dense que l'eau, d'une odeur très piquante, susceptible de cristalliser en rhomboïdes. Chauffé peu-à-peu, il se résout en un liquide rouge qui, bientôt, entre en ébullition et produit des vapeurs de la même couleur, lesquelles se condensent en aiguilles sur les parois du col de la cornue.

Il se comporte avec l'air comme le proto-brômure.

Dans son contact avec l'eau, il y a production de chaleur, d'acide brômhydrique et d'acide phosphorique.

Le chlore en dégage le brôme, l'iode est sans action sur lui.

Brômure de soufre.

111. Le soufre sublimé se dissout dans le brôme et donne naissance à un liquide d'un aspect huileux, d'une teinte rougeâtre, susceptible de répandre comme le chlorure de soufre, au contact de l'air, des vapeurs blanches dont l'odeur rappelle celle de ce composé.

À la température ordinaire, l'eau agit lentement sur le brômure de soufre ; mais à la température de l'ébullition, il se produit une légère détonation et il se forme de l'acide brômhydrique, de l'acide sulfurique et de l'acide sulfhydrique.

Le chlore décompose le brômure de soufre, en s'unissant au soufre et mettant le brôme en liberté. (Balard, *Ann. de Chim. et de Phys.*, xxxii, 375.)

Chlorure de brôme.

112. Ce corps est liquide, moins coloré que le brôme, et d'une odeur excessivement pénétrante ; il répand des vapeurs d'un jaune foncé qui provoquent subitement les larmes. Sa saveur est excessivement désagréable. Il détermine la combustion des métaux et peut se dissoudre dans l'eau sans se décomposer. On le prépare en faisant passer un courant de chlore dans du brôme liquide, jusqu'à ce que celui-ci refuse de le dissoudre.

ARTICLE IV.

Iode, iodures de carbone, de phosphore, de soufre, chlorures d'iode, brômures d'iode. (1)

Iode.

113. L'iode a été découvert en 1813 par M. Courtois; mais c'est à M. Gay-Lussac que nous devons la connaissance de la plupart de ses propriétés : en effet, il en a écrit l'histoire presque complète d'après ses expériences, et a prouvé, le premier, que ce nouveau corps avait une grande analogie avec le chlore et pouvait être regardé comme simple. (*Ann. de Chim.*, t. xci.)

Propriétés physiques. — L'iode est solide à la température ordinaire. Sa forme est lamelleuse, son éclat métallique, sa ténacité très faible, sa couleur bleuâtre, ce qui lui donne l'apparence de la plombagine ou du carbure de fer. Sa pesanteur spécifique est de 4,946 à la température de 16°,5,

______

(1) *Voyez* iodure d'hydrogène, art. *Acides métalloïdiques.*

et son poids atomique de 789,75. Il a une odeur analogue à celle du chlore ou plutôt du chlorure de soufre. Il possède à un haut degré les propriétés électriques du gaz oxigène : aussi lorsqu'on soumet une dissolution d'acide iodhydrique (hydrogène iodé) à l'action de la pile, l'iode se porte-t-il du côté positif, et l'hydrogène du côté négatif.

Appliqué sur la peau, il la colore en jaune : cette couleur disparaît à mesure qu'il se gazéifie.

Propriétés chimiques. — L'iode entre en fusion à 107°, et en ébullition à environ 175° : cependant, en raison de sa tension, il se vaporise dans l'eau bouillante. Sa vapeur, dont la densité a été trouvée de 8,716 par expérience, est toujours d'un beau violet : c'est ce qu'il est facile de prouver en le chauffant d'une manière quelconque, soit comme nous venons de le dire, soit dans un ballon, ou en le projetant sur des charbons incandescens. Voilà pourquoi M. Gay-Lussac a proposé de lui donner le nom qu'il porte, nom tiré de ἰώδης, *violaceus,* qui ressemble à la violette.

On ne saurait le combiner avec l'oxigène à l'état gazeux; mais il s'unit avec l'oxigène à l'état de gaz naissant, et forme un acide que nous appelons *acide iodique.*

Son affinité pour l'hydrogène est très grande, moindre cependant que celles du brôme et surtout du chlore et du fluor; il l'enlève à un grand nombre de corps, et l'absorbe à l'état gazeux lorsque la température est élevée : de là résulte, dans tous les cas, un produit fort remarquable, un nouvel acide formé seulement d'hydrogène et d'iode : nous le désignerons par le nom d'*acide iodhydrique,* pour le distinguer du précédent, qui est composé d'iode et d'oxigène.

Parmi les autres métalloïdes, il s'unit encore avec le carbone, le phosphore, le soufre, le chlore, l'azote et avec presque tous les métaux : ces divers composés ne seront examinés que par la suite.

114. *État naturel.*—L'iode, découvert d'abord dans le plus grand nombre des *fucus* qui croissent sur le bord de la mer, a été trouvé depuis, 1° dans les éponges, par M. Fife(*Ann.*

de Chim. et de Phys. XII, 405); 2° dans l'eau salée de *Voghera*, dans l'eau de *Sales*, par M. Angelini; dans l'eau sulfureuse de *Castelnovo d'Asti*, par le docteur Cantu (*id.* XXVIII, 221); 3° dans diverses mollusques marins, nus ou testacés, tels que les *doris*, les *vénus*, les *huîtres*, etc.; dans plusieurs polypiers et végétaux marins, les *gorgonia*, le *zostera marina*, etc., et notamment dans l'eau-mère des salins alimentés par la Méditerranée (M. Balard, *id.* XXVIII, 178); 4° dans l'eau d'une saline de la province *d'Antioquia*, par M. Boussingault (*id.* XXX, 91); 5° dans le sel de *Bex*, par M. de Charpentier (*Bulletin* de M. Férussac); 6° enfin, uni à l'argent, par M. Vauquelin, dans des minéraux que M. Tabary avait achetés aux indigènes de l'Amérique méridionale, et qu'il avait en partie ramassés lui-même aux environs de *Mexico* (*Ann. de Chim. et de Phys.*, XXIX, 99). L'iode existe dans toutes les eaux que nous venons de citer à l'état d'iodure; on le reconnaît par de l'amidon employé convenablement.

115. *Préparation.* — C'est des eaux-mères de la soude de varech qu'on extrait l'iode. Il paraît que ces eaux, que l'on se procure en brûlant les différens fucus qui croissent abondamment sur les bords de la mer en Normandie, etc., lessivant la cendre, concentrant la liqueur à plusieurs reprises, jusqu'à ce qu'enfin elle refuse de cristalliser, renferment ce nouveau corps uni au potassium, ou à l'état d'iodure de potassium. (M. Gaultier de Claubry, *Ann. de Chim.* XCIII, 75.)

Quoi qu'il en soit, on l'obtient en versant un excès d'acide sulfurique concentré dans ces eaux, et en faisant bouillir peu-à-peu la liqueur dans une cornue de verre munie d'un récipient : une partie de l'acide sulfurique est décomposée et oxide le potassium de l'iodure, de telle sorte qu'il en résulte de l'acide sulfureux, du sulfate de potasse et de l'iode; celui-ci se vaporise sous forme de vapeurs violettes très belles, passe dans le récipient avec une certaine quantité d'acide, et s'y condense dans cet état en lames cristal-

lines qui ont l'aspect du carbure de fer (1). Pour le purifier, il faut le laver, le mêler avec de l'eau contenant un
peu de potasse et le distiller de nouveau. Lorsqu'il s'agit
ensuite de l'avoir sec, on le presse entre deux feuilles de
papier à filtrer, qu'on renouvelle autant qu'il est nécessaire;
enfin on l'introduit dans un tube fermé par un bout, on le
comprime et on le fond.

<table>
<tr><td>Proportions réagissantes.</td><td>Proportions produites.</td></tr>
</table>

Proportions réagissantes.	Proportions produites.
1 d'iodure = { 1 iode...... 1537,5	1 d'iode 1537,5
{ 1 potass..... 489,9	1 de sulfate = { 1 de prot. 589,9
2 d'acide sulfurique réel 1002,2	{ 1 d'acide, 501,1
	1 d'acide sulfureux...... 401,1
————	————
3029,6	3029,6

En atomes :

$$\mathrm{K\,I^2 + 2\,S\,O^3 = I^2 + K\,O,\,S\,O^3 + S\,O^2.}$$

Nous pensons que l'on pourrait substituer avec avantage
au procédé que nous venons d'indiquer, celui qui a été re-
commandé par M. Wollaston, et qui ne diffère du précédent qu'en ce que l'on introduit dans la cornue une certaine
quantité de bi-oxide de manganèse, aussitôt que l'effervescence qui se manifeste d'abord est passée : cet oxide cédant
très facilement une partie de son oxigène au potassium,
l'opération se termine en peu de temps.

M. Soubeiran, ayant observé qu'il se forme toujours de
l'acide iodhydrique dans le premier des procédés que nous
venons de décrire, et du chlorure d'iode dans le second, a
proposé, pour éviter de perdre de l'iode, de transformer
d'abord les iodures des eaux-mères de soude de varech,

---

(1) Outre l'iodure de potassium, les eaux-mères de soude de Varech,
que l'on vend à Paris, contiennent des azotates de potasse et de soude et des
chlorures de potassium et de sodium. Or, comme l'acide sulfurique, en décomposant ces deux derniers genres de sels, met en liberté de l'acide azotique et
de l'acide chlorhydrique, il doit se produire par l'action réciproque de ceux-
ci, de l'eau, un dégagement de chlore et de gaz acide hypo-azotique : aussi
observe-t-on une assez forte effervescence et des vapeurs rutilantes.

en iodure de cuivre, insoluble : pour cela il verse dans la liqueur une dissolution de sulfate de cuivre et en précipite ainsi la moitié de l'iode; puis il décante la liqueur, y réunit les eaux dont il se sert pour laver le précipité, y ajoute une nouvelle quantité de sulfate de cuivre, et du fer en limaille: celui-ci, s'emparant de l'oxigène et de l'acide sulfurique de ce sel, met le cuivre à nu, qui achève de s'unir à l'autre moitié de l'iode. Alors pour séparer l'iodure de l'excès de limaille, il suffit d'agiter les matières dans l'eau et de décanter. La limaille se dépose tout-à-coup, l'iodure au contraire reste en suspension pendant quelque temps. L'iodure de cuivre est ensuite mêlé avec deux fois son poids de bi-oxide de manganèse et avec assez d'acide sulfurique pour faire pâte. Le mélange est introduit dans une cornue et chauffé. Bientôt l'iode est mis en liberté et se vaporise, etc. On peut même n'employer que de l'oxide de manganèse; mais dans ce cas il faut chauffer fortement et opérer dans une cornue de grès : le cuivre s'oxide, et l'iode se dégage, etc. (*Journ. pharm.*, XIII, 421.)

116. *Usages.* — L'iode s'emploie dans les laboratoires pour plusieurs préparations, et pour reconnaître l'amidon, qui forme une belle couleur bleue en s'unissant à lui. Comme médicament, M. Coindet s'en est servi le premier avec succès contre les goîtres, soit en dissolution dans l'alcool, soit à l'état de simple iodure de potassinm ou de bi-iodure du même métal; c'est depuis cette époque que l'on a observé que la plupart des eaux minérales, auxquelles on attribue la vertu de guérir cette excroissance, contiennent de l'iode.

Suivant M. Orfila, ce corps détermine l'ulcération de la membrane muqueuse et la mort, à la dose d'un gros à un gros et demi.

Falsification. — M. Chevallier rapporte qu'on falsifie l'iode en y mêlant du charbon minéral; pour découvrir la fraude, il propose l'alcool qui dissout l'iode : mais pourquoi ne pas distiller une petite partie du mélange dans une cornue? le charbon seul ne se vaporisera pas.

Iodures de carbone.

117. *Deuto-iodure.* — C'est en versant peu-à-peu dans une dissolution alcoolique d'iode, de la potasse caustique, dissoute elle-même dans l'alcool, et agitant le mélange, que l'on prépare le per-iodure de carbone : dès que la couleur de la solution d'iode, qui est d'un brun foncé, disparaît, il faut cesser d'ajouter de l'alcali. L'iodure se dépose en partie. Pour obtenir celui qui reste dans la liqueur, il suffit de la concentrer doucement et de la laisser refroidir. Bientôt l'iodure apparaît sous forme de paillettes jaunâtres, que l'on réunit aux cristaux qui se sont déposés d'abord et qu'on purifie en les dissolvant de nouveau dans l'alcool et faisant évaporer convenablement la nouvelle dissolution.

Que se passe-t-il dans l'opération? Suivant M. Mitscherlich, qui regarde, avec tous les chimistes, l'alcool comme un composé d'un volume de bi-carbure d'hydrogène, et d'un volume de vapeur d'eau, ce seraient les deux élémens du bi-carbure d'hydrogène qui se combineraient, l'hydrogène avec l'oxigène de l'oxide alcalin, et le carbone avec une partie de l'iode. De là, par conséquent, production d'eau, d'iodure de potassium qui reste dissous, et d'iodure de carbone.

Le per-iodure de carbone, qui est toujours sous forme d'écailles jaunâtres, a une odeur aromatique, forte, safranée. Sa saveur est sucrée, sa densité plus grande que celle de l'eau. Soumis à l'action du feu, il se sublime et se décompose lorsque la chaleur est trop forte. L'eau ne le dissout point. Ses dissolvans sont l'alcool et l'éther. Le chlore en opère rapidement la décomposition. M. Sérullas le regarde comme formé de 4 atomes de carbone et de 3 atomes d'iode $= C^4 I^3$.

118. *Proto-iodure.* — Le proto-iodure diffère du précédent en ce qu'il est liquide, et qu'il serait composé, d'après M. Sérullas d'un atome d'iode et de deux atomes de carbone, $=$

C² I. D'ailleurs il est légèrement coloré en jaune, plus dense que l'eau, très volatil; son odeur est pénétrante, éthérée; sa saveur, sucrée. L'eau en dissout une petite quantité; exposé à l'air, il devient rouge, ensuite brun, ce qu'on croit être dû à un peu d'iode mis en liberté. Le chlore en opère rapidement la décomposition.

On le prépare en distillant un mélange intime de parties égales de bi-chlorure de mercure et de per-iodure de carbone, dans une cornue de verre dont le col plonge dans l'eau. Bientôt le nouveau corps se produit et se rassemble au fond de l'eau sous l'apparence d'une huile. Comme il contient un peu de chlorure d'iode, pour le purifier il faut le laver, d'abord avec une dissolution alcaline qui sépare la petite quantité de chlorure d'iode qu'il contient, puis avec de l'eau.

Il paraît que dans cette opération le bi-chlorure agit sur le per-iodure en enlevant une portion de l'iode par le chlore et peut-être aussi par le mercure, dont il est composé. (Sérullas *Ann. de Chim. et de Phys.*, XX, 163; XXII, 172, 222; XXV, 311; XXXIX, 225. Mitscherlich, XXXVII, 84.)

Iodures de phosphore.

119. Le phosphore et l'iode se combinent en diverses proportions; la combinaison a toujours lieu avec dégagement de calorique et sans dégagement de lumière; elle se fait facilement dans un petit tube de verre placé au-dessus de quelques charbons incandescens. La seule précaution à prendre, c'est d'employer les matières bien sèches. M. Gay-Lussac, qui a fait une étude particulière de l'iodure de phosphore (*Ann. de Chim.*, tom. XCI, p. 9), a observé que l'on obtient :

1° Avec 1 de phosphore et 8 d'iode, un composé d'un rouge orangé brun, fusible à 100° environ, volatil à une température plus élevée, qui, mis en contact avec l'eau, la décompose et donne du gaz phosphure d'hydrogène qui se dégagé, des flocons de phosphore qui se déposent, de l'acide phosphoreux, et de l'acide iodhydrique qui reste en dissolution;

2° Avec 1 de phosphore et 16 d'iode, une matière d'un gris noir, cristallisée, fusible à 29°, capable de décomposer l'eau comme la précédente, et de donner lieu seulement à de l'acide phosphoreux et à de l'acide iodhydrique incolore;

3° Avec 1 de phosphore et 24 d'iode, une matière noire, fusible en partie à 46°, décomposant l'eau avec une vive chaleur, et se transformant alors en acide phosphoreux et en acide iodhydrique ioduré, lequel est toujours coloré en brun-jaunâtre.

Iodure de soufre.

120. Le soufre s'unit facilement à l'iode, mais avec bien moins d'énergie que le phosphore. Une douce chaleur est nécessaire pour opérer la combinaison; l'iodure qui en résulte est rayonné et brillant comme celui d'antimoine. Il se décompose facilement : à peine l'expose-t-on à une température un peu plus élevée que celle à laquelle il se forme, que l'iode s'en sépare.

Dans ces derniers temps, on a proposé l'emploi de l'iodure de soufre, en médecine. C'est une mauvaise manière de se servir d'un médicament aussi énergique que l'est l'iode; car l'instabilité des élémens de l'iodure de soufre le rend fort variable dans ses proportions.

Chlorures d'iode.

120 *bis*. On peut distinguer deux combinaisons de chlore et d'iode : le proto-chlorure et le per-chlorure d'iode. On les obtient directement tous deux, en mettant l'iode en contact avec le chlore sec. On projette l'iode dans un flacon plein de chlore; la température s'élève un peu et les deux corps se combinent. Il se forme d'abord un produit liquide

d'un rouge brun foncé; c'est le proto-chlorure d'iode. Mais si le chlore est en excès, on obtient un produit solide, cristallin, d'un jaune pâle; c'est le per-chlorure d'iode. Il faut donc produire le premier sous l'influence d'un excès d'iode qu'on pourrait peut-être en séparer par une douce distillation. Le second s'obtient toujours, sous l'influence d'un excès de chlore que l'on chasse ensuite par un courant d'air sec. Ces deux chlorures ont été étudiés par MM. Gay-Lussac, Dumas et Sérullas.

121. *Proto-chlorure d'iode.* — Liquide rouge-brun, plus pesant que l'eau et ressemblant beaucoup au brôme soit par l'aspect, soit par les caractères physiques. Ce composé possède une odeur forte et suffocante; il tache la peau et la corrode; il est soluble dans l'eau sans altération. L'éther sulfurique, agité avec sa dissolution aqueuse, enlève le chlorure d'iode à l'eau et se colore fortement en rouge-brun. Cette dissolution éthérée s'altère peu-à-peu; le chlore se convertit d'abord en acide chlorhydrique, puis et en dernier lieu, l'iode passe à l'état d'acide iodhydrique. On ne connaît pas la composition du proto-chlorure d'iode.

121 *bis. Per-chlorure d'iode.* Il correspond incontestablement à l'acide iodique et contient, en conséquence

$$
\begin{array}{llll}
1 \text{ at. iode} & \ldots\ldots & 789,75 & \text{——} & 41,63 \\
5 \text{ at. chlore} & \ldots\ldots & 1106,62 & \text{——} & 58,37 \\
\hline
& & 1896,37 & \text{——} & 100,00
\end{array}
$$

Le per-chlorure d'iode est solide, cristallin, blanc-jaunâtre, très volatil, d'une odeur irritante; il excite le larmoiement, et cause une impression vive et suffocante, quand on le respire.

Dissous dans une petite quantité d'eau, il s'altère à peine, de sorte qu'au moyen de l'éther, on peut l'extraire en grande partie de cette dissolution aqueuse. Quand, au contraire, on le dissout dans une grande quantité d'eau, il la décompose et se convertit entièrement en acide chlorhydrique et acide iodique. En ajoutant de l'acide sulfurique, qui donne de la stabilité à l'eau, on prévient cette décomposition et on peut même reproduire le per-chlorure d'iode dans une dissolution qui renferme les acides chlorhydrique et iodique tout formés.

Dissous dans l'éther, le per-chlorure d'iode se transforme peu-à-peu, en acide chlorhydrique et proto-chlorure, et finalement en acides chlorhydrique et iodhydrique.

Quand on le traite d'abord par l'eau qui le convertit en acides chlorhydrique et iodique, puis par l'alcool, qui s'empare du premier, on obtient, pour résidu, de l'acide iodique pur.

Les alcalis peuvent former avec le per-chlorure d'iode diverses combinaisons qui seront étudiées avec les iodates ; mais notons ici qu'un alcali en excès donne toujours naissance à un chlorure et à un iodate. Il ne se forme de combinaison particulière, qu'autant que le chlorure d'iode est en excès.

Le proto-chlorure d'iode se comporte avec les alcalis d'une manière analogue ; car il donne par l'addition progressive d'une base, de l'iode libre, un chlorure et un iodate. Avec la base en excès, l'iode lui-même se change en iodure et iodate, en sorte qu'on a en définitive, un chlorure, un iodure et un iodate.

Ces chlorures traités par les métaux donnent, à-la-fois, en général, du chlorure et de l'iodure métallique. (*Ann. de Ch. et de Ph.*, t. XLIV, p. 272 ; t. XLV, p. 59 et 190. *Ann. de Ch.* t. XCI, p. 48.)

Brômures d'iode.

122. Il paraît que l'iode est susceptible de se combiner en deux proportions avec le brôme ; que l'action a lieu à la température ordinaire ; que le proto-brômure est solide, et que le deuto-brômure forme un liquide miscible à l'eau, et qu'alors, par les alcalis, il se transforme en brômure très soluble et en iodate presque insoluble. (Balard, *Ann. Chim. et Phys.*, XXXII, 372.)

CHAPITRE VII.

Azote, air atmosphérique, azoture de carbone, chlorure et iodure d'azote. (1)

Azote.

123. *État naturel, historique.* — Quoique l'azote forme pour ainsi dire les $\frac{4}{5}$ du volume de l'atmosphère, qu'il entre dans la composition de plusieurs matières végétales et de la plupart des matières animales, que ce soit l'un des élémens des azotates de potasse, de chaux, de magnésie, qui existent dans tous les lieux humides et habités par les animaux, il n'est connu que depuis 1775. La découverte en est due à Lavoisier; il la fit quelque temps après que Priestley eut découvert le gaz oxigène. Ayant soumis l'air à l'analyse, il le trouva principalement formé d'oxigène et d'azote, résultat des plus remarquables, qui, en jetant une vive lumière sur la cause encore inconnue d'une foule de phénomènes, a eu une influence prodigieuse sur les progrès de la chimie.

Quelques chimistes l'ont appelé successivement *alcaligène, nitrogène, mofette atmosphérique, septone, air vicié.*

Propriétés. — L'azote pur est toujours gazeux, sans couleur, sans odeur, sans saveur; il éteint les corps en combustion; sa densité est 0,9757; son poids atomique, 88,518.

La chaleur le dilate; le froid le condense, mais sans le faire changer d'état. Son pouvoir réfringent est faible. Gazeux, il est sans action sur le gaz oxigène à toute sorte de température. Cependant on sait qu'il existe des combinaisons d'oxigène et d'azote, et qu'il en existe même cinq; mais c'est en employant des moyens dont il sera question par la suite qu'on parvient à les faire; c'est surtout en présentant l'un à l'autre ces deux corps à l'état de gaz naissant: aussi le gaz oxigène et le gaz azote n'éprouvent point de

---

(1) *Voyez* l'azoture d'hydrogène, art. *Bases salifiables.*

I.   *Sixième édition.*   12

contraction par leur contact ; ils ne peuvent tout au plus que se mêler ; leur mélange a lieu en toutes proportions : l'un de ces mélanges, fait avec 79 parties de gaz azote et 21 de gaz oxigène, plus un peu de vapeur d'eau et de gaz acide carbonique, constitue l'air atmosphérique.

Indépendamment de l'oxigène, il y a un certain nombre d'autres corps simples qui peuvent s'unir à l'azote, savoir : l'hydrogène, le carbone, le chlore, l'iode, et plusieurs métaux.

Extraction. — C'est de l'air qu'on extrait le gaz azote : à cet effet l'on met 2 à 3 grammes de phosphore dans un têt placé à la surface de l'eau ; on l'enflamme, et l'on recouvre ce têt d'une grande cloche de verre pleine d'air. Une combustion vive a lieu ; il se produit des vapeurs très épaisses d'acide phosphorique, qui ne tardent point à se dissoudre ; l'eau remonte et le phosphore s'éteint.

Comme le gaz qui reste contient encore un peu d'oxigène, il faut achever d'absorber celui-ci, et c'est à quoi l'on parvient en plaçant dans la cloche quelques cylindres de phosphore adaptés à l'extrémité de tubes creux de verre et les y laissant pendant plusieurs heures, ou plutôt jusqu'à ce qu'ils ne répandent plus de vapeurs ou qu'ils ne soient plus lumineux dans l'obscurité. Cela ne suffit pas encore ; car, si le phosphore absorbe l'oxigène de l'air, il se vaporise d'une manière sensible dans l'azote : de là la nécessité de faire passer tout le gaz de la cloche dans des flacons pleins d'eau, de les remplir presque entièrement, d'y introduire trois à quatre bulles de chlore, et bientôt après un peu de potasse solide, de boucher les flacons, et de les agiter pendant quelques minutes. Le chlore s'unit au phosphore, et la potasse dissout le nouveau produit, ainsi que l'excès de chlore qu'on a dû ajouter ; elle a même l'avantage de s'emparer de quelques traces de gaz carbonique appartenant à l'air, et qui en dernier lieu se trouve mêlé à l'azote, de sorte que l'on est bien certain qu'après toutes ces opérations, celui-ci reste parfaitement pur.

Usages.—L'azote est sans usage dans les arts et la médecine. Il est employé dans les laboratoires, mais quelquefois seulement pour faire agir des corps les uns sur les autres sans le contact de l'air. Ses fonctions dans la nature sont, au contraire, des plus importantes, puisque les matières animales et végétales ne diffèrent entre elles qu'en ce que les premières contiennent de l'azote et que les secondes n'en contiennent pas, et que, par conséquent, si un animal ne recevait pas d'azote, il finirait par s'épuiser et périr.

Air atmosphérique.

124. Supposons qu'il n'y ait ni force attractive ni force répulsive ; que tous les élémens du globe soient mêlés, et que, dans cet état de choses, l'attraction et le calorique soient créés : tout-à-coup les divers élémens agiront les uns sur les autres, et tendront à se combiner. Trois sortes de corps prendront naissance : les uns seront solides, les autres liquides et les autres gazeux. Les solides occuperont le centre du globe ; les liquides en occuperont la surface et en rempliront les fissures ; ceux qui seront gazeux formeront autour des précédens une couche plus ou moins épaisse ; cette couche ne sera que ce que nous désignons sous le nom d'*atmosphère*, et le fluide qui la composera sera le fluide ou air atmosphérique. D'après cela, l'air atmosphérique doit donc contenir tous les corps qui ont la propriété d'être à l'état de gaz à la température ordinaire, excepté ceux qui peuvent être rendus solides ou liquides en entrant dans quelques combinaisons.

125. *Historique.*—Les anciens, à la tête desquels on doit placer Aristote, regardaient l'air comme un élément. Ce furent les expériences de Jean Rey, médecin né à Bugue, en Périgord, expériences publiées en 1630, qui mirent sur la voie de sa décomposition.

Brun, apothicaire à Bergerac, ayant trouvé que l'étain augmentait de poids dans la calcination, en demanda la cause à Jean Rey : celui-ci, après avoir répété et varié les

expériences de Brun, répondit que cette augmentation de poids était due à une absorption d'air; réponse d'autant plus hardie, qu'on s'imaginait alors que l'air n'était point pesant. « Je responds et soustiens glorieusement que ce sur-
« croît de poids vient de l'air, qui dans le vase a esté espessi,
« appesanti, et rendu aucunement adhésif, par la véhé-
« mente et longuement continuée chaleur du fourneau;
« lequel air se mesle auecques la chaux (à ce aydant l'agi-
« tation fréquente), et s'attache à ses plus menues parties :
« non autrement que l'eau appesantit le sable que vous jet-
« tez et agitez dans icelle, par l'amoitir et adhérer au moin-
« dre de ses grains. J'estime qu'il y a beaucoup de person-
« nes qui se feussent effarouchées au seul récit de cette res-
« ponce, si je l'eusse donnée dès le commencement, qui la
« recevront ores volontiers, estant comme apprivoisées et
« renduës traitables par l'éuidente vérité des essays précé-
« dens. Car ceux sans doubte de qui les esprits estoient préoc-
« cupez de cette opinion que l'air estoit léger, eussent bondi
« à l'encontre. Comment (eussent-ils dit) ne tire-t-on du
« froid le chaud, le blanc du noir, la clarté des ténèbres,
« puisque de l'air, chose légère, on tire tant de pesanteur?»
(Voyez *Essai* de Jean Rey, avec des notes de Gobet, page 66.) Quoique Jean Rey s'exprime d'une manière si positive, il paraît que, pendant près d'un siècle et demi, les idées neuves et fécondes que renferme son ouvrage furent comme ensevelies dans l'oubli. Il était réservé à Bayen de les en tirer. Bayen, par ses belles expériences sur la calcina-tion du mercure, ayant été conduit à présumer, sans con-naître toutefois les écrits de Jean Rey, que les métaux aug-mentaient de poids pendant la calcination, et que cette augmentation était due à l'absorption de l'air, fut la cause qu'on se rappela que ce savant physicien, un siècle et demi auparavant, avait dit et prouvé la même chose. Mais il res-tait à découvrir si l'air était absorbé tout entier par les mé-taux qu'on calcinait. A cette découverte s'en rattachait une foule d'autres : c'est ce que prévit Lavoisier, et c'est ici que

commencent ses grands travaux. Il prouva, par des expériences multipliées et à l'abri de toute objection, qu'il n'y avait qu'une partie de l'air absorbée par les métaux; que l'air était composé au moins de deux fluides, de gaz oxigène et de gaz azote; que l'oxigène était le seul que les corps combustibles absorbaient. Il examina successivement les produits de toutes les combustions, analysa avec une rare sagacité tous les phénomènes que chacune d'elles présentait, et parvint, dans l'espace de quelques années, à fonder une théorie toute nouvelle, théorie que toutes les découvertes ultérieures n'ont fait que consolider. Un autre chimiste non moins illustre s'occupait en même temps que lui de l'analyse de l'air, et parvenait de son côté aux mêmes résultats : c'était Schéele, qui eût partagé avec Lavoisier la gloire d'avoir créé la théorie moderne, si une mort prématurée ne l'eût enlevé aux sciences. Lavoisier admit 27 à 28 parties d'oxigène dans l'air; Schéele en admit plus encore. Ces deux quantités sont trop fortes : l'air est partout formé de 21 d'oxigène, 79 d'azote, et de quelques atomes d'acide carbonique et d'eau, comme le démontrent les expériences de Cavendish et de Davy en Angleterre, de Berthollet en France et en Egypte, de M. de Marty en Espagne, de Beddoez sur de l'air rapporté de la côte de Guinée, et surtout celles de MM. de Humboldt et Gay-Lussac à Paris; et de M. Gay-Lussac sur de l'air pris à 6,900 mètres au-dessus de la terre, dans une ascension aérostatique. Depuis trente-cinq ans qu'on a fait l'analyse exacte de l'air, le rapport de l'oxigène à l'azote n'a point changé. Restera-t-il le même? Tant de causes sans cesse renaissantes peuvent le troubler, qu'on serait tenté de se prononcer pour la négative. Ces causes prennent surtout leur source dans la respiration et dans la combustion. Ces deux phénomènes ne peuvent avoir lieu sans qu'une portion de l'oxigène de l'air ne soit absorbée. A la vérité, les végétaux, pendant l'acte de la végétation et par l'influence de la lumière, versent sans cesse de l'oxigène dans l'air; de sorte que, si ce fluide en cède à certains corps, il en reçoit de quelques autres ; mais y a-t-il compensation ? En supposant qu'elle n'ait pas lieu, ce qui est possible, la quantité d'oxigène ira-t-elle en diminuant ou en augmentant ? C'est une grande question dont on ne pourra avoir la solution qu'au bout de plusieurs siècles, en raison de l'énorme volume d'air dont notre planète est entourée.

126. *Propriétés physiques.* — L'air atmosphérique est transparent, invisible, sans odeur, sans saveur, pesant, compressible et parfaitement élastique. Il forme autour de la terre une couche dont la hauteur paraît être d'environ 15 à 16 lieues. La transparence, l'invisibilité de l'air, la propriété qu'il a d'être inodore, insipide, etc., sont connues de tout le monde : il n'en est pas de même de sa pesanteur et de sa compressibilité.

127. *Pesanteur de l'air.* — La pesanteur de l'air, soupçonnée par quelques philosophes anciens, mais ensuite niée généralement, fut découverte par Galilée en 1640, et mise hors de doute par Toricelli et Pascal. Galilée fit cette importante découverte en pesant successivement le même vase plein d'air non comprimé et plein d'air comprimé. Le poids du vase étant moindre dans le premier cas que dans le second, il en conclut que l'air était pesant. Cette expérience eût suffi pour convaincre les esprits justes et éclairés ; mais elle n'eût point convaincu la multitude, du moins de long-temps. Le hasard mit bientôt Toricelli à même d'en faire une qui, répétée et variée par Pascal, ne laissa rien à desirer. Des fontainiers de Florence ayant voulu élever de l'eau dans des corps de pompe à plus de 32 pieds (104 décimètres), consultèrent Galilée sur l'impossibilité où ils étaient d'y parvenir. On expliquait alors l'ascension de l'eau dans les corps de pompe, en disant que la nature avait horreur du vide. Cette explication devait paraître absurde, surtout à Galilée, qui savait que l'air était pesant. Cependant diverses personnes prétendent, mais à tort sans doute, que ce grand physicien répondit dans l'instant, que c'était parce

que le nature n'avait horreur du vide que jusqu'à trente-deux pieds, que l'eau ne s'élevait pas à une plus grande hauteur. Quoi qu'il en soit, Toricelli, son disciple, réfléchissant sur le phénomène, ne tarda point à en trouver la cause. Il pensa qu'il était dû à la pression de l'air, et que cette pression ne pouvait faire équilibre qu'à une colonne de trente-deux pieds d'eau. Pour le démontrer, Toricelli fit l'expérience suivante, qui date de 1643. Il prit un tube de verre de 30 et quelques pouces de long, le scella hermétiquement à l'une de ses extrémités, et le remplit de mercure; ensuite l'ayant fermé avec le doigt à l'autre extrémité, et l'ayant renversé, il le plongea dans un bain de mercure et le déboucha. Tout-à-coup le mercure descendit jusqu'à un certain point, remonta, oscilla pendant quelque temps, et se fixa à 28 pouces environ au-dessus de la surface du bain. Alors observant que le mercure s'élevait 13^{fois},568 moins que l'eau, mais qu'il était 13^{fois},568 plus pesant que l'eau, il ne douta plus que la cause qui produisait l'élévation de l'eau ne fût la même que celle qui produisait l'élévation du mercuré, et ne fût autre chose que la pesanteur de l'air.

Il s'ensuivait que le mercure et l'eau devaient moins s'élever au-dessus de leur niveau sur la cime qu'au pied des montagnes, puisque, dans le premier cas, la couche d'air comprimante était moindre que dans le deuxième. Cette conséquence n'échappa point à Pascal : aussi, après avoir répété l'expérience de Toricelli dans les mêmes circonstances où Toricelli lui-même l'avait faite, il pria son ami Perrier de la répéter sur le Puy-de-Dôme : elle eut tout le succès qu'il était permis d'espérer; la colonne de mercure descendait d'autant plus qu'on s'élevait, et s'élevait d'autant plus qu'on descendait. Ce résultat détruisit jusqu'aux plus légères objections contre la pesanteur de l'air, et l'on fit bientôt du tube de Toricelli l'instrument connu sous le nom de *baromètre*, et dont on se sert pour mesurer cette pesanteur. (Voyez *Baromètre*, Description des planches.)

La pression de l'air n'est pas toujours la même. A Paris,

le baromètre descend quelquefois jusqu'à 70 cent.; d'autres fois il s'élève jusqu'à 79 centim. Nous ignorons quelle peut être la cause de ce singulier phénomène. Tout ce que nous savons à ce sujet, c'est que cette cause, quelle qu'elle soit, a une grande influence sur le beau et le mauvais temps ; il pleut presque toujours quand le baromètre est très bas; il fait presque toujours beau quand il est très haut : aussi le consulte-t-on sans cesse pour prévoir l'état de l'atmosphère.

128. *Compressibilité des gaz.* — Mais, puisque le baromètre ne se soutient pas toujours à la même hauteur, il s'ensuit que, dans toutes les opérations d'analyse qu'on fait sur les gaz, on doit tenir compte de la pression atmosphérique indiquée par cet instrument, parce que les molécules des gaz étant plus ou moins rapprochées, selon que cette pression est plus ou moins grande, ils peseront plus ou moins sous un volume déterminé.

Les expériences les plus remarquables qu'on ait faites sur la compression des gaz sont dues à Boyle et à Mariotte : elles prouvent que les gaz se resserrent en raison des poids dont ils sont chargés, ou, ce qui est la même chose, que le volume qu'ils occupent est en raison inverse de la pression à laquelle ils sont soumis. Nous allons rapporter ces expériences, en même temps que la manière de les faire.

Prenez un tube de verre recourbé ABC (pl. xix, fig. 8), ouvert en A, et fermé à la lampe en C. Fixez-le sur une planche P adaptée à un pied P', et sur laquelle soient tracées, à partir du point B, des divisions égales, correspondant aux branches AB et BC. Versez d'abord du mercure jusqu'au o de l'échelle, de manière que la communication de l'air entre les deux branches BC et AB ne soit pas tout-à-fait interceptée; ensuite versez-en successivement jusqu'à différentes hauteurs de la branche AB, par exemple, jusqu'à 76 centimètres, 228 centimètres, ou bien seulement jusqu'à 38 centimètres, 19 centimètres, au-dessus de son niveau dans la branche BC. Voici ce que vous observerez, en supposant que la pression de l'atmosphère soit de 76 centimètres. Dans le premier cas, l'air de la branche B C sera réduit à la moitié de son volume; dans le second, au quart: dans le troisième, seulement aux deux tiers; et dans le quatrième, aux quatre cinquièmes : ce qui prouve évidemment l'existence de la loi reconnue par Boyle et Mariotte, savoir, que l'air se resserre en raison des poids dont il est chargé; ou bien, ce qui est la même chose, que le volume qu'il occupe est en raison inverse de la pression à laquelle il est soumis. En effet, lorsque l'air occupe la branche AB tout entière, il n'est comprimé que par le poids de l'atmosphère, égal, par hypothèse, à 76 centim.; mais lorsqu'il n'occupe plus que la moitié de cette branche, il est comprimé par un poids double, c'est-à-dire, par une colonne de mercure de 76 cent. qu'on a établie dans la branche AB; plus par l'atmosphère tout entière qui s'appuie sur cette colonne.

Tous les autres gaz se compriment de la même manière.

Par conséquent, un volume d'un gaz quelconque étant donné, il sera facile de savoir ce que deviendra ce volume si la pression vient à changer; on l'obtiendra en cherchant le quatrième terme d'une proportion inverse, dont les trois premiers seront formés des nombres qui représentent les deux pressions, et de celui qui représente le volume. Par exemple, supposons qu'on ait 100 décilitres d'air à une pression barométrique de 76 centimètres, et que le baromètre descende à 70 centimètres : pour savoir le volume qu'occuperont ces 100 décilitres d'air sous cette nouvelle pression, on dira : $70 : 76 :: 100 = \frac{7600}{70} = 108^{\text{décilit}},57$.

129. L'atmosphère étant pesante, et les gaz étant compressibles, comme nous venons de le dire, on voit clairement quel est le degré de pression auquel se trouve soumis un gaz, lorsque après l'avoir introduit dans un tube ou un autre vase plein d'un liquide quelconque, on rend le niveau du liquide intérieur, tantôt égal, tantôt inférieur, et tantôt supérieur à celui du liquide extérieur. Si les deux niveaux sont les mêmes, c'est-à-dire, si le liquide contenu dans le tube est à la même hauteur que le liquide dans lequel le

tube plonge, le gaz sera comprimé par le poids de l'atmosphère. Si le niveau intérieur est plus élevé que le niveau extérieur, le gaz sera comprimé par le poids de l'atmosphère, moins la partie de ce poids nécessaire pour élever le liquide dans le tube. Si le niveau intérieur est au contraire plus bas que le niveau extérieur, le gaz sera comprimé par le poids de l'atmosphère, plus par la colonne de liquide qui fait la différence des deux niveaux.

De ces observations découle une conséquence importante; c'est qu'en mesurant les gaz, il faut avoir soin de rendre égaux les niveaux extérieur et intérieur, ou bien de tenir compte de la différence qui existe entre l'un et l'autre. On tiendra compte de cette différence en ayant égard à la densité du liquide. Supposons que la pression atmosphérique fasse équilibre à une colonne de mercure de 76 centim.; que le liquide soit du mercure, et s'élève de 7 centim. au-dessus de son niveau, le gaz ne sera comprimé que par 76 centim. de mercure moins $7 = 69$; mais si le liquide était de l'eau, comme celle-ci est $13^{fois},568$ moins pesante que le mercure, le gaz serait alors comprimé par 76 cent. de mercure $- \dfrac{7}{13,568}$.

129 *bis. Tubes de sûreté.* — D'après ce qui précède, il sera facile aussi de concevoir la théorie des tubes de sûreté. Soit une cornue C (pl. xvii, fig. 4), pleine d'un gaz quelconque, au col de laquelle on ait adapté un tube DD' plongeant dans l'eau; si l'on expose cette cornue à l'action de la chaleur, le gaz qu'elle contient pressant plus que l'air atmosphérique sur le liquide ee', à l'extrémité D' du tube DD', se dilatera et se dégagera, par cette extrémité, à travers le liquide même, jusqu'à ce que les pressions intérieure et extérieure soient en équilibre. Si, ensuite, on laisse refroidir la cornue, la pression exercée intérieurement par le gaz devenant moindre que celle de l'air, l'eau remontera par le tube DD' dans la cornue, jusqu'à ce que les pressions intérieure et extérieure se fassent de nouveau équilibre : on dit alors qu'il y a absorption.

Mais supposons qu'au lieu d'un tube ordinaire DD', l'on adapte à la cornue un tube semblable à celui qu'on voit (pl. XVII, fig. 5), dont la boule b soit à moitié remplie d'eau, il est évident que dans le cas où le gaz intérieur se condensera, l'eau ne pourra s'élever dans la branche CC' du tube AC, au-dessus de son niveau EE, que d'une quantité égale à sa hauteur dans la branche dd' : en effet, en raison de la forme du tube, l'air, par sa pression, fera descendre autant l'eau dans la branche dd' qu'il l'élèvera dans la branche CC'. Or, lorsque la colonne d'eau dd' aura été repoussée jusqu'en d', l'air parvenu en d', en vertu de sa légèreté spécifique, passera, sous forme de bulles, à travers l'eau de la boule b, rentrera dans la cornue par la branche bb', et s'opposera continuellement à l'ascension ultérieure de l'eau dans la branche CC'; de sorte que l'eau, dans cette branche, ne dépassera pas le point g, qui est à la même distance du niveau EE que le point d' l'est du point d.

Cette sorte de tube empêchera donc l'absorption d'avoir lieu : c'est pourquoi on l'appelle *tube de sûreté*.

Les tubes de sûreté n'ont pas toujours la forme de celui-ci : il en existe de droits. Soit l'appareil pl. XVII, fig. 7, composé d'une cornue A pleine d'air, d'un flacon B à trois tubulures, contenant de l'eau jusqu'en CC, et communiquant d'une part à la cornue par le tube DD', et de l'autre avec un vase E plein d'eau par le tube GG'. Si, après avoir chauffé la cornue, et en avoir chassé une certaine quantité d'air par l'extrémité du tube GG', on la laisse refroidir, il est évident qu'à mesure que l'air qu'elle contient se condensera, l'eau du vase E montera par le tube GG', et parviendra jusque dans le flacon B; mais si l'on adapte à la troisième tubulure de ce flacon (fig. 6) un tube droit II', qu'on fasse plonger de quelques millimètres dans l'eau qu'il contient, l'absorption ne pourra plus avoir lieu, car l'air rentrera par le tube II', comme si ce tube était à boule. Supposons que le tube II' plonge de six millimètres dans l'eau, celle-ci ne pourra s'élever que de cette quantité au-dessus de son niveau dans le tube GG'. Ainsi le tube droit II' est un véritable tube de sûreté; mais il ne s'oppose qu'à l'absorption de l'eau du flacon qui le suit dans le flacon auquel il est adapté. En conséquence, il ne faudrait pas faire plonger le premier tube DD' dans l'eau du flacon tubulé B.

En effet, si on l'y faisait plonger, cette eau monterait infailliblement dans la cornue : un tube à boule peut seul s'y opposer. (1)

On fait très souvent usage des tubes de sûreté à boule ou de Welter, et des tubes de sûreté droits; on les emploie surtout dans l'appareil de Woolf : cet appareil, au moyen duquel on dissout facilement les gaz dans l'eau, consiste dans une cornue ou dans un ballon suivi de plusieurs flacons communiquant ensemble par des tubes intermédiaires. (Voy. *Description des instrumens*, art. *Flacon de Woolf*.)

130. *Pesanteur spécifique de l'air et des autres gaz.* — Nous avons vu précédemment que l'air était pesant; mais nous n'en avons pas déterminé la pesanteur spécifique, c'est-à-dire le poids absolu sous un volume donné. Il est trop important de la connaître pour ne pas nous en occuper avec soin, et il y a trop d'analogie entre les procédés par lesquels on parvient à déterminer celles de tous les gaz, pour ne pas traiter la question d'une manière générale.

La pesanteur spécifique des gaz ne dépend pas seulement de leur nature, elle dépend encore de leur température et de la pression atmosphérique : il faut donc tenir compte de ces deux causes dans la détermination de cette pesanteur. En général, on obtient la pesanteur spécifique d'un gaz en pesant un ballon d'une capacité connue, d'abord vide et ensuite plein de ce gaz sec, et en retranchant le premier poids du second : la différence est évidemment le poids du

---

(1) Au lieu de gaz, il vaut mieux mettre de l'éther sulfurique dans la cornue, et le faire bouillir jusqu'à ce que tout l'air des vases soit chassé; l'absorption est plus marquée; l'eau s'élance même avec tant de force d'un vase dans un autre qu'elle le remplit en quelques secondes.

volume du gaz renfermé dans le ballon, pour la pression et la température auxquelles on opère.

L'opération sur l'air s'exécute de la manière suivante : prenez un ballon d'environ cinq litres, bien sec et muni d'un robinet (pl. 1, fig. 12); vissez-le avec force sur le tuyau de la platine d'une excellente machine pneumatique; ouvrez le robinet; mettez la machine en jeu, et continuez de la mouvoir jusqu'à ce que l'éprouvette indique que le vide soit fait à $\frac{1}{2}$ millimètre; fermez ensuite le robinet; dévissez le ballon, pesez-le, puis adaptez à la partie supérieure du robinet, par le moyen d'un bouchon troué, un petit tube recourbé qui, au moyen d'un autre bouchon, communique avec un tube de 10 à 12 millimètres de diamètre, et de 7 à 8 décimètres de long, rempli de fragmens de chlorure de calcium (pl. XIII, fig. 1). L'appareil étant dans cet état, tournez doucement le robinet, de manière à ne l'ouvrir que d'une très petite quantité : l'air atmosphérique traversera peu-à-peu le tube contenant le chlorure calcaire, sera desséché par ce corps, et arrivera dans le ballon en produisant un léger sifflement; vous jugerez que le ballon sera plein lorsque le sifflement cessera : après quoi vous attendrez sept à huit minutes pour être certain que la température intérieure du ballon soit la même que la température extérieure; vous la noterez avec soin sur un thermomètre placé à côté de celui-ci; vous noterez également la pression atmosphérique ; vous fermerez le robinet; vous enlèverez les tubes qui y sont adaptés, et vous ferez une nouvelle pesée du ballon : retranchant alors, comme nous l'avons dit précédemment, le premier poids du second, et divisant la différence par le nombre de litres que contient le ballon, vous aurez le poids d'un litre d'air : vous trouverez ainsi qu'un litre de ce fluide pèse 1^{gram}2991 à la température de 0° et sous la pression de 76 centimètres.

Lorsqu'il s'agit de déterminer la pesanteur spécifique de la plupart des autres gaz, ce procédé doit recevoir les modifications que nous allons indiquer, et qu'il sera facile de comprendre au moyen de l'appareil (pl. XIII, fig. 2). *A* est une cornue ou tout autre vase d'où se dégage le gaz que l'on veut peser; ce gaz se rend, au moyen du petit tube *B*, dans le grand tube *CC*, qui contient du chlorure de calcium; en traversant ce tube, il se dépouille de son humidité et arrive sec par le petit tube recourbé *D*, sous une cloche *E*, remplie de mercure placé sur la planche *F* de la cuve à mercure *GG′*; enfin, de cette cloche, dont la capacité est d'environ un litre, et qui est surmontée d'un robinet de fer *H*, il passe peu-à-peu dans le ballon *I*, qui est vide, pesé avec un grand soin, et dont le robinet est convenablement ouvert. Le ballon étant plein de gaz, ce qui se reconnaît comme dans l'expérience précédente, et le mercure étant au même niveau intérieurement et extérieurement, on observe le baromètre et le thermomètre; on ferme le robinet du ballon et de la cloche; on dévisse le ballon, on le pèse de nouveau, et l'on en conclut la pesanteur spécifique cherchée. Mais pour donner toute la rigueur possible à l'expérience, il est nécessaire, 1° de ne recueillir le gaz dans la cloche que lorsqu'il est pur, c'est-à-dire, quand tout l'air des vases est chassé; 2° de rejeter les premières portions de gaz qu'on fait passer dans la cloche, afin d'entraîner les petites bulles d'air adhérentes à ses parois; 3° de visser avec force le ballon sur la cloche; 4° de faire passer le gaz de la cloche dans le ballon, de temps en temps seulement, plutôt que d'une manière continue; l'opération devient plus commode et plus sûre : à cet effet, on ouvre légèrement le robinet *H* lorsque la cloche est pleine de gaz, et on le ferme lorsque le mercure est presque parvenu à la partie supérieure, pour l'ouvrir de nouveau au moment où la cloche sera de nouveau pleine de gaz.

130 *bis*. Enfin, dans le cas où les gaz agissent sur le mercure ou sur le mastic qui lie le robinet à la cloche, propriété que possèdent le chlore et l'acide iodhydrique, il faut encore modifier l'appareil précédent. Au lieu du petit tube *D*, vous adapterez à l'extrémité du tube *CC* un tube d'environ

six millimètres de diamètre, que vous ferez plonger au fond d'un flacon de deux à trois litres de capacité, dont l'ouverture sera telle que le tube la fermera presque entièrement. Par ce moyen, lorsque le flacon sera rempli du gaz sur lequel l'opération aura lieu, l'excédant s'échappera au dehors en passant entre les parois du tube et celles du goulot du flacon; vous le laisserez ainsi se perdre pendant quelques minutes : alors vous dégagerez le tube du flacon, en abaissant peu-à-peu celui-ci, que vous fermerez tout de suite avec un bouchon à l'émeri. Vous peserez le flacon dans cet état, et comparant son poids avec le poids du même flacon plein d'air, déterminé d'avance, vous en conclurez directement la pesanteur spécifique du gaz, pourvu qu'il soit pur; s'il ne l'était pas, il serait nécessaire avant tout de déterminer, pour en tenir compte, la petite quantité d'air qu'il pourrait contenir, et c'est à quoi vous parviendriez en débouchant le flacon dans de l'eau chargée d'alcali et l'y agitant : cette eau dissoudrait tous le gaz, excepté l'air. Supposons que la capacité du flacon soit de 205 centilitres; que la température soit à o, et la pression de 0^{m},760; que le gaz contienne 5 centilitres d'air; que le flacon plein de gaz pèse 504^{gr},002, et que, plein d'air, son poids soit de 502^{gr},6, il s'ensuivra que 200 centilitres ou deux litres du gaz peseront 1^{gr},402 de plus que 2 litres d'air. Or, comme 2 litres d'air, à 0° et sous la pression de 0^{m},760, pèsent 2^{gr},598, 2 litres de l'autre gaz peseront 4^{gr} : donc, en représentant la pesanteur spécifique de l'air par l'unité, celle du gaz sera le 4e terme de cette proportion; $2,598 : 4 :: 1 : \frac{4}{2,598} = 1,539$.

131. La pesanteur spécifique des gaz qui sont insolubles ou peu solubles dans l'eau peut aussi se déterminer en les recevant dans une cloche à robinet pleine d'eau, et les faisant passer, comme nous venons de le dire, dans un ballon vide; mais cette manière d'opérer exige de nouvelles corrections : il faut tenir compte de la quantité de vapeur aqueuse dont le gaz se trouve saturé, pour la température à

laquelle on opère, et de l'augmentation de volume, ou de la diminution de tension que cette vapeur lui fait éprouver. On apprécie la diminution de tension en observant que la tension d'un mélange de gaz et de vapeur est égale à la somme des tensions que le gaz et la vapeur auraient si chacun d'eux occupait l'espace rempli par le mélange (Dalton). Par conséquent, si l'on retranche la tension de la vapeur, qui varie en raison de la température, de la tension du gaz humide qui est indiquée par le baromètre, l'on aura pour différence la tension du gaz sec sous le volume qu'il occupe étant humide. (*Voyez* n° 160, quelle est la tension de la vapeur depuis — 20° jusqu'à + 130.)

131 *bis*. Quant au poids de la vapeur contenue dans le gaz, il est facile de le déterminer par le calcul. En effet, supposons que le volume du gaz soit de 1 litre, et que la température soit de 17°; la tension ou la pression de la vapeur, pour cette température, sera de 14,468 millimètres. Or, la densité de l'air étant 1, celle de la vapeur est de 0,6201. Mais 1 litre d'air, à la température de 0° et sous la pression de 760 millimètres, pèse 1^{gr},2991; il ne pesera donc, à la température de 17° et sous la pression de 14,468 millimètres, que 0^{gr},0232, car les gaz se dilatent de 0,00375 de leur volume à zéro par chaque degré du thermomètre centigrade, et ils se compriment en raison des poids dont ils sont chargés (*Voir* 5e vol. *Philos. chim.*). Donc aussi le poids de la vapeur contenue dans le litre de gaz sera les 0,6201 de 0^{gr},0232, ou 0^{gr},01441. D'après cela, l'on aura toutes les données nécessaires pour connaître la pesanteur spécifique du gaz sec, puisque l'on saura quel sera son volume, le poids de ce volume, sa tension et sa température. Son volume sera le même que celui du gaz humide; le poids de ce volume sera celui du gaz humide moins le poids de la vapeur; sa tension ou sa pression sera celle de l'atmosphère moins celle de la vapeur; sa température sera la même que la température du gaz humide, c'est-à-dire, celle de l'atmosphère.

Ce que nous venons de dire des gaz par rapport à la vapeur d'eau, on peut le dire d'un gaz quelconque par rapport à une vapeur quelconque sur laquelle il n'aura point d'action.

132. Il n'est pas moins important de connaître la densité des vapeurs que de connaître celle des gaz. M. Gay-Lussac a donc rendu un grand service, en faisant connaître une excellente méthode pour cette détermination : nous la décrirons dans le 5ᵉ volume, ainsi que la méthode plus générale encore que nous devons à M. Dumas. Celle de M. Gay-Lussac consiste à vaporiser dans une cloche sur le mercure, à une certaine température et sous une certaine pression, une quantité de liquide dont on connaît le poids, par exemple, un gramme, et à mesurer le volume de la vapeur qui se forme. M. Gay-Lussac a fait l'application de cette méthode à la détermination de la pesanteur spécifique de la vapeur d'eau, d'alcool, d'éther et de sulfure de carbone. Ayant opéré à la température de l'eau bouillante, sous la pression de $0^{\text{mètre}},76$, et ayant trouvé qu'un gramme d'eau produisait $1^{\text{litre}},700$ de vapeur ; qu'un gramme d'alcool en produisait $0^{\text{litre}},661$, un gramme d'éther $0^{\text{litre}},411$, et un gramme de carbure de soufre $0^{\text{litre}},402$, il en a conclu qu'en prenant la pesanteur spécifique de l'air pour unité, celle de la vapeur d'eau était de 0,6235 (1), celle de l'alcool de 1,613, celle de l'éther sulfurique de 2,586, celle du carbure de soufre 2,645. (*Ann. de Chim. et de Phys.*, 11, 135.)

On trouvera, dans le tableau ci-joint, 1° la pesanteur spécifique des gaz et des vapeurs, comparée à celle de l'air prise pour l'unité; 2° leur poids absolu par litre, à 0° et sous la pression de 76 centimètres. (2)

---

(1) Comme la vapeur aqueuse résulte de 1 volume d'hydrogène et de $\frac{1}{2}$ volume d'oxigène, condensés en un seul; que la densité de l'oxigène est de 1,1026, et que celle de l'hydrogène est de 0,0688, il s'ensuit que celle de l'eau devrait être de 0,6201, nombre qui diffère à peine de celui que donne l'expérience.

(2) Lorsqu'on veut apporter la plus grande précision dans la pesanteur spéci-

Les densités des gaz que renferme la quatrième colonne sont calculées en admettant qu'un volume de ces gaz est composé, savoir (1) :

132 bis. 1° *Gaz proto-carbure d'hydrogène*, de 2 vol. d'hydrogène et de 1 vol. de vapeur de carbone. (D. C.)

2° *Gaz bi-carbure d'hydrogène*, de 2 vol. d'hydrogène et de 2 vol. de vapeur de carbone. (D. C.)

3° *Gaz chlorhydrique*, de $\frac{1}{2}$ vol. de chlore (D. C.), et de $\frac{1}{2}$ vol. d'hydrogène.

4° *Gaz brômhydrique*, de $\frac{1}{2}$ vol. de vapeur de brôme (D. C.), et de $\frac{1}{2}$ vol. d'hydrogène.

5° *Gaz iodhydrique*, de $\frac{1}{2}$ vol. de vapeur d'iode (D. C.), et de $\frac{1}{2}$ vol. d'hydrogène.

6° *Gaz oxide de carbone*, de 1 vol. de vapeur de carbone (D. C.), et de $\frac{1}{2}$ vol. d'oxigène.

7° *Gaz acide carbonique*, de 1 vol. de vapeur de carbone (D. C.), et de 1 vol. d'oxigène.

8° *Deutoxide de chlore*, de 1 vol. d'oxigène et de $\frac{1}{2}$ vol. de chlore. (D. C.)

---

fique des gaz, il faut non-seulement prendre toutes les précautions que nous avons indiquées précédemment, niais encore avoir égard à la dilatation du mercure et du verre. D'après MM. Petit et Dulong, le mercure se dilate de $\frac{1}{5550}$ de son volume par chaque degré du thermomètre entre zéro et 100 degrés. Si le baromètre était à $0^m,76$, la température étant de $20°$, il faudrait donc retrancher de la hauteur, $0^m,76$, les $\frac{20}{5550+20}$ de cette même hauteur pour avoir celle qu'il aurait à zéro. D'après les mêmes physiciens, la dilatation du verre, entre zéro et 100 degrés, est égale à $\frac{1}{116100}$ pour chaque degré du thermomètre dans le sens d'une seule dimension, et par conséquent de trois fois ce nombre ou de $\frac{1}{38700}$ dans le sens de trois dimensions ; d'où il suit que si la capacité d'un ballon était de 1 litre à $10°$, elle ne serait à $0°$ que de 1 litre moins $\frac{1}{38700+10}$ multiplié par 10, c'est-à-dire de 1 litre moins $\frac{10}{38700+10}$ de litre. C'est ordinairement à zéro et à la pression de $0^m,76$ qu'on rapporte toutes ces observations.

(1) Lorsque le nom d'un gaz sera suivi du signe (D. C.), c'est que l'on aura employé la densité de ce gaz, déterminée par le calcul.

9° *Gaz protoxide d'azote*, de 1 vol. d'azote et de $\frac{1}{2}$ vol. d'oxigène.

10° *Gaz bi-oxide d'azote*, de $\frac{1}{2}$ vol. d'azote et de $\frac{1}{2}$ vol. d'oxigène.

11° *Vapeur d'acide hypo-nitrique*, de 2 vol. de bi-oxide d'azote et de 1 d'oxigène.

12° *Gaz cyanogène*, de 2 vol. de vapeur de carbone (D. C.), et de 1 vol. d'azote.

13° *Gaz ammoniac*, de 1 vol. $\frac{1}{2}$ d'hydrogène et de $\frac{1}{2}$ d'azote

14° *Gaz chloroxicarbonique*, de 1 vol. de chlore et de 1 vol. d'oxide de carbone.

15° *Vapeur d'eau*, de 1 vol. d'hydrogène et de $\frac{1}{2}$ vol. d'oxigène.

16° *Vapeur d'essence de térébenthine* de 10 vol. de vapeur de carbone (D. C.), et de 8 d'hydrogène.

17° *Vapeur de naphte*, de 6 vol. de vapeur de carbone (D. C.), et de 5 d'hydrogène.

18° *Vapeur de naphtaline*, de 10 vol. de vapeur de carbone (D. C.), et de 4 d'hydrogène.

19° *Vapeur de paranaphtaline*, de 15 vol. de vapeur de carbone (D. C.), et de 6 d'hydrogène.

20° *Vapeur de camphre*, de 1 vol. de camphogène et de $\frac{1}{2}$ vol. d'oxigène.

21° *Vapeur d'alcool absolu*, de 1 vol. de bi-carbure d'hydrogène (D. C.), et de 1 vol. de vapeur d'eau (D. C.). Ces deux gaz, dans ces proportions, représentent en effet la composition de l'alcool.

22° *Vapeur d'éther sulfurique*, de 2 vol. de bi-carbure d'hydrogène (D. C.), et de 1 vol. de vapeur d'eau. (D. C.)

23° *Vapeur d'éther chlorhydrique*, de 1 vol. de gaz chlorhydrique et de 1 vol. de bi-carbure d'hydrogène. (D. C.)

24° *Vapeur de chlorhydrate de quadri-carbure d'hydrogène*, de 2 vol. de gaz chlorhydrique et de $\frac{1}{2}$ vol. de quadri-carbure d'hydrogène.

25° *Vapeur d'acide cyanhydrique*, de 1 vol. de vapeur de carbone, $\frac{1}{2}$ d'hydrogène et $\frac{1}{2}$ d'azote.

TABLEAU

DES DENSITÉS DES GAZ ET DES VAPEURS.

NOMS des FLUIDES ÉLASTIQUES.	DENSITÉ déterminée par ex-périence.	NOMS des OBSERVATEURS. (1)	DENSITÉS CALCULÉES. (2)	POIDS de 1 litre de gaz, trouvé par ex-périence, à 0° et à 0m,76 de pression.	POIDS de 1 litre de gaz, trouvé par le calcul, à 0° et à 0m,76 de pression.
				grammes.	
Air	1,0000			1,2991	
Gaz iodhydrique	4,4430	G.	4,3399	5,7719	
— fluo-silicique	3,5735	J.-D.		4,6423	
— idem	3,600	D'	3,5973		
— chloro-borique	3,942	D			
— chloroxicarbonique			3,3990		4,4156
— brômhydrique			2,731		
Chlore	2,470	G. et T.	2,4260	3,2088	3,1516
Bi-oxide de chlore			2,3156		3,0081
Gaz fluo-borique	2,3709	J.-D.		3,0800	
— idem	2,3124	D'	2,3075		
— sulfureux	2,1930	H.-D.		2,8489	
— idem	2,234	T.			
Cyanogène	1,8064	G.	1,8195	2,3467	2,3640
Protoxide d'azote	1,5204	C.	1,5269	1,9752	1,9836
Acide carbonique	1,5196	B. et A.		1,9741	
Idem	1,5245	B' et D.		1,9805	
Gaz chlorhydrique	1,2474	B. et A.	1,2474	1,6205	1,6205
— sulfhydrique	1,1912	G. et T.		1,5475	
— oxigène	1,1036	B. et A.		1,4337	
— idem	1,1026	B' et D.		1,4323	
Bi-oxide d'azote	1,0388	B''	1,0391	1,3495	1,3498
Bi-carbure d'hydrogène	0,9852	T. S.	0,9814		1,2752
Gaz azote	0,9691	B. et A.		1,2590	
— idem	0,9757	B' et D.		1,2675	
— oxide de carbone	0,9569	C'	0,9732	1,2431	1,2643
Sesqui-phosphure d'hydr.	1,761	D'		2,288	
Proto-phosphure d'hydr.	1,214	D'		1,578	
Gaz ammoniacal	0,5967	B. et A.	0,5910	0,7752	0,7678

(1) Les lettres B et A signifient Biot et Arago ; les lettres B' et D, Berzélius et Dulong ; la lettre B'', Bérard ; la lettre C, Colin ; les lettres C et R, Colin et Robiquet ; la lettre C', Cruik-shanks ; la lettre G, Gay-Lussac ; les lettres G et T, Gay-Lussac et Thénard ; H-D, Hamphry-Davy ; J D, John Davy ; T, Thénard ; T' Thomson ; T'' Trommsdorff ; D' Dumas ; D et P B, Dumas et Polydore Boullay ; T-S, Théodore Saussure.

(2) Dans tous les calculs où il a fallu employer les densités de l'oxigène et de l'azote, l'on s'est servi de celles qui ont été assignées à ces gaz par MM. Berzélius et Dulong.

NOMS des FLUIDES ÉLASTIQUES.	DENSITÉ déterminée par expérience.	NOMS des OBSERVATEURS. (1)	DENSITÉS calculées. (2)	POIDS de 1 litre de gaz, trouvé par expérience, à 0° et à 0m,76 de pression.	POIDS de 1 litre de gaz, trouvé par le calcul, à 0° et à 0m,76 de pression.
				grammes.	
Proto-carbure d'hydrogène	. . . . . .	. . . . . .	0,5596	. . . . . .	0,7270
Hydrogène arsénié.	2,695	D'			
Gaz hydrogène	0,0687	B' et D.	0,0688	0,0894	
Vapeur de bi-chlorure d'étain	9,1997	D'	8,993	11,9514	
— d'iode	8,716	D'	8,6118	11,323	
— de mercure	6,976	D'	6,9783	9,0625	
— de chlorure de titane.	6,836	D'	7,047	8,881	
— paranaphtaline.	6,741	D'	. . . . . .	8,758	
— de soufre	6,617	D'			
— de proto-chlorure d'arsénic	6,3006	D'	6,2969	8,1852	
— de chlorure de silicium.	5,9390	D'	5,9599	7,7154	
— d'éther iodhydrique. .	5,4749	G'	. . . . . .	7,1124	
— de camphre.	5,468	D'	. . . . . .	7,103	
— d'essence de térébent. .	5,0130	G'	4,7702	6,5124	5,4703
— *idem.*	4,765	D'			
— d'éther benzoïque . . .	5,409	D' et P B	5,241		
— d'éther oxalique.	5,087	D'	5,081		
— de brôme.	. . . . . .	. . . . . .	5,3934		
— de proto-chlorure de phosphore	4,8750	D'	4,8076	6,3532	
— de chlor. jaune de souf.	4,730	D'			
— de naphtaline	4,528	D'	. . . . . .	5,882	
— de phosphore.	4,355	D'			
— d'étain.	. . . . . .	D'	4, 53		
— de chlor. rouge de souf.	3,700	D'			
— de chlorhydrate de quadri-carbure d'hydrog.	3,4434	C. et R.	3,4076	4,4733	4,4268
— d'éther acétique.	3,067	D' et P B	3,066		
— d'acide hypo-azotique.	3,180	. . . . . .	3,1805	. . . . . .	4,1318
— de sulfure de carbone.	2,6447	. . . . . .	. . . . . .	3,4357	
— d'éther hypo-azoteux.	2,626	D' et P B	2,606		
— d'éther sulfurique . . .	2,5860	G'	2,5832	3,3595	3,3558
— d'éther chlorhydrique.	2,219	T'	2,2290	2,8827	2,8957
— d'esprit pyro-acétique.	2,019	D'	2,020		
— de titane	. . . . . .	D'	2,107		
— d'acide chloro-cyaniq.	2,111	G'	2,1228	. . . . . .	2,7577
— d'alcool absolu.	1,6133	G'	1,6016	2,958	2,0806
— de silicium.	. . . . . .	D'	1,0197		
— d'acide cyanhydrique.	0,9476	G'	0,9442	1,2310	1,2266
— de bore		D'	0,7487		
— d'eau	0,6235	G'	0,6201	0,8100	0,8054
— de carbone.	. . . . . .	. . . . . .	0,4219	. . . . . .	0,5482

26° *Vapeur d'acide chlorocyanique*, de $\frac{1}{2}$ vol. de cyano-gène (D. C.), et de $\frac{1}{2}$ vol. de chlore. (D. C.)

27° *Vapeur de gaz fluo-borique*, de 1 vol. $\frac{1}{2}$ de fluor (D. C.), et de $\frac{1}{2}$ vol. de bore. (D. C.)

28° *Vapeur de gaz chloro-borique*, de 1 vol, $\frac{1}{2}$ de chlore (D. C.), et de $\frac{1}{2}$ vol. de bore. (D. C.)

29° *Vapeur de gaz fluo-silicique*, de 2 vol. de fluor (D. C.), et de 1 vol. de vapeur de silicium. (D. C.)

30° *Vapeur de chlorure de silicium*, de 2 vol. de chlore et de 1 vol. de vapeur de silicium. (D. C.)

31° *Vapeur de bi-chlorure d'étain*, de 2 vol. de chlore et de 1 de vapeur d'étain. (D. C.)

32° *Vapeur de chlorure de titane*, de 2 vol. de chlore (D. C.), et de 1 vol. de vapeur de titane. (D. C.)

(Voyez *Philos. chim.*, les considérations d'après les-quelles on a déterminé les densités obtenues par le calcul.)

133. Après avoir étudié convenablement les propriétés physiques de l'air, nous devons examiner ses propriétés chimiques ; mais nous ferons observer avant tout que, comme l'oxigène est presque toujours le seul principe actif de l'air, il y a les plus grands rapports entre l'histoire chimique de ces deux fluides.

134. *Propriétés chimiques.* — L'air est un mauvais con-ducteur du fluide électrique : aussi lorsque ce fluide, ac-cumulé à la surface d'un corps, s'en sépare pour se porter sur un autre à travers l'air, paraît-il toujours sous forme d'étincelle.

Qui ne sait que l'air est nécessaire à la vie des animaux ? Mettez un animal quelconque sous le récipient de la ma-chine pneumatique où l'on fera le vide ensuite, il ne tar-dera point à périr, parce que, dans l'acte de la respiration, il y a absorption d'oxigène, et qu'il se fait une véritable combustion au sein des poumons ; souvent même son sang suintera à travers les pores de la peau par l'effet de la sup-pression du poids de l'atmosphère.

Soumis à l'action de la plus haute chaleur ou du plus grand froid, l'air n'éprouve aucune altération; il n'en éprouve non plus aucune par le gaz oxigène; il ne fait absolument que se mêler avec ce gaz. Mais parmi les cinquante-trois corps combustibles simples, il n'y en a que onze, le chlore, le brôme, l'iode, le fluor, l'azote, l'argent, l'or, le platine, le rhodium, le palladium, l'iridium, qui ne soient pas capables de l'altérer à une température qui varie pour chacun d'entre eux. Tous les autres en absorbent l'oxigène, et en laissent l'azote libre, en sorte qu'on obtient sensiblement les mêmes produits en traitant ces différens corps tant par l'air que par le gaz oxigène, et qu'il n'y a de différence qu'en ce que la combustion est moins vive (1). Dans tous les cas, elle l'est d'autant moins que l'air est plus rare; et de là vient qu'une bougie allumée pâlit et s'éteint enfin dans un récipient où l'on fait le vide peu-à-peu.

Considérons maintenant l'action de chaque corps combustible en particulier sur l'air.

135. Ce n'est qu'au degré de la chaleur incandescente que l'hydrogène peut décomposer l'air rapidement, à moins qu'il ne soit sous l'influence du platine, etc. (40). Dans cette décomposition, il y a absorption d'oxigène, formation d'eau, dégagement de calorique et de lumière, et l'azote reste gazeux. Pour mettre ces résultats en pleine évidence, il suffit de faire détoner dans l'eudiomètre à eau ou à mercure des mélanges d'air et de gaz hydrogène, de la même manière que des mélanges de gaz hydrogène et de gaz oxigène (39). Si le mélange est de 100 parties d'air et de 100 parties de gaz hydrogène, le résidu, après la combustion, sera de 137 : l'absorption sera donc de 63. Ces 63

---

(1) Le phosphore et le carbone font pourtant, jusqu'à un certain point, exception. Le carbone peut absorber l'air à la température ordinaire (49), et le phosphore, à cette température, peut en absorber l'oxigène, tandis qu'il n'a d'action sur celui-ci pur qu'à l'aide de la chaleur, sous la pression ordinaire. (*Voyez* page précédente.)

parties proviendront de la combinaison de 21 parties d'oxigène, contenues dans les 100 parties d'air, avec 42 parties
de gaz hydrogène. En effet, n'a-t-on pas vu (39) que le gaz
oxigène se combinait toujours avec le double de son volume
de gaz hydrogène et qu'il en résultait de l'eau? Dailleurs,
il est possible de se convaincre que les 137 parties de résidu
sont formées de 79 parties de gaz azote et de 58 parties de
gaz hydrogène; car en faisant passer ce résidu dans l'eudiomètre avec assez d'oxigène seulement pour absorber le gaz
hydrogène qui s'y trouve, c'est-à-dire avec 29 parties de gaz
oxigène, on n'obtiendra plus, après l'inflammation, qu'environ 79 parties d'un gaz qui aura toutes les propriétés du
gaz azote.

136. Ce n'est également qu'à l'aide de la chaleur, et
pour ainsi dire qu'au degré de la chaleur rouge, que le bore
agit sur l'air. Lorsqu'on fait l'expérience dans une petite
cloche courbe sur le mercure (44), à peine y a-t-il dégagement de lumière; mais lorsqu'on la fait, au contraire, dans
un creuset découvert et presque incandescent, la combustion est assez vive. Dans tous les cas, l'oxigène est absorbé;
l'azote reste libre; il se forme de l'acide borique solide,
fixe, vitreux, qui, enveloppant les parties intérieures du
bore, s'oppose à leur combustion : aussi le produit est-il
d'un brun noir.

D'après M. Berzélius, le silicium ne brûlerait dans l'air
qu'à une haute température et qu'autant qu'il serait uni à
l'hydrogène (45, 46).

137. Le charbon n'est pas sans action sur l'air à la température ordinaire; il en absorbe plusieurs fois son volume
à cette température, sous la pression de 76 centimètres (49) :
il paraît même qu'avec le temps et sous l'influence de la lumière il se produit du gaz carbonique (49); mais cette production est si faible et si lente qu'elle n'est sensible qu'au
bout de plusieurs jours de contact. Il en est tout autrement
à une température élevée : tout le monde sait qu'alors le
charbon prend feu tout-à-coup, se consume rapidement,

disparaît, et ne laisse d'autre résidu qu'un peu de cendre. Que se forme-t-il dans cette combustion ? Du gaz carbonique ou du gaz oxide de carbone, et l'azote est encore mis en liberté : du gaz carbonique, si l'air est en excès; de l'oxide de carbone dans le cas contraire, pourvu que la chaleur soit très grande.

138. Quoique le gaz oxigène n'ait aucune action sur le phosphore au-dessous de + 20° à 25°, l'air atmosphérique en a une bien remarquable, même au-dessous de zéro, sur ce corps combustible. Lorsqu'on met de l'air en contact avec le phosphore à la température de l'atmosphère, tout le gaz oxigène qu'il contient est absorbé peu-à-peu, et il en résulte, 1° de l'acide hypo-phosphorique qui, par lui-même, est solide, mais qui se dissout dans l'eau de l'air, paraît et tombe sous forme de fumée; 2° un dégagement de calorique et de lumière, mais si faible que le thermomètre le plus sensible ne s'élève que de quelques degrés, et qu'on n'aperçoit la lumière que dans l'obscurité; 3° du gaz azote chargé de très peu de phosphore, qui occupe le même volume que le gaz azote pur. Rien de plus facile à prouver que telle est l'action de l'air sur le phosphore : remplissez une petite éprouvette de mercure, et faites-y passer une certaine quantité d'air, par exemple, 200 parties, à une température et à une pression données; introduisez-y ensuite un cylindre de phosphore et un ou deux grammes d'eau, qui, en raison de leur pesanteur spécifique moindre que celle du mercure, s'élèveront à sa surface (1). Bientôt tous les phénomènes dont il vient d'être question se présenteront. Lorsque, au bout de deux à trois heures, vous n'apercevrez plus de vapeurs dans l'appareil, et que le portant,

---

(1) Il faut mettre un peu d'eau en contact avec le phosphore, parce que, sans cela, la combustion ne tarderait pas à s'arrêter (140).

L'on doit faire l'expérience sur le mercure et non sur l'eau, parce qu'en la faisant sur l'eau, il serait possible qu'il se dégageât de celle-ci une portion de l'azote qu'elle tient en dissolution.

au moyen d'une capsule, dans un lieu obscur, vous verrez que le phosphore n'est plus lumineux, l'opération sera terminée. Cependant, pour être certain que tout l'oxigène est absorbé, il vaudra mieux attendre encore quelque temps. Mesurant alors le résidu, et tenant compte des changemens de température et de pression que pourra avoir éprouvés l'atmosphère, vous le trouverez de 158 à 159 parties, et vous reconnaîtrez facilement qu'il sera formé tout entier de gaz azote, ou du moins qu'il ne contiendra qu'une très petite quantité de phosphore qui se dissoudra tout-à-coup, par l'agitation, dans le mercure ou dans une dissolution de potasse.

139. Pour expliquer ce qui vient d'être dit, il faut admettre que l'azote favorise la combustion, soit en isolant les atomes d'oxigène, soit en s'unissant au phosphore et le dissolvant (60). Dans tous les cas, comme à chaque instant il n'y a que très peu de phosphore dissous, à chaque instant aussi il n'y a qu'un très faible dégagement de calorique et de lumière (Voyez art. *combustion*, 5e vol.); et comme l'acide hypo-phosphorique qui se forme a beaucoup d'affinité pour l'eau, il s'empare de celle que l'air contient, et constitue avec elle un liquide très acide.

140. Outre les observations qu'on vient de faire sur la combustion du phosphore dans l'air, il en est encore une digne de remarque, et qui ne doit pas être passée sous silence : c'est que l'air n'est complètement décomposé par ce corps qu'autant qu'il est humide, et qu'autant même qu'il est en contact avec l'eau. Que l'on fasse passer de l'air ordinaire dans une cloche bien sèche et pleine de mercure, et qu'après avoir bien desséché un cylindre de phosphore avec du papier joseph, on le fasse passer lui-même dans la cloche; d'abord il y répandra des vapeurs blanches et y brûlera avec une lumière très sensible dans l'obscurité; mais peu-à-peu ces effets diminueront à tel point, qu'au bout de vingt-quatre heures l'air contiendra encore beaucoup de gaz oxigène : alors qu'on introduise un peu d'eau

dans l'éprouvette, tout-à-coup les vapeurs reparaîtront, le phosphore redeviendra lumineux dans l'obscurité; bientôt enfin tout le gaz oxigène sera absorbé. Comment agit l'eau? On est tenté de croire que c'est par elle que s'opère l'union du phosphore et de l'oxigène, et que l'acide hypo-phosphorique n'est qu'une combinaison d'eau, de phosphore et d'oxigène; mais elle n'agit réellement qu'en dissolvant l'a--cide hypo-phosphorique qui se forme sans cesse à la surface du phosphore, et qui y resterait appliqué, comme une espèce de vernis, si l'air n'était point humide : elle entraîne donc cet acide à mesure qu'il se forme, et entretient un contact continuel entre le phosphore non brûlé et l'air : l'expérience suivante ne laisse aucun doute à cet égard. Après avoir fait sécher deux éprouvettes en les chauffant et en excitant dans leur intérieur un courant d'air avec un soufflet, je les ai remplies toutes deux de mercure bien sec; dans l'une j'ai fait passer d'abord 300 à 400 parties de gaz azote également sec, puis un cylindre de phosphore essuyé avec du papier joseph, et que j'ai soutenu au-dessus du mercure avec un tube creux et élargi en forme d'entonnoir à son extrémité supérieure; j'y ai mis enfin 12 à 15 grammes de chlorure de calcium récemment fondu par le feu : d'une autre part, j'ai rempli l'autre éprouvette à moitié de gaz oxigène; j'y ai introduit aussi 12 à 15 grammes de chlorure de calcium récemment fondu, et au bout de deux jours, ayant fait passer en partie ce gaz oxigène dans la cloche qui contenait le gaz azote et le phosphore, tout-à-coup le phosphore est devenu lumineux, et a continué de brûler, lentement à la vérité, mais pendant plus d'une heure. Or, on ne peut pas dire que les gaz n'étaient pas secs; car quand bien même ils auraient été humides, le chlorure de calcium les aurait desséchés. On ne peut pas dire non plus que le phosphore était humide; car quand bien même il aurait retenu quelques traces d'humidité, il les aurait cédées à l'air, qui les aurait transmises au chlorure. D'ailleurs, l'expérience a été répétée et variée sans obtenir de différence dans les résultats. Au lieu de chlorure de calcium, je me suis servi de chaux, dont la puissance siccative est très grande; au lieu de gaz azote, j'ai employé du gaz hydrogène pour enlever, à l'aide de la chaux ou du chlorure de calcium, l'eau qui aurait pu adhérer au phosphore; au lieu de gaz oxigène, j'ai fait usage d'air. Dans tous les cas, la combustion du phosphore a eu lieu : donc le phosphore sec peut brûler dans l'air sec : donc l'eau n'agit qu'en dissolvant l'acide hypo-phosphorique à mesure qu'il se forme.

141. Tandis que le phosphore ne s'empare de l'oxigène de l'air, à la température ordinaire, que lentement et avec un dégagement de lumière si faible qu'elle n'est sensible que dans l'obscurité, il l'absorbe tout-à-coup au-dessus de 35 à 40°, en donnant lieu à une vive combustion. Ce n'est plus de l'acide hypo-phosphorique qui se forme alors, c'est de l'acide phosphorique, qui, étant solide, laisse encore l'azote à l'état de gaz, chargé d'un peu de vapeur de phosphore. De là résulte un moyen très simple, non-seulement d'obtenir l'azote pur, comme nous l'avons fait voir précédemment, mais de déterminer les quantités d'oxigène et d'azote qui entrent dans la composition de l'air atmosphérique, comme nous allons l'exposer : il suffira pour cela de remplir de mercure ou d'eau une petite cloche recourbée, d'y faire passer une certaine quantité d'air, par exemple, 100 parties; d'introduire ensuite 1 à 2 décigrammes de phosphore dans la portion courbe de la cloche, de la chauffer, avec la lampe à esprit-de-vin, jusqu'à ce que le phosphore s'enflamme et qu'on voie une aréole lumineuse descendre sur la surface du liquide, ce qui aura lieu au bout de quelques secondes; de laisser refroidir l'appareil et de mesurer le résidu : on trouvera celui-ci de 79 parties qui, par l'agitation avec le mercure ou l'eau, se dépouilleront de phosphore sans changer de volume. Aussi l'air est-il formé de cette quantité d'azote et de 21 d'oxigène, à part tout au plus un millième de gaz carbonique qu'il

contient en outre, et d'une très petite quantité de vapeur d'eau.

142. L'air n'a d'action sur le soufre qu'à une température un peu plus élevée que celle à laquelle ce corps combustible entre en fusion. Une lumière bleuâtre, du gaz acide sulfureux dont l'odeur est extrêmement piquante et même suffocante, tels sont les produits qui se forment. Le soufre se combine donc avec l'oxigène, se gazéifie, et reste mêlé avec l'azote. C'est encore dans une petite cloche courbe qu'il est facile de constater ces résultats : après l'avoir remplie de mercure, vous y ferez passer 100 parties d'air, vous porterez un petit fragment de soufre dans sa partie courbe, et vous chaufferez le soufre à la lampe à esprit-de-vin jusqu'au point de le réduire en vapeurs ; peu après la fusion, il brûlera avec flamme, et bientôt s'éteindra : laissant alors refroidir l'appareil, et mesurant le gaz, vous en trouverez 99 parties composées de 20 d'acide et de 79 d'azote, dont la séparation se fera par l'eau, l'acide y étant très soluble et l'azote y étant à-peu-près insoluble.

143. Le sélénium n'éprouve rien par le contact de l'air, à la température ordinaire; il n'en absorbe l'oxigène qu'à l'aide de la chaleur, et encore est-il nécessaire qu'elle soit assez forte. Par exemple, que l'on chauffe le sélénium dans une capsule ou dans une cornue dont le col ne sera point fermé, il se vaporisera sans s'oxider, et se condensera en une fumée rouge, inodore, comme nous l'avons dit précédemment (82). Mais si la vapeur vient à être touchée par un corps inflammé, elle colorera les bords de la flamme en bleu d'azur, et répandra une forte odeur de chou pourri, qui est un indice certain de la formation d'une plus ou moins grande quantité de gaz oxide de sélénium. Il est encore une autre manière d'unir l'oxigène de l'air au sélénium : c'est de chauffer celui-ci dans une fiole pleine d'air atmosphérique, et que l'on tient bouchée jusqu'à ce qu'une grande partie du corps combustible soit évaporée : on remarque alors qu'il se forme non-seulement du gaz oxide, mais

encore un peu d'acide sélénieux : aussi l'eau dont on se sert pour laver la fiole prend-elle l'odeur de chou pourri, et rougit-elle la teinture de tournesol (Berzélius).

144. L'iode et l'azote sont absolument sans action sur l'air. Il en est de même du clore, pourvu que l'air soit pur; S'il ne l'était pas, s'il contenait, par exemple, des matières végétales ou des matières animales en suspension, le chlore agirait tout-à-coup sur elles et les détruirait : c'est même sur cette propriété que sont fondées les fumigations qu'on fait aujourd'hui si fréquemment avec cet agent énergique. L'action du brôme paraît être sensiblement la même que celle du chlore.

Nous ne dirons rien de l'action de l'air sur les métalloïdes composés; elle est la même, sauf l'intensité, que celle de l'oxigène; et d'ailleurs il en a été question, lors de l'examen de ces sortes de composés.

145. *Extraction.* — Il arrive souvent qu'il est nécessaire de se procurer de l'air d'un lieu pour en examiner les propriétés et en faire l'analyse. Rien de plus simple quand il est possible de pénétrer dans ce lieu même : c'est d'y vider un vase plein d'eau et de le boucher. Mais quand il est impossible ou difficile au moins d'en approcher, quel moyen employer? S'il s'agissait, par exemple, d'avoir de l'air du fond d'un puits, d'une grotte, d'une caverne profonde, il faudrait y descendre avec des cordes un flacon plein d'eau, et dont le goulot plongerait dans un bocal également plein de ce liquide : en soulevant l'une des cordes, le flacon se viderait d'eau et se remplirait d'air; lâchant ensuite la corde, le goulot plongerait de nouveau dans l'eau, de sorte qu'il n'y aurait plus, pour terminer l'opération, qu'à retirer l'appareil comme il aurait été descendu.

146. *Composition.* — Quoique nous ayons déjà dit quelle était la composition de l'air, nous devons en parler de nouveau, afin de la prouver par l'expérience. Nous en traiterons même avec un soin tout particulier, parce qu'elle est des plus importantes et des plus fécondes en résultats.

L'air n'est qu'un mélange de 21 parties de gaz oxigène, de 79 de gaz azote, de quelques traces d'acide carbonique, et d'une très petite quantité d'eau en vapeur, variable en raison de la température et des lieux plus ou moins humides. Cherchons d'abord à reconnaître ces divers corps.

Il y a bien des manières de prouver que l'air contient de l'oxigène et de l'azote; mais la plus simple et la plus directe consiste à chauffer ce fluide avec du mercure dans un appareil propre à recueillir tous les produits : tel est celui qui est représenté (pl. XVI, fig. 9); il se compose d'un matras, d'une cloche, d'un fourneau et d'un bain à mercure. Le matras est placé sur le fourneau; il contient environ 100 grammes de mercure; du reste il est plein d'air; sa capacité peut être de trois quarts de litre; son col recourbé s'engage jusqu'au haut de la cloche. Quant à celle-ci, elle plonge, comme on le voit, par sa partie inférieure, dans le bain mercuriel; elle n'a que la moitié de la capacité du matras; le mercure s'élève jusqu'aux deux tiers de sa hauteur, et l'air remplit l'espace vide qui est au-dessus de ce point. Dès que l'appareil est ainsi disposé, l'on fait du feu sous le matras et l'on maintient la température, pendant cinq jours, à un degré de chaleur voisin de l'ébullition du mercure. D'abord, l'air se dilate et passe en partie dans la cloche; quelque temps après, l'absorption commence à avoir lieu; vers le deuxième jour, elle est très sensible; au bout du cinquième elle est terminée, et équivaut à-peu-près, toutes choses égales d'ailleurs, à la sixième partie de l'air sur lequel on opère. Dans le matras apparaissent alors un grand nombre de pellicules rouges; ces pellicules proviennent de l'union du métal avec la partie de l'air absorbée. En effet, en les exposant à une chaleur presque incandescente dans une très petite cornue de verre dont le col communique avec une cloche pleine d'eau par le moyen d'un tube (pl. XVI, fig. 8), elles se transforment en mercure qui se vaporise et se condense dans le col de la cornue, et en gaz qui passe sous la cloche et correspond au volume de celui qui disparaît. Mais puisqu'une partie de l'air peut s'unir au mercure et que l'autre ne possède pas cette propriété, il y a donc une grande différence entre les deux : c'est ce qu'une bougie allumée démontre évidemment : qu'on la plonge dans celui que le mercure solidifie et laisse ensuite dégager, elle brûlera avec force; qu'on la plonge dans le gaz que le mercure n'absorbe point, elle s'y éteindra sur-le-champ. Le premier sera du gaz oxigène, plus un peu de l'air des vases; le second sera du gaz azote, plus un peu de gaz oxigène et de gaz carbonique qui auront échappé à l'action du mercure. Il résultera de leur mélange un fluide en tout semblable à l'air atmosphérique.

Personne ne peut douter de l'existence de l'eau dans l'air. Ne la voit-on pas, en effet, s'y vaporiser et s'en précipiter presque continuellement? Elle tombe des nuages, pénètre à travers le sol, se rassemble dans des cavités souterraines, d'où elle sort pour former les sources, les rivières, les mers, se vaporiser de nouveau et se précipiter encore. La température s'élève-t-elle, l'atmosphère acquiert la propriété de recevoir une nouvelle quantité de vapeur; éprouve-t-elle, au contraire, un refroidissement subit, bientôt la pluie se manifeste. Aussi suffit-il de mettre un mélange réfrigérant dans un vase, de mêler, par exemple, deux livres et demie de glace et une livre de sel bien pilé dans un bocal, pour que la surface de celui-ci se tapisse en quelques minutes de petits cristaux d'eau solidifiée. L'air humide est toujours plus léger que l'air sec, par la raison toute simple que la densité de l'air est à celle de la vapeur comme 1 à 0,620.

Il est tout aussi facile de démontrer la présence de l'acide carbonique dans l'air que d'y démontrer celle de l'eau : et, d'abord, comment l'atmosphère ne contiendrait-elle pas cet acide, qui est l'un des produits de la respiration, de la décomposition putride, et de la combustion des bois et du charbon? Mais ce ne sont point des conjectures que nous devons présenter : ce sont des expériences convaincantes;

la suivante est sans réplique : que l'on expose huit à dix litres d'eau de chaux à l'air dans une terrine; que l'on agite la dissolution de temps en temps, pour briser les pellicules qui se formeront à sa surface, et, en vingt-quatre heures, l'on obtiendra un dépôt de carbonate de chaux assez considérable pour qu'il soit possible d'en retirer une quantité très sensible de gaz carbonique : or, ce gaz ne peut être fourni par le bocal ni par l'eau de chaux, qui n'en contiennent point : donc il provient de l'air.

147. La nature des principes constituans de l'air étant constatée, il faut maintenant en déterminer la proportion. On peut déterminer celle du gaz oxigène et du gaz azote par tous les corps qui sont capables d'absorber l'oxigène à l'état liquide ou solide, et de ne point agir sur l'azote; mais ceux qu'on emploie avec le plus de succès sont le phosphore, et surtout l'hydrogène. Déjà nous avons décrit l'analyse de l'air par le dernier de ces deux corps (135); elle est très simple : elle consiste à prendre un eudiomètre à eau ou à mercure; à y introduire une certaine quantité d'air et un excès de gaz hydrogène; à faire passer une étincelle électrique à travers le mélange, et à mesurer le résidu : en retranchant celui-ci du volume du mélange, on en conclut l'absorption; et cette absorption, divisée par 3, donne pour quotient la quantité d'oxigène, qui, retranchée elle-même du volume d'air sur lequel on opère, donne la quantité d'azote.

On doit également faire usage du phosphore, comme nous l'avons exposé en traitant de l'action du phosphore sur l'air : en conséquence, mettez le phosphore en contact avec une certaine quantité d'air, soit à chaud (141), soit à froid (138). Dans le premier cas, opérez sur l'eau ou sur le mercure; mais dans le second, n'opérez que sur le mercure, parce que l'expérience étant d'assez longue durée, il serait possible que l'eau laissât dégager une portion de l'azote qu'elle tient en dissolution.

L'emploi de ces moyens prouve que partout, à la surface de

la terre, comme dans les régions élevées, le volume du gaz oxigène est au volume du gaz azote dans l'air, comme 21 est à 79.

Tandis qu'on trouve toujours les mêmes quantités d'oxigène et d'azote dans l'air, du moins dans celui qui est en mouvement, on y trouve au contraire des quantités de vapeurs très variables, en raison des lieux plus ou moins humides qu'il parcourt, et de la température plus ou moins élevée à laquelle il est exposé. Par conséquent, l'air est rarement saturé d'eau. Ce n'est, pour ainsi dire, que dans les temps de pluie ou de brouillard qu'il est dans cet état : aussi peut-il presque toujours en recevoir une nouvelle quantité, surtout en été. L'hygromètre, sur lequel Saussure et Deluc ont fait tant de recherches, indique bien les points extrêmes de sécheresse et d'humidité de l'air; il fait aussi connaître si l'air d'un lieu est plus humide que celui d'un autre, mais il n'indique point les quantités de vapeur contenue dans l'air, parce que l'on ne connaît pas bien encore le rapport qu'il y a entre ces quantités, la marche de l'hygromètre et celle du thermomètre. M. Gay-Lussac, à la vérité, à commencé un travail qui a pour objet cette détermination précise : malheureusement, il n'a encore publié que les résultats qu'il a obtenus pour la température de 10° centésimaux. Ces résultats se trouvent sous forme de table dans le 1er des quatre volumes du *Traité de physique* de M. Biot, p. 532 et 533. On doit se rappeler d'ailleurs que dans tous les cas où l'air est saturé de vapeur, rien n'est plus facile que de déterminer le poids de celle-ci par le calcul (131,); de sorte que s'il était possible de refroidir assez l'air pour le saturer de vapeur, et de saisir le degré auquel arriverait cette saturation, toutes les difficultés seraient levées : c'est ce que l'on obtient d'une manière approximative, en mettant de l'éther dans un petit vase cylindrique d'argent, poli extérieurement, y plongeant le réservoir d'un thermomètre très sensible et observant l'appareil avec soin. L'éther se vaporisera, le vase se refroidira sensiblement comme l'éther, et l'on verra bientôt la surface polie se couvrir d'un léger nuage.

Ce sera l'eau de l'atmosphère qui commencera à se précipiter pour le degré qu'indiquera le thermomètre en ce moment, et l'on en conclura que l'aircontient une quantité de vapeur telle qu'à ce degré il en serait saturé (hygromètre de Daniel).

Quoiqu'il se forme à chaque instant, au sein des animaux, et par la combustion des matières végétales, beaucoup de gaz carbonique qui passe dans l'atmosphère, il existe à peine un millième de ce gazd ans l'air atmosphérique : c'est que les végétaux ont la propriété de le décomposer, comme nous le verrons par la suite, de s'en approprier le carbone, et d'en rendre l'oxigène libre, du moins en grande partie : phénomène des plus remarquables, qui nous permet de concevoir eomment la proportion des élémens de l'atmosphère ne change point. Mais puisque l'atmosphère contient une si petite quantité d'acide carbonique, pour l'apprécier, il faut opérer sur un volume d'air considérable. M. Thenard est le premier qui, en 1812, ait employé un procédé susceptible d'exactitude. Ce procédé consiste à se procurer un grand ballon à robinet, dont la capacité soit bien connue : après avoir introduit dans ce ballon une solution aqueuse de baryte (protoxide de barium saturée de carbonate de barite), on le ferme et on le secoue pendant cinq à six minutes; au bout de ce temps, on y fait le vide le plus exactement possible, à l'aide d'un tuyau de cuir ou de plomb, terminé par un robinet d'une part, et de l'autre par une petite cloche (Voy. *Composition de l'eau*); le vide étant fait, on remplit le ballon d'air en le mettanten communication avec l'atmosphère; on le ferme, on le secoue de nouveau, et ainsi de suite vingt-cinq à trente fois.

A chaque fois, la baryte s'empare de l'acide carbonique de l'air du ballon, et forme du carbonate de baryte insoluble; de sorte que le carbonate de baryte formé, qu'on sait être composé de 22,41 d'acide carbonique et de 77,59 de baryte, représente l'acide carbonique de tout le volume d'air sur lequel se fait l'opération. (1)

Cette expérience a été faite au mois de décembre 1812, par un assez beau jour, dans un ballon de 9^{lit},592, sur de l'air pris au haut d'une petite montagne, loin d'un lieu habité. 313^{gram},08 de solution de baryte y ont été versés; l'air a été renouvelé trente fois; et toute réduction faite, on s'est trouvé avoir opéré sur 288^{lit},247 d'air, à la température de 12°,5, et sous la pression de 0^m,76, ou sur 357^{gram},532. Il en est résulté 0^{gram},966 de carbonate ou 0^{gram},216 d'acide carbonique; d'où il suit que l'air contiendrait $\frac{1}{1655}$ de son poids d'acide carbonique.

En rapportant cette expérience dans la première édition, M. Thenard disait : « Cette quantité d'acide carbonique « me paraît si petite, que je crains qu'on n'ait point agité « assez long-temps la solution de baryte avec l'air, et qu'il « soit resté dans celui-ci une portion d'acide carbonique». L'expérience doit être répétée.

C'est ce qu'a fait M. Th. de Saussure en la variant à l'infini, et en modifiant légèrement la manière d'opérer : voici au reste comment M. Th. de Saussure expérimente : il emploie un ballon de verre de 35 à 45 litres de capa-

---

(1) Une partie du carbonate de baryte reste en suspension dans la liqueur etl'autre s'attache aux parois du ballon. Pour obtenir la première, on verse la iqueur dans un flacon avec l'eau dont on s'est servi pour laver le ballon, et l'on bouche le flacon. Le carbonate se dépose complètement dans l'espace de quelques jours : alors on décante la liqueur, qui est très claire; ensuite on verse de l'eau à plusieurs reprises sur le dépôt, on la décante comme la première lorsqu'elle est très limpide; enfin l'on fait sécher le carbonate dans une capsule, et on le pèse.

Pour obtenir la seconde, on verse une petite quantité d'acide chlorhydrique faible dans le ballon; on le promène sur ses parois de manière à dissoudre tout le carbonate. Cela étant fait, on verse la dissolution dans un vase, on lave le ballon et l'on réunit les eaux de lavage à cette dissolution ; puis on y ajoute une dissolution de carbonate de soude pur, et l'on fait bouillir et même rapprocher la liqueur. Par ce moyen on reforme tout le carbonate de baryte qu'on avait décomposé par l'acide chlorhydrique; il se précipite; on le lave par décantation, on le sèche et on le pèse comme le premier.

cité, muni d'une douille en cuivre qui est maintenue par un mastic mou et incapable de rien céder soit à l'eau, soit à l'acide chlorhydrique froid et étendu d'eau. Ce mastic est formé de poix résine, d'ocre rouge fortement calcinée, d'un peu de cire et d'un peu de suif. Le ballon peut à volonté se fermer au moyen d'un robinet ou d'un bouchon à vis dont la tête carrée permet de le visser, à l'aide d'une clef.

On fait le vide dans le ballon, et on le place dans le lieu de l'observation. On ouvre le robinet et on laisse pénétrer l'air lentement. Au bout de quelque temps on note l'état du baromètre, celui de l'hygromètre, et on prend la température de l'air ambiant et celle de l'air intérieur du ballon. Si l'observation se fait en plein air, on note en outre l'état du ciel, on tient compte du vent, et en général de toutes les circonstances qui peuvent introduire quelque variation dans les résultats.

On introduit dans le ballon au moyen d'un entonnoir à long col, 100 grammes d'eau de baryte, contenant 1 gramme de baryte et saturée de carbonate de baryte. Cette dernière précaution est indispensable, car le carbonate de baryte naissant se dissout sensiblement dans l'eau. On ferme ensuite le ballon au moyen du bouchon à vis.

On agite le ballon pendant une heure, en ayant soin que le liquide ne monte pas jusqu'au mastic. Ou bien encore, on laisse l'air et la liqueur en contact, pendant sept ou huit jours, en ayant soin de remuer tous les jours le ballon, pendant quelques minutes. M. Th. de Saussure a fait sur cette dernière méthode une observation importante et curieuse. Un séjour plus prolongé causerait une erreur fort grande, par suite de la production du bi-oxide de barium qui se dépose mêlé avec le carbonate de baryte.

L'action de l'air sur l'eau de baryte produit du carbonate de baryte dont une partie reste en suspension, et dont l'autre s'attache aux parois du ballon. On agite le ballon et on verse rapidement la liqueur trouble dans un flacon fermant à l'émeri.

Le ballon est lavé à sept reprises, et chaque fois, avec 50 gr. d'eau saturée de carbonate de baryte. Les eaux de lavage sont réunies dans un second flacon.

A mesure qu'elles s'éclaircissent, on s'en sert pour laver le dépôt du premier flacon, qui doit l'être d'ailleurs ainsi que celui du second avec une suffisante quantité d'eau toujours saturée de carbonate de baryte.

Enfin, on lave le ballon avec une liqueur formée d'une partie d'acide chlorhydrique liquide et de quinze parties d'eau, pour dissoudre le carbonate de baryte adhérent. On verse la liqueur sur le précipité recueilli dans le premier et le second flacon, et on lave chacun de ces vases sept fois avec 50 grammes d'eau pure. Bien entendu que les mêmes eaux de lavage passent successivement d'un vase à l'autre.

Toutes les dissolutions réunies sont concentrées par l'évaporation, jusqu'au volume de 50 gram. environ, et alors on verse le résidu dans le premier flacon qui renferme la presque totalité du carbonate de baryte. Celui-ci se dissout bientôt.

La liqueur claire est précipitée par 10 grammes d'une solution de sulfate de soude, contenant un vingtième de sel anhydre. Au bout de 24 heures on décante l'eau surnageante et on lave trois fois le précipité, par décantation.

Le sulfate de baryte obtenu est desséché au bain-marie, puis chauffé au rouge. On peut le peser, soit après la simple dessiccation au bain-marie, soit après la calcination au rouge. Dans le premier cas, 100 parties de sulfate représentent 81,48 de carbonate ; dans le second, elles en représentent 84.

C'est par le procédé fort pénible que l'on vient de lire que M. Th. de Saussure a obtenu les importans résultats que nous allons résumer.

1° Dans une prairie située à Chambeisy, près de Genève, à 16 mètres au-dessus du lac, et à 388 mètres au-dessus du niveau de la mer, 10,000 parties d'air, ont donné 4,15 d'acide carbonique, par une moyenne de 104 observations de jour ou de nuit et dans des saisons très variées. Les nombres extrêmes ont été 5,74 et 3,15.

La localité est sèche, découverte, aérée et par conséquent propre à ce genre d'observations. L'air a toujours été pris à quatre pieds, au-dessus du sol. Mais, ainsi que l'observe M. Th. de Saussure, trois années d'observations ne suffisent pas pour établir une moyenne exacte, et le résultat qui précède se base sur des faits qui n'ont été observés qu'en 1827, 1828 et 1829.

2° Les pluies diminuent la proportion d'acide carbonique contenu dans l'air. En traversant l'atmosphère, l'eau se charge d'acide carbonique et l'entraîne avec elle dans le sol. Voici les exemples cités par M. Th. de Saussure, les observations étant faites à midi :

		Pluie.	Acide carbonique pour 10,000 d'air.
Juin.	1828	10 millimètres	4,79
Id.	1829	77	4,07
Juillet	1827	9	5,18
Id.	1828	173	4,56
Id.	1829	52	4,32
Août	1827	75	5,01
Id.	1828	128	4,28
Id.	1829	116	3,80
Septembre	1827	30	5,10
Id.	1828	104	4,13
Id.	1829	254	3,57
Octobre.	1828	75	3,94
Id.	1829	113	3,75
Novembre.	1828	81	4,11
Id.	1829	138	3,90
Décembre.	1828	9	4,14
Id.	1829	34	3,72

3° Une gelée continue produit un effet opposé à celui des pluies et augmente la proportion d'acide carbonique de l'air. Voici quelques exemples :

	Acide carbonique pour 10,000 d'air.
1828 Décembre. — Brouillards	4,50
Janvier. — Après 15 jours de gelée	4,57
Fin janvier. — Après dégel	4,27
Milieu février. — Après 15 jours de gelée	4,52
Fin février. — Après dégel	3,66

4° Cette dernière remarque explique comment l'air pris à terre et celui qui est recueilli au-dessus du lac, offrent le premier 4,60 et le second 4,39 par une moyenne d'un assez grand nombre d'observations simultanées, faites à diverses époques et à diverses heures du jour ou de la nuit. Du reste, les variations se correspondent, à cette différence près.

Ainsi, indépendamment des pluies, les grandes masses d'eau qui existent à la surface du globe sont encore dans l'économie de la nature un moyen puissant de purification pour l'air, et le dépouillent sans cesse de son acide carbonique.

5° Par des observations correspondantes faites à Genève et à Chambeisy, M. Th. de Saussure trouve ; 1° que les variations de l'acide carbonique par suite des saisons sont les mêmes dans les deux stations; 2° que la quantité d'acide est plus grande pendant le jour, à la ville qu'à la campagne; 3° que l'inverse a lieu pour la nuit. Ces deux derniers faits pouvaient être prévus.

6° Sur les montagnes l'acide carbonique est en proportion plus forte que dans les plaines.

7° Les vents influent peu sur la quantité moyenne d'acide carbonique; en général, ils l'augmentent.

8° L'acide carbonique, en pleine campagne, est plus abondant la nuit que le jour. Les chiffres moyens d'un grand nombre d'observations sont 3,98 pour le milieu du jour et 4,32 pour la nuit. Cette différence se conçoit, puisque la végétation ne peut effectuer la destruction de l'acide carbonique que sous l'influence de la lumière solaire.

M. Th. de Saussure rapproche les résultats qui précèdent des variations connues qu'éprouve l'électricité atmosphérique. Il observe que la quantité d'acide carbonique diminue quand la quantité d'électricité augmente. On sait en effet,

1° Que l'électricité est plus forte le jour que la nuit.

2° Qu'elle est plus forte en hiver qu'en été.

3° Qu'elle est plus forte dans les plaines que dans les montagnes.

4° Qu'elle est plus forte par un temps calme que par les vents violens.

Y aurait-il, en effet, par suite de la collision des poussières qui flottent dans l'air des étincelles électriques en nombre infini qui décomposeraient l'acide carbonique, en oxide de carbone et oxigène? S'il en est ainsi, on doit retrouver dans l'air cet oxide de carbone, en quantité appréciable. M. Th. de Saussure a rencontré en effet ce gaz ou tout autre gaz carburé insoluble dans les alcalis, dans l'air atmosphérique ordinaire. Reste à trouver l'agent par lequel cet oxide de carbone disparaîtrait de l'air, à son tour, Mais avant d'en faire la recherche, il ne serait pas inutile de s'assurer que l'acide carbonique délayé dans beaucoup d'air, peut, en effet, se convertir sous l'influence de l'électricité scintillante, en oxide de carbone et en oxigène, ce dont il est peut-être permis de douter, jusqu'à ce que l'expérience l'ait démontré. (*Ann. de Chim. et de Phys.*, XLIV.)

Les observations pleines d'intérêt de M. Th. de Saussure fixeront l'attention sur ces questions graves, et elles prouveront que si l'eudiométrie atmosphérique est encore une science dans l'enfance, elle n'en est que plus digne d'intérêt, par la nature des résultats qu'elle promet.

M. Brunner s'est essayé sur ce même sujet, dans ces derniers temps, par un procédé tout différent de celui que M. Thenard et M. Th. de Saussure ont mis en pratique. Il a voulu peser l'acide carbonique de l'air, en le recevant sur de la potasse caustique humide, sur laquelle l'air était dirigé lentement. On conçoit qu'au moyen d'un tonneau rempli d'eau qu'on ferait couler lentement, il serait facile de forcer l'air qui viendrait la remplacer dans le vase, à passer d'abord sur du chlorure de calcium, puis dans un tube à boules dans le genre de l'appareil de M. Libéig (1), enfin sur du chlo-

---

(1) On en donnera la description, en traitant de l'analyse élémentaire des matières organiques.

rure de calcium. Le premier tube à chlorure ferait connaître la quantité d'eau contenue dans l'air. L'augmentation de
poids du tube à boules, et du second tube à chlorure de
calcium, représenterait le poids de l'acide carbonique. Le
volume de l'air serait donné par la capacité du tonneau. Il
serait à souhaiter que dans les observatoires de l'Europe, on
mît bientôt au rang des recherches dont on doit s'occuper,
la détermination de l'acide carbonique contenu dans l'air :
ce serait sans aucun doute l'une des plus curieuses de la
météorologie.

Mais outre l'acide carbonique, combien de substances
encore ignorées l'atmosphère ne peut-elle pas contenir?
Rien ne serait plus curieux et plus utile qu'une suite d'analyses bien faites des vapeurs aqueuses que l'on forcerait à se
condenser sur des ballons remplis de glace. L'eau ainsi
obtenue serait chargée de produits solubles qui échappent
par leur faible masse aux analyses eudiométriques ordinaires et qui peut-être sont la principale cause des variations
hygiéniques de l'air.

148. *Usages.* — Il n'est point de corps dont les usages
soient plus importans et plus multipliés que ceux de l'air.
Nous ne rapporterons que les principaux. Nous extrayons
de l'air, par la combustion des bois, des charbons, des
huiles, de la cire, des graisses, toute la chaleur et la lumière artificielles dont nous avons besoin. C'est au moyen de
l'air que l'on calcine les métaux, que l'on grille les minerais,
et que l'on en dégage le soufre et l'arsénic, le soufre à l'é-
tat d'acide sulfureux, et l'arsénic à l'état de d'acide arsénieux. C'est de l'air que provient tout l'oxigène qui entre
dans la composition de l'acide sulfurique. L'air est un agent
nécessaire pour la fabrication de diverses couleurs, surtout
de l'indigo et de l'écarlate; il les avive et leur donne de
l'éclat. Mis en contact avec la soie, avec les toiles, il les
blanchit. Tous les animaux le respirent sans cesse; sans air,
aucun d'eux ne pourrait vivre. Il n'est pas moins nécessaire
aux végétaux : ceux-ci décomposent surtout l'acide carboni-

que qu'il contient; ils s'approprient le carbone de cet acide, et en rejettent la plus grande partie de l'oxigène. Comme l'air n'est presque jamais saturé d'eau, on l'emploie souvent pour dessécher une foule de corps, et même pour concentrer des liquides : c'est ainsi qu'en exposant dans les marais salans l'eau de la mer au contact de l'air, on la concentre au point que le sel s'en sépare spontanément. Enfin l'on se sert aussi de l'air comme force motrice; mais il n'est point de notre objet de le considérer sous ce rapport.

Cyanogène ou azoture de carbone.

149. Le cyanogène est un corps découvert, depuis quelques années, par M. Gay-Lussac; il l'a trouvé en examinant les propriétés d'un composé que l'on appelait *prussiate de mercure*, et que nous connaîtrons désormais, en raison de sa composition, sous le nom de *cyanure ou d'azo-carbure de mercure*. Il joue, dans toutes ses combinaisons, le même rôle que le chlore, le brôme et l'iode.

Le cyanogène est un fluide élastique, permanent, inflammable; son odeur est extrêmement vive et pénétrante; sa densité est de 1,8064; il rougit sensiblement la teinture de tournesol; en faisant chauffer la dissolution, le gaz se dégage mêlé avec un peu d'acide carbonique, et la couleur bleue reparaît.

Refroidi et soumis en même temps à une forte pression, il se convertit en un liquide incolore, qui redevient gazeux sitôt qu'on cesse de le comprimer (M. Faraday, *Ann. de Chim. et de Phys.*, XXII, 323). Par le froid seul, M. Bussy l'a non seulement liquéfié, mais encore solidifié.

Le cyanogène résiste à un très haut degré de chaleur. Son affinité pour l'oxigène est très faible; il ne s'y unit qu'autant que ce gaz est naissant et que sous l'influence des alcalis : il en résulte alors un cyanate. Fait-on un mélange de ces deux corps gazeux, à la température de l'atmosphère, ils ne réagissent pas; mais, y plonge-t-on une bougie allumée, ils détonent, brûlent avec une flamme bleue, produisent du gaz carbonique, et l'azote est mis en liberté. Cette flamme est surtout très sensible lorsque l'expérience se fait en renversant une éprouvette pleine de cyanogène pur et y mettant le feu par un corps enflammé.

L'hydrogène et le cyanogène ne se combinent également qu'à l'état naissant : de là de l'acide cyanhydrique.

Le soufre, le sélénium, le chlore, le brôme et l'iode, peuvent aussi s'unir au cyanogène, comme nous l'exposerons ailleurs.

Le bore, le silicium, le carbone, le phosphore et l'azote sont sans action sur lui.

Il s'unit au gaz sulfhydrique dans le rapport de 1 à 1,5 en volume, et forme une substance jaune qui cristallise en aiguilles fines, qui se dissout dans l'eau et qui ne noircit pas la dissolution de nitrate de plomb. La combinaison ne s'effectue que très lentement, l'humidité la favorise.

C'est aussi dans le rapport de 1 à 1,5 en volume que le cyanogène s'unit avec le gaz ammoniac : l'action est presque aussi lente que la précédente; elle n'est complète qu'après plusieurs heures; la diminution de volume est considérable, et les parois du tube de verre où se fait le mélange deviennent opaques en se couvrant d'une matière brune et solide.

D'ailleurs, le cyanogène nous offre quelques autres phénomènes que MM. Liébig et Wöhler ont fait connaître; 1° avec l'alcool et l'acide sulfhydrique, ou bien lorsqu'on met les deux gaz en contact sous une cloche pleine d'eau et qu'on agite; 2° avec l'ammoniaque liquide. (*Ann. de Chim. et de Phys.*, XLIX, 20, 25.)

L'action du cyanogène sur l'ammoniaque est surtout remarquable en ce qu'il se produit de l'urée, de l'oxalate d'ammoniaque, du cyanhydrate d'ammoniaque, et une grande quantité d'une matière charbonneuse; et celle de l'acide sulfhydrique, en ce qu'ils donnent naissance à un acide formé de 6 atomes d'acide sulfhydrique, de 6 atomes de cyanogène et de 1 atome d'eau, et qu'on pourrait appeler en conséquence, *acide cyanosulfhydrique*.

Mais ce sont surtout les composés qu'il peut former avec divers métaux qui nous présentent des phénomènes dignes de la plus grande attention : ils sont analogues aux chlorures, aux brômures et aux iodures; nous les examinerons en même temps que ceux-ci.

L'eau, à la température de 20° et sous la pression ordinaire, en prend quatre fois et demie son volume et devient très piquante; l'éther sulfurique et l'essence de térébenthine en dissolvent au moins autant que l'eau, et l'alcool au moins cinq fois plus.

La dissolution de cyanogène dans l'eau, récemment préparée, est tout-à-fait sans couleur; mais, au bout de quelques jours, elle se colore en jaune léger, puis en brun, et enfin laisse déposer une matière d'un brun très foncé. En distillant alors cette dissolution, on en retire de l'eau chargée de cyanhydrate et de carbonate d'ammoniaque, et l'on obtient pour résidu une liqueur qui, séparée de la matière brune par le repos et la décantation, fournit par une douce évaporation des cristaux dont quelques-uns sont jaunâtres. Ces cristaux, qui n'ont aucune odeur par eux-mêmes, en prennent une très forte d'alcali volatil avec la potasse. Suivant M. Vauquelin, à qui ces observations sont dues, l'acide qu'ils contiennent est probablement nouveau : il est porté à croire que c'est un composé de cyanogène et d'oxigène : l'expérience a confirmé cette assertion.

Ces différens produits ne peuvent évidemment se former que par la décomposition de l'eau. La production de l'acide cyanhydrique, de l'acide carbonique et de l'ammoniaque, se conçoit aisément; mais, pour se rendre compte de celle de la matière brune, il faudrait connaître la nature de ces corps, et nous ne savons rien de positif à cet égard. (*Ann. de Chim. et de Phys.*, t. IX, p. 113.)

L'eau, chargée de cyanogène, nous offre encore avec les alcalis des phénomènes extrêmement remarquables. Les solutions se colorent peu tant que les bases sont en grand excès; mais elles deviennent très promptement brunes et charbonnées, lorsque le cyanogène est dominant : il se forme alors du cyanure de potassium, du cyanate de potasse, et quelques autres composés. (V. *Chim. anim.* cyanures et cyanates.)

Préparation. — Le cyanogène n'existe point dans la nature : c'est en décomposant le cyanure de mercure par le feu qu'on se le procure.

Ce cyanure doit être neutre et cristallisé ; il faut, de plus, qu'il soit parfaitement sec. En effet, le cyanure neutre et sec ne donne que du cyanogène, tandis que le cyanure humide ne produit que de l'acide carbonique, de l'ammoniaque et beaucoup de vapeur d'acide cyanhydrique. L'expérience se fait dans une petite cornue de verre bien desséchée : après y avoir introduit 20 à 30 grammes de cyanure mercuriel, l'on y adapte un tube de verre qui s'engage sous des éprouvettes pleines de mercure; l'on met des charbons incandescens sous la cornue, et bientôt la décomposition s'opère; le gaz se rassemble dans l'éprouvette, et le mercure du cyanure se condense dans le tube.

Deux procédés peuvent être employés pour analyser le cyanogène. L'un consiste à faire détoner dans l'eudiomètre à mercure le cyanogène avec deux fois et demie son volume d'oxigène; l'autre, à faire un mélange d'une partie de cyanure de mercure et de 10 parties de bi-oxide de cuivre, à introduire le mélange dans un tube de verre fermé à l'une de ses extrémités, à le recouvrir de limaille de cuivre, à porter celle-ci au rouge, à chauffer ensuite l'oxide et le cyanure et à recueillir les gaz : dans tous les cas, l'on obtiendra d'un volume de cyanogène un volume de gaz azote et deux volumes de gaz carbonique. Or, deux volumes de gaz carbonique représentent deux volumes de vapeur de carbone; par conséquent le cyanogène est formé de deux volumes de vapeur de carbone et d'un volume d'azote condensés en un seul : aussi, en ajoutant deux fois la densité de la vapeur de carbone à celle de l'azote, c'est-à-dire, 0,8438 à 0,9757, obtient-on 1,8195, nombre qui diffère très peu de 1,8064, donné par l'expérience.

Sa composition sera donc :

En prop. 1 d'azote 177,02 $+$ 2 de carbone 152,874
En atom. 1 d'azote 88,51 $+$ 2 de carbone 76,43
Donc poids atomique du cyanogène $= 164,95 = C^2 Az$.

Chlorure d'azote.

150. Le chlore ne fait que se mêler avec le gaz azote; mais il forme avec l'azote à l'état de gaz naissant un composé qui est doué de propriétés très extraordinaires, et que M. Dulong découvrit en 1811. Nous le connaîtrons sous le nom de *chlorure d'azote.*

On l'obtient en dissolvant une partie d'un sel ammoniacal quelconque, par exemple, de chlorhydrate d'ammoniaque, dans 20 parties d'eau, et faisant passer à travers cette dissolution un excès de chlore. A cet effet, on prend un entonnoir dont l'extrémité, tirée à la lampe, n'a qu'une très petite ouverture, et plonge dans une petite capsule pleine de mercure. On remplit presque entièrement cet entonnoir de la dissolution du sel ammoniacal; ensuite on y introduit un tube que l'on fait descendre jusqu'à peu de distance de la surface du mercure, et l'on verse par ce tube une dissolution concentrée de chlorure de sodium, jusqu'à ce qu'elle forme une couche d'environ 4 à 5 centimètres de hauteur. Cette couche, qui occupe la partie inférieure de l'entonnoir où le chlorure d'azote doit se rassembler, est destinée à soustraire ce composé au contact de la dissolution de sel ammoniac, qui le décomposerait en partie. L'appareil étant ainsi disposé, on fait plonger dans l'entonnoir le tube par lequel arrive le chlore, mais de manière qu'il ne touche pas la solution de chlorure de sodium, et que le mouvement produit par l'arrivée des bulles, ne mêle pas les deux dissolutions, qui ne sont séparées que par la différence de leur pesanteur spécifique. Le chlore est d'abord absorbé en grande partie par la solution de sel ammoniacal. Quelque temps après, cette dissolution se trouble ; on voit s'y former de toutes parts de petites bulles de gaz, et bientôt ensuite apparaissent de petites gouttes de chlorure d'azote qui se réunissent peu-à-peu et tombent au fond de l'entonnoir sur le mercure.

Quand on a obtenu une suffisante quantité de chlorure d'azote, on retire la capsule qui contient le mercure, et l'on reçoit ce chlorure dans une autre capsule vide ou pleine d'eau distillée.

On peut encore le préparer en plaçant dans des assiettes une dissolution de chlorhydrate d'ammoniaque renfermant $\frac{1}{16}$ de ce sel, et la couvrant avec une cloche remplie de chlore qui est absorbé peu-à-peu; ce qui fait que le niveau intérieur du liquide s'élève par la diminution de pression. Il faut alors ajouter de la dissolution pour empêcher l'air de rentrer dans la cloche. L'action étant terminée, on décante la liqueur qui surnage le chlorure qu'on lave bien soigneusement et à plusieurs reprises avec de l'eau distillée.

Le chlorure d'azote ainsi obtenu est liquide et comme oléagineux; sa couleur est fauve; son odeur est très piquante, insupportable, et analogue à celle du gaz acide chloroxicarbonique. Sa saveur n'est point connue, mais elle est probablement très forte. On n'a point encore déterminé sa pesanteur spécifique; on sait seulement qu'elle est plus grande que celle de l'eau; car, lorsqu'on verse du chlorure d'azote dans de l'eau, même chargée de sel, il la traverse et se rassemble au fond du vase.

Le chlorure d'azote est très volatil; mis en contact avec l'air à la température ordinaire, il s'y vaporise promptement et lui communique une odeur suffocante qui le rend presque irrespirable. Exposé à une chaleur d'environ 30°, le chlorure d'azote détone tout-à-coup avec violence et un grand dégagement de calorique et de lumière; dégagement qui provient probablement de ce que les deux élémens, par leur contact, se constituent dans des états opposés d'électricité, et de ce que les deux fluides s'unissent au moment de la décomposition. Les produits de cette décomposition ne peuvent être que du chlore et du gaz azote.

L'action du chlorure d'azote sur le phosphore est très violente; une détonation semblable à la précédente a lieu au moindre contact de ces deux substances; il ne faut même, pour cela, qu'une très petite quantité de chlorure d'azote : aussi, lorsqu'on place du phosphore au fond de l'entonnoir où l'on prépare ce chlorure, la première goutte presque imperceptible de chlorure d'azote qui tombe sur le phosphore détermine-t-elle la rupture de l'appareil. Cette détonation cesse d'avoir lieu, d'après MM. Berzelius et Marcet, par l'addition d'une certaine quantité de carbure de soufre.

L'action du chlorure d'azote sur le soufre est moins grande que sur le phosphore. En effet, en plaçant un morceau de soufre dans l'entonnoir où l'on prépare le chlorure d'azote, les gouttes de chlorure d'azote s'y unissent à mesure qu'elles se forment, et produisent un composé triple de couleur brune, qui se décompose à mesure avec une effervescence continuelle, mais tranquille. Il paraît que le gaz qui se dégage alors est de l'azote, et qu'il se forme de l'acide chlorhydrique et de l'acide sulfureux, comme lorsque le chlorure de soufre est décomposé par l'eau.

Le sélénium et l'arsénic en poudre produisent tout-à-coup une forte explosion avec le chlorure d'azote.

L'acide sulfhydrique en dissolution dans l'eau décompose lentement le chlorure d'azote : le soufre de l'acide se sépare, de l'azote est mis en liberté, et il y a formation de chlorhydrate d'ammoniaque et en outre d'acide chlorhydrique libre en quantité proportionnelle à celle de l'azote dégagé.

Le chlorure d'azote et le sulfure de carbone mêlés ensemble, donnent peu-à-peu naissance à des acides chlorhydrique et sulfurique, à de l'ammoniaque et à de l'azote qui se dégage.

Placé sous l'eau pure à la température ordinaire, le chlorure d'azote disparaît en vingt-quatre heures; une partie est transformée en acides chlorhydrique et azotique par les élémens de l'eau, et l'autre est décomposée en chlore et en azote qui se dégagent. Mis en contact avec la potasse, l'oxide d'argent, l'oxide de plomb, etc., il y a production de chlorure, d'acide azotique, et par conséquent d'azotate, et dégagement d'azote. (Sérullas, *Ann. de Chim. et de Phys.* t. XLII.)

Le cuivre, et sans doute plusieurs autres métaux, décomposent le chlorure d'azote. Pour opérer cette décomposition, on place le chlorure d'azote, avec de la tournure de cuivre, dans un flacon plein d'eau distillée, et garni d'un tube dont l'extrémité s'engage sous une cloche pleine de mercure; le cuivre noircit d'abord, et bientôt l'eau distillée prend la couleur d'une dissolution de chlorure de cuivre; il ne se dégage que de l'azote pur qu'on recueille sous la cloche. En précipitant la dissolution de chlorure de cuivre par le nitrate d'argent, il est facile de déterminer la quantité de chlore qui entre dans la combinaison, et d'en faire une analyse exacte. C'est en voulant faire cette analyse que M. Dulong a été blessé une seconde fois par une détonation qui montre combien on doit prendre de précautions dans toutes les expériences qu'on tente sur cette substance, et qui l'a empêché de connaître directement la proportion des élémens dont elle est composée. Elle doit résulter de 1 prop. d'azote et de 3 de chlore : du moins voilà ce qu'indique son analogie avec l'iodure d'azote.

Nous avons dit qu'à mesure que le chlorure d'azote se formait dans la dissolution de sel ammoniacal, on voyait paraître en même temps dans cette dissolution une multitude de petites bulles : ces bulles sont produites par un gaz particulier qui paraît être du chlorure d'azote en vapeur, mêlé à du gaz azote. Ce gaz a une odeur très forte, se décompose quelquefois spontanément dans l'air, en donnant lieu à une légère détonation et à une vive lumière. On peut le recueillir en substituant à l'entonnoir un flacon de Woolf garni d'un tube plongeant sous une cloche pleine d'eau.

Récemment recueilli, il détone ordinairement, comme nous venons de le dire, à l'instant où l'on renverse la cloche; mais il perd bientôt cette propriété lorsqu'il reste en contact avec l'eau; il la perd également sous la cloche à mercure : dans ce cas, le métal se convertit en chlorure, et il ne reste sous la cloche que de l'azote pur. Cette décomposition a lieu sans aucun changement dans le volume du gaz; ce qui semble prouver que le chlorure d'azote, à l'état de vapeur, a précisément le même volume que l'azote qu'il contient.

Iodure d'azote.

151. Suivant M. Colin, l'iodure d'azote est formé en poids de 5,8544 d'azote et de 156,21 d'iode, ou, ce qui revient au même, de 1 vol. d'azote et de 3 vol. de vapeur d'iode (*Ann. de Chim.*, XCI, 262). Sa composition sera donc :

En prop.   1 d'azote 177,03 $+$ 3 d'iode 3 $\times$ 1578,50.

En atom.   1 d'azote $\frac{177,03}{2}$ $+$ 3 d'iode $\frac{3 \times 1578,50}{2}$ $=$ Az I^5

L'affinité de l'iode pour l'azote est si faible, que ces deux corps ne peuvent s'unir qu'autant que l'azote est à l'état de gaz naissant. C'est pourquoi, lorsqu'on veut obtenir cet iodure, il faut mettre l'iode en contact avec un excès d'ammoniaque liquide, à la température ordinaire : alors une portion de l'ammoniaque (hydrogène azoté) se décompose à l'instant même, et de là résultent, d'une part, l'iodure qui se précipite en poudre noirâtre, et de l'autre, de l'iodhydrate d'ammoniaque qui reste dissous. Au bout d'un quart d'heure, l'iodure peut être jeté sur un filtre et lavé. Les lavages ne doivent point être poussés trop loin : autrement l'iodure se décomposerait spontanément, avec bruit et sur le filtre.

<table>
<tr><td colspan="2" align="center">Proportions réagissantes,</td><td colspan="2" align="center">Proportions produites,</td></tr>
<tr><td>4 d'amm. =</td><td>{ 4 d'azote.
{ 12 d'hydrog.</td><td>1 d'iodure =</td><td>{ 1 d'azote.
{ 3 d'iode.</td></tr>
<tr><td>6 d'iode.</td><td></td><td>3 iodhydr. =</td><td>{ 3 acide ou { 3 hydrogène.
{   { 3 iode.
{ 3 ammoniaque.</td></tr>
</table>

Et en atomes :

$$4 \, Az \, H^5 + 6 \, I = Az \, I^5 + 3 \, (H I, \, Az \, H^5).$$

Selon M. Sérullas, on peut encore obtenir l'iodure d'azote en versant un grand excès d'ammoniaque liquide dans une dissolution alcoolique saturée d'iode. On agite avec une baguette de verre et l'on étend d'eau ; l'iodure se dépose par le repos : il suffit de décanter le liquide surnageant et de laver le dépôt à l'eau distillée pour l'avoir pur.

Ainsi préparé, l'iodure d'azote est en poudre plus fine et moins dangereux à manier que celui qu'on obtient en suivant le procédé qui a été indiqué en premier lieu : ce que M. Sérullas attribue à une combinaison plus parfaite des élémens qui le constituent et à ce que son état de division extrême, fait que le frottement des corps durs est moins rude, et par conséquent moins apte à le faire détoner. Cependant cet iodure d'azote, mis en contact avec l'ammoniaque liquide, acquiert la propriété de détoner même sous l'eau, comme le fait celui qui est préparé en mettant directement l'iode en contact avec l'ammoniaque. Ne peut-on pas inférer de là que l'iodure obtenu par l'alcool diffère de l'autre, soit par les proportions de ses principes constituans, soit par un état isomérique ?

L'iodure d'azote fulmine très fortement ; lorsqu'il est sec, la détonation est même souvent spontanée ; quand il est humide, elle perd beaucoup de sa force et n'a lieu ordinairement que par une légère pression ; dans l'obscurité, elle est toujours accompagnée d'un dégagement de lumière très sensible, et dans tous les cas elle est due à ce que l'azote et l'iode se séparent et se réduisent en gaz.

L'acide sulfhydrique en dissolution dans l'eau et l'iodure d'azote donnent naissance à de l'iodhydrate d'ammoniaque, à de l'acide iodhydrique provenant d'une petite quantité d'iode qui se trouve toujours en excès et à du soufre qui se dépose.

L'acide chlorhydrique liquide, agit d'une manière remarquable sur l'iodure d'azote. L'eau est décomposée; il se forme des acides iodique, iodhydrique, et du chlorhydrate d'ammoniaque. Mais presque au même temps l'excès d'acide chlorhydrique détermine une réaction entres ses propres élémens et ceux des acides iodique et iodhydrique, telle qu'il en résulte de l'eau qui se reproduit, et un souschlorure d'iode qui reste dissous.

La potasse caustique ou carbonatée, ajoutée en quantité convenable à la liqueur, met en liberté l'iode et l'ammoniaque, et fait reparaître l'iodure d'azote.

Les dissolutions alcalines versées peu-à-peu sur l'iodure d'azote, donnent lieu à un iodate et à un dégagement d'ammoniaque; ce sont donc encore les deux principes de l'eau qui se combinent; l'oxigène avec l'iode, et l'hydrogène avec l'azote.

A la température ordinaire, et surtout à l'aide de la chaleur, l'eau décompose l'iodure d'azote. Les produits de cette décomposition sont : de l'iodate et de l'iodhydrate d'ammoniaque, plus quelques bulles d'azote qui se dégagent et une petite quantité d'iode qui colore la liqueur. (SERULLAS, *Ann. de Chim. et de Phys.*, XLII.)

LIVRE SIXIÈME.

Oxides et acides.

152. Les oxides résultent de l'union de l'oxigène avec chacun des corps simples; ils ont pour caractère de ne point rougir la teinture de tournesol. On en distingue deux genres :

les oxides métalloïdiques et les oxides métalliques. Les premiers ne neutralisent point les acides ; les autres, au contraire, s'y unissent pour former de véritables sels.

153. Les acides sont des corps composés dont les propriétés caractéristiques sont de rougir certaines couleurs bleues végétales, telles que le tournesol; d'être plus ou moins solubles dans l'eau; d'avoir une saveur aigre, ou d'en avoir une caustique qui devient aigre en l'affaiblissant d'une manière quelconque; de se rendre au pôle positif lorsqu'on les place, unis à l'eau, dans le courant de la pile, et qu'ils ne se décomposent pas; enfin, de s'unir à la plupart des bases salifiables, particulièrement aux alcalis, de les neutraliser et d'être neutralisés par eux. De ces caractères, le dernier est, sans contredit, de beaucoup le plus important, si bien qu'un corps qui le posséderait devrait être mis au rang des acides, quand bien même il ne posséderait pas les autres. Quoi qu'il en soit, l'on remarque en général que les acides qui sont faibles, ou dont l'affinité pour les bases salifiables n'est pas forte, n'ont que peu de saveur, que peu d'action sur le tournesol, qu'ils n'ont aussi que peu d'odeur, même lorsqu'ils sont gazeux, et que le contraire a lieu lorsqu'ils sont puissans.

On distingue quatre genres d'acides : les oxacides et les acides métalloïdiques, les oxacides métalliques et les acides d'origine organique.

Nous ne nous occuperons des oxides et des oxacides métalliques qu'en traitant des métaux. Les acides d'origine organique ne seront étudiés que dans la chimie végétale et dans la chimie animale. Nous n'avons donc à examiner que les oxides, les oxacides et les acides métalloïdiques.

Un premier chapitre sera consacré à l'histoire des oxides et des oxacides, et un autre à celle des acides métalloïdiques.

CHAPITRE PREMIER.

Oxides et oxacides métalloïdiques.

154. Les oxides et les oxacides métalloïdiques sont des composés qui, comme l'expriment leurs noms, résultent de la combinaison de l'oxigène avec les métalloïdes.

Il n'est aucun métalloïde, si ce n'est le fluor (mais celui-ci n'a point encore été isolé), qui ne puisse s'unir avec l'oxigène et former des oxides et des oxacides, le plus souvent même l'un et l'autre. L'hydrogène, à la vérité, ne peut que s'oxider, le bore, le silicium et le brôme que s'acidifier; mais tous les autres s'oxident et s'acidifient en même temps. Quelques-uns même forment plusieurs oxides et plusieurs acides.

155. *Oxides métalloïdiques.* — Ces oxides sont au nombre de neuf : l'eau ou le protoxide d'hydrogène, le bioxide d'hydrogène, l'oxide de phosphore, l'oxide de carbone, l'oxide de sélénium, le protoxide et le deutoxide de chlore, le protoxide et le bi-oxide d'azote.

Le premier de ces oxides, comme tout le monde le sait, est liquide à la température ordinaire; il en est de même du second; le troisième est solide, et les cinq derniers gazeux. Aucun ne rougit les couleurs bleues. Aucun, et c'est là surtout ce qui distingue les oxides métalloïdiques des oxides métalliques, ne se combine avec les acides de manière à les saturer et à donner naissance à des sels. D'ailleurs un oxide quelconque contient toujours moins d'oxigène que l'acide qui a le même radical que lui. De telle sorte qu'en combinant un oxide avec de nouvelles quantités d'oxigène, on parvient à l'acidifier.

156. *Oxacides métalloïdiques.* — Il existe 20 oxacides métalloïdiques qui sont : l'acide borique, l'acide silicique, l'acide carbonique, quatre acides ayant pour radical le phosphore, quatre acides ayant pour radical le

soufre, deux ayant pour radical le sélénium, deux ayant pour radical le chlore, l'acide brômique, l'acide iodique et enfin trois acides ayant l'azote pour radical.

De ces 20 acides, deux, l'acide carbonique et l'acide sulfureux sont à l'état gazeux; sept sont naturellement solides à la température ordinaire, l'acide borique, l'acide silicique, l'acide phosphorique, l'acide phosphoreux, l'acide sulfurique anhydre, l'acide sélénieux et l'acide iodique. Neuf sont liquides; mais parmi ceux-ci, huit, savoir : l'acide hypo-phosphorique, l'acide hypo-phosphoreux, l'acide hypo-sulfurique, l'acide sélénique, l'acide chlorique, l'acide chlorique oxigéné, l'acide brômique et l'acide azotique, doivent, selon toute apparence, leur liquidité à l'eau; du moins ils ne peuvent être séparés de celle qu'ils contiennent qu'en les combinant avec d'autres corps capables de fixer leurs élémens : l'acide hypo-azotique seul est liquide par lui-même. Enfin, sur les 20 acides, il en est deux qui ne peuvent exister qu'en combinaison avec les bases salifiables : ce sont les acides azoteux et hypo-sulfureux.

ARTICLE Ier.

Eau ou protoxide d'hydrogène.

157. *Propriétés physiques.* — L'eau est transparente, sans couleur, sans odeur, sans saveur, compressible, élastique, capable de transmettre les sons et de mouiller la plupart des corps.

La propriété qu'elle a de se comprimer a long-temps été révoquée en doute; mais les expériences faites par Canton, par M. Perkins (*Annn. de Chim. et de Physique.*, tom. XVI, pag. 321), et par M. OErsted (*idem*, t. XXII, pag. 192), démontrent évidemment sa compressibilité, et par conséquent celle de tous les liquides.

Ces expériences prouvent de plus que l'eau se comprime en raison des poids dont elle est chargée, et que, pour une pression égale à celle de l'atmosphère, la diminution de volume qu'elle éprouve est de 0,000044 à 0,000048. Canton a trouvé le premier résultat; Perkins, le second; OErsted a obtenu 0,000045.

M. Dessaignes, en la soumettant à un choc subit et fort, en a fait jaillir tout-à-coup une vive lumière. Probablement que, dans cette circonstance, l'eau est comprimée, que ses particules se rapprochent, et qu'une portion du calorique qui les tenait écartées devient lumineuse. (1)

---

(1) On fait l'expérience au moyen de l'appareil représenté (pl. XII, fig. 12.)

AAAA, corps de pompe très épais en verre.

BB, tige terminée par le piston de cuir *C*.

D, petit piston de cuir sans tige.

E, robinet adapté au corps de pompe par la boîte de cuivre *FF*.

GG, manche en bois traversé par la tige métallique *HH*, qui se visse sur le robinet *E*.

II, autre boîte de cuivre à travers laquelle passe la tige *BB* du piston *C*.

MM, *M'M'*, tiges en laiton, servant à assujétir les deux boîtes de cuivre *FF*, *II*, au moyen des écrous *NN*.

OO, plan de cet appareil sur une échelle beaucoup plus étendue.

PP, partie inférieure de l'appareil.

RR, partie supérieure de l'appareil, mais prise au-dessous du robinet.

On se sert de cet appareil de la manière suivante : on dévisse la tige métallique *HH* qui traverse le manche *GG*; on ouvre le robinet, et on enfonce le piston de cuir *C* le plus possible, c'est-à-dire, jusqu'au haut du corps de pompe; alors on pose le piston de cuir *D* sur le piston *C*; on retire légèrement celui-ci au moyen de la tige *BB*, en appuyant sur l'autre. Lorsque la partie supérieure du piston *D* est entrée de quelques centimètres dans le corps de pompe, comme on le voit dans la fig. 12, on visse le robinet sur la boîte de cuivre *FF*; on l'ouvre, et on remplit d'eau privée d'air tout l'espace compris entre ce robinet et le piston; ensuite on ferme le robinet, et on y adapte la tige *HH*, qui traverse le manche *GG*. L'appareil étant ainsi disposé, on le porte dans l'obscurité; on fixe avec les pieds l'extrémité inférieure de la tige *BB*; on élève le corps de pompe en saisissant le manche avec les mains, puis on le rabaisse subitement et fortement. Au moyen de ce mécanisme, l'eau reçoit nécessairement un grand choc et devient lumineuse. Il est essentiel, pour que l'expérience réussisse bien, qu'il ne se glisse aucune portion d'air entre les deux pistons, et qu'au moment où l'on abaisse le piston *C*, le piston *D* reste immobile, pour que le vide soit exact entre les deux.

158. L'eau, comme tous les autres corps, a la propriété de cristalliser en passant de l'état liquide à l'état solide : lorsqu'on la fait refroidir peu-à-peu, il se forme à sa surface de petites aiguilles triangulaires qui présentent le long de leurs bases d'autres aiguilles beaucoup plus petites; arrangement d'où résultent des dentelures semblables à celles des feuilles de fougères. Ces aiguilles ont une tendance remarquable à se réunir sous les angles de 60 à 120° : témoin la neige au moment où elle vient de tomber; on y distingue six rayons qui partent d'un centre commun, et qui forment un hexagone régulier.

159 De même que l'on compare la pesanteur spécifique des gaz à celle de l'air, de même l'on compare la pesanteur spécifique des liquides et des solides à celle de l'eau. Nous ne présenterons point ici dans un tableau les densités des différens corps, elles se trouvent citées dans l'histoire de chacun d'eux en particulier : nous ne ferons que comparer, à la température de $+ 4°$ et sous la pression de 76 centimètres, celle de l'air et de l'eau, qui sont les corps les plus communs; celle de l'hydrogène, qui est de tous les corps le plus léger, et celle du platine, qui est le plus lourd.

La densité de l'eau étant représentée par l'unité, celle du platine est de 20,98; celle de l'air, de 0,0012802; celle de l'hydrogène de 0,00008808. Par conséquent, sous le même volume, à $+ 4°$ et à o^{m}, 76, l'air pèse 14 ^{fois}, 534 autant que l'hydrogène; l'eau 11353 fois autant que ce gaz, et le platine 238192 fois; par conséquent aussi, dans les mêmes circonstances, le poids de l'eau est de 781 fois, et celui du platine 16391 fois plus grand que celui de l'air. On sait d'ailleurs qu'un décimètre cube ou litre d'eau à son *maximum* de densité, c'est-à-dire à $+ 4°$, pèse 1000 grammes, et que, par conséquent, un centimètre cube pèse 1 gramme.

Hallström et Deluc ont fait sur la densité de l'eau à diverses températures, des expériences dont on trouvera les résultats dans les tableaux suivans.

DENSITÉ DE L'EAU,

D'APRÈS HALLSTROM.

TEMPÉRA- TURES.	EN LA SUPPOSANT = 1 à 4°, 1 c.		TEMPÉRA- TURES.	EN LA SUPPOSANT = 1 à 0°, c.	
	PESANTEURS SPÉCIFIQUES.	VOLUMES.		PESANTEURS SPÉCIFIQUES.	VOLUMES.
0	0,9998918	1,0001082	0	1,0	1,0
1	0,9999382	1,0000617	1	1,0000466	0,9999536
2	0,9999717	1,0000281	2	1,0000799	0,9999202
3	0,9999920	1,0000078	3	1,0001004	0,9998996
4	0,9999995	1,0000002	4	1,0001082	0,9998918
5	0,9999950	1,0000050	5	1,0001032	0,9998968
6	0,9999772	1,0000226	6	1,0000856	0,9999144
7	0,9999472	1,0000527	7	1,0000355	0,9999445
8	0,9999044	1,0000954	8	1,0000129	0,9999872
9	0,9998497	1,0001501	9	0,9999579	1,0000421
10	0,9997825	1,0002200	10	0,9998906	1,0001094
11	0,9997030	1,0002970	11	0,9998112	1,0001888
12	0,9996117	1,0003888	12	0,9997196	1,0002804
13	0,9995080	1,0004924	13	0,9996160	1,0003841
14	0,9993922	1,0006081	14	0,9995005	1,0004997
15	0,9992647	1,0007357	15	0,9993731	1,0006273
16	0,9991260	1,0008747	16	0,9992340	1,0007666
17	0,9989750	1,0010259	17	0,9990832	1,0009176
18	0,9988125	1,0011888	18	0,9989207	1,0010805
19	0,9986387	1,0013631	19	0,9987468	1,0012548
20	0,9984534	1,0015490	20	0,9985615	1,0014406
21	0,9982570	1,0017560	21	0,9983648	1,0016379
22	0,9980489	1,0019549	22	0,9981569	1,0018465
23	0,9978300	1,0021746	23	0,9979379	1,0020664
24	0,9976000	1,0024058	24	0,9977077	1,0022976
25	0,9973587	1,0026483	25	0,9974666	1,0025398
26	0,9971070	1,0029016	26	0,9972146	1,0027932
27	0,9968439	1,0031662	27	0,9969518	1,0030575
28	0,9965704	1,0034414	28	0,9966783	1,0033328
29	0,9962864	1,0037274	29	0,9963941	1,0036189
30	0,9959917	1,0040245	30	0,9960993	1,0039160

TABLE DE LA DENSITÉ DE L'EAU,

D'APRÈS LES EXPÉRIENCES DE DELUC, EN SUPPOSANT QU'ELLE SOIT ÉGALE À L'UNITÉ A LA TEMPÉRATURE DE 0° C.

TEMPÉRA-TURE DE L'EAU.	VOLUMES.	DENSITÉS.
30	1,00414893	0,9955861
35	1,00581832	0,9942154
40	1,00773939	0,9923200
45	1,00990174	1,9901952
50	1,01229496	0,9878544
55	1,01490866	0,9853103
60	1,01773243	0,9825766
65	1,02075589	0,9796660
70	1,02396862	0,9765923
75	1,02736024	0,9733683
80	1,03092034	0,9700071
85	1,03463853	0,9665212
90	1,03850440	0,9629232
95	1,04250755	0,9592256
100	1,04663760	0,9554406

160. *Propriétés chimiques.* — L'eau pure est un mauvais conducteur du fluide électrique : voilà pourquoi l'on n'en opère pas sensiblement la décomposition, même au moyen d'une pile très forte ; et c'est aussi pour cela que l'on peut, en rapprochant convenablement les deux fils que l'on y plonge alors, faire passer l'étincelle de l'un des deux à l'autre : mais y ajoute-t-on une petite quantité de sel ou d'acide, elle acquiert sur-le-champ la propriété de conduire le fluide et d'être décomposée avec beaucoup de rapidité.

Son pouvoir réfringent est considérable; il surpasse d'environ 7 dixièmes celui de l'air : d'où Newton a conclu, long-temps avant qu'on ne soupçonnât l'hydrogène dans l'eau, qu'elle devait contenir quelque principe très combustible.

Soumise à l'action de la chaleur, l'eau s'échauffe graduellement, jusqu'à ce qu'elle soit à 100°, sous la pression de 0^{mètre},76 ; parvenue à ce terme, elle reste à la même température tant qu'elle est liquide, bout, augmente de 1700 fois son volume, et forme un gaz transparent et invisible que l'on appelle *vapeur aqueuse*; sous une pression moindre, l'eau bouillirait au-dessous de 100°; sous une pression plus forte, elle ne bouillirait qu'au dessus. Dans tous les cas, la tension ou la pression de la vapeur qui se forme dépend de la température. (V. *Philosophie chimique.* 5e vol.)

FORCE ÉLASTIQUE DE LA VAPEUR D'EAU,

ÉVALUÉE EN MILLIMÈTRES, D'APRÈS LES EXPÉRIENCES DE DALTON, POUR CHAQUE DEGRÉ DU THERMOMÈTRE CENTIGR.

(Tableau tiré de l'ouvrage de M. Biot.)

DEGRÉS.	TENSION.	DEGRÉS.	TENSION.	DEGRÉS.	TENSION.	DEGRÉS.	TENSION.
—20	1,333	18	15,353	56	119,39	94	611,18
—19	1,429	19	16,288	57	125,31	95	634,27
—18	1,531	20	17,314	58	131,50	96	658,05
—17	1,638	21	18,317	59	137,94	97	682,59
—16	1,755	22	19,417	60	144,66	98	707,63
—15	1,879	23	20,577	61	151,70	99	733,46
—14	2,011	24	21,805	62	158,96	100	760,00
—13	2,152	25	23,090	63	166,56	101	787,27
—12	2,302	26	24,452	64	174,47	102	815,26
—11	2,461	27	25,881	65	182,71	103	843,98
—10	2,631	28	27,390	66	191,27	104	873,44
— 9	2,812	29	29,045	67	200,18	105	903,64
— 8	3,005	30	30,643	68	209,44	106	934,81
— 7	3,210	31	32,410	69	219,06	107	966,31
— 6	3,428	32	34,261	70	229,07	108	994,79
— 5	3,660	33	36,188	71	239,45	109	1032,04
— 4	3,907	34	38,254	72	259,23	110	1066,06
— 3	4,170	35	40,404	73	261,43	111	1100,87
— 2	4,448	36	42,743	74	273,03	112	1136,43
— 1	4,745	37	45,038	75	285,07	113	1172,78
0	5,059	38	47,579	76	297,57	114	1209,90
1	5,393	39	50,147	77	310,49	115	1247,81
2	5,748	40	52,998	78	323,82	116	1286,51
3	6,123	41	55,772	79	337,76	117	1325,98
4	6,523	42	58,792	80	352,08	118	1366,22
5	6,947	43	61,908	81	367,00	119	1407,24
6	7,396	44	65,627	82	382,38	120	1448,83
7	7,871	45	68,751	83	398,28	121	1491,58
8	8,375	46	72,393	84	414,73	122	1534,89
9	8,909	47	76,205	85	431,71	123	1578,96
10	9,475	48	80,195	86	449,26	124	1623,67
11	10,074	49	84,370	87	467,38	125	1669,31
12	10,707	50	88,742	88	486,09	126	1715,58
13	11,378	51	93,301	89	505,38	127	1762,56
14	12,087	52	98,075	90	525,28	128	1810,25
15	12,837	53	103,06	91	545,80	129	1858,63
16	13,630	54	108,27	92	566,95	130	1907,67
17	14,468	55	113,71	93	588,74		

161. Lorsqu'au lieu d'exposer l'eau à l'action de la chaleur, on l'expose à l'action du froid, elle se condense de plus en plus jusqu'à + 4°; alors elle se dilate, au contraire, jusqu'au terme de la congélation. Selon Mairan, l'eau à zéro augmente environ d'un quatorzième de son volume en se congelant : aussi la glace est-elle plus légère que l'eau. L'explication de ce phénomène a beaucoup occupé les savans; on suppose généralement aujourd'hui qu'il est dû à ce que dans l'eau liquide les particules sont placées, les unes par rapport aux autres, d'une autre manière que dans l'eau solide, et que dans cette dernière leur arrangement réciproque est tel qu'elles sont forcées d'occuper plus d'espace que dans la première. On suppose, d'ailleurs, qu'immédiatement au-dessous de + 4°, cet arrangement commence à être sensible dans l'eau liquide elle-même, parce que déjà il y aurait tendance à la cristallisation. Or, dit-on, cette tendance ne peut qu'augmenter par le refroidissement : l'eau doit donc avoir moins de densité à 3° qu'à 4°, etc. Tel est le raisonnement que l'on fait et qui paraît être le plus plausible.

L'eau n'est pas le seul liquide qui possède la propriété de se dilater en se solidifiant; plusieurs alliages sont dans ce cas : cependant le plus grand nombre paraît se contracter.

L'eau, en se solidifiant, acquiert une force expansive considérable. Buot ayant rempli exactement d'eau un canon de fer épais d'un doigt, et l'ayant exposé à un froid très grand après en avoir fermé l'ouverture, le trouva cassé en deux endroits au bout de douze heures. A Florence, l'on fit crever de la même manière une sphère de cuivre si épaisse, que, d'après Muschembroeck, l'effort nécessaire pour la rompre était équivalent à un poids de 27720 livres : par conséquent, on concevra sans peine comment, par un temps de gelée, les pierres dont les fissures ou les gerçures sont remplies d'eau se brisent; comment les vases qui en sont pleins aussi, et dont l'ouverture est resserrée, se brisent également; comment les végétaux souffrent, surtout dans le collet de leur racine, à la suite d'un dégel, si la gelée reprend tout-à-coup, ou si, la sève commençant à circuler, il survient un froid vif.

162. On a vu que l'eau entrait en ébullition à 100°, sous une pression de 76 centimètres; mais il faut pour cela qu'elle soit pure : si elle contenait en dissolution quelques substances moins volatiles qu'elle-même, son degré d'ébullition serait d'autant plus élevé au-dessus de 100° que la quantité de ces substances serait plus grande : c'est ainsi que l'eau saturée de sel marin à 15° ne bout qu'à environ 107°,4 sous la pression précédente. Les pointes qui peuvent se trouver dans les vases que l'on emploie ont même de l'influence sur le phénomène : elles favorisent l'ébullition, de sorte que l'eau bout sensiblement plus tôt dans un vase qui contiendrait, par exemple, quelques parcelles métalliques que dans un vase qui n'en contiendrait point et dont le fond serait bien uni.

L'on a vu également que la glace entrait toujours en fusion à zéro : il suit de là que l'eau peut se congeler à cette température; mais il ne s'ensuit pas qu'elle s'y congèle constamment. Que l'on prenne un matras à moitié plein d'eau pure; qu'on en ferme le col à la lampe, ou plutôt qu'on recouvre l'eau d'une couche d'huile; qu'on place ensuite le vase dans un lieu tranquille où le froid descende peu-à-peu jusqu'à—5 à—6°, l'eau ne changera point d'état; elle se solidifiera tout-à-coup, au contraire, si l'on excite des vibrations entre ses particules : c'est qu'alors celles-ci se joindront par d'autres surfaces, condition nécessaire pour que la cristallisation ait lieu. L'eau pure et privée d'air a été ramenée sans se congeler à —6°,16 par Blagden, et jusqu'à — 12° par M. Gay-Lussac. Lorsqu'elle est aérée et surtout chargée de limon, sa congélation s'opère beaucoup plus aisément.

D'ailleurs, de même que les substances solides, que l'on y dissout et qui ne se volatilisent qu'au-dessus de 100°, retardent son degré d'ébullition, de même elles abaissent son degré de congélation à tel point que de l'eau saturée chlorure de calcium, est encore liquide à — 40°.

163. L'eau, à l'état liquide, a la propriété de dissoudre d'autant plus d'oxigène que la température est plus basse et que la pression est plus grande. A + 10° et à 76 centimètres, elle en dissout plus de la vingt-cinquième partie de son volume; bouillante, ou même à zéro dans le vide, elle n'en dissout pas la plus petite quantité, de sorte que celle qui en contient le laisse échapper sous forme de bulles, soit qu'on la fasse chauffer, soit qu'on la mette dans un vase sous un récipient qu'on prive d'air par la machine pneumatique.

164. L'eau agit sur l'air comme sur le gaz oxigène, sinon qu'elle en dissout un peu moins. Ce qu'il y a de très remarquable, c'est que l'air de l'eau est plus pur que celui de l'atmosphère. Tandis que celui-ci ne contient que 0,21 d'oxigène, celui de l'eau en contient 0,32. Cette différence paraît tenir à ce que l'eau, en contact avec deux gaz, dissout plus ou moins de ceux-ci, en raison de leur quantité respective, de leur action réciproque, et de son affinité pour chacun d'eux. Or, il y a près de quatre fois autant de gaz azote que de gaz oxigène dans l'air; mais le gaz oxigène pur est un peu plus soluble dans l'eau que le gaz azote pur, ou, ce qui est la même chose, le premier paraît avoir plus d'affinité pour l'eau que le second : il suit de là que l'air doit être un peu plus pur dans l'eau que dans l'atmosphère; il s'ensuit encore que si, au lieu de saturer l'eau d'air en l'agitant dans l'atmosphère, on l'en saturait en l'agitant avec de l'air dans un flacon, elle prendrait sensiblement moins d'oxigène dans ce cas que dans le premier. Dans tous les cas, pour déterminer la quantité et la nature de l'air dissous dans l'eau, on s'y prend comme il suit : on remplit d'eau un matras de trois à quatre litres; on y adapte, par le moyen d'un bouchon troué, un tube plein d'eau lui-même et propre à recueillir les gaz, ce qui se fait facilement en emplissant complètement le tube avant de l'adapter au matras,

fermant avec le doigt ou un petit bouchon son extrémité libre, introduisant l'autre dans le col du vase, l'y fixant, et appliquant avec soin du lut sur le bouchon du col, et du papier collé sur ce lut. Ensuite on dispose le matras sur un fourneau à feu nu, l'on engage l'extrémité du tube sous une éprouvette pleine de mercure, on retire le petit bouchon, et l'on chauffe l'eau peu-à-peu. Bientôt on voit des bulles paraître et l'ébullition se produire. A partir de là, l'air se dégage tout entier de l'eau, dans l'espace de deux à trois minutes. Alors on laisse refroidir l'appareil sur le fourneau, ou bien on l'enlève; on mesure le gaz, l'on en détermine le volume par rapport à celui de l'eau, et on l'analyse par l'hydrogène dans l'eudiomètre de Volta, en se conformant à ce qui a été dit à ce sujet.

Lorsqu'on fractionne les gaz qu'on retire de l'eau, et lorsqu'on les analyse séparément, on a l'occasion de faire une observation curieuse : ils contiennent d'autant plus d'oxigène qu'ils sont recueillis plus tard. Le premier recueilli en contient, par exemple, 0,22 à 0,23; le second 0,25 à 0,26, et le dernier 0,33 à 0,34. Cet effet est dû à l'affinité plus grande de l'eau pour l'oxigène que pour l'azote : s'il n'est pas plus marqué, c'est probablement parce que le gaz azote en se dégageant tend à entraîner l'oxigène. (*Voyez* le *Mémoire* de MM. Humboldt et Gay-Lussac, *Journ. de Physique*, 1805.) (1)

Toutes les eaux de pluie, toutes celles qui sont courantes, et même les eaux stagnantes qui ont le contact de l'air libre, contiennent à $+$ 10° et à 76 centimètres de pression, la quantité d'oxigène et d'azote dont nous venons de

---

(1) Le gaz oxigène, que l'on met en contact avec une eau aérée, s'y dissout en expulsant de cette eau une portion de l'azote qu'elle contient. Le gaz hydrogène, qui, seul, n'est point soluble dans l'eau, y devient sensiblement soluble par la présence du gaz oxigène. Ces deux gaz, en se dissolvant ainsi, ne se combinent pas; car on les retire de l'eau l'un et l'autre par la distillation. *Ibidem.*

parler. Cependant, quand elles viennent à être renfermées, il arrive presque toujours qu'au bout d'un certain temps la quantité d'oxigène diminue; il pourrait même se faire que ce gaz disparût complètement. Cette désoxigénation est produite par des matières végétales ou animales que les eaux tiennent en dissolution, et qui se décomposent : alors elles sont fades et mauvaises à boire; quelquefois même elles sont fétides : telles sont surtout les eaux pluviales qu'on recueille en Hollande sur les toits, et qu'on conserve dans des citernes où l'air ne peut circuler. Mais si, avant de les y faire rendre, on les filtrait à travers une couche épaisse de sable, qui les priverait des matières qu'elles entraînent de dessus les toits, ou qu'elles trouvent en suspension dans l'atmosphère, elles seraient toujours d'excellente qualité, pourvu d'ailleurs qu'on lavât bien les citernes et qu'on y entretînt sans cesse des courans d'air. (1)

Il est évident, d'après ce qui précède, que l'élévation de l'eau au-dessus du niveau de la mer, ou ce qui revient au même la pression de l'air exerce une grande influence sur la quantité absolue d'air, qui se trouve en dissolution dans l'eau qui en est saturée. M. Boussingault s'est livré en Colombie à des recherches intéressantes sur cette question. Il a déterminé les quantités absolues de gaz que l'on peut extraire de l'eau prise à diverses hauteurs; et quoiqu'on puisse admettre que cette eau renferme en général l'oxigène et l'azote dans des rapports analogues à ceux que présente l'eau prise à de faibles hauteurs, il n'en est pas moins certain que la

---

(1) Les eaux des puits et, à plus forte raison, des rivières des pays maritimes, sont trop chargées de matières salines pour être potables. Celles des puits du sol de la Hollande sont surtout dans ce cas : de là la nécessité de recueillir les eaux pluviales. C'est principalement vers le mois de septembre que l'eau des citernes devient mauvaise en Hollande, parce qu'alors il ne pleut que rarement. Dans le cas où le procédé que nous venons d'indiquer ne suffirait pas complètement pour conserver les eaux à cette époque, il faudrait, avant de les boire, les passer à travers le charbon et les aérer.

16.

quantité absolue d'oxigène est fortement diminuée. Elle peut se trouver réduite au tiers de celle que contient l'eau prise au niveau de la mer, ainsi que le prouve le tableau suivant.

Quantités d'air extraites d'un litre d'eau.

	Élévation au-dessus du niveau de la mer.	Acide carb.	Air.
Niveau de la mer	0	»	35
Torrent de la Basa, près Pamplona	3000	2	11
Torrent de San-Francisco, près Santa-Fé de Bogota	2640	0	12
Eau de source à Santa-Fé de Bogota	2640	11	12
Eau bouillie, puis exposée à l'air à Santa-Fé de Bogota	2640	1,5	14
Eau de pluie à Santa-Fé de Bogota	2640	3	14
Eau des neiges du Pic de Tolima	4700	0	inappréc.

M. Boussingault tire de l'ensemble de ses observations une conséquence qui mérite de fixer l'attention; il attribue à l'usage habituel des eaux peu aérées, les affections goîtreuses si fréquentes dans les pays qu'il a observés. S'il était vrai que cette maladie ne se montrât endémique que sous cette condition, il serait presque toujours facile de faire disparaître la cause et par conséquent l'effet. Un séjour prolongé de l'eau au contact de l'air, dans des vases de terre, suffirait, dans tous les cas, pour donner à l'eau un caractère salubre.

Si l'eau à l'état liquide est capable de dissoudre de l'air, il n'en est pas de même de l'eau à l'état solide ; par conséquent l'eau en se congelant doit abandonner l'air qu'elle contient ; celui-ci reprend l'état de gaz et forme des cavités dans la glace ; on peut l'extraire en faisant fondre la glace sous une cloche pleine d'eau.

165. *Eau et métalloïdes.* — Il n'y a que quatre métalloïdes qui se dissolvent dans l'eau : l'azote, l'iode, le brôme et le chlore. Celui-ci n'en exige pour se dissoudre que les deux tiers de son volume sous la pression de $0^m,76$, et à la

température de 20°; les trois autres et surtout l'azote y sont très peu solubles : cependant l'iode lui donne une teinte jaunâtre, et le brôme une teinte d'un jaune orangé.

Aucun de ces corps ne la décompose à la température ordinaire; elle peut être décomposée par quatre d'entre eux à une température élevée; savoir : le bore, le carbone, le chlore et l'iode (1). Qu'on la fasse passer en vapeur dans un tube de porcelaine incandescent, où l'on mettra successivement du bore et du carbone, et l'on obtiendra des quantités proportionnelles de gaz hydrogène et d'acide borique dans le premier cas, et de gaz carbonique et du proto-carbure d'hydrogène dans le second (*Voyez*, pour l'appareil, la décomposition de l'eau par le fer : supprimez-en seulement le serpentin). Il suffira même, pour la décomposer, d'en remplir une cloche et d'y introduire avec une pince des charbons incandescens. Chacun d'eux donnera lieu tout de suite à la production d'un assez grand volume de gaz inflammable. Il est évident que c'est surtout par l'affinité de l'oxigène pour le métalloïde que l'eau se décompose dans ces circonstances; mais il en est tout autrement quand on la met en contact avec le chlore et l'iode, parce que ces corps ont beaucoup d'affinité pour l'hydrogène, et qu'ils n'en ont au contraire qu'une très faible pour l'oxigène : l'affinité de l'oxigène n'est pourtant point sans effet : l'on en jugera par la nature des produits qui se forment.

Premièrement.—Lorsqu'on prend de l'eau saturée d'iode à la température ordinaire et qu'on la fait chauffer, elle se décolore bientôt sans dégagement de gaz, et se trouve contenir une quantité sensible d'acide iodhydrique et d'acide iodique. Il semble, d'après cela, qu'en ajoutant de l'iode à la liqueur, on devrait la rendre beaucoup plus acide; cepen-

---

(1) Le phosphore possède peut-être aussi cette propriété. Il est fort extraordinaire que le brôme, placé entre le chlore et l'iode, ne la possède point. (Balard, *Ann. de Chim. et de Phys.*, XXXII, 349.)

dant l'expérience prouve que cela n'est pas, et la raison en est toute simple : c'est qu'à un certain point de concentration l'acide iodhydrique et l'acide iodique se décomposent réciproquement. Un haut degré de chaleur, loin de favoriser l'action, produit un résultat contraire ; chose facile à concevoir en observant que, à cette température, les deux principes de l'acide iodique se séparent et que l'acide iodhydrique cède son hydrogène à l'oxigène.

Deuxièmement. — Si l'on soumet en même temps de la vapeur aqueuse et du chlore au degré de la chaleur rouge, il se produira tout-à-coup du gaz chlorhydrique et du gaz oxigène.

Troisièmement. — En exposant dans un flacon de verre une solution de chlore à l'action directe des rayons solaires, l'on obtiendra, comme dans l'expérience précédente, de l'oxigène qu'il sera facile de recueillir au moyen d'un tube, de l'acide chlorhydrique qui se dissoudra dans la liqueur, et il se formera de plus de l'acide chlorique qui restera mêlé avec celui-ci.

166. *Eau et métalloïdes composés.* — Il en est de ces composés comme des métalloïdes simples : plusieurs se dissolvent dans l'eau ; d'autres la décomposent.

166 *bis.* *Eau et acides.* — Tous les acides ont la propriété de se dissoudre dans l'eau, excepté les acides silicique, tunsgtique, titanique, antimonique et antimonieux. Ceux qui ont beaucoup de saveur y sont, en général, très solubles ; ceux qui sont peu sapides y sont, au contraire, peu solubles. La chaleur et la pression influent sur la solubilité du plus grand nombre : la première favorise la solubilité de ceux qui sont solides, et diminue la solubilité de ceux qui sont gazeux ; elle n'influe pas sur la solubilité de ceux qui sont liquides. Quant à la pression, elle n'a d'influence que sur la solubilité de ceux qui sont gazeux ; elle l'augmente beaucoup.

TABLEAUX

DE LA SOLUBILITÉ DES ACIDES. (1)

ACIDES LIQUIDES.	QUANTITÉ D'ACIDE SOLUBLE DANS L'EAU.	CHALEUR PRODUITE AVEC PARTIES ÉGALES D'EAU ET D'ACIDE. (2)
Fluorhydrique....	Ces acides se combinent avec l'eau en toutes proportions, à la température ordinaire.	Bien plus de 100°.
Sulfurique........		Environ 84°.
Hypo-sulfurique ..		
Sélénique.........		
Azotique..........	....	Environ 17°.
Hypo-phosphorique	....	Environ 13°.
Hypo-phosphoreux .		
Chlorique........		
Chlorique oxigéné.		
Acide brômique...	Soluble en toutes proportions.	
Hypo-azotique	*Voy.* Acide hypo-azotique.	

ACIDES SOLIDES.	L'EAU EN DISSOUT		CHALEUR PRODUITE.
	à 10°.	à 100°.	
Phosphorique..	Plusieurs fois son poids.	Plus qu'à froid.	Très sensible.
Sélénieux.....	Très soluble.	En toutes proportions.	
Chromique....	*Idem.*		
Arsénique	Plus que son poids.	Plus qu'à froid.	Moindre.
Phosphoreux..	Très soluble.		
Arsénieux	*V.* Acide arsénieux.	Plus qu'à froid.	
Borique.......	La 35ᵉ partie de son poids.	La 13ᵉ partie de son poids.	Moindre encore.
Molybdique....	Très peu.	Très peu.	Point de chal.
Vanadique....	*Idem.*	*idem.*	
Colombique...	Presque point.	Presque point.	*Idem.*
Tungstique....	o	o	*Idem.*
Silicique......	o	o	*Idem.*
Titanique.....	o	o	*Idem.*
Antimonique..	o	o	*Idem.*
Antimonieux ..	o	o	*Idem.*

(1) Dans les deux derniers tableaux, les acides sont rangés suivant l'ordre de leur plus grand degré de solubilité.

(2) *Voyez*, pour plus de précision, l'histoire particulière de chacun des acides.

ACIDES GAZEUX.	L'EAU EN DISSOUT, PAR RAPPORT A SON VOLUME.			CHALEUR PRODUITE PAR UN FORT COURANT DE GAZ.
	à 20° et à 0^m,76.	à 100° et à 0^m,76.	à 20° dans le vide.	
Fluo-borique ..	Plus de 700 fois.	Beaucoup.	Beaucoup.	Plus de 100°.
Chlorhydrique.	464	Pas beaucoup.	Pas beauçoup	Moins de 100°.
Brômhydrique.	Très solubl.			
Iodhydrique. ..	Aussi soluble peut-être que le précédent:			
Sulfureux.....	37	o	o	Quelques degrés.
Sélénhydrique .	Plus que du suivant.	o	o	o
Sulfhydrique ..	3	o	o	o
Carbonique ...	1	o	o	o
Chloroxi-carbonique	....	....	....	L'eau le décompose.

Rien de plus facile que de combiner les acides liquides avec l'eau; il suffit de les mettre en contact avec elle et de l'agiter; à l'instant même la combinaison a lieu. Celle de l'acide fluorhydrique ne doit être faite que dans des vases de plomb, d'argent ou de platine, parce qu'il attaque le verre, la porcelaine, etc.

Rien de plus facile aussi que de dissoudre dans l'eau les acides solides : on met l'acide et l'eau dans un vase de verre; on chauffe, on agite, et l'on filtre la liqueur.

La dissolution des acides gazeux se fait, en général, en mettant dans un matras ou une cornue les matières capables, par leur réaction, de donner lieu à la production ou au dégagement d'une grande quantité de gaz, et en conduisant ce gaz, bulle à bulle, par des tubes recourbés, à travers l'eau. On place le plus souvent l'eau dans des flacons tubulés qu'on fait communiquer ensemble, et auxquels on adapte des tubes de sûreté; de sorte que le gaz, après avoir traversé l'eau du premier flacon, vient se rendre dans celle du second, etc., sans que jamais il puisse y avoir absorption : c'est à cet appareil, qu'on donne le nom d'*appareil de Woolff*. (*Voy.* pl. III, fig. 6 et 7; et V° vol., *Description des Planches.*)

On donne différens noms aux composés qui résultent de la dissolution des acides dans l'eau. Lorsqu'un acide est solide ou gazeux, on appelle sa dissolution dans l'eau *acide liquide*; lorsqu'il est liquide, on la désigne par le nom d'*acide étendu d'eau*. On appelle encore les dissolutions des acides liquides et gazeux, *acides faibles* lorsqu'elles sont très étendues d'eau, et *acides concentrés* lorsqu'elles n'en contiennent que peu. On dira donc *acide phosphorique liquide, acide borique liquide*, *acide sulfureux liquide*, *acide sulfurique étendu d'eau*, etc.; au lieu de dire, *dissolution d'acide phosphorique, d'acide borique, d'acide sulfureux, d'acide sulfurique*, etc., dans l'eau.

Toutes les dissolutions acides ont une saveur, une couleur, une action sur la teinture de tournesol, semblables à celles des acides eux-mêmes; elles possèdent ces propriétés à un degré plus ou moins marqué, en raison de la quantité d'acide réel qui entre dans leur composition. Leur pesanteur spécifique varie, et est toujours plus grande, en général, que celle de l'eau. Celles qui contiennent des acides odorans ont elles-mêmes de l'odeur; elles en ont d'autant plus qu'elles contiennent plus d'acide, mais toujours moins que l'acide lui-même.

Soumises à l'action de la chaleur, les dissolutions dont les acides sont naturellement solides ou liquides se concentrent, tandis que celles dont les acides sont gazeux s'affaiblissent. Dans le premier cas, l'eau se dégage, en emportant avec elle un peu d'acide, pourvu qu'il ne soit pas fixe; dans le second, c'est l'acide qui se dégage au contraire, en entraînant avec lui quelques portions d'eau. Cinq dissolutions seulement font exception, lorsqu'elles sont étendues d'eau : ce sont les dissolutions des acides fluo-borique, fluorhydrique, chlorhydrique, brômhydrique et iodhydrique : loin de s'affaiblir, elles acquièrent plus de force, parce qu'elles laissent dégager proportionnellement, jusqu'à un certain point de concentration, beaucoup plus d'eau que d'acide.

Soumises à l'action de la lumière, il n'en est point qui s'altère, si ce n'est l'acide azotique : celui-ci ne s'altère même qu'autant qu'il n'est pas trop étendu d'eau.

Exposées à l'air, elles se comportent diversement : elles se concentrent ou s'affaiblissent, selon que l'acide est plus ou moins fixe ou volatil, et selon qu'il a plus ou moins d'affinité pour l'eau. Trois absorbent l'oxigène : ce sont les dissolutions d'acides hypo-azotique, sulfureux et sélénhydrique; encore n'est-ce qu'avec beaucoup de lenteur : il en résulte de l'acide azotique et de l'acide sulfurique avec les deux premières, de l'eau et un dépôt de sélénium avec la dernière. Six répandent des vapeurs lorsqu'elles sont concentrées, savoir : celles de l'acide chlorhydrique, de l'acide brômhydrique, de l'acide iodhydrique, de l'acide fluo-borique, de l'acide fluorhydrique et de l'acide azotique; une portion de l'acide de ces dissolutions se dégage à l'état de gaz, s'empare de l'eau de l'air, et retombe sous forme de petites gouttelettes.

167. L'eau en dissolvant nombre de corps et détruisant la cohésion de leurs particules, exerce beaucoup d'influence dans les réactions chimiques : nous apprécierons cette influence dans le ve vol. (*Art. philos. chim.*)

167 *bis. État.* —Tout le monde sait que l'eau est très abondante dans la nature, et qu'elle se rencontre partout, tantôt solide, tantôt liquide, tantôt en vapeur.

1° *Eau solide, glace, neige.* — L'eau se trouve constamment à l'état solide vers les pôles, au niveau même des mers; mais, sur les divers parallèles, elle n'existe à cet état qu'à une certaine élévation qui croît rapidement en allant des pôles à l'équateur (1). Les amas de neige accumulés au

---

(1) La neige est perpétuelle, 1° sous l'équateur et sous les 3° de latitude, à 4800 mètres (2464 toises);

sommet des montagnes ou tombés de là dans les hautes val-
lées qui les avoisinent constituent ce qu'on nomme les *glaciers*, qui, fondant en partie dans la saison chaude, donnent naissance à des rivières plus ou moins considérables :
tel est le Rhône, qui provient du glacier de ce nom ; tel
est encore l'Arveron, qui sort d'un des glaciers qui entou-
rent le Mont-Blanc et que l'on appelle *Mer de glace*.

2° *Eau liquide.* — C'est sous cet état qu'on trouve ordinairement l'eau, mais on ne l'y trouve jamais ou presque
jamais pure : l'eau de pluie ou de neige fait tout au plus
exception : encore y existe-t-il de l'air en dissolution.

L'eau contient presque toujours des matières salines,
souvent du sel marin et des sels calcaires, quelquefois des
sels ferrugineux, du sulfate de magnésie, quelquefois aussi
de l'acide carbonique et de l'acide sulfhydrique libre ou
combiné, etc. Quand elle est sapide ou qu'elle contient une
quantité remarquable de sels, et capable d'agir sur l'économie animale, elle prend le nom d'*eau minérale* : cependant
l'on donne plus particulièrement le nom d'*eau salée* à l'eau
de mer et des sources abondantes en sel marin. Quand, au
contraire, l'eau n'a pas de saveur sensible, et qu'elle ne contient que très peu de sels, elle prend le nom d'*eau douce* :
telles sont les eaux de la plupart des rivières et des fontai-
nes. On peut les regarder comme bonnes à boire lorsqu'elles
sont vives, limpides, sans odeur ; qu'elles cuisent bien les
légumes ; qu'elles dissolvent le savon sans produire de gru-

2° Sous les 20° de latitude boréale, à 4600^m (2361 t.) ;

3° Sous les 35° de latitude, à 3500^m (1800 t.) ;

4° Sous les 40° de latitude, à 3100^m (1600 t.) ;

5° Sous les 45° de latitude boréale, à 2500^m (1282 t.) ;

Aux Pyrénées, à 2440 m. ; en Suisse, à 2700 m. sur les cones isolés ; à
2530, si la cime des montagnes dépasse 3100 m. ;

6° Sous les 75° de latitude boréale au niveau de la mer.

Ces observations sont tirées du tableau physique des Andes et pays circon-
voisins, par M. de Humboldt.

meaux; qu'elles ne sont fortement troublées ni par le nitrate de baryte, ni par le nitrate d'argent, ni par l'oxalate d'ammoniaque; et qu'enfin, évaporées jusqu'à siccité, elles ne laissent qu'un faible résidu. (1)

Nous croyons devoir joindre ici le tableau de l'analyse de toutes les eaux qui se rendent à Paris. Cette analyse a été faite par M. Colin, professeur de physique et de chimie à l'école de Saint-Cyr, au nom d'une commission nommée par le directeur général des ponts-et-chaussées, et composée de M. Hallé, membre de l'Institut, professeur à la Faculté de médecine, etc.; de M. Tarbé, inspecteur général des ponts-et-chaussées, et de M. Thenard.

Depuis cette époque, il a paru dans le xvie volume du *Journal de Pharmacie*, une analyse des eaux de la Seine, de la Marne et du canal de l'Ourcq, publiée par M. Bouchardat sous le nom de M. Vauquelin. D'après cette analyse, ces eaux contiendraient, entre autres matières, de petites quantités de sels de magnésie, des traces de silice, de substances organiques, etc., etc. Elles ne contiendraient point au contraire de sel marin. Cependant ce sel y a été trouvé par M. Colin; et en effet, comment pourrait-il se faire que le sel marin n'en fît point partie, lorsqu'il y est porté tous les jours par l'eau des ruisseaux et des égouts ?

---

(1) La propriété de bien cuire les légumes et de dissoudre le savon sans donner lieu à des grumeaux indique que l'eau ne contient tout au plus que très peu de sels calcaires. L'oxalate d'ammoniaque, le nitrate d'argent, le nitrate de baryte produisent des précipités abondans ; savoir : l'oxalate d'ammoniaque dans les eaux *séléniteuses* ; le nitrate d'argent, dans celles qui contiennent des chlorures, et le nitrate de baryte, dans celles qui contiennent des sulfates.

NOMS DES EAUX.	QUANTITÉ D'EAU analysée.	AIR contenu dans cette eau. (1)	ACIDE CARBONIQUE contenu dans cette eau. (1)	RÉSIDU provenant de l'évaporation de cette eau. (1)	SULFATE DE CHAUX provenant de ce résidu.	CARBONATE DE CHAUX provenant de ce résidu.	SEL MARIN provenant de ce résidu.	SELS DÉLIQUESCENS provenant de ce résidu.
	litres.	centil.	centil.	grammes.	grammes .	grammes.	grammes.	grammes.
De Belleville et de Ménil montant, au regard de Saint-Maur..................	15	36,17	29,50	24,735	17,040	3,830	0,347	3,518
Des Prés St.-Gervais, fontaine du Chandron.	15	40,78	32,67	17,281	6,655	3,540	0,439	6,647
De la Beuvronne, font. du Pouceau à Paris.	15	37,94	23,17	10,999	6,728	2,386	0,000	1,885
De la Bièvre, avant son entrée dans Paris..	15	35,89	19,89	9,824	3,758	2,047	0,169	1,638
De la Beuvronne....................	15	34,22	32,44	8,180	3,050	3,855	0,000	1,275
D'Arcueil, fontaine du palais de l'Institut...	15	36,89	32,83	6,990	2,528	2,536	0,29	1,646
De la Thérouenne....................	15	34,09	26,50	4,770	0,304	3,925	0,000	0,541
Du canal de l'Ourcq (2)................	15	43,93	36,32	3,781	0,257	2,993	0,114	0,417
De la Collinance....................	15	32,72	12,22	3,390	0,269	2,882	0,144	0,095
De la Gergogne.....................	15	34,72	23,78	3,276	0,221	2,703	0,129	0,223
De l'Ourcq.........................	15	35,39	16,83	2,887	0,202	2,362	0,115	0,208
De la Seine, sous Paris................	15	36,28	12,54	2,613	0,295	1,940	0,000	0,373
De la Seine, au-dessus de la Bièvre........	15	36,28	12,54	2,426	0,761	1,494	0,000	0,171

(1) Comme les eaux ont été conservées dans des bouteilles jusqu'à ce qu'elles fussent devenues limpides, il serait possible que cette circonstance eût influé sur les quantités d'air et d'acide carbonique : ce qui tend à le faire croire, c'est que les quantités d'air, qui devraient être les mêmes probablement pour toutes les eaux, présentent des différences assez marquées.

(2) Formé par les eaux de l'Ourcq, de la Beuvronne, de la Thérouenne, de la Collinance et de la Gergogne.

3° *Eau en vapeur.*—L'eau en vapeur existe dans l'air atmosphérique, même bien au-dessous de zéro. Ce fluide a la propriété d'en contenir d'autant plus qu'il occupe plus d'espace et que sa température est plus élevée, de sorte qu'il en laisse précipiter, quand il en est saturé, si on le comprime ou si on le refroidit; ou qu'il en prend une nouvelle quantité si on le dilate ou si on l'échauffe : de là l'explication de la plupart des météores aqueux, de la formation de la pluie, de la rosée, des brouillards, de la neige; de là aussi la cause pour laquelle on parvient à congeler facilement de l'eau à $+$ 2° ou 3°, en dirigeant un courant d'air sec à sa surface.

168. *Préparation.*—C'est en distillant de l'eau douce, c'est-à-dire de l'eau qui ne contient que très peu de sel en dissolution, qu'on l'obtient pure; les matières salines, n'étant pas volatiles, restent au fond du vase distillatoire; l'eau étant volatile, au contraire, passe dans les récipiens et s'y condense. Lorsqu'on n'a besoin que de très peu d'eau pure, on peut la préparer dans une cornue munie d'un récipient; mais comme on en consomme ordinairement une très grande quantité dans les laboratoires, l'on se sert d'un instrument en cuivre ou en étain, appelé *alambic* (Voyez *Description des appareils*). Cet alambic (pl. 1, fig. 1, 2, 3) est formé de trois parties, l'une inférieure *A*, fig. 1, appelée *cucurbite;* l'autre supérieure *P*, fig. 2, appelée *chapiteau;* et la troisième latérale *SS*, fig. 3, appelée *serpentin.* L'alambic étant disposé sur son fourneau, on verse de l'eau dans la cucurbite par l'ouverture *E* jusqu'à la base du tuyau de cette ouverture, que l'on ferme ensuite avec un bouchon; après quoi l'on fait du feu dans le fourneau, de manière à faire bouillir l'eau. Celle-ci s'élève en vapeur, va frapper contre les parois du chapiteau, se rend dans l'allonge *gg*, de là dans le serpentin, qui doit toujours être plein d'eau froide, et de là dans un récipient. Les premières portions d'eau distillée doivent être rejetées, parce que ordinairement elles contiennent des matières étrangères

qui se trouvaient dans le serpentin. L'on reconnaît, au reste, que l'eau qui distille est pure, lorsqu'en y versant une dissolution de nitrates d'argent et de baryte, elle reste limpide. Alors on la recueille dans un vase quelconque, dans une cruche de grès, par exemple, et on la conserve, soit dans des vases de cette nature ou de toute autre. Il est commode d'en préparer beaucoup à-la-fois et de la mettre dans une fontaine de grès.

168 *bis. Composition.* —L'eau est formée de 100 parties d'oxigène et de 12,479 d'hydrogène en poids, ou en volume de 1 vol. de gaz oxigène et 2 vol. de gaz hydrogène. Sa comsition est donc :

En prop.. 1 d'hyd. $12,479 + 1$ d'ox. $100,00$.
En atom.. 2 d'hyd. $12,479 + 1$ d'ox. $100,00 = H^2 O$.

On prouve que telle est la nature et la proportion des principes constituans de l'eau, soit par l'analyse, soit par la synthèse.

1° *Analyse* ou *décomposition de l'eau.* —Pour décomposer l'eau de manière à déterminer facilement la proportion de ses principes constituans, il faut la mettre en contact avec le fer au degré de la chaleur rouge-cerise. On prend un tube de porcelaine verni intérieurement, ou un tube de verre luté; on y introduit une quantité déterminée de tournure et mieux de fil de fer parfaitement décapé; on place ce tube transversalement dans un fourneau F échancré en LL (pl. XIII, fig. 3), de manière que son extrémité B soit un peu plus élevée que son extrémité B'. Ensuite, après avoir pesé exactement une petite cornue de verre contenant de l'eau, on en adapte le col à l'extrémité B; puis l'on engage l'extrémité B' dans la partie supérieure E du tuyau d'un serpentin. Enfin, l'on fait rendre la partie inférieure et courbe E' de ce tuyau dans un flacon à deux tubulures. On met celui-ci en communication avec une cloche graduée et pleine d'eau, par le moyen d'un tube recourbé ordinaire, et on lute les tubulures I, I' du flacon, et les extrémités B, B'.

L'appareil étant ainsi disposé, l'on remplit le serpentin d'eau et de glace ; l'on élève peu-à-peu le tube de porcelaine jusqu'à la température rouge-cerise, et l'on chauffe doucement la cornue. Bientôt l'eau qu'elle contient bout, passe à travers le fil de fer, et se décompose presque tout entière. Son oxigène se combine avec le fer, et le porte à l'état de protoxide ou de l'oxide composé $Fe\,O$, $Fe^2\,O^3$, tandis que son hydrogène se dégage à l'état de gaz et se rend dans la cloche graduée. Quant à la portion d'eau qui échappe à la décomposition, elle se condense dans le serpentin et se rassemble dans le flacon. L'on continue l'opération pendant quelques heures, après quoi on laisse refroidir l'appareil, et on pèse tous les produits ainsi que la cornue pour connaître par la perte de son poids l'eau volatilisée. Supposons que 140 décigrammes d'eau aient été réduits en vapeur, et qu'on en retrouve, après l'opération, 40 dans le flacon tubulé, y compris la petite quantité d'eau qu'emporte le gaz, il est évident qu'il y en aura eu 100 parties décomposées. Or, le poids du gaz hydrogène recueilli sera sensiblement de $11^{déc}$,10, et celui de l'oxigène fixé par le fer sera de $88^{déc}$,90, c'est-à-dire que la somme de ces deux poids égalera celui de l'eau qui aura été décomposée ; l'on en devra donc conclure que l'eau est formée de ces deux principes dans ce rapport. Pour faire cette expérience avec précision, il faudrait tenir compte de la vapeur aqueuse entraînée par l'hydrogène, qui en est saturé ; ou bien l'absorber en dirigeant celui-ci au travers d'un tube rempli de chlorure de calcium.

2° *Synthèse* ou *recomposition de l'eau.* —Toutes les fois que l'hydrogène brûle, il se forme de l'eau ; par conséquent on peut démontrer, au moyen de l'eudiomètre, que l'eau est formée de deux parties de gaz hydrogène et d'une partie de gaz oxigène en volume (39). Mais lorsqu'on veut recomposer l'eau, de manière à pouvoir la recueillir et à estimer en même temps la proportion de ses principes constituans, il faut combiner ensemble une bien plus grande quantité de gaz hydrogène et de gaz oxigène que celle que peut contenir l'eudiomètre. On y parvient en faisant le vide dans un grand ballon de verre, remplissant ce ballon de gaz oxigène, y faisant arriver le gaz hydrogène par un tuyau percé d'un très petit trou, et enflammant ce gaz par l'étincelle électrique. (1)

---

(1) De tous les appareils qu'on peut employer pour cela, le suivant est un des plus commodes (pl. xiv).

B, fig. 1re, ballon de verre de 10 à 12 litres.

cc, virole en cuivre, mastiquée au col du ballon.

c'c', pièce de cuivre vissée sur la virole *c c*, et à laquelle se trouvent soudés trois conduits de cuivre munis chacun d'un robinet, savoir :

1° Le conduit *d d f* terminé par une petite boule percée d'un trou, dans lequel passerait à peine une aiguille très fine ;

2° Le conduit *d' d'* ;

3° Enfin, le conduit *d'' d''*, fig. 2.

m m' (fig. 1), tige de cuivre recourbée inférieurement, terminée par une petite boule de cuivre *m'*, et destinée à faire passer des étincelles électriques de *m'* en *f*.

o o, bouchon de cuivre rodé, entrant à frottement dans la pièce de cuivre *c' c'*, et traversé par le tube de verre *P P*, fig. 3, qui l'est lui-même par la tige *m' m'*, à laquelle il sert d'isoloir. On consolide la tige *m' m'* dans le tube, et le tube dans le bouchon, avec du mastic.

v v', *v v'*, fig. 1re, tubes creux de verre, communiquant avec les tubes *d d* et *d' d'*, et contenant de l'eau de manière que leurs boules en soient à moitié pleines.

u u, support en bois pour placer le ballon.

u' u', colonnes en bois servant à maintenir les trois conduits soudés à la virole *c' c'* du ballon, au moyen de vis *u'' u''* aussi en bois.

h h', fig. 2, tuyau flexible de cuir verni ou de plomb, que l'on adapte au tuyau *d'' d''* par son extrémité *h'*, et à la platine de la machine pneumatique, par son extrémité de verre *h*.

C A C, fig. 1re, gazomètre destiné à mesurer la quantité de gaz oxigène que l'on introduit dans le ballon, et composé des pièces suivantes :

L, grande cloche graduée de verre, mobile et soutenue par le contrepoids *K*, au moyen d'une corde passant sur les poulies *ii*.

E, cylindre intérieur de fer verni, arrondi supérieurement et fermé de tous côtés.

C C, cylindre extérieur, séparé du cylindre *E* par un intervalle *gg*, d'environ 12 centimètres, que l'on remplit d'eau pour faire l'expérience.

Lorsqu'on ne se propose point de recueillir l'eau, et qu'on veut seulement s'assurer qu'il s'en forme dans la

---

g' g', fond de la cavité circulaire g g.

a a, rebord du cylindre extérieur servant à recevoir l'eau dont le niveau s'élève à mesure que la cloche L descend entre les deux cylindres.

y, robinet placé immédiatement au-dessus du fond g' g', et servant à vider l'eau contenue dans la cavité circulaire g g.

y', tuyau horizontal muni d'un robinet et servant à introduire le gaz oxigène dans la cloche L, au moyen du tuyau vertical t t, avec lequel il communique.

y'', autre tuyau horizontal muni d'un robinet, et s'adaptant, d'une part, au tuyau vertical t t, et, de l'autre, au tuyau S S', qui se rend dans le conduit d' d'.

P P, montant de cuivre fixé au cylindre extérieur par les vis n n, et servant de support aux poulies i i.

z z, vis destinées à mettre l'instrument de niveau.

a, fig. 4, extrémité conique du tube z z, rodée et entrant à frottement dans une cavité également conique et rodée, où elle est maintenue par une vis circulaire creuse C.

C'est ainsi que s'adaptent le tube S S' avec les tubes y'', d' d', le tube T T' avec les tubes x'', d d. fig. 1re, et le tube h h', avec le tube d'' d'', fig. 2.

C' A' C', fig. 1re, gazomètre semblable en tout au gazomètre C A C, destiné à conduire le gaz hydrogène, et communiquant avec le ballon B par le conduit x'' T T.

D'après cette disposition, on concevra facilement la manière de faire l'expérience. On remplit la cloche L de gaz oxigène, ce qui se fait très facilement en adaptant au tuyau y' le tube d'une cornue d'où l'on fait dégager ce gaz, et tenant le robinet y'' fermé. On a soin de mettre des poids dans le bassin K pour élever la cloche L à mesure qu'elle se remplit de gaz, et maintenir l'équilibre entre la pression intérieure et celle de l'atmosphère. Après avoir rempli, de la même manière, la cloche L' de gaz hydrogène, on fait le vide dans le ballon B, en adaptant l'extrémité h' du tuyau flexible h h' au tuyau d'' d'', et l'extrémité h du même tuyau à la platine de la machine pneumatique (fig. 2). Le vide étant fait, et les robinets e' e' et y' (fig. 1) étant fermés, on ouvre peu-à-peu les robinets e et y'' : à l'instant même, le gaz de la cloche L passe dans le ballon et le remplit. A mesure que cet effet a lieu, on abaisse la cloche; puis après, on la remplit de nouveau de gaz oxigène, comme nous venons de le dire. Cela étant fait, et les robinets y'' et e étant ouverts, on fait passer continuellement des étincelles électriques de m' en f, en mettant

combustion du gaz hydrogène, on peut se contenter de remplir une vessie de ce gaz, d'adapter au robinet de cette

la partie supérieure de la tige $m\,m'$ en communication avec la machine. Ensuite, après avoir fermé le robinet x', on ouvre les robinets x'' et e', et l'on presse assez fortement avec les mains sur la cloche L'. De cette manière, le gaz hydrogène qu'elle contient se rend dans le ballon par l'extrémité f du tuyau $d\,d$, et s'enflamme par l'effet de l'étincelle électrique. Alors on cesse d'exciter des étincelles, et on diminue la pression jusqu'à ce qu'elle ne soit plus égale qu'à 3 ou 4 centimètres d'eau; on en exerce une en même temps sur le gaz oxigène de la cloche L; mais celle-ci ne doit être que de 7 à 8 millimètres. Ces pressions constantes s'obtiennent en retirant de temps en temps des poids des bassins K et K', et se mesurent par l'ascension de l'eau dans les branches $v'\,v'$ des tubes $v\,v'$, $v\,v'$. En satisfaisant à toutes ces conditions, l'expérience se fait très bien; la combustion du gaz hydrogène est continue : elle n'est ni trop rapide ni trop lente, et l'eau, qui en est le produit, se condense tout entière dans le ballon. Lorsque la cloche L ou L' est presque pleine d'eau, on arrête la combustion en fermant le robinet e'; on remplit cette cloche du gaz qu'elle est destinée à contenir, et on allume de nouveau l'hydrogène par l'étincelle, etc., en se conformant à tout ce qui a été dit précédemment.

L'expérience étant entièrement terminée, on ferme le robinet e', et on mesure ce qui reste de gaz oxigène et hydrogène dans les cloches $L\,L'$, en notant avec soin la température et la pression. On détermine également ce que le ballon peut renfermer de gaz oxigène; et, retranchant les quantités d'hydrogène et d'oxigène restantes des quantités d'hydrogène et d'oxigène sur lesquelles ou a opéré à une température et une pression données, ou a celles qui ont été consumées; enfin, l'on pèse exactement l'eau produite; l'on trouve ainsi, 1° qu'il se consume deux fois autant de gaz hydrogène que de gaz oxigène en volume; 2° que ces gaz, en raison de leur pesanteur spécifique, se combinent en poids dans le rapport de 12,435 d'hydrogène à 100 d'oxigène; 3° que le poids de l'eau produite est égal au poids d'oxigène et d'hydrogène consumés, et que, par conséquent, l'eau n'est formée que d'hydrogène et d'oxigène dans les rapports que nous venons d'établir en volume et en poids.

1° On mesure facilement les gaz des cloches $L\,L'$, en remplissant presque entièrement d'eau les vases $C\,C$ et $C'\,C'$; car ces vases s'élargissant à leur partie supérieure, on distingue tout aussi bien le niveau intérieur que s'ils étaient placés dans une cuve; 2° on détermine également avec facilité la quantité d'oxigène que contient le ballon après l'expérience, puisqu'elle est égale à la capacité du ballon, qui est connue, moins le volume de l'eau formée; 3° on obtient sensiblement ce volume en pesant le ballon tel qu'il est après

vessie un tube de cuivre terminé par un très petit trou, d'enflammer le jet qui se forme par la pression de la vessie, de l'engager sous une cloche remplie de gaz oxigène, et dont les bords plongent dans le mercure (1). L'on peut encore se contenter de mettre du zinc, de l'eau et de l'acide sulfurique dans un flacon, de faire passer le gaz hydrogène qui résulte de la réaction de ces corps (42), d'abord dans un tube contenant des fragmens de chaux pour le dessécher, puis dans un petit tube effilé, d'allumer le gaz à l'extrémité de celui-ci, et de faire pénétrer la flamme dans un large tube vertical, ouvert à la partie supérieure comme à la partie inférieure. Dans les deux cas, à mesure que la

---

l'expérience, et ensuite plein d'oxigène seulement, puisque la différence sera l'expression très approximative du poids de l'eau formée, et que la pesanteur spécifique de l'eau est bien connue ; 4° enfin, quant au poids exact de l'eau, il sera évidemment le même que celui qui est exprimé par cette différence, moins le poids d'un volume d'oxigène égal au volume de l'eau.

Nous avons supposé, dans ce que nous avons dit précédemment, que les gaz oxigène et hydrogène étaient purs. Mais il arrive presque toujours qu'ils contiennent un centième ou un demi-centième du gaz azote : c'est pourquoi il se forme un peu d'acide azotique; c'est pourquoi aussi la combustion s'arrête d'elle-même, après avoir eu lieu pendant très long-temps. Or, lorsqu'on se sert d'oxide de manganèse bien pur, ou de chlorate de potasse, pour extraire l'oxigène, et qu'on prépare l'hydrogène avec tous les soins possibles, il est évident que l'azote ne peut provenir que de l'air qui reste adhérent aux parois des cloches L et L' ; de celui qui reste dans le ballon, parce que le vide n'est jamais exactement fait, et de celui que l'eau tient en dissolution. Par conséquent, pour éviter en grande partie la présence de l'azote, il suffira de remplir la cloche L et le ballon de gaz oxigène, et la cloche L' de gaz hydrogène, et de rejeter au-dehors les gaz des deux cloches par la pression, et celui du ballon par la pompe pneumatique.

Nous avons aussi supposé que les gaz oxigène et hydrogène étaient secs : on les obtiendra facilement tels en les faisant passer dans des tubes contenant du chlorure de calcium, avant leur introduction dans le ballon; ou bien, on tiendra compte de la quantité de vapeur qu'ils contiennent, quantité qu'il sera facile de connaître, et qui dépend de leur volume et de leur température.

(1) Pour introduire le jet enflammé sous la cloche pleine de gaz oxigène, il faut la pencher d'un côté, de manière que l'un de ses bords sorte du mercure,

combustion aura lieu, l'eau se déposera, et bientôt ruissellera sur les parois des vases.

169. *Usages.* — Il est peu de corps dont les usages soient aussi multipliés que ceux de l'eau.

A l'état de glace, on l'emploie pour faire des froids artificiels, pour graduer les thermomètres, pour déterminer le calorique spécifique des corps, et en général pour estimer la quantité de calorique qui se dégage dans leurs combinaisons ; quelques médecins la considèrent comme un puissant sédatif ; c'est un rafraîchissant et un tonique fort utile dans les pays chauds.

A l'état de vapeur, on l'emploie comme force motrice dans les pompes à feu ; on s'en sert pour échauffer les appartemens, en la faisant circuler sous le parquet par des conduits en cuivre ou en fonte ; on en fait un grand usage dans quelques fabriques pour échauffer des masses d'eau plus ou moins considérables (1) ; on l'administre en bains, et l'on prétend que les viandes et les légumes cuits à la vapeur sont beaucoup plus tendres et plus savoureux que ceux qu'on fait cuire dans l'eau liquide.

A l'état liquide, l'eau est employée dans les arts pour séparer les substances dont la pesanteur spécifique est très différente : c'est ainsi qu'en lavant les minerais de fer limoneuses, on enlève une grande partie de l'argile que ces minerais contiennent ; plus souvent encore on l'emploie comme une force capable de produire les plus grands effets ;

---

(1) Pour cela, on fait bouillir de l'eau dans une chaudière, au couvercle de laquelle on adapte des tuyaux qui vont se rendre au fond des vases qui contiennent l'eau froide. Ce procédé offre deux grands avantages : c'est qu'au moyen d'une seule chaudière et d'un seul foyer, on peut échauffer 4, 5, 6 bains ou plus ; et que ces bains, au lieu d'être contenus dans des chaudières en cuivre, le sont dans des cuviers de bois. Il ne faut, d'ailleurs, qu'une très petite quantité de vapeur pour échauffer une grande quantité d'eau ; car, en faisant passer un kilogramme de vapeur à $100°$ à travers $5^{kilog.}$, $5o$ d'eau à $0°$, on obtiendrait $6^{kilog.}$, $5o$ d'eau bouillante, s'il ne s'échappait aucune portion de calorique des parois des vases.

c'est un aliment indispensable pour les animaux et les végétaux; c'est un agent dont les médecins tirent le plus grand
parti en l'administrant intérieurement et extérieurement;
sans cesse elle se vaporise spontanément et passe dans l'atmosphère, d'où elle se précipite pour se vaporiser encore
et se précipiter de nouveau; elle s'écoule à travers les terres,
se rassemble dans de grandes cavités souterraines, et en
sort pour former les sources, les rivières et les mers. Mais,
de tous les usages de l'eau liquide, les plus nombreux sont
ceux qu'elle remplit comme dissolvant. Les chimistes s'en
servent pour dissoudre une foule de corps et les faire agir
les uns sur les autres; ils opèrent ainsi des séparations, des
décompositions, et produisent enfin une foule de phénomènes qu'il leur serait impossible de produire d'une autre
manière : aussi, dans un laboratoire de recherches, con-
somme-t-on une grande quantité d'eau distillée, quoique,
la plupart du temps, on n'opère que sur quelques grammes
de matières. C'est sur la propriété dissolvante de l'eau que
sont fondés un grand nombre d'arts, par exemple ceux qui
ont pour objet d'extraire, 1° le nitre, le sel marin, l'alun,
le sulfate de fer, etc., et en général la plupart des sels, du
sein de la terre; 2° le sucre, la gomme, les couleurs, des
végétaux qui les recèlent; 3° la colle-forte, des matières animales qui la contiennent. C'est aussi sur cette propriété,
que repose en partie l'art de préparer le bleu de Prusse,
l'acide azotique, l'acide sulfurique, l'art du blanchîment,
celui de préparer les médicamens, et tant d'autres que
nous ne nommerons point.

Si nous considérons actuellement l'eau, soit à la surface,
soit dans le sein de la terre, nous la trouverons partout
chargée de différentes matières, en raison du sol qu'elle
traverse ou sur lequel elle coule. De là les sources d'eaux
douces et d'eaux minérales; de là aussi les substances qui
se déposent journellement, soit à la surface des terrains
comme les tufs calcaires, soit dans les cavités souterraines
où se produisent des stalactites de diverse nature. C'est

sans doute à des solutions semblables de sels par l'eau qu'on doit attribuer la formation de plusieurs couches minérales , par exemple, celles de sel marin, de sulfate de chaux, etc., qu'on trouve çà et là dans la série des dépôts qui constituent l'écorce du globe.

Enfin, si nous examinons quel rôle joue l'eau dans la végétation et l'animalisation, nous verrons que, constamment, ses principes peuvent être absorbés, et que souvent elle sert à porter dans le sein du végétal et de l'animal des alimens qui leur sont nécessaires, ou à exhaler de leur sein les matières superflues et nuisibles.

L'on voit donc que, dans le plus grand nombre de cas, elle agit comme dissolvant, surtout dans les opérations naturelles ou spontanées : aussi les anciens l'ont-ils appelée le *grand dissolvant de la nature.*

Historique. — L'eau est l'un des quatre corps que les anciens considéraient comme élémens. Cette opinion, émise pour la première fois par Aristote, se soutint jusque dans ces derniers temps. Personne en effet ne l'avait révoquée en doute avant Cavendish. A la vérité, dès 1776, Macquer et Sigaud-Lafond avaient observé qu'il se déposait de l'eau sur les parois des vases au-dessous desquels on faisait brûler le gaz hydrogène; il est vrai aussi qu'au commencement de l'année 1781, Priestley, ayant fait détoner un mélange de gaz hydrogène et de gaz oxigène dans un vaisseau de verre, avait vu qu'après la détonation , l'intérieur du vase était humide; mais aucun d'eux n'en avait conclu que l'eau était composée d'hydrogène et d'oxigène. Ce fut Cavendish qui, dans l'été de la même année 1781, ayant répété l'expérience de Priestley avec un très grand soin, et s'étant procuré ainsi plusieurs grammes d'eau, osa le premier en tirer cette conséquence. Presque dans le même temps, Monge, à Mézières, faisait des expériences dont il tirait les mêmes conséquences.

Cependant il était nécessaire, pour acquérir une complète conviction, de brûler de grandes quantités de gaz hydrogène, de mesurer les proportions de gaz hydrogène et de gaz oxigène qui se combinaient, et de prouver que leur poids était absolument le même que celui de l'eau formée; c'est ce qu'essaya de faire Lavoisier en 1783, et ce qu'il exécuta avec Meunier en 1785, au moyen de gazomètres, dans un grand ballon de verre (168 *bis*); c'est ce que firent également, quelque temps après, Lefebvre-Gineau, d'une part, et Fourcroy, Vauquelin et Séguin de l'autre : ceux-ci obtinrent même jusqu'à cinq hectogrammes d'eau parfaitement pure. Alors la composition de l'eau, confirmée d'ailleurs par l'analyse, fut généralement mise au nombre des vérités bien démontrées, et permit d'expliquer une foule de phénomènes dans lesquels l'eau se décompose, et qui, jusque-là, avaient été inexplicables.

Outre les recherches relatives à la nature de l'eau, il en est un grand nombre d'autres qui ont eu pour objet l'étude de ses diverses propriétés : presque tous les chimistes y ont pris part, en sorte que l'eau est l'un des corps les mieux connus.

ARTICLE II.

Acide borique.

170. *Historique.* — Découvert par Homberg, vers l'année 1702, en distillant un mélange de borate de soude et de sulfate de fer, il fut extrait pour la première fois de ce borate, au moyen des acides, par Lémeri le jeune, et regardé jusqu'en 1808 comme un corps simple. Alors MM. Gay-Lussac et Thenard en firent la décomposition et la recomposition (*Recherches physico - chimiques*); ils démontrèrent qu'il était formé d'oxigène et d'un corps très combustible qu'ils proposèrent d'appeler *bore*. C'est à cette époque seulement qu'il prit le nom d'*acide borique*; jusque-là il avait été appelé, d'abord *sel sédatif* ou *narcotique*, en raison des propriétés qu'on lui attribuait, puis *acide boracique*, nom tiré de celui du *borax*, que portait et que porte

encore dans le commerce le borate de soude, dont on l'extrait.

171. *Propriétés.* — L'acide borique est un corps solide, sans couleur, inodore; sa saveur est faible; il ne rougit que légèrement la teinture de tournesol. Dissous dans l'eau chaude, il cristallise par refroidissement, lorsqu'il est pur, en petits prismes dont la forme n'a point encore été bien observée; et, suivant M. Robiquet, en larges paillettes nacrées lorsqu'il est uni à un peu de la matière grasse du borax de l'Inde. (*Ann. de Chim. et de Phys.*, t. xi, p. 203.)

172. Soumis à l'action d'une forte chaleur, dans un creuset de platine ou de terre, l'acide borique fond, se vitrifie, et donne lieu à un verre incolore et transparent; au-dessous de la chaleur rouge, il commence à peine à se ramollir; à ce degré de chaleur, sa fusion est pâteuse; à un degré de chaleur beaucoup plus élevé, elle est parfaite, et telle qu'il coule alors presque comme de l'eau : à quelque chaleur qu'on l'expose, il ne se volatilise pas.

173. Lorsque, après avoir humecté légèrement la surface de l'acide borique vitreux, on le met en contact avec les extrémités d'une pile très forte, de telle manière que les deux fils positif et négatif soient très près l'un de l'autre, il se manifeste à l'extrémité du fil négatif une petite tache brune que l'on peut attribuer, d'après M. Davy, à un peu de bore mis à nu; d'où il suit qu'alors l'acide borique serait décomposé, et que, tandis que son radical se réunirait au pôle négatif, son oxigène se rassemblerait au pôle positif. Cependant il est de fait que, quelle que soit la force de la pile, l'on ne peut décomposer ainsi tout au plus que des traces d'acide; et qu'il est impossible de se procurer par ce moyen une quantité reconnaissable de bore. (Voy. *Recherches physico-chimiques*, t. i.)

174. L'acide borique n'a d'action, soit à froid, soit à chaud, ni sur le gaz oxigène ni sur l'air bien secs; car on peut conserver indéfiniment de l'acide borique dans un flacon plein de ces gaz sans les altérer, et l'on peut tenir cet

acide en contact avec l'air, indéfiniment aussi, à une température quelconque, par exemple, dans un creuset de platine, sans qu'il perde rien de ses qualités. Si ces gaz étaient humides, ou s'ils contenaient de la vapeur d'eau, et si l'acide était en verre transparent, il en absorberait seulement une portion à la température ordinaire, et deviendrait opaque ou s'*effleurirait*.

175. *Acide borique et métalloïdes.* — Le carbone n'a d'action, à aucune température, sur l'acide borique; du moins, lorsqu'on mêle cet acide en poudre avec un grand excès de charbon, et qu'on expose le mélange, dans un creuset couvert, à un feu de forge, pendant plusieurs heures, cet acide ne se décompose pas; car en traitant le mélange par l'eau bouillante, filtrant et faisant évaporer la liqueur, on retrouve l'acide borique tout entier dans le vase évaporatoire. Il est probable, d'après cela, que l'hydrogène, le phosphore, le soufre, et, à plus forte raison, les autres corps combustibles non métalliques ne pourraient point opérer la décomposition de cet acide. Mais si, au lieu de faire agir le charbon seul on le fait agir concurremment avec le chlore à une haute température dans un tube de porcelaine, alors il se produit du gaz oxide de carbone ou du gaz carbonique et un chlorure de bore qui est gazeux : c'est ce qui résulte des expériences de M. Dumas.

176. L'eau, à 10°, dissout environ la 35e partie de son poids d'acide borique; bouillante, elle en dissout la 13e partie : aussi cristallise-t-elle par le refroidissement.

La dissolution de l'acide borique peut s'opérer dans un vase de verre, de porcelaine, d'argent, de platine. Cette dissolution rougit à peine la teinture de tournesol; elle est inodore, sans couleur, et presque insipide. En la soumettant à l'action de la chaleur, l'eau s'en dégage et l'acide s'en précipite : c'est également ce qui a lieu, mais très lentement, en l'exposant au contact de l'air libre, à la température ordinaire. Traitée par les corps combustibles, elle se comporte comme l'eau; il n'y a d'autre différence qu'en ce que, si le corps combustible est un métal appartenant à la première section, l'acide borique s'unit à l'oxide produit par l'action de l'eau sur ce métal.

177. *Etat.* — L'acide borique existe en dissolution dans les eaux de plusieurs petits lacs de Toscane, et à l'état concret sur leurs bords. Il y fut découvert, en 1776, par Hoëfer et Mascagni. Ce sont les lacs de Castel-Nuovo, de Monte-Cerboli et de Cherchiajo qui en contiennent le plus. Pour l'en extraire, il suffit de concentrer les eaux par l'évaporation; l'extraction, depuis plusieurs années, se fait en grand pour les besoins de quelques fabriques, qui en font du borax de toutes pièces. Cet acide, tel qu'on le reçoit dans le commerce, est en petites écailles micacées, d'un gris sale, mêlées à une quantité notable d'un sulfate alcalin, à quelques matières terreuses et à un peu d'oxide de cuivre provenant sans doute des vases qui servent à l'évaporation : l'on prétend que l'eau du lac Cherchiajo en donne jusqu'à deux pour cent.

L'acide borique existe également dans plusieurs lacs des Indes, etc.; mais il paraît que dans ceux-ci il est toujours combiné avec la soude ou le protoxide de sodium. C'est même de ces lacs que l'on a tiré, jusque dans ces derniers temps, tout le borax ou borate de soude qui se consommait dans les arts.

On a trouvé aussi dans le cratère de Vulcano l'acide borique libre, et probablement que des recherches ultérieures le feront découvrir dans d'autres lieux analogues, car l'acide libre s'est toujours présenté dans des terrains volcanisés ou du moins dans des terrains de même formation.

Rien n'est plus facile, comme le remarque M. Payen, que de purifier l'acide naturel par voie de cristallisation. Cependant ce n'est point ainsi qu'on se le procure ordinairement.

178. *Préparation.* — L'acide borique peut s'extraire du borate de soude, répandu en grande quantité dans le commerce. On pulvérise ce sel dans un mortier quelconque bien propre; on le fait chauffer avec environ six fois son

poids d'eau; lorsque le borate est dissous, ce qui a lieu pres-que aussitôt que l'eau commence à bouillir, l'on verse peu-à-peu de l'acide sulfurique du commerce dans la dissolu-tion, jusqu'à ce qu'elle rougisse fortement le papier de tournesol, et on l'agite à mesure (1). Le borate est dé-composé; il en résulte un sulfate acide de soude qui est très soluble, tandis que l'acide borique qui est mis en liberté se précipite, par le refroidissement, sous forme de lames sou-vent très larges. La liqueur étant complètement refroidie, on la filtre; on laisse bien égoutter le résidu, et on le lave avec de l'eau froide; mais comme l'acide borique ainsi ob-tenu contient de l'acide sulfurique, et de plus un peu de la matière grasse que renferme le borax, il faut le purifier, en le fondant dans un creuset de Hesse, après l'avoir desséché dans une étuve. A cet effet, on fait rougir un creuset, l'on y projette successivement l'acide borique, et quand il est en fusion parfaite et tranquille, on le coule dans une bassine d'argent. A la rigueur, on pourrait encore soupçonner dans cet acide fondu la présence de quelques corps étrangers qui proviendraient de ce que l'acide borique cristallisé n'aurait pas été privé de tout le sulfate acide de soude et d'une pe-tite quantité de terre du creuset : s'il en était ainsi, il fau-drait le dissoudre dans plusieurs fois son poids d'eau bouil-lante, et le faire cristalliser de nouveau par le refroidisse-ment, le dessécher, le refondre et le couler. Dans tous les cas, on le conserve à l'abri du contact de l'air afin de s'opposer à son efflorescence. Les eaux mères des deux opérations fournissent une nouvelle quantité d'acide borique en les évaporant; celui des premières est très impur; celui des se-condes est presque pur.

179. *Composition.* — L'acide borique est formé, d'après Davy, de 27 de bore et de 73 d'oxigène; M. Berzelius

---

(1) L'acide sulfurique concentré produit une si vive ébullition au moment où on le verse dans une dissolution très chaude de borate de soude, qu'il y aurait du danger à en ajouter beaucoup à-la-fois.

porte la quantité d'oxigène à 74,17, en sorte que celle du bore ne serait plus que 25,83. M. Berzelius admet en outre que 100 parties d'acide borique cristallisé contiennent 44 d'eau; et comme il a reconnu que la moitié de cette eau se dégageait à une légère chaleur, tandis que l'autre ne se vaporisait qu'à une température plus élevée, il croit que la dernière joue le rôle de base salifiable, et que la première seule remplit celui d'eau de cristallisation (*Ann. de Chim. et de Phys.*, t. xi, p. 116). M. Soubeiran a obtenu des résultats qui tiennent presque le milieu entre ceux de MM. Berzelius et Davy; suivant lui, la quantité d'oxigène serait de 73,614, et par conséquent celle du bore de 26,386 (*Journ. de Pharm.*, xi, 558). Nous discuterons ces divers résultats en traitant des poids des atomes (v^e vol.).

Usages. — L'acide borique ne s'emploie que pour fondre et analyser les pierres gemmes qui contiennent de la potasse ou de la soude, et pour faire la plupart des borates; on l'employait autrefois en médecine comme sédatif. L'acide naturel sert à la fabrication du borax artificiel et à vernir quelques poteries.

ARTICLE III.

Acide silicique ou silice.

180. *Historique.* — Connu de toute antiquité; appelé successivement *terre vitrifiable*, parce qu'il entre dans la composition du verre; *silice*, parce qu'il entre dans la composition du silex ou caillou; étudié par presque tous les chimistes; regardé comme corps simple jusqu'à la découverte du potassium et du sodium, époque à laquelle il fut mis, par analogie, au rang des corps brûlés; décomposé récemment par Berzelius qui vient d'en retirer du silicium et de l'oxigène (45); susceptible de jouer le rôle d'acide, ce corps doit être désigné aujourd'hui par le nom d'*acide silicique*; aussi nous servirons-nous de cette dénomination.

181. *Propriétés.* — L'acide silicique est blanc, rude au toucher, d'une pesanteur spécifique de 2,66, d'après Kirwan; insipide, inodore, sans action sur le tournesol; irréductible par la chaleur seule; infusible au feu de forge; inaltérable par la pile, ainsi que par le gaz oxigène, l'air et chacun des corps combustibles simples et composés non métalliques à toute espèce de température.

Le potassium et le sodium sont capables d'en opérer la réduction (45); il paraît aussi qu'en le calcinant tout à-la-fois et très fortement avec le charbon et le fer, on parvient à l'attaquer; qu'on obtient alors un silicio-carbure, d'autant plus riche en silicium que la température a été plus élevée. Voilà du moins ce qui résulte des expériences de Berzelius, Stromeyer, de Boussingault, et ce qui se concilie le mieux avec tous les faits observés dans les hauts fourneaux, relativement à la composition des fontes qui en proviennent. (*Ann. de Chim.*, LXXXI, 77. *Ann. de Chim. et de Phys.*, XVI, 10, et XVII, 20.)

Dans son état ordinaire, l'acide silicique est tout-à-fait insoluble dans l'eau; mais lorsqu'il est extrêmement divisé, et surtout quand il est à l'état naissant, il peut s'y dissoudre. Par la calcination, il se modifie, devient insoluble et passe sans doute à un état isomérique, comme tant d'autres substances qui perdent leur solubilité dans divers véhicules quand on les chauffe au rouge.

Il s'unit à presque toutes les bases salifiables à l'aide de la chaleur, les neutralise et forme divers silicates, qui jouent un grand rôle dans les opérations de la nature ou de l'industrie. La majeure partie des minéraux connus, le verre, les poteries, les scories des hauts fourneaux, celles des forges, celles des opérations métallurgiques qui fournissent le cuivre, l'étain, le plomb, etc., sont de véritables silicates, tantôt cristallisés et définis, et tantôt amorphes et consistant, presque toujours alors, en un mélange de divers silicates.

L'acide fluorhydrique l'attaque à la température ordinaire, et de là résulte un gaz que nous examinerons dans le chapitre suivant. D'ailleurs les acides fixes et vitrifiables, c'est-à-dire, les acides phosphorique et borique sont les seuls qui, avec l'acide fluorhydrique, s'y unissent à chaud.

182. *Etat.* — L'acide silicique est extrêmement abondant dans la nature; il s'y trouve tantôt pur et tantôt combiné avec divers oxides.

Pur, il constitue : 1° le cristal de roche ou substance minérale *hyaline*, qui cristallise en prismes à six pans réguliers terminés par des pyramides à six faces; 2° les sables et les grès blancs qui résultent de grains roulés ou de petits cristaux de cette substance; 3° l'agate ou calcédoine, la cornaline, le silex, la pierre meulière des environs de Paris, car il n'est mêlé qu'accidentellement avec 2 à 3 centièmes de matières étrangères dans ces corps ; 4° l'opale, qui contient une certaine quantité d'eau probablement en combinaison, et dont on distingue plusieurs variétés qui se mélangent fréquemment avec la calcédoine.

A l'état hyalin, l'acide silicique forme souvent à lui seul, au milieu des terrains primitifs et intermédiaires, des couches plus ou moins puissantes, ou entre dans la composition mécanique de beaucoup d'autres couches, ou se rencontre en cristaux dans les fentes des divers dépôts appartenant à ces périodes de formation, et dans les cavités des filons qui les traversent; il est rare, à cet état, dans les terrains secondaires, et ne s'y montre que çà et là en très petits cristaux : mais il y produit, ainsi que dans les terrains tertiaires, des dépôts de sable ou de grès souvent très étendus.

La calcédoine, le silex se trouvent en rognons dans diverses parties des terrains secondaires, et surtout dans la craie qui les termine.

La pierre meulière siliceuse appartient aux terrains tertiaires; elle y donne souvent lieu à des dépôts considérables.

L'opale, sous forme de rognons, existe dans des dépôts de matières d'origine ignée, *remaniées* par les eaux.

L'acide silicique se rencontre encore en solution dans certaines eaux minérales. L'exemple le plus remarquable est fourni par les sources jaillissantes de la vallée de Reikum en Islande, dont l'eau, sur 100 pouces cubes, renferme, suivant Klaproth, 9 grains d'acide silicique, 8 grains de sel marin, 3 de carbonate de soude, 5 de sulfate de soude.

Enfin, l'acide silicique est une partie constituante essentielle de toutes les pierres dures ou gemmes, à l'exception du diamant, du saphir et du spinelle. Il y est toujours combiné avec diverses bases, et forme avec elles de véritables *silicates.*

Préparation.—Quoique l'acide silicique se trouve à l'état de pureté dans le cristal de roche, on l'extrait quelquefois du sable ou des cailloux, surtout lorsqu'on veut l'avoir en poudre très fine : on prend une partie de sable ou de caillou bien pulvérisé; on la met, avec deux parties d'hydrate de potasse ou de protoxide de potassium, dans un creuset de platine, d'argent ou de terre, que l'on remplit aux trois quarts au plus; on recouvre le creuset de son couvercle, on le place dans un fourneau ordinaire, et on le porte peu-à-peu jusqu'au rouge. A mesure qu'on élève la température, l'eau de la potasse se dégage et fait boursoufler la matière, tandis que le protoxide de potassium se combine avec l'acide silicique et le fait entrer en fusion. Lorsque toute la masse est fondue, ou au moins en pâte molle, ce qui a lieu après environ une demi-heure de chaleur assez forte, on retire le creuset du feu, et on coule la matière dans un vase de cuivre ou d'argent : on la fait ensuite chauffer dans une capsule avec trois à quatre fois son poids d'eau; elle se dissout, et on filtre la liqueur si elle n'est pas bien transparente. Alors on verse dans cette liqueur, peu-à-peu, un excès d'acide chlorhydrique, azotique ou sulfurique, étendu d'eau; il en résulte un dégagement assez considérable de gaz acide carbonique, un sel de potasse, et un précipité gélatineux et très abondant d'acide silicique. Cela étant fait, on étend la liqueur d'une grande quantité d'eau, on lave l'acide silicique par décantation, on le recueille sur un filtre, on le laisse égoutter, on le sèche et on le calcine jusqu'au rouge.

Ce qui se passe dans cette opération est facile à saisir : le sable, insoluble par lui-même dans l'eau, peut s'y dissoudre dès qu'il est uni à deux ou trois fois son poids de potasse, car les silicates basiques de potasse et de soude sont solubles dans l'eau; en ajoutant un acide puissant, on s'empare de la base, et l'acide silicique, qui est très faible, se précipite à l'état de pureté. Cependant si, au lieu de dissoudre la combinaison de la potasse et de la silice dans 3 ou 4 fois son poids d'eau, on la dissolvait dans 20 ou 25, l'expérience prouve que la silice ne se précipiterait point au moment où l'on verserait l'acide, sans doute parce que ses molécules étant trop éloignées les unes des autres, ne pourraient être réunies par la cohésion. Il faudrait alors évaporer la liqueur presque jusqu'à siccité, traiter le résidu par l'eau, et filtrer : on obtiendrait ainsi la silice sous forme de poudre blanche; avant même que l'évaporation ne fût terminée, on la verrait se précipiter sous forme de gelée transparente ou hydratée.

183. *Composition.*— Il suit des dernières expériences de M. Berzélius que la silice est formée de 100 de silicium et de 107,98 d'oxigène, ou de 1 atome du premier=277,312 et de 3 atomes du second=300; ce qui donne pour sa formule atomique $Si\ O^3$.

C'est en brûlant le silicium par l'intermède du carbonate de soude, comme nous l'avons dit (45), et extrayant la silice du produit, qu'il est parvenu à ce résultat.

184. *Usages.* — Les usages de la silice sont très importans : à l'état de sable, on s'en sert pour préparer les mortiers en la mêlant avec la chaux; à l'état de grès, on en fait des pavés, d'excellentes pierres de construction; combinée avec le protoxide de potassium ou de sodium, elle donne lieu au verre; mêlée et calcinée avec l'oxide d'aluminium, elle forme les poteries, depuis la brique jusqu'à la porce-

laine; on l'emploie dans l'exploitation de quelques mines, particulièrement dans l'extraction du fer et du cuivre; on la taille, à l'état de cristal de roche, pour en faire des lustres qui sont toujours d'un grand prix. M. Cauchoix en a tiré un excellent parti dans ces dernières années, pour remplacer le crownglass dans les objectifs achromatiques.

ARTICLE IV.

Oxide de carbone, acide carbonique, gaz chloroxi-carbonique.

Oxide de carbone.

185. *Historique.*—Il n'y a qu'une trentaine d'années que le gaz oxide de carbone est découvert : avant cette époque, on croyait que, dans la réduction des oxides métalliques par le charbon, il ne se formait que du gaz acide carbonique; mais Priestley ayant observé que, dans celle de l'oxide de zinc, il ne se formait, au contraire, que du gaz inflammable, et ayant annoncé que ce gaz était de l'hydrogène carboné, les chimistes s'empressèrent de répéter l'expérience, d'autant plus que Priestley la regardait comme inexplicable par la nouvelle théorie. On vit, en effet, que le gaz qui provenait de l'action de l'oxide de zinc sur le charbon était susceptible d'inflammation; mais on s'assura en même temps que c'était un nouveau composé de carbone et d'oxigène, auquel il ne manquait que de l'oxigène pour devenir acide carbonique. La nature de ce gaz fut reconnue tout à-la-fois par Cruickshank en Angleterre (*Biblioth. britann.*, tom. xvii et xviii), et par MM. Clément et Désormes en France. (*Ann. de Chim.*, t. xxxix, p. 26.)

186. *Propriétés.*—L'oxide de carbone est un gaz invisible et insipide, dont la pesanteur spécifique est de 0,96783; il ne rougit point la teinture de tournesol; il éteint les corps en combustion, et fait périr promptement les animaux qui le respirent.

187. Le gaz oxide de carbone n'éprouve aucune altération au plus haut degré de chaleur. Il n'est point altéré non plus par l'électricité. Il est également sans action sur le gaz oxigène sec ou humide, à la température ordinaire; mais, à la température rouge, il se combine avec la moitié de son volume de ce gaz, donne lieu à un volume égal au sien de gaz acide carbonique, et à un dégagement de calorique et de lumière. Faites passer 100 parties de gaz oxide de carbone et 100 parties de gaz oxigène dans l'eudiomètre à mercure; enflammez le mélange par l'étincelle électrique, mesurez le gaz, et vous verrez qu'il sera réduit à 150 parties. Mettez ensuite en contact dans le tube gradué même ces 150 parties avec un peu d'hydrate de potasse et un peu d'eau, et agitez le tout, vous absorberez le gaz acide carbonique formé, et vous obtiendrez pour résidu l'excès d'oxigène : celui-ci sera de 50 : donc l'acide carbonique sera de 100, ce qui est conforme à ce que nous venons de dire.

L'inflammation dans l'eudiomètre ne se fait pas sans secousse : aussi, lorsqu'on approche d'une bougie allumée le goulot d'un flacon plein d'un mélange à parties égales d'oxigène et d'oxide de carbone, en résulte-t-il tout-à-coup une détonation si forte qu'il y aurait du danger à ne pas entourer le vase d'un linge, surtout quand il a plus d'un demi-litre de capacité.

L'action du gaz oxide de carbone sur l'air est la même que sur le gaz oxigène, si ce n'est qu'elle est moins vive; il suit de là qu'en plongeant une bougie allumée dans une éprouvette pleine de gaz oxide de carbone, ce gaz doit s'enflammer et produire du gaz acide carbonique.

188. *Oxide de carbone et métalloïdes.* —Comme le gaz oxide de carbone est le seul oxide que le charbon puisse former, on est certain que ce gaz ne peut être décomposé par ce corps combustible. Le phosphore et le soufre ne peuvent non plus décomposer le gaz oxide de carbone; car les oxides et les acides de phosphore et de soufre peuvent être décomposés par le charbon. L'hydrogène lui-même est sans

action sur le gaz oxide de carbone, ainsi que l'a démontré Théod. de Saussure (*Journal de physique*, 1802, t. LV). Il en est de même de l'azote, et probablement de l'iode et du brôme. Le bore pourrait peut-être en opérer la décomposition; mais cette décomposition n'a point été confirmée par l'expérience : en supposant qu'elle eût lieu, il en résulterait du charbon et de l'acide borique. Il n'y a que le chlore qui jusqu'ici agisse évidemment sur l'oxide de carbone.

189. Lorsqu'on fait un mélange de parties égales de chlore et de gaz oxide de carbone secs, et qu'on l'expose au soleil, bientôt il se contracte, se réduit à la moitié de son volume, et se transforme en un nouveau gaz acide que nous appellerons *gaz chloroxi-carbonique*.

190. L'eau ne dissout pas une quantité sensible d'oxide de carbone.

191. *Composition.* — L'on a vu précédemment qu'un volume d'oxide de carbone en se combinant avec $\frac{1}{2}$ volume d'oxigène formait 1 volume de gaz carbonique : or, 1 volume de gaz carbonique est formé de 1 volume de vapeur de carbone et de 1 volume d'oxigène; par conséquent 1 volume de gaz oxide de carbone doit l'être de 1 volume de vapeur de carbone et de $\frac{1}{2}$ volume d'oxigène; ou en poids de 100 d'oxigène et de 76,52 de carbone.

Sa composition sera donc :

En prop. 1 de carbone 76,52 $+$ 1 d'oxigène 100.
En atom. 2 de carbone *id.* $+$ 1 *id.* *id.*

Donc poids atom. de l'oxide de carbone $C^2 O = 176,52$.

192. *État naturel et préparation.* — Jusqu'à présent le gaz oxide de carbone n'a point été trouvé dans la nature.

Ce gaz se produit toutes les fois qu'on met en contact, à une haute température, un excès de carbone avec l'oxigène ou l'acide carbonique, ou bien encore avec des corps qui cèdent difficilement l'oxigène ou l'acide carbonique qu'ils contiennent. C'est par l'un des quatre procédés qui suivent qu'on le prépare ordinairement.

Premier procédé. Que l'on mette de l'oxalate de plomb bien sec dans une petite cornue de verre, qu'on la chauffe peu-à-peu de manière à la porter presque jusqu'au rouge, l'oxalate se transformera en gaz oxide de carbone, en gaz carbonique et en protoxide de plomb, transformation dont il sera facile de se rendre compte en admettant, ce qui est vrai, que l'acide oxalique dans ce sel soit une sorte d'acide carboneux ou d'acide formé de 3 atomes de carbone et de 2 atomes d'oxigène. Si donc, lorsque l'air sera dégagé, l'on recueille les gaz sur le mercure au moyen d'un tube, il ne s'agira plus que d'en séparer l'acide carbonique en les agitant un instant avec une dissolution de potasse ou de protoxide de potassium pour avoir l'oxide de carbone pur. L'oxalate de zinc peut être employé avec le même succès.

Deuxième procédé. Le second procédé est jusqu'à un certain point analogue au premier; il est fondé en effet sur la propriété qu'a l'acide sulfurique de décomposer l'oxalate de potasse, et d'opérer la transformation de son acide en volumes égaux de gaz oxide de carbone et de gaz carbonique.

L'opération s'exécute en-faisant un mélange de 1 partie de sel d'oseille (bi-oxalate de potasse) et de 5 parties d'acide sulfurique concentré, introduisant le mélange dans une fiole, adaptant un tube à la fiole et la chauffant peu-à-peu. Bientôt l'action a lieu et les gaz se dégagent. L'acide carbonique doit ensuite être absorbé par la potasse, et le gaz oxide de carbone reste pur.

Au lieu de sel d'oseille qu'on emploie par économie, on peut faire usage d'acide oxalique du commerce.

Troisième procédé. Un mélange de fer en limaille et de carbonate de baryte ou de protoxide de barium, naturel ou artificiel, bien sec, donne également du gaz oxide de carbone pur, à une température élevée; le fer s'empare d'une des deux proportions d'oxigène que contient l'acide carbonique, se combine, ainsi oxidé, avec l'oxide de barium, tandis que le gaz oxide de carbone qui provient de l'acide carbonique désoxigéné, n'ayant point d'affinité pour ces oxides, se dégage. Cette opération s'exécute de la manière suivante : on pulvérise le carbonate ; on le calcine pour chasser l'eau qu'il pourrait contenir ; on le mêle avec son poids de limaille de fer ; on introduit le mélange dans une cornue de grès assez petite pour en être presque entièrement remplie ; on y adapte un tube recourbé, propre à recueillir les gaz sous l'eau ; on la dispose comme on le voit (pl. 1, fig. 22), et on la porte peu-à-peu au rouge-cerise : alors le gaz oxide de carbone commence à se dégager ; mais on ne doit le recueillir qu'après en avoir perdu une certaine quantité, pour l'avoir sans aucun mélange d'air : on continue l'expérience en élevant de plus en plus la température, jusqu'à ce que le dégagement des gaz se ralentisse ou s'arrête. La combinaison de l'oxide de fer avec le protoxide de barium reste dans la cornue : tout le carbonate disparaît, si le mélange a été bien fait, et si la température a été assez élevée.

Quatrième procédé. Ce procédé consiste à chauffer ensemble un mélange de parties égales d'oxide de zinc et de charbon fortement calciné : l'oxide se réduit, et de là résultent du zinc qui se sublime et s'attache aux parois du col de la cornue, et beaucoup de gaz oxide de carbone, quelquefois même un peu de gaz acide carbonique, ce qui provient sans doute de ce que le mélange est mal fait et de ce que l'oxide est en excès dans quelques points. Cette expérience doit être faite comme la précédente, excepté qu'avant de recueillir les gaz sous l'eau, il faut les faire passer à travers une solution aqueuse de protoxide de potassium, ou plutôt dans un tube de verre rempli de fragmens d'hydrate de potasse humecté, pour absorber la petite quantité de gaz acide carbonique qui peut se former.

De ces trois procédés, le second est celui qui doit être préféré. Le troisième est le moins bon, parce que le charbon le plus fortement calciné contenant encore de l'hydrogène (95), produit, dans sa calcination avec l'oxide de zinc, quelques traces d'hydrogène carboné.

Acide carbonique.

193. *Historique.* — Connu successivement sous les noms de *gaz* proprement dit, *d'air fixe* ou *fixé*, *d'acide méphitique*, *d'acide aérien*, *d'acide crayeux*, l'acide carbonique reçut, à la réformation du langage chimique, le nom qu'il porte aujourd'hui. C'est le premier des gaz que l'on ait appris à distinguer de l'air : aussi doit-on en regarder la découverte comme l'une des plus importantes qui aient été faites, puisqu'elle a ouvert une nouvelle carrière, celle des fluides élastiques, que l'on a parcourue avec tant de succès depuis 1775, et qui a changé la face de la chimie.

Les premiers indices de cette grande découverte remontent jusqu'à Vanhelmont ; il reconnut le premier que les pierres calcaires laissaient dégager quelquefois un air auquel il donna le nom de *gaz*. Hales vit ensuite que cette sorte d'air faisait partie essentielle de ces pierres, et chercha à déterminer combien elles en contenaient. Black découvrit bientôt après qu'il était capable d'être absorbé par la chaux et les alcalis, de les neutraliser et de leur donner la propriété de faire effervescence avec les acides. Priestley en étudia les propriétés avec beaucoup de soin, et en soupçonna l'existence dans l'atmosphère. Bergmann, Cavendisch, Jacquin, Fontana, presque tous les chimistes enfin, s'en occupèrent successivement. Mais ce fut Lavoisier, qui, en 1776, nous en fit connaître la nature, et qui détermina la proportion de ses principes constituans, proportions que des expériences faites depuis quelques années par MM. Allen et Pépis (1), Théodore de Saussure (2), Guyton-Morveau (3), Davy (4), ont sensiblement confirmée.

---

(1) *Trans. philos.*, 1807 ; *et ann. de chim.*, t. LXV, p. 84.

(2) *Ann. de chimie*, t. LXXI.

(3) *Ann. de chimie*, t. LXXXIV.

(4) *Ann. de chimie et de phys.*, t. I, p. 16.

194. *Propriétés.* — L'acide carbonique est gazeux, incolore ; sa saveur est légèrement aigre, son odeur un peu piquante, sa pesanteur spécifique, de 1,5245 ; il ne rougit que faiblement la teinture du tournesol ; il éteint les corps en combustion, et asphyxie promptement les animaux qu'on y plonge.

L'acide carbonique, étant plus pesant que l'air, peut être versé d'un flacon dans un autre, à la manière de l'eau : soient deux éprouvettes, l'une pleine d'air, l'autre pleine de gaz acide carbonique : si l'on incline celle-ci sur la première, comme on le ferait d'abord pour y verser de l'eau, et si on la renverse ensuite de manière à adapter les ouvertures des éprouvettes, on trouvera, quelques secondes après, que l'éprouvette qui était pleine d'air sera pleine d'acide carbonique, et que celle qui était pleine d'acide carbonique sera pleine d'air : ce qu'on reconnaîtra en y plongeant des bougies allumées. Il ne faudrait pas conclure de cette expérience que le gaz acide carbonique, dans un air tranquille, occuperait toujours la partie inférieure ; car les gaz dont la pesanteur spécifique est très différente finissent par se mêler lors même qu'ils ne communiquent ensemble que par un tube très étroit. (Berthollet, *Mém. d'Arcueil*, tom. II.)

195. Le gaz acide carbonique résiste à la plus forte chaleur que nous puissions produire. Exposé à un froid de 20°, il ne change pas d'état ; mais si en même temps qu'il est refroidi on le soumet à une forte pression, il se liquéfie (*Ann. de Chim. et de Phys.*, XXII, 323). Une pression de trente atmosphères suffit pour en opérer la liquéfaction à la température ordinaire. Il n'a aucune action chimique, ni sur le gaz oxigène, ni sur l'air, à une température quelconque. Lorsqu'on le soumet au choc d'une série d'étincelles électriques, une partie se transforme en gaz oxigène et en gaz oxide de carbone (Henri). Pourquoi la transformation n'est-elle pas totale ? c'est ce que nous ignorons.

196. Parmi les métalloïdes, l'hydrogène, le carbone, le chlore, le soufre, l'iode et l'azote sont les seuls qui aient été mis en contact avec le gaz carbonique.

Le soufre et l'azote sont sans action sur lui : il en est de même du chlore et de l'iode, et sans doute du sélénium.

L'hydrogène et le carbone le décomposent : le premier enlève une portion d'oxigène à cet acide, et donne lieu à de l'eau et à du gaz oxide de carbone ; le deuxième agit de la même manière que l'hydrogène, passe à l'état de gaz oxide de carbone, et ramène l'acide carbonique à cet état. Ces deux décompositions ne se font qu'à une haute température : pour la première, servez-vous de l'appareil pl. XII, fig. 3, qui se compose d'un tube de porcelaine traversant un fourneau à réverbère, et communiquant avec une vessie d'une part, et de l'autre avec un petit tube de verre recourbé ; remplissez la vessie de parties égales en volume de gaz carbonique et de gaz hydrogène ; portez le tube de porcelaine au rouge ; faites-y passer le mélange gazeux peu-à-peu, et engagez le petit tube de verre sous des flacons pleins de mercure : bientôt vous verrez l'eau ruisseler sur les parois de ceux-ci, et dès-lors l'acide se transformera en oxide. La décomposition du gaz carbonique par le charbon s'opère aussi très facilement : il suffit pour cela de remplir de charbon calciné et concassé le milieu du tube de porcelaine de la précédente expérience ; d'adapter à ses deux extrémités deux vessies, l'une vide, l'autre pleine de gaz acide ; d'élever ensuite peu-à-peu la température du tube jusqu'au degré de l'incandescence, et de faire passer, par une légère pression, le gaz de la vessie pleine dans la vessie vide, puis de celle-ci dans la première ; et ainsi de suite jusqu'à cinq à six fois. Par ce moyen, l'acide finit par doubler de volume, et par se convertir complètement en gaz oxide de carbone (pl. XII, fig. 1).

Il est probable que le bore décomposerait l'acide carbonique, et que le phosphore ne le décomposerait pas ;

car le carbone n'enlève pas la plus petite portion d'oxigène à l'acide borique, même à une très haute température, tandis qu'il désoxigène complètement l'acide phosphorique.

197. *Acide carbonique et eau.*—L'eau absorbe d'autant plus de gaz acide carbonique que la pression est plus forte et la température plus basse. A la température et à la pression ordinaires, elle en dissout à-peu-près son volume; en augmentant convenablement la pression, la température restant la même, elle peut en dissoudre cinq à six fois plus; dans le vide, à un degré de chaleur quelconque, elle perd toute sa faculté dissolvante; elle la perd également à 100°, et même au-dessous, pourvu qu'elle ne soit soumise qu'à la pression de l'atmosphère.

La solution d'acide carbonique dans l'eau est sans couleur; sa saveur est aigrelette, son odeur légèrement piquante, et son action sur la teinture de tournesol très faible. Exposée à l'action du feu ou placée dans le vide, elle entre promptement en ébullition, et laisse dégager tout le gaz acide qu'elle contient; exposée à l'air, elle le laisse également dégager presque tout entier, mais sans ébullition et très lentement.

Pour saturer l'eau de gaz acide carbonique à la température et à la pression ordinaires, on s'y prend de la même manière que pour se procurer ce gaz même (200).

On remplit des flacons d'eau, on les renverse, et on y fait arriver du gaz acide; lorsqu'ils sont aux deux tiers pleins de ce gaz, on les bouche, et on les agite pendant sept à huit minutes; ensuite on les ouvre dans une dissolution acide faite d'avance; puis on y fait passer une nouvelle quantité de gaz, et on les agite de nouveau. L'acide carbonique ainsi obtenu peut être conservé dans des flacons bouchés à l'émeri et renversés.

Mais lorsqu'il s'agit de saturer l'eau d'acide carbonique à une pression beaucoup plus forte, il faut introduire cette eau dans un vase dont les parois soient très résistantes, et y faire arriver du gaz acide au moyen d'une pompe. On peut employer à cette effet l'appareil dont nous allons donner la description (pl. XVIII, fig. 1).

A, cylindre en laiton contenant onze à douze litres, et portant un rebord *bb* qui sert à le fixer sur un plateau en bois *BB*, au moyen de vis.

CC, ouverture du cylindre fermée par un chapeau ou couvercle *D*, au moyen de quatre fortes vis; quatre saillies, faisant corps avec le cylindre, sont taraudées et reçoivent les vis.

D, chapeau ou couvercle qui se fixe sur l'ouverture du cylindre, comme il vient d'être dit; il porte un robinet *d* et reçoit un corps de pompe *EE*.

EE, corps de pompe foulante et aspirante, vissé sur le chapeau *D*, et communiquant à la capacité du cylindre *A* au moyen d'un robinet *e*.

Ce corps de pompe a deux soupapes, l'une en *g*, qui s'ouvre quand on abaisse le piston et se ferme quand on le lève; et une en *F*, qui, au contraire, s'ouvre quand on lève le piston et se ferme quand on l'abaisse.

G, partie saillante qui communique au corps de pompe au moyen de la soupape *F*, et qui porte une vis pour recevoir un robinet taraudé *I*, lequel donne issue au gaz que l'on veut introduire dans le corps de pompe, et par suite dans le cylindre *A*.

H, tube en cuivre étamé soudé au chapeau *D*, s'épanouissant au fond du cylindre sous forme d'une espèce d'entonnoir percé de petits trous. Il communique au dehors au moyen du robinet *e*.

K, robinet pour tirer la liqueur : il se compose d'une partie fixe *o*, et d'un tuyau mobile à soupape *p*.

Pour se servir de cet appareil, on dévisse le corps de pompe *EE* à la partie *h*, on ouvre le robinet *e* et le robinet *d*; et, au moyen d'un entonnoir dont la douille communique au tube *H*, on remplit presque entièrement d'eau le cylindre *A* : alors on ferme le robinet *d*, par lequel l'air s'est échappé; on visse sur le chapeau *D* le corps de pompe *EE*, et à la partie *G*, le robinet *I*, que l'on ouvre et qui communique avec le réservoir de gaz (1); puis on met en jeu la pompe : quand le piston monte, le gaz se précipite par le robinet *I* dans le corps de pompe; quand on l'abaisse, la soupape *F* qui lui donnait issue se ferme; le gaz comprimé presse sur la soupape *g*, qui s'ouvre; il traverse le robinet *e*, parcourt le tube *H*, et vient s'épanouir sous sa partie évasée, pour s'en échapper en une multitude de petites bulles que l'eau dissout dans leur passage.

On peut, au moyen de cet appareil, faire dissoudre à l'eau cinq à six fois son volume de gaz acide carbonique.

L'opération est d'autant plus prompte que le corps de pompe contient un plus grand volume de gaz et que le jeu du piston est plus rapide : on donne à la capacité du corps de pompe de 20 à 40 centimètres cubes.

Lorsque l'eau est saturée convenablement, on la met en bouteilles au moyen du robinet *K*, auquel on adapte un bec conique qui descend presque jusqu'au fond de la bouteille et en ferme exactement le col. Une rainure pratiquée le long du bec laisse dégager l'air du vase; cette rainure est fermée à pression par un petit ressort de cuivre muni d'un morceau de peau. La bouteille étant pleine, on la bouche bien; on ficelle le bouchon, et on le goudronne.

198. On n'a point encore fait d'expériences pour déterminer l'action des métalloïdes composés sur le gaz acide carbonique; mais il est permis de présumer que les gaz carbures d'hydrogène, phosphures d'hydrogène et acide sulfhydrique en opéreraient la décomposition à une haute température, et le transformeraient en gaz oxide de carbone; que en général tous les hydrures métalliques, le borure et

---

(1) Ce réservoir sera une vessie, ou mieux, une cloche disposée sur la planchette de la machine pneumato-chimique, car la vessie donne une mauvaise odeur au gaz.

le carbure de fer, l'opéreraient également, et que ces diverses décompositions se feraient tantôt par l'un ou l'autre
des élémens de ces composés, tantôt par les deux à-la-fois;
enfin l'on peut présumer qu'il en serait de même des
alliages dont les métaux ont beaucoup d'affinité pour l'oxigène, et particulièrement de ceux qui sont à base de potassium ou de sodium.

199. *Etat naturel.*—L'acide carbonique est l'un des acides les plus abondans et les plus répandus dans la nature;
il y existe, 1° à l'état de gaz, 2° dissous dans l'eau, 3° combiné avec divers oxides, et particulièrement avec la chaux,
la soude, la potasse, la baryte, l'oxide de fer, l'oxide de
plomb, l'oxide de zinc, l'oxide de cuivre, etc.

3° *Acide carbonique gazeux.*—Non-seulement on trouve
le gaz acide carbonique mêlé avec l'oxigène et l'azote dans
l'air atmosphérique (146 *bis*); mais on le trouve presque
pur dans certaines cavités ou certaines grottes des pays volcaniques ou des terrains calcaires de sédiment. Il y a un
assez grand nombre de ces sortes de grottes dans le royaume
de Naples : la plus connue est celle du Chien, près de Pouz-
zole, célèbre par les récits merveilleux auxquels elle a donné
lieu. On dit que les oiseaux qui passent au-dessus tombent
frappés de mort; qu'il en est de même des chiens qui s'en
approchent. Mais ceux qui l'ont visitée savent combien ces
faits sont exagérés. Cette grotte ne contient ordinairement
qu'une couche d'acide carbonique de 4 à 6 décimètres
d'épaisseur; en sorte qu'un homme peut y pénétrer sans
danger, et qu'un chien y est asphyxié.

Les phénomènes de la grotte du Chien peuvent être re-
produits, en remplissant une éprouvette de gaz acide carbonique, la renversant, puis y plongeant jusqu'à un certain
point un cylindre dont le diamètre est presque égal au sien,
et le retirant doucement; par ce moyen l'on aura deux couches : l'une, supérieure, d'air, qui entretiendra la combustion; l'autre, inférieure, d'acide carbonique, qui éteindra
les bougies et fera périr les animaux.

On voit donc qu'il peut être dangereux de descendre dans des cavités où des cavernes qui n'ont point été visitées depuis long-temps, et où l'air ne se renouvelle point; on ne doit le faire qu'en portant devant soi des bougies allumées et attachées à l'extrémité d'un long bâton : si la bougie brûle et si l'air est sans odeur, on peut y descendre avec sécurité; mais si la lumière de la bougie pâlit, ou si l'air a une odeur d'œufs pouris, il faut auparavant renouveler l'air au moyen d'un fourneau plein de charbons allumés, qu'on disposera à l'entrée de la cavité, et au cendrier duquel on adaptera un tuyau qui plongera très avant dans la cavité même.

2° *Acide carbonique dissous dans l'eau.*—Toutes les eaux contiennent des traces d'acide carbonique; il en est même qui en contiennent plusieurs fois leur volume : telles sont les eaux minérales de Seltz, de Spa, de Pyrmont, etc.: aussi ces eaux sont-elles mousseuses.

3° *Acide carbonique combiné avec les bases.* (*Voy.* les *Carbonates.*)

200. *Préparation.*—L'acide carbonique s'extrait de la craie ou du marbre, qui ne sont l'un et l'autre que du carbonate de chaux, en les traitant par un acide, et surtout par l'acide sulfurique étendu de dix à douze fois son poids d'eau, ou par une dissolution faible de gaz acide chlorhydrique dans ce liquide. L'opération se fait dans un flacon à deux tubulures, comme celle par laquelle on se procure le gaz hydrogène. On délaie 60 à 80 grammes de craie dans l'eau, de manière à en faire une bouillie claire; on l'introduit dans le flacon; on adapte un tube recourbé à l'une des tubulures, et on adapte à l'autre un tube droit surmonté d'un entonnoir, par lequel on verse peu-à-peu l'acide sulfurique (pl. XIII, fig. 5). Cet acide s'empare de la chaux, et forme un sel presque insoluble; tandis que l'acide carbonique mis en liberté reprend l'état gazeux, chasse l'air du flacon, et bientôt se dégage par l'extrémité du tube recourbé. On peut alors le recueillir dans des flacons pleins d'eau; mais, pour être certain qu'il est pur il faut en laisser

perdre quelques litres, ou plutôt l'éprouver par une dissolution de potasse caustique qui doit l'absorber tout entier.
Au bout d'un certain temps, le dégagement du gaz s'arrête;
à cette époque, on verse une nouvelle quantité d'acide sulfurique par le tube droit, on agite un peu le flacon, et ainsi
de suite, jusqu'à ce que tout le carbonate soit presque entièrement décomposé.

L'emploi de l'acide sulfurique n'est pas sans inconvénient. D'abord le dégagement du gaz acide carbonique est
subit et considérable; ensuite il s'arrête presque tout-à-
coup, quoiqu'il y ait encore de l'acide sulfurique libre, parce
que le sulfate de chaux qui se forme et qui, en raison de
son insolubilité, se dépose sur le carbonate, le couvre, et
s'oppose ainsi à sa décomposition : de là la nécessité d'agiter. À la vérité, on pourrait substituer à l'acide sulfurique
l'acide chlorhydrique du commerce, qui forme avec la
chaux un sel très soluble; mais son action sur la craie serait
trop subite, et occasionnerait une effervescence telle que la
masse serait soulevée jusqu'au tube. Tous ces inconvéniens
disparaissent si, en faisant usage de l'acide chlorhydrique on
se sert en même temps d'un carbonate de chaux très cohérent
tel que le marbre, et réduit en petits fragmens. Dans ce cas,
l'action est modérée et continue. Par conséquent, toutes les
fois qu'on pourra se procurer facilement du marbre, il faudra le préférer à la craie, le concasser et le traiter par l'acide
chlorhydrique liquide, comme la craie par l'acide sulfurique.

Le gaz acide carbonique étant légèrement soluble dans
l'eau, doit être conservé dans des flacons bouchés.

201. *Composition.* — L'acide carbonique contient un
volume égal au sien de gaz oxigène : or, comme la pesanteur
spécifique de l'acide carbonique est de 1,5245, et que celle
de l'oxigène est de 1,1026, il s'ensuit évidemment qu'il est
composé de 27,67 de carbone et de 72,33 d'oxigène en
poids, ou, d'après ce que nous avons dit de la vapeur de
carbone (page 68), de 1 volume de cette vapeur et de 1
volume d'oxigène, condensés en un seul.

Sa composition est donc:

En prop. 1 de carbone 76,52 $+$ 2 d'oxigène 200
En atom. 1   *id.*   38,26 $+$ 1   *id.*   100

Donc poids atomiq. de l'acide carb. C O $=$ 138,26.

Pour mettre ces résultats en pleine évidence, il faut se servir d'un appareil consistant en deux gazomètres semblables aux gazomètres $C A C$ et $C' A' C'$ (pl. XIV, fig. 1), dont on fait communiquer les tuyaux SS', TT', par des tubes intermédiaires, avec un tube de porcelaine ou de platine traversant un fourneau : les premiers ne diffèrent des seconds qu'en ce qu'ils sont moins grands, et qu'on peut se dispenser d'y adapter un bassin portant des poids. L'on verse d'abord du mercure dans la capacité gg; pressant ensuite sur les cloches $L L'$, et ouvrant les robinets y', x', on chasse par les tuyaux tt l'air qu'elles contiennent, et on les remplit ainsi de mercure : alors on fait passer du gaz oxigène dans l'une d'elles, en s'y prenant comme nous l'avons dit au sujet de la composition de l'eau (168 *bis*). D'une autre part, on met une certaine quantité de charbon fortement calciné dans l'intérieur du tube de porcelaine, sur une petite cuiller de platine. Cela étant fait, et les robinets y', x' étant fermés, on ouvre les robinets y'', x''; puis l'on porte le tube de porcelaine au rouge, et l'on presse sur la cloche qui contient le gaz oxigène. Par ce moyen, ce gaz traverse le tube de porcelaine, brûle le charbon, se rend dans l'autre cloche pleine de mercure; de celle-ci on peut le faire passer dans la première, et ainsi de suite, jusqu'à ce qu'on juge qu'il y ait assez de charbon brûlé. L'expérience étant terminée, et le gaz étant rassemblé dans l'une des cloches graduées, on voit facilement qu'il n'a point changé de volume. L'on pourrait, sans doute, objecter qu'il s'est formé quelque autre produit que l'acide carbonique; mais on se convaincra facilement que cela n'est point : en effet que l'on mette le gaz en contact avec une dissolution de potasse caustique, l'acide carbo-

nique seul sera absorbé, et le résidu ne sera plus que l'oxigène excédant; que l'on compare ensuite le poids de ces
deux gaz à celui de tout l'oxigène employé et du charbon
brûlé ils ne différeront pas sensiblement.

Au lieu de cet appareil qui permet d'opérer sur de
grandes quantités de gaz, on peut faire l'expérience en
petit, sur un demi-litre de gaz, par exemple, dans l'appareil décrit sous le nom de gazomètre à éprouvettes. (Voir
descrip. des appareils, vol. v.)

Nous avons supposé qu'on n'employait dans cette expérience que du gaz oxigène pur. Cependant il est difficile de
s'en procurer qui ne contienne pas un peu d'azote; les
vases eux-mêmes en peuvent fournir une petite quantité
adhérente à leurs parois : de là, pour apprécier cet azote,
la nécessité d'analyser le gaz oxigène par le gaz hydrogène dans l'eudiomètre, avant l'expérience et après l'absorption de l'acide carbonique par la potasse caustique, analyse
qui se fait comme celle de l'air atmosphérique. (1)

202. *Usages.* — Dissous dans l'eau, l'acide carbonique
est d'un fréquent usage en médecine : il constitue alors les

---

(1) L'appareil que nous venons de décrire est de l'invention de MM. Allen
et Pepis; ils s'en sont servis pour brûler le diamant et les différentes espèces
de charbon. Guyton-Morvau s'en est également servi pour le même objet; mais,
au lieu d'un tube de porcelaine, il a fait usage d'un tube de platine, parce
que souvent les tubes de porcelaine sont perméables. Guyton a même pris la
précaution de faire forer le tube qu'il a employé.

Il suit de leurs expériences que le diamant, l'anthracite, et les diverses
espèces de charbons végétaux calcinés, absorbent sensiblement la même
quantité d'oxigène pour passer à l'état d'acide carbonique, et que, dans cette
absorption, il ne se forme point d'eau, ou que du moins il ne s'en forme
que des traces; résultats qui, depuis, ont été confirmés par Davy, et d'où
l'on peut conclure que ces différens corps sont identiques, et ne contiennent
point d'hydrogène, ou en contiennent des quantités si petites qu'on peut les
négliger. (*Voyez* le Mémoire de MM. Allen et Pepis, *Bibliothèque britannique, Sciences et Arts*, tome XXXVI, ou *Transactions philosophiques* pour
1807; le Mémoire de Guyton, *Annales de Chimie*, tome LXXXIV; celui de
Davy, *Annales de Chimie et de Physique*, tome I, page 16.)

I. *Sixième édition.* 19

eaux gazeuses, naturelles ou artificielles, que l'on emploie aujourd'hui presque indistinctement. Associé au vin, il forme une boisson piquante, agréable, qui convient, à un grand nombre de personnes. C'est l'agent dont la nature se sert pour fournir aux plantes le carbone qui leur est nécessaire, et réparer ainsi les pertes d'oxigène que l'atmosphère fait à chaque instant. (Voy. art. *Végétation.*)

Acide chloro-carbonique.

202 (*bis*).—Nous avons déjà dit (189) que cet acide résulte de l'action directe du chlore sur l'oxide de carbone.

L'expérience peut être faite dans un tube gradué sur le mercure. Cependant, comme le chlore attaque ce métal, il vaut mieux, pour plus de précision, la faire dans un matras dont on connaît la capacité, et dans lequel on fait le vide : on y introduit successivement les deux gaz, et après la réaction, qui a lieu ordinairement en moins d'un quart d'heure, on ouvre le ballon dans le mercure pour apprécier la diminution de volume, etc. La réaction serait très lente si les gaz n'étaient exposés qu'à la lumière diffuse; elle n'aurait pas lieu dans l'obscurité; l'électricité, ainsi que la chaleur rouge, sont incapables de la produire.

Le gaz chloro-carbonique est sans couleur; son odeur est suffocante et analogue à celle du chlorure d'azote; il affecte sensiblement les yeux, provoque les larmes, rougit fortement le papier de tournesol, et éteint subitement les corps en combustion; sa pesanteur spécifique est de 3,399.

Ce gaz n'a aucune action sur l'oxigène, du moins par l'étincelle électrique. Mis en contact avec l'air, il n'y répand point de vapeur. Aucun corps combustible non métallique ne le décompose. L'étain, le zinc, l'antimoine, l'arsénic et plusieurs autres métaux en opèrent, au contraire, la décomposition; ils en absorbent le chlore et en rendent libre le gaz oxide de carbone. L'eau, l'oxide de zinc, l'oxide d'antimoine et la plupart des autres oxides métalliques, le décomposent aussi, mais en se décomposant eux-mêmes : l'eau donne lieu à de l'acide carbonique et à de l'acide chlorhydrique ; et les oxides métalliques, à de l'acide carbonique et à des chlorures.

Tous ces résultats se constatent dans une petite cloche courbe de verre : on remplit cette cloche de mercure, on y introduit le gaz et le corps métallique ou l'oxide, et on la chauffe avec la lampe à esprit de vin : l'eau est le seul de ces corps qui agisse à froid. Dans tous les cas, par l'effet de la réaction, on obtient autant de gaz oxide de carbone ou de gaz acide carbonique que l'on a employé de gaz chloroxi-carbonique.

L'eau étant capable de décomposer, même à la température ordinaire, le gaz chloroxi-carbonique, on peut en conclure qu'en faisant passer une étincelle électrique à travers un mélange de ce gaz et d'une certaine quantité d'hydrogène et d'oxigène, il doit se produire, outre une sorte de détonation, de l'acide chlorhydrique et de l'acide carbonique : c'est ce qui arrive en effet.

L'alcool très concentré en dissout douze fois son volume, à la température et à la pression ordinaires.

Enfin, l'acide chloro-carbonique s'unit tout entier au gaz ammoniac ; il en absorbe quatre fois son volume, et forme un sel doué de propriétés particulières. Ce sel est solide, blanc, volatil, neutre, piquant, déliquescent, et par conséquent très soluble dans l'eau. Soumis à l'action du feu, dans une petite cloche courbe remplie de gaz chlorhydrique ou sulfureux, il se sublime sans éprouver de changement. Traité par l'acide sulfurique, il se décompose ; il en résulte du sulfate d'ammoniaque, et il se dégage du gaz acide carbonique et du gaz chlorhydrique dans le rapport de 1 à 2. La production de ceux-ci est due, sans doute, à ce que l'eau de l'acide sulfurique est elle-même décomposée. Les acides azotique, phosphorique et l'acide chlorhydrique liquide, en opèrent aussi la décomposition en raison de l'eau qu'ils contiennent. Il en est de même, probablement, de toutes les dissolutions acides et alcalines. Puisque l'acide chloro-carbonique résulte de 1 volume d'oxide de carbone et de 1 volume de chlore, sa composition est :

En prop. 1 d'oxide de carbone = 176,52 + 1 de chlore = 442,64
En atom. 1 *idem.* *idem.* + 2 de chlore = 442,64

Donc poids atomique du gaz chloro-carbonique $C h^2$, $C^2 O = 619,16$.

C'est à M. John Davy que l'on doit la découverte et l'étude des propriétés du gaz chloro-carbonique. Il en a décrit les propriétés sous le nom de *phosgène*, qui veut dire *produit par la lumière*, dans la *Bibliothèque britannique, sciences et arts*, tome LI.

ARTICLE V.

Oxide de phosphore, acide phosphorique, acide para-phosphorique, acide hypo-phosphorique, acide phosphoreux, acide hypo-phosphoreux.

Oxide de phosphore.

203. Les chimistes n'étaient point d'accord sur le nombre et la nature des oxides de phosphore avant le travail de M. Pelouze. (*Ann. de Chim. et de Phys.*, L, 83.)

Quelques-uns en admettaient deux : l'un blanc, l'autre rouge. D'autres n'en admettaient qu'un seul, l'oxide rouge, et regardaient l'oxide blanc, comme de l'oxide rouge hydraté.

M. Pelouze vient de prouver qu'il n'existait en effet qu'un oxide qui est toujours rouge; et que l'*oxide blanc* est, non de l'oxide rouge hydraté, mais du phosphore hydraté.

Le meilleur moyen de l'obtenir consiste à faire passer un courant de gaz oxigène à travers le phosphore fondu sous l'eau chaude. A cet effet, l'on remplit de gaz oxigène un flacon à deux tubulures. L'une reçoit un tube droit qui pénètre jusqu'au fond du flacon et qui est surmonté d'un entonnoir; à l'autre est adapté un tube recourbé qui plonge dans le phosphore. Celui-ci est placé dans une éprouvette où l'on met de l'eau à 60°. L'appareil ainsi disposé, l'on verse de l'eau par le tube droit ; le gaz oxigène étant comprimé passe à travers le phosphore, le fait brûler vivement et produit de l'acide phosphorique qui se dissout et de l'oxide de phosphore qui apparaît dans la liqueur sous forme de flocons légers de couleur rouge-cinabre. Lorsque la combustion cesse, on agite l'eau et on la décante tout de suite; on enlève ainsi tout l'oxide qui bientôt se dépose ; on le lave, puis on l'introduit dans une petite cornue tubulée que l'on chauffe peu-à-peu; l'eau et le phosphore dont l'oxide pourrait être imprégné, se volatilisent, et l'oxide reste très pur.

Cet oxide est rouge, insipide, inodore, insoluble dans l'eau, l'alcool, l'éther et les huiles. Il n'est pas lumineux dans l'obscurité, même par le frottement.

Chauffé dans un tube, à l'abri du contact de l'air, il n'éprouve d'altération qu'à un degré de chaleur voisin du rouge obscur ; alors il se transforme en acide phosphorique fixe et en phosphore qui se volatilise : aussi, quand l'expérience se fait en vase ouvert, l'oxide prend-il feu, et sa conversion en acide phosphorique est-elle totale.

Le soufre, qui produit une détonation avec le phosphore, n'en produit aucune avec l'oxide de phosphore, même à chaud.

Projeté dans un flacon plein de chlore sec ou humide, l'oxide de phosphore s'enflamme, et de là résulte de l'acide phosphorique et du perchlorure de phosphore.

L'acide azotique et l'acide hypo-azotique l'enflamment également, et de là encore de l'acide phosphorique.

Il détone très fortement et tout-à-coup par son seul contact à froid avec le chlorate de potasse; il en est de même avec le nitre : seulement la température doit être légèrement élevée, et la détonation est moins violente.

L'oxide de phosphore est composé de 14,5 d'oxigène et de 85,5 de phosphore, ce qui donne en atomes :

$$2 \text{ oxigène} = 200 + 3 \text{ phosph.} = 3 \times 196,155.$$

Donc poids atom. de l'oxide de phosphore $Ph^3 O^2 = 788,465$. (1)

Acide phosphorique.

204. Cet acide, découvert par Margraff, a été examiné principalement par Lavoisier, Thomson, Rose, Berthollet, Davy, Berzelius, Dulong.

Solide, très sapide, inodore, sans couleur, il rougit fortement la teinture de tournesol; sa pesanteur spécifique est inconnue : l'on sait seulement qu'elle est plus grande que celle de l'eau. Il ne cristallise qu'avec beaucoup de difficulté en raison de son extrême solubilité. (*Ann. de Chim.*, XLVII, et L.)

Exposé au feu, l'acide phosphorique commence à se ramollir bien au-dessous de la chaleur rouge; à ce degré de chaleur il est en fusion parfaite, et donne lieu à un verre blanc et transparent qui est l'acide *para-phosphorique*; à un degré de chaleur beaucoup plus élevé, il se vaporise. C'est dans un creuset de platine qu'il faut fondre l'acide phosphorique. On ne doit jamais en opérer la fusion dans des vases de terre ou de verre; il les attaque et les troue promptement; il agit même d'une manière sensible sur l'argent avec le contact de l'air : il se produit alors une petite quantité de phosphate.

205. Soumis à l'action de la pile, de la même manière que l'acide borique, l'acide phosphorique vitrifié et légèrement humecté se décompose; l'oxigène se rend au fil positif, et le phosphore au fil négatif.

206. L'acide phosphorique n'a d'action, à aucune température, ni sur le gaz oxigène, ni sur l'air; il s'empare seulement avec énergie, à la température ordinaire, ou à une température inférieure, de toute l'eau que ces gaz peuvent contenir.

---

(1) *Voy.* les observations qui seront faites sur la densité de la vapeur de phosphore (v⁰ vol.).

207. On n'a encore examiné que l'action d'un métal-loïde sur l'acide phosphorique, celle du carbone. Ce corps décompose l'acide phosphorique à une température élevée; il en résulte du gaz acide carbonique ou du gaz oxide de carbone et du phosphore : c'est sur cette décomposition qu'est fondé l'art de se procurer le phosphore (62); elle s'opère de la manière suivante : on prend une partie d'acide phosphorique récemment fondu, et on le pulvé-rise avec 3 parties de charbon dans un mortier de porce-laine ou de laiton. La pulvérisation doit se faire prompt-ement, pour que l'acide attire le moins possible l'humidité de l'air et ne devienne pas visqueux. On introduit le mé-lange dans une petite cornue de grès; on place cette cor-nue dans un fourneau à réverbère ; on adapte à son col une allonge dont le bec plonge de quelques lignes dans l'eau d'un récipient tubulé ; un tube recourbé et à boule part de la tubulure du récipient, et va s'engager sous des flacons pleins d'eau. Les jointures étant bien lutées, on chauffe peu-à-peu la cornue, et on la porte jusqu'au rouge presque blanc, en surmontant le dôme du fourneau d'un tuyau d'environ un mètre de hauteur. Bientôt l'acide est décomposé; les gaz se rendent dans les flacons pleins d'eau, et le phosphore se vapo-rise et se condense, soit dans l'allonge, soit dans le récipient. L'opération est terminée quand le dégagement du gaz cesse, et que la température est très élevée. Nous devons faire ob-server que l'acide phosphorique contenant presque toujours de l'eau, cette eau elle-même est décomposée dans l'opé-ration par le charbon, et produit tout à-la-fois du carbure d'hydrogène, du phosphure d'hydrogène, et de l'oxide de carbone, ou de l'acide carbonique, qui sont tous gazeux.

Il est probable qu'à une haute température, l'hydrogène et le bore décomposeraient l'acide phosphorique : sans doute que le soufre ne le décomposerait point, puisque le phos-phore décompose l'acide sulfurique.

208. L'acide phosphorique est très soluble dans l'eau, et forme en s'y dissolvant un acide, liquide, incolore, sans

odeur, qui, concentré, est filant et visqueux. Son affinité pour l'eau est si grande que, même au degré de la chaleur rouge, d'après les expériences de Berthollet, il en retient une grande quantité (*Recherches sur les lois de l'affinité*, troisième suite, p. 113). M. Dulong l'estime à 20,6 pour 100 d'acide phosphorique sec. (*Mém. d'Arcueil*, t. III, p. 445.)

209. *État.* — L'acide phosphorique n'a point encore été trouvé libre ; il se rencontre combiné fréquemment avec la chaux, assez souvent avec l'oxide de plomb, l'oxide de fer, moins souvent avec ceux de cuivre, de manganèse, d'u-rane, quelquefois avec la potasse, la soude, la magnésie, l'ammoniaque, l'alumine. Les os des animaux contiennent presque les deux cinquièmes de leur poids de phosphate calcaire.

210. *Préparation.* — Cet acide peut être obtenu, soit en brûlant le phosphore par l'acide azotique, soit en décompo-sant le phosphate de baryte par l'acide sulfurique, soit en faisant bouillir l'acide *para-phosphorique* avec l'eau.

Premier procédé. — On introduit une certaine quantité de phosphore dans une cornue de verre, par exemple, 30 grammes, et on y ajoute 200 grammes d'acide azotique à 20° de l'aréomètre de Baumé ; on place cette cornue sur un four-neau ordinaire au moyen d'une grille en gros fil de fer, et on adapte à son col un matras tubulé. L'appareil ainsi dis-posé, on met quelques charbons sous la cornue ; bientôt l'a-cide azotique se trouve décomposé, cède une portion de son oxigène, ou même tout son oxigène au phosphore, d'où ré-sultent de l'acide phosphorique qui reste dans la cornue, et de l'oxide d'azote ou de l'azote qui se dégage à l'état de gaz, en produisant une effervescence plus ou moins considérable. Cette effervescence sert de guide dans la manière dont le feu doit être dirigé : lorsqu'elle est très faible, on doit aug-menter la température, et la diminuer dans le cas contraire. En supposant que la quantité d'acide prescrite ne suffise pas pour brûler tout le phosphore, il faut en ajouter une nou-velle portion dans la cornue, ou plutôt *cohober*, c'est-à-dire, y remettre le liquide distillé qui contient beaucoup d'acide non décomposé. Tout le phosphore étant brûlé, ce qui a lieu lorsqu'il est entièrement dissous, on continue la distillation jusqu'à ce que la liqueur soit presqu'en consistance sirupeuse; alors on la verse dans un creuset de platine que l'on porte peu-à-peu jusqu'à la température de 150 à 200°. pour être sûr de vaporiser tout l'acide azotique. Le résidu n'est que de l'acide phosphorique hydraté.

Deuxième procédé. — Il faut commencer par se procurer du phosphate de baryte, et c'est à quoi l'on parvient en versant une dissolution de phosphate d'ammoniaque dans une dissolution d'azotate de baryte. Le phosphate de baryte se précipite aussitôt que les deux sels sont en contact; on le lave; et, lorsque les lavages sont terminés, on le met en suspension dans une petite quantité d'eau, puis l'on ajoute peu-à-peu à la liqueur de l'acide sulfurique faible. Par ce moyen, l'on forme un sulfate de baryte qui, étant insoluble, ne tarde point à se déposer. Il faut ajouter assez d'acide sulfurique pour s'emparer de toute la baryte, mais il ne faut pas en mettre un excès; il faut en verser enfin une quantité telle que la liqueur ne se trouble plus, ni par cet acide, ni par l'azotate de baryte : dans cet état, elle ne contiendra plus que de l'acide phosphorique, et de l'eau; et par conséquent, en la faisant évaporer, l'on obtiendra l'acide phosphorique pur et hydraté comme par le premier procédé.

Troisième procédé. — Il suffit de faire bouillir pendant quelque temps l'acide para-phosphorique avec l'eau pour le transformer en acide phosphorique.

De ces trois procédés, il n'en est aucun qui donne de l'acide phosphorique sec; cet acide n'a pu encore être obtenu sans eau. Les plus économiques sont les deux derniers.

211. *Composition.* — Les chimistes ont singulièrement varié dans les quantités d'oxigène et de phosphore dont ils ont cru l'acide phosphorique formé. L'on en jugera par le tableau suivant.

L'acide phosphorique est composé de :

Phosphore.	Oxigène.	
100	154,00	Lavoisier. (1)
100	163,40	Thomson, 1er travail. (2)
100	114,00	Rose. (3)
100	119,39	Berzelius, 1er travail. (4)
100	153,00	Davy. (5)
100	121,28	Thomson, 2e travail. (6)
100	125,80	Dulong. (7)
100	127,61	Berzelius, 2e travail. (8)
100	132,76	Davy, 2e travail. (9)

Parmi ces analyses, celles qui nous paraissent mériter le plus de confiance sont l'analyse de M. Dulong et l'analyse de Berzelius (2e travail. (10)

Sa composition est, d'après l'analyse de M. Berzelius :

En prop. 1 de phosphore 196,15 $+$ 2 $\frac{1}{2}$ d'oxigène 250

En atom. 2 de phosph. 2 $\times$ 196,15 $+$ 5 d'oxigène 500 $=$ Ph^2 O^5

212. *Usages.* — L'acide phosphorique est sans usages ; ou du moins l'on s'en sert au plus pour attaquer les pierres gemmes qui contiennent de la potasse ou de la soude.

Acide para-phosphorique.

213. Lorsque l'on calcine jusqu'au rouge l'acide phosphorique libre ou uni à la soude, à la potasse, etc., il con-

---

(1) *Élémens de chimie*, t. 1, p. 60.

(2) *Système de chimie*, t. III, p. 47.

(3) *Journal* (allemand) *de chimie et de physique*, t. II, p. 318.

(4) *Annales de chimie*, t. LXXX, p. 7.

(5) *Transactions philosophiques* pour 1812, p. 406.

(6) *Annales de philosophie* (rédigées par l'auteur), avril 1816.

(7) *Mémoires d'Arcueil*, t. III, p. 439.

(8) *Annales de chimie et physique*, t. II, p. 217 ; et t. X, p. 278.

(9) *Annales de chimie et de physique*, t. X, p. 207.

(10) Dans un autre travail, M. Thomson est encore arrivé à des résultats tout autres que ceux qu'il avait obtenus d'abord. Il donne aussi, dans ce travail, l'analyse de l'acide phosphoreux. Ces analyses sont loin d'être à l'abri d'objections. Nous renverrons nos lecteurs, qui voudront les connaître, au Mémoire même. (*Annales de Chimie et de Physique*, t. XIV, p. 321.)

tracte des propriétés nouvelles, et constitue un acide différent de l'acide phosphorique, quoique composé des mêmes principes dans les mêmes proportions. Ces deux acides sont donc isomères. (Stromeyer, *Ann. chim. et phys.* XLIII, 364.)

Préparation.—L'acide para-phosphorique s'obtient, soit en brûlant le phosphore dans l'air, soit en décomposant le phosphate d'ammoniaque par le feu, soit en chauffant et vitrifiant l'acide phosphorique.

Premier procédé.—Mettez dans une soucoupe une petite coupelle contenant quelques grammes de phosphore; placez la soucoupe sur un bain de mercure; enflammez le phosphore avec une allumette, et recouvrez le tout d'une grande cloche pleine d'air : l'acide para-phosphorique se formera en très peu de temps, et se déposera en flocons blancs et très légers sur la capsule et les parois de la cloche, si les vases sont bien secs, et si l'air ne contient que très peu de vapeur. Ces conditions seront faciles à remplir en essuyant bien les vases et le phosphore avec du papier joseph, et en tenant un morceau de chaux vive sous la cloche pendant quelque temps et jusqu'à ce qu'on fasse l'expérience. L'acide ainsi obtenu produit avec l'eau beaucoup de chaleur, et un bruit semblable à celui d'un fer incandescent qu'on plonge dans ce liquide. A peine est-il en contact avec l'air, que tous les flocons se résolvent en petites gouttelettes.

Deuxième procédé.—Vous mettrez du phosphate d'ammoniaque en poudre dans un creuset de platine; vous le chaufferez peu-à-peu jusqu'au rouge : l'ammoniaque se dégagera sous forme de gaz; l'acide restera au contraire sous forme d'un liquide que vous verserez dans un flacon bouché à l'émeri, comme nous venons de le dire; mais il retiendra toujours un peu d'alcali, d'après M. Dulong, même après avoir été exposé pendant long-temps à l'action du feu. Il ne faudrait pas, d'ailleurs, pour rendre la décomposition complète, élever la température jusqu'au rouge blanc; le creuset serait attaqué et troué par une certaine quantité de phosphore qui proviendrait sans doute d'une partie d'acide dont l'oxigène se serait uni à l'hydrogène de l'ammoniaque ou *hydrogène azoté*. L'acide extrait par ce procédé du phosphate d'ammoniaque bien sec forme un verre qui ne se dissout que difficilement dans l'eau, suivant M. Longchamp.

Troisième procédé.—Il consiste simplement à vitrifier l'acide phosphorique.

214. *Propriétés.*—L'acide para-phosphorique trouble la dissolution d'albumine, l'acide phosphorique n'en altère point la transparence.

Les para-phosphates de soude, de potasse, d'ammoniaque précipitent le nitrate d'argent en blanc; les phosphates de ces mêmes bases le précipitent en jaune.

Le para-phosphate de soude forme dans les dissolutions d'argent, de plomb, de cuivre, de nickel, de cobalt, d'urane, de bismuth, de manganèse, de protoxide de mercure, de glucyne, d'yttria, des précipités qu'un excès de para-phosphate de soude fait disparaître. Rien de semblable n'a lieu avec le phosphate de soude : les précipités sont permanens.

Le para-phosphate d'argent est promptement décomposé par une dissolution bouillante de phosphate de soude : il en résulte du phosphate jaune. Le phosphate d'argent n'éprouve aucune altération dans une dissolution bouillante de para-phosphate de soude.

L'acide para-phosphorique possède d'ailleurs d'autres propriétés remarquables : il se transforme en acide phosphorique, quand on le fait bouillir avec l'eau; il paraît même qu'exposé à l'air humide, il éprouve peu-à-peu cette transformation; mais le para-phosphate de soude n'éprouve aucun changement de cette nature.

Enfin la capacité de saturation des deux acides est bien différente : celle de l'acide phosphorique est beaucoup plus grande que celle de l'acide para-phosphorique. (Voir, outre les observations de M. Stromeyer, celles de M. Clark, Enghellart, Gay-Lussac. *Ann. de Chim. et de Phys.*, t. XLI, p. 276, 331.)

Acide hypo-phosphorique.

215. L'acide désigné sous ce nom présente une composition compliquée, et se décompose immédiatement en acides phosphorique et phosphoreux, quand on le fait agir sur les bases. Quelques chimistes pensent, d'après cela, que c'est un simple mélange de ces deux acides.

215 *bis. Propriétés.* —L'acide hypo-phosphorique, tel qu'on l'a obtenu jusqu'ici, est un liquide visqueux, sans couleur, doué d'une légère odeur de phosphore, très sapide, rougissant fortement la teinture de tournesol, plus pesant que l'eau dans un rapport qui n'est point déterminé. Tout nous porte à croire que l'acide hypo-phosphorique serait solide s'il était possible de le priver d'eau.

215 *ter.* Lorsqu'on expose l'acide hypo-phosphorique à l'action de la chaleur, il passe à l'état d'acide phosphorique en produisant du gaz proto-phosphure d'hydrogène. On ne peut se rendre compte de ce résultat qu'en admettant qu'une portion de l'eau contenue dans l'acide hypo-phosphorique est décomposée, et que ses deux élémens se combinent, savoir : l'oxigène avec l'acide hypo-phosphorique, et l'hydrogène avec une partie du phosphore de cet acide ; qu'ainsi tous deux contribuent à la transformation de l'acide hypo-phosphorique en acide phosphorique, le premier, en augmentant la quantité du principe comburant, et le second, en diminuant la quantité du principe combustible. Prenez une petite cornue de verre tubulée ; versez-y la moitié de son volume d'acide par la tubulure, à l'aide d'un entonnoir ; bouchez cette tubulure avec un bouchon ; adaptez au col de la cornue un tube recourbé propre à recueillir les gaz ; placez la cornue sur un fourneau, et chauffez-la peu-à-peu jusqu'à environ 200° : d'abord il se vaporisera un peu d'eau, et l'acide deviendra visqueux ; bientôt ensuite le gaz proto-phosphure d'hydrogène se dégagera ; et quand il cessera de s'en produire, le résidu ne sera plus que

de l'acide phosphorique en consistance très épaisse. Le fond de la cornue est sensiblement attaqué.

Si, au lieu de chauffer l'acide hypo-phosphorique dans des vases fermés, comme on vient de le dire, on le chauffe avec le contact de l'air, par exemple, dans une fiole ou dans un petit matras dont le col soit court et étroit, il se produit à l'extrémité du vase une inflammation due à la combinaison de l'oxigène de l'air avec le phosphure d'hydrogène : cette inflammation est accompagnée d'une odeur d'ail. L'acide hypo-phosphorique est le seul acide qui, avec les acides phosphoreux et hypo-phosphoreux, présente ce caractère.

L'acide hypo-phosphorique, soumis à l'action de la pile, se décomposerait sans doute comme l'acide phosphorique.

Cet acide n'a d'action ni sur le gaz oxigène ni sur l'air atmosphérique à la température ordinaire; il n'absorbe à cette température que l'humidité que ces gaz peuvent contenir.

216. L'action des métalloïdes sur l'acide hypo-phosphorique est analogue à celle qu'ils exercent sur l'acide phosphorique.

217. L'acide hypo-phosphorique se dissout dans l'eau en toutes proportions et avec dégagement de calorique. Trente grammes d'acide hypo-phosphorique en consistance sirupeuse et 30 grammes d'eau, élèvent le thermomètre à mercure de 10° à 22° environ. La solution de cet acide est très limpide, rougit fortement la teinture de tournesol, et a une légère odeur de phosphore : exposée à l'action de la chaleur, elle se concentre d'abord, et c'est seulement alors qu'elle laisse dégager du gaz proto-phosphure d'hydrogène et qu'elle se convertit en acide phosphorique.

218. *État naturel*, *préparation*. — L'acide hypo-phosphorique n'a point encore été trouvé dans la nature. On l'obtient toujours en faisant brûler lentement des cylindres de phosphore dans l'air. Mais il faut, 1° que l'air se renouvelle pour l'entretien de la combustion; 2° qu'il soit humide, car s'il était sec, l'acide hypo-phosphorique forme-

rait une couche autour du phosphore, et la combustion s'arrêterait; 3° que les différens cylindres de phosphore soient isolés, afin que leur température ne s'élève pas trop; qu'ils ne fondent pas, et qu'il n'en résulte pas une combustion vive dont le produit est toujours de l'acide phosphorique; 4° que l'acide, à mesure qu'il se forme, soit recueilli dans un vase de manière à en perdre le moins possible. On satisfait à toutes ces conditions comme il suit : on prend des tubes de verre dont l'une des extrémités est effilée à la lampe; on introduit dans chacun de ces tubes un cylindre de phosphore un peu moins long que le tube; on en dispose, les uns à côté des autres, 30 à 40, dans un entonnoir, dont on reçoit le bec dans un flacon placé sur une assiette couverte d'eau; l'on recouvre le flacon et l'entonnoir d'une cloche de verre plongeant dans l'eau de l'assiette, et percée de deux trous à sa partie supérieure et latérale.

Le phosphore se vaporise d'abord; ensuite il se combine avec l'oxigène et l'eau de l'air, et donne lieu à de l'acide hypo-phosphorique qui se rassemble en gouttelettes à l'extrémité de chaque tube, tombe dans le bec de l'entonnoir, et de là dans le flacon. Cependant on trouve un peu d'acide hypo-phosphorique sur les parois du flacon et dans l'eau de l'assiette.

Dans cet état, l'acide hypo-phosphorique est très étendu d'eau. On le réduit en consistance visqueuse en le chauffant doucement, et mieux encore, en le mettant, à la température ordinaire, dans une capsule, à côté d'une autre capsule pleine d'acide sulfurique concentré, sous un récipient où l'on fait le vide à quelques millimètres près (Voy. *Philos. chimiq.* v° vol.) La combustion du phosphore dans l'air étant très lente, il s'ensuit que, pour obtenir une quantité un peu remarquable d'acide hypo-phosphorique, il faut beaucoup de temps. Ce n'est souvent qu'au bout de deux mois qu'un cylindre de phosphore de 2 à 3 grammes est entièrement brûlé.

219. *Composition.*—En déterminant la quantité de gaz oxigène nécessaire pour brûler lentement une certaine quantité de phosphore, j'ai trouvé que l'acide hypo-phosphorique devait être formé de 100 de phosphore et de 110,39 d'oxigène. Voici comment l'expérience peut être faite : on remplit une éprouvette de mercure, et l'on y fait passer d'abord environ le tiers de ce qu'elle peut contenir d'air, en tenant compte de la température et de la pression; puis un cylindre de phosphore bien desséché qu'on soutient par un tube de verre élargi en forme de capsule à sa partie supérieure, et étranglé un peu au-dessous ; ensuite on y introduit une couche d'eau d'environ 4 millimètres d'épaisseur, et à-peu-près autant de gaz oxigène que d'air. Lorsque l'oxigène qu'on a ajouté est sensiblement absorbé, l'on en introduit une nouvelle quantité, et l'on voit de jour en jour le cylindre de phosphore diminuer. Il faut bien prendre garde de ne pas laisser tomber le phosphore de dessus le tube, car il s'enflammerait probablement (1). L'expérience étant terminée, ce qui a lieu au bout de quinze à dix-huit jours, en n'opérant que sur un gramme et demi de phosphore, on mesure le résidu gazeux, et on en fait l'analyse, au moyen de l'hydrogène, dans l'eudiomètre de Volta. Cela fait, on a tout ce qu'il faut pour connaître la proportion des principes constituans de l'acide hypo-phosphorique. En effet, on a le poids du phosphore brûlé, et on a aussi celui du gaz oxigène absorbé dans cette combustion, puisque celui-ci n'est que la différence qui existe entre toute la quantité d'oxigène qu'on emploie et la quantité d'oxigène que contient le résidu, et que ces deux quantités sont connues. M. Dulong, par un procédé tout-à-fait différent de celui que nous venons d'exposer, est parvenu à-peu-près aux mêmes résultats : au lieu de 110,39 d'oxi-

------

(1) Il s'enflammerait également, si la température de l'atmosphère était à plus de 10 à 12°.

gène, il a trouvé 109. Ce procédé consiste à transformer une quantité indéterminée d'acide hypo-phosphorique en acide phosphorique par le chlore, et à déterminer avec précision, 1° la quantité de chlore employé; 2° la quantité d'acide phosphorique produit. Ces données suffisent; car supposons que l'acide produit soit de 224[parties], 8 : comme 100 de phosphore absorbent 124,8 d'oxigène pour devenir acide phosphorique, 100 de phosphore, [pour devenir acide hypo-phosrique, en absorberont 124,8, moins ce qui proviendra de la décomposition de l'eau par le chlore. Mais il est toujours possible de connaître cette dernière quantité, puisqu'un volume de chlore absorbe 1 volume d'hydrogène et qu'il correspond à $\frac{1}{2}$ volume d'oxigène : donc, etc.

En s'occupant de cet acide, M. Dulong a eu, d'ailleurs, l'occasion de faire une remarque importante : c'est que ce corps se transformant en acide phosphoreux et en acide phosphorique dans son contact avec toutes les bases salifiables, il serait possible qu'il ne fût lui-même qu'un composé de ces deux acides.

L'acide hypo-phosphorique est sans usages. M. Sage est un des premiers chimistes qui en observèrent la formation; mais ce fut Lavoisier qui le distingua de l'acide phosphorique, et qui prouva qu'il contenait moins d'oxigène que cet acide.

Acide phosphoreux.

220. C'est à Davy que la découverte de cet acide est due; il la fit en examinant l'action de l'eau sur le proto-chlorure de phosphore : l'eau est décomposée par ce chlorure; son hydrogène s'unit au chlore, et son oxigène au phosphore; il se forme ainsi de l'acide chlorhydrique et de l'acide phosphoreux; par une évaporation convenablement ménagée, l'eau entraînant de l'acide chlorhydrique se dégage, et par le refroidissement l'acide phosphoreux cristallise.

<table>
<tr><td colspan="3" align="center">Proportions réagissantes.</td><td colspan="3" align="center">Proportions produites.</td></tr>
<tr>
<td>1 proto-chlo-
rure....</td>
<td>{ 1 $\frac{1}{2}$ chlore ..
{ 1 de phosph..</td>
<td>663,9
196,1</td>
<td>1 $\frac{1}{2}$ acide =</td>
<td>{ 1 $\frac{1}{2}$ chlore ...
{ 1 $\frac{1}{2}$ hydrogène</td>
<td>663,9
18,7</td>
</tr>
<tr>
<td>1 $\frac{1}{2}$ d'eau =</td>
<td>{ 1 $\frac{1}{2}$ oxigène. .
{ 1 $\frac{1}{2}$ hydrogène</td>
<td>150,0
18,7</td>
<td>1 ac. phos-
phoreux..</td>
<td>{ 1 phosphore..
{ 1 $\frac{1}{2}$ oxigène ..</td>
<td>196,1
150,0</td>
</tr>
<tr><td></td><td></td><td align="center">1028,7</td><td></td><td></td><td align="center">1028,7</td></tr>
</table>

En atomes :

$$2\,\mathrm{Ph}\,\mathrm{Ch}^5 + 3\,\mathrm{H}^2\mathrm{O} = 6\,\mathrm{H}\,\mathrm{Ch} + \mathrm{Ph}^2\,\overline{\mathrm{O}}^5.$$

De là on voit que l'acide phosphoreux doit contenir 76,92 d'oxigène pour 100 de phosphore.

Tels sont en effet les nombres qui ont été admis par M. Berzelius ; mais suivant M. Dulong la quantité d'oxigène ne devrait être que de 74,88, et même que de 66,38 suivant Davy. Pourquoi ces différences ? Elles dépendent des quantités de phosphore et de chlore que ces chimistes supposent dans le proto-chlorure (100, 101). (*Mém. d'Arcueil*, t. III ; *Ann. de Chim. et Phys.*, t. II, p. 225 ; t. x, p. 211 et 278.)

Cet acide est incolore, très sapide, sans odeur ; il rougit fortement le tournesol, se décompose par la chaleur en donnant les mêmes produits que l'acide hypo-phosphoreux, enlève aussi comme lui l'oxigène à plusieurs corps brûlés, et forme avec les bases des sels plus ou moins solubles dans l'eau.

La solubilité des phosphites est, en général, beaucoup moindre que celle des hypo-phosphites. Le phosphite de potasse est, à la vérité, très déliquescent, incristallisable, mais insoluble dans l'alcool. Le phosphite de soude, dont les cristaux sont des rhomboïdes voisins du cube, est aussi très soluble dans l'eau : il en est de même de celui d'ammoniaque ; mais tous les autres ne sont que peu solubles. Toutefois ceux de baryte, de strontiane et de chaux cristallisent par évaporation spontanée : ils se décomposent, au contraire, lorsque l'on concentre leurs dissolutions par la chaleur ; il en résulte un dépôt de petits cristaux nacrés, semblables à l'acétate de mercure, et une liqueur qui ne cristallise plus que très difficilement. Or, comme ces cristaux sont avec excès de base et que la liqueur est acide, il s'ensuit qu'il existe des phosphites acides, des phosphites basiques et des phosphites neutres (Dulong).

Les phénomènes que présente la calcination des phosphites sont à-peu-près les mêmes que ceux dont nous allons parler en traitant des hypo-phosphites.

Acide hypo-phosphoreux.

221. Cet acide, qui n'existe point dans la nature, et qui a été découvert par M. Dulong, en 1816, se forme toutes les fois qu'on délaie un phosphure alcalin dans l'eau. Celle-ci se décompose, et de là résultent de l'acide hypo-phosphoreux, de l'acide phosphorique et du sesqui-phosphure d'hydrogène. Or, lorsqu'on emploie du phosphure de barium, l'hypo-phosphite reste seul en dissolution, et la baryte peut en être facilement précipitée tout entière par une addition convenable d'acide sulfurique : il est donc possible d'obtenir ainsi l'acide hypo-phosphoreux pur : il suffit pour cela d'étendre l'acide sulfurique d'eau, et d'en verser peu-à-peu dans l'hypo-phosphite filtré jusqu'à ce que la liqueur ne se trouble plus, ni par une nouvelle quantité d'acide sulfurique, ni par un sel de baryte. Ce point étant atteint et la liqueur étant filtrée de nouveau, il n'y reste absolument que de l'acide hypo-phosphoreux. Cet acide peut être réduit par la chaleur en un liquide visqueux; mais on ne saurait le dessécher sans en opérer la décomposition : c'est pourquoi il ne faut pas le chauffer trop. Il est bon de terminer l'évaporation à la température ordinaire, en mettant l'acide dans une capsule, à côté d'une autre capsule pleine d'acide sulfurique concentré, sous un récipient où l'on fait le vide.

L'acide hypo-phosphoreux est liquide, très sapide, incristallisable; il rougit fortement le tournesol; sa pesanteur spécifique est inconnue. Soumis à l'action du feu dans une cornue de verre, il ne tarde point à se décomposer : du gaz phosphure d'hydrogène, du phosphore et de l'acide phosphorique sont les produits de cette décomposition.

L'eau le dissout en toutes proportions; il agit sur divers corps brûlés comme un désoxidant très énergique.

Cependant il a la propriété de s'unir à un grand nombre de bases salifiables, et de former des sels qui possèdent des propriétés particulières. Ces sels sont remarquables par leur extrême solubilité; il n'y en a aucun d'insoluble; ceux de baryte et de strontiane ne cristallisent même que très difficilement; ceux de potasse, de soude, d'ammoniaque sont solubles en toutes proportions dans l'alcool très rectifié; celui de potasse est beaucoup plus déliquescent que le chlorure de calcium; ils absorbent lentement l'oxigène de l'air, et deviennent acides, ils se décomposent par l'action de la chaleur en donnant les mêmes produits que l'acide hypo-phosphoreux.

222. L'acide hypo - phosphoreux est formé, d'après M. Dulong, de 100 de phosphore et de 37,44 d'oxigène : il est parvenu à ce résultat en transformant une quantité indéterminée de cet acide en acide phosphorique, et déterminant, 1° la quantité de chlore employé; 2° la quantité d'acide phosphorique produit; 3° la proportion des principes constituans de celui-ci (219). (*Mém. d'Arcueil*, t. III, p. 415.) Suivant M. Davy, au lieu de 37,44 d'oxigène, l'acide hypo-phosphoreux n'en contiendrait que 33,19 (*Ann. de Chim. et de Phys.*, t. X, p. 215); et d'après l'analyse de M. Berzelius, cette quantité devrait être de 38,46. Sa composition atomique serait donc $Ph^4 O^3$.

ARTICLE VI.

Oxacides du soufre.

223. Il existe quatre acides qui ont le soufre pour radical, savoir : l'acide hypo-sulfureux, l'acide sulfureux, l'acide hypo-sulfurique et l'acide sulfurique. Leur composition est

telle que, pour 1 proportion de soufre = 201,16 , ils contiennent : le premier, 1 proportion d'oxigène = 100 ; le second, 2 proportions ; le troisième 2 ½ proportions ; et le quatrième, 3 proportions. Nous traiterons d'abord de l'acide sulfureux et de l'acide sulfurique , parce que ce sont les plus importans et ceux qui sont le plus anciennement connus.

Acide sulfureux.

224. Connu de toute antiquité, mais distingué par Stahl pour la première fois comme corps particulier, il fut examiné par beaucoup de chimistes, surtout par Priestley, en 1774, et analysé depuis quelques années par M. Gay-Lussac (2ᵉ vol. d'*Arcueil*), et par M. Berzélius (*Ann. de Chim.*, tom. LXXVIII et *Ann. de Chim. et de Phys.*, tom. V, pag. 178).

225. *Propriétés.* — Cet acide est gazeux et invisible ; sa saveur est forte et désagréable ; son odeur est piquante, et la même que celle du soufre qui brûle ; il excite la toux, resserre la poitrine, et suffoque les animaux qui le respirent ; il rougit d'abord la teinture de tournesol, dont il fait ensuite passer la couleur à celle du vin paillet ; sa pesanteur spécifique, d'après mes observations, est de 2,234.

226. La plus forte chaleur qu'on ait encore pu produire ne le décompose pas. Il se liquéfie aisément par le froid. M. Bussy a observé que pour cela il suffisait de l'exposer, sous la pression ordinaire, à un froid produit par un mélange de 2 parties de glace et de 1 partie de sel marin. L'expérience se fait commodément en produisant le gaz à la manière ordinaire, et le faisant rendre ensuite dans un tube contenant du chlorure de calcium, et de là dans le vase entouré du bain réfrigérant.

Cet acide est un liquide incolore, transparent, très volatil, bouillant à — 10°, et d'une densité égale à 1,45.

Versé sur la main, il se vaporise complètement en produisant un très grand froid. Le froid qu'il produit en se vaporisant est tel, que si l'on entoure de coton la boule d'un thermomètre à air, qu'on plonge ensuite cette boule dans l'acide, et qu'après l'en avoir retirée on l'expose à l'air libre, le thermomètre supposé d'abord à $+$ 10°, descendra à $-$ 57; il descendrait jusqu'à $-$ 68° dans le vide.

L'on voit, d'après cela, qu'avec l'acide sulfureux liquide il doit être facile de congeler le mercure, et que l'on peut espérer de liquéfier la plupart des gaz connus. Déjà M. Bussy a employé avec succès la vaporisation de l'acide sulfureux pour la liquéfaction du chlore, de l'ammoniaque, et du cyanogène; il est même parvenu à solidifier celui-ci. (*Ann. de Chim. et de Phys.*, xxvi, 63.)

227. M. Larive a observé que cet acide uni à environ 4 fois son poids d'eau, formait un hydrate qui cristallisait en lames minces et qui ne se liquéfiait, en abandonnant la majeure partie du gaz sulfureux, qu'au-dessus de $+$ 5°. Cet acide cristallin peut être obtenu en même temps que l'acide liquide. On y parvient en faisant passer le gaz dans une éprouvette entourée de glace et de sel avant de le dessécher ou de le conduire dans le tube qui contient le chlorure de calcium. (Larive, *Ann. de Chim. et de Phys.* t. xl, p. 401.)

227 *bis*. Le gaz sulfureux ne se combine, à aucune température, ni avec le gaz oxigène pur, ni avec le gaz oxigène de l'air.

228. L'hydrogène et le carbone décomposent facilement le gaz acide sulfureux à une chaleur rouge et même au-dessous. L'hydrogène donne lieu à de l'eau et à du soufre; le carbone à du soufre et à du gaz acide carbonique ou du gaz oxide de carbone; il se forme, en outre, dans le premier cas, du gaz sulfhydrique si l'hydrogène est en excès et si la température n'est pas trop élevée; et, dans le second, probablement du soufre carburé. Pour faire l'expérience avec le carbone, mettez ce corps combustible au milieu d'un tube de porcelaine; faites passer ce tube à travers un fourneau à réverbère; à l'une de ses extrémités, adaptez un tube recourbé propre à recueillir les gaz, et adaptez à l'autre, par le moyen d'un petit tube de verre, une fiole contenant 20 à 30 grammes de mercure, et cinq à six fois autant d'acide sulfurique concentré. Portez le tube de porcelaine au rouge, et chauffez

ensuite un peu la fiole; bientôt le mercure attaquera l'acide sulfurique; il se produira du sulfate acide de bi-oxide de mercure et du gaz acide sulfureux; celui-ci sera forcé de passer à travers le tube de porcelaine, et sera sur-le-champ décomposé.

Lorsqu'au lieu de vouloir décomposer le gaz acide sulfureux par le charbon, vous voudrez le décomposer par le gaz hydrogène, vous emploierez le même appareil que le précédent, si ce n'est que vous ne mettrez point de charbon dans le tube, et que vous adapterez à l'une des extrémités de ce tube une vessie pleine de gaz hydrogène, outre la fiole qui contiendra le mercure et l'acide sulfurique. D'ailleurs, l'opération sera facile à conduire : lorsque le tube sera rouge de feu, vous y ferez passer tout-à-la-fois du gaz acide sulfureux et du gaz hydrogène, et vous ferez en sorte que celui-ci soit en excès; les gaz seront recueillis sur le mercure. Ces deux expériences pourraient probablement encore se faire dans une petite cloche courbe sur le mercure, en chauffant la cloche avec la lampe.

On sait que le soufre et le gaz azote sont sans action sur le gaz acide sulfureux à une température quelconque; mais on ne sait pas encore quelle serait celle qu'exerceraient le bore et le phosphore sur ce gaz : il est très probable que le bore le décomposerait, et qu'il en résulterait du soufre et de l'acide borique. Quant au chlore, il n'a d'action sur le gaz sulfureux que par l'intermède de l'eau, qui se trouve alors décomposée; il en résulte tout-à-coup de l'acide chlorhydrique et de l'acide sulfurique. Des phénomènes analogues ont lieu avec le brôme et l'iode.

229. L'action d'un seul des composés que forment les métalloïdes a été examinée avec quelque soin, c'est celle du gaz sulfhydrique. Lorsqu'on met en contact ces deux gaz à la température ordinaire, ils se décomposent réciproquement, et produisent de l'eau et un dépôt de soufre, de sorte qu'ils disparaissent. Mais si ces gaz sont bien secs, leur réaction n'a lieu qu'au bout d'une demi-heure, trois quarts

d'heure : encore est-elle si lente, que très souvent elle ne se termine qu'en un très long temps : s'il sont humides, elle a lieu presque subitement. Il faut probablement deux parties de gaz sulfhydrique pour décomposer une partie de gaz acide sulfureux; car le gaz sulfhydrique contient un volume égal au sien d'hydrogène, le gaz acide sulfureux à-peu-près un volume de gaz oxigène, et l'eau résulte de la combinaison de deux vol. de gaz hydrogène et d'un de gaz oxigène. C'est dans une éprouvette pleine de mercure que le mélange doit être fait : là, tous les phénomènes s'observent avec la plus grande facilité.

230. L'eau absorbe trente-sept fois son volume de gaz acide sulfureux à la température de 20° et à la pression 0^m, 76. On la sature de ce gaz en employant l'un des trois appareils représentés planche III, fig, 5, 6, 7; par exemple, le second; on met une partie de charbon en poudre, ou mieux de sciure de bois, et deux à trois parties d'acide sulfurique concentré dans le ballon C; on place ce ballon à feu nu, ou par le moyen d'un bain de sable, sur le fourneau AA; on le fait communiquer par des tubes intermédiaires avec les flacons $D\ D^l\ D^{ll}$ remplis aux trois quarts d'eau; ceux-ci, de même que le ballon, sont munis de tubes de sûreté. L'appareil étant ainsi disposé, on met quelques charbons incandescens dans le fourneau : bientôt la réaction entre l'acide et le corps combustible a lieu; il en résulte du gaz sulfureux, du gaz acide carbonique, et il se forme en outre de l'eau lorsqu'on se sert de sciure. Ces deux gaz, en se dégageant, chassent l'air et arrivent dans le premier flacon, où ils se condensent en grande partie : on les obtient donc d'abord tous deux en dissolution; mais à mesure que l'eau absorbe de nouvelles quantités d'acide sulfureux, son affinité pour l'acide carbonique diminue tellement, qu'elle finit par abandonner ou laisser dégager celui qu'elle avait d'abord dissous. Au reste, pour plus de sûreté, on pourrait remplacer le charbon ou la sciure de bois par du mercure, du fer ou du zinc. Dans tous les cas, on

ne doit regarder comme très pur que l'acide du second flacon et des flacons suivans, parce qu'il y a presque toujours un peu d'acide sulfurique entraîné qui vient se rendre dans le premier. On doit conserver l'acide sulfureux, de même que l'acide carbonique, dans des flacons bien bouchés et renversés.

L'eau saturée d'acide sulfureux, ou l'acide sulfureux liquide, est limpide et sans couleur ; son odeur, sa saveur et son action sur la teinture de tournesol sont semblables à celles du gaz sulfureux ; lorsqu'on l'expose au feu, elle laisse dégager avec effervescence presque tout l'acide qu'elle contient ; elle n'a aucune action sur les combustibles simples non métalliques ; elle agit vivement sur les métaux de la première section, et lentement sur le manganèse, le zinc et le fer de la troisième. Dans son action sur les premiers, l'eau est décomposée ; il se dégage de l'hydrogène et il se forme un sulfite ; mais dans son action sur les seconds, l'eau n'est point décomposée ; c'est par l'acide que le métal s'oxide ; il en résulte un sulfite sulfuré ou un hypo-sulfite. Il paraît qu'elle n'a d'action que sur quelques métaux appartenant à la 3e section, et qu'elle n'en a aucune sur ceux des deux dernières sections.

On sait que l'acide sulfureux décompose tout-à-coup l'acide sulfhydrique, lorsque tous deux sont dissous dans l'eau, pourvu que celle-ci ne soit point en quantité trop considérable ; mais on ignore quelle est l'action qu'il est capable d'exercer sur les autres combustibles composés non métalliques, sur les composés combustibles mixtes et sur les alliages ; l'on ne peut faire à cet égard que des conjectures fondées sur la nature de ces corps.

231. *Composition.* — Il paraît qu'en faisant brûler du soufre dans le gaz oxigène, l'on obtient toujours un volume de gaz sulfureux plus petit de quelques centièmes que celui de l'oxigène que l'on emploie (Gay-Lussac). Mais si l'on considère que le soufre contient sans doute un peu d'hydrogène, ou qu'il peut former une petite quantité d'acide sulfu-

rique, il deviendra probable que le gaz sulfureux renferme un volume d'oxigène égal au sien : or, dans trois expérien-ces faites avec beaucoup de soin, j'ai toujours trouvé la den-sité du gaz sulfureux égale à 2,234, à quelques millièmes près : par conséquent, dans l'acide sulfureux, la quantité de soufre devrait être à la quantité d'oxigène comme 2,234 (densité de l'acide) moins 1,1026 (densité de l'oxigène), c'est-à-dire, comme 1,1314 est à 1,1026, ou comme 100 est à 97,45. Cependant ces résultats ne sont pas tout-à-fait d'accord avec ceux de M. Berzelius. Suivant ce célèbre chi-miste, 100 de soufre absorbent 99,44 d'oxigène pour passer à l'état d'acide sulfureux. Comme ces résultats sont déduits d'un grand nombre d'expériences , nous les adopterons ; sa composition est donc :

En proportions. . 1 de soufre 201,16 $+$ 2 d'oxigène 200
En atomes. . . . . . 1 *idem* 201,16 $+$ 2 *idem* 200
Donc poids atomique de l'acide sulfureux S $O^2 =$ 401,16.

Etat. — L'acide sulfureux ne se trouve pour ainsi dire qu'autour des volcans et dans les solfatares ; il y est produit par la combustion du soufre que la chaleur volcanique dé-gage presque continuellement.

232. *Préparation.* — C'est en traitant l'acide sulfurique du commerce par le mercure, à l'aide de la chaleur, qu'on obtient le gaz acide sulfureux ; il se produit, outre cet acide, qui est toujours gazeux, du sulfate de protoxide ou de bi-oxide de mercure qui se précipite en poudre blanche ; par conséquent, dans cette opération, l'acide sulfurique se par-tage en deux parties : l'une cède le tiers de son oxigène au mercure et passe à l'état de gaz acide sulfureux ; l'autre se combine avec le mercure ainsi oxidé et forme le sulfate de mercure. On introduit une partie de mercure et 6 à 7 par-ties d'acide dans une cornue de verre capable de contenir environ une fois et demie le volume de ces deux matières ; on adapte au col de la cornue un tube recourbé qui s'engage sous des flacons pleins de mercure, et l'on chauffe ensuite la liqueur de manière à la faire à peine bouillir. A cette épo-

que, le gaz acide sulfureux se dégage ; mais comme il est mêlé d'air, il ne faut le recueillir qu'après en avoir laissé perdre une certaine quantité : il sera pur lorsque, mis en contact avec l'eau, il s'y dissoudra complètement, épreuve qui se fait en remplissant une petite éprouvette de gaz, la bouchant avec le doigt, la portant dans l'eau et l'y agitant. L'ébullition devra être entretenue pendant toute l'opération ; 3o grammes de mercure produiront facilement plusieurs litres d'acide sulfureux, comme on le verra dans le calcul suivant, fait en supposant qu'il ne se forme que du sulfate de protoxide.

Proportions réagissantes.		Proportions produites.	
2 d'ac. sulfurique réel	1002,2	1 de gaz sulfureux	401,1
1 de mercure	2531,6	1 d'acide réel	501,1
	3533,8	1 de sel = { 1 de prot- { 1 d'oxigène..	100,0
		oxide ou { 1 de mercure	2531,6
			3533,8

En atomes :

$$HgO + 2SO^5 = SO^2 + HgO, SO^3$$

233. *Usages.*—L'acide sulfureux est employé pour blanchir la soie, la colle de poisson, à la manière de la soie, et enlever les taches de fruits de dessus le linge. L'on s'en sert aussi pour guérir les maladies de la peau. En effet, il existe maintenant dans plusieurs de nos hôpitaux, particulièrement à Saint-Louis et au Val-de-Grâce, des appareils où l'on administre des bains de ce gaz. Quelques bains, dit-on, suffisent pour faire passer la gale. L'on prétend même que les dartres vives cèdent à l'emploi prolongé de ce remède.

Acide sulfurique.

234. *Historique.* — De tous les acides, voici le plus important et celui dont les usages sont les plus nombreux. Sa découverte remonte à la fin du quinzième siècle ; il paraît qu'elle est due à Basile Valentin. Extrait d'abord du sulfate de fer par la distillation, obtenu ensuite en faisant brûler un

mélange de soufre et de nitre au-dessus de l'eau, dans de
grands ballons de verre, l'acide sulfurique se fabrique aujourd'hui en substituant de grandes chambres de plomb à
ces ballons. Presque tous les chimistes ont fait des recherches sur l'acide sulfurique : parmi les modernes, on doit citer surtout Lavoisier, qui nous en a fait connaître la nature (1);
M. Chaptal, qui s'est beaucoup occupé de sa fabrication (2);
MM. Desormes et Clément, qui ont établi la théorie de
sa formation (3); Klaproth (4); M. Gay-Lussac (5) et M. Berzelius (6), qui tous trois ont cherché à en déterminer la
proportion des principes constituans.

Cet acide peut être sous deux états : 1° solide, anhydre
ou sec, cristallin, tel qu'on le retire de l'*acide sulfurique de
Nordhausen*; 2° liquide ou combiné avec une certaine quantité d'eau, tel qu'il existe ordinairement et tel qu'on l'obtient pour les usages des arts et des laboratoires. C'est sous ce
double état que nous allons le considérer.

235. *Acide sulfurique sec ou anhydre.*—On prépare dans
la petite ville de *Nordhausen* en Allemagne, pour les besoins
de quelques fabriques, un liquide très acide en décomposant par le feu le sulfate de fer sec, dans des cornues de
grès munies d'allonges et de récipiens. Ce liquide, qui
possède des propriétés particulières, paraît être une dissolution de gaz sulfureux et d'acide anhydre dans l'acide sulfurique ordinaire. Ce qu'il y a de certain, du moins, c'est
qu'en chauffant doucement l'acide de Nordhausen dans un
appareil convenable, on en extrait un acide blanc, cristallin,
qui, d'après M. Bussy, est de l'acide sulfurique privé d'eau
(*Ann. de Chim. et de Phys.*, XXVI, 411). L'extraction s'en
fait commodément dans une cornue de verre tubulée, dont

---

(1) *Elémens de chimie.*

(2) *Chimie appliquée aux arts.*

(3) *Ann. de chim.* t. LIX.

(4) *Ann. de chim.* t. LVIII.

(5) *Mémoires d'Arcueil*, t. I.

(6) *Ann. de chim.* t. LXXVIII, et *Ann. de chim. et de phys.*, t. V, p. 178.

le col se rend dans un large tube courbé en forme de U. Le liquide est introduit par la tubulure de la cornue sous laquelle on place ensuite quelques charbons incandescens : bientôt il bout et laisse dégager d'abondantes vapeurs qui ne sont que l'acide anhydre même ; elles se condensent en une masse solide dans le tube que l'on a soin d'entourer de glace, et dont il est bon d'effiler l'extrémité pour empêcher le contact de l'air avec la masse acide ; il faut surtout n'employer ni lut, ni bouchon : ils seraient attaqués et noircis. Lorsque l'opération est terminée, on n'a rien de mieux à faire, si l'on veut conserver l'acide, que de fermer à la lampe les deux extrémités du tube qui le renferme.

Cet acide, un peu au-dessous de 25°, est solide, blanc, opaque ; il se fond à la température même de 25°, et forme un liquide qui réfracte fortement la lumière, dont la densité est 1,57, et qui, refroidi peu-à-peu, se prend en houppes soyeuses. A quelques degrés au-dessus de 25, il se volatilise : aussi quand il est solidifié est-il assez difficile de le fondre, si ce n'est sous une faible pression.

L'acide anhydre est très caustique, rougit fortement le tournesol, produit, en absorbant l'humidité, d'abondantes vapeurs dans son contact avec l'atmosphère. Il dissout le soufre et se colore en brun, vert ou bleu ; par l'eau, le soufre se dépose, et l'acide devient acide sulfurique ordinaire. Il dissout plus facilement l'indigo : la dissolution n'est pas bleue comme avec l'acide sulfurique du commerce ; elle est d'un rouge pourpre magnifique. C'est aussi de cette manière qu'agit l'acide de Nordhausen sur cette substance colorante, et, sans aucun doute, il doit cette propriété à l'acide anhydre, puisqu'on ne la retrouve ni dans l'acide sulfureux, ni dans l'acide du commerce.

Son union avec l'eau a lieu avec beaucoup de chaleur.

Lorsqu'on fait passer un poids déterminé d'acide anhydre, en vapeur, à travers un tube contenant une certaine quantité de baryte, il n'y a dégagement d'aucun gaz, et il se produit un poids de sulfate qui représente à huit millièmes près, la quantité d'acide vaporisé, preuve évidente que l'acide est sans eau. Au moment de la combinaison, une incandescence des plus vives se manifeste.

Si dans cette expérience on supprimait la baryte, et que la température fût très élevée, l'acide se décomposerait en 2 volumes de gaz sulfureux et 1 volume d'oxigène; car l'acide sulfurique hydraté est lui-même susceptible de ce genre de décomposition (237). Il suit de là que l'acide sulfurique contient 1 fois ½ autant d'oxigène que l'acide sulfureux, et qu'il est formé de 100 de soufre et de 149,16 d'oxigène, ou que sa composition est :

En prop. 1 de soufre 201,16 $+$ 3 d'oxigène 300
En atom. 1 *idem* 201,16 $+$ 3 *idem* 300 $=$ S O^5.

Que l'on ajoute à une proportion d'acide sulfurique anhydre $=$ 501,16, une proportion d'eau $=$ 112,435, l'on aura 1 proportion *d'acide sulfurique ordinaire*, *d'acide sulfurique du commerce*, *d'acide sulfurique aqueux ou hydraté*, le plus concentré possible, dont la formule atomique est H^2 O, S O^3. C'est de cet acide dont nous allons maintenant nous occuper.

236. *Acide sulfurique hydraté.*—L'acide sulfurique hydraté est liquide, blanc, inodore; sa densité, à la température de 20°, est 1,842; sa consistance est oléagineuse; son action sur la teinture de tournesol est si forte, qu'une seule goutte d'acide suffit pour colorer en rouge une grande quantité de cette teinture. C'est un des plus violens caustiques que l'on connaisse; il désorganise sur-le-champ toutes les matières végétales et animales : aussi l'animal qui en prendrait même une très petite quantité, périrait-il promptement au milieu d'horribles convulsions. Les bases salifiables seules peuvent en séparer l'eau qu'il contient.

237. Lorsqu'on expose l'acide sulfurique à un froid de 10° à 12°, il se congèle et cristallise; il se congèle à zéro et même au dessus si on l'étend d'une proportion d'eau.

Soumis, dans une cornue de verre, à l'action d'une chaleur progressive, il s'échauffe peu-à-peu, bout et se vaporise sans se décomposer. Soumis, au contraire, à une très forte chaleur dans un tube de porcelaine, il se décompose tout-à-coup, et se transforme, suivant M. Gay-Lussac, en gaz acide sulfureux et en gaz oxigène, qui sont entre eux, en volume, dans le rapport de 2 à 1. Cette expérience ne réussit bien qu'autant que le diamètre du tube est très petit, par exemple, de 5 à 6 millimètres : on fait passer ce tube à travers un fourneau à réverbère, en lui donnant une légère inclinaison ; on adapte à son extrémité supérieure une petite cornue contenant de l'acide sulfurique le plus concentré possible, et à son autre extrémité un tube recourbé propre à recueillir les gaz sur le mercure; on fait du feu dans le fourneau, et on l'augmente en surmontant le dôme d'un tuyau en tôle, haut de 1 à 2 mètres, et mieux au moyen d'un soufflet, dont on fait rendre la douille dans le cendrier. Lorsque le tube est presque rouge-blanc, on y fait passer l'acide sulfurique en le chauffant convenablement, et le portant à l'ébullition : dès-lors des vapeurs très abondantes apparaissent dans le tube de verre recourbé, et une grande quantité d'un gaz nuageux se rassemble dans les flacons pleins de mercure. Si l'on mesure 100 parties de ce gaz dans un tube plein de mercure, et si, après avoir plongé l'extrémité du tube dans l'eau, on l'y agite, tout ce qui est acide sulfureux se dissoudra; tout ce qui est oxigène restera libre, et l'on trouvera que la quantité de celui-ci sera égale à la moitié de la quantité de celui-là : d'où l'on voit que l'acide sulfurique hydraté, à part l'eau qu'il contient, est formé, en volume, de 2 parties d'acide sulfureux et de 1 partie de gaz oxigène.

238. Lorsqu'on fait plonger dans l'acide sulfurique deux fils de platine en communication avec une pile, il se manifeste, à l'extrémité du fil négatif, des flocons de soufre et une teinte brune à l'extrémité du fil positif, teinte due sans doute à la formation d'une petite quantité de sulfate de platine.

239. L'acide sulfurique n'a aucune action, soit à froid, soit à chaud, sur le gaz oxigène et sur l'air; il s'empare seu-

lement de la vapeur d'eau que ces gaz peuvent contenir ; il peut facilement en absorber une quantité assez grande pour doubler de poids : c'est ce qui arrive en quelques jours en exposant de l'acide sulfurique dans une capsule au contact de l'air. On remarque en outre, dans ce cas, que l'acide, de blanc, devient jaunâtre : cette couleur provient de ce que l'atmosphère contient en suspension des matières végétales ou animales que l'acide sulfurique désorganise et charbonne (Voyez *Action de l'acide sulfurique sur les substances végétales*). Lorsque l'acide sulfurique, par son contact avec l'atmosphère, s'est ainsi étendu d'eau, on peut le ramener au point de concentration où il était, en le chauffant dans une cornue jusqu'à ce qu'il commence à produire des vapeurs blanches, signe auquel on reconnaît qu'il est près de bouillir.

Aucun métalloïde ne décompose l'acide sulfurique à la température ordinaire. Cinq seulement le décomposent à une température élevée, savoir : l'hydrogène, le bore, le carbone, le phosphore et le soufre.

L'hydrogène en opère la décomposition à une chaleur voisine du rouge-cerise ; il en résulte de l'eau et du gaz acide sulfureux ou du soufre, selon que la quantité d'acide sulfurique est plus ou moins grande par rapport à la quantité d'hydrogène ; il en peut aussi résulter du gaz sulfhydrique lorsque l'hydrogène est en excès et que la température n'est pas trop élevée ; c'est ce que l'on prouve en faisant passer ensemble l'acide sulfurique et l'hydrogène à travers un tube de porcelaine incandescent : à cet effet l'on se sert du même appareil que pour décomposer cet acide par le feu seulement (237), si ce n'est que, à l'extrémité du tube qui reçoit la cornue contenant l'acide sulfurique, on adapte en même temps, par le moyen d'un petit tube de verre, une grande vessie pleine de gaz hydrogène, etc.

240. Lorsqu'on met en contact l'acide sulfurique avec le carbone, à la température d'environ 100 à 150°, ces deux corps réagissent de telle manière qu'il se forme du gaz acide carbonique et du gaz acide sulfureux, quelles que soient

leurs quantités respectives. Si la température était beaucoup plus élevée, et si le charbon était en excès, on obtiendrait du soufre, du gaz oxide de carbone et probablement du soufre carburé : au degré de la chaleur rouge, l'eau de l'acide serait elle-même décomposée, et donnerait lieu à une nouvelle quantité de gaz oxide de carbone, d'acide carbonique et à du carbure d'hydrogène. Ces résultats sont faciles à constater : 1° pour décomposer l'acide sulfurique par le charbon à une température peu élevée, on introduit dans une grande fiole environ 5o grammes d'acide sulfurique, et 20 à 25 grammes de charbon bien pulvérisé et bien calciné; on les mêle ensemble par l'agitation; on place cette fiole sur un fourneau; on adapte à son col un tube recourbé propre à recueillir les gaz; on chauffe peu-à-peu, et bientôt la réaction a lieu. On recueille le gaz acide sulfureux et le gaz acide carbonique sous des cloches pleines de mercure. On peut les séparer jusqu'à un certain point par l'eau, qui dissout facilement le premier, et ne dissout que difficilement le second.

2° Pour opérer la décomposition de l'acide sulfurique par le charbon à une haute température, on fait passer un tube de porcelaine à travers un fourneau à réverbère; on met du charbon dans le milieu de ce tube; on adapte à l'une de ses extrémités une petite cornue contenant de l'acide sulfurique, et à l'autre, une allonge qui se rend dans un récipient tubulé portant un petit tube recourbé qui s'engage sous des flacons pleins d'eau. On fait rougir le tube, et l'on réduit l'acide sulfurique en vapeurs. Le soufre se condense dans l'allonge et le ballon, et les gaz passent dans les flacons sous lesquels doit s'engager le tube recourbé.

241. Lorsqu'on traite l'acide sulfurique par le phosphore, comme on vient de le faire pour le charbon dans la première des deux expériences qui précèdent, on obtient de l'acide phosphorique ou phosphoreux, et du gaz acide sulfureux; mais l'on ne sait point encore si, à une température plus élevée, le phosphore enlèverait tout l'oxigène à l'acide sulfurique.

242. Quelle que soit la température à laquelle on expose un mélange d'acide sulfurique et de soufre, il est évident que cet acide ne peut passer qu'à l'état de gaz acide sulfureux, puisqu'il n'existe point d'oxide de soufre. Cette transformation commence à avoir lieu à une chaleur d'environ 200° : on l'opère encore de la même manière que la décomposition de l'acide sulfurique par le charbon (1re expérience).

243. Jusqu'à présent, le bore n'a point été mis en contact avec l'acide sulfurique; on ne saurait douter, toutefois, d'après la grande affinité qu'il a pour l'oxigène, qu'il ne soit capable de décomposer cet acide.

Il n'est aucun composé de métalloïdes dont on ait constaté l'action sur l'acide sulfurique. Cependant, si l'on considère que la plupart sont formés d'élémens capables de décomposer cet acide à l'aide de la chaleur, il paraîtra très probable que beaucoup d'entre eux auront encore à cette température la propriété d'en opérer la décomposition, et de donner naissance à divers produits, en raison de leur réaction et de leur nature.

244. Parmi les composés formés de métalloïdes et de métaux, il n'y a que quelques sulfures qui aient été traités par l'acide sulfurique. Tous ceux qu'on a essayés, au nombre desquels se trouvent les sulfures de fer, de cuivre, de plomb, d'argent, d'antimoine, d'arsénic, de molybdène, le décomposent à l'aide de la chaleur, et produisent les mêmes phénomènes que si leurs élémens étaient désunis. Il est permis de croire qu'il en serait de même de la plupart des autres composés combustibles mixtes.

245. Il n'est presque point d'alliage dont l'action sur l'acide sulfurique ait été éprouvée; mais il paraît qu'en général ils doivent se comporter avec cet acide comme les élémens qui les constituent.

246. Lorsqu'on verse de l'acide sulfurique dans l'eau, d'abord il la traverse, et forme au-dessous d'elle une couche que l'œil distingue facilement; mais, par l'agitation, ces deux liquides se combinent en dégageant une grande quan-

tité de calorique. On produit environ 84° de chaleur en mêlant 250 grammes d'acide concentré avec 250 grammes d'eau. On en produit plus de 105 en employant une fois plus d'acide et une fois moins d'eau. Suivant Lavoisier et M. de Laplace, le calorique qui se dégage d'un mélange de 734 grammes d'eau et de 979 d'acide à 1,87 de pesanteur spécifique, est capable de fondre 1529 grammes de glace.

Lorsque, au lieu d'eau, on met de la glace en contact avec de l'acide sulfurique, de nouveaux phénomènes ont lieu ; la glace se fond, et il y a production tantôt de froid et tantôt de chaleur. Un mélange de 4 parties d'acide concentré et de 1 partie de glace pilée fait monter le thermomètre d'un grand nombre de degrés, et l'on prétend qu'un mélange inverse, c'est-à-dire de 4 parties de glace pilée et de 1 d'acide, le fait descendre à — 20°; ce qu'il est facile d'expliquer en tenant compte de la quantité de calorique qu'exige la glace pour se fondre, et de celle qui est mise en liberté par la combinaison de l'acide sulfurique avec l'eau. Dans tous les cas, on obtient ainsi de l'acide sulfurique étendu d'eau.

Cet acide est sans viscosité, sans couleur, sans odeur; sa saveur et son action sur la teinture de tournesol sont très grandes; il cristallise à quelques degrés au-dessous de zéro, et même à $+7°,22$, selon M. Keir, lorsqu'il pèse spécifiquement 1,78 (237). Sa pesanteur spécifique est toujours plus grande que la moyenne de l'eau et de l'acide dont il est formé. C'est ce qu'on verra dans le tableau suivant : l'on y rapporté, d'après M. Vauquelin, quelles sont les quantités d'eau et d'acide à 66° de l'aréomètre de Baumé (1,842 de pesanteur spécifique) qui doivent être mêlées ensemble pour obtenir un acide d'un certain degré à cet aréomètre ou d'une certaine densité, la température étant à 15°. (1)

____

(1) *Ann. de chim.*, t. LXXVI, 260.

NOMBRE de PARTIES D'ACIDE à 66°.	NOMBRE de PARTIES D'EAU.	PESANTEUR SPÉCIFIQUE de la COMBINAIS. ACIDE.	DEGRÉS à L'ARÉOMÈTRE DE BAUMÉ.
84,22	15,78	1,725	60
74,32	25,68	1,618	55
66,45	33,55	1,524	50
58,02	41,98	1,466	45
50,41	49,59	1,375	40
43,21	56,79	1,315	35
36,52	63,48	1,260	30
30,12	69,88	1,210	25
24,01	75,99	1,162	20
17,39	82,61	1,114	15
11,73	88,27	1,076	10
6,60	93,40	1,023	5

L'on voit donc, d'après cette table, que 100 parties d'acide dont la pesanteur spécifique est de 1,725, ou marquant 60° à l'aréomètre de Baumé, sont formées de 15^{parties},78 d'eau et de 84,22 d'acide très concentré, etc.

M. Vauquelin n'ayant examiné la composition de l'acide sulfurique étendu d'eau que de 5 en 5 degrés de l'aréomètre de Baumé, M. d'Arcet a cru devoir déterminer, par l'expérience, la composition de l'acide sulfurique pour les degrés intermédiaires, du moins pour ceux auxquels cet acide s'emploie le plus ordinairement : voici le tableau qu'il a publié à ce sujet dans les *Ann. de Chim. et de Phys.*, 1, 198.

DEGRÉS de L'ARÉOMÈTRE DE BAUMÉ.	PESANTEURS SPÉCIFIQUES.	QUANTITÉS D'ACIDE SULFURIQUE à 66° par quintal.	OBSERVATIONS.
45°	1,454	58,02	L'acide sulfu-
46	1,466	59,85	rique employé
47	1,482	61,32	marquait 66° à
48	1,500	62,8	l'aréomètre de
49	1,515	64,37	Baumé, ou avait
50	1,532	66,45	1,844 de pesan-
51	1,550	68,30	teur spécifique.
52	1,566	69,3	On a toujours
53	1,586	71,17	opéré à 12° du
54	1,603	72,7	thermomètre de
55	1,618	74,32	Réaumur, ou à
60	1,717	82,34	15° centigrades.

247. L'acide sulfurique étendu d'eau peut toujours être ramené par l'ébullition à son plus grand degré de concentration. Il est sans action sur l'oxigène, sur l'air et sur tous les métalloïdes simples, ou du moins il faudrait qu'il ne fût que très peu étendu, et que la température fût élevée pour pouvoir être décomposé par le bore, le charbon, le phosphore et le soufre : alors il acidifierait tous ces corps, et passerait à l'état de gaz sulfureux (239 et suiv.).

L'acide sulfurique s'unit avec l'acide azoteux et l'eau pour former un composé cristallin qui joue un grand rôle dans la fabrication de l'acide sulfurique. (Voir *la fabrication de l'acide sulfurique.*)

248. *Etat.* — Plusieurs naturalistes prétendent que l'acide sulfurique existe libre dans les contrées volcaniques, ou du moins qu'il y est en solution dans l'eau : ils citent comme exemple le *Rio-Vinagre*, au volcan de *Puracé*, dans le *Popayan*, le lac du mont *Idienne*, à Java. Le professeur Baldassari dit aussi l'avoir trouvé près Santa-Fiora, aux environs de Sienne, dans des grottes de la petite montagne volcanique nommée *Zoccolino*. M. Pictet assure également en avoir vu distillant de la voûte d'une grotte près d'Aix en

Savoie. Pour moi, je doute qu'un acide aussi puissant se rencontre à l'état de pureté dans la nature ; je suis plutôt porté à croire qu'on a pris pour acide libre un sulfate acide : c'est ce que tend à confirmer l'analyse de l'eau du *Rio-Vinagre* qui a été faite par M. Boussingault. Il en a retiré : acide sulfurique 0,00110 ; acide chlorhydrique 0,00091 ; alumine 0,00040 ; chaux 0,00013 ; soude 0,00012 ; silice 0,00023 ; plus des traces de magnésie et d'oxide de fer (*Ann de Chim. et de Phys.*, LI, 107). Quoi qu'il en soit, il est certain qu'on rencontre souvent l'acide sulfurique combiné avec certains oxides métalliques, particulièrement avec la chaux, la baryte, la strontiane, la potasse, la soude, la magnésie, l'alumine, l'oxide de fer.

249. *Préparation.* — Cette préparation est fondée sur les produits qui résultent de l'action réciproque du bi-oxide d'azote, de l'air dont l'oxigène transforme ce bi-oxide en acide hypo-azotique, du gaz acide sulfureux et de l'eau. Le gaz acide hypo-azotique sec n'a aucune action sur le gaz cide sulfureux également sec ; mais si l'on met ces gaz en contact avec une très petite quantité d'eau dans un vase convenable, tous ces corps agissent subitement les uns sur les autres : le gaz acide hypo-azotique cède une portion de son oxigène à l'acide sulfureux, et de là résultent de l'acide azoteux et de l'acide sulfurique, lesquels, se combinant avec l'eau, forment une multitude de flocons blancs qui tombent sur les parois du ballon et s'y attachent sous forme d'aiguilles cristallines. Si l'on verse de l'eau sur ces petits cristaux, elle dissout l'acide sulfurique, détruit sa réaction sur l'acide azoteux ; de sorte que celui-ci qui ne peut exister par lui-même, se transforme en bi-oxide gazeux d'azote et en gaz acide hypo-azotique qui se dégagent : seulement il se produit en même temps par la réaction de l'eau sur une partie de l'acide hypo-azotique une petite quantité d'acide azotique (Voir *l'action de l'eau sur l'acide hypo-azotique*). Il suit de là qu'au moyen d'une très petite quantité de bi-oxide d'azote, on pourra transformer une

grande quantité d'acide sulfureux en acide sulfurique, pourvu toutefois que ce gaz acide soit mêlé avec au moins la moitié de son volume de gaz oxigène (237). C'est ce qu'on peut démontrer de la manière suivante : on prend un ballon à robinet d'environ 5 litres; on y fait le vide; ensuite on l'adapte à une cloche à robinet, graduée et pleine de mercure : au moyen de cette cloche, on fait passer dans le ballon 30 décilitres de gaz acide sulfureux, puis 15 décilitres de gaz oxigène, et enfin 5 décilitres de bi-oxide d'azote; cela fait, on ferme le ballon, on l'enlève, on le rouvre un instant pour y verser une quantité d'eau capable seulement d'en humecter les parois; alors la petite quantité de gaz acide hypo-azotique qui s'était formée avant l'introduction de l'eau, et qui rendait tout le ballon rouge, disparaît, et donne lieu, en agissant sur une certaine quantité d'acide sulfureux, aux flocons dont nous avons parlé précédemment. Lorsqu'ils sont entièrement déposés et réunis en cristaux aiguillés ou étoilés, on ouvre le ballon un instant, et l'on y verse environ 1 centilitre d'eau qu'on promène sur toute la surface : tout-à-coup il y a effervescence due à du bi-oxide d'azote et à de l'acide hypo-azotique qui se dégagent. Le bi-oxide, rencontrant du gaz oxigène dans le ballon, devient acide hypo-azotique, lequel, rencontrant de l'acide sulfureux, reproduit les phénomènes déjà décrits, en sorte que le ballon paraît alternativement rouge, plein de flocons, et transparent comme l'air. Tous ces phénomènes se reproduisent un certain nombre de fois, selon que la quantité de bi-oxide d'azote et d'acide hypo-azotique est plus ou moins grande. Lorsque les vapeurs rouges qui se forment ne disparaissent plus et sont transparentes, on peut conclure que tout l'acide sulfureux est changé en acide sulfurique que l'on trouve au fond du ballon, en dissolution dans l'eau.

MM. Désormes et Clément, auteurs d'un mémoire remarquable sur la théorie de la production de l'acide sulfurique, avaient pensé d'abord que les cristaux qui se forment pendant cette production, étaient un composé d'acide sulfurique, de bi-oxide d'azote et d'eau (1). M. Gay-Lussac les regarda ensuite comme devant contenir de l'acide hypo-azotique au lieu de bi-oxide d'azote (2) ; mais il suit des recherches de M. William Henry (3), de M. Bussy (4), et de M. Gaultier de Claubry (5), qu'ils renferment non de l'acide hypo-azotique, mais de l'acide azoteux. Suivant M. Henry, ils résultent de :

$$5 \text{ at. d'acide sulfurique sec} = 5 \times 501,16$$
$$5 \text{ at. d'eau} \ldots \ldots \ldots \ldots = 5 \times 112,47$$
$$1 \text{ at. d'acide azoteux} \ldots \ldots = 477,03$$

Et suivant M. Gaultier, de 5 atomes d'acide sulfurique, 2 atomes d'acide azoteux, 4 atomes d'eau.

Que l'on fasse passer dans un tube gradué, plein de mercure, d'abord une grande quantité d'acide sulfurique très concentré, puis du bi-oxide d'azote et le quart de son volume de gaz oxigène : des vapeurs rouges apparaissent tout-à-coup, et il se forme presque aussitôt des cristaux, mais qui se dissolvent dans l'acide sulfurique à mesure que celui-ci s'élève dans le tube par la condensation du mélange gazeux. L'absorption est complète; elle ne le serait pas si le bi-oxide d'azote et l'oxigène étaient dans un autre rapport que 4 à 1. Or, comme l'acide azoteux résulte précisément de 4 vol. de bi-oxide d'azote et de 1 vol. d'oxigène, il est évident que les cristaux contiennent cet acide, et non du bi-oxide d'azote ou de l'acide hypo-azotique. D'ailleurs le bi-oxide d'azote ne les produit pas dans son contact avec l'acide sulfurique, et l'acide hypo-azotique ne les produit, lorsqu'on le mêle à l'acide sulfurique, qu'au bout d'un certain temps et qu'en donnant naissance à de l'acide azotique. Quoi qu'il en soit, il va devenir facile d'entendre comment on fait l'acide sulfurique dans les fabriques.

(1) *Annales de chimie*, t. LIX, p. 329.

(2) *Annales de chimie et de physique*, t. XXVII, p. 113.

(3) *Journal de pharmacie*, t. XII, p. 113.

(4) *Ibid.*, t. XVI, p. 491.

(5) *Annales de chimie et de physique*, t. XLV, p. 284.

250. On chauffe ensemble, dans une grande chambre de plomb dont le sol est couvert d'eau, un mélange de 8 parties de soufre et de 1 partie d'azotate de potasse (1). L'acide azotique de ce sel cède une portion d'oxigène à du soufre, et l'on obtient ainsi du sulfate de potasse, corps solide et fixe, et du bi-oxide d'azote qui se dégage et passe à l'état de gaz acide hypo-azotique en se combinant avec l'oxigène de l'air; mais, comme il y a beaucoup plus de soufre qu'il n'en faut pour opérer la décomposition de l'azotate de potasse, il se forme beaucoup de gaz acide sulfureux par la combinaison du gaz oxigène de l'air avec ce corps combustible : ainsi toutes les conditions nécessaires pour la formation de l'acide sulfurique se trouvent donc réunies, puisque le gaz acide hypo-azotique, le gaz acide sulfureux, l'eau et l'air sont en contact.

<table>
<tr><td colspan="2">Proportions réagissantes.</td><td colspan="2">Proportions produites.</td></tr>
<tr><td colspan="2">1 de soufre..................201,1</td><td colspan="2">1 de bi-oxide d'azote.......377,0</td></tr>
<tr><td rowspan="3">1 de nitre</td><td>1 d'ac. { 1 bi-oxi. 377,0
{ 3 d'oxig..300,0</td><td rowspan="3">1 sulfat.</td><td>1 d'ac. { 1 de soufr.201,1
{ 3 d'oxig ..300,0</td></tr>
<tr><td>1 de potasse.....589,9</td><td>1 de potasse......589,9</td></tr>
<tr><td>—————
1468,0</td><td>—————
1468,0</td></tr>
</table>

En atomes.

$$S + KO, A^2 O^5 = K O, S O^3 + 2 A O.$$

---

(1) L'azotate de potasse est remplacé aujourd'hui par l'azotate de soude dans la plupart des fabriques : il est économique, parce qu'il contient plus d'acide azotique, et qu'il coûte moins que celui de potasse.

Les chambres de plomb se composent de lames de plomb soudées les unes aux autres, et attachées à une charpente extérieure qui a la forme de la chambre, par des agrafes ou bandes de plomb soudées, d'une part, à ces lames, et clouées, de l'autre, à cette charpente. Les chambres de plomb varient en grandeur : elles ont souvent 9 à 10 mètres de longueur et de largeur, et 5 à 6 mètres de hauteur. Quelles que soient, au reste, les dimensions qu'on adopte pour une chambre de plomb, il faut l'isoler de telle manière qu'on puisse en visiter toutes les parties, les côtés, le dessus et le dessous, pour être à même de boucher les trous qui pourraient s'y former; à cet effet, on l'établit sur des parallélipipèdes en pierre, à environ 2 mètres au-dessus du sol, et à-peu-près à la même distance des murailles et du toit. On peut pénétrer dans

D'où l'on voit que pour décomposer 6 ^{parties}, 3o de nitre, il n'en faut que 1 de soufre, et que par conséquent la presque totalité du soufre s'unit avec l'oxigène de l'air pour faire de l'acide sulfureux, et en dernier résultat de l'acide sulfurique.

Il paraît que certains fabriquans, au lieu d'ajouter du soufre au nitre pour se procurer du bi-oxide d'azote et par suite de l'acide hypo-azotique traitent l'amidon par l'acide azotique. Indépendamment de ces gaz qu'ils font rendre dans la chambre de plomb, en quantité convenable, ils obtiennent de l'acide oxalique qu'ils livrent avec avantage au commerce. (1)

---

la chambre par une porte pratiquée sur l'un de ses côtés. Le sol en doit être légèrement incliné pour pouvoir retirer facilement l'acide.

Il y a plusieurs manières de brûler le soufre dans les chambres; mais la meilleure paraît être la suivante : près d'un des côtés de la chambre, et à quelques décimètres de son fond, on dispose horizontalement une plaque en fonte munie d'un rebord, sur un fourneau qui, partant du sol, traverse le fond de la chambre, et dont la cheminée n'a aucune communication avec celle-ci : c'est sur cette plaque qu'on place le mélange de nitre et de soufre; on l'y porte par une trappe faisant partie de la paroi latérale de la chambre, et s'appuyant inférieurement sur la plaque elle-même : le mélange étant ainsi placé, la chambre fermée, et son sol recouvert d'eau, on fait du feu peu-à-peu dans le fourneau; bientôt le soufre s'enflamme et donne lieu aux produits dont nous avons parlé. Lorsque la combustion est achevée, ce qu'on voit par un petit carreau adapté à la trappe, on lève celle-ci; on retire le sulfate de potasse de dessus la plaque; on le remplace par un mélange de nitre et de soufre; on renouvelle l'air dans la chambre, en ouvrant la porte et une soupape située sur le côté opposé à la trappe; puis, après avoir refermé la trappe, la porte et la soupape, on remet du feu dans le fourneau; on fait ainsi brûler de nouveaux mélanges jusqu'à ce que l'acide soit à environ 40° de l'aréomètre de Baumé, en ayant soin de ne pas mettre sur la plaque plus de soufre que l'air n'en peut consumer : alors on retire l'acide de la chambre au moyen de robinets, ou au moyen d'un siphon plongeant dans une petite cavité extérieure qui communique avec l'intérieur de la chambre, et qui est placée, comme les robinets, à la partie la plus basse du sol; on fait rendre cet acide dans des chaudières en plomb, pour le soumettre aux opérations que l'on va décrire. Plusieurs fabricans sont dans l'usage de projeter de temps en temps de l'eau en vapeur dans la chambre : il paraît qu'ils s'en trouvent bien.

(1) Voy. Chimie végétale, 4e vol.

251. Lorsqu'on retire l'acide des chambres de plomb, il est bien loin d'être pur; il contient, 1° beaucoup d'eau; 2° un peu d'acide sulfureux qui a échappé à l'action de l'acide hypo-azotique; 3° un peu d'acide azotique provenant de l'action de l'eau sur l'acide hypo-azotique et l'oxigène de l'air; 4° un peu de sulfate de plomb dû à ce que le plomb est oxidé par l'acide hypo-azotique, et à ce que cet oxide se combine avec l'acide sulfurique; 5° une petite quantité de sulfate de peroxide de fer, provenant de ce que le soufre qu'on emploie renferme un peu de sulfure de fer et que ce sulfure, converti en sulfate par le grillage, est entraîné d'une manière notable par les gaz (Bussy et Lecanu, *Ann. de Chim. et de Phys.*, xxx, 20). Il faut le séparer de la plupart de ces corps, et surtout de la majeure partie de l'eau, pour le rendre propre aux usages auxquels on le consacre dans le commerce : on y parvient de la manière suivante : on le porte dans des chaudières en plomb, où on le fait chauffer jusqu'à ce qu'il marque environ 55° degrés de l'aéromètre de Baumé; on en dégage ainsi beaucoup d'eau et tout l'acide sulfureux; alors on l'introduit dans des cornues de verre lutées ou dans des cornues de grès; on place ces cornues sur des barres de fer dans un fourneau rond, et assez grand pour en recevoir plusieurs, en les rangeant circulairement; on les recouvre de terre, de briques et de tessons arrangés en forme de dôme; on adapte à leur col un récipient; par la chaleur, on volatilise une nouvelle quantité d'eau, tout l'acide azotique, un peu d'acide sulfurique, de sorte que l'acide sulfurique se concentre de plus en plus en même temps qu'il se purifie. Lorsqu'il est parvenu à 66°, on suspend le feu, on retire les cornues en brisant le dôme du fourneau; l'acide est versé dans des vases qu'on tient fermés, et où tout le sulfate de fer qui s'y trouve étant devenu insoluble par l'effet de la concentration, se dépose en poudre blanche; après quoi on le décante et on l'expédie pour le commerce dans de grosses bouteilles rondes de verre vert, qu'on appelle *dames-jeannes*, et

qu'on bouche avec de la terre cuite et un peu de terre glaise. (1)

Dans cet état, l'acide est propre à toutes les opérations des arts ; mais il n'est pas propre à toutes les opérations de chimie, parce qu'il contient encore le sulfate de plomb, et même des sels provenant de l'eau introduite dans la chambre de plomb. On l'obtient pur en le distillant ; tout ce qui est acide passe dans le récipient et s'y condense ; les sels restent dans la cornue. Pour cela , on met 1 ou 2 kilogrammes d'acide sulfurique dans une cornue de verre ; on place cette cornue dans un fourneau à réverbère, et l'on en fait rendre le col dans un ballon tubulé ; ensuite l'on chauffe peu-à-peu la cornue, de manière à la porter à environ 300° de chaleur : alors l'acide entre en ébullition, et vient se condenser , sous forme de vapeurs épaisses , dans le ballon. Cette distillation demande à être conduite avec soin , à cause des soubresauts auxquels elle donne presque toujours lieu, et qu'on évite en partie en introduisant dans la cornue deux à trois petits fragmens de verre hérissés de pointes. Il faut bien se garder de faire usage de bouchons : l'acide les charbonnerait et se noircirait.

252. *Usages.* — L'acide sulfurique est l'acide dont les usages sont les plus nombreux : on s'en sert, 1° pour obtenir presque tous les autres acides , soit dans les laboratoires, soit dans les arts; 2° pour extraire la soude du sel marin ; 3° pour faire de l'alun et du sulfate de fer, lorsque ces sels sont chers et l'acide à bon marché ; 4° pour dissoudre l'indigo, gonfler les peaux dans le tanage; 5° pour faire l'éther sulfurique, le sublimé corrosif, le mercure doux, extraire le phosphore, le chlore , etc.; 6° enfin c'est un des réactifs que le chimiste emploie le plus souvent.

---

(1) Dans la plupart des fabriques, au lieu de cornues de verre ou de terre qui sont sujettes à se casser, l'on emploie de grands vases distillatoires en platine. Ceux-ci n'exigent aucune précaution, et offrent des avantages tels, que bientôt l'on en fera généralement usage.

Acide hypo-sulfurique.

253. L'acide hypo-sulfurique, découvert par MM. Welter et Gay-Lussac, il y a quelques années, ne saurait être
obtenu sans eau. C'est un composé liquide, sans couleur,
sans odeur, même dans son plus grand état de concentration, qui rougit la teinture de tournesol, et dont la saveur
est franchement acide. Placé dans le vide, sous le récipient
de la machine pneumatique, avec de l'acide sulfurique, il
se concentre sans se vaporiser et sans subir d'altération,
jusqu'à ce qu'il soit parvenu à la densité de 1, 347 ; mais
alors il commence à se transformer en acide sulfureux qui
s'exhale, et en acide sulfurique qui reste dans la liqueur.

Lorsqu'il est très délayé et qu'on le soumet à l'action de
la chaleur, il n'abandonne d'abord que de l'eau ; ce n'est
que quand il en contient beaucoup moins, qu'il éprouve le
même genre de décomposition que dans un espace vide d'air :
la chaleur du bain-marie suffit même pour l'opérer.

Le gaz oxigène, l'air atmosphérique, le chlore, l'acide
azotique concentré et le sulfate rouge de manganèse, n'en
changent point la nature à froid.

Mis en contact avec le zinc, il le dissout, et de là résultent un dégagement de gaz hydrogène et un hypo-sulfate : c'est donc par l'oxigène de l'eau de l'acide que le zinc
est oxidé. Enfin l'acide hypo-sulfurique sature complètement les bases et forme des sels solubles avec la baryte ou
le protoxide de barium, la strontiane ou le protoxide de
strontium, la chaux ou le protoxide de calcium, et le
protoxide de plomb. Ces sels sont très stables à une basse
température, tandis qu'au contraire, à une température
élevée, ils laissent dégager beaucoup d'acide sulfureux et
passent à l'état de sulfates neutres.

254. *Composition.* — L'acide hypo-sulfurique est formé
de 100,18 de soufre et de 125 d'oxigène, non compris l'eau,
indispensable à l'union de ses élémens. MM. Welter et

Gay-Lussac sont arrivés à ce résultat par l'analyse de l'hypo-sulfate de baryte : il n'en sera question que dans le dernier volume. Sa formule atomique est $S^2 O^5$. Mais puisque telle est la composition de l'acide hypo-sulfurique, il est évident qu'on pourrait le considérer comme un composé de 1 proportion ou 1 atome d'acide sulfureux = 401,16 et de 1 proportion ou 1 atome d'acide sulfurique = 501,16 : sa facile transformation en ces deux acides autorise même jusqu'à un certain point cette opinion. (1)

255. *Etat naturel, préparation.* — L'acide hypo-sulfuri-que ne s'est point encore trouvé dans la nature. Pour l'obtenir, il faut faire passer du gaz acide sulfureux provenant de l'action du charbon sur l'acide sulfurique, dans de l'eau qui tient en suspension du bi-oxide de manganèse du commerce, réduit en poudre très fine; il se produit sur-le-champ et à froid une dissolution parfaitement neutre, composée d'hypo-sulfate et d'un peu de sulfate de protoxide de manganèse; d'où il suit que, par l'acide sulfureux, le bi-oxide est ramené à un moindre degré d'oxidation. La réaction, dans le cas où il ne se ferait que de l'hypo-sulfate, aurait lieu comme il suit :

Proportions réagissantes.

2 d'acide sulfureux... = 2 × 401,1

1 de peroxid. $\begin{cases} 1 \text{ de protoxid.} & 455,7 \\ 1 \text{ d'oxigène..} & 100,0 \end{cases}$

Proportions produites.

1 de sel $\begin{cases} 1 \text{ de protoxide......} 455,7 \\ 1 \text{ d'ac.} \begin{cases} 2 \text{ ac. sulf}^{eux} . 802,2 \\ 1 \text{ d'oxigène. } 100,0 \end{cases} \end{cases}$

En atomes.

$$2\,S\,O^2 + Mn\,O^2 = Mn\,O, S^2\,O^5.$$

Lorsqu'on s'est procuré une liqueur suffisamment chargée d'hypo-sulfate, l'on y verse peu-à-peu de la baryte en poudre; l'on en favorise l'action par la chaleur et l'agitation, et l'on en ajoute un petit excès, facile à reconnaître par le papier de curcuma, qui de jaune devient rouge. La baryte précipite tout l'oxide de manganèse en s'unissant

(1) *Voy.* pour plus de détails, le Mémoire des auteurs, *Ann. de chim. et de phys.*, t. x. p. 312.

aux acides sulfurique, et hypo-sulfurique; mais comme le sulfate de baryte est complètement insoluble, il s'ensuit que la liqueur filtrée ne doit plus contenir, et ne contient plus en effet que de l'hypo-sulfate de baryte, plus l'excès de baryte. L'opération amenée à ce point, on enlève l'excès de baryte en établissant un courant de gaz acide carbonique à travers la dissolution, et la filtrant ensuite pour séparer le carbonate qui se dépose sous forme de flocons : il est bon toutefois, avant de la jeter sur le filtre, de la faire bouillir, afin d'en dégager du gaz carbonique qui pourrait rendre soluble une petite quantité de ce sel. Enfin il faut faire cristalliser l'hypo-sulfate, le redissoudre dans l'eau, et y mettre la quantité d'acide sulfurique seulement nécessaire pour la précipitation de la base, en s'y prenant comme nous l'avons dit au sujet de la préparation de l'acide hypo-phosphoreux (221); on concentre aussi l'acide hypo-sulfurique, comme celui-ci, sous le récipient de la machine pneumatique, en ayant soin de cesser l'évaporation lorsque la densité approche de 1,347.

La production de l'acide sulfurique dans la réaction de l'acide sulfureux et du bi-oxide de manganèse, dépend de deux causes: 1° de la température qui peut s'élever jusqu'à 50°, si le dégagement de l'acide sulfureux est trop rapide; 2° de ce que le bi-oxide de manganèse renferme quelquefois de l'hydrate de sesqui-oxide, lequel ne produit avec l'acide sulfureux, que du sulfate et du sulfite (1). Suivant le docteur Heeren, la baryte ne précipiterait pas complètement le manganèse. C'est pourquoi il emploie de préférence le sulfure de baryum qui d'ailleurs est plus économique. Il en met un petit excès qu'il décompose par un courant de gaz carbonique; il chauffe, filtre, et achève l'opération en faisant cristalliser l'hypo-sulfate comme il vient d'être dit.

---

(1) *Ann. de chim. et de phys.*, t. XL, p. 30.

Acide hypo-sulfureux.

256. Il en est de cet acide comme de l'acide hypo-azotique, il n'existe qu'en combinaison avec les bases salifiables; à peine l'en sépare-t-on par l'acide sulfurique, l'acide chlorhydrique, etc., qu'il se transforme en soufre et en acide sulfureux. Il est composé de 100,58 de soufre et de 50 d'oxigène, ce qui donne en proportions ou en atomes 1 de chaque élément. Observons que de même que l'on peut regarder l'acide hypo-sulfurique comme un composé de 1 proportion d'acide sulfureux et de 1 proportion d'acide sulfurique, de même, et par la même raison, on peut considérer l'acide hypo-sulfureux comme formé de 1 proportion d'acide sulfureux et de 1 proportion de soufre.

ARTICLE VII.

Oxide de sélénium, acide sélénieux, acide sélénique.

Oxide de sélénium.

257. Il paraît que l'oxide de sélénium est gazeux, sans couleur, sans action sur la teinture de tournesol; qu'il a une odeur analogue à celle des choux pouris; qu'il est très peu soluble dans l'eau; que néanmoins il communique son odeur à ce liquide sans lui donner la propriété d'être troublé par l'acide sulfhydrique, qu'il ne s'unit point aux alcalis; qu'il n'existe point dans la nature; qu'on le produit, en même temps qu'un peu d'acide sélénieux, en chauffant le sélénium dans un vase plein d'air ou de gaz oxigène; mais qu'on ne peut l'isoler de l'oxigène ou de l'azote avec lequel il se trouve mêlé. Remplissez de mercure une cloche courbe; faites-y passer du gaz oxigène, et portez ensuite dans la partie courbe de la cloche un petit morceau de sélénium avec une tige de fer; alors chauffez le sélénium à la flamme de la lampe, il brûlera pendant quelque temps avec

une faible lumière; soutenez la chaleur jusqu'à ce qu'il soit entièrement vaporisé et examinez les produits : vous apercevrez des cristaux blancs d'acide sélénieux, colorés un peu en jaune-rouge par du sélénium; le gaz résidu ne sera point acide; il aura une forte odeur de choux pouris : ce sera un mélange d'oxide de sélénium et d'oxigène. M. Berzelius, à qui toutes ces observations sont dues, n'a pu parvenir à se procurer cet oxide parfaitement pur. (*Ann. de Chim. et de Phys.*, t. IX, p. 176.)

Acide sélénieux.

258. L'acide sélénieux n'existe point dans la nature; on peut l'obtenir en brûlant le sélénium dans le gaz oxigène, comme nous l'avons dit précédemment. Mais il vaut beaucoup mieux se servir à cet effet d'acide azotique, ou d'un mélange d'acide azotique et d'acide chlorhydrique : l'on prendra donc une partie de sélénium et 3 à 4 parties d'acide azotique pur; on les introduira dans une cornue dont le col se rendra dans un récipient tubulé, puis on portera peu-à-peu le liquide à l'ébullition; à cette température, le sélénium décomposera rapidement l'acide azotique, s'emparera d'une portion de son oxigène et s'acidifiera. Son *acidification* sera complète lorsqu'il sera entièrement dissous : alors, en versant la dissolution dans une capsule de porcelaine, et l'évaporant jusqu'à siccité, l'on obtiendra pour résidu une masse saline blanche, qui sera l'acide sélénieux pur.

L'acide sélénieux est sans odeur; sa saveur est très acide; il rougit fortement le tournesol. Chauffé dans une cornue, il ne tarde point à se réduire, sans se fondre, en un gaz d'un jaune foncé qui se condense dans le col du vase sous forme d'aiguilles tétraédriques très longues, ou en une masse dense, blanche, à demi fondue et à demi transparente, selon que le col est froid ou chaud. Une haute température n'en opère pas la décomposition. Il attire l'humidité de l'air, mais pas de manière à se résoudre en liqueur. Il est très soluble dans l'eau froide, et soluble presqu'en toutes proportions dans l'eau bouillante. L'alcool est lui-même un très bon dissolvant de l'acide sélénique. L'eau chaude qui en est saturée le laisse déposer en petits grains par un refroidissement rapide, et en prismes striés par un refroidissement lent. Les eaux mères, par une évaporation spontanée, donnent ensuite des cristaux aciculaires rangés en étoiles.

Il est probable qu'à l'aide de la chaleur l'hydrogène, le bore, le carbone, le phosphore décomposeraient l'acide sélénieux; telle serait sans doute aussi l'action des métaux des quatre premières sections sur cet acide à une température élevée. Ce qu'il y a de certain du moins, c'est qu'en le dissolvant dans l'eau, et ajoutant de l'acide chlorhydrique à la dissolution, il suffit de plonger un morceau de zinc ou de fer dans celle-ci pour en précipiter peu-à-peu le sélénium en flocons rouges, bruns ou gris-noirâtres. Le sulfite d'ammoniaque produit aussi cet effet, et même beaucoup plus rapidement, dans la dissolution ; il le produirait également dans une dissolution quelconque qui contiendrait de l'acide sélénieux et que l'on aurait rendu légèrement acide. Dans tous les cas, la désoxigénation de l'acide sélénieux a lieu évidemment par l'acide sulfureux, qui passe à l'état d'acide sulfurique.

259. *Composition*. — L'acide sélénieux est composé de 100 de sélénium et de 40,33 d'oxigène : du moins 1 gramme de sélénium est capable d'absorber 1^{gr},79 de chlore, et le chlorure qui en résulte décompose l'eau de manière à produire de l'acide chlorhydrique et de l'acide sélénieux. L'on peut donc arriver, d'après ces données, à la connaissance des proportions de l'acide sélénieux, puisque c'est d'après de semblables considérations que nous avons vu que les chimistes avaient analysé l'acide phosphoreux (221). Sa composition est :

En proportion. 1 de sélénium 494,58 + 2 d'oxig. 200.

En atomes. 1   *id.*   *id.* + 2 *id.*   *id.* = Se O^2.

Voyez d'ailleurs, pour plus de détails, le *Mémoire* de M. Berzelius. (*Ann. de Chim. et de Phys.* t. IX, p. 177 et 225.)

Acide sélénique.

260. L'acide sélénique , découvert par M. Mitscherlich , en 1827 (*Ann. de Chim. et de Phys.*, t. XXXVI, p. 100), correspond à l'ade sulfurique , comme l'acide sélénieux à l'acide sulfureux : aussi, pour la même quantité de sélénium, les quantités d'oxigène sont-elles comme 2 à 3 dans les acides sélénieux et sélénique, et l'acide sélénique est-il composé de

1 at. de sélénium = 494,58 + 3 at. d'oxig. = 300 = Se O^3.

Préparation.—L'acide sélénique ne se forme que par la voie sèche, en chauffant ensemble du nitre avec le sélénium ou un séléniure. Le sélénium, ou le séléniure, que l'on emploie dans la préparation de l'acide sélénique, doit être exempt de soufre, parce qu'il est impossible de séparer l'acide sélénique de l'acide sulfurique. On prendra donc du sélénium pur, et après l'avoir mêlé intimement avec trois fois son poids d'azotate de potasse, le mélange devra être projeté par parties dans un creuset chauffé jusqu'au rouge naissant : il en résultera du bi-oxide d'azote qui se dégagera, et un résidu contenant beaucoup de séléniate. L'on fait dissoudre le résidu dans l'eau, et l'on verse dans la dissolution de l'azotate de plomb qui y produit un précipité blanc de séléniate de plomb. Celui-ci est recueilli sur un filtre, lavé, puis mis en suspension dans l'eau et soumis à un courant de gaz sulfhydrique. En très peu de temps la décomposition du séléniate s'opérera et donnera lieu à du sulfure de plomb en flocons noirs et insolubles, à de l'eau, et à de l'acide sélénique qui restera dissous. Il suffira alors de filtrer de nouveau la liqueur, et de la concentrer par l'ébullition. L'excès de gaz sulfhydrique se dégagera, et l'acide sélénique, porté peu-à-peu jusqu'à 280° de chaleur, se concentrera au point d'acquérir la consistance de l'acide sulfurique; une température plus élevée le décomposerait.

L'acide sélénique ressemble beaucoup à l'acide sulfurique hydraté. Comme lui il est liquide, incolore, sans odeur, très caustique, et d'une consistance oléagineuse; sa densité est 2,6; son action sur le tournesol, très grande; une chaleur de plus de 280° le transforme en oxigène et en acide sélénieux; il attire l'humidité de l'air, et retient toujours de l'eau dont on peut estimer la quantité au moins à 12,4 pour cent. Les métalloïdes qui décomposent l'acide sélénieux le décomposent à plus forte raison.

Les acides sulfureux et sulfhydrique sont sans action sur lui; mais l'acide chlorhydrique le fait passer à l'état d'acide sélénieux, en donnant lieu à de l'eau et à un dégagement de chlore.

Il paraît que son affinité pour les bases est puissante; car le séléniate de baryte ne cède pas entièrement sa base à l'acide sulfurique. Toutefois les séléniates alcalins, projetés sur des charbons incandescens, font brûler ceux-ci à la manière des azotates : d'où il suit que dans ce cas l'acide sélénique cède une portion de son oxigène au corps combustible.

ARTICLE VIII.

Protoxide de chlore, deutoxide de chlore, acide chlorique
et acide hyper-chlorique.

Protoxide de chlore.

261. C'est à Davy que nous devons la découverte et la connaissance de la plupart des propriétés du protoxide de chlore; et c'est de son Mémoire, publié dans les *Ann. de Chim.*, t. LXXIX, p. 316, que nous allons extraire tout ce que nous allons dire.

Propriétés.—L'oxide de chlore est ordinairement à l'état de gaz; sa couleur est le vert-jaune très foncé; son odeur participe de celle du sucre brûlé et de celle du chlore; sa pesanteur spécifique, calculée d'après sa composition, est de 2,3818; il rougit d'abord les couleurs bleues et les détruit ensuite.

Exposé à une douce chaleur, l'oxide de chlore se décompose tout-à-coup en produisant une forte secousse et un dégagement de calorique et de lumière; celle de la main est souvent suffisante : aussi, quand on transvase ce gaz d'une cloche dans une autre, en opère-t-on quelquefois la décomposition. Dans tous les cas, l'oxide de chlore se transforme en chlore et en oxigène, dont le volume est, à celui qu'il occupait, comme 6 à 5. De 50 parties de gaz ainsi décomposé, l'on retire 40 parties de chlore et 20 parties de gaz oxigène. L'expérience doit être faite comme celle qui a pour objet la détermination des principes du deutoxide de chlore ou acide chloreux (262).

Lorsqu'on fait détoner 50 parties d'oxide de chlore avec 80 de gaz hydrogène, les deux gaz s'unissent et se convertissent en un liquide qui n'est qu'une combinaison d'eau et d'acide chlorhydrique.

Des charbons incandescens plongés dans l'oxide de chlore brûlent vivement d'abord, s'éteignent ensuite peu-à-peu, et donnent lieu à du gaz acide carbonique et à du chlore.

A peine le phosphore est-il en contact avec l'oxide de chlore, qu'il le décompose; il se forme une véritable explosion, de l'acide phosphorique, du chlorure de phosphore, et un grand dégagement de lumière.

L'action du soufre sur l'oxide de chlore est d'abord nulle à froid; mais, au bout de quelque temps, elle est instantanée et a lieu avec violence : du gaz acide sulfureux, du chlorure de soufre en sont les produits.

L'action que peuvent exercer, à la température ordinaire, les corps combustibles composés sur l'oxide de chlore n'est pas connue; mais il est évident que tous ceux qui sont capables d'être attaqués par le gaz oxigène ou par le chlore le seront, à une température élevée, par cet oxide, en raison de la décomposition qu'il éprouve.

L'eau en dissout huit à dix fois son volume à la température et à la pression atmosphériques.

Le mercure absorbe entièrement le protoxide de chlore à la température ordinaire. L'action est très lente, surtout parce que le mercure se recouvre d'une couche grise qui gène le contact entre le métal et le gaz.

Lorsque l'on fait passer peu-à-peu à la température de o°, le protoxide de chlore sur le proto-chlorure de mercure extrêmement divisé, celui-ci absorbe, suivant M. Soubeiran, une portion de chlore, et le gaz restant n'est plus que du deutoxide de chlore pur, formé, comme MM. Gay-Lussac et Davy l'ont trouvé, d'un demi-volume de chlore et d'un volume d'oxigène. (*Journal de pharmacie*, t. XVII.)

Composition.— Puisque 50 parties d'oxide de chlore, en se décomposant spontanément, se convertissent en 40 parties de chlore et 20 parties d'oxigène, il s'ensuit que cet oxide est formé de 2 volumes de chlore et de 1 volume d'oxigène; et que ses principes constituans, au moment de leur union, n'éprouvent qu'une contraction du sixième de leur volume : d'où l'on voit qu'il est formé de :

En proportions. 1 de chlore 442,64 ╋ 1 d'oxig. 100

En atomes. . . . . 2 de chlore 442,64 ╋ 1 d'oxig. 100 $= Ch^2 O$.

État, préparation, etc.—Le protoxide de chlore n'existe dans la nature ni libre ni combiné. C'est en traitant le chlorate de potasse par l'acide chlorhydrique liquide qu'on se le procure. A cet effet, on prend un tube de verre un peu large et fermé par un bout; on y met 20 à 25 grammes de chlorate avec 60 grammes d'acide chlorhydrique d'une densité d'environ 1,105; on adapte à l'ouverture de ce tube un tube ordinaire et recourbé; ensuite on assujétit l'appareil et l'on chauffe légèrement le mélange. Par ce moyen, le chlorate se décompose peu-à-peu, et l'on obtient, d'une part, de l'eau, et du chlorure de potassium qui reste en dissolution dans la liqueur; et, d'autre part, du gaz oxide de chlore. On recueille ces gaz sur le mercure, ou bien dans un flacon long et étroit en procédant à l'expérience comme à la préparation du chlore gazeux sec (91). Ce qui se passe dans cette opération est facile à entendre. L'acide chlorhydrique se partage en deux parties : la première s'empare de la potasse du chlorate, et forme de l'eau et du chlorure de potassium ; et la seconde en agissant sur l'acide chlorique produit l'oxide de chlore et une nouvelle quantité d'eau.

Proportions réagissantes.		Proportions produites.	
1 chlorate $=$ { 1 d'acide	{ 5 oxigène. 500,0 { 1 chlore. . 442,6	1 de chlorure	{ 1 chlore 442,6 { 1 pot^{um}. 489,9
1 potasse.	{ 1 oxigène. 100,0 { 1 potassi. . 489,9	3 d'eau.	{ 3 oxig. . 300,0 { 3 hydrg. 37,2
3 acide chlorhydriq. réel.	{ 3 chlore. 1327,8 { 3 hydrog. 37,2	3 oxide de chlore . . .	{ 3 oxig . 300,0 { 3 chlore 1327,8
	2897,5		2897,5

En atomes :

$$KO, Ch^2 O^5 + 6\,H\,Ch = K\,Ch^2 + 3\,H^2\,O + 3\,Ch^2\,O.$$

Le protoxide de chlore ne serait-il qu'un mélange de chlore et de l'oxide préparé par l'acide sulfurique? C'est ce que présume M. Davy et ce qu'admet M. Soubeiran. Ce qu'il y a de certain, c'est qu'en mettant en contact, avec une certaine quantité d'eau l'oxide de chlore préparé par l'acide chlorhydrique, il en résulte un résidu de chlore et une dissolution qui présente les mêmes propriétés que celle qui serait faite avec le deutoxide de chlore. Ce qu'il y a de certain aussi, c'est que la contraction qu'éprouvent les élémens de l'oxide préparé par l'acide chlorhydrique, semble annoncer qu'il n'est pas pur; car cette contraction, n'étant que de $\frac{1}{6}$ du volume total, est bien différente de celle qu'on observe dans les autres combinaisons gazeuses. Ce qui paraît certain, enfin, c'est qu'en faisant passer le protoxide à travers le protochlorure de mercure très divisé, on obtient un résidu gazeux qui n'est que du deutoxide pur. Mais il est facile de concevoir la transformation du protoxide de chlore en deutoxide par la tendance qu'aurait l'eau à se combiner à celui-ci, et par celle qu'aurait le proto-chlorure à se combiner à une portion de chlore du protoxide. Resterait donc à expliquer la contraction qui, n'étant que d'un sixième, s'éloigne des lois ordinaires. Nous ne pouvons présenter aucune réflexion à ce sujet; nous observerons seulement en faveur de l'existence du protoxide de chlore, que M. Gay-Lussac l'a toujours trouvé formé de 2 volumes de chlore et d'un volume d'oxigène, et qu'un atome de chlorate de potasse, plus 6 atomes d'acide chlorhydrique, doivent donner 3 atomes d'oxide de chlore, 3 atomes d'eau et 1 atome de chlorure de potassium.

Deutoxide de chlore ou acide chloreux.

262. Cet oxide, qui est gazeux, fut observé pour la première fois en 1815, par M. Davy, et examiné, quelque temps après, par le comte Frédéric Stadion (*Ann. de Chim. et de Phys.*, t. 1, p. 76; et t. VIII, p. 406). Quelques chimistes le regardent comme un acide qu'ils appellent *chloreux*; ils pensent que le composé que l'on obtient en mettant en contact le chlore avec l'hydrate de chaux est principalement formé de *chlorite*, et que ce *chlorite* résulte de l'union de la chaux avec le *deutoxide de chlore*. Nous discuterons cette opinion en traitant des chlorates.

Ce gaz est plus foncé en couleur que celui que l'on se procure par l'acide chlorhydrique. Son odeur a quelque chose d'aromatique et n'a rien de celle du chlore. Sa densité est de 2,3155. Sa conversion en liquide peut être opérée comme celle de plusieurs autres gaz (Faraday). Il détruit la teinture de tournesol sans la rougir préalablement. Exposé à la chaleur de l'eau bouillante, il détone tout-à-coup, devient lumineux et se transforme en chlore et en gaz oxigène; il détone également dans son contact avec le phosphore, même à la température ordinaire. La plupart des autres combustibles ne le décomposent qu'à l'aide de la chaleur. L'eau l'absorbe rapidement, devient d'un jaune

foncé à mesure qu'elle s'en sature, prend une saveur extrêmement astringente et corrosive, et produit sur la langue
une sensation prolongée et désagréable.

Le deutoxide de chlore, mis en contact avec une dissolution de potasse (protoxide de potassium) se décompose en
partie ainsi que la potasse, et de là résulte un *chlorite* et un
chlorate de potasse, et du chlorure de potassium.

Dix mesures de ce deutoxide donnent, par leur détonation
spontanée sur le mercure, 10 mesures d'oxigène et $4\frac{1}{2}$ mesures de chlore, dont la séparation se fait aisément par une
dissolution de potasse (300) : or, comme il y a toujours
une petite quantité de celui-ci absorbée par le métal, l'on
peut conclure que 1 volume de l'oxide que nous examinons
maintenant doit être formé de 1 volume d'oxigène et
de $\frac{1}{2}$ volume de chlore condensés en un seul (M. Davy,
Ann. de Chim. et de Phys., t. 1, p. 76). Sa composition
sera donc :

En proportions. 1 de chlore 442,64 $+$ 4 d'oxigène 400
En atomes..... 1 de chlore 221,32 $+$ 2 d'oxigène 200
Donc poids at. du deutoxide de chlore Ch $O^2 =$ 421,32.

Au lieu de faire détoner le gaz, comme nous venons de
dire, ce qui n'est pas toujours sans quelque danger, il vaut
mieux le décomposer, en le chauffant de telle manière qu'il
n'en résulte aucune détonation. On y parvient en préparant le gaz dans un appareil à-peu-près semblable à celui
dont nous nous sommes servis précédemment : il n'en diffère que par la forme du tube le plus étroit. Ce tube, à part
la courbure nécessaire pour le joindre au grand tube qui
contient le mélange, est entièrement horizontal, très long,
et présente de distance en distance, à 3 décimètres de son
point de jonction, des renflemens imitant une série de boules. L'on commence par exposer à la flamme de la lampe le
milieu du petit tube situé entre la première boule et le
point de jonction, et lorsqu'il est incandescent, l'on fait
dégager le gaz oxide au bain-marie. A peine l'oxide est-il

élevé à la température de 100°, qu'il se décompose en produisant des secousses qui se succèdent rapidement; l'oxigène et le chlore qui en proviennent se rendent dans les boules, en chassent l'air et les remplissent. Quand on juge qu'elles en sont pleines, on les détache en coupant le tube capillaire avec une lime; on les vide dans un tube gradué contenant une dissolution de potasse, et l'on obtient, pour résidu, le gaz oxigène.

La détermination de la quantité du chlore est tout aussi simple; il suffit pour cela de connaître la capacité de la boule en parties du tube, opération qui n'offre aucune difficulté, puisqu'elle consiste à verser dans le tube même toute l'eau qu'est capable de contenir la boule. (Gay-Lussac, *Ann. de Chim. et de Phys.*, t. VIII, p. 406.)

Rien ne s'opposerait à ce qu'on décomposât, par le même procédé, le gaz oxide qui résulte de l'action de l'acide chlorhydrique sur le chlorate de potasse.

Suivant M. Stadion, le deutoxide de chlore ne serait pas composé comme nous venons de le dire : 3 volumes de cet oxide résulteraient de deux volumes de chlore et de 3 volumes d'oxigène, et sa densité serait 2,7. Telle est aussi la composition que M. Soubeiran assigne à l'acide qui fait partie des *chlorites*; et cependant il reconnaît avec MM. Davy et Gay-Lussac que 1 vol. de deutoxide de chlore est formé de 1 vol. d'oxigène et de $\frac{1}{2}$ vol. de chlore : d'où il suit que l'acide *chloreux* contiendrait moins d'oxigène que l'oxide de chlore. Nous ne pouvons partager cette opinion, elle est trop contraire à toutes les observations faites jusqu'à présent; car on sait que les acides contiennent toujours plus d'oxigène que les oxides, quand ils ont le même radical. (*Journ. de pharm.* t. XVIII, p. 1.)

Quoi qu'il en soit, la préparation du deutoxide de chlore n'est pas sans danger, parce que la décomposition du chlorate de potasse par l'acide sulfurique concentré à presque toujours lieu avec explosion, dans des vases ordinaires, lorsque la température est trop élevée, ou même que l'on opère sur trop de matière à-la-fois. Pour prévenir tout accident, il faut faire une pâte avec du chlorate bien pulvérisé et de l'acide sulfurique étendu de la moitié de son poids d'eau, remplir presque entièrement de cette pâte, sans la tasser, un tube de verre scellé hermétiquement par un bout, d'environ 2 cent. de diam. et 10 de hauteur, le placer verticalement, y adapter par le moyen d'un bouchon, un petit tube recourbé de 1 à 2 millimètres au plus de diamètre intérieur, et enfoncer le bouchon jusqu'auprès de la pâte. Alors on chauffe graduellement celle-ci au bain-marie, et bientôt il s'en dégage un gaz d'un vert-jaunâtre, qui peut être recueilli sur le mercure, et qui est le deutoxide de chlore mêlé seulement de $\frac{1}{20}$ d'oxigène et de $\frac{1}{40}$ de chlore : ce qui reste dans la cornue est un mélange de sulfate de potasse, de chlorate de potasse non décomposé, et de chlorate oxigéné de potasse, que l'on peut séparer des deux autres sels par des cristallisations répétées. Il est donc évident que, dans cette opération, l'acide sulfurique s'empare de la potasse d'une partie du chlorate, qu'il met en liberté l'acide chlorique uni à cette base, et que c'est cet acide qui passe à l'état de gaz oxide, en cédant une certaine quantité de son oxigène à la portion de chlorate non décomposée.

Proportions réagissantes.

3 chlora- { 3 acide { 3 chlore. 1327,8
te... =   {   ou   { 15 oxigène 1500,0
        { 3 potasse.......... 1769,7
2 acide sulfurique réel.......... 1002,2
                        5599,7

Proportions produites.

1 chlorate { 1 ac. { 1 chlore. 442,6
 oxigéné { ou { 7 oxigèn. 700,0
        { 1 potasse.....589,9
2 sulfat. = { 2 acide...... 1002,2
       { 2 potasse.... 1179,8
2 oxide { 2 chlore..... 885,2
chlore. { 8 oxigène.... 800,0
              5599,7

En atomes :

$$3\,KO, Ch^2O^5 + 2\,SO^3 = KO, Ch^2O^7 + 2\,KO, SO^3 + 4\,Ch\,O^2.$$

Acide chlorique.

263. _Historique._ — M. Berthollet, à qui la découverte des chlorates est due, avait bien observé que ces sels devaient

contenir un acide particulier; mais il ne l'avait point séparé des bases auxquelles il est uni dans ces sortes de composés. C'est M. Gay-Lussac qui est parvenu le premier à l'isoler, et c'est de son Mémoire, imprimé dans les *Ann. de Chim.*, t. xci, p. 108, que nous tirerons presque tout ce que nous allons dire.

263 *bis. Composition.* — Lorsqu'on décompose par la chaleur, dans une petite cornue de verre, 100 parties de chlorate de potasse bien sec, il en résulte 38,88 d'oxigène et 61,12 de chlorure de potassium : or, ces 61,12 de chlorure sont formés de 32,196 de potassium et de 28,924 de chlore; mais 32,196 de potassium absorbent 6,576 d'oxigène pour passer à l'état de protoxide ou se convertir en potasse : il reste donc 38,88 d'oxigène moins 6,576, c'est-à-dire, 32,304 pour l'acidification de 28,924 de chlore; par conséquent l'acide chlorique est composé en poids de 100 de chlore et de 111,68 d'oxigène; ou en volume, de 1 de chlore et de $2\frac{1}{2}$ d'oxigène (Gay-Lussac, *Ann. de Chim.* t. xci, p. 102) : ce qui donne pour sa composition :

En proportions 1 de chlore 442,64 $+$ 5 d'oxigène 500

En atomes. . . . 2 de chlore   *id.* $+$ 5 d'oxigène 500

Donc poids atomiq. de l'acide chlorique Ch^2 O^5 $=$ 942,64.

263 *ter. Etat naturel, préparation.* — L'acide chlorique n'existe ni libre ni combiné dans la nature. Il se forme toutes les fois qu'on met le chlore en contact avec une dissolution de potasse, etc. : une partie de celle-ci est réduite par le chlore, et de là des chlorates et des chlorures.

Pour l'obtenir, il faut dissoudre le chlorate de baryte dans l'eau, y verser peu-à-peu de l'acide sulfurique faible, jusqu'à ce que la liqueur ne soit plus troublée ni par cet acide ni par la baryte elle-même, filtrer cette liqueur et l'évaporer doucement, de manière à lui donner une consistance presque oléagineuse. Dans cette préparation, l'acide sulfurique précipite la baryte du chlorate, et en sépare l'acide, qui s'unit à l'eau si intimement qu'il est impossible de le dessécher sans le décomposer. Les propriétés qu'il possède sont les suivantes.

264. *Propriétés.* —Il est toujours liquide, sans odeur, sans couleur; sa saveur est très acide; lorsqu'on y plonge une bande de papier de tournesol, elle rougit d'abord, mais au bout de quelques jours toute la couleur disparaît, d'après l'observation de M. Vauquelin; son action sur la dissolution d'indigo dans l'acide sulfurique est nulle; la lumière ne l'altère pas; il peut être concentré par une douce chaleur, comme nous l'avons dit précédemment, sans qu'il change de nature ou qu'il se volatilise; il n'en serait point de même si la chaleur était plus forte : si, par exemple, l'on essayait de le distiller dans une cornue, il se transformerait en oxigène, en chlore et en acide chlorique oxigéné. Les acides chlorhydrique, sulfhydrique et sulfureux en opèrent la décomposition à la température ordinaire, et donnent lieu, le premier à de l'eau et à du chlore; le second, à de l'eau et à du soufre et du chlore; le troisième, à du chlore et de l'acide sulfurique. Il n'est point altéré par l'acide azotique. Il s'unit avec les bases, et produit des sels remarquables sous beaucoup de rapports. Il ne trouble point la dissolution d'argent, que l'acide chlorhydrique, le chlore et l'oxide de chlore précipitent toujours tout-à-coup; il ne précipite même aucune dissolution métallique.

265. Nous venons de présenter l'acide chlorique comme étant sans odeur et sans couleur. Cependant M. Sérullas observe que, quand on le concentre le plus possible, il prend une couleur jaunâtre, une odeur qui rappelle celle de l'acide azotique, et qu'il contracte des propriétés nouvelles. Dans cet état il agit vivement sur l'alcool lui-même très concentré, à la température ordinaire : il enlève par son oxigène, de l'hydrogène à l'alcool, et de là résulte un dégagement de chlore avec production d'eau et d'acide acétique dont l'odeur est très forte. S'il y a beaucoup d'acide et

peu d'alcool, l'action est violente, et même la liqueur s'enflamme. L'action s'exerce encore lorsque l'acide et l'alcool ne sont pas dans un grand état de concentration; mais alors la liqueur ne s'enflamme pas, elle ne fait que s'échauffer.

L'éther avec l'acide chlorique coloré donne lieu à des phénomènes analogues. Plusieurs autres matières organiques peuvent aussi décomposer cet acide : par exemple, le papier brouillard, bien sec, plié en double, que l'on plonge dans cet acide, brûle aussitôt qu'il en est retiré. (*Ann. de Chim. et de Phys.*, t. XLV, p. 203.)

Acide hyper-chlorique.

266. Nous avons déjà eu l'occasion, en parlant du deutoxide de chlore, d'annoncer l'existence de cet acide, découvert, par M. le comte Frédéric Stadion.

C'est de l'hyper-chlorate de potasse qu'on extrait l'acide hyper-chlorique. A cet effet on mêle ce sel dans une cornue de verre, avec la moitié de son poids d'acide sulfurique étendu d'un tiers l'eau, puis on chauffe la cornue et on en élève la température à 140° environ; l'eau distille la première, et bientôt après il apparaît des vapeurs blanches qui se condensent dans le récipient en une liqueur qui n'est que le nouvel acide, plus un peu d'acide chlorhydrique et d'acide sulfurique. Par une quantité convenable d'eau de baryte, on précipite l'acide sulfurique, et par l'addition d'une suffisante quantité d'oxide d'argent on absorbe tout l'acide chlorhydrique, de sorte qu'en filtrant ensuite la nouvelle liqueur elle ne se trouve contenir que de l'acide hyper-chlorique uni à l'eau. On parviendra à la concentrer le plus possible, sous le récipient de la machine pneumatique, par l'intermède de l'acide sulfurique; mais, quelque chose qu'on fasse, l'acide retiendra toujours une certaine quantité d'eau, qui paraît essentielle à sa constitution (1).

____

(1) Ce procédé est compliqué. Ne pourrait-on pas décomposer l'hyper-chlorate

L'acide hyper-chlorique est sans odeur, sans couleur; il rougit la teinture de tournesol et ne la détruit point. La lumière n'en opère point la décomposition. Soumis à l'action d'une douce chaleur, il laisse dégager l'excès d'eau qu'il peut contenir. Ce n'est qu'à 140° qu'il commence à se volatiliser. Il n'est décomposé ni par l'acide chlorhydrique ni par les acides sulfureux et sulfhydrique, caractères qui le distinguent de l'acide chlorique; enfin il ne trouble point la dissolution d'azotate d'argent, et forme avec les bases des sels qui possèdent des propriétés particulières. Celui de potasse est très peu soluble dans l'eau. Celui de soude y est au contraire très soluble; il se dissout même dans l'alcool : aussi l'acide hyper-chlorique précipite-t-il tous les sels à base de potasse, et sépare-t-on très bien l'hyper-chlorate de potasse, de hyper-chlorate de soude par l'alcool qui n'a aucune action sur le premier de ces deux sels. (Sérullas (*Ann. de Chim. et de Phys.*, tome XLV, page 270.)

Composition. — L'hyper-chlorate de potasse pouvant être décomposé par la chaleur et transformé en gaz oxigène et en chlorure de potassium, il s'ensuit que le mode d'analyse que nous avons suivi pour déterminer la proportion des principes constituans de l'acide chlorique (263 *bis*) est applicable à la détermination de la proportion des principes de l'acide hyper-chlorique. M. Stadion a trouvé ainsi que cet acide était formé de 1 volume de chlore et de 3 volumes et demi d'oxigène, ou de 100 parties de chlore et de 159,79 d'oxigène : les mêmes résultats ont été obtenus par M. Gay-Lussac (*Ann. de Chim. et de Phys.*, t. VIII,

---

-de potasse par l'acide fluorique silicé, traiter ensuite la liqueur par le carbonate de baryte, et décomposer l'hyper-chlorate de baryte par l'acide sulfurique ? Comme l'expérience réussit très bien avec le chlorate de potasse, il est probable qu'elle réussirait également avec l'hyper-chlorate. (*Voyez* le moyen de transformer le chlorate de potasse en chlorate de baryte par l'acide fluo-silicique, et de précipiter la baryte du chlorate de baryte.

p. 406, et t. IX, p. 220). On en déduit pour la composition de cet acide :

En proportions 1 de chlore 442,64 $+$ 7 d'oxig. 700
En atomes. ... 2 de chlore 442,64 $+$ 7 d'oxig. 700

Donc poids atomiq. de l'acide hyper-chlorique $Ch^2 O^7 = 1142,64$

ARTICLE IX.

Acide brômique.

267. Le brôme ne s'unit à l'oxigène qu'à l'état naissant et qu'en une seule proportion : de là, l'acide brômique découvert par M. Balard.

C'est du brômate de baryte qu'on l'extrait, en mettant en contact une dissolution de ce sel avec l'acide sulfurique faible, et procédant comme on le fait pour l'extraction de l'acide chlorique (263 *ter*).

Toute la baryte ayant été précipitée, la liqueur est évaporée peu-à-peu et amenée à l'état de consistance sirupeuse. Si l'on voulait pousser plus loin la concentration, une partie de l'acide se transformerait en oxigène et brôme; l'autre se vaporiserait : l'eau est donc nécessaire à la constitution de l'acide brômique.

L'acide brômique rougit fortement le papier de tournesol et le décolore ensuite en peu de temps. Son odeur est très faible, sa saveur forte sans être caustique.

Les acides sulfureux, sulfhydrique, brômhydrique, chlorhydrique, iodhydrique le décomposent. Tous le désoxigènent : le premier donne lieu à de l'acide sulfurique, les quatre autres à de l'eau. Dans tous les cas, le brôme devient libre, si ce n'est avec les acides chlorhydrique et iodhydrique; il se forme alors un chlorure de brôme et un brômure d'iode.

Unis aux bases, ces divers acides se comportent de même avec l'acide brômique.

L'acide brômique précipite en blanc l'azotate d'argent,

la dissolution d'azotate de protoxide de mercure, les dissolutions concentrées de plomb; mais, pour peu qu'on ajoute d'eau, le brômate de plomb se redissout.

L'acide brômique concentré produit avec l'alcool et l'éther des phénomènes analogues à ceux que produit l'acide chlorique : la liqueur s'échauffe fortement, l'acide se décompose, du brôme devient libre, il y a formation d'acide acétique et même d'éther acétique.

Les quantités d'oxigène et de brôme qui le composent se déterminent comme celles de chlore et d'oxigène qui constituent l'acide chlorique : on trouve ainsi que l'acide brômique est formé de :

$$2 \text{ at. brôme} = 2 \times 489,153 + 5 \text{ at. oxigène} = 5 \times 100.$$

Donc poids atomique de l'acide brômique $Br^2 O^5 = 1478,306$.

(Balard, *Ann. de Chim. et de Phys.*, XXXII, 365.)

ARTICLE X.

Acides iodique, hyper-iodique, iodeux.

268. *Etat naturel, historique, préparation.* — L'acide iodique est toujours un produit de l'art; il n'existe ni libre ni combiné dans la nature. C'est à M. Gay-Lussac que l'on en doit la découverte (*Ann. de Chim.*, t. XCI); mais c'est M. Davy qui est parvenu le premier à l'obtenir pur, en faisant agir le gaz oxide de chlore sur l'iode (*Ann. de Ch.*, XCI). Ce procédé étant d'une très difficile exécution, il vaut beaucoup mieux se servir d'un mélange d'acide azotique et d'acide hypo-azotique, comme l'a fait M. Sérullas, et opérer comme l'indique M. Boutin. (*Journ. de Pharm.*, XVIII, 222.)

On prendra donc 1 partie d'iode récemment précipité, et un mélange de 8 parties d'acide azotique et de 1 p.$\frac{1}{2}$ d'acide hypo-azotique.

L'iode sera introduit dans un matras à long col avec les deux tiers du mélange acide, et le matras surmonté d'un long tube sera soumis à une douce chaleur. Bientôt l'action se manifeste, d'épaisses vapeurs d'un rouge brun-foncé, apparaissent; des portions d'iode que l'on fait retomber par l'agitation du liquide se vaporisent et se condensent au haut du vase et même jusque dans le tube. En même temps que ces phénomènes ont lieu, l'acide iodique prend naissance; il apparaît au fond du matras sous forme de grains blancs et cristallins dont le nombre va sans cesse en augmentant. L'opération doit être ainsi continuée, en ajoutant de temps en temps de petites quantités du mélange acide, mis en réserve, jusqu'à l'entière disparition de l'iode. Alors toute la liqueur, chargée de l'acide iodique, doit être versée dans une cornue et distillée au point d'en vaporiser les $\frac{2}{3}$. Le liquide restant est ensuite décanté; il est d'un jaune sale: après quoi l'acide iodique bien égoutté est mis en contact avec assez d'eau pour le dissoudre. La dissolution est filtrée et évaporée; et lorsqu'elle est très concentrée, on en précipite l'acide iodique en y ajoutant 1 à 2 fois son volume d'acide azotique pur et fumant, qui s'empare de l'eau et rend l'acide iodique presque insoluble. Dans le cas où celui-ci, ce qui arrive ordinairement, serait encore coloré, il faudrait le laver avec un peu d'acide azotique, le redissoudre dans 3 fois son volume d'eau, ajouter à la solution les $\frac{2}{3}$ de son poids d'acide azotique pur, et l'évaporer lentement jusqu'à siccité. L'acide iodique sera très blanc et bien cristallisé.

269. *Propriétés.* — L'acide iodique a une saveur très aigre et astringente; son odeur est à peine sensible et a quelque chose de celle de l'iode : il rougit d'abord la teinture de tournesol et la détruit ensuite; sa densité est plus grande que celle de l'acide sulfurique.

Soumis à une chaleur un peu inférieure à celle qui fait bouillir l'huile d'olive, il se fond, se décompose et se transforme en vapeur d'iode et en gaz oxigène.

Exposé au contact de l'air, il n'éprouve aucune altération.

Il est très soluble dans l'eau et très peu dans l'alcool qui le précipite de sa dissolution aqueuse. Cette dissolution est également troublée par les acides sulfurique, azotique, phosphorique. Davy avait pensé que ces acides s'unissaient à l'acide iodique : c'était une erreur, ils s'emparent de l'eau et rendent l'acide iodique presque insoluble.

Son action sur les corps combustibles est très forte : en effet, chauffé avec le charbon, le soufre, le sucre, les résines, certains métaux très divisés, il donne lieu à une détonation subite.

Il attaque la plupart des métaux, même l'or et le platine, lorsqu'il est en dissolution.

Les sels qu'il est capable de former avec le plus grand nombre des bases salifiables ne sont que peu solubles à l'état neutre. Son affinité pour l'oxide de plomb et l'oxide de mercure est telle qu'il les précipite tous deux de leur dissolution dans l'acide azotique.

Les acides sulfureux, sulfhydrique, chlorhydrique et iodhydrique, liquides, le décomposent à l'instant en donnant lieu, savoir : l'acide sulfureux à de l'iode et de l'acide sulfurique; l'acide sulfhydrique à de l'eau, du soufre et de l'iode; l'acide chlorhydrique à de l'eau et à du chlorure d'iode, l'acide iodhydrique à de l'eau et à de l'iode.

270. *Composition.* — Cent parties d'iodate de potasse bien sec donnent, lorsqu'on les décompose par la chaleur, 22,59 d'oxigène et 77,41 d'iodure de potassium : or, ces 77,41 d'iodure sont composés de 58,937 d'iode et de 18,473 de potassium; mais 18,473 de potassium absorbent 3,773 d'oxigène pour passer à l'état de protoxide ou se convertir en potasse; il reste donc 22,59 d'oxigène moins 3,773, c'est-à-dire, 18,817 pour l'acidification des 58,937 d'iode. Par conséquent, l'acide iodique est formé en poids de 100 d'iode et de 31,927 d'oxigène; ou de 1 volume de vapeur d'iode et de 2 volumes ½ d'oxigène (Gay-Lussac, *Ann. de Chim.*, t. xci, p. 75). Ce qui donne :

23.

En proportions 1 d'iode 1579,50 + 5 d'oxigène 500.

En atomes. . . . 2 d'iode 1579,50 + 5 d'oxigène 500

Donc poids atomiq. de l'acide iodique I² O⁵ = 2079,50

Acides iodeux et hyper-iodique.

271. L'acide hyper-iodique, correspondant à l'acide hyper-chlorique, vient d'être découvert par M. Magnus. (Voir les *hyper-iodates*.) M. Mitscherlich est porté à croire qu'il existe un acide iodeux (*Ann. de Chim. et de Phys.*, XLIV, 222). Mais ses observations ne sont point démonstratives.

ARTICLE XI.

Protoxide d'azote, bi-oxide d'azote, acide azotique, acide hypo-azotique, acide azoteux.

Protoxide d'azote.

272. *Historique, propriétés.* — Le protoxide d'azote, découvert par Priestley en 1772, et examiné successivement par différens chimistes, surtout par Berthollet en 1785, par M. Davy (*Ann. de Chim.*, t. XLII et suivans; *Elém. de Chim. philos.*, t. 1), par MM. Gay-Lussac et Thenard (*Recherches physico-chimiques*), est un gaz sans couleur, sans odeur, dont la saveur est légèrement sucrée, et dont la pesanteur spécifique est de 1,5269. Lorsqu'on le comprime et qu'on le refroidit en même temps, il se liquéfie. (Faraday.)

Désigné d'abord par le nom de *gaz nitreux déphlogistiqué*, et quelque temps après par ceux d'*oxide nitreux*, d'*oxide d'azote*, d'*oxidule d'azote*, il ne doit plus l'être, pour éviter toute espèce de confusion que par un seul.

Ce gaz entretient la combustion mieux que l'air; il rallume même les bougies ou les allumettes qu'on y plonge pourvu qu'elles présentent quelques points en ignition, propriété qu'il doit à ce qu'il contient beaucoup plus d'oxigène que l'air sous le même volume, et à ce qu'il est facilement décomposé par les corps combustibles : cependant il est impropre à la respiration. (*Voy.* son effet sur l'économie animale, t. IV.)

273. Exposé à l'action d'une très haute température, il se transforme en acide hypo-azotique et en azote : donc 2 atomes de protoxide d'azote ou 2 Az² O deviennent Az O²+3Az; c'est-à-dire 1 atome d'acide hypo-azotique et 3 atomes d'azote.

Puisqu'il peut être décomposé par la chaleur, il le serait sans doute aussi en le faisant traverser par une série d'étincelles électriques.

L'oxigène et l'air sont sans action sur lui à la température ordinaire. Nous verrons bientôt qu'ils font passer au contraire le bi-oxide d'azote à l'état de *vapeur nitreuse.*

Tous les métalloïdes simples, excepté le silicium, le chlore, le brôme, l'iode, l'azote, décomposent le protoxide d'azote, pourvu que la température soit élevée. L'oxigène s'unit au métalloïde et l'azote devient libre.

Le gaz hydrogène en opère la décomposition à une chaleur rouge; cette décomposition donne lieu à de l'eau, à un dégagement de gaz azote, et à un dégagement de calorique et de lumière. En effet, que l'on remplisse une éprouvette de parties égales de protoxide d'azote et d'hydrogène, et que l'on y plonge une bougie allumée, le mélange s'enflammera et détonera à l'instant même. Que l'on fasse passer dans l'eudiomètre à mercure 1 volume de protoxide d'azote et 2 volumes d'hydrogène, et que l'on excite une étincelle à travers ces gaz, il en résultera une subite inflammation et un résidu gazeux de 1 volume d'hydrogène et de 1 volume d'azote : il disparaît donc 1 volume d'hydrogène; mais 1 volume d'hydrogène représente $\frac{1}{2}$ volume d'oxigène; par conséquent le protoxide d'azote doit être formé de $\frac{1}{2}$ volume d'oxigène et de 1 volume d'azote, condensés en un seul.

274. Le bore, le carbone, le phosphore et le soufre dé-

composent également le protoxide d'azote à une chaleur rouge : le premier donne lieu à de l'acide borique fixe et à du gaz azote; le deuxième, à du gaz azote et à du gaz acide carbonique; le troisième, à de l'acide phosphorique et à du gaz azote chargé de vapeur de phosphore; le quatrième, à du gaz azote et à du gaz acide sulfureux. Toutes ces décompositions se font avec chaleur et lumière. Les deux premières s'opèrent au moyen de l'appareil (pl. xii, fig. 3) : vous introduirez le gaz dans la vessie; vous placerez le bore ou le charbon dans le tube, et lorsque celui-ci sera chauffé jusqu'au rouge vous tournerez le robinet de la vessie et vous ferez passer le gaz peu-à-peu ; vous recevrez d'ailleurs les produits gazeux avec le tube de verre, soit dans l'eau, soit dans le mercure.

Il est encore possible de s'assurer que le charbon est capable de décomposer le protoxide d'azote en plongeant un fragment de ce corps incandescent dans un flacon rempli de protoxide : à l'instant même sa combustion devient plus vive, ce qu'on ne peut attribuer qu'à ce qu'il s'empare de l'oxigène de celui-ci. Cette manière d'opérer doit être même préférée à l'autre toutes les fois qu'on ne veut point recueillir les gaz qui se dégagent.

C'est également ainsi qu'il faut s'y prendre pour s'assurer que le phosphore et le soufre peuvent brûler dans le protoxide d'azote : on placera donc du phosphore ou du soufre dans une petite capsule ou coupelle suspendue à un bouchon par le moyen d'un fil de fer; on allumera le phosphore ou le soufre, et on les plongera dans un bocal rempli de protoxide d'azote : la combustion du phosphore sera extrêmement vive ; celle du soufre ne le sera pas beaucoup plus que dans l'air; elle n'aura même lieu qu'autant que la température du soufre sera très élevée. On réussira constamment à la produire si l'on chauffe la petite capsule contenant le soufre, et si, après avoir plongé cette capsule un instant dans le gaz oxigène, on la plonge tout-à-coup dans le protoxide,

Probablement qu'à une température élevée le sélénium s'emparerait aussi de l'oxigène du protoxide d'azote, de même que le soufre.

Le gaz phosphure d'hydrogène est le seul composé métalloïdique qui ait été mis en contact avec le protoxide d'azote. Son action n'a lieu, comme les précédentes, qu'à l'aide de la chaleur, mais avec une forte explosion ; il en résulte de l'eau, de l'acide phosphorique, et du gaz azote chargé de vapeur de phosphore.

Beaucoup d'autres métalloïdes composés produiraient sans doute des phénomènes analogues.

275. L'eau a la propriété de dissoudre un peu plus de la moitié de son volume de protoxide, à la température de 15° et sous la pression de 76 centimètres; mais, au degré de la chaleur de l'eau bouillante, sous la pression ordinaire, ou dans le vide, même à la température de zéro, elle n'en dissout pas une quantité sensible. Si donc, après avoir saturé l'eau de protoxide d'azote, on la fait bouillir, elle laissera dégager, sous forme de bulles, tout le protoxide qu'elle contiendra.

276. *Composition.*—Nous avons dit précédemment qu'on pouvait déterminer la proportion des principes constituans du protoxide d'azote par l'hydrogène, par le potassium et le sodium. Il est un autre moyen plus simple encore, et peut-être plus exact, d'analyser ce gaz; c'est de faire passer 100 parties en volume de protoxide dans une petite cloche de verre courbe et pleine de mercure, de porter ensuite jusque dans la partie courbe de la cloche quelques fragmens de sulfure de barium, et de chauffer le sulfure avec la lampe à esprit-de-vin : bientôt le protoxide sera décomposé, l'oxigène sera absorbé, et l'azote seul restera libre; celui-ci occupera autant de volume que le protoxide lui - même. Si donc l'on retranche :

de 1,5269............. densité du protoxide;
0,9757............. densité du gaz azote,

l'on aura pour différence la quantité d'oxigène contenue dans un volume de protoxide, c'est-à-dire 0,5512. Mais ce nombre est la moitié de la densité de l'oxigène; par conséquent le protoxide est formé de 1 volume de gaz azote et de $\frac{1}{2}$ volume d'oxigène, condensés en un seul, ou de 100 d'azote et de 56,49 d'oxigène en poids (Gay-Lussac). Sa composition sera :

En proportions 1 d'azote 177,03 $+$ 1 d'oxigène 100.

En atomes.... 2 d'azote 177,03 $+$ 1 d'oxigène 100 $-$ $Az^2.O$

277. *Etat, préparation, etc.* — Le protoxide d'azote ne se trouve point dans la nature; on l'obtient en chauffant convenablement l'azotate d'ammoniaque desséché. On met 20 à 25 grammes de ce sel dans une très petite cornue de verre, au col de laquelle on adapte un tube recourbé; on place cette cornue dans le laboratoire d'un fourneau ordinaire, et on en élève peu-à-peu la température : bientôt l'azotate fond, se décompose et se transforme en eau qui se condense, et en protoxide d'azote qui se dégage sous forme de gaz et qu'on recueille dans des flacons pleins d'eau. Il est essentiel, d'une part, de boucher ces flacons à mesure qu'ils se remplissent, parce que le gaz est légèrement soluble dans l'eau; et d'une autre part, de ne pas faire trop de feu sous la cornue, parce que la décomposition serait trop vive, et aurait même lieu avec explosion à une température voisine du rouge-brun. D'ailleurs il est facile de concevoir ce qui se passe dans cette opération : il suffit, pour cela, d'observer que l'acide azotique et l'ammoniaque, qui constituent l'azotate d'ammoniaque, sont formés en volume : l'acide azotique de 100 d'azote et de 250 d'oxigène ; l'ammoniaque de 100 d'azote et de 300 d'hydrogène : en effet, les 300 d'hydrogène exigeront 150 d'oxigène pour leur conversion en eau; et par conséquent il restera 100 d'oxigène qui se combinant avec les 200 d'azote, tant de l'acide que de la base, constitueront 200 de protoxide d'azote.

Bi-oxide d'azote.

278. La découverte du bi-oxide d'azote est due à Hales, et la connaissance de la plupart de ses propriétés à Priestley, à Davy (*Ann. de Chimie*, tom. XLII et suivans; *Elémens de Chim. philos.*, t. 1), et à M. Gay-Lussac (2e volume d'*Arcueil*, et *Ann. de Chimie*).

279. *Propriétés.* — Le bi-oxide d'azote, que plusieurs chimistes appellent encore *gaz nitreux*, *oxide nitreux*, *oxide nitrique*, *oxide d'azote*, est toujours à l'état de gaz, sans couleur, sans action sur la teinture de tournesol, probablement sans odeur; sa pesanteur *spécifique est de* 1,0390; il éteint les corps en combustion et asphyxie les animaux qui le respirent.

Ce gaz est décomposé par la chaleur et par l'électricité, de même que le protoxide (273); mais tandis que celui-ci est sans action sur le gaz oxigène, l'autre, au contraire, s'en empare tout-à-coup, devient rouge et passe à l'état d'acide hypo-azotique. Faites le vide dans un ballon; vissez-en le robinet sur celui d'une cloche pleine d'eau; introduisez successivement dans celle-ci, et de là dans le ballon même, deux litres de bi-oxide d'azote et un litre d'oxigène, ils donneront lieu à une vapeur si rutilante qu'elle interceptera presque entièrement le passage de la lumière, ou du moins qu'on ne verra les objets que très difficilement à travers. Au lieu de faire l'expérience de cette manière, l'on peut encore mêler tout simplement les gaz dans la cloche pleine d'eau; mais alors la vapeur rutilante ne sera point permanente, elle se dissoudra promptement dans le liquide : d'ailleurs il sera facile de s'assurer qu'il se forme un acide; il suffira de mettre du papier de tournesol, soit dans la cloche, soit dans le ballon; sa couleur bleue deviendra rouge à l'instant même.

L'on conçoit, d'après cela, pourquoi le bi-oxide d'azote rougit, s'acidifie par le contact de l'air, pourquoi il agit avec tant de force sur l'économie animale dans la respiration; c'est qu'il passe à l'état d'acide hypo-azotique; cette propriété est même si remarquable qu'elle caractérise éminemment ce gaz. Il reste maintenant à déterminer combien le bi-oxide d'azote absorbe d'oxigène dans ces diverses circonstances : mais nous ne nous occuperons de cette recherche qu'en traitant de l'acide hypo-azotique. On verra que le vol. de l'oxigène absorbé est égal à la moitié de celui du bi-oxide.

Le bi-oxide d'azote n'est décomposé, à la température ordinaire, par aucun métalloïde; il l'est, à une chaleur rouge, par un assez grand nombre : l'oxigène est absorbé et l'azote est mis en liberté.

Lorsqu'on introduit, au moyen d'une petite capsule ou coupelle (274), du phosphore enflammé dans un flacon plein de bi-oxide d'azote, il brûle avec une vive lumière, et produit de l'acide phosphorique et de l'azote phosphoré.

Un charbon incandescent, mis de la même manière en contact avec ce gaz, ne tarde point à s'éteindre : cependant, si l'on fait passer du bi-oxide d'azote, dans un tube de porcelaine chauffé jusqu'au rouge et contenant du charbon, il en résulte du gaz azote et du gaz acide carbonique ou de l'oxide de carbone (pl. XII, fig. 1).

L'hydrogène, à une haute température, doit s'emparer de l'oxigène du bi-oxide d'azote, et mettre l'azote de cet oxide en liberté.

En plongeant du soufre en vive combustion dans le bi-oxide d'azote, il s'éteint tout-à-coup : le sélénium serait probablement dans le même cas.

Le gaz azote est sans action sur le bi-oxide d'azote.

Il en est de même du chlore et du brôme pourvu que les gaz soient secs; car, pour peu qu'ils soient humides, l'eau est décomposée, son hydrogène s'unit au chlore, son oxigène au bi-oxide d'azote; il se forme ainsi de l'acide chlorhydrique ou brômhydrique et de l'acide hypo-azotique qui paraît sous forme de vapeur rouge et devient bientôt ensuite acide azotique.

On ne sait point comment le bore se comporterait avec le bi-oxide d'azote : il est probable qu'il le décomposerait facilement.

L'action des composés métalloïdiques sur le bi-oxide d'azote n'a point encore été constatée : sans doute que la plupart de ceux dont les élémens peuvent opérer la décomposition de ce bi-oxide, opéreraient eux-mêmes cette décomposition.

280. L'eau dissout la vingtième partie de son volume de bi-oxide à la température de 15° et sous la pression de 76 centimètres. Mais au degré de la chaleur de l'eau bouillante sous la pression ordinaire, ou même dans le vide à la température de zéro, elle n'en dissout pas la plus petite quantité.

281. *Composition.* — Le bi-oxide d'azote s'analyse par le sulfure de barium de même que le protoxide ; il contient deux fois autant d'oxigène que celui-ci ; par conséquent il est formé de 100 d'azote et de 112,98 d'oxigène en poids, ou de parties égales des deux en volume. Or, comme sa densité est de 1,0390, et que ce nombre est représenté par la moitié de la densité de l'azote, plus la moitié de celle de l'oxigène, il s'ensuit qu'en se combinant pour former le bi-oxide d'azote, ces deux gaz n'éprouvent aucune condensation. (Gay-Lussac.)

Sa composition est donc :

En proportions 1 d'azote 177,03 + 2 d'oxigène 290
En atomes..... 2 d'azote 177,03 + 2 d'oxigène 200 = A² O²
ou plus simplement, 1 at. de l'un et 1 at. de l'autre = AO.

282. *État et préparation.* — Le bi-oxide d'azote n'a point encore été trouvé dans la nature. Pour le préparer, on prend un flacon de verre à deux tubulures, d'environ un quart de litre de capacité ; on y introduit à-peu-près 50 à 60 grammes de tournure de cuivre ; on adapte à l'une des tubulures un tube recourbé propre à recueillir les gaz et un tube droit à l'autre (*voyez* pl. XIII, fig. 5) ; on verse par le

tube droit, au moyen d'un petit entonnoir, environ 80 à 100 grammes d'acide azotique à 17° ou 18° de l'aréomètre de Beaumé, et on engage l'extrémité du tube recourbé sous une cloche pleine d'eau. La réaction ne tarde pas à avoir lieu : elle est telle qu'il se forme, d'une part, du bi-oxide d'azote qui se dégage à l'état de gaz, et d'autre part, de l'azotate de bi-oxide de cuivre qui est bleu et qui reste en dissolution dans le flacon. Il suit de là que l'acide azotique se partage en deux parties : l'une cède une certaine quantité de son oxigène au cuivre et passe à l'état de bi-oxide d'azote, tandis que l'autre se combinant avec le cuivre oxidé forme l'azotate de bi-oxide de cuivre. Les premières portions de gaz qui se dégagent ne doivent point être recueillies; elles contiennent tout à-la-fois du gaz azote provenant de l'air des vases, et du gaz acide hypo-azotique provenant de l'action du bi-oxide d'azote sur l'oxigène de cet air : aussi aperçoit-on d'abord des vapeurs rouges. Non-seulement on doit laisser perdre les gaz tant qu'elles existent, mais encore quelque temps après qu'elles ont disparu. Les gaz sont reçus dans des cloches ou des flacons pleins d'eau. On en obtient un assez grand nombre de litres avec les quantités de matières indiquées. Il est essentiel d'employer l'acide azotique au degré de densité prescrit, et d'opérer à la température ordinaire. Si l'acide était trop concentré, sa réaction serait très grande; il se développerait beaucoup de chaleur, et dès-lors le bi-oxide d'azote serait mêlé de protoxide d'azote et d'azote. On est sûr de prévenir cet inconvénient avec le mercure : ce métal, tout en produisant de l'azotate de mercure, ne donne jamais que du bi-oxide d'azote, même avec l'acide azotique concentré : il faut donc le préférer au cuivre quand on veut avoir ce bi-oxide extrêmement pur.

Proportions réagissantes	Proportions produites.

3 de cuivre. . 3 × 791,3 2 de bi-oxide d'azote. . . . . 2 × 377,0
8 d'acide réel 8 × 677,0
7789,9 3 d'azotate { 3 d'oxide { 6 d'oxigène. . . 600,0
ou. . . 3 de cuivre . . . 3 × 791,3
6 d'acide azotique. . . . . . 6 × 677,0
7789,9

Et en atomes :

$$3\ Cu + 4\ A^2\ O^5 = 2\ AO + 3\ Cu\ O,\ A^2\ O^5.$$

Acides de l'azote.

Ces acides sont au nombre de trois : l'acide azotique, l'acidehyp o-azotique et l'acide azoteux.

Acide azotique.

283. *Historique.*—Découvert vers l'an 1225 par Raimond-Lulle, en distillant un mélange d'azotate de potasse et d'argile ; décomposé en 1784 par Cavendish, qui nous fit connaître ses principes constituans ; analysé et étudié par beaucoup de chimistes, particulièrement par M. Davy (1), par Dalton (2), par Gay-Lussac (3), l'acide azotique est aujourd'hui l'un des corps dont les propriétés sont le mieux connues. On l'appelait autrefois *esprit de nitre* : il est souvent connu sous le nom *d'acide nitrique*. C'est cet acide qui, étendu d'eau, constitue l'*eau-forte* du commerce.

284. *Composition.* — Lorsqu'on fait passer successivement 133 parties de bi-oxide d'azote et 150 de gaz oxigène dans un tube de 8 à 10 millimètres de diamètre plein

---

(1) *Annales de Chimie,* tom. XLII et suivans ; *Elémens de Chimie,* philosophie, tom. I.

(2) *Nouveau système de Chimie.*

(3) *Mémoires d'Arcueil,* tom. 11, et *Annales de Chimie et de Physique,* t. I, pag. 394.

d'eau, que l'on abandonne l'expérience à elle-même pendant quelques minutes sans agiter le tube, il en résulte une absorption de 233 environ, une liqueur acide et un résidu de 50 de gaz oxigène : donc tout le bi-oxide d'azote est absorbé. L'acide qui se forme alors est de l'acide azotique pur; il ne le serait pas si la quantité d'oxigène qui entre en combinaison restant la même, celle de bi-oxide d'azote devenait plus grande; il se formerait alors plus ou moins d'acide hypo-azotique, corps qui, comme tous ceux qui ne sont pas saturés d'oxigène, a la propriété, d'après la remarque de M. Gay-Lussac, de décolorer le sulfate rouge de manganèse, et d'être par cela même facile à distinguer de l'acide azotique, du moins dans cette circonstance. Or comme le bi-oxide d'azote est composé de parties égales en volume de gaz oxigène et de gaz azote, il s'ensuit que l'acide azotique l'est de 1 volume d'azote et de deux volumes $\frac{1}{2}$ d'oxigène, ou en poids de 35,40 d'azote et 100 d'oxigène, abstraction faite de l'eau qu'il contient. Tels sont, en effet, les nouveaux résultats auxquels Davy et M. Gay-Lussac ont été conduits en recherchant les causes d'erreurs qui avaient pu influer sur ceux qu'ils avaient obtenus auparavant. (Davy *Élémens de Chimie philosophique* t. 1; Gay-Lussac, *Annales de Chimie et de Physique*, t. 1, pag. 403). Sa composition est donc :

En proportions 1 d'azote 177,03 + 5 d'oxigène 500
En atomes.... 2 d'azote 177,03 + 5 d'oxigène 500

Donc poids atomique de l'acide azotique $Az^2 O^5 = 677,03$

Mais l'acide azotique ne peut être obtenu sans eau; le plus concentré en contient 1 proportion pour 1 d'acide réel, d'où il suit que sa formule atomique devient alors $Az^2 O^5 + H^2 O$. C'est cette sorte d'acide dont nous allons étudier les propriétés.

285. *Propriétés.* — L'acide azotique, dans son plus grand état de concentration, est liquide, blanc, odorant,

très sapide et corrosif. Il désorganise presque subitement la peau et la tache en jaune : c'est donc un des plus violens poisons que l'on connaisse. Une seule goutte suffit pour rougir une grande quantité de teinture de tournesol. Sa pesanteur spécifique est de 1,554, d'après Kirwan ; 1,510 à 18°, selon M. Gay-Lussac : je l'ai trouvée de 1,513.

286. Soumis à l'action du feu dans une cornue de verre, il se dilate, entre en ébullition vers 86°, sous la pression de $0^m,76$, et se condense ensuite, coloré légèrement en jaune par un peu d'acide hypo-azotique qui se produit; mais lorsqu'on l'expose à une chaleur rouge, il se décompose tout-à-coup, et se transforme en acide hypo-azotique et en oxigène. En effet, disposez un tube de porcelaine ou de verre luté à travers un fourneau, comme on le voit pl. v, fig. 5; adaptez à l'une de ses extrémités une petite cornue de verre contenant de l'acide azotique, et à son autre extrémité un petit tube de verre qui plonge dans un flacon vide à deux tubulures ; faites partir d'ailleurs de la seconde tubulure de celui-ci un autre petit tube de verre recourbé qui s'engage sous des flacons pleins d'eau. L'appareil étant ainsi disposé, portez au rouge le tube qui traverse le fourneau ; puis mettez du feu sous la cornue et faites bouillir l'acide ; tout-à-coup le flacon se remplira de vapeurs rouges produites par l'acide hypo-azotique, et bientôt il se rassemblera une certaine quantité de gaz oxigène dans la cloche : cependant l'on n'obtiendra point, à beaucoup près, tout le gaz oxigène séparé de l'acide azotique dans le tube, parce qu'au moyen de l'eau, ce gaz a la propriété de se combiner avec l'acide hypo-azotique. Pour l'obtenir tout entier, il faudrait, au lieu de laisser le flacon tubulé vide, y mettre de l'acide azotique concentré, qui dissoudrait le gaz acide hypo-azotique et l'empêcherait d'agir sur l'oxigène.

Exposé dans un petit matras ou une fiole, à un froid de 50°, il se prend en une masse de la consistance du beurre. (*Voyez* le moyen de produire ce froid (vol. v.)

La lumière solaire agit sur l'acide azotique comme la chaleur rouge ; elle le transforme en gaz oxigène qui se dégage, et en acide hypo-azotique qui reste en partie dissous dans l'acide azotique non décomposé, et le colore en brun. La décomposition n'est point totale, et la raison en est très simple : c'est que cette décomposition ne peut s'effectuer qu'autant que l'acide est concentré, et qu'à mesure qu'une portion de cet acide se décompose, cette portion cède l'eau qu'elle contenait à l'autre, qui, s'affaiblissant de plus en plus, devient bientôt indécomposable : aussi l'acide azotique étendu d'eau n'éprouve-t-il aucune altération de la part de la lumière ; il n'y a, d'après M. Gay-Lussac, que l'acide azotique assez concentré pour devenir jaune en se combinant avec le bi-oxide d'azote qui puisse être décomposé par ce fluide ; celui que le bi-oxide rend vert, et dont la densité est à-peu-près de 1,3235, ne subit aucun changement.

287. L'acide azotique n'a d'action ni sur le gaz oxigène ni sur l'air. Lorsque ces gaz sont humides, il y répand seulement des vapeurs blanches dues à la combinaison liquide qui se forme entre la vapeur acide et la vapeur aqueuse. Ce phénomène dépend évidemment de ce que l'acide concentré a plus de tension que celui qui est affaibli.

288. Tous les métalloïdes, excepté l'azote, le chlore et le brôme, sont capables de décomposer l'acide azotique.

L'hydrogène ne le décompose qu'à l'aide de la chaleur, et donne lieu, s'il est en excès, à de l'eau et à du gaz azote, et, dans le cas contraire, à de l'eau et à du bi-oxide ou du protoxide d'azote. L'appareil que l'on emploie est le même que pour décomposer l'acide sulfurique par l'hydrogène : l'opération demande à être conduite avec ménagement : autrement il pourrait y avoir détonation.

L'acide azotique agit sur le bore avec une grande force, même à la température ordinaire : de là de l'acide borique et du gaz oxide d'azote ou de l'azote. Que l'on mette du bore dans une fiole et que l'on y adapte deux tubes, l'un recourbé qui s'engage sous des flacons pleins d'eau, l'autre à trois branches parallèles ; que l'on verse par celui-ci l'acide azotique peu-à-peu, et bientôt la réaction aura lieu, surtout à l'aide d'un peu de chaleur : l'acide borique restera dans la liqueur, d'où il pourra être extrait par l'évaporation, tandis que l'oxide d'azote ou l'azote se dégagera à l'état de gaz.

L'action de l'acide azotique sur le charbon est aussi vive que celle qu'il exerce sur le bore : du gaz acide carbonique et des oxides d'azote ou du gaz azote en sont le produit.

L'acide azotique attaque plus vivement encore le phosphore que le charbon et le bore ; cet effet est dû à ce que le phosphore en fondant perd sa cohésion, au lieu que les deux autres corps, restant solides, en ont une très grande qui s'oppose à leur combustion : il en résulte de l'acide phosphorique, de l'oxide d'azote ou du gaz azote, et un grand dégagement de chaleur. L'expérience se fait, ainsi que la précédente, de la même manière que celle qui est relative au traitement du bore par l'acide azotique : l'acide phosphorique reste dans la fiole ; les gaz passent dans les flacons pleins d'eau.

Le soufre est moins vivement attaqué par l'acide azotique que le phosphore, le bore, le carbone : aussi est-il nécessaire d'élever un peu plus la température pour que la décomposition ait lieu ; il se forme constamment de l'acide sulfurique et du bi-oxide d'azote. L'expérience se fait encore dans l'appareil précédemment décrit ; les gaz passent, comme à l'ordinaire, dans les flacons ; l'acide sulfurique reste dans la fiole.

A la température ordinaire, le sélénium est presque sans action sur l'acide azotique ; il le décompose facilement au contraire à l'aide de la chaleur, et passe à l'état d'acide sélénieux, qui, par un refroidissement lent, se dépose de la liqueur sous forme de cristaux prismatiques, striés, et semblables à ceux de l'azotate de potasse.

L'acide azotique concentré agit également à chaud sur l'iode : de là de l'acide iodique qui se réunit en poudre blanche au fond de la cornue et de l'acide hypo-azotique qui se dégage. C'est même par ce procédé que l'on prépare l'acide iodique (268).

Presque aucun des métalloïdes composés ne décompose l'acide azotique à la température ordinaire. La plupart, au contraire, le décomposent à l'aide de la chaleur : il en résulte des produits dont il est facile de prévoir la nature, en raison de l'action que l'acide azotique exerce sur les élémens de ces corps.

289. L'eau se combine avec l'acide azotique en toutes proportions et en donnant lieu à un dégagement de calorique. 175 grammes d'eau et 236 grammes d'acide, dont la densité est de 1,489, en dégagent assez, au moment de leur union, pour faire monter le thermomètre de 20° à 48°.

Combiné avec l'eau, l'acide azotique forme un liquide transparent et sans couleur, fumant s'il n'en contient que la cinquième partie de son poids, cessant de l'être s'il en contient la moitié ou plus, d'autant moins pesant qu'il en contient davantage; moins volatil qu'il ne l'est lui-même; indécomposable par la lumière au-dessous d'une certaine densité; et susceptible d'un grand degré de concentration par la chaleur.

L'action de l'acide azotique sur les corps combustibles, lorsqu'il n'est pas trop étendu d'eau, ressemble beaucoup à celle qu'il exerce sur ces corps lorsqu'il est concentré; elle n'en diffère, à quelques exceptions près, qu'en ce qu'étant moins vive, il doit se dégager moins de calorique au moment où elle a lieu, d'où il suit que le corps combustible doit tendre à enlever moins d'oxigène à l'acide. Ce ne serait qu'autant qu'on rendrait les températures égales de part et d'autre qu'alors les résultats de décomposition pourraient devenir sensiblement les mêmes. (*Voy.* l'action de l'acide azotique concentré.)

Les exceptions à noter sont les suivantes : 1° l'acide azotique étendu d'eau n'attaque bien le bore et le phosphore qu'à l'aide de la chaleur, tandis que l'acide azotique concentré les attaque à la température ordinaire. 2° Lorsqu'on met en contact l'acide azotique étendu d'eau avec les métaux de la première section, il n'y a presque point d'acide décomposé : l'eau l'est pour ainsi dire seule; le contraire a lieu dans le cas où l'acide est concentré. 3° Le palladium est dissous par l'acide azotique concentré; il ne l'est pas par l'acide azotique étendu d'eau. 4° L'acide azotique concentré paraît agir sur presque tous les combustibles composés non métalliques; mais il n'est pas certain que l'acide azotique étendu d'eau possède cette propriété.

J'ai essayé de déterminer la quantité d'eau que contient l'acide azotique à différens degrés de concentration, et je crois que l'on peut regarder les résultats suivans comme approchant de la vérité. Les expériences ont été faites à la température de 19°.

Densité de l'acide.	Acide réel.	Eau.
1,376	100	92,59
1,4225	100	61,39
1,4352	100	58,82
1,478	100	37,13
1,4981	100	18,78

290. L'acide sulfurique concentré produit avec l'acide azotique des phénomènes dignes de remarque. Ayant chauffé doucement un mélange d'une partie de celui-ci avec quatre de l'autre, j'ai observé que bientôt il en résultait un dégagement de gaz oxigène et d'abondantes vapeurs rouges, et que l'acide sulfurique, à la fin de l'opération, se trouvait affaibli. Cet acide s'empare donc de l'eau de l'acide azotique, et le met ainsi dans le cas de se décomposer avec la plus grande facilité. Que conclure de là? que l'acide azotique ne peut exister sans eau, puisque si on l'en prive sans lui offrir en même temps un corps auquel il puisse s'unir, ses principes se séparent.

291. Lorsqu'on fait passer du gaz chlorhydrique à travers l'acide azotique, tout l'hydrogène du premier se combine avec une partie de l'oxigène du second; et de là résultent, même à la température ordinaire, de l'eau, du chlore et de l'acide hypo-azotique. Le chlore et surtout l'acide hypo-azotique restent en partie dissous dans l'acide azotique qui n'est point encore décomposé, et dans l'eau qu'il contient; ils colorent successivement la liqueur en jaune et en jaune-rougeâtre.

L'état sous lequel on emploie l'acide chlorhydrique, n'influe pas sur les phénomènes; il s'en produirait de semblables quand bien même cet acide serait liquide : aussi, en mêlant parties égales d'acide azotique et d'acide chlorhydrique liquide et concentré, le mélange devient promptement jaune : il prend une couleur plus intense par la chaleur, et laisse dégager alors de l'acide hypo-azotique et beaucoup de chlore. L'on pourrait même par ce moyen se procurer une certaine quantité de celui-ci : il suffirait pour cela d'introduire le mélange dans une fiole, et d'adapter au col de cette fiole un tube recourbé qui s'engagerait sous des flacons pleins d'eau; en élevant un peu la température, le chlore et l'acide hypo-azotique se dégageraient, l'acide serait absorbé par l'eau, et le chlore, qui y est peu soluble, resterait pur dans les flacons.

Il est facile de calculer d'après ce qui précède, les proportions dans lesquelles il faut mêler l'acide azotique et l'acide chlorhydrique pour qu'ils se décomposent complètement. En effet, l'acide azotique est formé de 1 volume d'azote et de 2 vol. et demi d'oxigène; l'acide hypo-azotique l'est de 1 vol. d'azote et de 2 vol. d'oxigène; l'acide chlorhydrique de demi-vol. de chlore et de demi-vol. d'hydrogène. Mais puisque l'acide azotique passe à l'état d'acide hypo-azotique, et que l'oxigène absorbe le double de son vol. d'hydrogène, il faut donc deux volumes d'acide chlorhydrique pour décomposer une quantité d'acide azotique représentée par 1 vol. d'azote, plus 2 vol. et demi d'oxigène ; ou, d'après la pesanteur spécifique de ces gaz, l'acide chlorhydrique supposé sec doit être à l'acide azotique supposé sec aussi dans le rapport en poids de 2,4948 à 3,7281.

Le mélange de l'acide azotique avec l'acide chlorhydrique, en différentes proportions, est ce que l'on appelait autrefois *eau régale*, parce que l'on s'en servait pour dissoudre l'or ou *le roi des métaux*; il a pris ensuite le nom *d'acide nitro-muriatique*; et d'acide *hydro-chloro-nitrique*, lorsque l'acide chlorhydrique s'appelait *acide muriatique ou hydro-chlorique*, et l'acide azotique, *acide nitrique*. Mais ces noms ont l'inconvénient de ne pas indiquer clairement la nature de *l'eau régale* : par cette raison, nous conserverons l'ancienne dénomination.

L'eau régale attaque le bore, le carbone, le phosphore, le soufre, le sélénium, l'iode, enfin tous les corps sur lesquels l'acide hypo-azotique et le chlore peuvent avoir de l'action. Elle attaque également presque tous les métaux et tous les composés dont il font partie. C'est donc l'un des agens les plus énergiques que l'on connaisse : voilà pourquoi les chimistes l'emploient si souvent.

292. L'action de l'acide azotique sur le bi-oxide d'azote mérite de fixer toute notre attention. Que l'on dispose plusieurs flacons tubulés les uns à la suite des autres; que l'on mette de l'acide à 1,15 de densité dans le premier, à 1,32 dans le second, à 1,41 dans le troisième, enfin de l'acide très concentré dans le dernier, et que l'on fasse passer un courant de bi-oxide d'azote à travers ces divers acides pendant plusieurs jours : le premier en absorbera à peine et restera blanc; le second en absorbera une quantité très sensible, et deviendra vert; le troisième plus que le second, et prendra une couleur jaune; le dernier en absorbera une très grande quantité et passera au brun foncé. Que l'on soumette ensuite ces différens acides ainsi modifiés à une douce chaleur, tous se transformeront en acide hypo-azotique qui se dégagera sous forme de vapeur rouge, et en acide azotique plus ou moins concentré qui restera à l'état liquide dans

le vase distillatoire; et l'on observera que la quantité d'acide hypo-azotique sera d'autant plus grande qu'il y aura eu plus de bi-oxide d'azote absorbé. Enfin, que l'on verse peu-à-peu de l'eau dans l'acide azotique concentré et saturé de bi-oxide d'azote, l'acide, de brun foncé, deviendra successivement orangé, vert, bleu et incolore, en laissant dégager des vapeurs rouges; pour le ramener ensuite du bleu au vert et du vert au jaune, il suffira d'y ajouter de l'acide sulfurique ou de l'acide azotique concentré qui en augmentera la densité. Ne semble-t-il point, d'après cela, que ces différens acides colorés sont des dissolutions plus ou moins denses d'acide hypo-azotique ou de bi-oxide d'azote dans l'acide azotique. (*Voyez* ce qui est dit, à ce sujet, nº 300.)

293. *État*. —L'acide azotique n'a point encore été trouvé libre dans la nature; il n'y existe que combiné avec la potasse, le soude, la chaux et la magnésie.

294. *Préparation*. —L'acide azotique s'extrait de l'azotate de potasse ou nitre, en traitant ce sel par l'acide sulfurique à une température élevée. L'acide sulfurique s'empare de la potasse, forme du sulfate acide de potasse fixe, tandis que l'acide azotique se dégage sous forme de vapeurs qu'on reçoit dans des récipiens. Pour faire cette expérience dans les laboratoires, on prend une cornue de verre; on y introduit 6 parties de nitre et 4 parties d'acide sulfurique du commerce. Celui-ci doit être porté par un tube jusque dans la panse de la cornue; car si on le faisait couler le long du col, il en resterait toujours une certaine quantité adhérente aux parois de ce col, laquelle, par la disposition de l'appareil, se mêlerait à l'acide azotique et l'altérerait. La capacité de la cornue doit être au moins moitié plus grande que le volume de l'acide et du sel qu'elle contient. On pose cette cornue à feu nu sur un fourneau muni de son laboratoire, et on en reçoit le col dans une allonge qui se rend dans un récipient tubulé, à la tubulure duquel on adapte un tube de sûreté à boule, propre à recueillir les gaz. On lute bien

toutes les jointures de l'appareil, et l'on fait peu-à-peu du feu sous la cornue, de manière à faire entrer le mélange en fusion, et à l'entretenir toujours fondu (pl. XVII, fig. 1). Plusieurs phénomènes dont on doit faire mention se présentent : on voit d'abord apparaître une légère vapeur rouge qui est du gaz acide hypo-azotique ; ensuite le mélange entre en fusion ; la vapeur rouge se dissipe bientôt, et est remplacée par des vapeurs blanches, qui ne sont que de l'acide azotique : celles-ci continuent à se dégager pendant long-temps ; mais, à la fin de l'opération, il se forme de nouveau des vapeurs rouges plus abondantes que jamais ; la matière se soulève, et tend à passer dans le col de la cornue. C'est à ce dernier signe que l'on reconnaît que l'opération est faite : alors on retire le feu, et on laisse refroidir les vases. Il est facile de se rendre compte de ces divers phénomènes.

Lorsque l'acide sulfurique vient d'être versé sur le nitre, et que l'on commence à chauffer le mélange, il n'y a d'abord que très peu d'acide mis en liberté ; cet acide se trouvant en contact avec beaucoup d'acide sulfurique concentré doit se décomposer en partie (290) : de là des vapeurs rouges. Mais quelque temps après, le nitre entre en fusion et le contact devient intime ; de toutes parts l'acide sulfurique est absorbé par la potasse, base du sel ; l'eau, qui fait environ la cinquième partie du poids de l'acide, se sépare ; en s'unissant à l'acide azotique, elle suffit pour maintenir les élémens de celui-ci réunis : dès-lors plus de vapeurs rouges, et apparition seulement de vapeurs blanches. Enfin il arrive une époque à laquelle il n'y a plus assez d'eau pour s'opposer à la décomposition de l'acide azotique, d'autant plus que la température va sans cesse en s'élevant ; voilà pourquoi les vapeurs rouges, après avoir disparu, se reproduisent, deviennent très intenses, et continuent d'apparaître jusqu'à la fin de l'opération. Par conséquent si, au lieu d'acide sulfurique concentré, l'on employait de l'acide sulfurique étendu d'eau, il ne devrait plus se former de vapeurs rutilantes; et c'est en effet ce que prouve l'expérience : il est vrai que souvent le nitre dont on fait usage est mêlé d'un peu de sel marin, que ce sel est décomposé, et que son acide, en agissant sur l'acide azotique, produit du chlore et de l'acide hypo-azotique, mais en quantité pour ainsi dire insensible.

De 1250 grammes de nitre fondu, traités par les deux tiers de leur poids d'acide sulfurique privé d'eau le plus possible, j'ai retiré 510 grammes d'acide très concentré. Avec 1800 grammes de nitre également fondu et 1800 d'acide sulfurique du commerce, j'ai obtenu 1020 grammes d'un acide qui était presque aussi concentré que le précédent : par conséquent ces dernières proportions valent mieux que les autres.

Proportions réagissantes.		Proportions produites.	
1 de nitre $=$	{ 1 d'ac. réel. 677,0 { 1 de potasse 589,9	1 d'ac. azotique $=$	{ en acide réel 677,0 { en eau 1 ou 2 $\times$ 112,4
2 d'acide sulfurique $=$	{ en acide réel 2 $\times$ 501,1 { en eau.....2 $\times$ 112,4	1 bi-sulfate	{ 2 d'ac. sulfurique ou.2 $\times$ 501,1 { 1 de potasse. 589,9

Quoi qu'il en soit, l'acide extrait par le procédé qu'on vient de décrire contient en dissolution de l'acide hypo-azotique qui le rend jaune, un peu de chlore et quelquefois même un peu d'acide sulfurique. Pour le purifier, on le distille de nouveau dans un appareil semblable au précédent, après y avoir ajouté un petit excès d'azotate d'argent, lequel forme du chlorure et du sulfate d'argent. Les premières portions qui passent sont l'acide hypo-azotique : on les sépare avec soin, et alors la liqueur, de jaune qu'elle était, doit être devenue blanche; celles qui passent ensuite sont formées d'acide azotique pur : elles doivent être reçues dans des vases bien propres. On continue ainsi la distillation jusqu'à ce qu'il ne reste presque plus de liqueur dans la cornue. Il n'est pas rare que dans cette distillation il y ait des soubresauts : on les évite par quelques fils de platine.

L'acide azotique doit être conservé dans des flacons bouchés à l'émeri et dans l'obscurité, la lumière le décomposant et agissant sur lui comme une haute température Quant au sulfate acide de potasse qui reste dans la cornue où la décomposition de l'azotate a été faite, on ne peut le retirer qu'en le dissolvant dans l'eau, parce qu'il est sous forme solide et en masse fondue. A cet effet, on met de l'eau dans la cornue, et on la renouvelle de temps en temps, ou bien on renverse la cornue en la disposant de manière que la panse soit au-dessus de son col, et l'on en fait plonger le col dans l'eau, après l'avoir elle-même remplie de ce liquide : dans ce cas, à mesure que l'eau se charge de sel, elle devient plus pesante, elle tombe, et est remplacée par celle qui n'en est point ou qui en est moins chargée, de sorte que tout le sel se dissout peu-à-peu. C'est aussi de l'azotate de potasse que l'on extrait l'acide azotique pour le besoin des arts. Cette opération se faisait autrefois en calcinant ce sel avec de l'argile dans des espèces de cornues en grès appelées *cuiues* ; aujourd'hui elle se fait comme dans les laboratoires, c'est-à-dire, en décomposant l'azotate par l'acide sulfurique : seulement, au lieu de cornues de verre, l'on se sert en fabrique de cylindres de fonte. Les cylindres sont disposés horizontalement à travers un fourneau; on les recouvre intérieurement d'azotate dans toute leur longueur; deux plaques de fonte, percées chacune d'un trou, en bouchent les deux extrémités ; par l'une, l'on verse l'acide sulfurique, et par l'autre, au moyen d'un conduit de grès, on recueille l'acide azotique dans des récipiens. Le sulfate de potasse qui se forme et qui reste dans les cylindres se retire après chaque opération : il est vrai que les cylindres sont attaqués, mais point assez, à beaucoup près, pour qu'il n'y ait pas une grande économie à opérer de cette manière.

295. *Usages.* — L'acide azotique est employé pour dissoudre un grand nombre de métaux ; on s'en sert avec succès pour détruire les verrues ; c'est un des meilleurs réactifs que possède le chimiste, et dont il fait un perpétuel usage.

Acide hypo-azotique.

296. L'acide hypo-azotique, que l'on avait regardé jusque dans ces derniers temps comme une substance gazeuse à toutes sortes de température, est liquide, d'après M. Dulong, sous la pression et à la température ordinaires ; il est d'un jaune orangé de 15 à 28°, d'un jaune fauve à 0°, presque incolore à — 10°, et tout-à-fait sans couleur à — 20° ; il se prend en masse blanche au-dessous de — 40°. Sa saveur est très caustique, son odeur très forte, sa densité de 1,451, son action sur le tournesol très grande. Il tache la peau en jaune et la désorganise à l'instant même.

297. *Composition.* — C'est en mettant en contact, à la température rouge, une certaine quantité d'acide hypo-azotique avec du fil de fer ou de cuivre qu'on détermine facilement la proportion de ses principes constituans. L'acide est introduit dans une petite cornue de verre ; le fer ou le cuivre dans un tube de porcelaine : d'un côté le tube reçoit le col de la cornue, et de l'autre il communique avec un tube de verre plein de chlorure de calcium.

Lorsque le tube de porcelaine est incandescent, l'on réduit l'acide peu-à-peu en vapeur ; son oxigène s'unit au métal, et son azote, devenu libre, traverse le chlorure de calcium, auquel il céderait son humidité s'il en contenait, et, de là, arrive, par un petit tube recourbé, dans des récipiens destinés à le recueillir. Il suffit donc, d'après cela, de déterminer le poids du métal, celui du tube, avant et après l'opération, et le volume du gaz dégagé, pour connaître le rapport de l'oxigène à l'azote dans l'acide hypo-azotique. Ce rapport est sensiblement de 2 à 1 en volume, et en poids, de 100 d'oxigène et de 44,25 d'azote (M. Dulong, (*Ann. de Chim. et de Phys.*, t. II, p. 317). D'où il suit que sa composition est :

En proportions 1 d'azote 177,02 $+$ 4 d'oxigène 400.

En atomes.... 2 d'azote 177,02 $+$ 4   *id.* $400 = Az^2 O^4$ ou $Az Q^3$

298. Le baromètre étant à 76 centimètres, l'acide hypo-azotique bout à 28°, et se réduit en gaz rutilant; sa tension est donc considérable : aussi répand-il des vapeurs rouges dans l'atmosphère, et colore-t-il en jaune-rougeâtre, à une température très basse, tous les gaz avec lesquels on le met en contact. C'est cet acide qui se produit tout-à-coup par le mélange du bi-oxide d'azote et de l'oxigène ou de l'air, et de là vient que le bi-oxide d'azote est irrespirable, qu'il agit sur l'économie animale avec une énergie extraordinaire, et qu'introduit, même à très petite dose, dans la poitrine, il y fait éprouver subitement un sentiment très pénible de constriction.

299. L'acide hypo-azotique n'a aucune action sur le gaz oxigène sec; il ne fait que le colorer; mais lorsqu'il est tout à-la-fois en contact avec l'oxigène et l'eau, il paraît qu'il absorbe une certaine quantité de ce gaz et passe à l'état d'acide azotique.

Il attaque à-peu-près tous les corps combustibles que l'acide azotique est capable d'attaquer, et nous offre des phénomènes analogues; il en est même sur lesquels il a plus d'action : tel est particulièrement l'acide sulfhydrique dont il précipite le soufre subitement.

Il enflamme le potassium par l'agitation; et transformé en vapeur, il continue à faire brûler les bougies allumées et le phosphore en combustion.

300. Versé et agité de suite dans une grande quantité d'eau, l'acide hypo-azotique est instantanément et presque entièrement décomposé : trois proportions de cet acide doivent en produire 1 de bi-oxide d'azote qui se dégage sous forme de gaz, et 2 d'acide azotique qui reste dans la liqueur, uni à l'acide hypo-azotique non décomposé.

Lorsqu'on le met, au contraire, avec très peu d'eau, il ne se dégage que très peu de gaz, et l'acide devient d'un vert très foncé.

Enfin, en ajoutant successivement à une certaine quantité d'eau diverses portions d'acide hypo-azotique, l'on voit que le dégagement du bi-oxide d'azote, produit par le même poids d'acide, décroît jusqu'à ce qu'il cesse entièrement d'avoir lieu, quoique le liquide continue d'absorber de l'acide hypo-azotique; et que l'eau se colore successivement en bleu verdâtre ou vert de plus en plus foncé, et en jaune orangé : variations de couleurs analogues à celles que l'on obtient en faisant passer du bi-oxide d'azote à travers l'acide azotique plus ou moins concentré (292).

L'acide hypo-azotique est en partie décomposé à la température ordinaire par l'acide sulfurique concentré et transformé en acide azotique qui retient un peu d'acide hypo-azotique et se colore, et en acide azoteux qui, se combinant avec l'acide sulfurique, forme des cristaux dont il a été question précédemment (249).

Mis en contact avec l'acide azotique fumant, l'acide hypo-azotique s'y dissout, et le colore en jaune.

Il nous offre aussi, avec les bases salifiables, des phénomènes très curieux, mais dont il ne sera question qu'en parlant des azotites.

301. *Etat, Préparation.* — L'acide hypo-azotique est toujours un produit de l'art. On l'obtient en distillant l'azotate de plomb sec et neutre dans une cornue de verre, et on le recueille en faisant plonger le col de la cornue dans un petit récipient entouré d'un mélange de glace et de sel. Bientôt, en effet, l'acide azotique se décompose, et laisse dégager une telle quantité d'oxigène qu'il se transforme tout entier en acide hypo-azotique anhydre.

1 proportion d'azotate de plomb = 2071,52 donne 1 proportion d'acide hypo-azotique = 577,02; 1 proportion d'oxigène = 100 ; 1 propotion de protoxide de plomb = 1394,50.

Il est encore possible d'obtenir cet acide en faisant arriver séparément 2 volumes de bi-oxide d'azote sec, et 1 volume de gaz oxigène également sec, dans un tube de verre qui contient des fragmens de porcelaine, et qui communique avec un autre, recourbé et soumis à un froid de 20°.

Les gaz se mêleront dans le premier en traversant les fragmens de porcelaine, et donneront lieu à de la vapeur d'a-
cide hypo-azotique qui viendra se liquéfier dans le second.
Mais ce procédé est beaucoup moins commode que celui
que nous avons décrit d'abord.

Acide azoteux.

302. Il paraît, d'après les expériences de M. Gay-Lussac
(*Annales de Chimie et de Physique*, t. 1, p. 399), qu'il
existe un troisième acide formé de 100 d'azote et de 150
d'oxigène en volume, ou de 1 proportion d'azote et de
3 proportions d'oxigène, et dont la formule atomique est
Az^2O^3, comme celle de l'acide phosphoreux, de l'acide arsénieux. En effet, lorsqu'on remplit une éprouvette de
mercure, que l'on y fait passer 500 à 600 parties de bi-
oxide d'azote, un peu d'eau alcaline et 100 parties de gaz
oxigène, l'on obtient une absorption de 500 provenant des
100 parties d'oxigène et de 400 de bi-oxide d'azote. Or,
ces 400 de bi-oxide sont composés de 200 d'azote et de
200 d'oxigène ; par conséquent l'acide nouveau l'est d'a-
zote et d'oxigène, dans le rapport de 100 à 150, comme
nous venons de le dire. C'est ce même acide qui se produit,
suivant M. Gay-Lussac, en laissant pendant long-temps
une forte dissolution de potasse en contact avec le bi-oxide
d'azote : au bout de trois mois, il a trouvé que 100 parties
de bi-oxide d'azote étaient réduites à 25 de protoxide d'a-
zote, et qu'il s'était formé des cristaux d'azotite.

C'est encore cet acide qui se forme en mettant l'acide
sulfurique en contact avec 4 vol. de bi-oxide d'azote et 1 vol.
d'oxigène.

L'acide azoteux ne peut point être isolé. Aussitôt que,
par un acide, l'on s'empare de la potasse avec laquelle il
est uni, il se transforme en bi-oxide d'azote qui se dégage,
et en acide hypo-azotique ou azotique qui reste en dissolution.

CHAPITRE II.

Acides métalloïdiques.

303. L'on s'était imaginé, quelque temps après la révolution chimique qui date de 1775, que la propriété aci-
difiante résidait dans l'oxigène, parce que tous les acides
analysés jusqu'alors en contenaient, et que l'on avait observé que les corps combustibles en s'oxigénant de plus en
plus finissaient par s'acidifier. Ce fut Berthollet qui, le
premier, éleva des doutes à cet égard, et qui bientôt ensuite fit voir que l'hydrogène sulfuré devait être considéré
comme un véritable acide, quoique formé seulement d'hydrogène et de soufre. Il faut avouer, toutefois, que cette observation n'avait convaincu qu'un petit nombre de chimistes; quelques-uns même et particulièrement Davy,
avaient été jusqu'à admettre de l'oxigène dans l'hydrogène
sulfuré. De nouveaux exemples étaient nécessaires : l'iode
et le chlore nous en ont offert de si remarquables que
maintenant la conviction est générale, et que, tout en reconnaissant une propriété d'acidification très marquée
dans l'oxigène, les chimistes savent très bien qu'il ne la
possède pas exclusivement, qu'elle existe dans d'autres
corps, et que sans doute elle dépend tout à-la-fois et de
leur nature et du mode de combinaison de leurs élémens.

Nous connaissons aujourd'hui un assez grand nombre
d'acides métalloïdiques, tous formés, chacun de deux métalloïdes, l'un très négatif et jouant le rôle de l'oxigène dans
les oxacides, l'autre très positif et jouant le rôle de radical.

Ces acides sont les acides fluorhydrique, chlorhydrique, brômhydrique, iodhydrique, sulfhydrique, sélénhydrique, fluo-borique, chloro-borique, fluo-silicique,
chloro-silicique. Peut-être même devrait-on y ajouter le
brômure de silicium.

L'on a donné le nom d'*hydracides* aux six Premiers qui

contiennent de l'hydrogène. Cette dénomination n'est pas sans inconvénient; elle pourrait faire croire que l'hydrogène dans ces acides joue le même rôle que l'oxigène dans les oxacides; et cela n'est pas : c'est au contraire l'autre principe qui remplace l'oxigène, c'est-à-dire, qui est négatif par rapport à l'hydrogène; mais enfin elle est admise, et nous nous en servirons.

La propriété caractéristique des acides métalloïdiques est de ne pouvoir se combiner avec les bases métalliques. Ces deux genres de corps se décomposent réciproquement de manière que les deux principes de l'acide s'unissent, savoir : l'élément positif avec l'oxigène de l'oxide, et l'élément négatif avec le métal. Ainsi l'acide chlorhydrique donne lieu avec le protoxide de mercure, à de l'eau et à un proto-chlorure de mercure; l'acide brômhydrique, à de l'eau et à un brômure; l'acide fluo-silicique à de l'acide silicique et à un fluorure. Quelquefois l'acide, quand il est en excès, s'unit ensuite avec le nouveau composé que produisent ensemble le métal et l'élément négatif de l'acide : il en résulte une sorte de sel; voilà ce que nous offrent à un degré remarquable les oxides alcalins dans leur contact avec un excès d'acide sulfhydrique : il se produit alors des sulfhydrates de sulfure de potassium, de sodium, etc., dans lesquels les sulfures jouent le rôle de bases.

ARTICLE Ier.

ACIDES MÉTALLOÏDIQUES HYDROGÉNÉS.

Acide sulfhydrique, acide sélénhydrique, acide fluorhydrique, acide chlorhydrique, acide brômhydrique, acide iodhydrique.

Acide sulfhydrique ou acide hydro-sulfurique;
Hydrogène sulfuré.

304. *Historique.* — Depuis que Schéele nous a fait connaître l'acide sulfhydrique, ce gaz est devenu l'objet d'un

grand nombre de recherches, dues surtout à MM. Berthollet, Chaussier, Dupuytren, Davy, Gay-Lussac et Thenard. Berthollet en a fait une étude presque complète (*Annales de Chimie*, tom. xxv). MM. Chaussier, Dupuytren et Thenard ont examiné l'action délétère qu'il a sur l'économie animale (*Journal de Médecine* de M. Leroux, etc...). MM. Davy, Gay-Lussac et Thenard se sont particulièrement occupés de son analyse et des phénomènes remarquables qu'il présente dans son contact avec le potassium et le sodium. (*Recherches Physico-chimiques*, tom i.)

305. L'acide sulfhydrique est gazeux, sans couleur. Son odeur et sa saveur sont insupportables, et analogues à celles des œufs pourris. Sa pesanteur spécifique est de 1, 1912. Il éteint subitement les corps en combustion, et rougit faiblement la teinture de tournesol. Comprimé refroidi en même temps, il se liquéfie. C'est de tous les gaz le plus délétère : un verdier que l'on plonge dans un air qui en contient $\frac{1}{1500}$ de son volume périt sur-le-champ; un chien de moyenne taille succombe dans un air qui en contient $\frac{1}{800}$; et un cheval finirait par mourir dans un air qui n'en contiendrait que $\frac{1}{200}$. (*Voyez* volume iv, art. *Respiration.*)

306. *Composition.*—C'est en mettant le gaz sulfhydrique en contact avec l'étain à une température élevée, qu'on parvient facilement à déterminer la proportion de ses principes constituans. L'expérience se fait dans une petite cloche courbe : après l'avoir remplie de mercure, on y introduit un volume déterminé de gaz; puis, au moyen d'une tige, on porte un fragment d'étain jusque dans la partie courbe de cette cloche : l'on chauffe l'étain avec la lampe, et on l'entretient fondu pendant vingt-cinq à trente minutes; alors on laisse refroidir l'appareil, et mesurant le gaz, l'on voit que son volume n'a pas changé : il n'en est pas de même de sa nature, car il se trouve converti tout entier en gaz hydrogène. Le gaz sulfhydrique contient donc un volume d'hydrogène égal au sien : or, comme sa

densité est de 1.1912, et que celle de l'hydrogène est de 0,0688, il doit être formé, en poids, de 100 de soufre et de 6,13 d'hydrogène, d'où l'on tire pour sa composition :

En proportions 1 de soufre 201,16 $+$ 1 d'hydrog. 12,479

En atomes.... 1 de soufre 201,16 $+$ 2 d'hydrog. 12,479 $=H^2S$.

307. *Propriétés chimiques.* — Soumis dans un tube de porcelaine, à l'action d'un feu de réverbère, le gaz sulfhydrique se décompose en partie; une petite portion de soufre et d'hydrogène s'en sépare, le premier à l'état solide et le deuxième à l'état de gaz : il est probable que si la chaleur était excessivement forte, la décomposition s'opérerait complétement. Il est probable aussi, d'après cela, qu'on parviendrait à l'opérer par une série d'étincelles électriques.

308. Le gaz sulfhydrique ne semble avoir aucune action sur le gaz oxigène à la température ordinaire; il en exerce au contraire une très-grande sur lui à une température élevée : de là résulte un dégagement de calorique et de lumière, de l'eau, du gaz acide sulfureux, et une quantité sensible d'acide sulfurique. Remplissez de mercure un petit eudiomètre; faites-y passer successivement 1 volume de gaz sulfhydrique et 2 volumes de gaz oxigène; excitez ensuite une étincelle électrique à travers le mélange, et vous obtiendrez tout-à-coup les produits que nous venons de nommer. Il y aurait de plus un dépôt de soufre, si le volume de l'oxigène n'était que une fois un quart aussi grand que celui de l'acide sulfhydrique. La quantité de gaz oxigène absorbé serait de 1 ½ s'il ne se formait que de l'acide sulfureux, et de 2 s'il ne se produisait que de l'acide sulfurique.

308 *bis*. L'action du gaz sulfhydrique sur l'air atmosphérique est la même que sur le gaz oxigène : seulement elle est moins vive. Par conséquent, dans cette action, il se forme de l'eau, de l'acide sulfureux, et il y a dégagement de calorique et de lumière; mais il se dépose presque toujours un peu de soufre : il s'en dépose surtout une grande quantité, lorsque, au lieu de mêler intimement le gaz sulfhy-

drique avec l'air, l'on fait brûler ce gaz couche par couche, en l'introduisant dans une éprouvette et y plongeant une bougie allumée, parce qu'alors l'oxigène de l'air est absorbé de préférence par l'hydrogène.

309. Parmi les métalloïdes, le chlore, le brôme et l'iode sont les seuls corps qui puissent opérer la décomposition du gaz sulfhydrique, du moins à la température ordinaire. Ils l'opèrent tous trois en raison de leur grande affinité pour l'hydrogène. Le chlore possède surtout cette propriété à un degré bien remarquable : à peine le contact a-t-il lieu que l'action se manifeste. Que l'on remplisse d'eau une éprouvette; que l'on y fasse passer ensuite la moitié de son volume de gaz sulfhydrique et qu'on y introduise du chlore bulle à bulle, l'on verra du soufre se précipiter à l'instant sur les parois du vase, et les gaz disparaître. Voilà pourquoi, par une fumigation de chlore, l'on peut purifier tout-à-coup l'air d'une salle que du gaz sulfhydrique rend infecte.

Quoique l'iode agisse moins fortement sur le gaz sulfhydrique que le chlore, il le décompose facilement à la température ordinaire, surtout par l'intermède de l'eau. En effet, lorsqu'on met de l'iode en poudre dans l'eau et que l'on y fait passer un courant de gaz sulfhydrique, il en résulte de l'acide iodhydrique qui se dissout, et du soufre qui se dépose. Ce procédé peut même être employé pour préparer l'acide iodhydrique.

L'action du brôme sur l'acide sulfhydrique, ressemble beaucoup à celle de l'iode et à celle du chlore : il y a production d'acide brômhydrique et dépôt de soufre.

310. L'eau à 11°, et sous la pression de 76 centim. dissout près de 3 fois son volume de gaz sulfhydrique, et constitue ainsi l'acide sulfhydrique liquide qui possède des propriétés analogues à celle du gaz sulfhydrique, et que l'on emploie quelquefois comme réactif. Rien de plus facile d'ailleurs que sa préparation en se servant de l'appareil de Woulf.

Il faut mettre dans la cornue ou dans le ballon 1 partie de sulfure d'antimoine en poudre, 4 parties d'acide chlorhydrique presque fumant, et chauffer légèrement le mélange : bientôt il se produira beaucoup de gaz sulfhydrique qui viendra se rendre dans les flacons pleins d'eau. Le premier devra contenir un peu d'eau alcaline, afin d'absorber l'acide chlorhydrique qui pourrait être entraîné; les deux suivans seront presque pleins d'eau; dans le dernier, il sera bon de mettre, comme dans le premier, une dissolution de potasse, mais beaucoup plus forte : elle retiendra la portion d'acide sulfhydrique échappée à l'action de l'eau. Par ce moyen, l'on obtiendra de l'acide pur dans les flacons intermédiaires, sans courir le danger d'être incommodé. Cet acide doit être conservé dans des vases bien bouchés et même renversés. Cependant, quelque chose que l'on fasse, il s'en dépose toujours un peu de soufre.

L'acide sulfhydrique liquide estincolore. Son odeur et sa saveur sont les mêmes que celles des œufs putréfiés. Il rougit faiblement la teinture de tournesol. Placé dans le vide ou soumis à l'ébullition, tout l'acide qu'il contient ne tarde point à se dégager; il éprouve aussi peu-à-peu de semblables altérations lorsqu'on l'expose à l'air.

311. Plusieurs acides, par l'oxigène qu'ils contiennent, peuvent s'emparer, à la température ordinaire, de l'hydrogène du gaz sulfhydrique; savoir : les acides iodique, brômique, chlorique, azotique, hypo-azotique, sulfureux, sulfurique. Les deux premiers exercent leur action instantanément; l'acide hypo-azotique est également dans ce cas; il en est aussi de même de l'acide sulfureux par l'intermède d'une certaine quantité d'eau, car les gaz sulfureux et sulfhydrique secs ne se décomposent qu'au bout d'un certain temps, et ces mêmes acides cessent de se décomposer, comme l'a observé M. Berthollet, lorsqu'ils sont dissous dans une grande quantité d'eau; l'acide azotique n'agit bien sur l'acide sulfhydrique, du moins à la température ordinaire, qu'autant qu'il est concentré. Quant à l'acide sulfurique, son action, d'après M. Vogel, ne s'exerce bien non plus qu'autant qu'il est dans un grand état decoucen-

tration, et que dans un espace de temps assez considérable : dans tous les cas, l'hydrogène du gaz sulfhydrique se combine avec l'oxigène de l'autre acide, et le radical de celui-ci devient libre ainsi que le soufre du premier.

312. *État naturel.* —L'acide sulfhydrique se trouve en petite quantité dans les eaux minérales sulfureuses, telles que celles de Barrège, d'Aix-la-Chapelle, etc.; elles en reçoivent les propriétés qui les font rechercher. Il se forme constamment à la suite de mauvaises digestions, et partout enfin où le soufre très divisé est en contact avec l'hydrogène à l'état de gaz naissant : aussi existe-t-il dans les œufs pourris, le rencontre-t-on dans la vase des marais, dans celle des canaux où séjourne l'eau de la mer, fait-il partie des déjections animales. C'est même la présence de ce gaz dans les fosses d'aisances qui en rend la vidange si souvent dangereuse.

313. *Préparation.* —Le gaz sulfhydrique se prépare en traitant, à l'aide de la chaleur, le sulfure d'antimoine par une solution de gaz acide chlorhydrique dans l'eau. Après avoir réduit le sulfure d'antimoine en poudre, on le verse dans un petit matras avec cinq à six fois son poids d'acide chlorhydrique concentré; on adapte au col du matras, par le moyen d'un bouchon, deux tubes dont l'un à boule, propre à verser l'acide (pl. III, fig. 6), et l'autre propre à recueillir le gaz; on place le matras sur un fourneau, et on le chauffe légèrement ; bientôt le gaz sulfhydrique se dégage; on le recueille en engageant l'extrémité du dernier tube sous des flacons pleins d'eau ou de mercure, et on reconnaît qu'il est pur par la propriété qu'il a de se dissoudre complètement dans l'eau. Lorsque le dégagement se ralentit, on ajoute de nouvel acide par le tube à boule; dans tous les cas, les plus grandes précautions doivent être prises pour ne pas en respirer : on ne doit jamais perdre de vue que son action sur l'économie animale est des plus délétères. D'ailleurs, la théorie de ce qui se passe dans cette opération est très simple : il se forme, outre le gaz sulfhydrique, du protochlorure d'antimoine qui reste en dissolution dans

l'excès d'acide chlorhydrique. Par conséquent celui-ci est en partie décomposé; son hydrogène se combine avec le soufre du sulfure, tandis que son chlore se combine avec l'antimoine de ce sulfure.

<table>
<tr><td colspan="2">Proportions réagissantes.</td><td colspan="2">Proportions produites.</td></tr>
<tr><td>1 de sulfure =</td><td>{ 1 antimoine. 537,6
{ 1 soufre.... 201,1</td><td>1 acide sulf-
hydrique</td><td>{ 1 hyd........ 12,4
{ 1 soufre...... 201,1</td></tr>
<tr><td>1 d'ac chlorhy-
drique réel =</td><td>{ chlore..... 442,6
{ hydrogène.. 12,4</td><td>1 chlorure =</td><td>{ chlore........ 442,6
{ antimoine..... 537,6</td></tr>
<tr><td></td><td>1193,7</td><td></td><td>1193,7</td></tr>
</table>

En atomes :

$$Sb^2 S^3 + 6\ H\ Ch = 3\ H^2 S + 2\ Sb\ Ch^3.$$

Usages. — En médecine, l'acide sulfhydrique s'administre sous forme de bains, témoins les eaux minérales sulfureuses. M. Thenard l'a employé avec succès pour détruire les animaux qui terrent ou qui se retirent dans des cavités plus ou moins profondes (*Ann. de Chim. et de Phys.*, t. XLIX, p. 437). D'ailleurs on n'en fait usage que dans les laboratoires, comme réactif : on s'en sert particulièrement, en dissolution dans l'eau, pour reconnaître la présence des oxides métalliques, et les séparer les uns des autres.

Acide sélénhydrique ou acide hydro-sélénique; hydrogène sélénié.

314. Le meilleur procédé que l'on puisse employer pour se procurer l'acide sélénhydrique, d'après M. Berzelius, consiste à traiter le séléniure de fer par l'acide chlorhydrique liquide (*Ann. de Chim. et de Phys.*, t. IX, p. 243). L'opération doit être faite absolument comme celle qui a pour objet la préparation de l'acide sulfhydrique et la théorie est la même : seulement, comme le gaz sélénhydrique est plus soluble dans l'eau que le gaz sulfhydrique, il faut le recueillir sur le mercure.

Le gaz sélénhydrique est sans couleur. Il rougit le tournesol. Sa densité n'a point été déterminée par expérience.

Son odeur ressemble d'abord à celle du gaz sulfhydrique; mais bientôt la sensation change; il en succède une autre qui est tout à-la-fois piquante, astringente et douloureuse; les yeux deviennent presque tout de suite rouges et enflammés, et l'odorat disparaît entièrement. Une bulle de la grosseur d'un petit pois suffit pour produire ces effets : du moins, c'est ce que M. Berzelius a éprouvé sur lui-même, à tel point qu'il pouvait mettre impunément sous son nez de l'ammoniaque très concentrée, et qu'il n'a commencé à recouvrer la faculté de sentir qu'au bout de cinq ou six heures. Un rhume très fort se déclara en même temps et le fit souffrir pendant quinze jours. M. Berzelius rapporte, en outre, qu'ayant été dans le cas, quelque temps après qu'il fut guéri, de respirer une nouvelle quantité de gaz sélénié, toujours extrêmement petite, il éprouva les mêmes effets, à la vérité d'une manière beaucoup moins marquée, parce que le gaz était mêlé d'air (1); mais qu'il fut attaqué, au bout d'une demi-heure, d'une toux sèche et très pénible, qui persista longtemps, qui fut accompagnée enfin d'une expectoration dont le goût était entièrement analogue à celui des vapeurs d'une solution bouillante de sublimé corrosif, et dont il ne se débarrassa que par l'usage d'un vésicatoire sur la poitrine. De là M. Berzelius conclut que, de tous les corps inorganiques, l'acide sélénhydrique doit être celui dont l'action sur l'économie animale est la plus forte.

L'eau dissout le gaz sélénhydrique; mais on ne sait point dans quelles proportions. Cependant il paraît qu'elle en absorbe beaucoup plus que de gaz sulfhydrique : aussi n'a-t-elle qu'une faible odeur, dans le cas où elle n'en contient que la moitié de son volume. La solution a une saveur hépatique, rougit le tournesol et donne à la peau une couleur brune qu'on ne peut enlever par de simples lotions. Elle

____

(1) Il provenait d'un appareil qui fermait mal, et qui laissait dégager de temps à autre des bulles de la grosseur d'une tête d'épingle.

est incolore lorsque l'eau dont on se sert pour dissoudre le gaz est bien purgée d'air. Mais lorsque l'eau est aérée, ou lorsque la solution est exposée au contact de l'air, l'acide sélénhydrique se décompose peu-à-peu; il absorbe l'oxigène, et laisse déposer le sélénium. Voilà pourquoi la solution, d'incolore, commence par devenir rougeâtre dans les couches supérieures. Ce phénomène se produit rapidement en imprégnant un papier de la liqueur et le tenant exposé à l'air : bientôt le papier prend une couleur rougeâtre.

L'acide azotique, versé en petite quantité dans une solution d'acide sélénhydrique, n'altère en aucune manière celui-ci.

Enfin cette solution trouble presque toutes les dissolutions salines des quatre dernières sections. De là résulte de l'eau et des séléniures métalliques. Les précipités sont, en général, noirs ou bruns, et prennent le brillant des métaux en les frottant avec une hématite polie. Quelques-uns seulement font exception : ce sont ceux de zinc, de manganèse, de cérium; ils ont une couleur de chair.

Il est composé de 100 de sélénium et de 2,506 d'hydrogène, ce qui donne :

En proportions. 1 de sélénium 494,58 + 1 d'hydrogène 12,47
En atomes. 1 id. id. + 2 d'hydrogène 12,47
Donc poids atom. de l'acide sélénhydrique Se H^2 = 507,05

Acide fluorhydrique ou acide hydrofluorique.

315. *Historique.* — L'acide fluorhydrique, découvert par Schéele en 1771, a été obtenu pur, pour la première fois, par MM. Gay-Lussac et Thenard. Leurs recherches dont nous allons extraire presque tout ce que nous allons dire sur cet acide, se trouvent consignées dans le deuxième volume des *Recherches physico-chimiques*.

316. *Composition.* — Jusqu'ici cet acide n'a point été décomposé de manière à isoler ses principes constituans. Mais tout nous porte à croire que 1 volume de vapeur fluor-

hydrique est composé de $\frac{1}{3}$ volume de gaz hydrogène et $\frac{1}{2}$ volume de fluor, car les acides bròmhydrique, iodhydrique et chlorhydrique, auxquels on peut le comparer sont formés de $\frac{1}{2}$ volume de chaque principe. De là il est facile de calculer, au moyen de l'analyse des fluures métalliques, la densité de la vapeur et le poids de l'atome de fluor.

316 *bis*. L'acide fluorhydrique est liquide et blanc; il rougit très fortement la teinture de tournesol; son odeur est très piquante et très pénétrante; sa saveur est insupportable; c'est de tous les corps le plus corrosif; il agit sur le tissu animal avec une énergie extrême; à peine l'a-t-on appliqué sur la peau que déjà elle est désorganisée; une forte douleur se fait bientôt sentir; les parties voisines du point touché deviennent blanches et douloureuses, et forment une ampoule épaisse qui se remplit de pus. Quand bien même la quantité d'acide serait très petite et à peine visible, ces phénomènes auraient encore lieu : seulement ils ne seraient produits que dans l'espace de quelques heures.

On n'a point encore pu prendre la pesanteur spécifique de l'acide fluorhydrique.

L'acide fluorhydrique ne se congèle point par un froid de 40°. Il paraît qu'il bout à une basse température, probablement au-dessous de 30° : il se réduit ainsi en gaz qui redevient liquide par le refroidissement.

Il n'a aucune action sur le gaz oxigène. Lorsqu'on le met en contact avec l'air, il se vaporise, donne naissance à des fumées blanches très épaisses, dues à la combinaison liquide qui se fait entre la vapeur acide et la vapeur aqueuse de l'air.

Les métalloïdes sont sans action sur l'acide fluorhydrique, soit à froid, soit à chaud.

317. L'acide fluorhydrique se combine avec l'eau en toutes proportions : au moment où la combinaison a lieu, il y a tant de chaleur dégagée, que chaque goutte d'acide qui tombe dans l'eau produit un bruit semblable à celui

d'un fer rouge qu'on y plongerait; par conséquent, si l'on mêlait tout-à-coup quelques grammes d'acide et d'eau, le mélange serait projeté à grande distance.

L'acide fluorhydrique, en se combinant avec l'eau, perd une partie de son action sur la peau; il devient moins caustique, il cesse d'être fumant, si la quantité d'eau est assez grande, etc. : du reste, il se comporte avec les corps combustibles comme quand il est concentré, si ce n'est qu'il attaque moins vivement ceux avec lesquels il peut se combiner.

La meilleure manière de le préparer consiste à mettre de l'eau dans le récipient où il doit être recueilli.

318. Cet acide réagit tout-à-coup sur la silice d'une part et sur l'acide borique de l'autre : il en résulte de l'eau, et deux nouveaux gaz acides que nous étudierons avec soin plus bas.

Enfin les dernières recherches de M. Berzélius nous apprennent qu'il forme avec l'acide titanique, l'acide colombique, l'acide tungstique et l'acide molybdique, des *composés acides* très remarquables par leur solubilité dans l'eau et les propriétés qu'ils ont de s'unir aux bases salifiables. (*Voy.* les fluorures.)

Etat. — L'acide fluorhydrique ne se trouve dans la nature, ni libre, ni combiné. Il est évident en effet que les substances que l'on a connues jusqu'ici sous les noms de *fluates de chaux*, *d'alumine*, *de silice*, *de soude*, *de cérium et d'yttria*, ne sont que des fluures métalliques : on n'en saurait douter du moins pour ceux de chaux, de soude et de cérium.

319. *Préparation.* — L'acide fluorhydrique s'obtient en traitant, à l'aide de la chaleur, le fluure de calcium par l'acide sulfurique concentré : l'eau de celui-ci est décomposée, l'hydrogène s'unit au fluor, et l'oxigène au calcium : de là du sulfate de chaux solide et fixe, et de l'acide fluorhydrique qui se dégage sous forme de gaz et se condense dans les récipiens. Cette opération ne peut se faire dans des

vases de verre, parce que l'acide fluorhydrique a la propriété de les attaquer; elle doit nécessairement être faite dans des vases de plomb. Ces vases consistent dans une cornue composée de deux pièces, AB, entrant à frottement l'une dans l'autre, pour pouvoir en retirer facilement le résidu après l'opération, et en un récipient C d'une forme particulière (*Voy.* pl. 1, fig. 28 et 29). On prend du fluure de calcium bien pur, et surtout exempt d'acide silicique ou de silice; on le pile, on le tamise, on le met dans la partie inférieure A de la cornue, et on le délaie dans $3\frac{1}{2}$ fois son poids d'acide sulfurique concentré ou récemment porté à l'ébullition. Ensuite on adapte la partie supérieure B à la partie inférieure A; on place la cornue sur un fourneau; on en fait rendre le col dans le tube de plomb renflé vers sa partie moyenne, entouré de glace et terminé par une très petite ouverture; on lute la jointure de la panse avec de la terre, et la jointure du col avec du lut gras; on chauffe peu-à-peu de manière à ne pas fondre le plomb, et bientôt on entend une véritable ébullition due à l'acide fluorhydrique qui passe dans le récipient, et qui s'y condense tout entier. L'opération est terminée quand, en retirant le col du récipient et le refroidissant, il ne se rassemble plus de liquide à son extrémité. Il faut opérer au moins sur 100 grammes de fluure de calcium pour avoir une quantité un peu remarquable d'acide fluorhydrique. D'après ce que nous avons dit de son action sur les organes des animaux, l'on doit être convaincu qu'il faut prendre toute espèce de précautions pour ne point être atteint par sa vapeur en le préparant.

On ne peut conserver l'acide fluorhydrique que dans des vases métalliques et à l'abri du contact de l'air, parce qu'il se vaporise facilement et qu'il attaque tous les corps autres que les métaux : encore agit-il sur un grand nombre de ceux-ci. Les vases qui doivent être préférés pour la conservation de l'acide fluorhydrique sont ceux d'argent, dont le bouchon devra être rodé ou poli avec un très grand soin;

les vases de plomb le laisseraient échapper sous forme de vapeurs, car on ne pourrait les fermer qu'imparfaitement avec les bouchons métalliques qu'on y adapterait; ces sortes de vases ne conviennent que pour l'acide fluorhydrique étendu d'eau.

320. *Usages.* — L'acide fluorhydrique est un réactif très utile aux chimistes : ils s'en servent pour dissoudre la silice, les acides tungstique, colombique, molybdique, titanique, et même, par l'intermède de l'acide azotique, le titane métallique. On l'emploie aussi dans les arts pour graver sur le verre. Pour cela, on fait fondre ensemble trois parties de cire et une partie de térébenthine, et l'on coule, sur le verre qu'on veut graver, une couche de ce mastic d'environ un demi-millimètre d'épaisseur. Lorsque cette couche est solidifiée et refroidie, on y grave avec un burin le dessin qu'on veut avoir, faisant en sorte que les traits pénètrent jusqu'à la surface du verre; puis l'on remplit ces traits d'acide fluorhydrique étendu de cinq à six fois son poids d'eau; ou on les expose à la vapeur de cet acide en mettant une partie de fluure de calcium et 2 parties d'acide sulfurique dans une boîte de plomb, que l'on chauffe légèrement et que l'on recouvre avec la pièce à graver. Dans les deux cas, et surtout dans le dernier, l'acide ne tarde point à attaquer et dépolir le verre. Alors on enlève le mastic, et on achève les traits du dessin par les moyens ordinaires. Cette manière d'opérer offre deux grands avantages, une exécution plus prompte et plus parfaite. Quoique l'action de l'acide en vapeur soit plus rapide que celle de l'acide liquide, il est plus commode de se servir de celui-ci.

Acide chlorhydrique ou hydro-chlorique.

321. L'acide chlorhydrique, connu successivement sous les noms d'*esprit de sel*, d'*acide marin*, d'*acide muriatique*, paraît avoir été obtenu d'abord par Glauber. Soumis ensuite à diverses épreuves par plusieurs chimistes, il fut

examiné, dans ces derniers temps, par M. Henry (*Elém. de chim.*, t. 1), M. Berthollet (*Mém. d'Arcueil*, t. 11), MM. Gay-Lussac et Thenard (*Recherches physico-chimiques*, t. 11), par M. Davy (*Elém. de chim. philos.*, t. 1), et par M. Berzelius (*Ann. de Chim.*). Jusqu'à l'époque des recherches de MM. Gay-Lussac et Thenard, on avait regardé l'acide du sel marin comme un *oxacide* formé d'un corps combustible et d'oxigène : ce sont eux qui, les premiers, ont fait voir par un grand nombre d'expériences, que cet acide pouvait être considéré comme composé de $\frac{1}{2}$ volume d'hydrogène et de $\frac{1}{2}$ volume de chlore.

322. *Composition.* — L'acide chlorhydrique est évidemment composé de parties égales en volume d'hydrogène et de chlore dans l'état de condensation où ces deux gaz se trouvent naturellement, puisqu'en combinant un volume d'hydrogène et un volume de chlore, il en résulte deux volumes de gaz chlorhydrique (89) : aussi la densité de cet acide est égale à la moitié de la somme de celles du chlore et de l'hydrogène, c'est-à-dire à 1,2474. Sa composition est :

En prop.. 1 d'hydrogène 12,479 $+$ 1 de chlore 442,650

En atomes 1 d'hydrogène 6,239 $+$ 1 de chlore 221,325

Donc poids atom. de l'acide H Ch $=$ 227,564

323. *Propriétés.* — L'acide chlorhydrique est un gaz incolore, produisant des fumées blanches dans l'atmosphère, rougissant fortement la teinture de tournesol, éteignant les corps en combustion, dont la pesanteur spécifique est de 1,247, et dont l'odeur est si forte et si piquante qu'on ne saurait le respirer sans danger, même en petite quantité.

324. Un froid de 50° le condense sans le faire changer d'état; mais s'il est comprimé en même temps que refroidi, il se liquéfie promptement. Une pression équivalente à un certain nombre d'atmosphères, pression qu'on détermine en décomposant le sel marin ou le sel ammoniac par l'acide sulfurique, dans un tube courbé et scellé à ses deux extrémi-

tés, suffit même seule pour opérer ce changement d'état (*Ann. de Chim. et de Phys.*, XXIV, 396). Exposé dans un tube de porcelaine à la plus forte chaleur, il n'éprouve point d'altération ; il en est de même lorsqu'on le met en contact, à une température quelconque, avec l'oxigène ou l'air : il n'agit sur ces gaz qu'en s'emparant de la vapeur d'eau qu'ils peuvent contenir et en formant avec elle, à la température ordinaire, un liquide qui apparaît sous forme de fumées épaisses.

325. Lorsqu'on fait passer un courant d'étincelles électriques par des conducteurs en platine ou en or, à travers le gaz chlorhydrique, une portion de ce gaz se décompose et se transforme en gaz hydrogène et en chlore; et, cependant, lorsqu'on fait passer une étincelle électrique à travers un mélange de parties égales de chlore et d'hydrogène, ce mélange s'enflamme tout-à-coup : il ne s'enflammerait point évidemment s'il contenait une certaine quantité de gaz chlorhydrique. (Henry.)

326. L'acide chlorhydrique n'a aucune action, soit à froid, soit à chaud, sur les métalloïdes. Nous ne citerons pour exemple que le carbone. Après avoir introduit du sel marin dans une cornue de verre tubulée, vous la placerez sur la grille d'un fourneau ; à sa tubulure vous adapterez un tube en S, et à son col un tube droit qui se rendra dans un tube de porcelaine : celui-ci, dont le milieu devra être rempli de charbon fortement calciné, traversera un fourneau à réverbère et se terminera par un autre tube propre à recueillir le gaz. Par le tube en S vous verserez peu-à-peu de l'acide sulfurique concentré dans la cornue pour produire de l'acide chlorhydrique, et vous porterez aussi peu-à-peu le tube de porcelaine jusqu'au rouge : vous obtiendrez d'abord un mélange de gaz chlorhydrique et de gaz inflammable; mais celui-ci, dû sans doute, soit au charbon, soit à l'eau des bouchons et des luts, ira sans cesse en diminuant, de manière qu'au bout d'une heure il s'en formera à peine.

327. Il n'en est pas de l'action de l'acide chlorhydrique sur les métaux comme de son action sur les métalloïdes; il est décomposé, même à la température ordinaire, par un certain nombre d'entre eux, surtout par les métaux alcalins : de là un chlorure et un dégagement de gaz hydrogène, comme on le verra dans l'histoire générale des métaux, en traitant des phénomènes qu'ils produisent dans leur contact avec les acides.

328. L'eau a tant d'affinité pour le gaz chlorhydrique que, à la température de 20° et sous la pression de 76 centimètres, elle en dissout quatre cent soixante-quatre fois son volume, ou, ce qui est la même chose, les 0,75 de son poids de ce gaz : aussi l'eau dans laquelle on débouche un flacon plein de cet acide s'y élance-t-elle comme dans le vide; on procède à cette expérience de la même manière que si le vase était plein d'ammoniaque. La glace elle-même possède la propriété d'absorber le gaz chlorhydrique avec assez de rapidité; car si l'on introduit un petit fragment de glace dans une éprouvette pleine de ce gaz et placée sur le mercure, l'on verra la glace fondre et déterminer en peu de temps l'ascension du mercure jusqu'au haut de l'éprouvette.(*Voy*. plus bas les propriétés de l'acide chlorhydrique liquide.)

329. L'acide chlorhydrique liquide s'obtient en décomposant le sel marin par l'acide sulfurique, et en faisant passer, à travers l'eau, le gaz chlorhydrique qui provient de cette décomposition. A cet effet, on emploie l'appareil représenté pl. III, fig. 6. On met dans un ballon une certaine quantité de sel marin fondu (1); on place ce ballon à feu nu, ou par le moyen d'un bain de sable, sur un fourneau; on le surmonte d'un tube à boule, et on le met en communication avec les flacons F, F', F'', F''', munis de tubes de sû-

---

(1) On fait fondre le sel marin en l'exposant, dans un creuset de Hesse, à une température rouge; on le coule et ensuite on le concasse en fragmens. Par ce moyen, l'opération se fait mieux et est plus facile à conduire.

reté, et contenant au plus les deux tiers de leur volume d'eau (1); alors on verse peu-à-peu par le tube à boule, dans le ballon, autant d'acide sulfurique étendu du tiers de son poids d'eau qu'on a employé de sel; puis on élève graduellement la température du mélange, de telle sorte que le dégagement du gaz chlorhydrique qui commence à avoir lieu, même à la température ordinaire, ne soit ni trop lent ni trop rapide. Ce gaz, après avoir chassé l'air du ballon, se rend d'abord dans l'eau du premier flacon, se combine et tombe avec elle sous forme de stries, l'échauffe, la sature, en augmente beaucoup le volume, et s'y dissout en quantité d'autant plus grande qu'elle est plus froide; puis passe sous forme de bulles à travers, et arrive dans l'eau du second, avec laquelle il produit de semblables phénomènes, etc. En agissant sur trois à quatre kilogrammes de sel, l'opération ne peut se faire qu'en plusieurs heures; on juge qu'elle est terminée lorsque, malgré l'élévation de température, le dégagement du gaz n'est presque plus sensible. A cette époque, il faut verser de l'eau bouillante dans le ballon, afin que la matière ne s'attache point à ses parois, et qu'on puisse la retirer facilement; ensuite on démonte l'appareil, et on verse l'acide dans des flacons à l'émeri. D'un kilogramme de sel on peut extraire assez d'acide pour saturer environ 700 grammes d'eau à la température et à la pression ordinaires. (2)

L'acide chlorhydrique liquide et concentré est blanc, très caustique, d'une odeur insupportable; il rougit fortement la teinture de tournesol; saturé de gaz à 23°, sous la pression de 783 millimètres, il pèse spécifiquement 1,208, d'après mes expériences.

---

(1) Il vaut mieux ne faire plonger les tubes que de quelques millimètres dans l'eau; la pression est moins grande et la dissolution se fait tout aussi bien.

(2) On prépare aussi, pour le besoin des arts, l'acide chlorhydrique liquide en traitant le sel marin par l'acide sulfurique, mais en se servant d'un appareil particulier.

La table suivante exprime, d'après M. E. Davy, combien 100 parties d'acide chlorhydrique liquide d'une densité donnée contiennent de parties pondérables d'acide, la température étant à 7°,22 et la pression de 76 centimètres.

DENSITÉ.	QUANTITÉ D'ACIDE.	DENSITÉ.	QUANTITÉ D'ACIDE.	DENSITÉ.	QUANTITÉ D'ACIDE.
1,21	42,43	1,14	28,28	1,07	14,14
1,20	40,80	1,13	26,26	1,06	12,12
1,19	38,38	1,12	24,24	1,05	10,10
1,18	36,36	1,11	22,22	1,04	8,08
1,17	34,34	1,10	20,20	1,03	6,06
1,16	32,32	1,09	18,18	1,02	4,04
1,15	30,30	1,08	16,16	1,01	2,02

Soumis à l'action de la chaleur, l'acide chlorhydrique liquide entre promptement en ébullition, laisse dégager une grande quantité de gaz chlorhydrique, et s'affaiblit ainsi jusqu'à une certaine époque au-delà de laquelle sa distillation a lieu.

Mis en contact avec l'air, il y répand des vapeurs épaisses et piquantes dues à ce que l'eau de l'air, en se combinant avec le gaz acide chlorhydrique qui se dégage de la liqueur, forme un acide liquide qui se précipite ; d'où l'on doit conclure que l'acide chlorhydrique déjà étendu d'eau ne doit point avoir cette propriété : aussi, quand on verse de l'eau sur l'acide chlorhydrique liquide très fumant, cesse-t-il de fumer.

L'acide chlorhydrique est sans action sur les métalloïdes.

Mêlé avec l'acide azotique, il constitue l'*eau régale* dont les propriétés ont été étudiées à l'article acide azotique (291).

Mis en contact, soit à l'état liquide, soit à l'état gazeux avec l'oxide de chlore, l'acide chlorique, l'acide bromique, l'acide iodique, il les décompose à l'instant même.

33o. *Etat.* — L'acide chlorhydrique ne se trouve presque jamais qu'à l'état de combinaison. On le rencontre très rarement uni à l'eau ; il n'y existe tout au plus que dans le voisinage des volcans en activité, et encore son existence n'est-elle que momentanée : sans doute qu'il provient alors de quelques chlorures décomposés par les feux volcaniques : on le cite dans l'eau du Rio-Vinagre.

331. *Préparation.* — Le gaz acide chlorhydrique s'obtient, en traitant, à l'aide de la chaleur, le sel marin ou chlorure de sodium par l'acide sulfurique : il en résulte, outre le gaz chlorhydrique, du sulfate de protoxide de sodium solide et fixe ; d'où il suit que l'eau de l'acide sulfurique se décompose, et que, tandis que son hydrogène acidifie le chlore, son oxigène oxide le sodium. On prend une partie de sel marin et une partie d'acide sulfurique du commerce ; on introduit le sel dans une fiole de verre ou un matras, dont la capacité est une fois plus grande que le volume du mélange ; on adapte au col du vase un bouchon percé de deux trous, dont l'un reçoit un tube recourbé propre à recueillir les gaz, et l'autre un tube à trois branches parallèles ; on place le vase sur un fourneau, et l'on fait plonger le tube recourbé dans un bain de mercure : alors on verse l'acide peu-à-peu par le tube à trois branches. Le gaz commence à se dégager tout de suite, même à la température ordinaire ; mais on ne le recueille que lorsqu'il est pur, c'est-à-dire, lorsqu'en le mettant en contact avec l'eau, il s'y dissout complètement et instantanément : il doit toujours être reçu dans des flacons pleins de mercure. D'ailleurs, on ne fait du feu sous le matras que quand le dégagement se ralentit : on en fait fort peu d'abord ; on l'augmente successivement.

Il arrive quelquefois qu'au moment où l'acide sulfurique est introduit dans le vase, il se forme une écume considérable, et même qu'une partie du sel est soulevée ; il faut éviter cet inconvénient, et l'on y parvient en versant l'acide en plusieurs fois.

De 40 grammes de sel on retire facilement plusieurs litres de gaz acide chlorhydrique.

<table>
<tr><td colspan="2">Proportions réagissantes.</td><td colspan="2">Proportions produites.</td></tr>
<tr><td>1 de chlorure =</td><td>{ chlore......442,6
{ sodium......290,9</td><td>1 d'ac. chlor-
hydrique =</td><td>{ 1 de chlore...442,6
{ 1 d'hydrogène. 12,4</td></tr>
<tr><td>1 d'ac. sulfuriq.
hydraté.. =</td><td>{ 1 d'acide réel. 501,1
{ 1 d'eau .....112,4</td><td>1 de sul-
fate =</td><td>{ 1 d'acide 501,1
{ 1 d'ox. de sodium.. 390,9</td></tr>
<tr><td></td><td>1347,0</td><td></td><td>1347,0</td></tr>
</table>

En atomes :

$$\text{Na Ch}^2 + \text{H}^2\text{O, SO}^3 = 2\,\text{H Ch} + \text{Na O, SO}^5.$$

332. *Usages.*—L'acide chlorhydrique est employé pour faire en grand le proto-chlorure d'étain. Mêlé à l'acide azotique, il constitue l'*eau régale*, avec laquelle on dissout l'or et le platine. L'on commence à s'en servir pour préparer le chlore dans les fabriques. C'est l'un des réactifs dont les chimistes font le plus souvent usage.

Acide brômhydrique.

333. Cet acide est gazeux, incolore; sa saveur est très caustique, son odeur piquante et suffocante; sa densité est 2,731, ou égale à la moitié de celle du gaz hydrogène et de la vapeur de brôme. Il éteint les corps en combustion et rougit fortement la teinture de tournesol. Son poids atomique est de 495,3898.

Propriétés chimiques. — Exposé à une haute température, il n'éprouve aucune altération, même sous l'influence du gaz oxigène. Mis en contact avec l'air, il répand des vapeurs blanches, à la manière du gaz chlorhydrique. Parmi les métalloïdes, le chlore seul le décompose; il s'empare de l'hydrogène et met le brôme en liberté. Plusieurs métaux en opèrent aussi la décomposition; mais alors c'est le brôme qui est absorbé et c'est l'hydrogène qui devient libre.

L'action qu'il exerce sur le phosphure d'hydrogène est la même que celle de l'acide iodhydrique; il s'y unit et forme un composé susceptible de cristalliser en cubes. (Sérullas *Ann. Chim. et Phys.* XLVIII, 91.)

Le gaz bromhydrique est très soluble dans l'eau ; il en résulte une dissolution caustique qui a la plus grande analogie avec l'acide chlorhydrique liquide, et qui dissout des quantités très notables de brôme.

Préparation. — Le gaz bromhydrique se prépare comme le gaz iodhydrique, en mettant en contact le brôme, le phosphore et l'eau ; seulement au lieu de recueillir le produit gazeux dans des éprouvettes remplies d'air, on le recueille dans des éprouvettes pleines de mercure (*V. acide iodhydrique*). On pourrait aussi l'obtenir en traitant le bromure de potassium par l'acide sulfurique, tout comme on obtient le gaz chlorhydrique par la réaction de l'acide sulfurique sur le chlorure de sodium ; mais, d'une part, le bromure de potassium contenant souvent un peu de chlorure de sodium, l'acide bromhydrique se trouverait mêlé d'acide chlorhydrique ; et d'autre part, il y aurait une petite partie de l'acide sulfurique décomposée et production d'acide sulfureux, d'eau et de vapeur de brôme.

Composition. — Le gaz bromhydrique s'analyse de même que le gaz chlorhydrique et se trouve composé ainsi que lui, d'un demi-volume d'hydrogène et d'un demi-volume de vapeur de brôme.

Acide iodhydrique ou *hydriodique.*

334. C'est M. Gay-Lussac qui, le premier, nous a fait connaître la nature de l'acide iodhydrique, et c'est à lui aussi que nous devons la connaissance de presque toutes ses propriétés.

C'est un gaz sans couleur, très sapide, d'une odeur très piquante, qui rougit fortement la teinture de tournesol, qui éteint subitement les corps en combustion, qui répand des vapeurs blanches dans l'air, et dont la densité est de 4,4288.

335. Une chaleur rouge décompose en partie le gaz iodhydrique : elle le décompose complètement lorsqu'il est

mêlé à l'oxigène; il se forme alors de l'eau, et l'iode devient libre.

Mis en contact avec le chlore, il cède son hydrogène à ce gaz, qui passe à l'état d'acide chlorhydrique, et à l'instant même apparaissent de belles vapeurs violettes qui se précipitent peu-à-peu : telle est aussi l'action du brôme sur lui.

336. Lorsque l'on fait passer du gaz proto-phosphure ou sesqui-phosphure d'hydrogène dans une éprouvette pleine de mercure, et qu'on y introduit ensuite du gaz iodhydrique, ces gaz se combinent à l'instant même, et donnent lieu à des cristaux blancs. La combinaison du gaz iodhydrique avec le gaz phosphure d'hydrogène a été observée pour la première fois par M. Dulong (*Mémoires d'Arcueil*, t. III., pag. 450), et examinée depuis par M. Houtou - Labillardière. (*Journal de Pharmacie* tom. III, pag. 454.)

L'iodhydrate de proto-phosphure d'hydrogène cristallise en cubes, se volatilise à une douce chaleur sans se fondre ni se décomposer. L'eau, l'alcool, les acides par l'eau qu'ils contiennent, la plupart des bases par leur affinité pour l'acide iodhydrique, en dégagent avec effervescence le proto-phosphure d'hydrogène. Si donc on met l'iodhydrate en contact avec le gaz ammoniac, il y aura tout-à-coup dégagement de proto-phosphure d'hydrogène comme avec la potasse, la soude, etc.; mais de plus, l'on verra que le volume du proto-phosphure dégagé sera absolument égal à celui du gaz ammoniac absorbé. Enfin le mercure, l'oxigène, l'air, les gaz carbonique, sulfhydrique et iodhydrique ne l'altèrent qu'autant qu'ils sont humides.

L'iodhydrate de sesqui-phosphure d'hydrogène présente à-peu-près les mêmes propriétés que le précédent. Toutefois il est facile de le distinguer, parce que l'eau en dégage du proto-phosphure avec précipitation de phosphore, que le gaz ammoniac n'en sépare que la moitié de son volume de proto-phosphure en produisant un dépôt de phosphore comme l'eau.

La proportion de leurs principes constituans se déduit aisément des phénomènes qu'il nous présente avec le gaz ammoniac. Puisque de l'iodhydrate de proto-phosphure d'hydrogène, décomposé par le gaz ammoniac, il se dégage autant de proto-phosphure qu'il y a d'ammoniac absorbé, il faut que cet iodhydrate soit formé de parties égales de ces gaz en volume : car l'on sait que le gaz iodhydrique absorbe un volume d'ammoniaque égal au sien ; et puisque de l'iodhydrate de sesqui-phosphure d'hydrogène, le gaz ammoniac absorbé ne dégage que la moitié de son volume de gaz proto-phosphure, il faut que cet iodhydrate résulte de la combinaison de deux volumes de gaz iodhydrique et d'un volume de sesqui-phosphure d'hydrogène ; car il est bien prouvé que celui-ci n'éprouve ni condensation ni raréfaction en passant à l'état de proto-phosphure : telles sont en effet les conséquences que M. Houtou-Labillardière a tirées d'expériences qui lui sont propres.

337.—Plusieurs chimistes pensent qu'il existe un iodhydrate de carbone : ce qu'il y a de certain, c'est que M. Faraday a observé qu'en exposant aux rayons solaires du bicarbure gazeux d'hydrogène avec de l'iode, en diverses proportions, il se produit, au bout de quelque temps, des cristaux incolores dus à la combinaison de ces deux corps, sans apparence d'acide libre. Une dissolution de potasse enlève l'excès d'iode que le nouveau composé pourrait retenir. Ce composé est solide, blanc, cristallin, friable, plus dense que l'acide sulfurique concentré, mauvais conducteur de l'électricité. Sa saveur est douce, et son odeur aromatique. On peut le fondre et le sublimer sans l'altérer; on le voit alors s'attacher à la partie supérieure des vases, en plaques ou en aiguilles ou en prismes transparens : ce n'est qu'à une température élevée qu'il se décompose. L'eau, les acides, les alcalis ne le dissolvent pas ; il est soluble au contraire dans l'alcool et l'éther. Pour le brûler, il faut le placer au milieu de la flamme de la lampe à esprit-de-vin : des vapeurs d'iode et d'acide iodhydrique, et sans doute de l'eau et de l'acide carbonique, sont le résultat de cette combustion. Enfin, quoique insoluble dans les alcalis, il cède, mais lentement, à l'action décomposante qu'exerce sur lui une dissolution de potasse. (*Ann. de Chim. et de Phys.*, XVIII, 48.)

Ce composé est-il bien un iodhydrate de carbone? ne serait-il pas un iodure de bi-carbure d'hydrogène? Cette dernière opinion s'accorde beaucoup mieux avec l'idée qu'on s'est formée du produit de l'action du chlore sur le bi-carbure d'hydrogène (53). En effet, il existe les plus grands rapports entre les propriétés de l'iode et celles du chlore : tous deux doivent former des produits analogues avec le carbure d'hydrogène. Si donc l'on regarde le nouveau corps dont nous venons de parler comme de l'iodhydrate de carbone, il faudrait regarder comme un chlorhydrate de carbone le liquide que nous avons désigné par le nom de chlorure de bi-carbure d'hydrogène, et qui résulte de parties égales en volume de bi-carbure gazeux d'hydrogène et de chlore (53). Or cette sorte de composition est contraire à ce que nous savons; car 1 volume de chlore ne peut absorber que la moitié de l'hydrogène contenu dans 1 volume de bi-carbure gazeux; d'où il suit que le chlorure de bi-carbure hydrogéné ne saurait être considéré comme un chlorhydrate de carbone; donc, etc.

Une autre hypothèse pourrait être faite : ce serait d'admettre que le chlorure de bi-carbure hydrogéné est un composé d'acide chlorhydrique et de quadri-carbure d'hydrogène. Cette hypothèse représente très bien les phénomènes, comme on va le voir, et nous semble préférable à toute autre.

1 vol. de bi-carbure égale { 2 vol. de gaz hydrogène; 2 vol. de vapeur de carbone.

Un volume de chlore uni à un volume d'hydrogène produit 2 volumes de gaz chlorhydrique ou hydrogène chloré. Mais en enlevant à 1 volume de bi-carbure gazeux d'hydrogène 1 volume d'hydrogène, l'autre volume d'hydrogène qui reste combiné aux deux volumes de vapeur de carbone forme $\frac{1}{2}$ vol. du quadri-carbure d'hydrogène de Dalton. On voit donc que le composé serait représenté par 2 volumes d'acide chlorhydrique et par ce $\frac{1}{2}$ vol. de quadri-carbure d'hydrogène, ou si l'on veut par le quadri-carbure d'hydrogène de Faraday. La même théorie pourrait être admise sans doute pour expliquer les phénomènes qui dépendent de l'action de l'iode sur le bi-carbure d'hydrogène.

Quoi qu'il en soit, il paraît que le composé, dont on doit la découverte à M. Faraday, se forme dans plusieurs circonstances.

338. Les acides chlorhydrique, sulfhydrique, sulfureux, n'altèrent pas l'acide iodhydrique; mais les acides sulfurique et azotique concentrés s'emparent de son hydrogène par une partie de leur oxigène, et de là résulte un dépôt d'iode, de l'eau, du gaz sulfureux ou du bi-oxide d'azote. Les acides chlorique, iodique, le décomposent aussi. Les dissolutions de fer très oxidé en précipitent également l'iode. Il forme dans l'acétate de plomb un beau précipité jaune, dans la dissolution de mercure bi-oxidé un précipité rouge, et dans la dissolution d'argent un précipité blanc, insoluble dans l'ammoniaque : ces précipités sont de véritables iodures.

339. Le potassium, le sodium, le zinc, le fer, le mercure et beaucoup d'autres métaux, en opèrent également la décomposition, même à la température ordinaire ; l'iode s'unit à ces métaux, et l'hydrogène se dégage. Il est à remarquer qu'un volume de ce gaz donne toujours un demi-volume d'hydrogène.

340. L'eau absorbe rapidement le gaz iodhydrique; aussi peut-elle en dissoudre une grande quantité. Quand elle en est saturée, elle a beaucoup de densité, et répand dans l'air des fumées épaisses. Pour l'avoir dans cet état, il faut verser de l'eau sur une iodure de phosphore fait avec

une partie de phosphore et 8 parties d'iode, distiller la liqueur et changer le récipient vers la fin de la distillation : l'acide que l'on obtient alors est très concentré, tandis que celui qui passe en premier lieu n'est pour ainsi dire que de l'eau. Il est encore une autre manière fort commode de préparer l'acide iodhydrique liquide : c'est de mettre l'iode dans l'eau, de faire passer, à travers, un courant de gaz sulfhydrique qui, comme nous l'avons vu, cède son hydrogène à l'iode (309); de chauffer la liqueur pour dégager l'excès de gaz sulfhydrique et de la filtrer pour en séparer le soufre. Mais l'acide ainsi préparé n'est pas fumant : il ne le devient qu'en y dissolvant une nouvelle quantité de gaz iodhydrique.

L'acide iodhydrique faible se concentre par la chaleur comme l'acide sulfurique : aussi n'est-ce qu'à environ 125° qu'il commence à distiller ; jusque-là il ne s'en dégage presque que de l'eau; parvenue à 128°, la température est stationnaire; l'acide bout, et sa densité qui ne varie plus, est de 1,7.

L'acide iodhydrique se colore, à la température ordinaire, par le contact de l'air, en rouge plus ou moins brun; il se colore également à chaud, de manière qu'il n'est blanc qu'autant qu'il a été mis dans des flacons bien bouchés et qu'il n'a point été soumis à la distillation. La couleur qu'il prend est due à une certaine quantité d'iode qu'il tient en dissolution, et qui provient d'un peu d'acide iodhydrique dont l'hydrogène s'unit à l'oxigène.

L'acide sulfurique concentré, l'acide azotique, l'acide hypo-azotique, l'acide chlorique, l'acide chlorique oxigéné, l'acide brômique, le chlore et le brôme s'emparent tout-à-coup de l'hydrogène de l'acide iodhydrique, et l'iode se dépose ou apparaît sous forme de vapeurs pourpres : il ne faut verser le chlore que peu-à-peu; car, lorsqu'on le met en excès, l'iode est dissous avant d'être précipité.

L'acide iodhydrique n'est altéré ni par l'acide sulfureux, ni par l'acide sulfhydrique.

Les oxides qui dégagent le chlore de l'acide chlorhydrique agissent sur lui d'une manière remarquable ; ils en séparent une portion d'iode, et forment d'ailleurs un iodure.

341. *Composition.*—Le gaz iodhydrique contenant la moitié de son volume de gaz hydrogène, il est probable que l'autre demi-volume est de la vapeur d'iode, d'autant plus qu'il y a la plus grande analogie entre l'iode et le chlore , et que 1 volume de gaz chlorhydrique, est formé de $\frac{1}{2}$ volume de chlore et de $\frac{1}{2}$ volume d'hydrogène. Or la densité du gaz iodhydrique étant de $4,4288$, il est évident qu'il doit être formé de 100 d'iode et de $0,783$ d'hydrogène (Gay-Lussac, *Ann. de Chim.*, t. xci), ce qui donne :

En prop. 1 d'hydrog. $12,439 + 1$ d'iode $1537,562$

En atom. 1 d'hydrog. $6,239 + 1$ d'iode $768,781 = HI.$

342. *Préparation.*—L'un des meilleurs procédés que l'on connaisse pour le préparer consiste à introduire dans une très petite cornue de verre, du phosphure d'iode fait avec 8 parties d'iode et une de phosphore, à l'humecter légèrement, et à chauffer peu-à-peu ce mélange : l'eau est décomposée, son oxigène se porte sur le phosphore, et son hydrogène sur l'iode ; il en résulte de l'acide phosphoreux fixe, et un grand dégagement de gaz iodhydrique que l'on recueille par le moyen d'un tube dans un flacon long, étroit et plein d'air, en s'y prenant de la même manière que pour obtenir le chlore sec (89). Il faut bien se garder de le recueillir sur le mercure, puisque celui-ci le décompose ; il faut aussi avoir la précaution d'employer un phosphure d'iode qui ne contienne pas plus d'un neuvième de son poids de phosphore, car sans cela il se produirait un peu de phosphure d'hydrogène. ——

— On peut encore, au lieu d'une cornue, prendre un tube d'un centimètre de diamètre environ, fermé à la lampe par une de ses extrémités, y introduire le phosphure d'iode ou l'iode et le phosphore, en les superposant et les entre-mêlant de petites couches de verre pulvérisé grossièrement et humecté, et recueillir le gaz comme nous venons de dire. Ce mode d'opération est même plus facile que le précédent, parce que les vases contiennent moins d'air atmosphérique, et que le dégagement du gaz peut être modéré à volonté.

Proportions réagissantes.		Proportions produites.	
3 d'iode.............$= 3 \times 1537,562$		3 d'ac. iod- ⎰ 3 d'iode...$3 \times 1537,562$	
2 de phosphore...$= 2 \times 196,1$		hydriq. $=$ ⎱ 3 d'hydrog. $3 \times$ 12,4	
3 d'eau$=$ ⎰ 3 d'oxig.. 300,0		2 d'ac. phos- ⎰ 2 de phosp. $2 \times$ 196,1	
⎱ 3 d'hydrg. $3 \times$ 12,4		phoreux. ⎱ 3 d'oxigène. 300,0	

En atomes :

$$6\ I + 2\ P + 3\ H^2O = 6\ HI + P^2O^3.$$

On peut encore se procurer le gaz iodhydrique parfaitement pur en chauffant doucement parties égales d'iode et d'acide hypo-phosphorique concentré jusqu'au point de laisser dégager le gaz phosphure d'hydrogène. L'opération s'exécute facilement dans l'un des deux appareils qui viennent d'être décrits. (F. d'Arcet, *Ann. de Chim. et de Phys.*, vol. XXXVIII, pag. 120.)

État naturel. — L'acide iodhydrique n'a point encore été trouvé dans la nature. La matière qui existe dans les *fucus* et dans les éponges et qu'on avait regardée comme de l'iodhydrate de potasse, n'est que de l'iodure de potassium. (*Ann. de Chim. et Phys.* XIII, 298.)

ARTICLE II.

Acides fluo-borique, chloroborique.

Acide fluo-borique ou fluorure de bore.

343. *Histor., propriétés physiq.* — Ce gaz découvert et étudié par MM. Gay-Lussac et Thénard (*Recherches physico-chim.*, 2e vol.), examiné ensuite par MM. Humphry-Davy et John Davy (*Ann. de Chim.*, t. LXXXVI), est sans couleur; son odeur est piquante, et se rapproche de celle de l'acide chlorhydrique; on ne saurait le respirer sans être

suffoqué; il éteint les corps en combustion; il rougit très fortement la teinture de tournesol; sa pesanteur spécifique est de 2,371.

Composition.—Est-il composé d'acide fluorhydrique et d'acide borique, comme on l'a cru d'abord? C'est impossible; il l'est évidemment de fluor et de bore. En effet, on peut l'obtenir en calcinant ensemble, dans un canon de fusil fermé par un bout, un mélange de spath fluor et d'acide borique vitrifié. Or, le résidu de la calcination est un borate calcaire; mais le calcium n'a pu évidemment s'oxider que par l'oxigène d'une partie de l'acide borique; du bore est donc mis à nu. D'une autre part, du fluor doit devenir libre, il doit s'unir au bore, et de là le gaz produit. Ce gaz est un acide dans lequel le fluor joue le même rôle que le chlore, l'iode, etc., dans les acides chlorhydrique, iodhydrique : aussi, pour nous conformer au langage reçu, au lieu de l'appeler gaz *fluoboré*, l'appellerons-nous gaz fluo-borique.

Prop. chim.—Le gaz fluo-borique n'a aucune espèce d'action sur le verre; il en a, au contraire, une très grande sur les matières végétales et animales; il les attaque avec autant de force que l'acide sulfurique concentré, et paraît agir sur ces matières en s'emparant de leur hydrogène et de leur oxigène; il les charbonne, cependant on peut le toucher sans être brûlé.

Exposé à l'action d'une très haute température, il ne se décompose point; il se condense par le froid sans changer d'état. Lorsqu'on le met en contact avec le gaz oxigène ou l'air, soit à froid, soit à chaud, il n'éprouve aucune sorte d'altération : seulement il s'empare, à la température ordinaire, de l'humidité que ces gaz peuvent contenir, se liquéfie, et donne naissance à des vapeurs extrêmement épaisses. Il se comporte de la même manière avec tous les gaz où se trouve de l'eau hygrométrique; pour peu qu'ils en contiennent, il y produit des vapeurs très sensibles : on peut donc l'employer avec beaucoup de succès pour savoir si un gaz est sec ou humide.

344. C'est le gaz le plus soluble dans l'eau; il se dissout dans la 700e partie de son volume de ce liquide, à la température et à la pression ordinaires. C'est pourquoi, lorsqu'on débouche un flacon plein de gaz fluo-borique pur dans l'eau, celle-ci s'élance avec une très grande force jusqu'au haut du vase, et le remplit instantanément.

La glace elle-même absorbe promptement le gaz fluo-borique. On procède à cette expérience comme à l'absorption du gaz ammoniac.

La préparation de l'acide fluo-borique liquide se fait en mettant dans une cornue de verre les matières propres à produire le gaz fluo-borique, et en conduisant le gaz par un tube au fond d'une petite éprouvette à pied dans laquelle on verse, immédiatement après l'introduction du tube et successivement, 30 à 40 grammes de mercure et la quantité d'eau que l'on veut unir à l'acide : l'éprouvette doit être fermée avec un bouchon à travers lequel passent d'une part le tube conducteur du gaz, et d'autre part un tube long et droit destiné à établir une communication entre la partie vide de l'éprouvette et l'air atmosphérique. Cette disposition d'appareil rend l'expérience facile. Si l'on supprimait le mercure, l'eau étant alors en contact avec le gaz, remonterait souvent jusque dans la cornue, en raison de sa grande force dissolvante : à la vérité, l'on pourrait se servir d'un tube de sûreté à boule; mais alors ce tube fournirait beaucoup d'air qui gênerait l'absorption. Si l'on ne fermait point l'éprouvette, l'on perdrait, surtout à la fin de l'opération, une quantité assez considérable de gaz, et d'ailleurs le liquide répandrait dans l'air environnant des vapeurs épaisses et piquantes. Enfin, si l'on n'établissait pas de communication entre l'intérieur de l'éprouvette et l'atmosphère, il y aurait à craindre, surtout lorsque l'expérience serait presque terminée, que les luts ne fussent rompus par l'effort que feraient les gaz, dont l'action sur l'eau serait beaucoup moindre que d'abord.

En absorbant le gaz fluo-borique, l'eau s'échauffe considérablement, et augmente beaucoup de volume. Quand elle est saturée de ce gaz, elle est limpide, très fumante et des plus caustiques. On retire, par la chaleur, environ la cinquième partie de ce qu'elle en contient; et quelque chose qu'on fasse ensuite, il est impossible d'en retirer davantage. Alors elle ressemble à de l'acide sulfurique concentré; elle en a la causticité et l'aspect; comme lui, elle n'entre en ébullition qu'à une température bien supérieure à celle de l'eau bouillante, et se condense tout entière en stries, quoiqu'elle contienne encore beaucoup de gaz.

Elle se comporte avec les corps combustibles à-peu-près de la même manière que celle qui est saturée d'acide chlorhydrique.

Sans doute que le gaz fluo-borique, en se dissolvant dans l'eau, la décompose : il en résulte de l'acide fluorhydrique et de l'acide borique; et si par la chaleur l'on retire ensuite de la liqueur saturée une certaine quantité de gaz, c'est qu'il s'en régénère par l'union de l'oxigène d'une partie de l'oxacide avec l'hydrogène d'une partie de l'hydracide.

345. *Etat naturel, préparation, etc.*—Le gaz fluo-borique n'existe dans la nature ni libre ni combiné; on l'obtient en traitant, à l'aide de la chaleur, un mélange de fluure de calcium et d'acide borique par l'acide sulfurique. (John Davy.)

On prend une partie d'acide borique vitrifié et deux parties de fluure de calcium pur; après les avoir réduits en poudre dans un mortier de fer ou de laiton, on les mêle intimement dans une fiole avec 12 parties au moins d'acide sulfurique concentré; puis on adapte un tube recourbé au col de la fiole; on la place, par le moyen d'une grille, sur un fourneau, et on la chauffe peu-à-peu; bientôt le gaz fluo-borique se produit, chasse l'air, et apparaît sous forme de vapeurs très épaisses; on le recueille sur le mercure : il n'est pur que quand l'eau peut l'absorber entièrement et subitement. Au lieu d'une fiole de verre, il vaudrait mieux employer, pour le préparer, une cornue ou un petit matras de plomb : on n'aurait point à craindre la formation d'un peu de gaz fluo-silicique. Dans cette opération, l'acide borique est décomposé ; son oxigène s'unit au calcium, et son radical au fluor : de là le gaz fluo-borique ou boré, et de la chaux qui se combinant avec l'acide sulfurique produit du sulfate calcaire. L'eau de ce dernier acide est nécessairement mise en liberté, et voilà pourquoi on n'obtient de gaz fluo-borique qu'autant qu'on emploie un grand excès d'acide sulfurique.

Acide chloro-borique ou chlorure de bore.

346. Le chlorure de bore peut s'obtenir en plaçant le bore dans un tube de verre horizontal, y faisant passer du chlore pur et sec que l'on produit comme il a été dit précédemment, et chauffant le bore lorsque le tube est plein de chlore. Le chlorure se forme promptement avec dégagement de lumière, et le gaz qui en résulte doit être reçu dans une éprouvette pleine de mercure : celui-ci absorbe l'excès de chlore et bientôt le gaz chloro-borique reste pur.

On peut, comme l'a fait M. Despretz, substituer le borure de fer au bore.

On peut encore se servir d'un mélange intime d'acide borique et de charbon bien calciné ; mais alors le gaz est toujours mêlé d'oxide de carbone, de chlore et d'acide chlorhydrique, et l'opération doit être faite à une haute température dans un tube de porcelaine muni d'une allonge à l'extrémité de laquelle est adapté le tube recourbé qui doit servir à recueillir le gaz. Le tube recourbé doit même être large, afin qu'il ne s'engorge point par le dépôt d'une certaine quantité d'acide borique, etc.

Le chlorure de bore est gazeux, incolore, d'une odeur très piquante, très acide ; sa densité est de plus de 3,942. Il éteint les corps en combustion. La chaleur n'en opère pas la décomposition. A moins 20°, sous la pression ordinaire, il ne se liquéfie pas. Mis en contact avec l'eau, il s'y dissout tout-à-coup et abondamment : aussi répand-il des vapeurs blanches dans l'air. Probablement que l'eau est décomposée et qu'il se forme de l'acide chlorhydrique et de l'acide borique ; car la dissolution du chlorure de bore, évaporée, laisse toujours de l'acide borique pour résidu.

On voit donc qu'il a beaucoup d'analogie avec le gaz fluo-borique : seulement les vapeurs qu'il forme au contact de l'air sont moins épaisses, et il n'a pas comme celui-ci la propriété de noircir les matières organiques avec lesquelles on le met en contact.

Le chlorure de bore est formé de :

$$1 \text{ at. de bore} .. \quad 67,99$$
$$3 \text{ at. de chlore.} \quad 663,97$$

Donc poids atom. du chlorure de bore $B\,Ch^3 = 731,96$.

ARTICLE III.

Acides fluo-silicique, chloro-silicique.

Acide fluo-silicique.

347. Le gaz fluo-silicique est incolore ; son odeur est très piquante et analogue à celle de l'acide chlorhydrique. Sa densité est de 3,5735 ; il rougit fortement le tournesol.

Lorsqu'on fait passer le gaz fluo-silicique très lentement à travers un tube de fer le plus chaud possible, il ne se décompose point, d'où l'on doit conclure qu'il est indécomposable par le feu. Mis en contact avec l'air à la température ordinaire, il en absorbe l'eau, et y produit des vapeurs blanches très épaisses. Aucun métalloïde ne le décompose, soit à froid, soit à chaud.

348. Aussitôt qu'on met le gaz fluo-silicique en contact avec l'eau, il en résulte un précipité gélatineux de silice, que l'on peut complètement désacidifier par des lavages long-temps continués. La liqueur filtrée est très acide, et l'ammoniaque mise en excès y forme tout-à-coup un dépôt

siliceux très abondant : il faut donc que l'eau soit décomposée par une partie du gaz fluo-silicique, que l'oxigène s'unisse au silicium, et l'hydrogène au fluor, en un mot que la liqueur contienne non du gaz fluo-silicique, mais du *fluorhydrate* de fluorure de silicium. Suivant Berzelius, la silice déposée est le $\frac{1}{3}$ de celle qu'aurait pu former le silicium non attaqué : d'où il suit que dans le fluorhydrate de fluorure, le fluor de l'hydracide serait la moitié du fluor du fluorure. D'après le même chimiste 100 d'eau absorberaient 140,6 de gaz. Pour moi, j'ai trouvé qu'à la température de 23° et sous la pression de 0^m,774 l'eau dissolvait 265 fois son volume de gaz fluo-silicique ou presque 1 fois $\frac{1}{4}$ de son poids. Que l'on observe que j'opérais à la température de 23°, et l'on en conclura que les deux résultats doivent être peu éloignés l'un de l'autre.

Le fluorhydrate de fluorure de silicium est décomposé par l'acide borique ; il forme avec les diverses bases des sels ou des fluures doubles qui seront examinés après les fluures simples. Sa tendance à produire ces composés doubles est telle qu'il trouble les solutions de chlorate de potasse, d'azotate de baryte, et que les matières précipitées ne sont que des composés de cette nature.

L'alcool dissout aussi une grande quantité de gaz fluo-silicique, plus de la moitié de son poids, mais alors il n'y a point de silice séparée ; seulement quand la liqueur commence à se saturer, elle se prend en une gelée transparente et a une odeur éthérée.

Le gaz fluo-silicique absorbe ou condense le double de son volume de gaz ammoniac ; de là résulte un sel volatil au-dessous de la chaleur rouge, dont l'eau sépare tout de suite le silicium à l'état de silice ; sans doute que du fluorhydrate acide d'ammoniaque reste en dissolution.

Enfin M. Berzelius a observé, et l'observation est très remarquable, que ce gaz n'était absorbé ni par le carbonate de potasse ou de soude réduit en poudre, ni par le bi-carbonate de potasse, ni par la chaux pure, tandis qu'il l'est très facilement par les divers *fluures*, même sans eau. (*Ann. de Chim. et de Phys.*, XXVII, 289.)

349. *Etat naturel, préparation.* — On trouve le fluure de silicium uni au fluure d'aluminium dans la nature; mais on n'y rencontre point le gaz *fluo-silicique pur*. Pour l'obtenir, on prend 2 parties de fluure de calcium ou *spath fluor* et une partie de sable; on les réduit en poudre; on les mêle intimement; on les introduit dans une fiole épaisse que l'on remplit au tiers; on y ajoute assez d'acide sulfurique concentré pour faire une bouillie liquide; on place cette fiole sur un petit fourneau; on adapte à son col un tube recourbé que l'on fait plonger dans un bain de mercure, et on la chauffe au moyen de quelques charbons incandescens. Bientôt le fluure de calcium est décomposé; il en résulte du sulfate de chaux, et du gaz fluo-silicique; on recueille ce gaz dans des flacons de verre remplis de mercure : on reconnaît qu'il est pur par la propriété qu'il a de se dissoudre entièrement dans l'eau. Il arrive assez souvent, dans cette opération, que la fiole se troue, surtout lorsque le mélange du fluure de calcium et du sable n'a pas été fait avec soin : c'est qu'alors la silice même du verre est attaquée. Cet effet aurait bien plus promptement lieu si le sable n'était pas en excès.

Du reste en admettant que le gaz produit est un composé de *fluor et de silicium*, il faut reconnaître que le calcium s'oxide aux dépens de l'oxigène de la silice, que le silicium réduit s'unit au fluor du fluure, et que la chaux provenant de l'oxidation du calcium forme avec l'acide sulfurique le sulfate que l'on obtient.

Si l'on voulait dissoudre une grande quantité de gaz fluosilicique dans l'eau, ou, ce qui est la même chose, préparer beaucoup de fluorhydrate de fluure de silicium, il faudrait se garder de faire plonger dans l'eau le tube par lequel le gaz fluo-silicique doit se dégager; car bientôt ce tube serait obstrué par le dépôt de silice qui se formerait. Pour éviter cet inconvénient, il suffit de faire plonger le tube dans du mercure qu'on recouvre ensuite d'une couche d'eau plus ou moins épaisse : on peut employer pour cela une terrine de grès, ou tout autre vase dans lequel on mettra un pouce ou deux de mercure, et que, du reste, on remplira d'eau. Le gaz, après avoir traversé le mercure, se rendra dans l'eau, où il se transformera en silice insoluble et en fluorhydrate très acide, soluble : on les séparera l'un de l'autre par la filtration.

350. *Composition.*—Le gaz fluo-silicique étant un fluure de silicium est tellement composé que dans son contact avec l'eau il pourrait se transformer en acide fluorhydrique et en silice. Or, celle-ci est formée de 48,08 de silicium et 51,92 d'oxigène, et si les fluorhydrates existaient, la quantité d'oxigène de l'oxide serait à la quantité du fluor de l'acide comme 1 à 2,338; les 48,08 de silicium demandent donc 120,381 de fluor pour devenir acide fluo-silicique, ou bien ce dernier est formé de 100 de fluor et de 39,56 de silicium. Sa formule est $Si\ F^6$.

Acide chloro-silicique ou chlorure de silicium.

351. Si l'on chauffe le silicium pur ou hydruré dans un courant de chlore, il s'enflamme et produit un liquide qui est jaune avec un excès de chlore, mais sans couleur quand cet excès n'existe plus : il serait donc possible d'obtenir ainsi le chlorure de silicium. Mais il vaut mieux le préparer en suivant un procédé qui a été indiqué par MM. Gay-Lussac et Thenard dans leurs recherches physico-chimiques, (II, 143); puis modifié légèrement par M. OErstedt et exécuté par lui avec succès. Ce procédé consiste à mélanger de la silice récemment précipitée, lavée et séchée, avec du charbon finement pulvérisé et de l'huile en suffisante quantité pour en faire une pâte que l'on calcine fortement, à placer le produit de la calcination dans un tube de porcelaine chauffé au rouge et dans lequel on fait passer un courant de chlore. A mesure que le chlorure de silicium se forme, il est recueilli

dans un récipient. Au lieu d'un tube de porcelaine, on pourrait se servir d'une cornue percée à la voûte pour recevoir un tube destiné à l'introduction du chlore dans sa panse, ainsi que l'a indiqué M. Quesneville fils. (*Jour. de Pharm.*, xv, 328.)

Le chlorure de silicium a une odeur très pénétrante, rougit le papier de tournesol, est plus léger que l'eau, s'évapore presque instantanément dans l'air libre en donnant des vapeurs blanches et un résidu de silice : sans doute qu'alors l'eau de l'air est décomposée, et que de là résultent la silice et l'acide chlorhydrique ; aussi, quand on met en contact une goutte de chlorure de silicium et une goutte d'eau, la silice apparaît-elle en une petite masse boursouflée et demi transparente. Si la quantité d'eau était assez grande, le chlorure s'y dissoudrait après avoir surnagé quelque temps, et il ne se précipiterait point ou que très peu de silice.

LIVRE SEPTIÈME.

Bases salifiables.

351 *bis*. Nous désignons, par le nom de *bases salifiables*, toutes les substances qui ont la propriété de s'unir aux acides et de former des sels, c'est-à-dire, des corps dont les parties constituantes se neutralisent plus ou moins réciproquement. Jusque dans ces derniers temps, à part l'ammoniaque ou azoture d'hydrogène, on ne connaissait que les oxides métalliques qui fussent doués d'une propriété si remarquable ; mais, aujourd'hui, l'on sait qu'elle appartient également à quelques matières végétales, formées d'hydrogène, d'oxigène, de carbone et d'azote. Il existe donc des bases, comme des acides, qu'on pourrait appeler *métalloïdiques, métalliques, organiques.*

Les plus énergiques sont celles qui résultent de l'union du potassium, du sodium, du lithium, du barium, du strontium et du calcium avec l'oxigène : ces bases enlèvent les acides à toutes les autres, même à l'ammoniaque dont la puissance est très grande. On devrait évidemment les désigner par les noms de protoxides de potassium, de sodium, etc.; mais elles le sont plus souvent par ceux de potasse, de soude, de lithine, de baryte, de strontiane, de chaux, qu'elles portaient avant qu'on eût découvert leurs radicaux, découverte qui date pour toutes, la lithine excepté, de 1807 à 1808.

C'est en raison de leur énergie que plusieurs d'entre elles, la potasse, la soude, l'ammoniaque, sont fréquemment employées comme réactifs, surtout pour précipiter la plupart des autres bases de leurs dissolutions dans les acides.

Pour étudier les bases, nous suivrons la division indiquée plus haut : nous les partagerons en bases métalliques que nous n'examinerons qu'en traitant des métaux ; en bases végétales dont nous ne nous occuperons que dans la chimie organique, et en bases métalloïdiques que nous allons étudier maintenant.

Bases métalloïdiques.

352. Nous venons de dire qu'il n'existe qu'une base métalloïdique ; mais nous devons faire observer que, dans quelques circonstances, le bi-carbure d'hydrogène et le phosphure d'hydrogène font fonction de bases : le bi-carbure dans plusieurs éthers, et les phosphures d'hydrogène dans leurs combinaisons avec l'acide iodhydrique. Il est donc permis de croire que ce genre de bases, dont l'ammoniaque est le type, comprendra plusieurs espèces par la suite.

Ammoniaque ou azoture d'hydrogène.

353. *Historique.*—L'ammoniaque, connue autrefois sous

les noms d'*alcali volatil*, d'*alcali fluor*, d'*esprit de sel ammoniac*, fut confondue, jusqu'à Black, avec le carbonate d'ammoniaque. Après cette époque, elle devint l'objet d'un grand nombre de recherches. Schéele, en la traitant par les oxides métalliques, la décomposa, et démontra que l'azote était l'un de ses principes constituans. Priestley, en la soumettant à l'action des étincelles électriques, et en répétant et variant les expériences de Schéele, fut conduit à la regarder comme un composé d'azote et d'hydrogène (Priestley, t. 11, p. 396). Cette opinion de Priestley fut mise hors de doute par M. Berthollet, qui fit, en 1785, l'analyse de l'ammoniaque avec tant de soins, qu'on n'apporta par la suite presque aucun changement aux résultats qu'il obtint alors (*Mém. de l'Acad.* pour 1785). Bientôt après, le docteur Austin, ayant mis du gaz azote en contact avec du fer humecté d'eau, annonça qu'il se formait de l'oxide de fer et de l'ammoniaque (*Phil. Transact.*, 1788, p. 379), observation confirmée par M. Vauquelin (*Ann. de Chim. et de Phys.*, XXIV, 99). La nature de l'ammoniaque étant, en quelque sorte, prouvée par l'analyse et par la synthèse, on cessa presque entièrement de s'en occuper. Ce sont les découvertes de Davy sur la composition des alcalis fixes qui ont fixé de nouveau l'attention des chimistes sur celle de l'alcali volatil.

Il était naturel de croire d'abord que, puisque les alcalis fixes contenaient de l'oxigène, l'alcali volatil pouvait en contenir aussi. Des expériences nombreuses furent faites dans l'espérance de le prouver; mais toutes furent infructueuses : on ne put trouver dans cet alcali que de l'hydrogène et de l'azote (*Voyez* les *Expériences* de Berthollet fils, dans les *Mém. d'Arcueil*, t. 11). Cependant Davy, persuadé que l'oxigène devait être l'un de ses principes constituans, pensa que l'hydrogène et l'azote pourraient bien n'être que des oxides d'un même métal, auquel il proposa de donner le nom d'*ammonium*, et qu'en conséquence l'ammoniaque ne serait que de l'oxide d'ammonium. Quelques chimistes adoptèrent cette hypothèse : M. Berzelius est celui qui la reçut avec le plus de confiance; il essaya de la fortifier de toutes les raisons que lui fournissait l'analogie, et alla jusqu'à calculer, d'après la composition des sels ammoniacaux, les proportions d'ammonium et d'oxigène qui devaient constituer l'ammoniaque (*Ann. de Chim.*, t. LXXIX); il semble qu'aujourd'hui même encore il admet l'existence de l'ammonium. Pour nous, tout en avouant que l'ammoniaque joue, dans le plus grand nombre de cas, le rôle d'un oxide, nous pensons qu'il n'y a point de raisons assez puissantes pour admettre l'oxigène au rang de ses principes constituans, et que, puisqu'il existe des acides formés seulement de corps combustibles, il est tout simple qu'il y ait des bases salifiables de même nature.

354. *Etat naturel.* — Jusqu'à présent on n'a trouvé l'ammoniaque qu'en combinaison : 1° avec les acides chlorhydrique et phosphorique, dans les urines de l'homme; 2° avec le premier de ces acides, dans les excrémens des chameaux, etc.; 3° avec l'acide sulfurique, dans quelques mines d'alun; 4° avec l'acide carbonique et l'acide acétique, etc., dans la plupart des matières animales putréfiées, et principalement dans les urines de tous les animaux.

355. *Préparation.* — C'est du chlorhydrate d'ammoniaque (sel ammoniac) qu'on extrait le gaz ammoniac. On pulvérise séparément parties égales de ce sel et de chaux vive, très abondans l'un et l'autre dans le commerce; on les mêle ensemble, et on en remplit presque entièrement une petite cornue de verre, au col de laquelle on adapte un tube recourbé; on place cette cornue dans un fourneau muni seulement de son laboratoire, et on la chauffe graduellement; bientôt la chaux s'empare de l'acide chlorhydrique du chlorhydrate d'ammoniaque, donne lieu à de l'eau et à du chlorure de calcium qui est fixe, et met en liberté l'ammoniaque qui se dégage sous forme de gaz (1) : celui-ci chasse

---

(1) Le gaz ammoniac commence à se dégager même à la température ordi-

d'abord l'air des vases, et arrive ensuite à l'extrémité du tube ; on le recueille dans des éprouvettes ou des flacons pleins de mercure, lorsqu'il est pur, ce qu'on reconnaît par la propriété qu'il a d'être entièrement soluble dans l'eau. On peut extraire ainsi, en très peu de temps, plusieurs litres de gaz ammoniac, de 60 à 70 grammes de sel ammoniac.

356. *Composition.* — Lorsqu'on fait passer un grand nombre d'étincelles électriques à travers un certain volume de gaz ammoniac, par exemple, 100 parties, on le décompose complètement, et on en retire 150 parties de gaz hydrogène et 50 parties de gaz azote : or, ces 150 parties d'hydrogène et ces 50 parties d'azote représentent exactement le poids des 100 parties de gaz ammoniac ; il s'ensuit donc : 1° que les principes constituans du gaz ammoniac sont l'hydrogène et l'azote ; 2° que ce gaz est formé en volume de 3 parties de gaz hydrogène et de 1 de gaz azote, ou, ce qui est la même chose, en raison de leur pesanteur spécifique, de 100 du second, et de 21,15 du premier en poids ; 3° enfin que, dans le gaz ammoniac, l'hydrogène et l'azote sont condensés de la moitié de leur volume. L'expérience se fait commodément dans l'eudiomètre à mercure. L'instrument étant bien sec et rempli de mercure, on y fait passer une quantité déterminée de gaz ammoniac, puis on y introduit le conducteur de telle manière qu'il y ait une distance sensible entre la boule qui le termine et le bouchon de l'instrument, comme on le voit pl. xvii, fig. 3. L'appareil étant ainsi disposé, et la machine électrique communiquant avec l'extrémité supérieure du bouchon, on fait passer des étincelles à travers le gaz jusqu'à ce qu'il ait doublé de volume : ce qui n'a lieu, en opérant sur un centilitre, qu'au bout de six à huit heures, même avec la meilleure machine. L'augmentation de volume est d'abord assez rapide ; bientôt elle se ralentit, et enfin elle devient presque insensible, phéno-

naire ; c'est pourquoi il ne faut point triturer la chaux et le sel ammoniac ensemble.

mène dû à ce qu'il n'y a que les molécules de gaz frappées par l'étincelle qui soient décomposées, et qu'elles deviennent de plus en plus rares, à mesure que la décomposition s'avance. Le gaz étant complètement décomposé, n'a plus d'odeur, de saveur, ni d'action sur le sirop de violettes : alors on détermine la quantité de gaz hydrogène, et de gaz azote qu'il contient à l'état de mélange, par le gaz oxigène, en se servant du même eudiomètre. On prend, par exemple :

> Gaz de la décomposition de l'ammoniaque.... 100 parties.
> Gaz oxigène......................... 50

Ces 150 parties étant introduites dans l'eudiomètre, on y fait passer une étincelle électrique; on brûle ainsi tout l'hydrogène, et on mesure le résidu. Ce résidu étant égal à $37\frac{1}{2}$ parties, l'absorption se trouve être de $112\frac{1}{2}$: or, comme cette absorption est due à l'eau formée, et que celle-ci résulte de la combinaison, en volume, de 2 parties de gaz hydrogène et de 1 partie d'oxigène, il s'ensuit que les $112\frac{1}{2}$ parties absorbées indiquent 75 d'hydrogène dans les 100 parties de gaz provenant de la décomposition de l'ammoniaque. Il faut donc, pour que tout ce que nous avons annoncé soit exact, que le résidu contienne 25 parties de gaz azote, et par conséquent $12\frac{1}{2}$ d'oxigène : telle est en effet sa composition, lorsque le gaz oxigène qu'on emploie est pur, qu'on a eu soin de ne laisser aucune bulle d'air dans l'eudiomètre, et que cet eudiomètre est à mercure (1). On fait l'analyse de ce résidu en le mettant en contact avec le phosphore, à une température un peu élevée,

---

(1) Il ne faut point se servir de l'eudiomètre à eau, parce qu'au moment de la combustion de l'hydrogène, il se dégage toujours un peu de l'air que l'eau tient en dissolution. Nous ferons en outre observer que, comme il est difficile de se procurer de l'oxigène qui ne contienne pas un peu de gaz azote, on doit, avant tout, analyser dans l'eudiomètre l'oxigène qu'on se propose d'employer, afin de pouvoir tenir compte de l'azote qu'il pourrait contenir

dans une cloche courbe (147). Par conséquent, le gaz ammoniac contient :

En prop. 1 d'azote 177,02 $+$ 3 d'hydrog. 37,438
En atom. 1 d'azote $\frac{177,02}{2}$ $+$ 3 d'hydrog. $\frac{37,438}{2}$

Donc poids atom. de l'ammoniaque Az H^5 $=$ 107,237.

357. *Propriétés.* — Le gaz ammoniac est incolore, très âcre, très caustique ; il a une odeur vive et piquante qui le caractérise ; il provoque les larmes, verdit fortement le sirop de violettes ; sa pesanteur spécifique est de 0,591.

Lorsqu'on plonge une bougie allumée dans une éprouvette pleine de gaz ammoniac, cette bougie s'éteint ; mais on voit auparavant le disque de la flamme s'agrandir : ce dernier phénomène, qui est dû à la combustion de l'hydrogène d'une portion de gaz ammoniac par l'oxigène de l'air, devient surtout très sensible en plongeant la bougie peu-à-peu, et à plusieurs reprises, dans l'éprouvette.

358. Le gaz ammoniac résiste à l'action d'une chaleur rouge-cerise. En effet, que l'on fasse passer un tube de porcelaine à travers un fourneau ; que l'on adapte une cornue contenant un mélange de chlorhydrate d'ammoniaque et de chaux à l'une de ses extrémités ; que l'on adapte à l'autre un tube de verre plongeant dans un bain de mercure ; que l'on entoure alors le tube de porcelaine de charbons ardens, et qu'on en mette quelques-uns sous la cornue ; qu'enfin, au bout de quelque temps, on recueille dans un tube gradué plein de mercure le gaz qui se dégagera, et qu'on plonge ce tube dans l'eau, à l'instant même l'eau s'élancera dans le tube, et en dissoudra tout le gaz, ce qui n'aurait pas lieu si l'ammoniaque était décomposée. Pour que cette expérience réussisse complètement, il est nécessaire que le tube ne soit point perméable aux gaz extérieurs, et qu'à cet effet il soit verni intérieurement ou luté extérieurement : il est encore nécessaire que ce tube soit bien net, et qu'il ne contienne point de fragmens des bouchons qu'on y adapte. (1)

Soumis à un froid de 48°, le gaz ammoniac se condense sans changer d'état : à la vérité, Clouet et M. Hachette ont observé qu'en faisant passer du gaz ammoniac dans des vases exposés à un froid de 41°, il se déposait une petite quantité de liqueur; mais cette quantité est si petite, qu'on peut croire qu'elle est due à de la vapeur aqueuse condensée et sursaturée d'ammoniaque (*Ann. de Chim.*, t. xxix, p. 290). Il n'en est plus ainsi lorsque le gaz est en même temps refroidi et comprimé : il se convertit alors en un liquide incolore (Faraday).

359. Ce n'est qu'en exposant le gaz ammoniac en petite quantité à l'action d'un très grand nombre d'étincelles électriques qu'on peut en opérer complètement la décomposition.

360. L'oxigène n'agit point sur l'ammoniaque à la température ordinaire; il n'agit sur elle qu'à une température élevée. Lorsqu'on mêle ensemble, dans une éprouvette pleine de mercure, parties égales de gaz oxigène et de gaz ammoniac, et qu'on y plonge une bougie allumée, il y a inflammation et détonation. Le même effet a lieu en introduisant ce mélange dans l'eudiomètre à mercure et excitant, à travers, une étincelle électrique (2). Dans les deux cas, l'ammoniaque est décomposée; son hydrogène se combine avec l'oxigène et forme de l'eau, tandis que son azote devient libre, excepté une petite quantité qui s'unit aussi avec l'oxigène, et produit de l'acide azotique. (A. Berthollet, 2ᵉ vol. d'*Arcueil*, p. 284.)

---

(1) Il est bon aussi de dessécher le gaz ammoniac et de placer à cet effet un tube de verre rempli de chlorure de calcium entre le tube de porcelaine et la cornue. En satisfaisant à toutes ces conditions, il m'est arrivé plusieurs fois de soumettre le gaz à une chaleur plus élevée que le rouge-cerise sans en décomposer aucune partie.

(2) On ne doit opérer que sur une petite quantité de gaz, à moins qu'on ne se serve d'eudiomètre très épais : sans cela l'eudiomètre se briserait.

L'air possède également la propriété de décomposer le gaz ammoniac : toutefois la décomposition ne se fait bien qu'autant que l'on expose successivement toutes les parties du mélange à l'action de la chaleur rouge, c'est-à-dire, qu'on le fait passer à travers un tube incandescent. De l'eau, du gaz azote et une très petite quantité d'acide azotique ou hypo-azotique, paraissent être les produits de cette décomposition : d'ailleurs, on n'observe à froid aucun phénomène particulier entre l'air et le gaz ammoniac; il ne se forme même pas de vapeurs comme entre l'air et le gaz acide chlorhydrique, quoique l'ammoniaque soit excessivement soluble dans l'eau.

361. *Action des métalloïdes.*—On ignore comment le bore, le silicium, le phosphore, le sélénium, se comportent avec le gaz ammoniac.

L'hydrogène et l'azote sont sans action sur lui.

Le carbone peut en absorber une très grande quantité à la température ordinaire (49); il ne le décompose qu'à une température élevée : chauffez un tube de porcelaine jusqu'au rouge; faites-y passer un courant de gaz ammoniac, et introduisez-y un charbon incandescent, vous obtiendrez du gaz azote, du gaz carbure d'hydrogène et une substance soluble dans l'eau, ayant l'odeur d'amandes amères, que Clouet a cru être de l'acide prussique (acide cyanhydrique).

Le soufre agit aussi avec beaucoup d'énergie sur l'ammoniaque, à l'aide de la chaleur : de leur action réciproque résultent tout-à-coup un mélange de gaz azote et de gaz hydrogène, du sulfhydrate et du sulfhydrate sulfuré d'ammoniaque, cristallisés. C'est encore dans un tube de porcelaine que l'opération doit être faite : l'on fait passer ce tube à travers un fourneau à réverbère; on adapte d'une part, à son extrémité supérieure, une petite cornue tubulée à moitié pleine de soufre, que l'on place sur un fourneau ordinaire, et que l'on fait communiquer par sa tubulure avec un appareil d'où se dégage du gaz ammoniac, et l'on adapte d'une autre part, à son extrémité inférieure, un allonge que l'on fait plonger dans un petit ballon entouré d'un mélange de glace et de sel, et dont la tubulure reçoit un tube qui s'engage sous le mercure : l'appareil étant ainsi disposé et le tube de porcelaine étant incandescent, on met le feu sous la cornue qui contient le soufre et sous celle d'où doit se dégager l'ammoniaque ; bientôt ces deux corps arrivent dans le tube, et donnent lieu aux divers produits gazeux et solides dont nous venons de parler ; le gaz azote et le gaz hydrogène se rendent dans le flacon qui termine l'appareil, mêlés ordinairement avec un peu de gaz ammoniac qui échappe à la décomposition; quant au sulfhydrate et au sulfhydrate sulfuré d'ammoniaque, ils apparaissent d'abord en vapeurs très épaisses, et se condensent ensuite dans l'allonge et dans le récipient; savoir : le sulfhydrate, sous forme de cristaux blancs et transparens, et le sulfhydrate sulfuré, sous forme de cristaux jaunâtres : quelquefois, parmi ceux-ci, il y a du soufre entremêlé.

362. Le chlore et le gaz ammoniac ont une grande action l'un sur l'autre : aussitôt qu'on les met en contact, il se produit une absorption considérable, un grand dégagement de calorique, et des vapeurs épaisses que sillonnent une lumière assez vive. L'expérience réussit constamment en remplissant un flacon de chlore par le procédé que nous avons indiqué (107) et en faisant passer à-la-fois sept à huit bulles de ce gaz dans une éprouvette placée sur la cuve à mercure et presque pleine de gaz ammoniac bien sec. Il paraît que, dans cette expérience, le chlore se combine avec l'hydrogène d'une partie du gaz ammoniac ; que l'acide chlorhydrique qui se forme ainsi, s'unit avec une autre partie du gaz ammoniacal, et que l'azote provenant de la première partie qui est décomposée, devient libre et se dégage; car, après la réaction, on trouve un mélange de gaz ammoniacal et de gaz azote dans l'éprouvette, et une couche de sel ammoniac ou de chlorhydrate d'ammoniaque sur ses parois.

Proportions réagissantes.	_Proportions produites._

2 volum. de gaz ⎰ 3 d'hydrog.
ammoniac. ═⎱ 1 d'azote.
6 vol. de gaz ammoniac.
3 vol. de chlore.

1 vol. de gaz azote.

Sel ammo-⎰ 6 vol. de gaz ⎰ 3 hydrogène.
niac. ═⎱ chlorhydriq. ⎱ 3 de chlore.
6 vol. de gaz ammoniac.

En atomes :

$$4 \ Az \ H^3 + 3 \ Ch = Az + 3 (Az \ H^3, H \ Ch).$$

362 *bis*. Lorsque, au lieu de mettre en contact l'ammoniaque et le chlore à l'état de gaz, on les met en contact à l'état liquide, ils se décomposent comme dans l'expérience précédente, mais sans dégagement de lumière : alors le sel ammoniac qui se produit reste en dissolution dans l'eau, tandis que l'azote se dégage sous forme de gaz. On constatera facilement ces résultats dans un tube fermé par un bout, et d'environ 5 à 6 décimètres de longueur et 2 à 3 centimètres de diamètre : on remplira d'abord les $\frac{9}{10}$ de ce tube de dissolution de chlore; ensuite on achevera de le remplir de dissolution ammoniacale ; puis posant le doigt sur l'ouverture, on le renversera et on en plongera l'extrémité dans l'eau; bientôt l'ammoniaque s'élevera à travers le chlore, et donnera lieu, en agissant sur lui, à une multitude de petites bulles qui se rassembleront à la partie supérieure du tube. En évaporant la liqueur, on en retirera le sel ammoniac.

Enfin, si l'on emploie l'ammoniaque à l'état liquide et le chlore à l'état de gaz, la décomposition sera plus ou moins rapide, et se produira avec ou sans dégagement de lumière, selon que le contact sera plus ou moins intime. Que l'on fasse dégager, par exemple, du chlore d'une cornue, et qu'au moyen d'un tube on le conduise à travers un flacon plein d'ammoniaque liquide, la décomposition sera instantanée, et l'on verra les bulles de gaz devenir lumineuses pour peu que le lieu soit obscur; mais si l'on remplit un flacon de chlore gazeux, et qu'on en plonge le goulot dans de l'ammoniaque liquide, sans favoriser d'abord l'action par l'agitation, la décomposition, sera beaucoup moins rapide et ne se fera qu'avec dégagement de calorique.

L'iode et le gaz ammoniac, d'après M. Colin, s'unissent à la température ordinaire, pourvu qu'ils soient bien secs l'un et l'autre (*Ann. de Chim.* xci, 262). En effet, que l'on fasse arriver le gaz sur l'iode, il se formera promptement un liquide visqueux, brun-noir, très éclatant, qui, à mesure qu'il absorbera de l'ammoniaque, perdra de son éclat et de sa viscosité. Ce composé est l'iodure d'ammoniaque ; il n'est point fulminant ; mais le met-on en contact avec l'eau, il produit sur-le-champ une poudre noire qui, desséchée et comprimée, fulmine avec beaucoup de force : c'est qu'alors une portion de l'ammoniaque se décompose et que de cette décomposition résulte de l'iodure d'azote et de l'iodhydrate d'ammoniaque. (*V. iodure d'azote.*)

363. *Action des métaux.* — Lorsqu'on fait fondre le potassium dans le gaz ammoniac, ces deux corps ne tardent point à agir l'un sur l'autre : on obtient, d'une part, une matière vert olivâtre, très fusible, qui est formée de potassium, d'azote et d'ammoniaque, et que nous appellerons *azoture-ammoniacal de potassium ;* et, d'une autre part, un volume de gaz hydrogène qui est précisément égal à celui que donne avec l'eau la quantité de potassium employé. Par conséquent, l'ammoniaque se partage en deux parties : l'une est décomposée de manière que son azote se combine avec le potassium, et que son hydrogène devient libre, tandisque l'autre est absorbée en tout ou en partie par l'azoture de potassium. L'expérience est facile à faire dans une petite cloche courbe de verre : d'abord, on fait bien sécher cette cloche, et on la remplit de mercure bien sec ; ensuite on y fait passer une quantité déterminée de gaz ammoniac, et on porte avec une tige de fer, jusque dans la partie qui est recourbée, une quantité également déterminée de potassium. Il est nécessaire que le potassium ne puisse se combiner avec aucun globule de mercure ; autrement il ne disparaîtrait point tout entier, et on n'obtiendrait pas autant de

gaz hydrogène que ce métal en donne avec l'eau (1). On évite cet inconvénient en passant promptement la petite masse de potassium à travers le mercure, après avoir fait tomber avec beaucoup de soin les petits globules de mercure qui pourraient rester au haut de la cloche; alors on chauffe doucement le potassium avec une lampe à esprit-de-vin; bientôt il entre en fusion et se couvre d'une légère croûte; quelques secondes après, il se découvre, paraît très brillant, absorbe beaucoup de gaz ammoniac, et se transforme en quelques instans en matière vert olivâtre. Aussitôt que cette transformation est opérée, on doit cesser de chauffer; si on ne le faisait point ou si même, pendant le cours de l'expérience, on avait employé divers degrés de chaleur, les résultats varieraient. A la vérité, la quantité de gaz ammoniac décomposé, et, par conséquent, la quantité de gaz hydrogène dégagé, seraient toujours les mêmes; mais la quantité de gaz ammoniac absorbé par l'azoture de potassium serait très différente, et d'autant plus petite que la température aurait été plus élevée et plus long-temps soutenue. Dans tous les cas, l'on sépare le gaz hydrogène de l'excès de gaz ammoniac par l'eau, qui dissout très bien celui-ci et n'a aucune action sur l'autre.

364. Le sodium agit de la même manière que le potassium sur le gaz ammoniac, si ce n'est qu'il en décompose et qu'il en absorbe une plus grande quantité : l'azoture ammoniacal qui se forme est de la même couleur et aussi fusible que celui de potassium.

On trouvera la preuve de tout ceci dans le tableau suivant : ce tableau contient les résultats de plusieurs expériences. Dans toutes ces expériences on a employé la même quantité de potassium et de sodium; savoir : $0^{gr},0212$; mais on a fait varier la quantité de gaz ammoniac et le degré de chaleur : dans toutes aussi on s'est servi, pour mesurer les

---

(1) Car les métaux peuvent décomposer l'azoture ammoniacal.

gaz, d'un tube gradué, dont 123 parties équivalaient à un centilitre; ils ont toujours été mesurés à la température de 15° et à la pression de $0^m,75$.

Expériences faites avec $0^{gr}.0212$ de potassium.

EXPÉRIEN-CES.	GAZ AMMONIAC EMPLOYÉ.	RÉSIDU GAZEUX.	NATURE DU RÉSIDU.		GAZ AMMONIAC ABSORBÉ OU DÉCOMPOSÉ.
			ammon.	hydrog.	
1e	250	194,5	116	78,5	134
2e	275	217,5	139	78,5	136
3e	166,5	120,5	42	78,5	124,5
4e	160	119	41,5	77,5	118,5
5e	150	115,5	38	77,5	112
6e	145,5	108	29,5	78,5	116
7e	145,5	123,5	45,5	78	100
8e	170	142	64	78	106

Expériences faites avec $0^{gr},0212$ de sodium.

EXPÉRIEN-CES.	GAZ AMMONIAC EMPLOYÉ.	RÉSIDU GAZEUX.	NATURE DU RÉSIDU.	GAZ AMMONIAC ABSORBÉ OU DÉCOMPOSÉ.
1e	400 parties.	308	ammoniac . 176 hydrogène . 132	224 parties.
2e	395	302	ammoniac . . 171 hydrogène . 131	224
3e	410	348	ammoniac . . 217 hydrogène . 131	193
4e	419	320	ammoniac . . 188 hydrogène . 132	251

Puisque la quantité de gaz hydrogène dégagé par $0^{gr},0212$ de potassium est de $\frac{78}{123}$ centilitre, il s'ensuit que la quantité de gaz azote absorbé par ces $0^{gr},0212$ est de $\frac{26}{123}$ centilitres; car l'ammoniaque est formée, en volume, de 3 d'hydrogène et de 1 d'azote. Or, comme en calcinant l'azoture ammoniacal de potassium, on en dégage seulement l'ammoniaque, le résidu, qui est un véritable azoture de potassium, doit être formé de 100 parties de potassium et de 11,728 d'azote, et doit avoir pour formule $K^3 Az^2$. On trouvera, de la même manière, que l'azoture de sodium est formé de 100 parties de sodium et de 19,821 d'azote d'où l'on tire $Na^3 Az^2$. Tels sont aussi les résultats auxquels on parvient en observant que l'azoture de potassium ou de sodium décompose l'eau tout-à-coup et produit de l'ammoniaque et des protoxides de potassium ou de sodium, et que par conséquent si le contraire avait lieu, c'est-à-dire si l'ammoniaque décomposait les oxides, il en résulterait de l'eau et des azotures.

365. Examinons maintenant les propriétés de la matière verte-olivâtre : elle est opaque, et ce n'est qu'en lames extrêmement minces qu'elle semble demi transparente ; on n'y distingue aucun point métallique ; elle est plus pesante que l'eau ; en l'examinant avec attention, on croit y voir quelques cristaux mal formés.

Lorsqu'on l'expose à l'action d'une chaleur toujours croissante, elle se fond ; il s'en dégage du gaz ammoniac, du gaz hydrogène et du gaz azote dans les proportions qui constituent l'ammoniaque ; ensuite elle se solidifie tout en conservant sa couleur verte, et se convertit en azoture de potassium ou de sodium.

Exposée à l'air, à la température ordinaire, elle en attire seulement l'humidité, n'en absorbe pas l'oxigène, et se transforme en gaz ammoniac et en potasse ou soude.

Projetée dans un creuset chaud et voisin du rouge obscur, elle s'enflamme subitement.

Chauffée dans une petite cloche avec du gaz oxigène, elle ne tarde point à prendre feu et à brûler vivement.

Mise en contact avec l'eau, elle en opère tout-à-coup la

décomposition ; et de là résultent beaucoup de chaleur, de la potasse, ou de la soude qui reste en dissolution dans l'eau, et de l'ammoniaque qui s'y dissout en partie ; quelquefois elle s'enflamme.

Mise en contact avec les acides, elle est subitement décomposée comme par l'eau, et il en résulte des sels à bases d'ammoniaque et de potasse ou de soude.

Traitée à chaud par la plupart des métaux, surtout par ceux qui sont fusibles, il s'en dégage du gaz azote, du gaz ammoniac ; on obtient un alliage de potassium ou de sodium et du métal employé, et en outre une certaine quantité d'azoture de potassium ou de sodium qui échappe à la décomposition.

Mise en contact avec l'alcool, elle s'y détruit assez rapidement, et se convertit en potasse, soude, et en ammoniaque.

Enfin, mise en contact avec l'huile de naphte, elle ne paraît pas y subir d'altération, du moins en quelques heures. (*Recherches physico-chimiques*, Gay-Lussac et Thenard.)

366. Nous venons de voir quelle est l'action du gaz ammoniac sur le potassium et le sodium. Examinons maintenant celle qu'il exerce sur le fer, le cuivre, l'argent, le platine et l'or.

1° Lorsque, au lieu d'exposer le gaz ammoniac à l'action seule du calorique dans un tube de porcelaine, comme nous l'avons dit précédemment (358), on l'expose tout à-la-fois à l'action de ce fluide et d'un de ces cinq métaux, il se décompose, se transforme toujours en gaz hydrogène et en gaz azote, et la décomposition est d'autant plus prompte que la chaleur est plus forte. Mais tous ces métaux n'ont pas également cette propriété : le fer la possède à un plus haut degré que le cuivre, et celui-ci à un plus haut degré que l'argent, l'or et le platine : aussi faut-il moins de fer que des autres métaux, et moins de chaleur avec le premier qu'avec ceux-ci pour décomposer l'ammoniaque. Dix grammes de fer en fil suffisent pour décomposer, à quelques centièmes près, un courant de gaz ammoniac assez rapide et soutenu pendant huit à dix heures ou plus, à une chaleur un peu plus élevée que le rouge cerise. Une quantité triple de platine en fil ne produirait point, à beaucoup près, le même effet, même à une température plus élevée.

Le fer et le cuivre, dans cette expérience, contractent des propriétés nouvelles, et de plus, suivant M. Despretz absorbent une quantité notable d'azote. Le fer devient cassant, comme Berthollet fils l'a reconnu le premier; le cuivre le devient tellement, quand on ne l'a point assez chauffé pour le fondre, qu'il est impossible en quelque sorte d'y toucher sans le rompre, et cependant il s'aplatit sous le marteau; il change en même temps de couleur; de rouge qu'il est, il devient jaune et quelquefois blanchâtre (Thenard). D'ailleurs, lorsqu'on vient à dissoudre le fer dans l'acide sulfurique faible, il se forme du sulfate d'ammoniaque, et le gaz hydrogène qui se dégage est mêlé d'azote. Enfin, 100 de fer finissent par augmenter en poids de 11,538. (*Ann. de Chim. et de Phys.*, XLII, 122.)

Il semble que le platine, l'or et l'argent, en décomposant l'ammoniaque, devraient aussi absorber quelques parties d'azote. Toutefois ils n'augmentent pas de poids; ils conservent toutes leurs propriétés, et les gaz lavés contiennent toujours 1 vol. d'azote et 3 vol. d'hydrogène.

367. Sans doute que les autres métaux se comportent avec le gaz ammoniac à une température élevée, soit comme le fer et le cuivre, soit comme le platine, l'or et l'argent; mais il en est un, le mercure, qui, uni au potassium ou au sodium, ou bien soumis à l'influence de la pile, nous offre, à la température ordinaire, des phénomènes particuliers et très remarquables, soit avec une dissolution concentrée de ce gaz dans l'eau, soit avec un sel ammoniacal lui-même dissous ou légèrement humecté. Que l'on verse un amalgame liquide de potassium dans une coupelle d'hydro-chlorate d'ammoniaque, humectée intérieurement, ou dans une dissolution concentrée de sel am-

moniacal, bientôt cet amalgame quintuplera et même sextu-
plera de volume, et prendra la consistance du beurre en
conservant le brillant métallique ; le même effet aura lieu,
mais avec plus de lenteur, en mettant seulement du mercure dans la coupelle, la plaçant sur une plaque métallique
adaptée au pôle positif d'une pile en activité, et faisant
plonger le fil négatif de cette pile dans le mercure. Que se
passe-t-il dans ces expériences? Dans la première, le corps
d'apparence métallique qu'on obtient est un hydrure ammoniacal de mercure et de potassium ; il se forme en outre
du chlorure de potassium : par conséquent une portion du
potassium de l'amalgame décompose le chlorhydrate d'ammoniaque, en s'emparant du chlore qu'il contient ; et de là
résultent de l'hydrogène et de l'ammoniaque à l'état de gaz
naissant, qui s'unissent à l'amalgame non décomposé. Dans
la seconde, le corps qui, comme dans la première, présente
l'apparence métallique, est seulement un hydrure ammoniacal de mercure ; sa formation est accompagnée du dégagement d'une certaine quantité de chlore et probablement
d'oxigène qui se rendent à l'extrémité du fil positif : il s'ensuit donc que l'eau et le sel sont décomposés par la pile ;
que le chlore et l'oxigène de ces deux corps deviennent libres, tandis que l'hydrogène et l'ammoniaque qu'ils contiennent s'unissent au mercure.

368. Ces hydrures possèdent les propriétés suivantes, dont
plusieurs ont déjà été citées. Leur volume est cinq ou six
fois aussi grand que celui du mercure qu'ils contiennent ;
leur pesanteur spécifique est, en général, au-dessous de 3 ;
ils ont, à la température de 20 à 25°, une consistance analogue à celle du beurre ; soumis pendant quelque temps à
la température de la glace fondante, ils prennent une assez
grande dureté, et cristallisent en cubes, quelquefois aussi
beaux et aussi gros que ceux de bismuth ; l'hydrure ammoniacal de mercure se décompose presque aussitôt qu'il
est soustrait à l'influence de la pile, se transforme en mercure, en ammoniaque et en hydrogène, et agit sur tous les

corps comme ses principes constituans dans leur état de liberté. Cependant il est des corps qui semblent favoriser sa
décomposition : ce sont ceux qui sont très légers et dont les
particules sont très mobiles : tels sont l'éther et l'alcool; à
peine le contact a-t-il lieu, qu'il en résulte une effervescence
extrêmement vive, et que le mercure reprend son état ordinaire. Le mouvement produit dans ce cas par le déplace-
ment des molécules du liquide est la cause pour laquelle la
décomposition est si prompte : aussi cet hydrure se con-
serve-t-il pendant quelques minutes dans l'air lorsqu'il y a
repos absolu, et s'y détruit-il sur-le-champ lorsqu'on l'y
agite; et c'est encore de cette manière qu'il se comporte
avec l'eau, et surtout avec l'acide sulfurique. Il n'est point
douteux qu'il ne se détruisît instantanément dans le vide;
mais il n'est point certain qu'une forte pression pût maintenir ses principes réunis. On peut facilement déterminer
la quantité d'hydrogène qu'il contient, en transformant
une certaine quantité de mercure en hydrure, et la versant
dans un verre conique plein d'eau, où l'on aura placé d'a-
vance une petite cloche qui en soit pleine elle-même : bientôt l'hydrure se décomposera, et laissera dégager son hydrogène sous forme de bulles dans la cloche. En recueillant
ainsi l'hydrogène provenant de six culots faits successivement avec 3$^{\text{gram.}}$,069 de mercure, on a trouvé que le mercure absorbait, pour passer à l'état d'hydrure, 3,47 fois son
volume d'hydrogène. (*Recherches physico-chimiques*, tom. I,
page 68.)

369. L'hydrure ammoniacal de mercure et de potassium
peut exister par lui-même; mais dès qu'on vient à en séparer ou à en oxider le potassium, ses autres principes constituans se séparent aussi, ce qui doit être, puisqu'ils ne peuvent s'unir que sous l'influence électrique. C'est pourquoi
cet hydrure est promptement décomposé par l'air, par le
gaz oxigène, et en général par tous les corps qui agissent
sur le potassium; il l'est même par le mercure, de telle sorte
qu'on peut facilement, en le traitant par ce métal, déter-

miner la quantité relative d'ammoniaque et d'hydrogène qu'il contient : il suffit pour cela de prendre les parties intérieures de l'hydrure avec une petite cuiller de fer, d'en remplir la partie vide d'un tube presque plein de mercure bouilli, de boucher ce tube avec un obturateur bien sec, de le renverser et de le plonger dans du mercure également bien sec : l'hydrure s'élevera à la partie supérieure, se décomposera surtout par une légère agitation, et il s'en dégagera de l'hydrogène et de l'ammoniaque qui seront entre eux dans le rapport de 1 à 2,5. On pourrait même déterminer ainsi les quantités de gaz ammoniac, de gaz hydrogène et de mercure qui constituent l'hydrure : ce serait de combiner, par exemple, 5 à 6 grammes de mercure avec la quantité de potassium nécessaire pour obtenir un amalgame liquide; de transformer cet amalgame en hydrure; de traiter une portion de l'hydrure, comme nous l'avons dit précédemment, dans un tube presque plein de mercure bouilli; de mettre le reste de l'hydrure en contact avec l'eau; de recueillir le gaz hydrogène qui se dégagerait, et de peser le mercure qui en proviendrait. En effet, en retranchant le poids de celui-ci des 5 ou 6 grammes employés primitivement, on aurait la quantité de mercure uni aux gaz hydrogène et ammoniac obtenus dans le tube.

370. On pourrait même aussi estimer la quantité de potassium par la quantité de gaz hydrogène qui se dégagerait dans le contact de l'eau avec l'hydrure; car cette quantité d'hydrogène se composerait de celle qui appartiendrait à l'hydrure et de celle qui proviendrait de l'eau décomposée par le potassium de l'hydrure. La première étant connue; la seconde le serait également : or, l'on sait que 0,0212 de potassium, mis en contact avec l'eau, donnent $\frac{78}{123}$ de centilitre de gaz hydrogène, la température étant de 15 degrés et la pression de $0^m,75$: donc, etc.

Quoi qu'il en soit, on voit, d'après ce que nous venons de dire, que les hydrures ammoniacaux ne contiennent qu'une très petite quantité d'hydrogène et d'ammoniaque.

En supposant que, dans l'hydrure ammoniacal de mercure, l'hydrogène soit à l'ammoniaque dans le même rapport que dans l'hydrure ammoniacal de mercure et de potassium, il s'ensuivra que le premier sera formé, en volume, de 1 de mercure, de 3,47 de gaz hydrogène, et de 8,67 de gaz ammoniac, la température étant de 15° et la pression de 0^m,76; ou bien, en poids, d'environ 1800 parties de mercure et de 1 partie, tant en ammoniaque qu'en hydrogène. (1)

C'est à M. Séebeck qu'on doit la découverte de l'hydrure ammoniacal de mercure (*Ann. de Chim.*, t. LXVI, p. 191), découverte qui conduisit M. Davy à celle de l'hydrure ammoniacal de mercure et de potassium. Ces hydrures ont été ensuite étudiés par différens chimistes, et notamment par M. Tromsdorff, par MM. Berzelius et Pontin (*Bibliothèque britannique*, n°s 323 et 324), et par MM. Gay-Lussac et Thenard (*Recherches physico-chimiques*, 1er vol., p. 52).

371. *Ammoniaque et oxides métalloïdiques.* — On ignore comment l'oxide de carbone, l'oxide de phosphore, les oxides d'azote et l'oxide de chlore se comportent avec le gaz ammoniac; on sait seulement qu'à l'aide de la chaleur, ceux-ci, et particulièrement le protoxide d'azote et l'oxide de chlore, en opéreraient la décomposition. L'action de l'eau sur ce gaz a été étudiée au contraire avec beaucoup de soin.

371 *bis*. L'eau, à la température et à la pression ordinaires, est capable de dissoudre environ le tiers de son poids de gaz ammoniac, ou, ce qui est la même chose, à-peu-près 430 fois son volume de ce gaz : aussi, quand on la met en contact avec du gaz ammoniac pur, elle s'élance dans le vase qui le contient, presque avec la même vitesse que dans le vide. Remplissez une éprouvette de mercure, faites-y

---

(1) Il est probable qu'une analyse plus rigoureuse de ces hydrures ferait voir que l'hydrogène et l'azote s'y trouvent dans un rapport simple.

passer une certaine quantité de gaz ammoniac que vous re-
jeterez, afin d'expulser les petites bulles d'air adhérentes à
ses parois; ensuite faites-y passer du nouveau gaz jusqu'à
ce qu'elle en soit pleine; alors enlevez-la avec une soucoupe où il y aura assez de mercure pour intercepter
toute communication entre l'intérieur de l'éprouvette et
l'air extérieur, et plongez-la en cet état dans une terrine
pleine d'eau. Jusque-là, la dissolution ne saurait avoir lieu,
parce que le mercure s'oppose au contact de l'eau et du gaz;
mais si, fixant avec l'une des mains la capsule contre les
parois de la terrine, vous venez à soulever la cloche subitement avec l'autre, tout le gaz disparaîtra à l'instant, et l'ascension de l'eau sera si rapide que l'œil pourra à peine la
suivre. La plus petite quantité d'air ou d'un gaz insoluble
ou peu soluble dans l'eau, s'opposerait à cet effet, parce
que bientôt il formerait, à la surface de l'eau, une couche
qui diminuerait le contact de celle-ci avec l'ammoniaque.

La glace possède elle-même la propriété d'absorber le
gaz ammoniac avec assez de rapidité; car si l'on introduit
un petit fragment de glace dans une éprouvette pleine de
gaz ammoniacal et placée sur le mercure, l'on verra ce fragment fondre, et déterminer, en peu de temps, l'ascension
du mercure jusqu'au haut de l'éprouvette.

372. Ce n'est jamais qu'en dissolution dans l'eau qu'on emploie le gaz ammoniac. Pour opérer cette dissolution, que
l'on désigne ordinairement sous le nom d'*ammoniaque liquide*, il faut faire passer un courant de ce gaz à travers
l'eau. A cet effet, on pulvérise séparément parties égales
de chaux et de chlorhydrate d'ammoniaque; on les mêle intimement dans un mortier; on en remplit jusqu'aux trois
quarts une cornue de grès; on place cette cornue dans un
fourneau à réverbère, et on la fait communiquer, par des
tubes intermédiaires, avec plusieurs flacons tubulés contenant de l'eau et munis de tubes de sûreté (*Voyez* pl. XVII,
fig. 2). On ne met que peu d'eau dans le premier flacon,

parce qu'il est destiné à recevoir les portions de matières huileuses qui se trouvent parfois dans le sel ammoniac; on en met à-peu-près dans tous les autres les deux tiers de ce qu'ils en peuvent contenir; il ne faudrait pas en mettre beaucoup plus, parce que l'eau, en se saturant, augmente beaucoup de volume. Le premier tube doit être très large, pour éviter qu'il ne puisse être obstrué par de petites quantités de sel ammoniac qui échappent quelquefois à la décomposition et se volatilisent; d'ailleurs, on sait que ce tube ne doit plonger dans l'eau qu'autant qu'il est à boule ou de sûreté : quant aux autres tubes, ils doivent plonger jusqu'au fond des flacons, l'eau étant spécifiquement plus pesante que l'ammoniaque liquide.

L'appareil étant ainsi disposé, on met quelques charbons incandescens sous la cornue, et on la porte lentement et graduellement jusqu'au rouge : à peine est-elle chaude, que déjà le gaz ammoniac commence à se dégager; il sature d'abord l'eau du premier flacon; il se rend ensuite dans celle du second, qu'il sature également; puis passe sous forme de bulles à travers, et se rend dans celle du troisième, qu'il sature à son tour. A mesure qu'il se dissout ainsi dans les eaux de ces divers flacons, il en élève la température d'autant plus que son dégagement est plus rapide, de sorte que les flacons s'échauffent et se refoidissent successivement. Cette élévation de température diminue la propriété dissolvante de l'eau : si donc l'on voulait ne pas l'affaiblir, il faudrait entourer les flacons de linges mouillés, ou plutôt les faire plonger dans de l'eau qu'on renouvellerait de temps en temps; on l'augmenterait en les entourant de glace, et à plus forte raison d'un mélange de glace et de sel. En opérant sur deux kilogrammes de sel ammoniac, l'expérience ne peut se faire qu'en plusieurs heures : on ne doit la regarder comme terminée qu'à l'époque où la cornue étant rouge, le dégagement de gaz cesse d'avoir lieu ou est très ralenti; alors on laisse refroidir l'appareil, on le démonte, et on verse l'ammoniaque dans des flacons à l'émeri.

D'un kilogramme de sel ammoniac on peut extraire assez de gaz ammoniac pour saturer 1 kilogramme d'eau à la pression et à la température ordinaires. Si l'on brise la cornue, on en retirera une masse homogène, opaque, phosphorescente par le frottement dans l'obscurité, qui aura été évidemment tenue en fusion dans le cours de l'opération, et qui ne sera autre chose qu'un composé de chlorure de calcium et de chaux. (1)

372 *bis*. L'ammoniaque liquide est incolore; sa saveur est très caustique; son odeur est la même qu'à l'état de gaz; elle agit sur les couleurs de la violette et du curcuma comme les oxides de la première section; exposée à un froid de 40°, elle se fige et devient opaque; à la chaleur de l'ébullition, elle laisse dégager presque tout le gaz qu'elle tient en dissolution.

373. Mise en contact avec le zinc, elle fait passer peu-à-peu ce métal à l'état d'oxide, et le dissout; d'où il suit qu'une partie de l'eau qu'elle contient doit être décomposée: aussi y a-t-il dégagement de gaz hydrogène. Il paraît qu'elle n'agit point de la même manière sur les autres métaux. A la vérité, elle dissout le potassium et le sodium, mais l'eau seule est capable de produire cet effet. Sa pesanteur spécifique varie en raison de ses principes constituans, ainsi qu'on le verra dans le tableau suivant, qui est dû à sir Humphry Davy.

---

(1) Au lieu d'une cornue de grès, on peut employer, pour extraire l'ammoniaque, une espèce de chaudière ou cucurbite en fonte que l'on surmonte d'un chapiteau en cuivre : on lute le chapiteau avec la cucurbite par un mélange de blanc d'œuf et de chaux, et on en fait communiquer le bec avec le premier flacon de l'appareil. C'est avec un appareil de ce genre qu'on prépare l'ammoniaque en grand ; il offre deux grands avantages : l'un, de pouvoir opérer sur des quantités considérables de matières; l'autre, de pouvoir ajouter de l'eau au mélange, ou plutôt d'employer une bouillie de chaux, ce qui facilite singulièrement la décomposition du sel ; le troisième, de ne pas être obligé de casser le vase distillatoire.

On peut aussi, au lieu de chlorhydrate d'ammoniaque, employer du sulfate d'ammoniaque, comme l'a indiqué M. Payen (*Ann. de chim. et de phys.* t. XXVII, p. 171) : il en résulte une grande économie en se conformant au procédé décrit par ce chimiste.

Pesanteur spécifique.		Gaz ammoniac.		Eau
0,8750	....	32,50	....	67,50
0,9054	....	25,37	....	74,63
0,9166	....	22,07	....	77,93
0,9255	....	19,54	....	80,46
0,9326	....	17,52	....	82,48
0,9385	....	15,88	....	84,12
0,9435	....	14,53	....	85,47
0,9513	....	12,40	....	87,60
0,9545	....	11,56	....	88,44
0,9573	....	10,82	....	89,18
0,9597	....	10,17	....	89,83
0,9619	....	9,60	....	90,40
0,9692	....	9,50	....	90,50

374. *Ammoniaque et oxides métalliques.*—Le gaz ammoniac, à la température ordinaire, forme des combinaisons intimes avec plusieurs oxides et n'en décompose point; mais, à une température élevée, il ne se combine avec aucun, et décompose le plus grand nombre. Etudions, sous ces deux rapports, l'action de l'ammoniaque sur les oxides.

375. Le gaz ammoniac, à une haute température, paraît avoir la propriété de décomposer ou de réduire tous les oxides que l'hydrogène peut lui-même réduire ou décomposer : ce qu'il y a de certain, au moins, c'est qu'il transforme, bien au-dessous de la chaleur rouge-cerise, les peroxides de potassium, de sodium, de barium en protoxides; qu'il réduit tous les oxides de la quatrième section, à plus forte raison ceux de la cinquième et de la sixième, et qu'il ramène à un moindre degré d'oxidation les peroxides de manganèse et de fer. Dans toutes ces décompositions, il y a formation d'eau et dégagement de gaz azote; il se forme aussi de l'acide hypo-azotique, mais seulement dans celles où l'oxide est en excès et facile à réduire ; d'où il suit que dans toutes, excepté celles-ci, l'ammoniaque n'agit sur les oxides que par l'hydrogène qu'elle contient. Les oxides doivent être traités par le gaz ammoniac comme par le gaz hy-

drogène; savoir : dans une cloche de verre courbe lorsque la température ne doit point être portée jusqu'au rouge-cerise, et dans un tube de porcelaine lorsqu'il est nécessaire de l'élever jusqu'à ce degré ou au-dessus (*Voy*. la manière dont ces expériences ont été faites avec le gaz hydrogène, 475). Il n'y a d'autre différence dans l'appareil, qu'en ce qu'au lieu d'adapter à l'une des extrémités du tube un flacon d'où se dégage de l'hydrogène, il faut y adapter une petite cornue de verre dans laquelle on met un mélange de chlorhydrate d'ammoniaque et de chaux, et qu'on chauffe convenablement pour décomposer le sel ammoniacal (355); il faut d'ailleurs employer à-peu-près le même degré de chaleur pour décomposer les oxides par l'ammoniaque, que pour les décomposer par le gaz hydrogène.

376. Parmi les oxides métalliques, il en est au moins treize qui peuvent se dissoudre, surtout à l'état d'hydrates, dans l'ammoniaque liquide; savoir : l'oxide de zinc, l'oxide de cadmium, le protoxide et le bi-oxide de cuivre, l'oxide d'argent, l'oxide de tellure, les protoxides de nickel, de cobalt et de fer, le bi-oxide d'étain, le bi-oxide de mercure, le tri-oxide d'or et le bi-oxide de platine.

Les cinq premiers y sont très solubles; les oxides de tellure, de nickel et de cobalt y sont moins solubles; ceux de nickel et de cobalt n'y sont même solubles qu'à l'état d'hyrates; les autres ne s'y dissolvent que très difficilement. Toutes ces dissolutions se font à la température ordinaire; elles sont incolores, excepté celle de bi-oxide de cuivre, qui est bleue; celle de protoxide de cobalt, qui est d'un jaune rose, et celle de protoxide de nickel, qui est bleue quand elle est concentrée, et violette quand elle est étendue; deux absorbent l'oxigène de l'air par l'oxide qu'elles contiennent : ce sont celles de protoxides de cuivre et de fer.

Lorsqu'on soumet plusieurs de ces dissolutions à une évaporation, même très lente, l'ammoniaque s'en dégage et l'oxide s'en précipite : aussi ne peut-on point obtenir à l'état solide toutes les combinaisons qui se forment alors ; celles qu'on obtient facilement sous cet état sont les combinaisons de cuivre, de mercure, d'or, de platine et d'argent : les quatre dernières ayant la propriété très remarquable de pouvoir détoner, nous les examinerons en particulier.

377. On pourrait obtenir l'or fulminant en mettant en contact l'oxide d'or avec l'ammoniaque ; mais on le prépare toujours en versant de l'ammoniaque liquide dans une dissolution de chlorure d'or : à peine le contact a-t-il lieu, que l'or fulminant se précipite sous forme de flocons jaunâtres : on les rassemble sur un filtre, on les lave à grande eau, et on les fait sécher à une douce chaleur. L'or fulminant a été regardé jusque dans ces derniers temps comme un composé d'oxide d'or et d'ammoniaque ; cependant quelques chimistes, guidés par la propriété que possèdent certains métaux de s'unir à l'azote et à l'ammoniaque, et de former comme le potassium et le sodium, tantôt des azotures simples et tantôt des azotures ammoniacaux, ont pensé que telle devait être aussi la composition de l'or fulminant. L'analyse seule pouvait décider cette question ; elle a été faite par M. Dumas qui a trouvé que l'or fulminant provenant de l'action de l'ammoniaque sur l'oxide d'or était représenté par la formule :

$$Au^2 Az^3, Az^2 H^6, + H^6 O^5,\text{ qui équivaut à : }Au^2 O^5, Az^4 H^{12} = \text{1 atome de}$$

peroxide d'or et 4 atomes d'ammoniaque.

et qu'il en était de même de celui que l'on obtenait en précipitant le chlorure d'or par l'ammoniaque, pourvu qu'il eût été bien lavé avec de l'eau chargée d'ammoniaque, sans quoi il contiendrait du chlorure d'or ammoniacal dont il se forme toujours plus ou moins et qui se précipite en partie.

Les quantités d'hydrogène et d'azote se déterminent en

mêlant l'or fulminant avec le bi-oxide de cuivre et chauffant le mélange dans un tube, comme s'il s'agissait d'une analyse de matière végétale (*Voyez analyse* v^e vol.); celle du métal en mêlant l'or fulminant avec 10 fois son poids de soufre en fleur et exposant d'abord le mélange à une douce chaleur, puis le portant jusqu'au rouge, l'or reste à l'état métallique.

L'or fulminant est donc un azoture d'or ammoniacal hydraté, ou un aurate d'ammoniaque. On peut dire en faveur de la première hypothèse que l'ammoniaque est en trop grande quantité pour neutraliser l'oxide d'or, et que l'on connaît des azotures ammoniacaux dont l'existence est bien constatée; mais d'une autre part on peut objecter que la quantité d'eau serait celle qui conviendrait pour transformer l'azote en ammoniaque et l'or en oxide, et que l'oxide d'or se combine réellement avec les bases alcalines de manière à former des azotures. M. Dumas a adopté la première opinion.

Quoi qu'il en soit, l'or fulminant est solide, sans odeur, sans saveur, plus pesant que l'eau; il ne s'altère point avec le temps. Lorsqu'on l'expose à l'action d'une température assez élevée, environ 145°, il est décomposé subitement, une forte détonation est produite; il se dégage de l'eau en vapeur, du gaz azote, etc.; l'or est mis en liberté. Pour cela, on met quelques grains de matière sur une lame de couteau qu'on place au dessus de la flamme d'une chandelle : dans l'espace d'une à deux minutes la détonation a lieu, et est presque aussi forte que celle d'un coup de pistolet. On peut encore opérer la détonation au moyen des rayons de lumière concentrés par une petite lentille, ou bien en disposant l'or fulminant sur du mercure que l'on chauffe graduellement. Enfin, un frottement subit et vif produit le même effet : c'est pourquoi on doit éviter de conserver l'or fulminant, surtout dans des flacons bouchés à l'émeri; car il serait possible qu'il en restât quelques parcelles autour du goulot, et qu'en y adaptant le bouchon, elles ne vinssent à s'enflammer et à produire la décomposition de toute la masse.

Maintenu à une chaleur inférieure de quelques degrés à celle qui est nécessaire pour le faire détoner, l'or fulminant laisse dégager, peu-à-peu et sans bruit, les principes volatils qu'il contient. Il est insoluble dans l'eau, les hydracides en opèrent aisément la décomposition. Mêlé à la silice ou à toute autre poudre inerte, il peut être chauffé sans crainte d'explosion, comme avec le soufre.

378. L'argent fulminant dont la découverte est due à Berthollet, détonant avec la plus grande facilité, on doit pour éviter tout danger, n'en préparer qu'une petite quantité à-la-fois. On se procure d'abord de l'oxide d'argent, en versant dans une dissolution de nitrate de ce métal une dissolution de potasse ou de soude, ou bien de chaux; ensuite on met deux ou trois grains au plus de cet oxide dans une petite capsule de verre, par exemple, dans un verre de montre; puis l'on y ajoute assez d'ammoniaque liquide pour en faire une bouillie très claire, et l'on abandonne le mélange à lui-même pendant six, huit ou dix heures, ou plutôt jusqu'à ce qu'il soit réduit à siccité : le résidu ainsi obtenu est l'argent fulminant proprement dit.(1).

L'argent fulminant est solide, gris, sans odeur, plus pesant que l'eau; il détone par la chaleur avec une très grande force; il détonne également par le frottement; il suffit même de le toucher légèrement avec l'extrémité d'un tube et quelquefois d'une barbe de plume, pour en produire la

---

(1) C'est ainsi que l'on a toujours conseillé de préparer l'argent fulminant; mais, dans un travail que j'ai fait sur les poudres fulminantes, et que je n'ai pas publié, je me suis servi d'un procédé beaucoup plus simple, et qui donne l'argent fulminant en quelques minutes, si bien que rien ne s'oppose à ce que la préparation s'exécute, pendant la leçon, en présence des auditeurs. Il consiste à mettre l'oxide dans une petite nacelle de platine ou d'argent, à y ajouter ensuite assez d'ammoniaque pour bien mouiller l'oxide, et à placer la nacelle sur le couvercle d'une étuve à vapeur; aussitôt que la matière est sèche, la poudre est faite; quelquefois elle détonne spontanément : c'est lorsqu'à

détonnation : aussi, lorsqu'on en prépare 15 à 16 grains dans la même capsule, et qu'au bout d'un certain temps on essaie de partager en plusieurs parties la masse encore en bouillie, arrive-t-il assez souvent que, dans cette opération, l'ammoniure fulmine tout-à-coup. Cette détonation est due aux mêmes causes que la détonation de l'or fulminant, c'est-à-dire, au dégagement instantané de la vapeur d'eau, du gaz azote (*Voyez* ce qui vient d'être dit au sujet de la poudre fulminante d'or). Mais comment se fait-il qu'un frottement à peine sensible puisse déterminer une réaction aussi prompte entre les principes constituant l'argent fulminant? L'on a pensé jusqu'à présent que c'était parce que le frottement le plus faible rapprochait toujours les molécules et les mettait ainsi dans le cas de former de nouvelles combinaisons; de telle sorte que, quand il s'exerçait sur un corps très facile à décomposer, comme l'est l'argent fulminant, il devait en opérer la décomposition. Mais cette explication, il faut l'avouer, est bien difficile, pour ne pas dire impossible à admettre. Il est bien plus probable que la cause de la détonation est la même que celle qui produit les effets extraordinaires que nous avons observés entre le bi-oxide d'hydrogène et les métaux, les oxides métalliques, les matières animales etc.; c'est-à-dire qu'elle est électrique (volume, page 102).

---

la fin de l'opération on ne ménage pas assez la chaleur. Non-seulement ce procédé donne en très peu de temps de bonne poudre, mais il l'a donne et l'on peut la faire détoner sans le moindre danger. Il ne faudrait pas faire dessécher la poudre dans une étuve à quinquet; d'abord la dessication serait beaucoup plus longue, et d'ailleurs la poudre serait presque toujours décomposée par le gaz carbonique de l'étuve : voilà pourquoi sans doute la poudre préparée à la manière ordinaire est souvent mauvaise. J'ai essayé d'en préparer en plaçant la nacelle de platine sur le mercure, et sous une cloche en partie pleine de gaz ammoniac à côté de fragmens de chaux; l'évaporation ne se terminait que dans l'espace de dix à douze heures; mais lorsque la poudre était complètement desséchée, elle détonait avec violence, plus fortement que l'autre; souvent même sa détonnation était spontanée, ou du moins elle avait lieu par la moindre oscillation.

L'argent fulminant est insoluble dans l'eau. L'acide chlorhydrique le convertit tout de suite en chlorure d'argent et chlorhydrate d'ammoniaque; l'acide sulfhydrique en sulfure d'argent et sulfhydrate d'ammoniaque; l'acide sulfurique faible, en sulfate d'argent et sulfate d'ammoniaque. Ce dernier acide, d'après Sérullas, donne encore lieu à un dégagement d'azote.

L'argent fulminant doit avoir une composition analogue à celle de l'or fulminant; et s'il est constant que l'acide sulfurique en dégage du gaz azote, il semble prouvé par cela même, que ce composé devrait être un azoture probablement ammoniaqué. Mais alors on ne concevrait pas pourquoi il se produirait autre chose que du sulfate d'ammoniaque et du sulfate d'argent; ce sujet mérite donc un nouvel examen.

377. Quant au platine fulminant que Proust a fait connaître le premier, on l'obtient en versant de la potasse caustique dans une dissolution de chlorure de platine ammoniacal (*Ann. de Chim.*, t. XLIX, p. 179). Cependant, suivant M. Edmond Davy, il vaut mieux le préparer comme il suit : l'on commence par faire du sulfate de platine en traitant le sulfure de ce métal par l'acide hypo-azotique; l'on verse ensuite un léger excès d'ammoniaque dans la dissolution; il en résulte un précipité que l'on fait bouillir avec une forte dissolution de potasse jusqu'à ce que la liqueur soit évaporée presque à siccité : le résidu, lavé et séché, est le platine fulminant. Ainsi préparé, le platine est beaucoup plus fulminant que celui qu'on obtient par l'autre procédé; il est pulvérulent; sa couleur varie du brun clair au chocolat sombre et même au noir. Un grain de poudre fulminante, chauffé graduellement, détone avec dégagement de lumière et produit un bruit plus fort qu'un coup de pistolet; il paraît que la détonation a lieu à environ 204°. M. Edmond Davy n'a pu la déterminer, soit par le frottement, soit par le choc. Le platine fulminant est insoluble dans l'eau; les acides le décomposent sans en dégager aucun gaz. Dix

grains, traités par l'acide chlorhydrique, ont fourni 7,375 de métal en évaporant la liqueur jusqu'à siccité et calcinant le résidu. Le soufre, qui a aussi la propriété de décomposer le platine fulminant, a fourni un résultat analogue : par conséquent 100 parties de platine fulminant contiennent 73,75 de métal. La quantité des autres principes constituans n'est point encore déterminée. Probablement que sa composition est analogue à celle de l'or et de l'argent fulminant. (*Ann. de Chim. et de Phys.*, t. v, p. 413.)

378. Enfin l'ammoniure de bi-oxide de mercure se prépare directement comme celui d'argent : on pulvérise cet oxide, ou plutôt on prend cet oxide précipité récemment d'une dissolution d'un sel de bi-oxide de mercure par la potasse; on le met en contact dans un flacon avec un grand excès d'ammoniaque liquide, et on l'agite de temps en temps jusqu'à ce qu'il soit devenu blanchâtre, ce qui n'a lieu qu'au bout de quelque temps; on décante la liqueur surnageante, et l'on fait sécher le résidu qui, dans cet état, doit être considéré comme de l'ammoniure pur. Cet ammoniure, chauffé doucement, laisse dégager l'ammoniaque qu'il contient; il ne détone qu'autant qu'on l'expose à une chaleur brusque; la détonation qu'il produit est très faible. Suivant M. Guibourt, il est formé d'une telle quantité d'ammoniaque et d'oxide, que l'oxigène de celui-ci est à l'hydrogène de l'alcali dans les proportions qui constituent l'eau, ou de :

$$1 \text{ d'ammon.} = 1 \text{ d'azote } 177,03 + 3 \text{ d'hydrog. } 37,438$$

En prop. $\quad 1\frac{1}{2}$ bi-oxide de merc. $= 1\frac{1}{2}$ de mercure $3797,46 + 3$ d'oxig. 300

Sa découverte est due à MM. Fourcroy et Thenard. (*Journal de l'école polytechnique.*)

379. *Chlorures ammoniacaux.*—L'ammoniaque se combine avec le chlorure de silicium, les chlorures de phosphore et tous les chlorures métalliques, excepté ceux des métaux alcalins et quelques autres, tels que les proto-chlorures de manganèse, de fer, de cadmium et de cuivre. Dans ces combinaisons, l'ammoniaque joue le rôle de base, et

le chlorure celui d'acide. La réaction a lieu à la température ordinaire ou à l'aide d'une légère chaleur et les composés qui en résultent sont toujours en proportions définies.

Les chlorures qui se combinent à la température ordinaire sont le chlorure de silicium, celui d'aluminium, le proto-chlorure d'arsénic, le chlorure de titane, le bi-chlorure d'étain, le per-chlorure d'antimoine, le chlorure de chrôme.

Les autres, savoir : les chlorures de zinc, de bismuth, d'urane, les proto-chlorures d'étain, d'antimoine, les bi-chlorures de cuivre, de mercure etc., exigent un peu de chaleur.

Il est facile de déterminer la composition de chlorures ammoniacaux : on fait passer, au moyen d'une ampoule, une certaine quantité de chlorure dans une petite éprouvette pleine de mercure ; puis l'ampoule étant écrasée, on introduit peu-à-peu du gaz ammoniac contenu dans une autre éprouvette graduée, et l'on en ajoute tant que l'absorption a lieu. L'on chauffe au besoin l'éprouvette où se fait l'expérience avec un réchaud à double grille circulaire.

Composition des chlorures ammoniacaux, savoir :

	Ammoniaque.	Chlorures.	Formules.
De silicium....	37,559	62,441 $=$	$9\ H^5\ Az,\ Si\ Ch^6$.
D'aluminium..	27,641	72,359 $=$	$3\ H^3\ Az,\ Al\ Ch^3$.
D'arsénic.....	15,918	84,082 $=$	$2\ H^3\ Az,\ As\ Ch^5$.
De phosphore.	32,976	67,024 $=$	$4\ H^5\ Az,\ P\ Ch^5$.
De titane.....	34,139	65,861 $=$	$6\ H^5\ Az,\ Ti\ Ch^4$.
D'étain.......	20,444	79,556 $=$	$4\ H^5\ Az,\ Su\ Ch^4$.
D'antimoine..	26,050	73,950 $=$	$6\ H^5\ Az,\ Sb\ Ch^5$.
De chrôme....	20,898	79,101 $=$	$4\ H^5\ Az,\ Cr\ Ch^6$.

(Persoz, *Ann. de Ch. et de Phys.*, t. XLIV, p. 315.)

380. *Usages.* —L'ammoniaque ne s'emploie jamais qu'à l'état liquide : en médecine, on la considère comme un puissant stimulant, et on l'administre intérieurement et extérieurement. Donnée aux animaux, elle dissipe les gonflemens qu'occasionne quelquefois en eux une trop grande abondance d'herbes fraîches, telles que la luzerne, le trèfle. On en

fait souvent usage dans les laboratoires ; elle sert à reconnaître la présence de plusieurs corps, à les séparer de leurs combinaisons et à en obtenir beaucoup à l'état de pureté. On l'emploie aussi, mais rarement, dans les arts.

Sels ammoniacaux. (1)

381. Les différens acides ont la propriété de se combiner avec l'ammoniaque, et forment presque toujours avec elle des sels neutres, c'est-à-dire, des sels qui n'altèrent ni la couleur de la violette ni celle de tournesol ; ils se comportent donc avec cet alcali comme avec les oxides salifiables, pour lesquels ils ont le plus d'affinité.

381 *bis.* Tous les sels ammoniacaux sont sans couleur ; tous sont solides à la température ordinaire, excepté le sous-fluo-borate d'ammoniaque, qui est liquide ; tous ont une saveur piquante ; il n'en est presque point qui ne soient capables de cristalliser.

Lorsqu'on expose un sel ammoniacal à l'action du feu, il éprouve des altérations qui dépendent de la nature de son acide.

Si l'acide est gazeux, le sel est volatil : quelquefois seulement, en se volatilisant, son état de saturation change.

Si l'acide est fixe, l'ammoniaque s'en sépare et reprend l'état de fluide élastique.

Dans toute autre circonstance, l'acide et l'ammoniaque se décomposent réciproquement, du moins en partie ; l'oxigène de l'un s'unit à l'hydrogène de l'autre, et de là résultent des produits dont il sera question en parlant de chaque sel en particulier.

Le chlore a la propriété d'opérer, à la température ordinaire, la décomposition de tous les sels à base d'ammonia-

---

(1) Nous avons réuni tous les sels à bases d'oxides dans le 3ᵉ volume ; et si nous n'y avons pas mis les sels ammoniacaux, c'est que l'ammoniaque constitue une base toute particulière, qui n'a de commun avec les oxides que de pouvoir s'unir aux acides.

que, et de produire des phénomènes analogues à ceux que nous avons exposés en traitant de son action sur le chlorhydrate d'ammoniaque (150). Par conséquent il s'unit aux deux principes de cet alcali, forme avec l'azote un chlorure détonant, de l'acide chlorhydrique avec l'hydrogène, et rend libre l'acide du sel, à moins qu'il ne puisse en changer la nature.

Tous les sels ammoniacaux en dissolution concentrée se comportent de la même manière avec l'amalgame de potassium ou de sodium : à peine l'amalgame est-il en contact avec la dissolution, que, décomposant l'eau et le sel, il passe à l'état d'hydrure ammoniacal de mercure et de potassium, hydrure dont la formation a été décrite précédemment (367).

Action de l'eau. —Quelles que soient les proportions dans lesquelles un acide s'unisse avec l'ammoniaque, il en résulte toujours un sel soluble dans l'eau ; presque toujours aussi le sel y est plus soluble à chaud qu'à froid, de manière que la dissolution cristallise par le refroidissement.

Action des bases salifiables. —La potasse, la soude, la lithine, la baryte, la strontiane et la chaux dégagent l'ammoniaque de toutes ses combinaisons avec les acides : aussi, lorsqu'on triture un sel ammoniacal avec de la chaux en poudre et qu'on humecte un peu le mélange, il s'en exhale une odeur si vive qu'il est impossible de la supporter : cette propriété est même caractéristique pour cette classe de sels. La magnésie décompose également tous les sels ammoniacaux, mais seulement en partie. (*Voyez* ce qui est dit au sujet de l'affinité des bases salifiables pour les acides, 3ᵉ vol. *généralités sur les sels.*)

Il en est de même de plusieurs autres oxides dont les combinaisons salines peuvent former des sels doubles avec les sels ammoniacaux : tels sont particulièrement le bi-oxide de cuivre, l'oxide de zinc, et voilà pourquoi sans doute le sel ammoniac décape si bien le cuivre, surtout à chaud.

Action des oxides et des sels. —Nous n'avons rien à ajouter à ce qui est dit à ce sujet dans l'histoire générale des sels (3ᵉ vol.).

Etat naturel. — L'on ne rencontre que cinq sels à base d'ammoniaque dans la nature; savoir : le carbonate, le phosphate, le sulfate, le chlorhydrate et le sulfhydrate d'ammoniaque. (*Voyez* ces sels en particulier.)

Préparation. — Tous peuvent être préparés directement, et tous le sont en effet de cette manière, excepté le carbonate, le sulfate et le chlorhydrate d'ammoniaque pour la préparation desquels l'on emploie des procédés économiques.

382. *Composition.* — Il paraîtrait, d'après la remarque de M. Gay-Lussac, que les sels neutres ammoniacaux seraient composés de telle manière que le radical de leur acide serait à leur base comme 1 à 2 en volume, et à l'azote de l'ammoniaque comme 1 à 1 : du moins les sels compris dans le tableau suivant sont soumis à cette loi.

Acide chlorique....	{	chlore............1 oxigène.........2,5	} sature 2 {	de gaz ammo-niac.
Acide iodique......	{	vapeur d'iode....1 oxigène.........2,5	} 2	
Acide bromique....	{	vapeur de brôme.1 oxigène.........2,5	} 2	
Acide azotique.....	{	azote............1 oxigène.........2,5	} 2	
Acide hypo-azotique	{	azote............1 oxigène.........1,5	} 2	
Acide sulfurique...	{	vapeur de soufre.1 oxigène..........3	} 2	
Acide sulfureux....	{	vapeur de soufre.1 oxigène..........2	} 2	
Acide carbonique...	{	vapeur de carbone 1 oxigène..........1	} 2	
Acide iodhydrique..	{	vapeur d'iode.....1 hydrogène........1	} 2	
Acide chlorhydrique	{	chlore............1 hydrogène........1	} 2	
Acide bromhydrique	{	vapeur de brôme.1 hydrogène........1	} 2	

Il est une autre manière, plus générale même que la précédente, de déterminer la composition des sels ammoniacaux; c'est d'assimiler l'ammoniaque aux oxides : on trouve alors que la capacité de saturation de cet alcali équivaut à celle d'un oxide qui contiendrait 46,633 d'oxigène pour 100.

Enfin leur composition peut encore être établie en observant que les sels neutres résultent de 1 proportion d'alcali = 214,325 et de 1 proportion d'acide, ou de 2 atomes de base et de 1 d'acide.

On sait d'ailleurs, d'après M. Gay-Lussac, que toutes les fois que l'acide est gazeux, sa combinaison en volume à lieu avec le gaz ammoniac dans des rapports très simples, soit qu'il en résulte un sel neutre ou un sous-sel : c'est ce qu'on verra dans le tableau suivant.

SUBSTANCES.	PROPORTIONS EN VOLUME.		PROPORTIONS EN POIDS.		
	GAZ ammon.	ACIDE.	GAZ ammon.	ACIDE.	
Chlorhydrate d'ammoniaque......	100	– 100	100	215,87	M. Gay-Lussac.
Carbonate d'ammoniaque neutre...	100	100	100	254,67	
Sous-carb. d'amm.	100	50	100	127,33	Mémoires
Fluo-borate d'am..	100	100	100	397,33	d'Arcueil,
Sous – fluo – borate d'ammoniaque..	100	50	100	198,63	t. II.
Autre sous-fluo-borate d'ammoniaq.	100	33,33	100	132,66	M. John Davy,
Fluo-silicate d'ammoniaque......	100	50	100	299,43	(Annal. de Chimie,
Chloroxicarbonate d'ammoniaque..	100	25	100	142 00	t. LXXXVI).
Sulfite d'ammoniaque neutre.....	100	50	100	188,98	M. Thénard.

Comme tous les sels ammoniacaux sont solides ou liqui-

des à la température ordinaire, il s'ensuit qu'à mesure
que le gaz ammoniac se combine avec un gaz acide, les deux
gaz doivent éprouver une contraction considérable et disparaître : c'est en effet ce qui a lieu. On opère ces sortes de
combinaisons sur le mercure, en mesurant dans un tube
gradué les deux gaz qu'on veut unir, et les mêlant ensuite
peu-à-peu; aussitôt qu'ils sont en contact, il se manifeste
des fumées blanches, épaisses, qui se condensent sur les
parois du tube, tandis que le mercure remonte dans celui-
ci, et bientôt le remplit, pourvu toutefois que les gaz soient
en proportions convenables. Cependant il faut employer
quelques précautions pour obtenir le fluo-borate et le sulfite d'ammoniaque : on obtient le premier en faisant passer
bulle à bulle le gaz ammoniac dans le gaz fluo-borique : si
l'on faisait l'inverse, on obtiendrait un sous-fluo-borate.
On obtient le second en dissolvant l'un des deux gaz,
par exemple, le gaz acide sulfureux, dans l'eau, et faisant
ensuite passer le gaz ammoniac dans la dissolution et l'agitant : si l'on mêlait ensemble les deux gaz sans eau, il se
précipiterait du soufre. Dans cette dernière expérience, il
faut avoir le soin de boucher le vase avec la main et de le
secouer, pour que toutes les portions d'acide et d'alcali se
combinent ensemble.

Usages. — Les sels d'ammoniaque employés sont au nombre de quatre : le carbonate, le sulfate, le chlorhydrate et
le sulfhydrate. (*Voyez* ces sels.)

Carbonates d'ammoniaque.

383. *Carbonate*. — Ce sel s'obtient en faisant rendre dans
un flacon le gaz carbonique et le gaz ammoniac, secs; ils
s'unissent toujours dans le rapport de 1 à 2 en volume. Si
les gaz étaient humides, il pourrait se former un sesqui-carbonate ou même un bi-carbonate.

Le carbonate d'ammoniaque, ainsi préparé, se présente

sous forme d'une croûte blanche, sans apparence cristalline, doué d'une forte odeur d'ammoniaque et susceptible de se réduire peu-à-peu en vapeur lorsqu'on l'expose au contact de l'air, de telle manière qu'il finit par disparaître complètement.

384. *Sesqui-carbonate, ou carbonate des pharmacies.* — Ce sel est blanc, caustique et piquant; a une odeur d'ammoniaque très prononcée; verdit fortement le sirop de violettes; se vaporise peu-à-peu à l'air libre, à la température ordinaire; se gazéifie dans des vaisseaux fermés bien au-dessous de la chaleur rouge-cerise; est très soluble dans l'eau froide, ne l'est point dans l'eau bouillante, tant il est volatil; cède son acide à la potasse, la soude, la baryte, la lithine, la strontiane et la chaux; fait une vive effervescence avec la plupart des acides comme tous les autres carbonates; décompose presque tous les sels solubles autres que les sels à base de potasse ou de soude, en donnant lieu toutefois avec ceux de magnésie à des phénomènes particuliers (Guibourt, *Jour. de Chim. méd.*, 1, 418); n'existe point dans la nature, ou au plus ne se trouve que dans les urines pourries, où il pourrait se former par la décomposition d'une matière animale très azotée, que nous connaîtrons sous le nom d'*urée*; s'obtient en calcinant ensemble un mélange de chorhydrate d'ammoniaque et de carbonate de chaux.

385. *Préparation.* — Le chlorhydrate d'ammoniaque et le carbonate de chaux étant pulvérisés, l'on prend une partie du premier et deux parties du second; on les mêle bien; on introduit le mélange dans une cornue de grès que l'on remplit aux trois quarts, même aux quatre cinquièmes : bientôt alors les deux sels se décomposent réciproquement. De cette double décomposition résultent de l'oxi-chlorure de calcium qui fond et reste dans la cornue, de l'eau et du carbonate d'ammoniaque qui se volatilisent, arrivent dans les récipiens à l'état de vapeurs blanches, et donnent naissance d'abord à des aiguilles cristallines, et ensuite à une

couche blanche plus ou moins épaisse : on facilite la condensation des vapeurs en refroidissant le récipient au moyen de linges mouillés. Lorsque l'opération est faite, ce qui a lieu à l'époque où, la cornue étant rouge, il ne se dégage plus de vapeurs, on laisse refroidir les vases, on détache le carbonate d'ammoniaque du récipient en cassant celui-ci, et on conserve le sel dans des flacons bouchés : il sera très blanc si l'on emploie du sel ammoniac bien blanc lui-même et du carbonate de chaux pur; mais si le sel ammoniac est gris, le carbonate d'ammoniaque le sera aussi, en grande partie du moins, et l'on ne pourra le rendre blanc qu'en le distillant de nouveau. Cette distillation pourra être faite dans une cornue de verre; elle aura lieu à une douce chaleur. D'un kilogramme de sel ammoniac on retire environ 700 à 800 grammes de carbonate d'ammoniaque. M. Payen a proposé de remplacer dans cette opération le chlorhydrate d'ammoniaque par le sulfate d'ammoniaque. Il en résulte une assez grande économie en se conformant au procédé qu'il a décrit. (*Annales de Chimie et de Physique*, t. XXVIII, pag. 70.)

Composition.—Le sesqui-carbonate d'ammoniaque résulte d'un volume de gaz carbonique, et d'un volume et demi de gaz ammoniac : 100 parties en poids contiennent 15,75 d'eau.

Usages.—Le sesqui-carbonate d'ammoniaque est employé comme réactif dans les laboratoires; en médecine, l'on s'en sert comme d'un excitant très énergique : on le met à cet effet dans de petits flacons de poche que l'on aromatise de diverses manières. C'est ce sel qu'on connaissait autrefois sous le nom de *sel volatil d'Angleterre.*

386. *Bi-carbonate.* — C'est en mettant le sesqui-carbonate d'ammoniaque en contact avec le gaz carbonique, que l'on obtient le bi-carbonate. L'expérience est facile à faire en plaçant le sel en poudre grossière sur une assiette, recouvrant celle-ci d'une cloche, chassant l'air de la cloche par un courant de gaz acide qu'on renouvelle au besoin. La com-

binaison s'opère peu-à-peu et se termine en quelques heures.

Le bi-carbonate d'ammoniaque est sans odeur. Sa saveur n'est pas alcaline. Dissous à chaud dans 5 à 6 fois son poids d'eau et dans un flacon bouché, il cristallise par refroidissement. Les cristaux sur 100 contiennent 22,7 d'eau dont l'oxigène est égal à la moitié de celui de l'acide.

Soumise à l'ébullition, la dissolution laisse d'abord dégager du gaz carbonique, et le sel passe probablement à l'état de *sesqui-carbonate :* bientôt après, le carbonate se vaporise tout entier. (*Voir* pour les autres propriétés les bi-carbonates de potasse et de soude.)

Borates d'ammoniaque.

387. *Borate neutre.* — Ce sel n'existe point dans la nature; on l'obtient directement en dissolvant l'acide borique dans un excès d'ammoniaque faible, et faisant évaporer la liqueur jusqu'à pellicule. Il est âcre, piquant, plus soluble dans l'eau à chaud qu'à froid, de sorte qu'il cristallise par le refroidissement : ses cristaux sont des octaèdres rhomboïdaux qui contiennent 26 pour 100 d'eau et s'effleurissent à l'air. Il verdit le sirop de violettes. Exposé à une chaleur rouge, il laisse dégager toute son ammoniaque, et passe à l'état d'acide borique.

387 *bis.* Il paraît qu'il existe un bi-borate et un borate sesqui-basique d'ammoniaque : ils ont été à peine examinés.

Phosphates d'ammoniaque.

388. *Phosphate neutre.* — Le phosphate d'ammoniaque est piquant et sans odeur; il verdit le sirop de violettes; exposé au feu, il se décompose : son ammoniaque se dégage, et son acide, devenu acide *para-phosphorique*, reste sous forme de verre fondu (213). L'action qu'il exerce sur les corps com-

bustibles, à une température élevée, doit être la même que celle de l'acide phosphorique et de l'ammoniaque, puisque alors cet alcali et cet acide deviennent libres. Il est très soluble dans l'eau, plus à chaud qu'à froid. Cependant on ne l'obtient bien cristallisé que par une évaporation spontanée; car, à la température de l'ébullition, il passe à l'état de phosphate acide : ses cristaux passent même peu-à-peu à cet état, dans leur contact avec l'air, à la température ordinaire; ils s'effleurissent et abandonnent de l'ammoniaque.

Une étoffe quelconque, la gaze la plus fine, plongée dans une dissolution de ce sel, perd, après avoir été séchée, la propriété de prendre feu par le contact d'un corps en combustion. L'acide phosphorique provenant de la décomposition du sel recouvre le tissu, et s'oppose à l'action de l'air. Tous les sels solubles, capables d'éprouver la fusion ignée à la chaleur rouge obscure, possèdent nécessairement cette propriété; ils la posséderaient encore quand bien même ils se décomposeraient, pourvu que la partie non volatilisée se fondît.

Etat. — Ce sel se trouve en combinaison avec les phosphates de soude et de magnésie, dans les urines humaines. Uni à celui-ci, il donne lieu à l'une des espèces de calculs qui se forment dans la vessie de l'homme, et il constitue également des concrétions très volumineuses qu'on rencontre de temps à autre dans les intestins des animaux, et surtout des chevaux.

Ces phosphates doubles se font aisément : celui de soude a été analysé par M. Riffault; il l'a trouvé formé de 31,999 de phosphate de soude, 26,377 de phosphate d'ammoniaque, 41,634 d'eau.

Préparation. — On le prépare comme ceux de soude et de potasse, en versant, dans une dissolution de phosphate acide de chaux, un léger excès d'ammoniaque liquide; on filtre et on lave le phosphate neutre de chaux qui reste sur le filtre ; dans la liqueur se trouve le phosphate d'ammonia-

que; on le fait évaporer; mais comme, par l'évaporation rapide, ce sel devient acide, il faut, lorsque la dissolution est
amenée au point de concentration convenable pour cristalliser spontanément, y verser de l'ammoniaque, de manière
à rendre celle-ci légèrement prédominante.

389. *Bi-phosphate.* — Il se prépare facilement en faisant
bouillir la dissolution de phosphate neutre et la rapprochant
au point de pouvoir cristalliser. Le bi-phosphate se dépose
en assez gros cristaux transparens, inaltérables à l'air, contenant 25,36 pour 100 d'eau de cristallisation, se dissolvant
dans 5 parties d'eau froide et dans une moins grande quantité d'eau bouillante; par conséquent moins soluble que le
phosphate neutre.

On s'en sert pour obtenir l'acide para-phosphorique
(213).

390. *Sous-phosphate d'ammoniaque.* — Ce sel existe et se
forme en ajoutant de l'ammoniaque à une dissolution concentrée de phosphate neutre; il se dépose tout-à-coup en
magma.

Phosphite d'ammoniaque.

391. Très soluble dans l'eau, déliquescent, se transformant par la chaleur en ammoniaque qui se dégage, et en
acide phosphoreux aqueux qui lui-même se décompose
bientôt après et donne du gaz proto-phosphure d'hydrogène
et de l'acide phosphorique.

Hypo-phosphite d'ammoniaque.

392. Très déliquescent, soluble dans l'alcool anhydre,
donnant, lorsqu'on le chauffe peu-à-peu, les mêmes produits
que le phosphite, plus du phosphore.

Comme lui, d'ailleurs, il provient toujours de la combinaison directe de l'acide avec l'ammoniaque.

Sulfates d'ammoniaque.

393. *Sulfate neutre.* — Le sulfate d'ammoniaque est incolore, amer, très piquant, soluble dans à-peu-près son
poids d'eau bouillante, et seulement dans deux fois son
poids d'eau à 15°. La forme qu'il affecte est celle de petits
prismes à six pans, terminés ordinairement par des pyramides à six faces ; ils contiennent 24,3 d'eau pour 100 de
sel. Lorsqu'on l'expose à l'action du feu, il abandonne une
partie de son ammoniaque à une température même plus
basse que celle de l'eau bouillante, passe à l'état de sulfate
acide, décrépite légèrement, se décompose complètement à
une chaleur voisine du rouge cerise, et donne lieu à un dégagement de gaz azote, à de l'eau et à du sulfite acide d'ammoniaque qui se vaporise sous forme de fumée blanche :
résultats faciles à expliquer, en observant que l'ammoniaque est formée d'azote et d'hydrogène, et qu'elle éprouve
une décomposition partielle. La potasse, la soude, etc.,
mettent en liberté la base du sulfate d'ammoniaque. Ce sel
s'unit avec le sulfate d'alumine et constitue l'un des aluns
du commerce.

Le sulfate d'ammoniaque ne se trouve naturellement
qu'en petite quantité et toujours uni au sulfate d'alumine.
On l'obtient dans les laboratoires en versant un excès d'ammoniaque dans l'acide sulfurique faible, et évaporant la liqueur : si cet acide était concentré, il se produirait tant de
chaleur que la liqueur serait projetée au loin. Dans les arts,
on en fabrique une grande quantité en traitant le sulfate de
chaux par le carbonate d'ammoniaque provenant de la distillation des matières animales : c'est de celui-ci que l'on
se sert pour faire l'alun à base d'ammoniaque.

394. *Bi-sulfate.* — Pour obtenir ce sel, il ne faut qu'a-
jouter 1 proportion d'acide sulfurique à 1 proportion de
sulfate d'ammoniaque. Le bi-sulfate est déliquescent. Neu-
tralisé par la soude, la potasse, il forme des sels doubles qui
cristallisent aisément, qui sont inaltérables à l'air, et qui,

par la calcination, laissant dégager leur ammoniaque, passent à l'état de sulfate acide.

Sulfites d'ammoniaque.

395. *Sulfite neutre.* —Ce sel est transparent; sa saveur est fraîche, piquante et comme sulfureuse; il cristallise en prismes à six pans terminés par des pyramides à six faces, quelquefois en tables carrées avec des bords taillés en biseaux. Exposé à l'air, il se ramollit légèrement, et passe promptement à l'état de sulfate d'ammoniaque : c'est même celui de tous les sulfites qui éprouve le plus facilement cette transformation; elle a lieu en très peu de temps quand il est dissous dans l'eau. Chauffé sans le contact de l'air, par exemple, dans une cornue au col de laquelle on adapte un tube qui plonge sous le mercure, il s'en dégage une petite quantité d'eau et d'ammoniaque, et il passe à l'état de sulfite acide qui se sublime tout entier dans le col de la cornue. Il n'exige que son poids d'eau pour se dissoudre à la température de 12°; il en exige beaucoup moins à une température plus élevée ; en se dissolvant, il produit un froid assez considérable. Il se prépare de même que les sulfites de potasse et de soude, en faisant passer du gaz sulfureux à travers l'ammoniaque liquide. (*Voy.* les sulfites.)

Nous en avons fait connaître la composition précédemment (382).

Azotate d'ammoniaque.

396. Ce sel est âcre et très piquant, légèrement déliquescent, soluble dans 2 parties d'eau à 15°, et dans moins d'une partie d'eau bouillante; il cristallise diversement, mais le plus souvent en longs prismes à six pans, très brillans et comme satinés, qui s'accolent et forment des cannelures. Exposé au feu, il éprouve la fusion aqueuse, laisse dégager son eau de cristallisation, et se prendrait en une masse opaque si on le laissait refroidir; il éprouve presqu'en

même temps la fusion ignée que la fusion aqueuse, se décompose à environ 250°, bout, et donne lieu à des produits différens, selon que la température est plus ou moins élevée. En effet, soumis à l'action d'une douce chaleur dans une cornue, il se transforme en eau et en protoxide; chauffé plus fortement il y a production de bi-oxide d'azote et de vapeurs blanches, dues à de l'azotite d'ammoniaque (1); enfin, projeté dans un creuset rouge, il s'enflamme subitement en donnant lieu à un léger sifflement et à une lueur jaunâtre; l'inflammation est due à la rapide combinaison de l'oxigène de l'acide azotique avec l'hydrogène de l'ammoniaque.

L'azotate d'ammoniaque n'existe point dans la nature; on le prépare en versant un léger excès d'ammoniaque liquide dans l'acide azotique, et en faisant évaporer la liqueur presque jusqu'à légère pellicule. Il est formé de 1 proportion d'acide=177,03 d'azote+500 d'oxigène, et de 1 proportion d'ammoniaque = 177,03 d'azote + 3 × 12,479 d'hydrogène. C'est en chauffant ce sel qu'on se procure le protoxide d'azote. On le connaissait autrefois sous le nom de *nitre inflammable*. Ses propriétés ont été étudiées par Berthollet et Davy.

Chlorate d'ammoniaque.

397. On l'obtient en versant une dissolution de carbonate d'ammoniaque dans de l'acide chlorique jusqu'à parfaite saturation, et évaporant convenablement la liqueur. Il faut, suivant M. Vauquelin, que l'évaporation soit très douce et en quelque sorte spontanée, pour qu'il ne se volatilise pas de chlorate.

Ce sel cristallise en aiguilles fines. Sa saveur est extrêmement piquante. Soumis peu-à-peu à l'action du feu dans

---

(1) Quelques chimistes prétendent que l'on obtient aussi une très petite quantité de gaz azote, et d'acide hypo-azotique.

une cornue, il se décompose rapidement, et se transforme en eau, en chlore, en azote, en oxide d'azote, et en chlorhydrate acide d'ammoniaque. Projeté dans un têt presque incandescent, il s'enflamme tout-à-coup, à la manière de l'azotate d'ammoniaque, en produisant un bruit assez considérable et une flamme rouge (Vauquelin).

Le chlorate d'ammoniaque ne se rencontre point dans la nature.

Sa composition a été donnée précédemment (382).

Ses usages sont nuls.

Chlorite d'ammoniaque.

398. Ce sel n'existe qu'à l'état liquide ; lorsqu'on veut concentrer la liqueur qui le contient, soit en l'exposant dans le vide, soit par l'action directe de la chaleur, il est rapidement décomposé : de l'azote est mis en liberté en même temps qu'il se forme du chlorhydrate d'ammoniaque et de l'acide chlorhydrique.

Il possède une odeur vive, et les acides en dégagent du chlore.

Sa composition est incertaine.

M. Soubeiran, qui l'a découvert, le prépare en faisant agir le carbonate, l'oxalate ou le phosphate d'ammoniaque sur le chlorite de chaux : il se forme un abondant précipité de carbonate, d'oxalate ou de phosphate de chaux, et le sel reste en dissolution. (*Journ. de Pharm.*, XVIII, 10.)

Iodate d'ammoniaque.

399. Pour l'obtenir, il faut verser de l'ammoniaque dans l'acide iodique, ou dans une dissolution de chlorure d'iode, jusqu'à saturation : il se dépose promptement en petits cristaux grenus dont la forme est difficile à déterminer.

Mis en contact avec des charbons incandescens, ou un

corps chaud, il détone avec sifflement en répandant une faible lumière violette et des vapeurs d'iode : aussi brise-t-il les tubes de verre dans lesquels on l'expose à l'action du feu. Cependant M. Gay-Lussac, en cherchant à le décomposer de cette manière, est parvenu à obtenir assez de gaz pour reconnaître que celui-ci était un mélange de à-peu-près parties égales en volume d'oxigène et d'azote; d'où il a conclu que l'iodate d'ammoniaque devait être composé de 100 d'acide iodique et de 10,94 d'ammoniaque, ou de 2 volumes de gaz ammoniac, 1 volume de vapeur d'iode et 2 volumes $\frac{1}{2}$ d'oxigène.

Fluorhydrates d'ammoniaque.

400. *Fluorhydrate neutre.*—Berzelius le prépare en mêlant une partie de sel ammoniac en poudre fine avec deux parties un quart de fluorure de sodium également en poudre très-fine, et chauffant le mélange dans un creuset de platine fermé par un couvercle concave dont la cavité est remplie d'eau. Lorsqu'on expose le fond du creuset à une douce chaleur, le fluorhydrate d'ammoniaque se sublime et s'attache en petits cristaux prismatiques à la paroi interne du couvercle. Il faut que le mélange ne contienne point d'eau, sans quoi l'on obtiendrait un sel acide.

Le fluorhydrate d'ammoniaque entre toujours en fusion avant de se sublimer; il ne s'altère point à l'air, se dissout facilement dans l'eau, attaque le verre avec tant de force qu'il le corrode même à l'état solide, à plus forte raison à l'état liquide : de là un excellent moyen de graver sur le verre, en employant la dissolution de fluorhydrate d'ammoniaque au lieu d'acide fluorhydrique, laissant sécher le sel, et le lavant ensuite avec de l'eau. (Voyez *acide fluorhydrique.*)

Il est évident, d'après cela, que le fluorhydrate d'ammoniaque doit être conservé dans des vases métalliques.

401. Il existe sans doute un fluorhydrate basique; car le

fluorhydrate neutre, mis en contact avec le gaz ammoniac, en absorbe promptement une partie.

402. *Fluorhydrate acide.* — Sa saveur est très piquante;
il ne cristallise que très difficilement. Soumis à l'action du
feu, il se vaporise sous forme de fumées blanches très épaisses et très désagréables, à une température qui n'excède
guère celle de l'eau bouillante. Sa solubilité dans l'eau est
très grande. L'acide sulfurique le décompose avec une vive
effervescence et un grand dégagement de calorique.

On l'obtient en versant de l'ammoniaque étendue d'eau
dans l'acide fluorhydrique liquide, jusqu'à ce qu'il y ait un
léger excès d'alcali, et en évaporant la liqueur à une chaleur
modérée dans un vase de platine ou d'argent. Bientôt le sel
laisse dégager une partie de sa base et devient acide.

Fluo-borates d'ammoniaque.

403. Le gaz ammoniac forme trois espèces de sels avec
l'acide fluo-borique, d'après John Davy. Le premier est solide et formé de volumes égaux de gaz fluo-borique et de
gaz ammoniac. Les deux autres sont liquides et composés :
l'un, d'un volume de gaz fluo-borique et de 2 volumes de
gaz ammoniac; et l'autre, d'un volume de gaz fluo-borique
et de 3 volumes de gaz ammoniac. Ces deux sels, par l'action de la chaleur, laissent dégager une certaine quantité
de gaz ammoniac et se solidifient. (*Ann. de Chim.*, LXXXVI.)

404. Le fluo-borate solide s'obtient en ajoutant une
quantité convenable d'acide borique à une dissolution de
fluorhydrate d'ammoniaque : l'acide borique et l'acide
fluorhydrique se décomposent réciproquement, une partie
de l'ammoniaque devient libre et le nouveau sel cristallise
par évaporation en prismes à six pans terminés par des
sommets dièdres. Il est acide, a la saveur piquante du sel
ammoniac et se sépare par voie de sublimation de l'acide
borique qu'il pourrait contenir. Le sublimé est demi-fondu
et translucide.

Chlorhydrate d'ammoniaque ou sel ammoniac.

405. Ce sel est blanc, extrêmement piquant, soluble dans un peu moins de 3 parties d'eau à 15 degrés, et dans une bien moindre quantité d'eau bouillante. Il cristallise ordinairement en longues aiguilles qui se groupent sous forme de barbes de plume, et qui paraissent être des pyramides hexaèdres. Exposé au feu, il fond dans son eau de cristallisation, bout, se dessèche et se sublime sous forme de vapeurs blanches : aussi, en l'introduisant dans un vase de verre, par exemple, dans un petit matras ou dans une fiole, et l'exposant à une chaleur presque rouge, vient-il s'attacher à la paroi supérieure de ce vase, et y former une couche plus ou moins épaisse. Plusieurs métaux, et particulièrement ceux des première et troisième sections, peuvent le décomposer, du moins en partie : il résulte toujours de cette décomposition un dégagement de gaz ammoniac et de gaz hydrogène, et il se forme un chlorure métallique. Le potassium et le sodium produisent cet effet à une température peu élevée; l'étain, le zinc, le fer ne le produisent qu'à une chaleur voisine du rouge-cerise : l'expérience, avec ces trois métaux, se fait facilement dans une petite cornue de verre à laquelle on adapte un tube recourbé qui s'engage sous une cloche pleine de mercure.

Calcinéavec le carbonate de chaux, le chlorhydrate d'ammoniaque donne lieu à du chlorure de calcium fixe, à du carbonate d'ammoniaque volatil et à de l'eau.

Dissous dans l'eau, il peut se charger d'une très grande quantité d'oxide de zinc, etc.

Etat naturel.—Le chlorhydrate d'ammoniaque se trouve dans les urines humaines et dans la fiente de quelques animaux, particulièrement des chameaux. Il paraît qu'il existe aussi en petite quantité aux environs des volcans.

406. *Préparation.* — Ce sel se fabrique, pour les besoins du commerce, en Egypte et en Europe, par des procédés différens.

En Egypte, on l'extrait de la fiente de chameaux. La fiente est recueillie, séchée au soleil, et brûlée dans des cheminées. On ramasse la suie qui provient de cette combustion, et qui contient le sel ammoniac ; on en remplit des ballons de verre d'environ un pied de diamètre jusqu'à trois doigts près de leur col, et on les expose à l'action du feu. Cette dernière opération peut se faire commodément dans des fourneaux que nous appelons *galères* (71), et qui peuvent recevoir un certain nombre de ballons. Chaque ballon est disposé de manière que sa partie supérieure sorte à travers les parois du fourneau et soit en contact avec l'air froid. On fait peu de feu d'abord, on l'augmente graduellement, et on le soutient pendant à-peu-près trois jours : le troisième jour, on plonge de temps en temps une tige de fer dans les cols des ballons, pour empêcher qu'ils ne s'obstruent. Alors on casse les ballons, et l'on trouve le sel sublimé à leur partie supérieure, en masses hémisphériques, d'un blanc gris, demi transparentes, douées d'une sorte d'élasticité, et épaisses d'environ deux pouces à deux pouces et demi.

En Europe, on l'obtient surtout en décomposant le sulfate de chaux par le carbonate d'ammoniaque provenant de la distillation des matières animales, mettant le sulfate d'ammoniaque qui résulte de cette décomposition en contact avec le sel marin, et sublimant, comme nous venons de le dire, le chlorhydrate d'ammoniaque qui se forme.

C'est de ce sel qu'on extrait l'ammoniaque ; c'est avec lui que se fabrique le carbonate d'ammoniaque qu'on trouve dans le commerce ; on l'emploie pour décaper les métaux, et particulièrement le cuivre lorsqu'on veut étamer ce métal ; on s'en sert aussi quelquefois en teinture ; enfin, l'on en fait usage en médecine comme stimulant. Malgré tous ces usages, la consommation n'en est pas très considérable.

Les anciens lui ont donné le nom de *sel ammoniac*, parce que, d'après Pline, on le trouvait en grande quantité aux environs du temple de Jupiter Ammon : il porte encore ce nom dans le commerce. Pendant long-temps , on n'a fabriqué le sel ammoniac qu'en Egypte ; ce n'est même que depuis environ quarante ans qu'on a commencé à le fabriquer en Europe. La création de cet art est due à Baumé.

Iodhydrate d'ammoniaque.

407. L'iodhydrate d'ammoniaque, qui est composé de volumes égaux de gaz iodhydrique et de gaz ammoniac, s'obtient en combinant ces deux substances à l'état liquide. Il cristallise en cubes, est un peu plus soluble que le sel ammoniac, et à-peu-près aussi volatil. Chauffé dans des vaisseaux fermés, il se sublime presque sans se décomposer, et forme sur les parois des vases une croûte d'un gris blanc ; mais lorsqu'on le calcine avec le contact de l'air, il s'en décompose beaucoup plus, et il prend une couleur plus ou moins foncée, qu'il doit à un excès d'iode, et qu'on lui fait perdre, soit en le mettant en contact avec un peu d'ammoniaque, soit en l'exposant à l'air par un temps sec : dans ce dernier cas, l'iode se réduit peu-à-peu en vapeur.

Brômhydrate d'ammoniaque.

408. Le brômhydrate d'ammoniaque, découvert par M. Balard, est solide, blanc, cristallisable en longs prismes sur lesquels d'autres, plus petits, s'implantent à angles droits. Lorsqu'on l'expose humide au contact de l'air, il y jaunit un peu et acquiert la faculté de rougir le papier bleu de tournesol. Lorsqu'on le chauffe, il se sublime.

Ce sel est formé de volumes égaux de gaz brômhydrique et de gaz ammoniac, ou d'un atome de l'un et de l'autre = $H^3 Az, HBr$.

On peut le préparer en unissant les deux gaz ou en combinant l'acide brômhydrique avec l'ammoniaque liquide, ou bien encore en faisant agir le brôme sur le gaz ammoniac, soit gazeux, soit dissous dans l'eau. Le mélange s'échauffe, de l'azote se dégage, et le sel se forme. (*Ann. de Chim. et de Phys.*, XXXII, 358.)

Sulfhydrate d'ammoniaque.

409. Le sulfhydrate d'ammoniaque s'obtient en combinant le gaz ammoniac et le gaz sulfhydrique à une basse température. Pour cela, on fait plonger jusqu'au fond d'un flacon à gros goulot et entouré de glace, deux tubes, dont l'un communique à une cornue d'où se dégage du gaz ammoniac sec (355), et l'autre à une grande fiole ou un matras, d'où se dégage du gaz sulfhydrique également sec (313). Ces deux tubes traversent le bouchon du flacon, d'où part un troisième tube qui plonge dans le mercure, et qui est destiné, d'une part, à donner issue aux gaz excédans, et, d'une autre part, à s'opposer au contact de l'air avec le sulfhydrate. Presque aussitôt que les gaz se rencontrent dans le flacon, il se forme des cristaux blancs et transparens : quelques-uns seulement sont jaunâtres. On continue l'expérience jusqu'à ce qu'on juge qu'il s'en soit assez formé. Alors on défait l'appareil, et l'on ferme promptement le flacon avec un bouchon de cristal. Si l'on voulait que le sulfhydrate fût absolument pur et ne contînt point de sulfhydrate sulfuré, il suffirait de remplir les vases de gaz hydrogène avant d'y faire rendre l'ammoniaque et l'acide sulfhydrique : bien entendu d'ailleurs qu'il faudrait faire en sorte d'éviter le contact de l'air.

Lorsque au lieu de vouloir obtenir le sulfhydrate d'ammoniaque en cristaux, on veut l'avoir en dissolution dans l'eau, il faut se garder d'employer le procédé dont il vient d'être question : il faut se servir de celui qui est décrit (art. sulfhydrate de potassium), c'est-à-dire faire passer du gaz sulfhydrique à travers l'ammoniaque liquide. C'est ordinairement le sulfhydrate d'ammoniaque ainsi obtenu qu'on emploie dans les laboratoires comme réactif, quoique le précédent soit bien préférable.

Le sulfhydrate d'ammoniaque pur blanc, est transpa-

rent, sous forme d'aiguilles ou de belles lames cristallines.
Il est très volatil : aussi, à la température ordinaire, se su-
blime-t-il peu-à-peu à la partie supérieure des flacons dans
lesquels on le conserve; on peut même, par ce moyen, le séparer du sulfhydrate sulfuré qu'il pourrait contenir. Exposé
à l'air, il en absorbe l'oxigène, passe d'abord à l'état de
sulfhydrate sulfuré, puis successivement à celui d'hypo-
sulfite, de sulfite et de sulfate, et devient jaune. Lorsqu'il
est avec excès d'ammoniaque, il se dissout promptement
dans l'eau, en donnant lieu à un froid assez considérable.
Il se rencontre dans la nature, et possède d'ailleurs la plupart des propriétés des proto-sulfures de potassium , de
sodium, etc.

Sulfhydrate per-sulfuré ou quinti-sulfure hydrogéné d'ammoniaque.

410. Ce sulfhydrate per-sulfuré est un liquide presque si-
rupeux, dont la saveur et l'odeur sont analogues à celles du
sulfhydrate d'ammoniaque. Sa couleur est le brun rouge.
Soumis à l'action du feu dans une cornue , il se décompose
et se transforme en sulfhydrate d'ammoniaque moins sulfuré, qui cristallise à une très basse température, et en soufre beaucoup moins volatil que ce sulfhydrate.

Mis en contact avec l'air, il y répand de légères vapeurs
blanches, sur la formation desquelles nous reviendrons en
parlant de sa préparation. Agité avec le mercure, il cède à ce
métal une portion de son soufre , comme les autres poly-
sulfures; mais lorsqu'on l'expose à l'action d'un courant de
gaz sulfhydrique, il ne laisse point, comme ces corps, précipiter de soufre. Cependant il absorbe une assez grande
quantité de ce gaz; il acquiert alors la propriété de se dissoudre dans l'eau, propriété qu'il ne possédait point auparavant. En effet, l'eau trouble le sulfhydrate per-sulfuré
d'ammoniaque; elle agit sur lui comme le calorique ; elle le
transforme en sulfhydrate d'ammoniaque moins sulfuré qui

se dissout, et en soufre qui se dépose. Un excès d'ammoniaque ne s'oppose point à cette décomposition, sans doute parce
que l'ammoniaque liquide ne peut dissoudre le soufre. Il
n'en est pas de même de la potasse et de la soude, dont l'action dissolvante sur ce corps est très grande. Le sulfhydrate
per-sulfuré d'ammoniaque se comporte, en général, avec
les acides et les sels comme les sulfhydrates de sulfures de
potassium, de sodium.

411. Pour l'obtenir, on prend parties égales de chlorhydrate d'ammoniaque et de chaux en poudre, et une demi-
partie de soufre également en poudre. Après les avoir mêlés
intimement, on les introduit dans une cornue de grès ou de
verre, en ayant soin qu'il ne reste aucune portion du mélange sur les parois du col. On place la cornue dans un
fourneau muni de son laboratoire; on y adapte une allonge
qui se rend dans un petit récipient tubulé bien sec, dont on
ferme la tubulure avec un bouchon surmonté d'un tube
très élevé, afin de s'opposer à la rentrée de l'air dans l'appareil. On fait du feu sous la cornue, de manière à la porter
peu-à-peu presque jusqu'au rouge. Bientôt il se forme une
liqueur jaunâtre; cette liqueur étant très volatile, passe dans
le ballon, où elle se condense, surtout en entourant ce vase
de linges mouillés; on la met dans un flacon avec son poids
de soufre en poudre; on l'agite avec ce corps pendant environ sept à huit minutes à la température ordinaire; elle en
dissout la majeure partie, se fonce beaucoup en couleur,
s'épaissit et constitue alors le sulfhydrate. Pour concevoir ce qui se passe dans cette opération, il faut connaître
les produits qui en résultent. Ces produits sont au nombre
de trois; savoir : du sulfate de chaux, du chlorure de calcium et du sulfhydrate sulfuré d'ammoniaque; il ne se dégage pas une bulle de gaz azote. Le chlorure de calcium
provient de la combinaison du métal de la chaux avec le
chlore de l'acide; le sulfate de chaux, de celle de l'oxigène
de la chaux avec le soufre et la chaux elle-même; enfin le
sulfhydrate d'ammoniaque sulfuré, de celle de l'hydrogène

de l'acide chlorhydrique avec l'ammoniaque et le soufre. Ce sulfhydrate contient un grand excès de base et peu de soufre au commencement de l'opération, tandis qu'à la fin il contient au contraire beaucoup de soufre et seulement un petit excès de base, ce qui doit être, puisque l'ammoniaque est bien plus volatile que le soufre.

Le seul produit qui se volatilise est donc un sulfhydrate sulfuré d'ammoniaque, uni ou mêlé avec beaucoup d'alcali dans un grand état de concentration : on l'appelait autrefois *liqueur fumante de Boyle*, parce qu'il est liquide, que ce liquide répand des vapeurs dans l'air, et qu'il a été obtenu pour la première fois par ce chimiste. Il faut opérer au moins sur un demi-kilogramme de mélange pour avoir une quantité remarquable de liqueur.

On peut encore obtenir du sulfhydrate sulfuré d'ammoniaque en agitant du soufre avec de l'ammoniaque et du sulfhydrate d'ammoniaque provenant de l'absorption du gaz sulfhydrique par l'ammoniaque liquide (409); mais il est moins chargé de soufre que le précédent.

412. La liqueur de Boyle répand pendant long-temps des vapeurs épaisses dans une cloche pleine de gaz oxigène ou d'air; mais elle en répand à peine, et seulement pendant un instant, dans une cloche pleine de gaz azote ou de gaz hydrogène : les résultats sont les mêmes dans les gaz secs ou humides. Ces expériences doivent être faites de la manière suivante : on prend un petit tube de verre fermé par un bout; on y met une certaine quantité de liqueur fumante de Boyle; on le bouche, et on l'abandonne à lui-même pendant plusieurs heures, ou plutôt jusqu'à ce que les vapeurs qui s'y forment soient parfaitement dissipées. Alors on introduit ce tube à travers le mercure sous la cloche pleine de gaz, par exemple, de gaz hydrogène pur, et on le débouche avec un fil de fer, etc. D'après cela, il paraît que l'oxigène est une des principales causes de la propriété qu'a la liqueur de Boyle de fumer dans l'air, et que c'est probablement en la faisant passer à l'état de sulfhydrate per-sulfuré, et peut-

être en partie à l'état d'hypo-sulfite, qu'il contribue à la rendre fumante. (*Ann. de Chim.*, t. LXXXIII, p. 132.)

413. C'est avec la liqueur fumante de Boyle et l'acétate de plomb que les charlatans disent la bonne aventure. Ils font tirer d'une roue de petits morceaux de papier sur lesquels des caractères invisibles ont été tracés par eux avec l'acétate de plomb en dissolution ; ils les jettent dans un bocal où se trouvent quelques gouttes de liqueur fumante, et à l'instant même les caractères apparaissent, parce que la liqueur, en agissant sur le sel, produit de l'acétate d'ammoniaque et du sulfure de plomb qui est noir. (1)

---

(1) Outre cette encre de sympathie, il en existe un grand nomdre d'autres : en effet, toutes les fois qu'une liqueur sera incolore, et qu'en la mélant avec une autre, ou mieux encore avec une vapeur ou un gaz, il se produira un composé coloré insoluble, ces matières pourront être employées comme encre sympathique.

Les plus remarquables s'obtiennent :

1° Avec la liqueur fumante de Boyle et l'acétate de plomb, comme nous venons de dire ;

2° Avec le chlorure de cobalt pur ou mêlé à un peu de per-chlorure de fer. (*Voy.* ces chlorures.)

3° Avec les proto-sulfures de potassium, de sodium, purs ou sulfhydratés, ou bien encore avec le sulfhydrate d'ammoniaque et la plupart des sels des quatre dernières sections. On trace des caractères avec l'un de ces sels en dissolution faible, et lorsque le papier est sec, on le plonge dans la solution de sulfure, très étendue d'eau elle-même.

4° Avec le cyanure jaune de potassium ferrugineux et le plus grand nombre aussi des sels des quatre dernières sections. Cette encre s'emploie comme la précédente.

5° Avec l'acide sulfurique, lorsqu'il est étendu de deux fois son volume d'eau. On s'en sert, à la manière ordinaire, pour tracer des caractères invisibles : en les chauffant, ils deviennent noirs : alors l'acide sulfurique se concentre, attaque le papier et en rend le carbone libre ;

6° Enfin, avec la noix de galle et le sulfate de fer. On plonge une feuille de papier joseph dans une dissolution faible de sulfate de fer ; lorsqu'il est sec, on le recouvre au pinceau d'une légère couche d'empois, puis on le saupoudre d'un peu de noix de galle réduite en poudre très fine. Le papier étant ainsi préparé, tous les caractères qu'on trace dessus avec une plume trempée dans l'eau deviennent noirs : dans ce cas, l'eau met en contact la noix de galle et le sel de fer, qui, par leur réaction, font de l'encre sur le-champ.

Arséniates d'ammoniaque.

414. Les arséniates d'ammoniaque ont des propriétés analogues à celles des phosphates d'ammoniaque. (Voir *l'Histoire générique des phosphates.*)

414 *bis. Arséniate neutre.* —Ce sel est vénéneux, piquant, et plus soluble à chaud qu'à froid dans l'eau ; il cristallise comme le phosphate d'ammoniaque, en prismes obliques à bases rhombes qui contiennent 15,33 pour 100 d'eau. Exposé à une très légère chaleur, il s'effleurit et laisse dégager la moitié de son ammoniaque, passe à l'état d'arséniate acide; mais, exposé à une température rouge, une partie de l'acide et de l'ammoniaque se décompose réciproquement, et de là résultent du gaz ammoniac, de l'eau, du gaz azote, de l'arsénic et de l'acide arsénieux.

On l'obtient en versant un léger excès d'ammoniaque liquide dans une dissolution concentrée d'acide arsénique, et faisant évaporer spontanément la liqueur.

415. *Arséniate acide ou bi-arséniate.* — Un excès d'acide communique à l'arséniate d'ammoniaque la propriété de cristalliser en prismes à bases carrées terminées par des faces d'octaèdre. Ses cristaux sont très solubles dans l'eau, mais moins que ceux de l'arséniate neutre.

416. *Sous-arséniate.*—Il existe un sous-arséniate correspondant au sous-phosphate et comme lui peu soluble.

Molybdates d'ammoniaque.

417. *Molybdate neutre.* — Styptique, piquant, difficilement cristallisable. Exposé au feu, il s'en dégage d'abord une certaine quantité d'ammoniaque; ensuite, à mesure que le feu devient plus fort, l'acide molybdique et la portion d'ammoniaque avec laquelle il est combiné se décomposent réciproquement, et donnent lieu à de l'eau, à du gaz azote et à de l'oxide de molybdène; d'où l'on doit conclure que l'hydrogène de l'ammoniaque se combine avec

une partie de l'oxigène de l'acide molybdique, etc.

Le molybdate d'ammoniaque est très soluble dans l'eau : on l'obtient en unissant directement l'acide et la base, concentrant fortement la liqueur par évaporation, la laissant refroidir après avoir sursaturé l'acide devenu libre. Le sel cristallise en prismes rectangulaires à 4 pans.

417 *bis*. *Bi-molybdate*. — Il suffit de faire évaporer la dissolution du molybdate neutre jusqu'à ce qu'elle commence à cristalliser, pour avoir le bi-molybdate.

Chrômate d'ammoniaque.

418. — Peu connu, jaune, s'obtient directement, ou en traitant à la température ordinaire le chrômate de plomb par une dissolution de carbonate d'ammoniaque, filtrant la liqueur après quelques heures de contact, la décantant et la faisant évaporer convenablement.

Tungstates d'ammoniaque.

419. *Bi-tungstate*. — Styptique, inaltérable à l'air, décomposable par le feu avec un résidu d'acide, très soluble dans l'eau. Il cristallise, tantôt en prismes à quatre pans aiguillés, tantôt en écailles semblables à celles de l'acide borique, ce qui dépend peut-être de son état de saturation. Les acides sulfurique, azotique, etc., en opèrent sur-le-champ la décomposition. On l'obtient en unissant directement l'acide et la base.

420. Le tungstate neutre est peu connu.

Vanadates d'ammoniaque.

421. *Vanadate neutre*. — C'est de ce vanadate qu'on extrait le vanadium, son acide et ses oxides, purs. Sa préparation est fort simple : il suffit de mettre du sel ammoniac ou chlorydrate d'ammoniaque en morceaux dans une solu-

tion de vanadate neutre de potasse ou de soude. Bientôt il s'opère une double décomposition, et le vanadate d'ammoniaque commence à se déposer sous forme de petits grains cristallins, ou de poudre blanche : il n'en reste que très peu dans le liquide, d'où on peut même le précipiter par l'alcool. Le dépôt doit être ensuite lavé avec une dissolution de sel ammoniac, puis avec de l'alcool faible et enfin séché à la température de 20 à 30° : après quoi le vanadate peut être considéré comme pur.

Exposé à la chaleur de l'eau bouillante, il perd une partie de sa base, et devient d'un jaune citron. Il est peu soluble dans l'eau froide et plus soluble dans l'eau bouillante : celle-ci se colore en jaune quoique l'eau froide reste incolore.

Chauffé dans un creuset couvert, le vanadate d'ammoniaque, en se décomposant, donne pour résidu un oxide noir qui n'est jamais à un degré d'oxidation fixe; mais si la calcination a lieu avec le contact de l'air, et si l'on remue de temps à autre la matière, on obtient de l'acide vanadique, couleur de rouille.

422. *Vanadates acides.* — Il paraît qu'il existe un bi-vanadate et un vanadate plus acide encore qui se forme en traitant le bi-vanadate par l'acide chlorhydrique : ils ont été à peine étudiés.

LIVRE HUITIÈME.

423. Dans le livre VIII nous avons réuni les composés dont les élémens obéissent à des forces autres que l'affinité. En effet, la plupart des corps en opérant leur décomposition n'entrent dans aucune combinaison nouvelle; leur action est donc toute physique. Ainsi lorsqu'on met l'argent très divisé en contact avec le bi-oxide d'hydrogène, ce métal

n'éprouve aucune altération, et cependant le bi-oxide passe tout de suite à l'état de protoxide ou d'eau, en produisant une vive effervescence due à un dégagement d'oxigène.

Les composés compris dans ce livre ne sont encore qu'au nombre de deux, savoir : le bi-oxide d'hydrogène et le poly-sulfure d'hydrogène; mais il est probable qu'on en découvrira bientôt plusieurs autres : par exemple, le sélénium a tant d'analogie avec le soufre, qu'il doit exister un poly-séléniure d'hydrogène analogue au poly-sulfure.

ARTICLE Ier.

Bi-oxide d'hydrogène ou eau oxigénée.

424. Le bi-oxide d'hydrogène n'était point connu avant les recherches que M. Thenard a faites depuis le mois de juillet 1818, recherches dans lesquelles il a été secondé avec beaucoup de zèle par MM. Labillardière et Grouvelle. Les propriétés que possède ce nouveau corps sont si remarquables et si différentes de celles qui appartiennent aux autres corps, qu'il est indispensable de donner ici un extrait étendu du Mémoire qu'il a inséré dans le volume que l'Académie des Sciences a publié pour 1818.

Préparation du bi-oxide d'hydrogène.

425. C'est en dissolvant le bi-oxide de barium dans l'acide chlorhydrique, versant dans la dissolution une certaine quantité d'acide sulfurique, répétant ensuite nombre de fois ces deux opérations sur la même liqueur, puis y ajoutant du sulfate d'argent et enfin de la baryte, et séparant successivement tous les précipités par le filtre, que l'on parvient à charger l'eau de beaucoup d'oxigène. L'acide chlorhydrique dissout promptement le bi-oxide de barium et de là résultent du chlorure de barium et de l'eau faiblement oxigénée. L'acide sulfurique ramène le barium à l'état

de baryte qu'il précipite, en même temps que l'acide chlorhydrique se reforme et devient libre. Celui-ci peut alors agir sur une nouvelle quantité de bi-oxide, comme nous venons de dire, de sorte qu'en précipitant de nouveau la baryte par l'acide sulfurique, rien ne s'oppose à ce que l'opération soit répétée une troisième , une quatrième fois, etc., etc., etc., et qu'on obtienne par conséquent de l'eau chargée d'acide chlorhydrique et de plus ou moins d'oxigène. La manière d'agir du sulfate d'argent est évidente : il a pour objet de séparer l'acide chlorhydrique et de le remplacer par l'acide sulfurique. Celle de la baryte ne l'est pas moins ; cette base s'empare de tout l'acide sulfurique et le sépare de la liqueur. L'on voit donc que, si l'opération était faite avec des matières pures, et employées en proportion convenable, on n'aurait en dernier résultat que de l'eau plus ou moins oxigénée. Mais il est difficile , pour ne pas dire impossible, de se procurer du bi-oxide de barium parfaitement pur : de là, la nécessité de prendre beaucoup de précautions, sans lesquelles on ne réussirait qu'imparfaitement. Pour n'en omettre aucune, nous allons décrire le procédé dans le plus grand détail.

(*A*) On doit commencer par se procurer de l'azotate de baryte très pur : le plus sûr moyen d'y parvenir est de dissoudre l'azotate dans l'eau, d'y ajouter un petit excès d'eau de baryte, de filtrer la liqueur et de la faire cristalliser dans des vases de platine, d'argent ou de porcelaine. Ce procédé de purification offre même un avantage : c'est de pouvoir traiter le sulfure de barium par l'eau et l'acide azotique dans une chaudière de fonte, et d'obtenir promptement l'azotate impur. A cet effet, l'on verse un petit excès d'acide sur le sulfure, en brûlant à la manière ordinaire le gaz sulfhydrique qui se dégage ; on porte la liqueur à l'ébullition, on la filtre et on l'évapore jusqu'à siccité dans la chaudière même : l'azotate ainsi obtenu est chargé d'oxide de fer, mais cela ne fait rien, puisque la baryte le précipite tout entier. (*Voy*. azotate de baryte.)

(*B*) Lorsqu'on s'est procuré de l'azotate bien pur , il faut le décomposer par la chaleur pour en extraire la baryte. Cette décomposition ne doit point être faite dans une cornue de grès , parce que celle-ci contient trop d'oxide de manganèse : l'on doit se servir d'une cornue de porcelaine bien blanche. L'opération peut avoir lieu sur 2 kilog. à 2 kilog. et demi d'azotate à-la-fois : elle dure environ trois heures, ou plutôt n'est terminée que quand, à une haute température, il ne se dégage plus d'oxigène , ce qu'il est facile de reconnaître en introduisant une allumette dans le col de la cornue. La baryte qui en provient est, à la vérité , unie à une quantité assez forte de silice et d'alumine ; mais du moins il ne s'y trouve que des traces d'oxide de manganèse , et c'est un point essentiel ; car cet oxide possède , comme on le verra par la suite, la propriété de chasser avec une grande énergie l'oxigène de l'eau oxigénée.

(*C*) La baryte réduite promptement, au moyen d'un couteau, en morceaux de la grosseur de l'extrémité du pouce, est placée ensuite dans un tube de verre luté. Ce tube peut être assez long et d'un diamètre assez large pour contenir un kilogramme de matière ; on l'entoure de feu de manière à le faire rougir légèrement, et l'on y fait arriver un courant de gaz oxigène que l'on fait passer au travers de fragmens de chaux vive, afin de le dessécher. Quelque rapide que soit le courant , le gaz est complètement absorbé, si bien que quand il se dégage par le petit tube qui doit faire suite à celui qui contient la base, l'on peut en conclure que le bi-oxide de barium est fait : il est bon pourtant de soutenir encore le courant pendant 12 à 15 minutes. Le tube étant en grande partie refroidi, on en retire le bi-oxide et on le conserve dans un flacon bouché. Son caractère distinctif est de se déliter par quelques gouttes d'eau sans s'échauffer. Sa couleur est le *blanc gris ;* quelquefois aussi il présente de petites taches vertes, qui annoncent la présence d'un peu de manganèse. Bien des tentatives ont été faites pour se mettre à l'abri de ce grave inconvénient, mais sans succès. La baryte, pour la préparation du bi-oxide, peut encore être placée dans un ballon au col duquel on adapte deux tubes, l'un conduisant le gaz oxigène sec au fond du vase, l'autre portant au dehors celui qui reste libre. Il est possible alors d'opérer sur 2 kilog. à-la-fois, pourvu que la température soit assez élevée, condition facile à remplir en entourant le ballon de sable dans une chaudière de fonte et établissant celle-ci sur un bon fourneau.

Observons, car cette remarque est importante pour le succès de l'opération, que quand on extrait l'oxigène que l'on veut combiner avec la baryte, du bi-oxide de manganèse, il faut faire en sorte que celui-ci ne contienne point de carbonate : s'il en contenait, il faudrait, avant de s'en servir, le pulvériser, le mettre en contact avec un excès d'acide chlorhydrique, le bien laver et le sécher. Il serait même utile de faire passer l'oxigène à travers une dissolution de potasse caustique, et même à travers des fragmens de pierre à cautère, pour acquérir la certitude qu'il n'arrive point d'acide carbonique jusqu'à la baryte. Ces précautions ne paraîtront point superflues, en observant que cet acide s'unirait à la base et s'opposerait à la formation du bi-oxide.

(*D*) On prend, d'une part, une certaine quantité d'eau, par exemple, 2 décilitres, à laquelle on ajoute assez d'acide chlorhydrique pur et fumant pour dissoudre environ 15 grammes de baryte : la liqueur acide est versée dans un verre à pied, et le verre entouré de glace, que l'on renouvelle à mesure qu'elle fond. D'une autre part, l'on prend 12 grammes de bi-oxide; on les humecte à peine, et on les broie successivement dans un mortier d'agate ou de verre. A mesure qu'ils sont réduits en pâte fine, on les enlève avec un couteau de buis, et on les verse dans la liqueur : bientôt ils s'y dissolvent sans effervescence, surtout par l'agitation. Lorsque la dissolution est opérée, tout en la remuant avec une baguette de verre, l'on y fait tomber de l'acide sulfurique pur et concentré, goutte à goutte, jusqu'à ce qu'il y en ait un léger excès, lequel se manifeste par la propriété

qu'a le sulfate de baryte qui se forme tout-à-coup de se déposer facilement en flocons. Alors on dissout, comme la
première fois, une nouvelle quantité de bi-oxide de barium dans la liqueur, et de nouveau on en précipite la baryte par l'acide sulfurique. Le bi-oxide est toujours facile à
distinguer du sulfate.

Il est important de mettre assez d'acide sulfurique pour
précipiter toute la baryte, et de ne pas en mettre trop : si
l'on n'en mettait pas assez, la liqueur filtrerait trouble et
lentement; si l'on en mettait trop, la filtration se ferait
aussi très mal. En atteignant le point convenable que nous
venons d'indiquer, la filtration se fait avec la plus grande
facilité. Lorsqu'elle est faite, il faut verser sur le filtre une
certaine quantité d'eau distillée que l'on réunit à la liqueur
primitive : de cette manière celle-ci ne change pas sensiblement de volume ; puis, pour ne rien perdre ou pour
perdre le moins possible, il est nécessaire de comprimer le
filtre dans un double linge d'un tissu bien serré et lavé d'a-
vance dans de l'acide chlorhydrique; après quoi le sulfate
est jeté.

Cette opération étant terminée, l'on en fait une toute
semblable, c'est-à-dire que l'on dissout du bi-oxide de barium dans la liqueur, qu'on y ajoute de l'acide sulfurique
pour en précipiter la baryte, etc., que l'on ne filtre qu'a-
près avoir fait deux dissolutions et deux précipitations, que
l'on verse une quantité convenable d'eau sur le filtre et
qu'on comprime celui-ci.

La seconde opération est suivie d'une troisième, la troisième d'une quatrième, et ainsi de suite, jusqu'à ce que la
liqueur soit assez chargée d'oxigène.

En employant la quantité d'acide chlorhydrique indiquée, l'on peut traiter environ 90 à 100 grammes de bi-
oxide de barium : il en résulte une liqueur chargée de
vingt-cinq à trente fois son volume d'oxigène. Si l'on voulait l'oxigéner davantage, il faudrait y ajouter de l'acide
chlorhydrique.

Plusieurs fois; l'auteur est parvenu, par ce moyen, à charger la liqueur de 125 volumes d'oxigène : seulement il l'acidifiait assez tout de suite pour pouvoir y dissoudre 30 grammes de bi-oxide, en ayant soin d'ailleurs de maintenir l'acidité à tel point qu'à la fin de l'opération il pouvait encore dissoudre une vingtaine de grammes de bi-oxide sans l'intermède de l'acide sulfurique; mais il a reconnu que, quand la liqueur renfermait à-peu-près 50 volumes d'oxigène, elle laissait dégager assez de gaz, du jour au lendemain, pour qu'il n'y eût point d'avantage à continuer de l'oxigéner par le bi-oxide.

(*E*) Lorsque la liqueur est oxigénée au point que l'on desire, on y ajoute pour 100 parties de bi-oxide de barium employé, 2 à 3 parties au plus d'acide phosphorique concentré, et on la sursature par le bi-oxide hydraté et divisé en la tenant toujours dans la glace. Bientôt il s'en sépare d'abondans flocons de silice et d'alumine, ordinairement colorés en jaune par un peu de sous-phosphate de fer et de manganèse. Le tout doit être promptement jeté sur une toile; on y enveloppe la matière et on finit par l'y comprimer fortement. L'addition de l'acide phosphorique a pour objet de prévenir le dégagement d'oxigène qu'opérerait l'oxide de manganèse, s'il était libre. (*Ann. de Chim. et de Phys.*, L, 80.)

(*F*) Comme dans la liqueur filtrée à travers la toile il serait possible qu'il restât encore un peu de silice, d'oxide de fer, d'oxide de manganèse, et qu'il est nécessaire de précipiter toutes ces matières, on reprend la liqueur et on y verse, en l'agitant, toujours entourée de glace, de l'eau de baryte goutte à goutte. Si, la baryte étant en excès légèrement sensible au papier de curcuma, il ne se produit point de précipité, c'est une preuve que tout l'oxide de fer et tout l'oxide de manganèse sont séparés. S'ils ne l'avaient point été complètement dans l'opération précédente, ils le seraient dans celle-ci, à l'état de sous-phosphate, comme nous venons de le dire.

A peine le seraient-ils, qu'il faudrait tout de suite verser la liqueur sur plusieurs filtres (deux ou trois). D'ailleurs, tous les filtres doivent être comprimés dans une toile pour les égoutter.

(*G*) Après avoir séparé la silice, l'alumine, l'oxide de manganèse et l'oxide de fer de la liqueur, il faut en précipiter toute la baryte : on y parvient aisément au moyen de l'acide sulfurique ; mais il faut, autant que possible, n'en ajouter que la quantité nécessaire, ou n'en ajouter tout au plus qu'un très petit excès, puis filtrer.

(*H*) La liqueur, ne contenant plus que de l'acide chlorhydrique, de l'eau et de l'oxigène, est remise dans un vase et maintenue à zéro, comme à l'ordinaire, par la glace. Dans cet état, l'on y verse peu-à-peu, en l'agitant, du sulfate d'argent pur que l'on se procure au moyen de l'oxide d'argent et de l'acide sulfurique. Il est indispensable que ce sel ne contienne point d'oxide libre. Il est décomposé par l'acide chlorhydrique, et de cette décomposition résultent de l'eau, du chlorure d'argent qui se précipite, et de l'acide sulfurique qui remplace l'acide chlorhydrique. Quand la quantité de sulfate d'argent est assez grande pour que la décomposition de l'acide chlorhydrique soit complète, la liqueur devient limpide tout-à-coup : jusque-là elle reste trouble. S'il faut qu'il n'y reste point d'acide chlorhydrique, il est nécessaire aussi qu'elle ne contienne point un excès de sulfate d'argent : on l'éprouvera donc successivement par l'azotate d'argent et par l'acide chlorhydrique : ces épreuves se font en mettant un peu de ces réactifs dans des tubes, et y ajoutant une goutte de la liqueur.

Dès que la liqueur est bien préparée, on la jette sur un filtre qu'on laisse égoutter et que l'on comprime dans une toile : le liquide provenant de la compression est versé sur un nouveau filtre, parce qu'il est un peu trouble.

Peut-être trouvera-t-on extraordinaire qu'au lieu de traiter la liqueur par le sulfate d'argent, on ne la traite pas tout de suite par l'oxide d'argent : c'est qu'en se servant de cet oxide, il est impossible d'obtenir du bi-oxide d'hydrogène. En effet, que l'on mette peu-à-peu de l'oxide d'argent dans la liqueur, et qu'on l'emploie même de manière que l'acide chlorhydrique soit complètement détruit, sans que pour cela il y ait excès d'oxide, l'on verra que chaque fois que l'on ajoutera une portion de celui-ci, il se produira une effervescence très sensible, et qu'en dernier résultat la liqueur filtrée ne retiendra pas d'oxigène.

(*I*) Les opérations précédentes ont eu pour objet d'obtenir une liqueur composée d'eau, d'oxigène et d'acide sulfurique; il faut actuellement en séparer cet acide : à cet effet, on la verse dans un mortier de verre entouré de glace, et l'on y ajoute peu-à-peu de la baryte éteinte, bien délitée et réduite en poudre fine, ou plutôt de la baryte cristallisée, desséchée par l'acide sulfurique dans le vide et bien broyée; on la broie de nouveau dans le mortier de verre, et lorsqu'on juge qu'elle est unie à l'acide on en ajoute une autre partie, etc. Enfin, lorsque la liqueur fait à peine virer au rouge le papier de tournesol, on la filtre ; on comprime le filtre dans une toile; puis, après avoir réuni les deux liqueurs, on les agite et l'on en achève en même temps la saturation par de l'eau de baryte.

Il faut même verser un très petit excès d'eau de baryte pour achever de séparer des traces de fer, et surtout de manganèse, que la liqueur pourrait encore contenir : bien entendu que la filtration devra être faite aussitôt après, en prenant les précautions précédemment indiquées. L'excès de baryte sera ensuite précipité par quelques gouttes d'acide sulfurique faible, et l'on s'arrangera de manière que la liqueur contienne plutôt un peu d'acide qu'un peu de base : celle-ci tend à dégager l'oxigène, tandis que l'acide rend la combinaison plus stable. Au lieu de baryte, pour saturer l'acide tout entier, on peut employer le carbonate artificiel de cette base, qui est très divisé.

(*K*) Enfin, l'on mettra dans un verre à pied bien propre la liqueur très claire, qui devra être regardée comme du bi-oxide d'hydrogène étendu d'eau pure ; le verre sera placé dans une large capsule aux deux tiers pleine d'acide sulfurique concentré ; l'appareil sera introduit sous la cloche pneumatique et l'on fera le vide. L'eau pure, ayant beaucoup plus de tension que l'eau oxigénée, se vaporisera bien plus rapidement, de telle sorte, par exemple, qu'au bout de deux jours la liqueur contiendra peut-être deux cent cinquante fois son volume d'oxigène. Les observations suivantes ne doivent point être négligées.

Il faut agiter l'acide de temps en temps.

Il arrive quelquefois que, sur la fin de l'évaporation, la liqueur laisse dégager un peu de gaz ; ce dégagement, qui fait monter le mercure dans l'éprouvette, est dû sans doute à des traces de matière étrangère qui reste dans la liqueur : on l'arrête par l'addition de deux à trois gouttes d'acide sulfurique extrêmement faible.

Quelquefois aussi la liqueur laisse déposer quelques flocons blanchâtres de silice ; il est bon de les séparer ; la décantation, au moyen d'une pipette très pointue, réussit bien : on perd à peine de la liqueur.

Tant que la liqueur n'est pas très concentrée, l'évaporation a lieu tranquillement ; mais, lorsque l'eau oxigénée ne contient presque plus d'eau, il se produit souvent des bulles qui ne crèvent que difficilement. Au premier coup-d'œil, on croirait qu'il se dégage beaucoup de gaz oxigène : en examinant l'éprouvette, on verra qu'il n'en est rien : à peine montera-t-elle sensiblement dans l'espace de vingt-quatre heures ; et encore cette ascension proviendra d'une petite quantité de gaz dégagé de l'acide sulfurique, et appartenant à une portion d'eau oxigénée vaporisée.

On reconnaît que la liqueur est concentrée le plus possible lorsqu'elle donne 475 fois son volume de gaz, sous la pression de $0^m,76$ et à la température de $14°$. A cette époque, en effet, elle ne se concentre plus, quel que soit le temps qu'on la tienne dans le vide. L'épreuve s'en fait promptement en prenant une très petite pipette dont la tige est marquée d'un trait de lime et étranglée en ce point, la remplissant de liqueur jusqu'au trait, étendant de douze volumes d'eau cette liqueur, qui, dans mes expériences, était toujours de cinq centièmes de centilitre, et décomposant par le bi-oxide de manganèse une quantité déterminée de cette même liqueur ainsi étendue. Cette dernière expérience consiste à prendre un tube de verre fermé à la lampe par un bout, long de 15 à 16 pouces, large de 7 à 8 lignes, à le remplir de mercure à un demi-pouce près, à le renverser, à y introduire la portion de liqueur étendue sur laquelle l'analyse doit être faite, en se servant pour cela d'une pipette plus grande que la première, et dont la capacité bien connue sera d'environ 11 centièmes de centilitre; à remplir ensuite exactement le tube avec de l'eau qui servira à laver la pipette même, ou bien en partie avec du mercure; à boucher le tube avec un obturateur enduit de suif; à le retourner et à y faire passer un peu de bi-oxide de manganèse délayé dans l'eau. L'oxigène se dégagera à l'instant; il ne s'agira plus ensuite que de fermer le tube avec la main, de l'agiter en divers sens pour multiplier les points de contact entre la liqueur et l'oxide, et de mesurer le gaz. Nous ne devons point rechercher ici comment le bi-oxide de manganèse peut dégager l'oxigène de l'eau oxigénée : qu'il suffise de savoir qu'il le dégage tout entier sans en absorber et sans abandonner une partie du sien.

(*L*) Des modifications peuvent être apportées au procédé que nous venons de décrire :

1° L'on pourrait éviter l'emploi de l'acide sulfurique; pour cela, lorsque l'eau chargée d'acide chlorhydrique serait saturée de bi-oxide de barium, il faudrait y ajouter de l'acide chlorhydrique concentré, puis une nouvelle quantité de bi-oxide, et ainsi de suite : il se précipiterait du chlorure de barium qu'on séparerait en le pressant dans un linge d'un tissu fin et serré; il n'y aurait au plus qu'une seule filtration à l'instant de la saturation; il est vrai qu'on aurait une liqueur qui contiendrait beaucoup de chlorure et qui par cela même exigerait beaucoup de sulfate d'argent : mais il serait possible de déterminer le dépôt d'une assez grande quantité de chlorure par un bain frigorifique fait avec 3 parties de glace et 1 partie de sel.

2° Lorsque la liqueur, débarrassée de silice, d'alumine, d'oxide de fer et d'oxide de manganèse, ne contient plus que de l'eau, du bi-oxide d'hydrogène, du chlorure de barium et une petite quantité de baryte, lorsqu'elle est enfin dans l'état où elle se trouve (p. 484, lettres E et F), on peut aussi verser de suite le sulfate d'argent, après avoir saturé le petit excès de base par l'acide chlorhydrique ; il en résulte du sulfate de baryte et du chlorure d'argent tous deux insolubles, qui finissent par apparaître en flocons et qu'on exprime dans un linge ; mais il faut alors ajouter de temps en temps de petites quantités d'acide chlorhydrique pour éviter un dégagement très sensible d'oxigène : du reste en employant des quantités convenables de sulfate, la liqueur filtrée n'est plus que de l'eau chargée de bi-oxide d'hydrogène. Au moyen de ces modifications, l'opération se fait beaucoup plus vite ; rien ne s'opposera à ce qu'avant toute concentration on ne charge la liqueur de 60 à 80 fois son volume d'oxigène : seulement, au lieu de dissoudre le bi-oxide dans un vase de verre, il sera beaucoup plus commode d'en faire la dissolution dans une capsule de platine ou d'argent entourée de glace, et de broyer continuellement avec un pilon le bi-oxide de barium déjà hydraté et divisé.

(*M*) L'acide chlorhydrique n'est pas le seul acide capable d'agir sur le bi-oxide de barium, de manière à former un sel et de l'eau oxigénée ; tous les acides qui peuvent dissoudre la baryte possèdent encore cette propriété. Mais comme il n'en est aucun qui attaque le bi-oxide de barium si bien que l'acide chlorhydrique, et que presque tous seraient très difficiles à séparer complétement de l'eau oxigénée, il s'ensuit que l'acide chlorhydrique doit être employé de préférence.

Outre le bi-oxide de barium, il est aussi d'autres oxides qui, mis en contact avec les acides, produisent de l'eau oxigénée : tels sont les peroxides de potassium, de sodium, de strontium, de calcium, et quelques autres encore. Toutefois, il est impossible de s'en servir, parce que leur séparation de la liqueur oxigénée et leur préparation présentent des obstacles qu'on ne saurait surmonter complètement.

Ainsi, jusqu'à présent, le procédé qui vient d'être décrit est le seul qui permette de préparer une quantité très notable d'eau oxigénée.

(*N*) L'eau oxigénée, pour être conservée le plus long-temps possible, doit être versée dans un long tube de verre fermé à l'une de ses extrémités; on le bouche par l'autre avec du liège, et on l'entoure de glace. Pourvu qu'on mette les vases à la cave, dans l'été, et qu'on les recouvre d'une cloche, la quantité de glace fondue en un jour est très petite.

Analyse du bi-oxide d'hydrogène.

426. Lorsqu'on soumet l'eau oxigénée à l'action de la chaleur, elle se décompose et se transforme en eau et en gaz oxigène pur : de là le moyen d'en faire l'analyse. Il ne faudrait pas la tenter sur de l'eau saturée d'oxigène : le dégagement du gaz serait si brusque et si considérable, pour peu qu'on employât de liquide, que l'expérience deviendrait dangereuse. Tous les obstacles disparaissent, au contraire, en étendant l'eau oxigénée d'une certaine quantité d'eau distillée. Voici comment l'opération fut faite.

L'auteur prit une petite ampoule bien sèche, à deux pointes, et la pesa avec une bonne balance; il y introduisit de l'eau oxigénée pure, en faisant plonger dans celle-ci une des pointes de l'ampoule, et aspirant lentement l'air par l'autre. Cela étant fait, il ferma, à la flamme d'une allumette, l'extrémité de la pointe inférieure, et pesa de nouveau l'ampoule : la différence des deux poids donna exactement celui du bi-oxide d'hydrogène.

De l'eau distillée ayant été versée dans un verre, il y brisa l'extrémité de la pointe inférieure de l'ampoule; le bi-oxide d'hydrogène ne tarda point à s'écouler. Dès-lors il lava par aspiration l'ampoule elle-même, d'abord avec l'eau du verre, puis avec d'autre eau. Ensuite il versa le tout dans un flacon dont le poids lui était connu; il lava le verre à plusieurs reprises; il réunit les eaux de lavage à la liqueur; et pesant le flacon, qui était en partie plein, il en conclut le poids de celle-ci en retranchant de ce poids celui du flacon vide. Retranchant, après cela, le poids de l'eau oxigénée du poids total de la liqueur, il eut celui de l'eau unie au bi-oxide d'hydrogène.

Après avoir pesé dans une ampoule à deux pointes une certaine quantité de bi-oxide d'hydrogène étendu d'eau, en s'y prenant comme on vient de l'indiquer pour le bi-oxide d'hydrogène pur, il fit passer l'ampoule, dont les deux pointes étaient fermées hermétiquement, dans un tube de verre renversé, bouché à son extrémité supérieure et plein de mercure. La longueur de ce tube était d'environ dix-huit pouces, et son diamètre intérieur de neuf lignes. Au moyen d'une longue baguette de verre qui resta dans le tube, il brisa l'ampoule, et tout de suite il chauffa peu-à-peu la liqueur en l'entourant de charbons maintenus à une certaine distance dans une galerie circulaire de fils de fer, qu'un manche formé de fil de fer lui-même permettait d'élever ou d'abaisser à volonté. Tout l'oxigène reprit promptement l'état gazeux. Tantôt il élevait le grillage au-dessus du tube pour permettre à la vapeur aqueuse de se condenser, et tantôt, au contraire, il l'abaissait pour porter la liqueur à l'ébullition. — Il ne cessa de la chauffer qu'à l'époque où non-seulement elle ne laissa plus dégager de gaz, mais encore, où il l'eut fait bouillir à plusieurs reprises. Dans quelques expériences (car celle qu'on vient de décrire a été répétée plusieurs fois), il fit même passer dans le tube, après le refroidissement de la liqueur, un peu de bi-oxide noir de manganèse délayé dans l'eau, afin de s'assurer si tout l'oxigène était dégagé. Jamais la moindre bulle ne s'est manifestée ; d'où il est évident que la chaleur seule suffit pour opérer l'entier dégagement de l'oxigène. Il fallait ensuite mesurer le gaz obtenu : c'est ce qu'il fit à la manière ordinaire : il alla même souvent plus loin ; il l'essaya par l'hydrogène, et il le trouva constamment pur, à $\frac{1}{2}$ centième près.

427. L'analyse du bi-oxide d'hydrogène semblait si importante que l'auteur crut devoir la faire par un autre procédé que celui qu'on vient de décrire. Sachant que le bi-oxide de manganèse possédait la propriété de dégager l'oxigène de cette eau sans en absorber et sans en abandonner la plus petite portion, il s'en servit, au lieu de chaleur, pour opérer ce dégagement. Il fit donc l'expérience de la même manière : seulement, lorsque l'ampoule fut brisée, il introduisit successivement, au haut du tube, quelques gouttes de dissolution de potasse caustique faible et un peu de bi-oxide de manganèse délayé dans l'eau ; quelque temps après, il ferma le tube avec la main ; il l'agita en divers sens pour multiplier les points de contact entre la liqueur et l'oxide, et il mesura le gaz. L'addition de la potasse n'a pour objet que de saturer la très petite quantité d'acide que peut contenir la liqueur oxigénée acide, lequel dégagerait, s'il restait libre, un peu d'oxigène de l'oxide de manganèse lui-même, comme on le verra plus loin dans le chapitre intitulé : *Des propriétés que possède l'eau oxigénée après son mélange avec les acides.*

427 *bis*. Nous allons actuellement rapporter les résultats qui ont été obtenus, avec les données de chaque expérience.

Analyse d'une eau oxigénée dont la densité était de 1,415.

Ire EXPÉRIENCE.

Poids de l'ampoule de verre, en partie pleine d'eau oxigé-
née.. 1$^{gram.}$,571

Poids de la même ampoule vide et sèche............. 0$^{gram.}$,421

Donc, poids de l'eau oxigénée.......................... 1$^{gram.}$,150

Poids du flacon en partie plein de l'eau oxigénée précé-
dente, et de l'eau qui a servi à étendre celle-ci............ 122$^{gram.}$,603

Poids du flacon vide et sec.............................. 100$^{gram.}$,529

Donc, poids de l'eau oxigénée et de l'eau............. 22$^{gram.}$,074

Mais le poids de l'eau oxigénée est de................. 1$^{gram.}$,150

Par conséquent, celui de l'eau ajoutée est de.......... 20$^{gram.}$,924

Poids de l'ampoule de verre, en partie pleine d'eau oxigénée étendue d'eau distillée............................... 2$^{gram.}$,121

Poids de la même ampoule vide et sèche............... 0$^{gram.}$,307

Donc, poids de l'eau oxigénée étendue d'eau distillée... 1$^{gram.}$,814

Gaz dégagé par la chaleur des 1$^{gram.}$,814 d'eau oxigénée
étendue d'eau distillée; pression, 76 centimètres; tempéra-
ture centigrade, 13°,5.. 3$^{centilitres.}$

Donc, gaz oxigène contenu à la pression et à la température précédentes, dans les 22$^{gram.}$,074 d'eau oxigénée étendue d'eau distillée, et par conséquent dans 1$^{gram.}$,150 d'eau
oxigénée pure. .... 36$^{centil.}$,506

Or, 36$^{cent.}$,506 de gaz oxigène, sous la pression de 76
centimètres et à la température de 13°, pèsent 0$^{gram.}$,498.

Par conséquent les 1$^{gr.}$,150 de bi-oxide d'hydrogène
pur sont formés de 0,660 d'eau et de 0,490 d'oxigène.

Mais, dans 0$^{gr.}$,660 d'eau, il y a 0$^{gr.}$,582 d'oxigène, en
supposant que le poids de l'oxigène soit à celui de l'hydrogène comme 88,29 est à 11,71; ainsi, l'eau oxigénée qu'on
vient d'examiner contiendrait 0$^{gr.}$,582 d'oxigène naturel,
et 0$^{gr.}$,490 d'oxigène combiné, c'est-à-dire le double à $\frac{1}{7}$ près.

IIe EXPÉRIENCE.

Cette expérience a été faite sur la même liqueur (étendue d'eau) que la précédente, mais en se servant d'oxide
de manganèse pour dégager l'oxigène.

Poids de l'eau oxigénée étendue d'eau................ 1^{gram}.,014

Gaz dégagé par le bi-oxide de manganèse de cette quantité d'eau, sous la pression de 76 centimètres à la température de 13°,5.................... 1^{centil}.,690

Donc, gaz oxigène contenu dans les 22^{gram}.,074 du mélange d'eau oxigénée et d'eau distillée, et par conséquent dans 1^{gram}.,150 d'eau oxigénée pure.................. 36^{centil}.,790

Dans la première expérience, on a retiré de la même quantité d'eau oxigénée......................... 36^{centil}.,506

Par conséquent, il n'y a qu'une différence de 0^{centil},284 ou $\frac{1}{129}$.

Analyse d'une eau oxigénée dont la densité était de 1,452.

428. Cette eau est la plus dense, et par conséquent la plus chargée d'oxigène, que M. Thenard ait pu obtenir. En effet, lorsqu'elle pesait 1,452 il la tint encore sous la machine pneumatique pendant deux jours, et au bout de ce temps elle avait la même densité, quoique son volume fût diminué d'une manière très sensible. Il en fit l'analyse et par la chaleur, et par le bi-oxide de manganèse, comme il a été dit précédemment.

Ire EXPÉRIENCE.

Poids du bi-oxide d'hydrogène pur.................. 0^{gram}, 86

Poids de l'eau ajoutée au bi-oxide.................. 19^{gram}.,337

Poids du mélange de ces deux quantités d'eau et de bi-oxide.................................... 20^{gram}.,201

Poids de la portion du mélange soumise à l'analyse..... 2^{gram}.,468

Gaz oxigène dégagé de cette portion du mélange par la chaleur, sous la pression de 0^{m}.,7625, et à la température de 14° centigr......................... 3^{centil}.,62

Donc, gaz oxigène qui pourrait être dégagé de tout le mélange, et par conséquent des 0^{gram}.,864 de bi-oxide d'hydrogène pur, à la température de 14° centigr., et sous la pression de 0^{m}.,7625.................... 29^{centil}.,63

Poids de 29^{centil}.,63 d'oxigène sous la pression de 0^{m}.,7625, et à la température de 14° centigr................. 0^{gram},398

Par conséquent les 0^{gram}.,864 de bi-oxide d'hydrogène pur doivent être regardés comme

composés de { oxigène.......................... 0^{gram}.,398

{ eau pure.......................... 0^{gram}.,466

Mais 0$^{gr.}$,466 d'eau pure contiennent 0$^{gr.}$,411 d'oxigène, en admettant que dans l'eau le poids de l'oxigène soit à celui de l'hydrogène comme 88,29 à 11,71. D'où il suit que dans cette eau oxigénée, la quantité d'oxigène ajouté serait à la quantité d'oxigène constituant de l'eau à-peu-près comme 40 à 41; c'est-à-dire que ces quantités serait pour ainsi dire égales.

IIe EXPÉRIENCE.

L'expérience a été faite sur une portion du mélange de bi-oxide d'hydrogène et d'eau de l'expérience première.

Poids de la portion du mélange soumis à l'analyse. . . . . 1$^{gram.}$,325

Gaz oxigène dégagé de cette portion du mélange par le bi-oxide de manganèse, sous la pression de 0^m,7625, et à la température de 14°. . . . . 1$^{centil.}$,970

Donc, gaz oxigène qui pourrait être dégagé de tout le mélange, et par conséquent des 0$^{gram.}$,864 de bi-oxide d'hydrogène pur de l'expérience précédente, à la température de 14° et sous la pression de 0^m,7625. . . . . 3 0$^{centil.}$,034

Résultat qui s'accorde avec celui de la précédente expérience, à moins de $\frac{1}{74}$.

Ayant répété ces deux expériences, l'auteur a obtenu des résultats semblables et un peu plus rapprochés. Il les regarde donc comme bons.

Nous avons admis dans les expériences précédentes que l'eau était formée de 88,29 d'oxigène et de 11,71 d'hydrogène; mais comme MM. Berzelius et Dulong ont démontré depuis qu'elle contenait un peu plus d'oxigène, et que le véritable rapport entre ses deux principes était celui de 88,90 à 11,10, il en résultera un peu plus de différence qu'il n'a été dit entre la quantité de l'oxigène de l'eau et celle d'oxigène dont elle peut se charger.

Quoi qu'il en soit, il nous semble que, d'après ces analyses, et surtout celle de l'eau oxigénée, dont la densité est 1,452, l'on peut conclure que l'eau la plus oxigénée est un bi-oxide d'hydrogène qui contient, relativement à la même quantité d'hydrogène, deux fois autant d'oxigène que l'eau ordinaire, et que, toutes les fois que l'eau oxigénée ne contient pas cette quantité d'oxigène, elle peut être regardée comme un mélange d'eau pure et de bi-oxide d'hydrogène. Il serait possible cependant qu'il y eût un degré d'oxigénation inférieur; ce qui tendrait à le faire soupçonner, c'est que l'on n'a pu obtenir le bi-oxide d'hydrogène sans quelques traces d'acide sulfurique, et que l'on a observé que les acides qui rendaient en général la combinaison plus stable devenaient surtout nécessaires lorsque l'eau était oxigénée à-peu-près à moitié. Mais, d'une autre part, il faut remarquer que la quantité d'acide ajouté est extrêmement faible, et qu'il n'agit peut-être qu'en neutralisant l'action répulsive de quelques parcelles terreuses qui restent dans la liqueur. De nouvelles expériences décideront facilement cette question.

Propriétés physiques du bi-oxide d'hydrogène.

429. Le bi-oxide d'hydrogène est liquide et incolore comme l'eau. Il est sans odeur, ou en a une si faible qu'elle est insensible pour presque tout le monde. Mis en contact avec les papiers de tournesol et de curcuma, il en détruit peu-à-peu la couleur et les rend même blancs. Il attaque l'épiderme très promptement, quelquefois tout-à-coup, le blanchit et cause des picotemens dont la durée varie en raison des individus, et de l'épaisseur de la couche de liqueur : si cette couche était trop épaisse, ou si elle était renouvelée, la peau elle-même serait attaquée et détruite. Appliqué sur la langue, il la blanchit et la picote aussi, épaissit la salive et produit une sensation difficile à exprimer, mais qui se rapproche de celle de certaines dissolutions métalliques. Sa tension est très faible, bien plus faible que celle de l'eau : voilà pourquoi le bi-oxide d'hydrogène, à la température ordinaire, se concentre dans le vide par l'intermède d'un

corps absorbant, tel que l'acide sulfurique : telle est encore la raison pour laquelle l'évaporation, dans ce cas, se ralentit de plus en plus, de telle sorte qu'à la fin elle est extrêmement lente; elle a toujours lieu cependant, car toute la liqueur finit par disparaître, et peut même disparaître sans production de gaz, ce qui prouve que le bi-oxide d'hydrogène entre en vapeur sans éprouver de décomposition. Si l'on était curieux de constater cette dernière propriété, on y parviendrait en plaçant du bi-oxide d'hydrogène dans une petite cornue tubulée, fermant la tubulure, adaptant le col de la cornue à un récipient que l'on entourerait de glace, et disposant l'appareil de manière à pouvoir y faire le vide à volonté : mieux vaudrait encore, et c'est ce qui a été fait, souffler un appareil à la lampe, afin de remplacer, autant que possible, les bouchons par des soudures.

On a essayé, mais vainement, de solidifier le bi-oxide d'hydrogène. Exposé à un froid de 30° pendant trois quarts d'heure, il est toujours resté liquide : aussi, lorsqu'on a de l'eau qui ne contient que trente à quarante fois son volume d'oxigène, et qu'on la soumet à une température de 10° sous zéro, la partie qui reste liquide est-elle bien plus oxigénée que celle qui se congèle. Il est même probable que si celle-ci contient de l'oxigène, ce gaz appartient à une certaine quantité d'eau interposée. M. Thenard avait cru d'abord qu'il pourrait employer ce procédé pour concentrer l'eau oxigénée, surtout en ayant soin de briser la glace et de la comprimer fortement dans un linge : c'était une erreur; la glace même après la compression retient trop d'oxigène pour être abandonnée.

L'une des propriétés physiques du bi-oxide d'hydrogène que l'auteur tenait le plus à bien connaître, c'était sa densité : comme il n'avait que peu de liqueur, il se servit pour cela d'une pipette dont la tige était marquée d'un trait et étranglée en ce point. Après avoir pesé cette pipette bien sèche et un petit vase bien sec lui-même, avec beaucoup de soin, il remplit la pipette de bi-oxide jusqu'au trait; il mit ensuite la pipette dans le vase et fit une nouvelle pesée; puis il retira le bi-oxide, lava les vases, les fit sécher, remplit la pipette d'eau jusqu'au trait déjà indiqué et pesa le tout de nouveau. Au moyen de ces données, il avait tout ce qu'il fallait pour connaître la densité du bi-oxide d'hydrogène : il l'a trouvée de 1,452. Voici les nombres d'où il l'a conclue :

Poids des vases et du bi-oxide d'hydrogène. . . . . 93^{gram},127
Poids des vases et de l'eau distillée 91,   895
Poids des vases vides et secs. 87,   562
   Par conséquent, poids du bi-oxide. 5,   565
   Donc aussi, poids d'un même volume d'eau distillée. . . . 3,   833

Ce qui donne le résultat indiqué.

Une nouvelle expérience a donné le même nombre, à un demi-millième près.

L'on voit donc que le bi-oxide d'hydrogène est bien plus dense que l'eau. Pour s'en convaincre, il n'est même pas nécessaire d'en prendre la pesanteur spécifique; il suffit de le verser dans l'eau : en effet, quoiqu'il y soit très soluble, il coule à travers comme une sorte de sirop.

Action de la plupart des corps sur le bi-oxide d'hydrogène.

430. Parmi les différens corps, les uns sont sans action sur le bi-oxide d'hydrogène; d'autres le rendent plus stable; d'autres le décomposent en s'appropriant une partie de son oxigène; mais ce qui est bien digne de remarque, c'est qu'il en est un assez grand nombre qui opèrent la décomposition du bi-oxide, à la température ordinaire, sans s'unir ni à l'eau ni au gaz oxigène qui en résulte : quelquefois même cette décomposition se fait en donnant lieu à une sorte de détonation, tant le dégagement de gaz est subit, et alors la température, loin de s'abaisser, comme on aurait pu le croire, puisque l'oxigène passe de l'état liquide à l'état gazeux, s'élève au point qu'il y a production de lumière, c'est-à-dire.

au moins de 550 à 600°. Quelquefois aussi le corps, tout en décomposant le bi-oxide, se décompose lui-même : tel est, par exemple, l'oxide d'argent : à peine est-il en contact avec le bi-oxide même très étendu d'eau, qu'il en dégage tout l'oxigène, et qu'il se réduit. Mais n'anticipons point sur l'exposé des phénomènes ; suivons-les avec ordre, et quand nous les aurons décrits, nous verrons s'il est possible d'en assigner la cause.

Action des fluides impondérables.

431. La chaleur décompose promptement le bi-oxide d'hydrogène ; mais la décomposition devient d'autant moins facile qu'elle est plus avancée. L'eau, à mesure qu'elle se trouve mise en liberté, se combine sans doute avec la portion de bi-oxide non décomposé, et le rend plus stable. L'on en jugera par les expériences suivantes.

Que l'on mette du bi-oxide d'hydrogène dans un petit tube de verre ; qu'on l'expose, en plongeant le tube dans l'eau, à une chaleur progressive de 10 à 100°, et l'on verra que la décomposition sera très sensible à 20° ; elle se ferait avec un bouillonnement des plus considérables si le bi-oxide était soumis de suite à 100° ; l'épreuve serait dangereuse à tenter dans un vase à col étroit et sur un demi-gramme de liquide. Néanmoins, en jetant celui-ci sur une plaque incandescente, il ne détone pas.

Que l'on répète cette expérience, après avoir étendu d'eau le bi-oxide, de manière que la liqueur ne contienne que sept à huit fois son volume d'oxigène, le dégagement du gaz ne sera pas sensible, même à 50° ; il le deviendra bientôt après, augmentera de plus en plus, et ne tardera point à diminuer et à cesser : dès-lors la liqueur ne sera plus oxigénée, et ne produira plus, par conséquent, d'effervescence avec le bi-oxide de manganèse.

Exposé à la lumière diffuse, le bi-oxide d'hydrogène se comporte, toutes circonstances égales d'ailleurs, de même que dans l'obscurité. Dans les deux cas, il laisse dégager quelques petites bulles de temps à autre, et finit, au bout de quelques mois, à la température ordinaire, par être désoxigéné en grande partie. Cette désoxigénation, qui dépend probablement de plusieurs causes, nous semble être produite surtout par quelques parcelles de matières que retient le bi-oxide. Pour le conserver autant que possible, il faut l'entourer de glace, comme il a été dit (pag. 490 sous la lettre *N*).

Traversé par la lumière directe, le bi-oxide n'éprouve d'altération qu'au bout de quelque temps.

Quand on soumet le bi-oxide à l'action de la pile, comme l'on y soumet l'eau ordinairement, il en résulte des effets analogues à ceux que l'on observe avec ce dernier liquide : seulement le dégagement du gaz oxigène est beaucoup plus considérable. Nous devons observer toutefois que les gaz n'ont point été examinés.

Action des métaux à la température ordinaire.

432. Les métaux tendent, en général, à décomposer le bi-oxide d'hydrogène, et à le ramener à l'état de protoxide ou d'eau. Nous n'en connaissons que quatre qui ne possèdent point d'une manière sensible cette propriété : le fer, l'étain, l'antimoine et le tellure. Les plus oxigénables s'oxident et produisent en même temps un dégagement d'oxigène. Les autres, au contraire, conservent leur état métallique ; de sorte que tout l'oxigène avec lequel l'eau se combine pour devenir bi-oxide, est mis en liberté.

Une ténuité extrême dans la matière métallique est une condition indispensable pour une prompte décomposition. Tel métal qui, en poudre très fine, dégagera rapidement l'oxigène du bi-oxide, n'en opérera que très lentement le dégagement s'il est en poudre grossière, et à plus forte raison en masse.

Les mêmes phénomènes auraient lieu quand bien même

le bi-oxide serait étendu d'eau : seulement ils seraient moins prononcés et dureraient plus long-temps : c'est ce que l'on va voir dans l'examen que nous allons faire de l'action des métaux sur le bi-oxide pur et affaibli.

L'on a toujours procédé aux expériences de la même manière. La liqueur a été mise d'abord, avec une pipette, dans un petit tube de verre fermé par un bout, après quoi le métal a été introduit dans le tube avec une carte.

La quantité de bi-oxide employé dans chaque essai n'était au plus que de quelques gouttes ; celle de bi-oxide étendu d'eau était un peu plus grande. On regardait l'action comme terminée lorsqu'il ne se dégageait plus de gaz : on s'assurait alors, par l'addition d'un peu de bi-oxide de manganèse, si la liqueur était complètement désoxigénée.

Tous les métaux ont été éprouvés de cette manière, excepté l'urane, le titane, le cérium, le barium, le strontium, le calcium, le lithium, et les métaux des terres.

Métaux qui décomposent le bi-oxide d'hydrogène, et qui en dégagent l'oxigène sans s'altérer.

433. *Argent très divisé* (provenant de la décomposition récente de l'azotate d'argent par le cuivre), *et bi-oxide pur.* — Action subite, violente, dégagement de calorique si grand que le tube devient brûlant : l'argent conserve son état métallique, et l'oxigène se dégage à l'instant.

Argent très divisé, et liqueur ne contenant que neuf fois son volume d'oxigène. — Effervescence subite, vive, point de chaleur sensible : l'argent ne s'oxide pas ; l'action se termine assez promptement ; tout l'oxigène se dégage.

Le tube ne s'échauffe qu'autant que la liqueur contient au moins trente fois son volume d'oxigène.

Argent précipité de la dissolution de l'azotate d'argent par le cuivre, mais dont les parties étaient devenues moins tenues par la dessication. — Action beaucoup moins forte, sur le bi-oxide qu'avec l'argent très divisé des deux expériences qui précèdent.

Argent limé. — Action beaucoup moins forte encore que celle dont nous venons de parler.

Argent en masse. — Action très faible, relativement à celle de l'argent divisé.

Platine en poudre fine (extrait du chlorure ammoniacal de platine, calciné avec le sel marin), *et bi-oxide pur.*—Mêmes phénomènes qu'avec l'argent. Peut-être l'action est-elle encore un peu plus forte. Nous ne conclurons pas pour cela que le platine par lui-même agit plus sur le bi-oxide que l'argent; car, pour que cette conséquence fût juste, il faudrait être certain que la ténuité des parties métalliques, qui a tant d'influence sur l'action, fût la même.

Platine en poudre fine, et liqueur ne contenant que neuf fois son volume d'oxigène. — Mêmes phénomènes qu'avec l'argent.

Platine limé et platine en masse. —Même action sur le bi-oxide qu'avec argent limé et argent en masse.

Or très divisé (provenant du chlorure d'or, réduit par le sulfate de fer) *et bi-oxide pur* ou *étendu d'eau.* — Mêmes phénomènes qu'avec argent et platine, pourvu que la liqueur ne soit pas sensiblement acide. (*Voyez* ce qui est dit à ce sujet plus loin, pag. 516, art. 3e.)

Or limé et or en masse. — Même action sur le bi-oxide qu'avec argent limé et argent en masse.

Osmium en poussière noire, et bi-oxide pur. — Action plus violente qu'avec les métaux précédens, ce qui peut dépendre de ce que le métal était plus divisé : du reste mêmes phénomènes. Mêmes phénomènes aussi, peut-être à l'intensité près, entre l'osmium et le bi-oxide étendu d'eau qu'entre celui-ci et le platine, l'argent.

Palladium en poudre (provenant de la calcination du chlorure ammoniacal de palladium (1)) *et bi-oxide pur.* — Action prompte, très vive, moins vive cependant que celle

______

(1) Ce chlorure avait été donné à M. Thénard par M. Barruel, chef du laboratoire de l'École de Médecine.

du platine, de l'argent, de l'or et de l'osmium; grand dégagement de calorique. Tout l'oxigène est dégagé presque aussitôt que l'action se manifeste; le métal ne paraît pas s'oxider. Si le bi-oxide était sensiblement acide, il agirait beaucoup moins promptement. (*Voyez* ce qui est dit à ce sujet, plus loin, pag. 517, art. 4°.)

Palladium en poudre et bi-oxide ne contenant que neuf volumes d'oxigène.—Mêmes phénomènes qu'avec l'argent, si ce n'est que le dégagement d'oxigène est un peu moins rapide.

Rhodium en poudre (provenant de la calcination du chlorure ammoniacal de rhodium (1)) *et bi-oxide pur ou étendu d'eau.* — L'action de ce métal est à-peu-près la même que celle du palladium.

Iridium en poudre (provenant de la calcination du chlorure ammoniacal d'iridium (1)) *et bi-oxide pur ou étendu d'eau.* — L'action de ce métal est à-peu-près la même aussi que celle du palladium : seulement il paraît que la présence d'un peu d'acide ne la ralentit pas autant.

Plomb réduit en limaille fine et bi-oxide pur.—Action lente d'abord, mais qui peu-à-peu s'augmente, et finit, dans l'espace de quelques minutes, par devenir très forte en donnant lieu à beaucoup de chaleur. Tout l'oxigène se dégage. Le plomb ne paraît pas s'oxider.

Plomb réduit en limaille fine, et liqueur ne contenant que 9 volumes d'oxigène. — Action faible d'abord; peu-à-peu elle devient plus sensible : alors les bulles d'oxigène se succèdent assez rapidement, et soulèvent les parcelles métalliques. Ne se formerait-il pas un peu d'oxide, qui, comme on le verra par la suite, décompose facilement le bi-oxide d'hydrogène? Ce qu'il y a de certain, c'est qu'au bout d'une heure il ne reste plus d'oxigène dans la liqueur.

Bismuth bien pulvérisé et bi-oxide pur.—Mêmes phénomènes qu'avec le plomb.

---

(1) Ce chlorure avait été donné à M. Thenard par M. Barruel, chef du laboratoire de l'École de Médecine.

Bismuth bien pulvérisé, et liqueur ne contenant que 9 volumes d'oxigène.—L'action est bien lente; il ne se dégage des bulles que de temps à autre. Toutefois, au bout de douze heures, la liqueur n'était plus oxigénée. Le métal ne m'a pas paru s'oxider.

Mercure et bi-oxide pur. — Mêmes phénomènes qu'avec le plomb et le bismuth, pourvu que la liqueur ne soit point acide : lorsqu'elle contient un peu d'acide sulfurique, il se forme en outre une substance rouge ou briquetée, qui est peut-être un sous-sulfate.

Mercure, et liqueur ne contenant que 9 volumes d'oxigène. —Dégagement très sensible de gaz, surtout quand la liqueur est plutôt alcaline qu'acide : le mercure ne s'oxide pas; une goutte d'un acide très faible suffit pour arrêter le dégagement.

Cobalt, nickel, cadmium, cuivre. — Action très faible.

Métaux qui décomposent le peroxide d'hydrogène, en absorbant une partie de son oxigène et dégageant l'autre.

434. *Arsénic en poudre et bi-oxide pur.*—Action subite des plus violentes; flamme produite par la combustion de l'arsenic, qui, en s'acidifiant, empêche que tout l'oxigène ne soit dégagé ou absorbé, du moins instantanément; par conséquent très grand dégagement de calorique. Lorsque la liqueur est en excès, tout l'arsénic passe à l'état acide et se dissout.

Arsénic en poudre, et liqueur ne contenant que neuf fois son volume d'oxigène. —Point d'effervescence; la liqueur devient acide sur-le-champ. Cet acide rendant le bi-oxide plus stable, il en résulte qu'elle reste long-temps plus ou moins oxigénée.

Molybdène réduit en poudre et bi-oxide pur. — Action très violente; combustion du métal avec lumière; grand dégagement de calorique; production d'un acide très soluble, dont la saveur est assez forte, et qui colore l'eau en jaune. Tout le molybdène disparaît quand le bi-oxide est en excès.

Molybdène réduit en poudre, et liqueur ne contenant que 9 volumes d'oxigène. —Effervescence subite assez vive ; production d'acide ; absorption ou dégagement de tout l'oxigène : au bout de quinze heures la liqueur était d'un bleu superbe.

Tungstène, chrôme, et bi-oxide pur. —L'action est faible d'abord ; elle ne devient violente, au bout de quelque temps, qu'avec le tungstène.

Potassium et bi-oxide pur. —Action subite et violente ; combustion vive ; dégagement d'oxigène et formation d'alcali : l'expérience ne doit être faite que dans un verre, car quelquefois il y a explosion.

Sodium et bi-oxide pur. —Mêmes phénomènes qu'avec le potassium.

Manganèse et bi-oxide pur. —Le métal, sous forme de petits globules, produit une vive effervescence et désoxigène promptement la liqueur : ne pourrait-on pas penser qu'il s'oxide d'abord et que c'est l'oxide qui chasse l'oxigène ? Cependant les globules, au nombre de deux, ne semblaient point altérés. En poudre, il agit bien plus fortement encore ; son action devient bientôt violente ; il en résulte, en même temps qu'un dégagement d'oxigène, un grand dégagement de calorique.

Manganèse, et liqueur ne contenant que neuf fois son volume d'oxigène. — Effervescence subite, vive ; point de chaleur ; désoxigénation complète de la liqueur en peu de temps.

Zinc. —Action très faible.

Fer, étain, antimoine, tellure. — Action nulle, ou presque nulle, même avec la liqueur concentrée.

Action des métalloïdes simples et solides sur le bi-oxide d'hydrogène.

435. Parmi les métalloïdes simples, il n'y a que le sélénium

et le charbon qui aient une action très marquée sur le bi-oxide d'hydrogène.

Sélénium en poudre et bi-oxide pur.—Action subite et très violente; grand dégagement de chaleur sans lumière; acidification complète du sélénium, qui, par ce moyen, se dissout tout-à-coup.

Sélénium, et liqueur ne contenant que neuf fois son volume d'oxigène.—Point de chaleur; à peine voit-on de temps à autre quelques bulles se dégager; mais la liqueur s'acidifie en quelques minutes.

Charbon de bois en poudre fine et bi-oxide pur.—Action subite et très vive; production de chaleur assez grande; dégagement de tout l'oxigène sans qu'il se forme d'acide carbonique.

Charbon de bois en poudre fine, et liqueur ne contenant que neuf fois son volume d'oxigène.—Effervescence assez vive sans chaleur; tout l'oxigène se dégage encore sans qu'il se produise d'acide carbonique. En effet, que l'on fasse passer une certaine quantité de liqueur dans un tube renversé, plein de mercure; qu'on y introduise ensuite du charbon bien pulvérisé, et l'on verra, d'une part, que le gaz qui se dégagera promptement de la liqueur ne sera que de l'oxigène, et, de l'autre, qu'elle se désoxigénera en très peu de temps.

Charbon très compacte, provenant d'une huile qui, dans la production du gaz carbure d'hydrogène pour l'éclairage, tombait goutte à goutte sur des plaques de fonte incandescentes.—Ce charbon, bien réduit en poudre, agit tout aussi bien que le précédent : quand il n'est pas bien pulvérisé, son action est presque nulle.

Noir de fumée.—Point d'action, sans doute parce que la liqueur ne le mouille pas.

Action du bi-oxide sur les sulfures métalliques à la température ordinaire.

436. La plupart des sulfures métalliques que j'ai essayés

ont une action très marquée sur le bi-oxide d'hydrogène : assez souvent même cette action est violente et accompagnée de beaucoup de chaleur lorsque la liqueur est concentrée. D'ailleurs, qu'elle soit étendue d'eau ou concentrée, il en résulte presque toujours un sulfate et un dégagement plus ou moins sensible d'oxigène. C'est ce qui a lieu avec les sulfures de cuivre, d'antimoine, de plomb, de fer : à peine le contact existe-t-il que leur transformation en sulfate s'opère avec effervescence.

Les sulfures d'arsénic et de molybdène agissent avec plus de violence encore que les précédens sur la liqueur pure, puisqu'il y a tout à-la-fois production de chaleur et de lumière ; mais il ne se forme pas de sulfate ; l'arsénic s'acidifie, et le soufre reste presque intact.

Ceux de bismuth, d'étain n'ont qu'une action très faible, même sur le bi-oxide d'hydrogène le plus concentré possible. Celui d'argent et celui de mercure (cinabre) n'en ont aucune.

Toutes les expériences peuvent être faites comme celles qui ont été décrites précédemment.

Action des oxides métalliques sur le bi-oxide d'hydrogène,
à la température ordinaire.

437. Les oxides métalliques tendent en général à ramener le bi-oxide d'hydrogène à l'état de protoxide ou d'eau. Quelques-uns produisent cet effet en s'oxidant davantage ; d'autres sans s'altérer, et en dégageant sous forme de gaz toute la quantité d'oxigène que l'eau absorbe pour passer à l'état de bi-oxide ; d'autres enfin, tout en rendant gazeux cette quantité d'oxigène, se réduisent eux-mêmes ; très-peu sont sans action.

Le force décomposante des oxides varie beaucoup. Plusieurs chassent l'oxigène si subitement de la liqueur, qu'il en résulte une sorte d'explosion, et alors il y a production d'une grande chaleur et même de lumière. Il en est au contraire dont l'action est lente, qui n'occasionnent qu'une légère effervescence et jamais de chaleur sensible.

Toutes les expériences peuvent être faites comme celles qui ont pour objet l'action des métaux sur le bi-oxide. On peut encore les faire avec le bi-oxide étendu d'eau, dans un tube renversé et plein de mercure, en y introduisant successivement la liqueur et l'oxide.

Oxides qui peuvent absorber l'oxigène du bi-oxide, et le ramener à l'état de protoxide ou d'eau.

438. Ces oxides sont la baryte, la strontiane, la chaux, l'oxide de zinc, le protoxide et le bi-oxide de cuivre, l'oxide de nickel, les protoxides de manganèse, de fer, d'étain, de cobalt (l'acide arsénieux), et probablement plusieurs autres : encore est-il nécessaire que l'oxide métallique soit en gelée ou en dissolution : autrement l'oxigène se dégagerait, ou resterait en combinaison. Il est évident d'ailleurs qu'à mesure que le nouvel oxide se produira, il sera possible qu'il chasse une portion d'oxigène de la liqueur, de sorte qu'alors l'action deviendra complexe.

Baryte.—Lorsqu'on verse de l'eau de baryte dans le bi-oxide pur ou étendu, il se précipite à l'instant une foule de paillettes brillantes, qui ne sont autre chose qu'un hydrate de bi-oxide de barium (*Voy.* bi-oxide de barium); mais si, au lieu d'eau de baryte, l'on se servait de baryte réduite en poudre, et de bi-oxide d'hydrogène concentré ou peu étendu, il en résulterait un violent dégagement de gaz oxigène et beaucoup de chaleur. Cette chaleur peut provenir de l'absorption de l'eau du bi-oxide d'hydrogène par la baryte, et de la décomposition instantanée de ce bi-oxide. Quant au dégagement d'oxigène, on peut l'attribuer à l'élévation de température produite par l'absorption d'eau, et au bi-oxide de barium dont il se forme une petite quantité : toutefois l'hydrate de baryte possède lui-même la propriété de dégager l'oxigène du bi-oxide d'hydrogène.

Strontiane. — La strontiane offre avec le bi-oxide d'hydrogène absolument les mêmes phénomènes que la baryte. (*Voyez* l'hydrate de ce bi-oxide.)

Chaux. — Cette base produit aussi, avec le bi-oxide d'hydrogène, des phénomènes analogues à ceux que nous venons d'observer avec les deux bases précédentes ; ils n'en diffèrent même qu'en ce que, pour obtenir en paillettes cristallines l'hydrate de bi-oxide de calcium, il faut verser l'eau de chaux peu-à-peu.

Hydrate bleu de bi-oxide de cuivre. — Cet hydrate, mis en contact avec le bi-oxide d'hydrogène, passe tout de suite à l'état d'un nouvel oxide, qui est d'un jaune d'ocre, et qui fait dégager assez rapidement l'oxigène de la liqueur oxigénée non encore décomposée. Lorsque le bi-oxide est concentré, l'action est vive, il y a dégagement de chaleur, et il s'en faut beaucoup que tout l'oxide de cuivre se suroxide. Pour que la suroxidation ait lieu, il faut non-seulement que le bi-oxide d'hydrogène soit étendu d'eau, mais encore satisfaire à diverses conditions qui seront exposées plus tard.

Bi-oxide de cuivre calciné. — Sous cet état, le bi-oxide de cuivre ne possède plus la propriété de se suroxider ; il produit, avec le bi-oxide d'hydrogène, une effervescence très sensible due à un dégagement d'oxigène. Ce dégagement est même assez fort avec le bi-oxide concentré.

Hydrate d'oxide de zinc. — De même que celui de cuivre, cet hydrate se suroxide dans son contact avec le bi-oxide d'hydrogène, mais de telle manière qu'il ne se dégage que bien peu d'oxigène. (*Voyez* ce nouvel oxide de zinc.)

Fleurs de zinc ou oxide blanc de zinc calciné. — Plus de suroxidation sous cet état ; l'oxide donne lieu tout au plus à un dégagement de gaz extrêmement faible.

Hydrate de nickel. — Voici encore un hydrate qui, dans son contact avec la liqueur oxigénée, donne lieu probablement à un nouvel oxide, et qui en même temps produit un faible dégagement d'oxigène. (*V.* ce nouvel oxide.)

Oxide de nickel calciné. —La dessiccation fait perdre à cet oxide, comme à ceux de cuivre et de zinc, la propriété de se suroxigéner ; mis en contact avec le bi-oxide d'hydrogène, il en dégage l'oxigène, de manière à y produire une effervescence très marquée.

Protoxides de manganèse, de fer, d'étain, de cobalt. —Ces protoxides, à l'état d'hydrate, donnent lieu, par leur contact avec l'eau oxigénée, à des peroxides semblables à ceux que nous connaissons. Que l'on verse en effet de l'eau oxigénée sur ces hydrates récemment précipités de leur dissolution dans les acides par la potasse, et l'on verra qu'ils s'oxideront tout-à-coup.

Le bi-oxide de manganèse et le sesqui-oxide de cobalt agiront ensuite sur la liqueur non décomposée, en faisant passer rapidement son oxigène à l'état de gaz ; celui de fer ne produira qu'une effervescence qui ne sera pas très forte, et celui d'étain n'en produira pas de sensible.

Acide arsénieux. —Quant à celui-ci, il deviendra acide arsénique.

Oxides qui dégagent l'oxigène du bi-oxide d'hydrogène sans se suroxider et sans se désoxider.

439. Il existe un assez grand nombre d'oxides qui possèdent cette propriété : nous en parlerons, autant que possible, dans l'ordre de leur plus grande action décomposante.

Bi-oxide de manganèse naturel réduit en poudre fine et bi-oxide d'hydrogène le plus concentré. —Action subite et très violente ; dégagement de chaleur si grande que le tube de verre devient brûlant ; désoxigénation complète et instantanée.

Le même, et liqueur ne contenant que neuf volumes d'oxigène. —Effervescence subite et très vive ; tout l'oxigène se dégage en très peu de temps.

Bi-oxide de manganèse très divisé (obtenu en ajoutant de l'eau oxigénée à une dissolution de manganèse, et décomposant ensuite la dissolution par la potasse).—L'action de cet oxide est encore plus grande que celle de l'oxide naturel ; et même l'expérience peut être faite avec la liqueur concentrée, de telle manière qu'il en résulte une sorte d'explosion.

Sesqui-oxide de cobalt en poudre et bi-oxide d'hydrogène. — Mêmes phénomènes à-peu-près qu'avec le bi-oxide de manganèse naturel.

Massicot en poudre et bi-oxide le plus concentré. — Action violente, grand dégagement de chaleur, désoxigénation complète et presque instantanée de la liqueur.

Massicot, et liqueur ne contenant que neuf fois son volume d'oxigène. Effervescence vive ; dégagement de tout l'oxigène en quelques minutes.

Minium et bi-oxide de plomb. —Ces deux oxides agissent très fortement aussi sur le bi-oxide d'hydrogène ; l'action du bi-oxide de plomb est même des plus violentes ; mais comme ils passent en même temps à l'état de protoxide, du moins avec la liqueur concentrée, il n'en sera question que dans le chapitre suivant.

Hydrate de sesqui-oxide de fer, et bi-oxide d'hydrogène le plus concentré.—Action qui devient bientôt très forte ; grand dégagement de chaleur et désoxigénation complète de la liqueur en très peu de temps.

Hydrate de sesqui-oxide de fer, et liqueur, ne contenant que neuf fois son volume d'oxigène.—L'effervescence est subite, mais n'est pas vive : aussi la désoxigénation ne se fait-elle complètement que dans l'espace de plusieurs heures.

Sesqui-oxide de fer en poudre.—Sous cet état, le sesqui-oxide de fer n'exerce qu'une action assez faible sur le bi-oxide d'hydrogène concentré ou étendu d'eau. Au bout de quinze heures, la désoxigénation n'est point encore terminée.

Oxide de fer (provenant de la décomposition de l'eau par le fer incandescent).—Action très faible sur le bi-oxide concentré ou étendu. Quinze heures sont loin de suffire pour la désoxigénation complète de la liqueur. Au bout de ce temps, elle est presque aussi chargée d'oxigène que d'abord.

Oxide de nickel en poudre noire, bi-oxide de cuivre en poudre brune, oxide de bismuth en poudre jaunâtre. — L'action de ces différens oxides sur la liqueur concentrée n'est point très forte; mais elle est assez grande pour en dégager tout l'oxigène dans l'espace de quelques heures.

Ces mêmes oxides finissent aussi par chasser tout l'oxigène de la liqueur affaiblie : seulement, lorsque cette liqueur ne contient que neuf volumes d'oxigène, il faut près de quinze heures pour que la désoxigénation soit complète.

Potasse, soude. — Action assez forte de la part de ces deux alcalis, même en dissolution, sur le bi-oxide d'hydrogène concentré; dégagement de gaz oxigène assez rapide, et bientôt désoxigénation complète.

Lorsque le bi-oxide est étendu d'eau, la décomposition se fait moins promptement : toutefois tout l'oxigène finit par se dégager.

Magnésie en gelée comprimée, et bi-oxide d'hydrogène très concentré. — Dégagement très sensible de gaz oxigène qui s'arrête peu-à-peu, avant que la désoxigénation ne soit totale.

Magnésie en gelée comprimée, et liqueur ne contenant que neuf fois son volume d'oxigène. — Effervescence assez vive qui s'arrête aussi peu-à-peu avant que la désoxigénation ne soit entière. Il semble cependant qu'il se dégage proportionnellement plus d'oxigène quand la liqueur est étendue que quand elle est concentrée.

Magnésie en poudre. — Action plus faible qu'en gelée.

Hydrates de bi-oxide de barium, de strontium, de calcium. — Peu d'action.

Oxide d'urane (provenant du sulfate d'urane décomposé par la potasse). — Peu d'action encore.

Enfin *oxide de titane en poudre, oxide de zinc sublimé,*

sesqui-oxide de cérium.—Effervescence très faible. Au bout de trente heures, la liqueur est à peine désoxigénée.

Oxides qui dégagent l'oxigène du bi-oxide d'hydrogène en laissant dégager le leur en tout ou en partie.

440. Ces oxides sont ceux d'argent, de mercure, le minium et le bi-oxide de plomb, les oxides d'or, de platine, et probablement d'iridium, de palladium et de rhodium.

Oxide d'argent.—C'est celui de tous les oxides qui paraît avoir le plus d'action sur le bi-oxide d'hydrogène : il en dégage tout-à-coup l'oxigène, et ce dégagement est si rapide qu'il en peut résulter une explosion quand le bi-oxide est concentré ; de plus, la chaleur produite est telle que l'on aperçoit des points lumineux en faisant l'expérience dans l'obscurité. Il n'est pas extraordinaire, d'après cela, que l'oxide d'argent soit réduit : l'essai doit être fait dans un verre. (*Voyez*, plus loin, p. 529, 530.)

La réaction est encore très grande, lors même que le bi-oxide d'hydrogène est étendu d'eau. En effet, l'oxide d'argent fait une effervescence très sensible et subite dans de l'eau qui ne contient que la cinquantième partie de son volume d'oxigène : aussi, en faisant passer dans un tube de verre renversé et plein de mercure, d'abord de l'eau qui renferme douze fois son volume d'oxigène, puis de l'oxide d'argent, le mercure est repoussé de manière que l'œil n'en suit qu'avec difficulté l'abaissement. Dans ce cas, il n'y a pas production de chaleur sensible, et cependant il y a réduction d'oxide d'argent. Cet oxide se réduirait même avec la liqueur la plus étendue : qu'on n'aille pas conclure pour cela que le dégagement d'oxigène de l'oxide métallique ne soit point un effet de la température ; il pourrait se faire qu'au moment de l'action de l'oxide d'argent sur le bi-oxide d'hydrogène, les particules qui agiraient les unes sur les autres fussent très échauffées, et que leur nombre étant très petit relativement à la liqueur, elles ne pussent point élever d'un demi-degré la température de celle-ci.

Bi-oxide de plomb en poudre. —L'action de cet oxide sur le bi-oxide d'hydrogène est à-peu-près aussi grande que celle de l'oxide d'argent, et les résultats de part et d'autre sont les mêmes, si ce n'est que le bi-oxide de plomb ne se réduit pas, et qu'il passe seulement à l'état de protoxide jaune avec la liqueur concentrée. Éprouve-t-il la même désoxigénation avec la liqueur étendue ? On peut conserver quelques doutes à cet égard.

Minium et bi-oxide d'hydrogène. —Mêmes phénomènes qu'avec le bi-oxide, à cela près que l'action, étant moins vive, a lieu sans dégagement de lumière dans l'obscurité et avec un moindre dégagement de chaleur.

Hydrate de bi-oxide de mercure et bi-oxide d'hydrogène. —L'hydrate qui était délayé dans l'eau a d'abord été mis sur du papier joseph, puis l'on a fait l'essai à la manière ordinaire : à l'instant l'oxide, qui était jaune, est devenu rouge, l'effervescence a eu lieu, et bientôt elle a été violente : alors grand dégagement de chaleur, réduction subite de l'oxide mercuriel, désoxigénation complète de la liqueur.

Hydrate de bi-oxide de mercure, et liqueur ne contenant que neuf volumes d'oxigène. —Effervescence très modérée, point de chaleur sensible, réduction de l'oxide en vingt-quatre heures ; désoxigénation complète dans cet espace de temps, pourvu que l'oxide de mercure soit en excès.

Précipité per se réduit en poudre très fine. —Cet oxide en poudre était d'un jaune d'ocre verdâtre; mis en contact avec le bi-oxide d'hydrogène concentré, il est devenu rouge comme l'hydrate et a agi comme lui, seulement moins promptement ; toutefois l'action a fini par être violente, le dégagement de chaleur par être très grand, et l'oxide par se réduire. Son action sur la liqueur étendue est faible.

Oxide d'or en poudre sèche et brune (1)*, et bi-oxide très con-*

---

(1) Cet oxide avait été obtenu en faisant bouillir un excès d'eau de baryte

centré. — Action subite, violente, grand dégagement de chaleur, réduction de l'or, désoxigénation complète de la liqueur.

Oxide d'or, et liqueur ne contenant que neuf volumes d'oxigène. — Effervescence subite, vive, point de chaleur; l'or se réduit, et la liqueur se désoxigène en peu de temps.

Oxide de platine en poudre (obtenu en faisant bouillir le chlorure de platine avec la soude). — Même action sur le bi-oxide d'hydrogène concentré ou étendu que l'oxide d'or.

Oxides d'iridium, de palladium, de rhodium. — Il en serait probablement de ces oxides purs comme des précédens; sans doute que leur action sur le bi-oxide d'hydrogène concentré serait violente et qu'ils se réduiraient. Tel est même le résultat qui a été obtenu avec un oxide d'iridium, mais de la pureté duquel on n'était pas certain.

Oxide d'osmium (provenant de la calcination, dans une cornue de verre, d'un mélange d'osmium et de chlorate de potasse), *et bi-oxide d'hydrogène très concentré.* — Point d'action sensible; mais à peine ajoute-t-on une très petite quantité de potasse, qu'il en résulte une grande effervescence, un grand dégagement de chaleur, et que la liqueur, de claire et d'incolore, devient brun-foncé. Y a-t-il dans ce cas réduction de l'oxide d'osmium?

Le bi-oxide étendu d'eau se comporte, à l'intensité d'action près, de la même manière avec l'oxide d'osmium.

Oxides qui sont sans action, du moins bien sensible, sur le bi-oxide d'hydrogène.

441. Les oxides reconnus pour être sans action bien sensible sur le bi-oxide d'hydrogène sont : l'alumine, la

avec le chlorure d'or, versant un peu d'acide azotique sur le précipité lavé, qui était d'un brun verdâtre, et lavant de nouveau le résidu à l'eau bouillante. L'acide azotique sépare un peu de baryte et d'acide chlorhydrique du précipité, et le rend d'un brun foncé tirant sur le violet.

silice, l'oxide de chrôme, le bi-oxide d'étain, le protoxide d'antimoine : il faut y joindre les acides de l'antimoine et l'acide tungstique.

Plusieurs autres oxides sont sans doute encore dans ce cas ; mais, comme ils n'ont point été éprouvés, on ne peut rien dire de positif à cet égard.

De l'action des acides sur le bi-oxide d'hydrogène.

442. Si les métaux et les oxides métalliques tendent, en général, à dégager l'oxigène du bi-oxide d'hydrogène, il n'en est pas de même des acides : ceux-ci tendent, au contraire, à lui donner plus de stabilité ; quelques-uns seulement ne peuvent produire cet effet, parce qu'ils sont trop faibles, ou parce qu'ils changent de nature en absorbant l'oxigène du bi-oxide.

1° Que l'on prenne de l'eau oxigénée contenant, par exemple, six fois son volume d'oxigène ; qu'on la chauffe au point d'en dégager beaucoup de gaz, et qu'on y ajoute un peu d'un acide, tel que l'acide phosphorique, fluorhydrique, sulfurique, chlorhydrique, arsénique, oxalique, etc., ou tout autre acide fort qu'elle ne serait point capable d'altérer, et à l'instant même le dégagement de gaz cessera : il cesserait également, quand bien même l'on prendrait le soin d'élever d'avance l'acide à la même température que la liqueur : la saturation de l'acide le fera reparaître tout de suite.

2° Que l'on mette dans deux fioles de l'eau oxigénée qui contiendra deux ou trois fois son volume d'oxigène ; que l'on verse dans l'une d'elles un peu d'acide phosphorique, ou d'acide oxalique, ou d'acide fluorhydrique, etc., et qu'ensuite on les fasse chauffer toutes deux, et l'on verra qu'aussitôt que la température sera portée à 100°, tout l'oxigène du bi-oxide d'hydrogène sera dégagé, tandis que, au bout d'une demi-heure d'ébullition, l'autre sera encore très oxigénée, ou du moins capable de produire une forte effervescence avec l'oxide d'argent.

3° Lorsque l'on met de l'or très divisé (provenant de la

décomposition du chlorure d'or par le sulfate de fer) dans une eau oxigénée contenant 10, 20, 30 fois ou plus son volume d'oxigène, il en résulte une très vive effervescence ; mais en ajoutant une goutte d'acide sulfurique très étendu, l'effervescence s'arrête à l'instant même ; elle se reproduit tout de suite en saturant l'acide par la potasse pour disparaître et se reproduire encore par l'addition successive des mêmes agens. L'action de l'acide est telle enfin que, pour peu que le bi-oxide d'hydrogène très concentré en contienne, il peut être mis impunément en contact avec l'or le plus divisé, et cependant ce métal agit avec violence sur le bi-oxide saturé.

4° Plusieurs autres corps produisent, dans leur contact avec le bi-oxide d'hydrogène, des phénomènes analogues aux précédens : seulement, pour prévenir ou arrêter l'effervescence, il faut une plus grande quantité d'acide. Tels sont le platine, le palladium, le rhodium, et l'on pourrait y joindre tous les métaux dont l'action sur le bi-oxide d'hydrogène n'est pas très grande. Aussi, lorsqu'on ajoute une petite quantité d'alcali au bi-oxide d'hydrogène concentré, qui contient toujours un peu d'acide, devient-il capable d'agir violemment sur des métaux qui, sans cela, ne l'auraient décomposé que lentement : et qu'on ne croie pas que la décomposition rapide soit un effet direct de l'alcali ; car, en mêlant à la même quantité de bi-oxide la même quantité d'alcali, l'effervescence ne sera que faible.

5° Pour obtenir le bi-oxide d'hydrogène le plus concentré, il faut y ajouter quelques gouttes d'acide sulfurique très étendu : en effet, lorsque la liqueur donne près de 250 fois son volume de gaz oxigène, elle commence à laisser dégager des bulles qui font monter le baromètre de l'éprouvette : vainement on essaierait d'en porter la concentration plus loin. Mais, en l'acidifiant seulement de telle manière qu'elle fasse virer le papier de tournesol au violet rougeâtre, elle continue de se concentrer sans éprouver d'altération.

Ces différentes expériences prouvent, ce me semble, ce

que nous avons avancé, savoir : que les acides rendent, en général, le bi-oxide plus stable. Cependant les deux dernières sont moins démonstratives que les autres, parce qu'on peut en expliquer les résultats autrement. 1° Ne peut-on pas supposer que l'acide n'agit dans la concentration du bi-oxide qu'en neutralisant l'action répulsive de quelques matières que celui-ci retient toujours. 2° Ne peut-on point admettre aussi, que si l'acide ne s'opposait à la décomposition du bi-oxide par l'or, qu'en rendant la composition de cet oxide plus stable, il devrait produire plus facilement cet effet sur les métaux dont l'action décomposante est bien moindre? or, c'est ce qui n'est pas. Quelle différence, par exemple, n'y a-t-il pas entre l'action de l'or et celle du bismuth sur le bi-oxide saturé et concentré! Le premier agit avec violence, et le second ne produit qu'une faible effervescence : pourtant la quantité d'acide qui rendra le premier sans action n'arrêtera pas celle du second.

Puisque les acides donnent plus de stabilité à l'eau oxigénée, c'est sans doute en se combinant avec le bi-oxide d'hydrogène : du moins, dans l'état actuel de la chimie, la composition de ce bi-oxide rend toute autre hypothèse invraisemblable. A la vérité, cette opinion n'est pas celle que l'auteur avait adoptée d'abord : il avait pensé que l'oxigène se combinait avec les acides, et qu'il en résultait un grand nombre de nouveaux acides oxigénés. Les expériences sur lesquelles il se fondait paraissaient démonstratives : il ne sera pas inutile de les rapporter.

Il venait de découvrir qu'en traitant le bi-oxide de barium par l'acide chlorhydrique, et qu'en précipitant la dissolution par une quantité convenable d'acide sulfurique, on obtenait une liqueur qui était formée d'eau, d'acide chlorhydrique et de tout l'oxigène nécessaire pour suroxider la baryte. Or, en saturant l'acide par l'oxide d'argent, tout l'oxigène se dégageait à l'instant; tandis qu'en employant un sel d'argent au lieu d'oxide d'argent, il ne se dégageait pas la plus petite bulle de gaz. Ne devait-on pas en conclure que si l'oxigène ne se dégageait pas dans le cas où l'on employait le sel d'argent, c'était en raison de l'acide de ce sel? Bien plus : la conséquence était forcée alors. Mais aussitôt que l'auteur eut découvert que l'oxigène pouvait s'unir à l'eau sans l'intermède des acides; que certains corps, l'oxide d'argent surtout, possédaient la propriété de dégager l'oxigène de l'eau oxigénée, et que les sels d'argent, tels que le sulfate, le phosphate, etc., n'avaient aucune action sur elle, il comprit et il reconnut bientôt que ce qui lui avait paru être des acides oxigénés n'était que l'eau oxigénée et acidifiée.

Après avoir nommé les principaux acides qui rendent le bi-oxide d'hydrogène plus stable, occupons-nous de ceux qui ne sauraient lui donner de stabilité, soit parce qu'ils sont trop faibles, soit parce qu'ils en absorbent l'oxigène. Nous citerons, parmi les premiers, l'acide carbonique et l'acide borique; et parmi les seconds, l'acide sulfureux, l'acide iodhydrique, et l'acide sulfhydrique ou l'hydrogène sulfuré.

A peine l'acide sulfureux est-il en contact avec le bi-oxide d'hydrogène, même étendu de beaucoup d'eau, que son odeur disparaît, et qu'il passe à l'état d'acide sulfurique. Peut-être qu'en rendant l'acide prédominant, l'on obtiendrait le nouvel acide que MM. Gay-Lussac et Welter ont découvert, l'acide hypo-sulfurique.

Le bi-oxide d'hydrogène concentré ou étendu décompose tout de suite l'acide iodhydrique, et de là résultent de l'eau et un précipité d'iode.

Ce bi-oxide décompose aussi l'acide sulfhydrique, mais peu-à-peu. Ayant versé dans de l'eau contenant onze fois son volume d'oxigène une dissolution d'acide sulfhydrique, la réaction n'a commencé à se manifester qu'au bout d'un quart d'heure; alors la liqueur est devenue laiteuse; le lendemain, il y avait un petit dépôt de soufre, et l'odeur de l'acide sulfhydrique n'était plus sensible; il s'était formé de l'acide sulfurique, mais si peu, quoiqu'il y eût excès d'eau oxigénée, que celle-ci ne se troublait point pour ainsi dire par l'azotate de baryte.

L'acide chlorhydrique, soit à froid, soit à chaud, n'est point décomposé par l'eau oxigénée : par conséquent, un mélange d'eau oxigénée et de cet acide ne donne point de chlore; lorsqu'on le chauffe, on n'en retire d'autre gaz que de l'oxigène. Il n'est qu'un seul moyen d'opérer la décomposition de l'acide chlorhydrique par l'eau oxigénée : c'est de verser de l'acide sulfurique concentré en assez grande quantité dans un mélange de bi-oxide d'hydrogène et d'acide chlorhydrique saturé de bi-oxide de barium. La forte chaleur produite instantanément, et peut-être aussi la présence de l'acide sulfurique, déterminent un dégagement de chlore très sensible. Il semble que le même effet devrait être produit, quand bien même on n'ajouterait pas de bi-oxide de barium; mais comme l'essai n'a pas été fait, on ne peut rien assurer à cet égard. L'autre, au contraire, a été répétée souvent dans la préparation du bi-oxide d'hydrogène.

Propriétés que possède le bi-oxide d'hydrogène après son mélange avec les acides.

443. Supposons que la liqueur qui résulte de ce mélange renferme à-peu-près cinq à six fois son volume d'oxigène, et que la quantité de celui-ci soit à celle de l'acide dans un rapport deux à trois fois plus grand que celui des quantités d'oxigène et d'acide dans les sels neutres; nous disons à-peu-près, car les phénomènes seraient encore analogues dans le cas où les proportions d'eau, d'oxigène et d'acide, ne seraient point celles que nous venons d'indiquer.

Il est facile d'obtenir avec les acides azotique et chlorhydrique une liqueur où ce rapport entre les quantités d'oxigène et d'acide existe. En effet, comme le bi-oxide de barium contient deux fois autant d'oxigène que le protoxide ou la baryte, il est évident qu'en saturant l'acide azotique ou chlorhydrique de bi-oxide, et précipitant la dissolution par l'acide sulfurique, comme nous l'avons dit précédemment (p. 482, 483), la liqueur contiendra précisément la quantité d'oxigène et d'acide azotique ou chlorhydrique nécessaire pour former un sel neutre avec un métal. Si donc l'on sature une seconde fois la liqueur acide de bioxide de barium, et qu'on en précipite, comme la première fois, la baryte par l'acide sulfurique, la quantité d'oxigène sera double : une troisième opération la triplera. A la vérité, la plupart des autres acides ne se prêtent point à ce genre de préparation, parce qu'il n'en est presque aucun qui forme des sels neutres solubles avec la baryte, et qu'ils n'attaquent point facilement le bi-oxide de barium ; mais on peut les mêler directement avec le bi-oxide d'hydrogène, ou bien obtenir une liqueur convenable en versant un sel d'argent contenant l'un de ces acides dans un mélange d'eau oxigénée et d'acide chlorhydrique : c'est ainsi que, dans la préparation de l'eau oxigénée, l'acide sulfurique a été substitué à l'acide chlorhydrique (p. 485). On s'y prendrait d'une manière semblable pour tout autre acide. L'auteur a essayé cette substitution avec tous les acides minéraux, excepté ceux que l'eau oxigénée peut altérer; il l'a essayée également sur presque tous les acides végétaux : l'acide carbonique est le seul avec lequel il n'ait point réussi, parce qu'en versant du carbonate d'argent dans du bi-oxide d'hydrogène chargé ou non chargé d'acide chlorhydrique, tout l'oxigène se dégage comme avec l'oxide d'argent. L'eau oxigénée, au contraire, n'est point altérée par les autres sels d'argent; leurs acides, plus forts que l'acide carbonique, et intimement unis à l'oxide d'argent, s'opposent à ce que celui-ci puisse rompre la combinaison de l'oxigène et de l'eau. Dans tout ce qui suit, nous désignerons chaque liqueur oxigénée par le nom de l'acide qu'elle contiendra : nous dirons donc *liqueur oxigénée azotique, liqueur oxigénée chlorhydrique*, etc., et par conséquent nous les comprendrons toutes sous le nom de *liqueurs oxigénées acides.*

Les liqueurs oxigénées acides attaquent, à la température ordinaire, un grand nombre de métaux, et forment avec eux des sels qui quelquefois réagissent ensuite sur l'excès de liqueur oxigénée (p. 525) : presque toujours alors l'oxigène provient, non de l'acide ou de l'eau, mais du bioxide d'hydrogène. Si donc la quantité d'oxigène était à celle de l'acide dans la liqueur comme dans le sel qui se forme, il serait possible que le métal se dissolvît sans effervescence, ou disparût comme le sucre dans l'eau : c'est ce qui a été observé plusieurs fois.

De l'oxide d'or, extrait du chlorure d'or par la baryte, et contenant un peu de cette base qui lui donnait une teinte verdâtre, fut mis en gelée dans la liqueur oxigénée chlorhydrique : à l'instant une vive effervescence eut lieu : elle était due à l'oxigène ; l'oxide d'or devint pourpre, et quelque temps après il était complètement réduit.

Les liqueurs oxigénées sulfurique, azotique et phosphorique, font passer d'abord l'oxide d'or au pourpre comme la précédente, en produisant une forte effervescence ; mais l'oxide, au lieu de prendre ensuite l'aspect de l'or précipité par le sulfate de fer, devient brun-foncé. Dans cet état, toutefois, il est probablement réduit.

Lorsque l'on verse de la liqueur oxigénée azotique sur de l'hydrate d'oxide d'argent, l'effervescence qui a lieu tout-à-coup est plus vive encore que les précédentes ; une partie de l'oxide se dissout ; l'autre se réduit d'abord, devient blanchâtre et se dissout ensuite elle-même, pourvu que l'acide soit en quantité convenable. Le temps qui s'écoule entre la réduction et la dissolution permet de séparer avec la plus grande facilité l'argent réduit. La dissolution étant faite, si l'on y ajoute de la potasse peu-à-peu, il se produit une nouvelle effervescence et un précipité d'un violet noir foncé : du moins, telle est toujours la couleur du premier dépôt. Ce dépôt est insoluble dans l'ammoniaque, et est, selon toute apparence, un protoxide d'argent. Pour peu que l'on réfléchisse, l'on verra comment se produisent ces phénomènes : le bi-oxide d'hydrogène de la liqueur et l'oxide d'argent, par leur action réciproque, donnent lieu à la vive effervescence que l'on observe et à la réduction de l'argent. Celui-ci, dont une portion reste en dissolution, parce que l'azotate d'argent est à peine altéré, même par le bi-oxide d'hydrogène concentré, se dissout à la manière ordinaire dans l'acide azotique; mais comme la liqueur reste encore plus ou moins oxigénée, cet oxigène reprend l'état de gaz au moment où l'on précipite l'oxide d'argent par la potasse; l'oxide, dans cette réaction, ne se désoxigène qu'en partie, et de là le dépôt noir que nous croyons être un protoxide.

De même que la liqueur oxigénée azotique, les liqueurs oxigénées sulfurique et phosphorique opèrent la réduction partielle de l'oxide d'argent; il se dégage beaucoup de gaz oxigène; mais l'argent, au lieu de se dissoudre, conserve son état métallique, du moins pendant long-temps.

Il n'en est pas ainsi de la liqueur oxigénée chlorhydrique : soit qu'on emploie un excès d'hydrate d'oxide d'argent, soit qu'on n'emploie que la quantité qu'il en faut pour décomposer l'acide, et qu'on ait même le soin de l'ajouter peu-à-peu, il en résulte de l'eau, du chlorure d'argent violet, et le dégagement total de l'oxigène. Ce dégagement, au contraire, ne serait que partiel si, versant d'abord dans la liqueur oxigénée un acide capable de s'unir à l'oxide d'argent, par exemple, de l'acide sulfurique, ou de l'acide azotique, ou de l'acide phosphorique, etc., on y ajoutait ensuite cet oxide par petite portion, au bout d'un tube, jusqu'à ce que tout l'acide chlorhydrique fût décomposé; et ce résultat serait tout simple, car les circonstances seraient presque les mêmes que celles où se trouve un mélange de sulfate ou d'azotate, ou de phosphate d'argent et de bi-oxide d'hydrogène, chargé d'acide chlorhydrique : aussi se forme-t-il, dans ces deux derniers cas, non pas du chlorure violet comme dans les deux premiers, mais du chlorure blanc. Les caractères qui distinguent ces deux chlorures sont très marqués. Le chlorure blanc est entièrement soluble dans l'ammoniaque, et n'exerce aucune action répulsive sur l'oxigène de l'eau oxigénée, tandis que l'autre a la propriété d'en dégager ce gaz et de laisser, comme M. Gay-Lussac l'a observé le premier, un résidu d'argent métallique lorsqu'on le met en contact avec l'ammoniaque. Ce résidu n'autorise-t-il pas à croire que ce chlorure est un sous-chlorure, ou si l'on veut un proto-chlorure qui correspondrait à un premier degré d'oxidation, et qui, par le contact de l'alcali volatil, se transformerait en argent et en deuto-chlorure ?

L'acide azotique faible ou concentré est sans action sur le bi-oxide de manganèse et sur le bi-oxide de plomb; mais il en est tout autrement de l'acide azotique mêlé à l'eau oxigénée : il les dissout avec la plus grande facilité. La dissolution est accompagnée d'un grand dégagement de gaz oxigène, et ne retient de ce gaz qu'autant qu'on n'emploie point les oxides en excès. Dans le cas où cet excès a lieu, la liqueur précipite par la potasse comme les dissolutions ordinaires de manganèse et de plomb; dans le cas contraire, l'oxigène, au moment de la précipitation, venant à s'unir avec les oxides, rend noir celui de manganèse, et couleur de brique celui de plomb. L'on voit donc, d'après cela, que les bi-oxides de manganèse et de plomb ne se dissolvent qu'en abandonnant une partie de leur oxigène, et que cette désoxigénation provient, d'une part, de la tendance qu'a l'acide à s'unir avec l'oxide ramené à un moindre degré d'oxigénation, et d'autre part de la force répulsive qu'exerce l'eau oxigénée sur l'oxigène même de l'oxide. L'une de ses forces ne suffirait pas pour opérer la désoxigénation; réunies, elles l'opèrent très bien. Nous pouvons encore en citer une expérience convaincante. Que l'on mette en contact dans un tube plein de mercure de l'eau oxigénée chargée d'acide chlorhydrique et du bi-oxide de manganèse pur, en s'y prenant comme nous l'avons dit (page 487, 488), et qu'après avoir fait l'expérience on la répète en saturant la liqueur par de la potasse avant l'introduction de l'oxide de manganèse, et l'on verra que, dans le premier cas, il se dégagera bien plus de gaz oxigène que dans le second : les mêmes résultats auraient lieu avec le bi-oxide de plomb.

Les liqueurs oxigénées sulfurique et chlorhydrique se comportent avec les bi-oxides de manganèse et de plomb absolument comme la liqueur oxigénée azotique dont nous venons de parler. Ainsi, quoique l'acide chlorhydrique forme, avec l'oxide de manganèse, un chlorure, de l'eau, et donne lieu à un dégagement de chlore, ce même acide, mêlé au bi-oxide d'hydrogène, dissout le bi-oxide en laissant dégager seulement de l'oxigène ; et ce qu'il y a de remarquable, c'est qu'il le dissout bien plus facilement par l'intermède du bi-oxide d'hydrogène que quand il est pur.

Action des sels sur le bi-oxide d'hydrogène concentré, et sur le bi-oxide contenant onze fois son volume d'oxigène.

244. Les sels neutres se rapprochent plutôt des oxides que des acides par leur manière d'être avec le bi-oxide d'hydrogène. En effet, aucun n'ajoute à sa stabilité ; un assez grand nombre en dégage l'oxigène, mais lentement ; quelques-uns seulement absorbent celui-ci ; l'action des autres est insensible. Tous peuvent être éprouvés comme les oxides eux-mêmes dans de petits tubes de verre fermés par un bout.

Trente-neuf sels ont été essayés : dix-huit ont été sans action, savoir :

1° Les sulfates de potasse, de soude, de chaux, de baryte, de strontiane, l'alun (sulfate d'alumine et d'ammoniaque ou sulfate d'alumine et de potasse), le turbith ou le sous-sulfate de bi-oxide de mercure ;

2° Les azotates de potasse, de soude, de baryte, de strontiane, de plomb, de bismuth ;

3° Le chlorure de zinc, le bi-chlorure de mercure ou sublimé corrosif, le bi-chlorure d'étain ou liqueur fumante de Libavius ;

4° Le phosphate de soude, le chlorate de potasse.

Sur les trente-neuf sels essayés, vingt-et-un ont agi sur le bi-oxide d'hydrogène. Ces vingt-et-un sels sont :

1° Les sulfates de manganèse, de zinc, de cuivre et de fer.

2' Les azotates de manganèse, de cuivre, de protoxide de mercure, d'argent;

3° Les chlorures de potassium, de sodium, de barium, de calcium, d'antimoine, de manganèse, l'hydro-chlorate d'ammoniaque;

4° Le carbonate de soude, le bi-carbonate de potasse;

5° L'iodure de barium;

6° Le sulfhydrate de sulfure de potassium, le kermès, le proto-sulfure de fer hydraté (volcan artificiel).

L'action des sulfates, azotates, chlorures, carbonates, est très faible; il n'en est pas de même de celle des sulfhydrates et iodures: c'est ce que prouvent les expériences suivantes:

Iodure de barium cristallisé et bi-oxide concentré. — Action subite, chaleur sensible. Il se forme probablement de l'iodate de baryte; ce qu'il y a de sûr du moins, c'est qu'il ne se dépose pas d'iode.

Sulfhydrate de sulfure de potassium légèrement sulfuré et bi-oxide concentré. — Action extrêmement vive, grand dégagement de chaleur et de gaz, précipitation de soufre, même en plongeant le tube imprégné seulement de sulfhydrate dans la liqueur; il se forme de l'eau et une petite quantité de sulfate.

Mêmes résultats avec la liqueur étendue d'eau, à cela près que l'action est moindre.

Kermès et bi-oxide d'hydrogène concentré. — Action des plus vives, grand dégagement de chaleur et de gaz, formation de sulfate d'antimoine.

Le kermès est également décomposé par le bi-oxide d'hydrogène étendu d'eau; mais l'action n'est point instantanée.

Volcan artificiel de Lémeri, ou proto-sulfure de fer hydraté très divisé. — Mêmes phénomènes qu'avec le kermès.

Action des matières végétales sur le bi-oxide d'hydrogène.

445. Les matières végétales qui ont été mises en contact

avec le bi-oxide d'hydrogène sont les suivantes : les acides oxalique, acétique, tartrique, citrique, l'oxalate neutre et l'oxalate acide de potasse, l'acétate de potasse, le sucre candi, l'amidon, la gomme arabique, la fibre ligneuse, la mannite, l'huile d'olive, la sandaraque, le camphre, l'alcool, le tournesol, l'indigo.

Parmi ces matières, il n'en est aucune qui fasse effervescence avec le bi-oxide d'hydrogène concentré ou étendu d'eau, et qui en dégage l'oxigène, si ce n'est le tournesol, en raison de l'alcali qu'il contient.

Les acides oxalique, acétique, tartrique, citrique, loin d'en dégager ce gaz, le rendent plus stable : c'est ce qui a été démontré pour les acides en général (p. 516); mais il faut ajouter ici que, quand l'acide est de nature végétale, il arrive quelquefois qu'en faisant bouillir la liqueur, au lieu d'oxigène pur, on obtient un mélange d'oxigène et d'acide carbonique, d'où il est probable qu'il se forme en même temps de l'eau : voilà ce que nous offre surtout l'acide tartrique. L'acide oxalique, au contraire, ne produit pas sensiblement de gaz carbonique, du moins dans le cas où la liqueur ne contient que six à sept fois son volume d'oxigène.

L'oxalate de potasse, l'acétate de potasse, le sucre, la gomme, l'amidon, la fibre ligneuse, la mannite, l'huile d'olive, la sandaraque, le camphre, l'alcool, l'indigo, paraissent être d'abord sans action sur le bi-oxide même très concentré; car ils n'y produisent pas d'effervescence, et plusieurs jours après la liqueur se trouve encore très oxigénée: cependant, du sucre et de l'amidon ayant été mis en contact avec le bi-oxide très concentré, dans des tubes fermés par un bout et surmontés à l'autre d'un très petit tube recourbé, propre à recueillir les gaz, on a vu qu'au bout de plusieurs jours il se dégageait un mélange de gaz oxigène et de gaz carbonique, et que ce dégagement, très faible à la vérité, se soutenait pendant très long-temps. Le sucre s'est dissous tout de suite; quant à l'amidon, il s'est mis d'abord en gelée, et ne s'est dissous que deux jours après. Ces deux

substances, dans cette réaction, sont évidemment décomposées. Il eut été bien curieux de connaître les propriétés
de celles qui restent en dissolution dans la liqueur; mais
pour le savoir, l'expérience a été faite sur trop peu de matière. Probablement que la plupart des substances végétales
offriraient des phénomènes analogues.

Le tournesol en pain produit, avec le bi-oxide concentré,
une effervescence très sensible, due sans doute à l'alcali que
contient cette matière; la liqueur se colore en rouge au bout
de quelques heures, et la couleur se trouve détruite au bout
d'un jour.

Rien de semblable n'arrive avec le bi-oxide étendu.

Action des matières animales sur le bi-oxide d'hydrogène.

446. Nous venons de voir que les matières végétales, du
moins celles qui ont été essayées, ne faisaient aucune
effervescence avec le bi-oxide d'hydrogène; il en est de
même de presque toutes les matières animales isolées : la fibrine est peut-être la seule qui fasse exception; mais il en
est tout autrement des organes ou des tissus organiques des
animaux; tous opèrent la décomposition du bi-oxide à la
manière de la plupart des métaux et des oxides métalliques,
sans rien céder de leurs principes, sans absorber la plus petite quantité d'oxigène; sans éprouver par conséquent la
moindre altération apparente, quand le bi-oxide n'est pas
très concentré. Ainsi, pendant la réaction, point d'azote
dégagé, point d'eau ni de gaz carbonique formés; l'oxigène
de la liqueur est mis successivement en liberté. Rien de plus
facile d'ailleurs à constater que ces importans résultats,
qui ne sauraient trop fixer l'attention des chimistes et des
physiologistes.

Que l'on prenne de l'eau oxigénée contenant, par exemple, huit volumes d'oxigène, et dont on aura fait l'analyse
par le procédé décrit (p. 426); que l'on répète l'expérience
analytique sur la même quantité d'eau, et qu'au lieu d'in-

troduire du bi-oxide de manganèse dans le tube renversé , plein de l'eau oxigénée et de mercure, l'on y fasse passer un peu de fibrine en longs filamens récemment extraits du sang, l'on remarquera que la fibrine se couvrira de bulles à l'instant; ces bulles se succéderont rapidement; le niveau du mercure baissera à vue d'œil, et bientôt l'effervescence cessera. Mesurant alors le gaz , l'on en trouvera autant que dans l'expérience faite avec l'oxide de manganèse , et ce gaz sera de l'oxigène pur. Les tissus des reins, des poumons, de la rate, du foie, etc., pourraient être substitués à la fibrine; mais puisque la fibrine, les tissus du poumon, de la rate, des reins, etc., ont, comme le platine, l'or, l'argent, etc. , la propriété de dégager l'oxigène de l'eau oxigénée , il est très probable que ces effets sont dus à une même force. Serait-il déraisonnable de penser, d'après cela, que c'est par une force analogue qu'ont lieu toutes les sécrétions animales et végétales? Je ne l'imagine pas : l'on concevrait ainsi comment un organe, sans rien absorber, sans rien céder, peut constamment agir sur un liquide et le transformer en des produits nouveaux.

Substances qui font explosion avec le bi-oxide d'hydrogène.

447. Certains corps sont capables de faire explosion avec le bi-oxide d'hydrogène : ce sont ceux qui en dégagent l'oxigène subitement : l'on en peut citer six au moins, savoir : l'oxide d'argent, le bi-oxide de plomb, le bi-oxide de manganèse, le platine, l'osmium et l'argent. Cependant, pour que l'expérience réussisse, il faut satisfaire à deux conditions : la première est d'employer ces corps en poudre sèche et très divisée; et la seconde de laisser tomber dessus la liqueur goutte à goutte.

L'oxide d'argent extrait de l'azotate est le plus divisé possible : on devra le sécher rapidement et le conserver dans un flacon bien bouché, pour qu'il n'attire point l'acide carbonique.

Le *bi-oxide de plomb* obtenu en traitant le minium par l'acide azotique remplit toutes les conditions.

L'*oxide de manganèse naturel* ne convient point : on ne peut le réduire en poudre assez fine. Il faut se servir d'oxide artificiel, que l'on prépare en ajoutant à une dissolution de sulfate de manganèse un mélange d'eau oxigénée et d'acide chlorhydrique ou azotique ; versant ensuite de la potasse caustique dans la liqueur, lavant le précipité à grande eau, le faisant sécher à une douce chaleur, et le broyant avec soin.

L'*osmium* doit être préparé à la manière ordinaire.

L'*argent* qui provient de la réduction de l'oxide d'argent par l'eau oxigénée est en poudre plus ténue que tout autre, et mérite par conséquent la préférence.

Le *platine* que l'on obtient en calcinant un mélange de chlorure ammoniacal de platine et de chlorure de sodium et lavant le résidu, ne réussit bien qu'autant que l'on emploie deux fois autant de chlorure de sodium que de chlorure ammoniacal, qu'on a soin de bien mêler les deux sels ensemble et qu'on ne les chauffe pas trop. Celui avec lequel on a d'abord réussi avait été préparé en calcinant simplement dans un creuset de terre parties égales de chlorure ammoniacal de platine et de fleurs de soufre, bien broyés : le soufre avait été brûlé tout entier sans doute par l'oxigène de l'air.

Lorsque ces différens oxides et ces différens métaux ont été préparés comme nous venons de le dire, et qu'on veut les essayer, on met dans un verre une petite couche de l'un de ces corps, et l'on fait tomber dessus une goutte un peu forte de bi-oxide très concentré. A cet effet, l'on prend un tube effilé, l'on y fait monter par aspiration le bi-oxide jusqu'à une certaine hauteur, puis fermant l'extrémité supérieure avec le doigt, l'on porte le tube au-dessus du verre; levant alors le doigt, et portant la tête en arrière pour ne courir aucun risque, la goutte tombe, et la petite explosion a lieu. Si la goutte touchait la paroi du verre avant d'atteindre l'oxide, il n'y aurait point d'explosion; il n'y aurait qu'un fort sifflement accompagné de beaucoup de chaleur; l'explosion ne se ferait pas non plus, ou du moins se ferait plus difficilement si, au lieu de verser le bi-oxide d'hydrogène sur le corps qui doit le décomposer, c'était le corps que l'on projetât sur le bi-oxide d'hydrogène. Enfin, il est de fait qu'en employant les oxides à l'état d'hydrate, l'action est moins violente. D'ailleurs, il y a ordinairement dégagement de lumière sensible dans l'obscurité au moment de l'explosion. Nul doute que celle-ci ne fût très forte si les quantités de matières étaient de quelques grammes.

Quantité de bi-oxide d'hydrogène qui peut être décomposé par les corps capables de mettre l'oxigène de ce bi-oxide en liberté.

448. Le platine, l'or, l'argent, le palladium, le rhodium, l'iridium, l'osmium, possèdent la propriété de décomposer une quantité infinie de bi-oxide d'hydrogène : du moins, ayant pris successivement un décigramme de ces métaux, et les ayant mis en contact plusieurs fois de suite, chacun avec deux décigrammes de bi-oxide concentré, on a vu qu'ils ne perdaient rien de leur force décomposante; l'épreuve, pour plusieurs, a été répétée jusqu'à vingt-cinq fois, et toujours avec un égal succès.

Les oxides de manganèse, de cobalt, de plomb et le charbon paraissent doués de la même propriété.

Il n'a point été fait d'expériences semblables, ni sur le plomb, ni sur le bismuth, ni sur aucun autre corps avec le bi-oxide concentré; mais il en a été fait sur tous ceux qui précèdent, et sur un grand nombre d'autres avec le bi-oxide étendu d'eau. Nous allons rapporter d'abord, d'une manière générale, tous les résultats qui ont été obtenus; nous citerons ensuite quelques exemples.

Le platine, l'or, l'argent, les oxides de manganèse, de cobalt, de plomb, ont paru avoir, sur le bi-oxide étendu d'eau, lorsqu'il n'était point acide, la même durée d'action que sur le bi-oxide concentré : en effet, sur quelques déci-grammes de ces métaux ou oxides métalliques, on a versé plusieurs grammes de bi-oxide d'hydrogène ; on a renouvelé la liqueur plus de trente fois ; la décomposition a toujours été complète, et la force décomposante n'était point altérée.

Il n'en a point été de même avec le bismuth, le cuivre, le nickel, le cobalt, les oxides secs de bismuth, de zinc, de nickel, le bi-oxide de cuivre desséché, l'hydrate de sesqui-oxide de fer, etc., etc., etc. L'action décomposante, quelle qu'en fût la cause, perdait évidemment de sa force peu-à-peu, si bien qu'au bout de quelques jours il y avait à peine dégagement de quelques bulles de gaz ; et cependant les corps étaient intacts ou tels qu'on les avait employés d'a-bord.

Les matières animales ont donné lieu à des observations analogues. Plusieurs de ces matières, telles que la fibrine extraite récemment du sang, les tissus du poumon, du foie, des reins, etc., ont dégagé pendant bien long-temps, et pres-que toujours avec la même force, l'oxigène de l'eau oxigé-née ; mais d'autres, telles que les ongles, le fibro-cartilage des côtes, et même les tendons, la peau, ont bientôt cessé d'agir presque entièrement, sans qu'il fût possible d'aper-cevoir d'altération sensible.

L'affaiblissement de l'action n'est point dû à ce que le bi-oxide devient de plus en plus rare à mesure qu'il se dégage du gaz oxigène ; cette cause n'est tout au plus qu'accessoire ; car, lorsqu'une matière n'agit plus, ou agit à peine sur une eau encore oxigénée, l'on n'a qu'à mettre celle-ci en contact avec une nouvelle quantité de cette même matière pour ren-dre l'effervescence très sensible. Il faut donc conclure de là, ou que la matière par elle-même perd insensiblement la force d'agir, ou qu'elle ne la perd que parce qu'elle se com-bine avec certains corps que retient toujours la liqueur, par exemple, avec un peu de silice.

Nouveaux oxides que l'on peut obtenir avec le bi-oxide d'hydrogène.

449. Ces oxides, outre le bi-oxide de barium, que l'on peut aussi se procurer par l'union directe de la baryte avec l'oxigène, sont au nombre de cinq, savoir : un bi-oxide de strontium, un bi-oxide de calcium, un deutoxide de zinc, un quadroxide de cuivre, et un oxide de nickel. Ils sont tous caractérisés par la propriété de pouvoir se dissoudre sans effervescence, à la température ordinaire, dans les acides chlorhydrique, azotique, etc., et de laisser dégager tout l'oxigène qui les constitue peroxides, lorsqu'on chauffe la dissolution et qu'on la porte à l'ébullition : sans doute qu'alors le peroxide, ramené à un degré d'oxidation inférieur, s'unit à l'acide, que l'oxigène s'unit à l'eau, et que c'est l'eau oxigénée qui se trouve décomposée au moment où l'on élève la température. Ces oxides ne seront examinés qu'en traitant des métaux qui entrent dans leur composition.

De la cause à laquelle peut être due la décomposition du bi-oxide d'hydrogène par les métaux, etc.

450. Après avoir exposé tous les phénomènes que présente l'eau oxigénée ou le bi-oxide d'hydrogène dans son contact avec la plupart des corps, il faudrait en rechercher la cause : malheureusement nous ne pouvons former jusqu'à présent que des conjectures à cet égard.

Puisque le platine, l'or, l'argent, l'oxide de manganèse, etc., n'éprouvent aucune altération en décomposant le bi-oxide d'hydrogène ; qu'ils ne s'approprient aucun de ses élémens ; que le bi-oxide abandonne tout de suite la moitié de son oxigène et qu'il est ramené à l'état d'eau, l'action est toute différente de ce qu'elle paraît être dans la production de phénomènes chimiques. En effet, lorsqu'un corps en décompose un autre, c'est en se substituant à l'un des principes de celui-ci, c'est en donnant lieu à un nouveau composé;

mais ici rien de semblable. Le corps décomposant ne prend la place d'aucun des corps qu'il rend libres ; il ne s'engage dans aucune combinaison nouvelle ; il agit, en quelque sorte, comme par répulsion. De semblables résultats ne peuvent s'expliquer par l'affinité, du moins telle qu'on la conçoit ordinairement ; ils ne peuvent être produits que par une cause physique. Or, on ne peut les attribuer ni au calorique, ni à la lumière, ni, selon toute apparence, au fluide magnétique : l'on est donc conduit à les attribuer au fluide électrique.

Il était nécessaire, d'après cela, de rechercher si, au moment de la décomposition du bi-oxide d'hydrogène, il n'y avait pas une certaine quantité de ce fluide, positif ou négatif, qui devenait libre ; c'est ce qui a été fait avec beaucoup de soin en employant l'électromètre à feuilles d'or, surmonté d'un condensateur : une seule fois les feuilles se sont écartées d'une manière sensible ; mais comme, en répétant l'expérience à plusieurs reprises, les mêmes signes ne se sont point manifestés, on les a attribués à une cause étrangère. L'on a cherché aussi à savoir si le bi-oxide d'hydrogène éprouverait quelque altération en le mettant en communication avec l'un des pôles d'une pile composée de trois cent cinquante paires, et l'on a vu qu'il s'y conservait parfaitement intact, ou plutôt que la faible effervescence que l'on observait n'était due qu'à l'action de la plaque sur laquelle il était placé. Enfin on l'a soumis au courant de la pile : il en est résulté des effets analogues à ceux que l'on observe avec l'eau, si ce n'est que le dégagement du gaz oxigène était beaucoup plus considérable.

En reconnaissant l'électricité pour cause primitive, il est possible de concevoir son action de plusieurs manières : l'une d'elles consisterait à supposer que, dans le bi-oxide d'hydrogène, l'eau ou l'hydrogène serait électrisé positivement, et l'oxigène négativement. La combinaison n'aurait lieu que sous cette influence électrique. Lorsqu'on mettrait certains corps en contact avec le bi-oxide d'hydrogène, ces corps réuniraient les deux fluides, et de là, de l'eau, de l'oxigène et de la chaleur. Celle-ci proviendrait de la combinaison subite du fluide positif avec le fluide négatif, et serait quelquefois assez grande pour réduire quelques oxides, tels que ceux d'argent, de mercure, d'or, etc.

Quelle que soit, au reste, la cause des phénomènes que nous avons rapportés et sa manière d'agir, n'est-il pas très probable que c'est la même qui en produit beaucoup d'autres? Par exemple, ne peut-on pas lui attribuer la détonation de l'ammoniure d'argent, du chlorure et de l'iodure d'azote? ne joue-t-elle pas un rôle dans celle de toutes les poudres fulminantes? ne serait-ce pas elle qui donnerait au gaz ammoniac la propriété d'être décomposé plus ou moins facilement par les métaux? n'aurait-elle pas une grande influence sur la transformation de l'amidon en sucre par une quantité infiniment petite de diastase, et sur celle du sucre en alcool et en acide carbonique par quelques centièmes de ferment dans l'acte de la fermentation? Ce qu'il y a de certain du moins, c'est qu'elle ouvre aux chimistes une carrière nouvelle, destinée peut-être à s'agrandir considérablement. Il faut faire de nouvelles recherches pour la dévoiler plus qu'elle ne l'est encore, et en même temps pour trouver un procédé à l'aide duquel on puisse se procurer plus commodément le bi-oxide d'hydrogène.

451. *Usages.* — Le bi-oxide d'hydrogène peut être employé avec succès à l'extérieur, toutes les fois qu'on a besoin d'un irritant très prompt et très énergique : la dissolution oxigénée qu'on obtient en traitant l'acide chlorhydrique par le bi-oxide de barium est très propre à cet usage. Le bi-oxide d'hydrogène peut aussi servir à restaurer les anciens dessins et même les tableaux à l'huile, souvent couverts de taches noires qui les défigurent et qui proviennent de la combinaison du soufre avec le plomb. Sans doute que ce sulfure est dû à l'action de quelques traces de gaz sulfhydrique qui peut accidentellement se trouver dans l'air, sur le blanc de plomb qui fait partie de ces tableaux. Comme le bi-oxide d'hydro-

gène a la propriété de transformer le sulfure de plomb, qui est noir, en sulfate de plomb, qui est blanc, il s'ensuit que ce bi-oxide est un excellent moyen pour faire disparaître les taches dont nous venons de parler. L'expérience en a été faite sur un beau dessin de Raphaël appartenant à l'un de nos plus habiles peintres; elle a réussi au-delà de nos espérances; l'eau employée à cet effet contenait à-peu-près huit fois son volume d'oxigène; on l'appliquait avec un petit pinceau sur toutes les parties tachées, et son action se manifestait dans l'espace d'une à deux minutes.

ARTICLE II.

Polysulfure d'hydrogène.

451 *bis*. Lorsque M. Thenard eut découvert le bi-oxide d'hydrogène, corps éminemment remarquable en ce qu'il se laisse décomposer par beaucoup d'autres corps, sans que ceux-ci s'emparent d'aucun de ses principes, il était facile de prévoir qu'il devait être le type d'une classe de composés qui n'avaient point d'analogues et qui établiraient bientôt dans la chimie une branche toute nouvelle.

Ces vues en effet commencent à se réaliser : du moins, le polysulfure d'hydrogène possède les propriétés génériques du bi-oxide d'hydrogène, à un point qui ne laisse rien à desirer et qui doit porter la conviction dans les esprits les plus difficiles.

452. Le polysulfure d'hydrogène est toujours liquide à la température ordinaire. Sa couleur est le jaune tirant quelquefois sur le brun-verdâtre. Appliqué sur la langue, il la blanchit, à la manière du bi-oxide d'hydrogène, et y cause un sentiment de cuisson difficile à supporter. Quelques gouttes de polysulfure d'hydrogène étendues sur le bras finissent aussi par décolorer et même altérer la peau. Il détruit facilement la couleur du tournesol : cet effet a lieu instantanément, surtout lorsque, après avoir versé du polysulfure de potassium dans l'acide chlorhydrique, on plonge

le papier bleu dans la liqueur où le polysulfure se trouve suspendu. Sa consistance varie : tantôt il coule comme une huile essentielle, et tantôt comme une huile grasse : ce qui, selon toute apparence, dépend de la quantité de soufre et de gaz sulfhydrique qu'il contient et qui est variable.

Sa densité doit varier de même : je l'ai trouvée de 1,769 dans un polysulfure dont la fluidité n'était pas grande. Son odeur est particulière et désagréable ; elle se manifeste d'une manière vive, mais seulement au moment où le polysulfure d'hydrogène vient d'être produit, et où l'on décante la liqueur qui le recouvre : alors il affecte péniblement les yeux, et probablement qu'il est très chargé de gaz sulfhydrique.

453. Un froid de 20° ne le solidifie pas. La chaleur de l'eau bouillante le décompose promptement ; la décomposition commence même à s'effectuer vers la température de 60 à 70°. Dans tous les cas, le liquide se transforme en gaz sulfhydrique qui se dégage, et en résidu de soufre.

454. Abandonné à lui-même, le polysulfure d'hydrogène, s'il est pur, s'altère peu-à-peu ; il laisse dégager quelques bulles de temps à autre, et finit par ne plus être que du soufre, mou d'abord, qui prend ensuite l'état solide.

455. L'air est sans action sur lui dans les circonstances ordinaires ; mais, à l'approche d'une bougie allumée, il s'enflamme. L'hydrogène forme de l'eau ; le soufre, de l'acide sulfureux.

456. Le charbon très divisé produit avec le polysulfure d'hydrogène un dégagement de gaz sulfhydrique.

457. Le platine, l'or, l'iridium et plusieurs autres métaux en poudre y occasionnent un semblable dégagement de gaz. S'unissent-ils au soufre ? Cela n'est pas probable.

458. Beaucoup d'oxides possèdent également cette propriété. Quelques-uns la possèdent au point qu'une vive effervescence a lieu tout-à-coup. Tel est le bi-oxide de manganèse ; telles sont encore la magnésie et la silice ; tels sont surtout des fragmens pulvérisés de baryte, de strontiane, de chaux, de potasse et de soude.

Mais ce qui paraîtra plus extraordinaire, c'est que la potasse et la soude en dissolution font naître les mêmes phénomènes. Le dégagement de gaz est même si grand que la liqueur agitée, entre comme en ébullition.

Des résultats analogues se manifestent avec l'ammoniaque.

L'action des oxides faciles à désoxigéner est instantanée; il y a réduction de l'oxide, production d'eau, incandescence. Voilà ce que nous offrent du moins l'oxide d'or, l'oxide d'argent, etc.

459. Les sulfures présentent, comme les corps précédens, des phénomènes dignes d'attention. Tous tendent à décomposer le polysulfure d'hydrogène et à en dégager le gaz sulfhydrique. L'effervescence est très sensible avec le sulfure de plomb pulvérisé, très vive avec le kermès et le soufre doré, et plus vive encore avec les sulfures alcalins en poudre. Chose remarquable, elle est forte, même avec les persulfures alcalins dissous; alors, en même temps qu'il y a dégage ment de gaz, il y a précipitation de soufre.

460. Le sucre, l'amidon, la fibrine, la chair musculaire, agissent aussi sur le polysulfure d'hydrogène. L'action est lente, toutefois elle est plus marquée avec les matières animales qu'avec les matières végétales, et l'on recueille bientôt avec les premières assez de gaz sulfhydrique pour en faire l'essai par les alcalis.

461. Agitée avec le polysulfure d'hydrogène, l'eau ne le dissout pas sensiblement: sans doute qu'elle le décompose en partie, car elle se charge d'un peu de gaz sulfhydrique et devient laiteuse.

C'est aussi de cette manière qu'agit probablement l'alcool.

Quant à l'éther sulfurique, il opère d'abord la dissolution de la liqueur, et bientôt laisse déposer une foule de cristaux en aiguilles blanches qui, par leur prompte dessiccation à l'air, prennent une couleur jaune et semblent être du soufre pur.

462. Enfin les acides, loin de décomposer le polysulfure d'hydrogène, lui donnent de la stabilité et exercent sur lui

une action entièrement opposée à celle du charbon, des métaux, des oxides, des sulfures. En effet, si le polysulfure d'hydrogène est pur, il s'altère à la manière du bi-oxide d'hydrogène. S'il est en contact avec quelques gouttes d'eau acidulée, il se conserve très long-temps. Aussi le bi-oxide de manganèse qui en opère aisément la décomposition, cesse-t-il de le décomposer sous l'influence des acides.

463. Quoique bien connue, la préparation du polysulfure d'hydrogène n'a pas moins été, pour M. Thenard, un sujet d'études et d'observations. On savait depuis long-temps, à la vérité, que, pour préparer le polysulfure il fallait verser du persulfure de potassium dans un excès d'acide chlorhydrique étendu d'eau, et non l'acide dans le persulfure. Mais on était loin d'en connaître la cause : on croyait que le persulfure s'appropriait le gaz sulfhydrique du polysulfure d'hydrogène. Il n'en est rien : c'est le persulfure qui décompose tout-à-coup le polysulfure d'hydrogène en donnant lieu à un dégagement de gaz et à un dépôt de soufre.

Tous les persulfures et presque tous les acides sont propres à cette préparation. On peut employer l'acide chlorhydrique du commerce, étendu de deux fois son poids d'eau, et le sulfure de calcium obtenu en faisant bouillir, plus que moins de temps, de l'eau sur de la chaux et un excès de soufre. L'acide est versé dans un grand entonnoir dont le bec doit être fermé avec un bouchon; le sulfure est ensuite ajouté peu-à-peu, en ayant soin d'agiter continuellement la liqueur; et bientôt l'on voit le polysulfure d'hydrogène qui commence à se déposer. Celui qui se sépare d'abord est plus liquide que le polysulfure qui se dépose en dernier lieu. Rien de plus facile que de mettre à part et de fractionner les produits.

464. Le meilleur moyen pour l'analyser, consiste à peser le polysulfure d'hydrogène dans une ampoule, à la faire passer sous une éprouvette pleine de mercure et à chauffer l'éprouvette avec un réchaud circulaire en fil de fer. Bientôt l'ampoule crève, et quelque temps après la décomposi-

tion est complète. Il ne reste plus qu'à mesurer le gaz qui est toujours du gaz sulfhydrique pur, qu'à en apprécier le poids et le retrancher de celui du polysulfure d'hydrogène soumis à l'analyse, pour conclure la quantité de soufre. La seule précaution qu'il soit nécessaire de prendre, c'est de mouiller les parois de l'ampoule avec de l'eau légèrement acidulée. Tel est aussi l'artifice qu'il faut employer, lorsque l'on veut prendre la densité du polysulfure d'hydrogène. Par ce moyen il n'éprouve aucune altération. Au contraire, s'il était pur, des bulles s'en dégageraient de temps à autre et les opérations deviendraient difficiles et inexactes. Est-il besoin d'observer que l'on tient compte de la très petite quantité de liqueur acidulée que l'on ajoute?

465. La composition du polysulfure d'hydrogène varie : l'analyse a donné pour 1 atome de gaz sulfhydrique, tantôt 8 atomes de soufre, tantôt 6 et tantôt 4. Peut-être parviendra-t-on à obtenir un bi-sulfure d'hydrogène dont la composition serait S H : il serait possible que ce bi-sulfure ne fût autre chose que la portion de matière qui affecte péniblement les yeux et dont l'odeur est si vive.

466. Telles sont les principales remarques qui ont été faites sur le polysulfure; elles prouvent d'une manière évidente qu'il y a une analogie complète entre ce singulier composé et le bi-oxide d'hydrogène.

Tous les phénomènes se prévoient de même dans les deux cas; un seul, au premier aspect, paraît faire exception : c'est celui qui dépend de la réaction du polysulfure d'hydrogène et des alcalis. Mais encore est-il facile de prouver qu'il rentre dans la loi commune. En effet si le polysulfure d'hydrogène produit, avec les dissolutions de potasse et de soude, un grand dégagement de gaz sulfhydrique, ce dégagement n'est point immédiat, il n'est que secondaire. Il se forme d'abord un persulfure de potassium, et c'est ce persulfure qui décompose ensuite le polysulfure d'hydrogène en présence duquel il se trouve. Quand bien même l'alcali serait en excès, le dégagement de gaz aurait encore lieu;

car le contact ne saurait être immédiat, en raison de l'insolubilité du polysulfure d'hydrogène dans l'eau; et par conséquent cette combinaison se diviserait tout au plus en
petites masses qui seraient soumises à l'influence décomposante du sulfure métallique.

467. L'on découvrira infailliblement d'autres corps qui
viendront grossir le groupe que forme actuellement le bi-
oxide d'hydrogène et le polysulfure d'hydrogène. Il con-
viendra de rechercher si l'iode, le brôme, le chlore, le fluor,
le sélénium, qui pour la plupart se rapprochent plus encore
de l'oxigène que le soufre, ne seraient pas capables de former des composés de ce genre. (*Ann. de Chim. et de Phys.*,
XLVIII, 79.)

LIVRE NEUVIÈME.

468. Avant qu'on eût réduit la zircône, on la regardait
comme un oxide métallique; mais depuis que M. Berzelius
est parvenu à en extraire le zirconium pur, des doutes se
sont élevés à cet égard. Dans cet état d'incertitude et
jusqu'à ce que la question soit résolue, nous avons cru devoir mettre ce corps dans une section à part, entre les métalloïdes et les métaux proprement dits : nous y avons ajouté
le thorinium à cause de son analogie avec le zirconium.
Peut-être aurions-nous dû y comprendre aussi le colombium et le titane qui ont beaucoup de rapports avec le silicium, le tungstène, dont les propriétés métalliques ne sont
pas bien démontrées; peut-être encore l'arsénic, dont l'analogie avec le phosphore est si grande.

Zirconium.

469. *État naturel.*—Le zirconium n'a encore été trouvé
qu'à l'état d'oxide; c'est cet oxide qui constitue la matière

connue jusqu'ici sous le nom de *zircône*, de *terre de zircône*, matière rare qui se rencontre seulement dans le *zircon*, dont la nature avait été conjecturée en 1807, et dont le zirconium a été extrait pour la première fois par M. Berzelius. (*Ann. de Chim. et de Phys.*, XXIX, 337.)

470. *Préparation.* — C'est en traitant par le potassium le fluure double de zirconium et de potassium, de même que le fluure de silicium et de sodium, que ce chimiste est parvenu à réduire la zircône et obtenir le zirconium pur. Le fluure double bien sec et en poudre doit être introduit dans un petit tube de fer bouché par un bout, puis mêlé avec le potassium en fusion. Un tube de verre fournirait de la silice qui se réduirait. Sur le tube contenant le mélange, on pose un petit couvercle de fer et on chauffe le tout dans un creuset de platine; la réaction a lieu à la chaleur rouge; elle se fait sans ignition, sans effervescence, ni bruit sensible, pourvu que le sel soit exempt d'eau. Il en résulte une masse formée de zirconium, de fluure de potassium, d'un peu de fluure de zirconium et de potassium non attaqué et d'un peu de potassium libre. Pour en retirer le zirconium, on met le tube dans l'eau; le potassium la décompose, et de là du gaz hydrogène et de la potasse. Celle-ci agit sur le fluure de zirconium, s'empare du fluor, en cédant son oxigène au zirconium, et forme ainsi d'une part du fluure de potassium soluble, et d'autre part de la zircône, laquelle se dépose à l'état d'hydrate, avec le zirconium qui est en poudre noire. Si l'on recueillait le mélange de zirconium et d'hydrate de zircône, qu'on le fît sécher et qu'on le chauffât, même, dans des vaisseaux pleins d'hydrogène, il s'embraserait, ce qui proviendrait de ce que l'hydrate de zircône possède la propriété de devenir incandescent à une température peu élevée, et de ce que le zirconium s'oxiderait aux dépens de l'eau mise en liberté. Aussi, après avoir lavé soigneusement le mélange, faut-il le faire digérer à une température d'environ 50° avec parties égales en volume d'acide chlorhydrique concentré et d'eau.

Par ce moyen on dissout la zircône et quelque peu de zirconium ; puis l'on filtre la liqueur et on lave le filtre. Tant que les eaux de lavage sont acides elles passent limpides ; mais dès que l'acide disparaît elles se troublent, parce qu'elles entraînent le zirconium même. Pour prévenir cet inconvénient il suffit d'ajouter un peu de sel ammoniac, et pour enlever le sel ensuite on a recours à des lavages alcooliques. Ces lavages terminés, le zirconium est pur, on n'a plus qu'à le faire sécher.

471. *Propriétés.* — Le zirconium ainsi préparé se présente sous la forme de petites masses d'une poudre cohérente et noire comme du charbon. Frotté au brunissoir, il prend un éclat d'un gris foncé. Il est inodore, insipide, plus dense que l'eau, sans action sur le tournesol, mauvais conducteur de l'électricité.

Exposé à l'action du feu dans l'air, il s'enflamme avant d'être rouge, dégage une vive lumière, et se transforme en zircône ou oxide de zirconium parfaitement blanc.

Lorsqu'on fait chauffer le zirconium jusqu'au rouge, dans le vide, et qu'après le refroidissement on laisse entrer l'air dans l'appareil, ce corps se réchauffe ; et si on le retire de l'appareil, il entre en ignition et s'oxide. Mais si, après avoir laissé entrer l'air dans l'appareil, on y laisse le zirconium quelque temps, il ne s'enflamme pas lorsqu'on l'en retire. Cette propriété curieuse a de l'analogie avec celle du charbon, de condenser les gaz, et tient peut-être plus à laforme pulvérulente qu'à la nature du zirconium.

Il s'unit au soufre et surtout au chlore, avec production de lumière. Le chlorure s'obtient en chauffant le zirconium dans le chlore gazeux, et le sulfure en chauffant le zirconium dans la vapeur de soufre.

Le zirconium réduit par le potassium qui contient du carbone est carburé.

L'acide chlorhydrique concentré n'attaque que difficilement le zirconium, même à la chaleur de l'ébullition ; il se dégage du gaz hydrogène. L'acide sulfurique concentré ainsi que l'eau régale n'ont que très peu d'action à chaud sur ce corps. Le dissolvant du zirconium, c'est l'acide fluorhydrique : la solution s'opère avec dégagement d'hydrogène, et à froid.

La potasse caustique en dissolution est sans action sur le zirconium.

Lorsqu'on frappe fortement avec un marteau sur un mélange intime de zirconium et de chlorate de potasse, il y a combustion ; et cependant l'azotate de potasse et le chlorate de potasse, l'attaquent à peine, lorsque le mélange est exposé dans un creuset à l'action du feu. Il est, au contraire, facilement attaqué par le carbonate de potasse ; c'est l'acide carbonique qui lui cède une partie de son oxigène : au moment de l'action, il y a ignition. Le borax cristallisé possède aussi la propriété de l'attaquer à chaud ; il paraît qu'alors le zirconium s'oxide aux dépens de l'oxigène de l'eau.

Oxide de zirconium, ou Zircône.

472. La zircône, découverte en 1789, par Klaproth (*Journ. de Physique* pour 1790, t. XXXVII), étudiée ensuite par MM. Guyton, Vauquelin, Chevreul, Dubois et Silveira, a été décomposée par M. Berzelius, de manière à en isoler le zirconium, et à démontrer que cette substance est un véritable oxide. Son nom dérive de celui de la pierre dont on l'extrait.

473. Cet oxide est blanc, insipide, inodore, d'une pesanteur spécifique d'environ 4, 3, sans action sur le tournesol ; irréductible par la chaleur seule ; infusible au feu de forge ; sans aucune action sur le gaz oxigène, l'air et chacun des corps combustibles simples et composés non métalliques à toute espèce de température ; décomposable par le potassium et le sodium à l'aide de la chaleur ; insoluble dans l'eau, mais possédant la propriété remarquable, quand il est à l'état d'hydrate et qu'on le chauffe à

la lampe à l'alcool dans une capsule de verre, de noircir, puis de devenir incandescent comme s'il éprouvait une combustion ; formant avec l'acide sulfurique un sel peu soluble, et formant des sels très solubles, au contraire, avec les acides azotique et chlorhydrique ; n'existe que dans le *zircon* (1), pierre qui est un véritable silicate et qui est formée, d'après les analyses de Klaproth et Vauquelin, d'environ 65 de zircône, 33 de silice, 2 d'oxide de fer : on en extrait la zircône par l'un des procédés suivans, qui sont dus, le premier à M. Chevreul, le deuxième à MM. Dubois et Silveyra et le troisième à Berzelius.

474. *Premier procédé.* —On réduit le zircon en poudre très fine dans un mortier d'agate ou de silex, et on le calcine, de même que le sable (p. 272), avec trois à quatre fois son poids de potasse caustique, dans un creuset d'argent. Après environ trois quarts d'heure d'un feu presque assez fort pour faire entrer l'argent en fusion, on retire le creuset du fourneau ; on le laisse refroidir, on délaie la matière dans 25 à 30 fois son poids d'eau chaude, ou filtre la liqueur, et on lave le résidu jusqu'à ce qu'il ne contienne plus rien de soluble. Ce résidu n'est alors qu'un composé intime de zircône et de potasse mêlée à un peu d'oxide de fer fourni par la pierre, et d'oxides de cuivre et d'argent provenant du creuset. Le résidu étant bien lavé est mis dans une capsule de porcelaine, et arrosé avec assez d'acide chlorhydrique concentré pour le réduire seulement en une pâte qui doit être introduite tout de suite dans un tube de verre effilé par

____

(1) On trouve le zircon en cristaux disséminés dans certaines roches granitiques qui se rapprochent des terrains intermédiaires ou en font partie (Norwège, États-Unis) ; on le trouve aussi, mais plus rarement, dans le basalte, roche d'origine ignée (Puy-en-Velay) ; mais c'est dans les sables des rivières qui roulent sur ces diverses roches qu'on le rencontre le plus communément. Il est très abondant dans le ruisseau d'Expailly près du Puy-en-Velay, à Ceylan, etc. Les grains ou cristaux ne sont jamais très gros ; leur dureté est un peu plus grande que celle du quarz ; leur couleur, qui varie beaucoup, est le plus communément rougeâtre ou jaunâtre.

un bout, large de 1 pouce, et long de 5 à 6. Sur la pâte, l'on verse une nouvelle quantité d'acide chlorhydrique toujours très concentré; on le renouvelle au besoin : il dissout les oxides de fer, de cuivre et d'argent, s'écoule par la partie effilée du tube, et laisse presque intacts le chlorure de zirconium et le chlorure de potassium. Lorsque les trois oxides sont dissous, ce que l'on reconnaît par la propriété qu'a l'acide qui est en filtration de ne point laisser déposer de matière blanche en l'étendant d'eau (1), de ne point se colorer par l'acide sulfhydrique, et de former un précipité blanc avec le sulfhydrate d'ammoniaque après avoir été ainsi étendu, on retire la masse du tube, et on la traite par 10 à 12 fois son poids d'eau chaude à 40 ou 50°. Celle-ci se charge du chlorure de zirconium, et du chlorure de potassium. La nouvelle dissolution est filtrée, puis enfin mêlée avec un excès d'ammoniaque liquide qui en précipite la zircône sous forme de flocons blancs, de sorte que, pour obtenir cette base pure, il ne reste plus qu'à la laver convenablement et à la faire sécher. (*Voyez* le Mémoire de M. Chevreul, *Ann. de Chim. et de Phys.* t. XIII, p. 245.)

475. *Deuxième procédé.* —MM. Dubois et Silveyra font rougir, pendant une heure, dans un creuset d'argent, 2 parties de potasse à l'alcool, mêlées avec une partie de zircon réduit en poudre fine; ils délaient la masse dans l'eau distillée, la lavent et la filtrent. La matière restée sur le filtre, composée de zircône, de silice, de potasse et d'oxide de fer, est ensuite traitée par l'acide chlorhydrique, qui dissout le tout, excepté la silice. La nouvelle liqueur étant filtrée, on y verse de l'ammoniaque pour en précipiter la zircône et l'oxide de fer à l'état d'hydrates. Lorsqu'ils sont bien lavés, on les fait bouillir avec l'acide oxalique, et de là résultent un oxalate de fer soluble et un oxalate de zircône insoluble.

---

(1) Cette matière blanche est un chlorure d'argent soluble un peu seulement dans l'acide chlorhydrique très concentré ; il est produit par le contact de cet acide et de l'oxide d'argent contenu dans la pâte.

Ce dernier, séparé de l'autre par un nombre de lavages convenables et calciné dans un creuset de platine, donne la zircône parfaitement pure, mais difficilement attaquable par les acides. On parvient à la rendre très soluble dans ceux-ci, en la traitant de nouveau par la potasse, la lavant, la dissolvant dans l'acide chlorhydrique et la précipitant par l'ammoniaque. (*Ann. de Chim. et de Phys.*, t. XIV, 110.)

476. *Troisième procédé.* — Ce procédé est le même que celui dont on se sert pour préparer l'acide titanique avec lequel la zircône a les plus grands rapports ; il est plus simple et plus sûr que les deux premiers, et par conséquent doit leur être préféré : on le décrira en parlant de la préparation de l'acide titanique.

Sels de zirconium.

477. Les sels de zirconium solubles dans l'eau ont une saveur astringente comme le tannin. Tous sont troublés par une dissolution de sulfate de potasse : il en résulte un sel acide de potasse soluble et un sous-sel de zircône peu soluble. La potasse, la soude, l'ammoniaque en séparent la zircône à l'état d'hydrate, qu'un excès d'alcali ne redissout point. Les sulfhydrates de sulfures de potassium et de sodium, en précipitent l'oxide avec dégagement de gaz sulfhydrique. Le cyanure jaune de fer et de potassium, ainsi que le cyanure de mercure, n'y produisent aucun précipité. L'infusion de noix de galle y produit un précipité jaune.

Sulfates de zircône.

478. Suivant M. Berzelius, l'acide sulfurique forme avec la zircône un sulfate neutre $3\,SO^3 + Zr^2 O^3$, et deux sous-sulfates, l'un *bi-basique* et l'autre *tri-basique*.

Le sulfate neutre s'obtient en combinant directement la zircône avec l'acide sulfurique étendu d'eau, ajoutant un excès de celui-ci et concentrant la liqueur : le sel neutre cristallise ; on enlève l'excès d'acide par l'eau. Ce sel est blanc, peu soluble, etc., etc.

Lorsqu'on le mêle avec de l'hydrate de zircône, il en résulte le sulfate bi-basique qui, chose à remarquer, est soluble dans l'eau et se prend en masse gommeuse par évaporation : à la vérité, en ajoutant une quantité convenable d'eau à la solution, elle se trouble et dépose sans doute du *sulfate tri-basique.*

Quant à celui-ci, le meilleur moyen de se le procurer est de précipiter une solution de sulfate neutre par l'alcool, et de laver le précipité avec ce liquide et ensuite avec de l'eau. (*Ann. de Chim. et de Phys.*, xxix, 356.)

Azotate de zircône.

479. Ce sel est astringent, rougit le tournesol, ne cristallise point, se prend, par l'évaporation, en une matière transparente et visqueuse ; ne se dissout qu'en petite quantité dans l'eau, à moins qu'il ne contienne un excès d'acide assez considérable.

Lorsqu'on verse de l'acide sulfurique dans la dissolution de ce sel, il se forme un sulfate de zircône qui se précipite ; lorsqu'on y verse une solution de carbonate d'ammoniaque, il s'en dépose du carbonate de zircône soluble dans un excès de carbonate d'ammoniaque, etc.

On obtient l'azotate de zircône en traitant la zircône en gelée par l'acide azotique.

Fluorure de zirconium.

480. Le fluorure de zirconium se prépare en saturant l'acide fluorhydrique par de l'hydrate de zircône ; l'hydrogène de l'acide s'unit à l'oxigène de l'oxide pour former de l'eau, le fluor et le zirconium se combinent pour donner naissance au fluorure que l'on peut obtenir à l'état cristallin par une lente évaporation.

Ce sel a une saveur styptique, se dissout dans l'eau qui le décompose en sous-sel insoluble et en sel acide très soluble. Par l'action de la chaleur, le fluorure acide se trouble et donne une dissolution plus acide encore.

Fluorures de zirconium et de potassium.

481. Il existe deux fluorures de zirconium et de potassium : dans l'un, le fluor uni au potassium est à celui qui est combiné au zirconium : : 1 : 1, 5; dans l'autre, le rapport est : : 1 : 2. Ces deux sels sont très peu solubles dans l'eau froide, plus solubles dans l'eau bouillante, et cristallisent par évaporation. Les cristaux sont anhydres et indécomposables par la chaleur. C'est en les traitant par le potassium que l'on obtient le zirconium.

Le premier fluorure double se prépare en versant lentement du fluorure de zirconium dans un excès de fluorure de potassium, tous deux en dissolutions concentrées; le deuxième, en versant au contraire le fluorure de potassium dans un excès de fluorure de zirconium. Dans les deux cas, il est nécessaire d'agiter la liqueur.

Chlorure de zirconium.

482. Ce sel est incolore, très astringent, très soluble dans l'eau; il rougit le tournesol; il cristallise en petites aiguilles qui tombent en efflorescence à 50°, perdent en même temps la moitié de leur poids et deviennent blanches et opaques.

L'acide chlorhydrique concentré ne le dissout que difficilement; l'acide sulfurique le décompose. En le versant goutte à goutte dans une solution de bi-carbonate de potasse ou de soude, il se produit un précipité qui disparaît promptement. Néanmoins le carbonate de zircône, obtenu par précipitation, résiste long-temps à l'action dissolvante de l'un de ces bi-carbonates.

Le carbonate d'ammoniaque nous offre sensiblement les mêmes phénomènes avec le chlorure de zirconium. Si l'on fait bouillir les dissolutions carbonatées, surtout celle de carbonate d'ammoniaque, la zircône s'en sépare à l'état d'hydrate; et d'une autre part, si l'on agite de l'hydrate de zircône avec une solution de l'un de ces sels, on verra qu'il n'y aura tout au plus que le carbonate ammoniacal qui dissoudra un peu d'hydrate.

Toutes les dissolutions alcalines troublent la solution de chlorure de zirconium; il en est de même de l'ammoniaque, des carbonates ordinaires de potasse et de soude, des sulfates de ces deux bases.

On l'obtient en traitant l'hydrate ou le carbonate de zircône par l'acide chlorhydrique étendu, et concentrant la liqueur au point de la faire cristalliser. La zircône calcinée se dissoudrait mal; pour l'attaquer, il faudrait la réduire en poudre fine, la mêler avec de l'acide sulfurique étendu de son poids d'eau, et faire chauffer le mélange au point de le porter presque jusqu'à l'ébullition.

Il paraît qu'indépendamment d'un chlorure neutre, il existe un et même deux sous-sels, d'après Berzelius. (*Ann. de Chim. et de Phys.*, xxix, 58.)

Thorinium.

483. Le thorinium est un corps simple, découvert en 1829 par M. Berzelius, dans le thorite, substance minérale rare, dont la composition est très compliquéé, et qui contient jusqu'à 13 matières de nature différente, savoir :

Thorine......	57,91.	Chaux..........	2,58.
Oxide de fer...	3,40.	Oxide de manganèse.	2,39.
Magnésie.....	0,36.	Oxide d'urane....	1,61.
Oxide de plomb.	0,80.	Oxide d'étain....	0,01.
Silice........	18,93.	Eau............	9,50.
Potasse.......	0,14.	Soude..........	0,10.
Alumine.....	0,06.		97,84.

484. *Préparation.* — C'est du chlorure de thorinium qu'on extrait le thorinium. A cet effet, on chauffe dans un

creuset de platine couvert, le chlorure en poudre sèche, mêlé à du potassium coupé sous l'huile en lames minces. Bientôt, le chlorure est décomposé en donnant lieu à une légère détonation, mais sans que la réaction soit accompagnée de lumière; il en résulte une masse d'un gris foncé, composée de thorinium et de chlorure de potassium; sur cette masse, l'on verse de l'eau qui dissout le chlorure et laisse le thorinium libre.

485. Le thorinium ainsi obtenu est sous forme d'une poudre grise et lourde qui prend un éclat métallique, quand on la frotte avec une agate.

Chauffé doucement avec le contact de l'air, le thorinium brûle avec un éclat extraordinaire et se convertit en une matière d'un blanc de neige qui est la thorine; il suffit même de projeter de petits grains de thorinium, à travers la flamme d'une lampe à esprit de vin, pour qu'aussitôt ce corps brûle avec une vive lumière.

Que l'on fasse un mélange de soufre et de thorinium, qu'on l'introduise dans une petite cornue de verre, et qu'on l'expose à l'action du feu, il se distillera d'abord du soufre, puis la matière deviendra incandescente, et du sulfure de thorinium se produira. Ce sulfure est jaune. L'air le transforme à l'aide de la chaleur en acide sulfureux qui se dégage et en thorine ou oxide de thorinium, fixe. L'eau régale est le seul acide qui l'attaque bien, et encore la liqueur doit-elle être chaude; la dissolution se fait sans résidu.

Il y a également production de phosphure de thorinium et dégagement de lumière, lorsqu'on vient à chauffer le thorinium dans la vapeur de phosphore. L'eau n'altère point le phosphure; à une température élevée, l'air le fait passer à l'état de phosphate.

L'acide sulfurique étendu d'eau n'a que peu d'action sur le thorinium : d'abord il se fait un dégagement assez rapide de gaz hydrogène dû à de l'eau décomposée, et il se produit du sulfate de thorine; mais bientôt l'action se ralentit à tel point que le thorinium ne disparaît tout entier que dans un temps considérable.

L'acide azotique a moins d'action encore sur le thorinium que l'acide sulfurique. L'acide azotique peut même être porté à l'ébullition sans acquérir la propriété de dissoudre des quantités très notables de thorinium.

Le véritable dissolvant du thorinium est l'acide chlorhydrique; la dissolution s'opère rapidement et complétement en faisant intervenir la chaleur : il y a décomposition de l'acide chlorhydrique, dégagement de gaz hydrogène et formation de chlorure.

Oxide de thorinium ou thorine.

486, Quoique le *thorite* contienne beaucoup de matières différentes, on en extrait aisément la thorine. A cet effet, on traite à chaud le thorite en poudre par l'acide chlorhydrique; puis, quand le thorite est bien attaqué, l'on fait évaporer la liqueur, l'on verse de l'eau sur le résidu et l'on filtre; l'on sépare ainsi beaucoup de silice. Alors on fait passer du gaz sulfhydrique à travers la dissolution, et l'on précipite la thorine par l'ammoniaque. Le précipité recueilli sur un filtre et bien lavé est redissous dans l'acide sulfurique étendu d'eau; la nouvelle dissolution est concentrée par la chaleur jusqu'à ce qu'il ne reste qu'une petite quantité de liquide que l'on décante; il se dépose ainsi une matière qui occupe beaucoup de volume : c'est du sulfate de thorine qui doit être lavé à l'eau bouillante, pressé et calciné; l'acide sulfurique se transforme en oxigène et acide sulfureux qui se dégagent, et la thorine reste pure.

487. La thorine pure et sèche est blanche, pulvérulente, sans saveur, sans odeur, sans action sur le sirop de violettes. Sa densité est de 9,402 et par conséquent très considérable.

Elle devient très dure par la calcination, au point qu'alors il est difficile de la réduire en poudre fine. Traitée seule au chalumeau, elle ne change pas d'aspect : avec le borax, elle se fond lentement en un verre transparent, qui, par le refroidissement, devient laiteux, quand la quantité de thorine est trop grande. Il n'en est pas de même des alcalis caustiques ou carbonatés : même à la température rouge ils n'en opèrent pas la fusion.

La thorine desséchée est inattaquable par les acides azotique et chlorhydrique. Unie à l'eau ou à l'état d'hydrate que l'on obtient facilement en précipitant le sulfate par la potasse caustique, non-seulement elle se dissout promptement dans ces acides, mais encore, pendant son lavage et sa dessiccation, elle se sous-carbonate.

488. L'hydrate de thorine, le carbonate et les sous-sels de thorine sont solubles dans les dissolutions de carbonates de potasse, de soude, d'ammoniaque, et insolubles dans les alcalis purs.

La dissolution de thorine dans le carbonate d'ammoniaque se trouble, lorsqu'on la chauffe jusqu'à 50° ; mais si l'expérience se fait dans un flacon bien bouché, de telle manière que le carbonate d'ammoniaque ne puisse se vaporiser, le trouble disparaît par le refroidissement : une addition d'ammoniaque, loin de le faire reparaître, contribue à éclaircir la liqueur.

489. La thorine ou l'oxide de thorinium est formé de :

$$1 \text{ at. de thorinium} = 744,9$$
$$+ 1 \text{ at. d'oxigène} \ldots = 100$$
$$\text{Donc poids at. de l'oxide Th O} = 844,9$$

L'hydrate, pour un atome d'oxide, contient un atome d'eau.

Sels de thorinium.

490. Ces sortes de sels ont une saveur fortement astringente comme ceux de zirconium. Tous se décomposent à une température élevée, et laissent la thorine libre. Leurs solutions dans l'eau donnent un précipité blanc avec l'acide oxalique et le double cyanure de fer et de potassium ; le sulfate de potasse qu'on y fait dissoudre les trouble peu-à-peu en y produisant un double sulfate de potasse et de

thorine. Ces trois réactifs distinguent les sels de thorine de tous les autres sels, excepté ceux de protoxide de cérium; mais ceux-ci avec la potasse et la soude donnent des précipités colorés ou du moins qui jaunissent à l'air, tandis que ceux des sels de thorine restent incolores.

491. Nous n'examinerons pas en particulier les sels de thorine : nous dirons seulement : 1° que le sulfate peut être obtenu en traitant la thorine calcinée, par l'acide sulfurique étendu d'eau; 2° que, pour obtenir les autres sels, il faut employer la thorine à l'état d'hydrate ; 3° que le chlorure doit être préparé en mêlant la thorine avec un poids de sucre égal au sien, carbonisant le mélange dans un creuset de platine couvert, le chauffant ensuite fortement dans un tube de porcelaine, et exposant la matière à un courant de chlore anhydre : le carbone s'unit à l'oxigène de la thorine, et le chlore au thorinium; le chlorure peu volatil se dépose à l'endroit où le tube cesse d'être rouge, sous forme d'un anneau blanc, épais, demi fondu et cristallin.

492. Le sulfate, l'azotate, le chlorure de thorinium sont solubles dans l'eau (1). Le fluorure, le phosphate, le borate, le carbonate, l'arséniate, le chromate, le molybdate, le tungstate, et la plupart des sels végétaux à base de thorine, sauf l'acétate, le formiate, y sont insolubles.

493. La potasse, la soude, l'ammoniaque, séparent la base des sels de thorine à l'état d'hydrate. Un excès d'alcali ne redissout pas l'hydrate ; les carbonates alcalins en opèrent au contraire la dissolution. Le cyanure jaune de fer et de potassium y produit un précipité, blanc d'émail, lourd,

---

(1) Il existe deux sulfates hydratés. L'un, très peu soluble, contient deux atomes d'eau ; l'autre très soluble, à la température ordinaire, en contient cinq. Or, lorsqu'on fait bouillir une dissolution de sulfate hydraté, à cinq atomes, il passe à l'état de sulfate hydraté à deux atomes : Il suit donc de là que la dissolution même très étendue doit se troubler, et c'est ce qui a lieu. On conçoit, d'après cela, pourquoi, dans la préparation de la thorine, le sulfate de cette base est lavée à l'eau bouillante.

que les acides peuvent dissoudre et les alcalis décomposer.
Le ferro-cyanure rouge n'y fait naître aucun nuage.

494. L'ensemble de ces phénomènes doit faire admettre,
avec M. Berzelius, que le thorinium est réellement un corps
distinct de tous les autres; et comme c'est à l'état d'oxide ou
de thorine qu'il se présente, que celle-ci a des propriétés qui
la rapprochent de l'alumine, de la glucine, de l'yttria, de la
zircône (1), du protoxide de cérium, M. Berzelius s'est surtout appliqué à faire ressortir les caractères qui permettent de
la distinguer de ces diverses substances. Nous croyons
devoir citer textuellement ce qu'il dit à cet égard :

« La thorine se distingue de l'alumine et de la glucine
« par son insolubilité dans la potasse caustique, dans la-
« quelle ces deux dernières bases se dissolvent fort bien.

« Elle diffère de l'yttria en ce qu'elle forme un sel double
« avec le sulfate de potasse; ce qui donne un moyen de la
« séparer assez exactement de l'yttria.

« Elle se distingue de la zircône en ce que celle-ci, étant
« précipitée à chaud par le sulfate de potasse, reste presque
« insoluble dans l'eau et dans les acides; elle se distingue
« aussi par la propriété d'être précipitée par le ferro-cyanure
« de potassium, qui ne peut troubler que les sels de zircône.

« Elle se distingue du protoxide de cérium en ne prenant
« pas la couleur de celui-ci, lorsqu'elle est séchée et cal-
« cinée; en ne formant pas au chalumeau un sel coloré, ni
« avec le borax, ni avec le sel de phosphore, soit à froid,
« soit à chaud, dans le cas où elle a été préalablement pri-
« vée de fer.

« Elle diffère de l'acide titanique, et par sa précipitation
« avec le sulfate de potasse, et par le caractère particulier
« qu'offre le sel titanique exposé à la flamme du chalumeau.

« La propriété de ne pas être précipitée par l'hydrogène
« sulfuré la distingue des oxides métalliques, parmi les-

____

(1) Oxides d'aluminium, de glucinium, d'yttrium, de zirconium.

« quels on serait tenté de la placer à cause de sa pesanteur.

« Les rapports que présente la thorine avec le sous-phos-
« phate d'yttria sont les suivans : ces sels ont une saveur
« franchement astringente ; le sulfate cristallisé, traité
« par l'eau, devient louche et laisse un squelette blanc de
« la forme des cristaux ; quelques-uns des sels de thorine
« sont précipités par l'ébullition, et alors ils se déposent
« sur le verre, sous la forme d'une croûte d'un blanc d'é-
« mail ; l'hydrate de la terre attire l'acide carbonique, pen-
« dant qu'on le dessèche ; elle est soluble dans les alcalis
« carbonatés, mais elles ne l'est pas lorsqu'ils sont caus-
« tiques ; tous deux sont précipités par le ferro-cyanure de po-
« tassium, etc. ; mais la thorine se distingue facilement de
« l'yttria par les propriétés indiquées plus haut, et par celle
« qu'à le chlorure de thorinium de ne pas être précipité à
« la chaleur de l'ébullition, comme cela arrive pour une
« dissolution de sous-phosphate d'yttria dans l'acide chlor-
« hydrique. »

(Berzelius *Ann. de Chim. et de Phys.*, XLIII, 5.)

FIN DU PREMIER VOLUME.

9 782013 408646